有色冶金概论

（第3版）

华一新　主编

北京
冶金工业出版社
2023

内 容 提 要

本书主要论述了铜、镍、铅、锌、锡、铝、钨、钛八种典型有色金属冶炼及其再生技术的基本原理、工艺流程、基本设备和生产实践，并以其为代表介绍了有色金属矿产资源中常见伴生金属（金、银、铂、钯、锗、铟、钽、铌、镓等）的主要综合回收工艺。书中内容涉及有色金属冶金中的火法冶金、湿法冶金、电冶金三种主要冶金方法，阐述了有色金属冶金过程中的焙烧、烧结、挥发与蒸馏、还原熔炼、氧化吹炼、氧化精炼、电热冶金、真空蒸馏、造锍熔炼、金属热还原、熔析精炼、浸取、溶液净化、水解沉淀、置换沉淀、溶剂萃取、水溶液电解精炼、电解沉积、熔盐电解等基本冶金过程的原理及设备。

本书内容简明扼要，取材新颖，涉猎广泛，注重理论联系实践，除可作为冶金工程及相关专业的教材和教学参考书外，亦可供有色金属冶金领域从事生产、技术、管理等工作的人员参考。

图书在版编目(CIP)数据

有色冶金概论/华一新主编．—3版．—北京：冶金工业出版社，2014.5
(2023.8重印)
“十二五”普通高等教育本科国家级规划教材
ISBN 978-7-5024-6481-3

Ⅰ.①有…　Ⅱ.①华…　Ⅲ.①有色金属冶金—高等学校—教材
Ⅳ.①TF8

中国版本图书馆CIP数据核字(2014)第068013号

有色冶金概论（第3版）

出版发行　冶金工业出版社　　**电　话**　(010)64027926
地　址　北京市东城区嵩祝院北巷39号　　**邮　编**　100009
网　址　www.mip1953.com　　**电子信箱**　service@mip1953.com

责任编辑　杨　敏　美术编辑　吕欣童　版式设计　孙跃红
责任校对　卿文春　责任印制　禹　蕊
三河市双峰印刷装订有限公司印刷
1986年4月第1版，2007年8月第2版，2014年5月第3版，2023年8月第8次印刷
787mm×1092mm　1/16；22.5印张；543千字；344页
定价 49.00 元

投稿电话　**(010)64027932**　**投稿信箱**　**tougao@cnmip.com.cn**
营销中心电话　**(010)64044283**
冶金工业出版社天猫旗舰店　**yjgycbs.tmall.com**

第3版前言

《有色冶金概论》（第2版）自2007年出版以来，被许多院校选作学习有色金属冶金知识的教材或教学参考书，受到广大教师和学生的欢迎。经过6年的教学实践，同时考虑到有色金属冶金科学技术在近几年取得的长足进步，有必要对该书进行修订，使之更全面地反映有色金属冶金工业的发展现状，以便更好地适应教学的需要。本次修订，在第1章中增加了冶金简史、有色金属的地位、有色金属的资源、有色金属的选矿、有色金属的循环；在第2章中增加了铜锍闪速吹炼、澳斯麦特炉吹炼、富氧底吹熔炼法；在第3章中对镍冶金的内容进行了适当扩充；在第4章中增加了硫化铅精矿的直接熔炼；在第6章中增加了澳斯麦特炉炼锡；在第7章中增加了原铝的精炼；为适应有色金属行业发展循环经济的需要，在第2~9章中分别增加了铜、镍、铅、锌、锡、铝、钨、钛八种有色金属二次资源再生的相关知识；为了便于学生复习，在每章增加了复习思考题。

本书由昆明理工大学华一新（第1、2、8、9章）、李坚（第3章）、张旭（第4、6、10章）、陈为亮（第5章）、朱云（第7章）编写，全书由华一新修改定稿。

由于编者水平所限，书中不妥之处，敬请读者批评指正。

编　者

2014年1月

第2版前言

“有色冶金概论”一直是冶金工程专业和其他相关专业的重要专业基础课程之一，特别是把原来的“冶金物理化学”、“钢铁冶金”和“有色金属冶金”三个专业合并成“冶金工程”一个专业以后，一些高校把《有色冶金概论》（第1版）作为冶金工程专业学生学习有色金属冶金课程的教材和教学参考书，在培养专业知识面宽、综合素质好、具有创新能力的通用型人才方面，起到了积极的作用。本书第1版自1986年出版以来，深受读者欢迎，取得了较好的社会效益。但由于出版时间较早，书中的一些内容已经不能完全反映有色金属冶金工业的现状和发展趋势，因此，在征得原作者同意的基础上，我们对该书重新进行编写和修订，以便使其在冶金工程及相关专业的人才培养中发挥更好的作用。

本书由昆明理工大学华一新（第1、2、8、9章）、张旭（第4、6、10章）、朱云（第7章）、李坚（第3章）、陈为亮（第5章）编写和修订，由华一新统一修改定稿。

由于水平所限，书中可能存在不足，敬请读者批评指正。

编　者

2007年3月

第 1 版前言

本书是根据冶金工业部 1982 年教材工作会议制定的教材计划编写的，为冶金部高等学校非有色冶金专业用书。其内容包括有代表性的八种有色金属，主要论述了它们冶金过程的原理和实践，此外书中还介绍了有色冶金中主要的综合回收工艺。

本书除用作非有色冶金专业教学用书外，亦可供从事有色冶金工作的科技人员参考。

本书由昆明工学院刘飞鹏（第一、四、五、七章）、罗庆文（第二、三、六章）、曾崇泗（第八、九、十章）编写，由罗庆文统一修改定稿。在编写过程中参考了各院校的有关教材，征求了有关教师的意见，特此表示感谢。

由于水平所限，书中一定存在不少缺点和错误，请读者批评指正。

编　者

1985 年 2 月

目　　录

1 绪　论

1.1 冶金简史

冶金作为一门生产技术，起源十分古老，其历史可以追溯到人类开始使用天然金属（主要是天然铜）的8000多年前。冶金生产技术在源远流长的发展过程中先后经历了铜石并用时代、青铜时代和铁器时代，直到18世纪末，才从近代自然科学中汲取营养，逐渐发展成为近代的科学门类。

1.1.1 铜石并用时代

铜石并用时代又称铜器时代，是指在新石器时代和青铜时代之间人类物质文化发展的过渡性阶段。此时原始农牧业和手工业达到较高水平，人类开始利用天然金属，此后逐渐以矿石为原料冶铸铜器。其显著特征是：主要工具和武器仍然是石器，在生产和社会生活领域石器继续发挥主导作用；同时出现了数量不等的以红铜（天然铜）器为主体的金属器，采用冷锻和冶铸两种技术成器，多属小型工具和饰物；也有因自然共生矿资源比较丰富而产生的合金铜。

考古研究结果表明，中亚、西亚、北非和欧洲已确定有过铜石并用时代，最早的铜石并用时代文化起始于公元前第六千纪。具有代表性的铜石并用时代文化有中亚的安诺文化，西亚的哈拉夫文化、乌鲁克文化、欧贝德文化、杰姆代特奈斯尔文化，埃及的拜达里文化、阿姆拉文化、格尔塞文化，东欧的特里波利耶-库库泰尼文化等。许多文化往往伴存有发达的彩陶。其中如欧贝德文化时期，居民已掌握灌溉技术，种植小麦、大麦和亚麻，以神庙为中心开始出现初期的小城镇。而乌鲁克文化和杰姆代特奈斯尔文化时期，已产生奴隶制城邦国家，发明了文字，进入文明初期阶段。距今6600～4600年，在我国黄河流域以粟作农业、彩陶为重要内涵的原始文化中，开始出现零星的铜器和冶铸铜器遗物，如仰韶文化的黄铜片、铜笄和红铜炼渣，红山文化钩形饰物的陶质双合范，马家窑文化马家窑类型的青铜刀，大汶口文化的一件骨凿上附着有铜绿。

1.1.2 青铜时代

青铜时代指主要以青铜为材料制造工具、用具、武器的人类物质文化发展阶段，处于新石器时代和铁器时代之间，是继铜石并用时代之后的又一个历史时期。

青铜是红铜与锡或铅形成的合金，熔点在973～1173K之间，具有优良的铸造性、很高的耐磨性和较好的化学稳定性。铸造青铜器必须解决采矿、熔炼、制模、翻范、铜锡铅合金成分的比例配制、熔炉和坩埚的制造等一系列技术问题。从使用石器到铸造青铜器是人类技术发展史上的飞跃，是社会变革和进步的巨大动力。人类进入青铜时代后，农业和手工业的生产力水平不断提高，物质生活条件也逐渐丰富。

最早的锡青铜在公元前3000～前2500年出现于两河流域。在公元前两千纪，铜及青铜冶炼技术达到了全盛时代。埃及的青铜时代约开始于公元前2600年。欧洲则在公元前1800～前1500年经历过砷铜时代后才出现锡青铜。在公元前2000年左右，我国进入青铜器时代，经夏、商、西周、春秋、战国，大约发展了15个世纪。在商代之前和商代初期，黄河流域已经出现了一些铜器，包括红铜、锡青铜和铅青铜。根据最新的发掘成果，我国南方也在商朝前期进入了青铜时代，最有代表性的是湖北武汉盘龙城遗址、湖南长沙炭河里遗址、江西新干大洋洲商代大墓等的出土青铜器，证实了长江流域也有发达的青铜文明。商周是我国青铜器的鼎盛时期，在技术上达到了当时世界的高峰。出土的大批商周铸造铜器包括生产工具（斧、锛、钻、刀、削、锯、锥等）、农具（锄、铲、镬）、武器（戈、矛、钺、镞等）以及大量的礼器和生活用器。我国商周青铜器大都采用经过焙烧的泥范铸造，晚期则和世界其他国家一样使用少量铜范。春秋战国之交（公元前6～前5世纪）利用泥范铸成的编钟，不仅是声学、律学上的光辉创造，也是青铜铸造工艺的卓越成就。在公元前3000年以前，铅、银、金极为少见；但在公元前三千纪的早期青铜时代，从希腊到我国的各类文化中，它们已在广大地区的窖藏或墓葬中常常出现。在两河流域出现了含铜27.5%的银合金匕首，当时已能够从铅中用灰吹法提银。

在青铜时代使用的铜矿石主要是氧化铜矿，后来也有使用硫化铜矿的。我国古代使用的铜矿石主要是氧化铜。湖北大冶铜绿山矿冶遗址采用了木结构支护和排水提升设备。矿石在矿区用竖炉冶炼，附近遗留有流动性很好、铜渣分离良好的玻璃质炉渣约40万吨，渣中铜含量平均为0.7%。根据炉渣成分和炉旁的赤铁矿推测，冶炼时使用了熔剂，以调整炉渣成分，提高渣的流动性。冶铜的一个重要发展是硫化铜矿的使用，在阿尔卑斯山区，最迟在公元前1200年已经使用硫化铜矿，并生产了重达40kg的铜锭。在冶炼设备方面，最早使用了陶质容器，从外面加热或将其直接埋入木炭中，通过燃烧加热获得高温和还原气氛，后来发展成为带有风嘴的直径约为ϕ60cm的地炉。在我国，早期使用陶尊作为熔炉，外部涂有草拌泥，起到隔热保温的作用，内面涂有耐火泥层，铜矿和木炭直接放入炉内。这一装置不同于从外部加热的"坩埚"熔炼，可使炉内温度提高。这种内热式陶尊炉发展成为泥砌或预制陶圈叠成的竖炉，下部有可以直接出渣、出铜的孔，如山西侯马春秋冶铸遗址的炉子。

1.1.3 铁器时代

铁器时代是继青铜时代之后的一个人类社会发展时代。人们最早知道的铁来自于陨石，古代埃及人称之为神物。铁的冶炼和铁器的制造经历了一个很长的时期，当人们在冶炼青铜的基础上逐渐掌握了冶炼铁的技术之后，铁器时代就到来了。

最先使用铁器的是古埃及与苏美，在公元前4000年已出现极少量的使用，但大多是在陨石中得到铁，而非由铁矿中提取。公元前3000～前2000年，在小亚细亚、埃及与美索不达米亚越来越多地由陨石矿中提炼铁，但大多用在礼仪上。而且当时铁是极昂贵的金属，比金还要昂贵。有些考古证据指出，当时铁是在提炼铜时生成的副产品，称为海绵铁，其冶炼技术还不能大量生产铁。最早大量生产铁并将其应用的是西台帝国，其于公元前1400年已掌握了冶铁技术。而到了公元前1200年，铁已在中东各地广泛使用，但在当时并未取代青铜在应用上的主要地位。北非、欧洲在公元前8～前7世纪相继进入铁器时代。当时使用的炼铁炉主要是地炉和竖炉。地炉直径约为 ϕ40cm，深 20cm，用于冶炼海绵铁。冶炼后取出全部炉料，经过锤打分离炼渣，或者先行破碎，分选后烧结锻造成锭，这种方法称为块炼铁法。在底格里斯河上游豪尔萨巴德王宫出土的铁锭长 30～50cm，厚 6～14cm，重 4～20kg。这个时期的铁剑有的较软，有的则经过渗碳和反复叠打，并经过快冷或淬火而变得更硬。不受我国文化影响的地区，一直到 14 世纪后期都将这种方法作为重要的炼铁方法，并发展了一些卓越的工艺，如印度在公元 300 年左右锻造出德里铁柱，高 7.2m，重达 6t。在制钢技术上，逐渐发展出用坩埚冶炼超高碳钢（含碳 1.5%～2%）或渗碳的高碳钢和低碳钢叠打，经淬火后获得硬的刀刃，或用植物酸腐蚀得到各种花样的大马士革钢。

我国在公元前 6 世纪已出现了生铁制品。考古发现最早的铁器属于春秋时代，其中多数发现于湖南省长沙地区。战国中期以后，出土的铁器遍及当时的七国地区，应用到社会生产和生活的各个方面，并已在农业、手工业部门中占据主要地位，楚、燕等地区军队的装备基本上也以铁制武器为主。西汉时期，应用铁器的地域更为辽阔，器类、数量显著增加，质量又有提高。东汉时期，铁器最终取代了青铜器。根据早期铁器的金相检验，我国的块炼铁和生铁可能是同时产生的。从春秋末期到战国初期，是战国冶铁史上的一个重要发展阶段。此时，早期的块炼铁已提高到块炼渗碳钢，白口生铁已发展为展性铸铁。最迟到西汉中叶，灰口铁、铸铁脱碳钢兴起，随后又出现生铁炒钢（包括熟铁）的新工艺。东汉时期，炒钢、百炼钢继续发展，到南北朝灌钢工艺问世。至此，具有我国特色的古代冶炼技术体系已基本建立，并在世界上长期处于领先地位。

1.1.4 近代冶金技术

18 世纪以来，欧洲出现近代高炉技术以及包括转炉、平炉、电炉在内的近代炼钢技术，蒸汽机带动的轧钢机和各种有色金属的电解技术，使金属的产量和质量都有很大提高，古代传统冶金技术相形见绌。1828 年，英国人尼尔森依据热工原理对高炉采用预热空气鼓风，虽然当时所用的预热温度不过 623K，但可使焦比显著降低，炼铁效率成倍提高。炼铁效率提高后，坩埚炼钢、炒钢法等旧的炼钢方法不再适应炼铁技术的发展。1850 年英国生铁产量为 250 万吨，钢产量却只有 6 万吨。显然，炼钢能力大大落后于炼铁。换句话说，只有很小一部分生铁能被炼制成钢。1856 年，贝塞麦发明了转炉炼钢法，向转炉中的铁水吹空气，使铁水中硅、锰、碳等元素含量迅速降低，同时产生大量的热能，使液态生铁炼成液态钢。转炉炼钢是冶金史上最杰出的成就之一，是创造性地将物理化学的热力学和动力学理论应用于冶金生产工艺的典范，从此开始了炼钢的新纪元。西门子和马丁发明的平炉炼钢法在 1864 年投产，这种方法能用废钢作原料。平炉采用蓄热室使炉温显著提高，在冶金炉热工方面是继高炉采用热风之后的又一项重大突破。为了扩大炼钢原料来源，托马斯和吉尔克里斯特依据磷在渣和钢中平衡分配这一物理化学原理，采用碱性炉衬、碱性造渣，并根据具体情况进行多次扒渣以促进脱磷，成功地解决了用高磷生铁冶炼优质钢的问题。1850 年欧洲钢的总产量约 6.6 万吨，1900 年仅低碳钢就达 2800 万吨，1955 年全世界钢产量为 2.6 亿吨。以 1850 年的钢产量为基数，50 年增长 400 多倍，100 年增长 4000 倍，这样快的增长速度是以往不敢想象的。20 世纪下半叶以来，钢铁冶金又有新的发展。炼铁高炉采用温度高达 1470K 的热风和 2.5atm（253.3kPa）的高压炉顶操作，使炼铁生产效率上升到一个新的水平，同时也促进了耐火材料和焦炭的生产。此外，高炉体积也加大了，日产铁达万吨以上的高炉并不罕见。在炼钢方面，最主要的技术进步是氧气顶吹转炉炼钢（后又发展出底吹和复合吹炼）和连续铸钢技术。目前，氧气转炉已取代平炉成为最主要的炼钢设备。1979 年，世界钢产量达 7 亿多吨，其中有一半以上是用氧气转炉生产的。其他如真空冶金、炉外精炼、喷射冶金等新技术，对提高钢的质量都起到了重要作用。此外，轧制则向高速化和连续化发展，带钢冷轧速度可高达 2500m/min。连铸和连轧工艺的采用提高了钢的收得率，节约了能源。

在有色金属方面，于 18、19 世纪先后发现了铝、镁、钛等轻金属，钨、钼、锆、铪、铌、钽等难熔金属以及稀土金属、放射性元素等。19 世纪初，戴维成功地电解了熔融的氢氧化钠、氢氧化钾，得到金属钠、钾，开创了熔盐电解方法。1886 年，美国霍尔和法国埃鲁分别将氧化铝加入熔融冰晶石，电解得到了廉价的铝。经过将近一个世纪，铝已成为用量仅次于铁的第二大金属。1791 年发现钛以后，1825 年用钾还原氟钛酸钾获得金属钛，1910 年用钠还原法从四氯化钛中制得纯钛。20 世纪 40 年代，用镁代替钠作还原剂，钛的大量生产和真空熔炼加工等技术问题得到逐步解决，钛及钛合金得到广泛应用。在近代物理化学的指导下，核技术和电子工业的需要促进了稀有金属的生产。铀和其他核燃料以及锆、铪的生产及其分离，钽、铌的分离，稀土元素的分离，促进了离子交换、溶剂萃取、同位素分离、熔盐电解等一系列新技术的发展。在 1946 年和 1960 年分别出现了区域熔炼及各种单晶制备方法和气相沉积法，以满足电子工业和半导体工业对超纯材料的要求。20 世纪前半叶，铝、镁、镍等金属的生产有了较快的发展，20 世纪中期是稀有金属冶金技术蓬勃发展的时期。

进入 21 世纪，以大型高炉强化冶炼工艺技术、高效转炉吹炼工艺和转炉负能炼钢技术、RH 快速精炼工艺、高速连铸技术为特点的新一代可循环钢铁流程，彻底改变了传统钢铁工业大量生产、大量排放的弊病，有效提高了资源、能源的利用效率；以闪速熔炼技术、熔池熔炼技术、加压湿法冶金技术、生物冶金技术等为代表的有色金属冶金新技术，极大地提高了有色金属的生产效率，减少了环境污染，并扩大了资源利用范围。科学技术的发展和各工业部门对金属需求量的日益增加，促使冶金工业迅速发展，生产规模不断扩大。2011 年，全世界共生产钢铁 14. 9 亿吨，精铜 1861. 26 万吨，精铝 4462. 41 万吨，精铅 1003. 91 万吨，精锌 1314. 00 万吨，精镍 186. 17 万吨，精锡 36. 67 万吨，锑矿 15. 37 万吨，钼矿 26. 91 万吨，钨矿 9. 04 万吨，精镁 69. 08 万吨。2012 年，我国生产粗钢 7. 16 亿吨，有色金属产量达 3696. 12 万吨。其中，精炼铜 582. 35 万吨，原铝 2026. 75 万吨，铅 464. 57 万吨，锌 482. 94 万吨，镍 22. 92 万吨，锡 14. 81 万吨，锑 24. 13 万吨，镁 69. 83 万吨，海绵钛 7. 69 万吨。我国已成为世界最大的金属生产国，钢铁及有色金属的产量均居世界第一。

1.2 有色金属的分类

金属是可塑性、导电性及导热性良好，具有金属光泽的化学元素。在已发现的 109 种化学元素中，金属元素有 80 多种，非金属元素有 20 多种。金属的分类是按照历史上形成的工业分类法，这种分类法虽然没有严格的科学论证，但一直沿用到现在。

现代工业上习惯把金属分为黑色金属和有色金属两大类。黑色金属是指铁、铬、锰三种金属。黑色金属的单质呈银白色而不是黑色，之所以称它们为黑色金属，是由于这类金属及其合金表面常有灰黑色的氧化物。有色金属是指除黑色金属以外的所有金属，其中除少数有颜色外（铜呈紫红色、金呈黄色），大多数呈银白色，有色金属有60多种。有色金属又分为重金属、轻金属、贵金属、稀有金属和半金属五类。

（1）重金属。重金属一般指密度在5t/m^{3}以上的金属，包括铜、铅、锌、镍、钴、锡、锑、汞、镉、铋。它们的密度都很大，为7～11t/m^3。

（2）轻金属。轻金属一般指密度在5t/m^{3}以下的金属，包括铝、镁、钠、钾、钙、锶、钡。这类金属的共同特点是密度小（0.53～4.5t/m^3），化学性质活泼。

（3）贵金属。贵金属包括金、银和铂族金属（铂、铱、锇、钌、铑、钯）。其因在地壳中含量少、提取困难、价格较高而得名。贵金属的特点是密度大（10.4～22.4t/m^3），熔点高（1189～3273K），化学性质稳定。

（4）稀有金属。稀有金属通常指那些发现较晚、在工业上应用较迟、在自然界中地壳丰度小、天然资源少、赋存状态分散、难以被经济提取或不易分离成单质的金属。在80多种有色金属元素中，大约有50种被认为是稀有金属。稀有金属这一名称的由来并不是由于这些金属在地壳中的含量稀少，而是历史上遗留下来的一种习惯性的概念。事实上有些稀有金属在地壳中的含量比一般普通金属要多，例如，稀有金属钛在地壳中的含量占第九位，比铜、银、镍以及许多其他元素都多；稀有金属锆、锂、钒、铈在地壳中的含量比普通金属铅、锡、汞多，此外还可以举出一些类似的例子。当然，稀有金属中有许多种在地壳中的含量确实是很少的，但含量少并不是稀有金属的共同特征。根据金属的密度、熔点、分布及其他物理化学特性，稀有金属在工业上又可分为：

1）稀有轻金属，包括锂、铷、铯、铍。这类金属的特点是密度小（仅为0.53～1.859t/m^3），化学活性大，氧化物和氯化物都很稳定，难以还原成金属，一般都用熔盐电解法或金属热还原法制取。

2）难熔稀有金属，包括钛、锆、铪、钒、铌、钽、钼、钨、铼。它们的共同特点是熔点高（例如钛的熔点为1933K，钨为3683K），抗腐蚀性好，具有多种氧化数。在生产工艺上，一般都是先制取纯氧化物或卤化物，再用金属热还原法或熔盐电解法制取金属。

3）稀散金属，包括镓、铟、铊、锗、硒、碲。这类金属的共同特点是极少独立成矿，在地壳中几乎是平均分布的，一般都是以微量杂质形态存在于其他矿物中。如镓存在于铝土矿中，铟存在于有色重金属硫化矿中，因此它们多富集在有色金属生产的副产品、烟尘和尾渣中。其品位一般在0.1%以下，需要采用复杂的工艺进一步富集后才能冶炼成金属。

4）稀土金属，包括钪、钇及镧系元素（从原子序数为57的镧原子到原子序数为71的镥，共15个元素）。其共同特点是物理化学性质非常相似，在矿物中多共生，分离困难。冶金方法一般是先制取混合稀土氧化物或其他化合物，再用溶剂萃取、离子交换等方法分离成单一化合物，最后还原成金属。

5）放射性稀有金属，包括天然放射性金属钋、钫、镭、锕、钍、镤、铀、镎、钚以及人造放射性金属镅、锔、锫、锎、锿、镄、钔、锘、铹和周期表中原子序数为104～109的元素。这类金属的共同特点是具有放射性，天然放射性金属多共生或伴生在稀土矿物中。

（5）半金属。半金属又称似金属或类金属，包括硼、硅、砷、砹。其特点是电导率介于金属和非金属之间，并且都具有一种或几种同质异构体，其中一种具有金属性质。

1.3 有色金属的地位

有色金属及其合金是当代三大文明支柱能源、材料和信息技术中现代材料的重要组成部分，是国民经济、人民日常生活及国防工业、科学技术发展必不可少的基础材料，是提升国家综合实力和保障国家安全的关键性战略资源。农业、工业、国防建设和高科技产业，均离不开有色金属。

农药、农用稀土微量肥料、农用拖拉机、柴油机、排灌设备等，在制取或制造中都要消耗大量的有色金属及其化合物或合金。

人们日常生活中用的牙膏筒、门锁、钥匙、炊具、灯泡、自行车，大量涌入家庭中的家电以及近年来发展迅速的易拉罐、软包装等都需要有色金属，而且其需求量正急剧上升。各种化学电池如锂离子电池、锌电池、镍镉电池、镍氢电池和硒光电池等，主要是用有色金属及其合金制造的。许多有色金属的化合物（如次碳酸铋、氢氧化铝等）为药物的重要组分，许多有色金属（如锗、锌等）为人体不可缺少的微量元素。

电力工业的发电机、输变电设备等都需要大量的铜、铝金属及其合金。交通运输业中火车、汽车、轮船、飞机等交通运输工具的制造，也都需要大量的铜、铝、铅、锌、镁及其合金。钢铁工业中的各种合金钢、高温合金、精密合金等都含有镍、钴、钨、钼、钛、钒、铌、稀土金属等，可以说没有这些有色金属就不会有合金钢，即便是炼钢的脱氧剂也需使用铝或镁。机械制造中使用的各种切削工具、钻头离不开有色金属。在化学工业中，钛材、铌材等由于具有优异的耐腐蚀性和力学性能而被广泛应用，并且它们给一些化工过程带来重大变革，也使某些过去被认为难以实现的化工过程成为可能。各种石油和化工催化剂几乎都是用有色金属化合物制造的。在材料工业中，铝、镁、钛及其合金是重要的结构材料，有色金属材料是产量最大、覆盖面最广的功能材料。在原子能工业中，铀、钍、钚是核电站反应堆的核燃料，锆、铍是核反应堆的结构材料，铅则是核反应堆的理想控制材料。仪器仪表、控制设备、电子元器件等，要消耗大量的有色金属合金及加工材料、硅材料、弹性材料、贵金属触点材料。通讯工业中，通讯设备、电缆、电线使用大量的铜、铝、铅、锌、锡、金、银等有色金属。电子工业中，铜、铝、锡、金、银、铂族金属以及高纯硅、锗、镓、铟、砷、铍、钽、铌等都是主要材料。以集成电路为基础的微电子技术主要依赖于半导体材料。在玻璃、陶瓷、皮革、纺织等工业中，稀土金属已被广泛应用。

在国防工业和高科技产业中，从枪、炮、飞机、舰艇等常规武器到原子弹、氢弹、导弹、火箭卫星、核潜艇、航空母舰等尖端武器，以及电子计算机、大规模集成电路、核电站、高能电波、超导技术、宇航以及人工智能技术、生物工程等高新技术，都需要有色金属及其合金，而且要求和需求量越来越高。

随着现代化工业、农业和科学技术的突飞猛进，有色金属在人类发展中的地位越来越重要。现在世界上许多国家，尤其是工业发达国家，竞相发展有色金属工业，增加有色金属的战略储备。

1.4 有色金属的资源

1.4.1 矿产资源

矿产资源是自然资源中一种对人类有重要作用的资源，它是指经过地质成矿作用，使埋藏于地下或出露于地表并具有开发利用价值的矿物或有用元素的含量达到具有工业利用价值的物质。表1-1列出了12种常见有色金属的地壳丰度及其在所有元素中的排列名次。从表中看出，在这12种重要的有色金属中，除铝、镁、钛在地壳中含量较丰富之外，其他9种金属含量都较少，其余有色金属的地壳丰度大都小于 $30\times10^{-4}\%$，含量更是稀少。

表1-1 常见有色金属的地壳丰度及其排列名次

金属	铝	镁	钛	稀土①	镍	锌	铜	钴	铅	锡	钼	钨
地壳丰度 $/\times10^{-4}\%$	83000	27640	6320	236.2	99	76	68	29	13	2.1	1.2	1.2
排列名次	3	6	9	17	23	25	26	31	37	50	57	58

①把17个稀土元素视为一种金属。

世界有色金属矿产资源的分布很不均匀，一半以上的储量集中在亚洲、非洲和拉丁美洲的一些发展中国家，40%的储量分布于工业发达国家，这部分储量的4/5又集中在俄罗斯、美国、加拿大和澳大利亚。有色金属消费量很大的西欧和日本的资源却很少，其有色金属原料对外依赖的程度很大。铜、铝、铅、锌等有色金属矿产储量丰富的国家有澳大利亚、美国、中国、智利、几内亚、秘鲁等，其中智利的铜储量占世界总量的38%；铝土矿主要分布在几内亚、澳大利亚、越南，其合计储量约占世界总储量的60%；铅、锌资源主要集中在澳大利亚、中国、美国、哈萨克斯坦、加拿大、秘鲁、墨西哥等国家；钨、锡、钼、镍矿主要分布在中国、澳大利亚、巴西、俄罗斯、加拿大、美国、秘鲁、智利等国家。

我国有色金属资源总体上比较丰富，品种齐全，其中钨、锡、钼、锑、钛、稀土等的探明储量位居世界第一，铅、锌位居世界第二，铜矿位居世界第四，铝土矿位居世界第六，镍矿位居世界第九。但由于我国人口众多，人均占有资源量却很低，仅为世界人均占有量的52%。我国钨、钼、锡、锑、稀土等“小金属”矿产资源较丰富，储量居世界前列，而且资源质量较高，在世界上有较强的竞争力；而经济需求量大的铜、铝、铅、锌、镍等大宗矿产资源储量占世界比例很低，属于我国短缺、急缺或不足的矿产资源。我国有色金属矿产地数量很多，但从总体上来讲贫矿多、富矿少。如铜矿，平均地质品位只有0.87%，远远低于智利、赞比亚等世界主要产铜国家，其中品位大于2%的铜矿仅占总资源储量的6.4%，品位大于1%的铜矿也只占总资源储量的35.9%；而且资源储量大于200万吨以上的大型铜矿床品位基本上都低于1%，高于1%品位的大型铜矿中资源储量仅占总资源储量的13.2%。铝土矿虽有高铝、高硅、低铁的特点，但几乎全部属于难选冶的一水硬铝石型铝土矿，目前可经济开采的铝硅比大于7%的矿石仅占总量的1/3。我国80%左右的有色金属矿床中都有共伴生元素，其中尤以铝、铜、铅、锌矿产为多。例如，在铜矿资源中，单一型铜矿只占27.1%，而综合型的共伴生铜矿占了72.8%；以共伴生矿形式产出的汞、锑、钼的资源储量分别占到各自总资源储量的20%~33%。不但多种有色金属常共生在一起，而且我国有些铁矿中也含有大量的有色金属，如攀枝花铁矿中含有大量的钒、钛，包头铁矿中含有大量的稀土和铌。我国有色矿产资源分布范围很广，各省、市、自治区均有产出，但区域之间不均衡。铜矿主要集中在长江中下游、赣东北和西部地区，铝土矿主要分布在山西、河南、广西、贵州地区，铅锌矿主要分布在华南和西部地区，钨矿主要集中在湖南、江西地区，钼矿集中在陕西、河南、吉林地区，锡锑矿主要分布在湖南、云南、广西等地区，稀土主要集中在内蒙古、江西、四川地区。

有色金属矿产资源的利用包括地质勘探、采矿、选矿、冶炼和加工等环节。矿石中有色金属含量一般都较低，为了得到1t有色金属，往往要开采成百吨以至万吨以上的矿石。因此，矿山是发展有色金属工业的重要基础。有色金属矿石中常是多种金属共生，因此必须合理提取和回收有用组分，做好综合利用，以便合理利用自然资源。

1.4.2 二次资源

有色金属二次资源也称再生资源，主要是指含有色金属的废杂物，如金属及其合金材料生产、加工过程中产生的废品、边角料，消费使用后的废弃物品等。这部分资源也蕴藏着大量的有色金属，是仅次于矿产资源的有色金属重要来源。充分利用有色金属二次资源，除了因其金属含量比矿石高、容易冶炼、能耗少而冶炼成本低外，其还在保护矿产资源、维持生态平衡和发展循环经济等方面具有特殊意义，日益受到人们的重视。世界工业发达国家对有色金属二次资源的利用都十分重视，近10年来，世界再生铜产量占原生铜产量的40%~50%，其中美国约占50%，日本约占90%，德国约占45%；世界再生铝产量占原铝产量的35%~50%，其中美国约占60%，日本约占45%，德国约占80%；世界再生铅产量占原生铅产量的40%~60%，其中美国约占75%，日本约占60%，德国约占55%。我国也十分重视有色金属二次资源的利用，根据我国有色金属工业协会统计，我国再生有色金属总产量在2006年达到了453万吨，2011年增加到800万吨。

有色金属再生资源来自四面八方，往往是黑色金属、有色金属及其合金的混杂物，而且夹杂有塑料、橡胶、油漆、油脂、木料、泥沙、织物等。在冶炼前必须将其进行分类、解体、打包、压团、破碎、磨细、筛分、干燥、预焚烧、脱脂、分选等预处理，再熔炼成为与原成分相同或组分更多的合金。混杂过于严重的合金废料，则用作重新冶炼提取金属的原料。为便于利用回收的合金，再生有色金属的回收有时与有色金属加工工业结合在一起。

1.5 有色金属的选矿

1.5.1 矿物和矿石

矿物是地壳中具有固定化学组成和物理性质的天然化合物或自然元素。能够被人类利用的矿物，称为有用矿物。含有用矿物的矿物集合体，如其中有用矿物的含量在现代技术经济条件下能够回收加以利用，则称为矿石。在矿石中除了有用矿物之外，几乎总是含有一些废石矿物，这些矿物称为脉石。所以矿石由两部分构成，即有用矿物和脉石。矿物在地壳中的分布是不均匀的，由于地质成矿作用，它们可富集在一起，形成巨大的矿石堆积。在地壳内或地表上矿石大量积聚、具有开采价值的区域称为矿床。

矿石有金属矿石和非金属矿石之分。非金属矿石是指含非金属矿物的矿石，如金刚石、水晶、冰洲石、硼、电气石、云母、黄玉、刚玉、石墨、石膏、石棉以及燃料矿物等。金属矿石是指在现代技术经济条件下可从其中获得金属的矿石。而金属矿石按金属存在的化学状态，又分为自然矿石、硫化矿石、氧化矿石和混合矿石。有用矿物是自然元素的称为自然矿石，例如自然金、银、铂、元素硫等；硫化矿石的特点是其中有用矿物为硫化物，例如黄铜矿、方铅矿、闪锌矿等；氧化矿石中的有用矿物是氧化物，例如赤铁矿、赤铜矿、锡石等，一般含氧的矿物，如硅酸盐、碳酸盐、硫酸盐等也包括在氧化矿石内；混合矿石内则既有硫化矿物，又有氧化矿物。

金属矿石的名称是根据从其中得出的金属而确定的，例如铜矿石、铁矿石、锡矿石等。只产出一种金属的矿石称为单金属矿石；从其中可提取两种及以上金属的矿石，称为多金属矿石，如攀枝花的钒钛磁铁矿就是有名的多金属矿石。

矿石中有用成分的含量称为矿石品位，常用质量分数表示，例如，品位为1%的铜矿石即指矿石中金属铜的含量为1%。对于贵金属，由于它们的含量一般都很低，其矿石品位常以每吨中含有的克数来表示。矿石品位没有上限，越富越好，而其下限则由技术和经济因素确定。技术和经济条件的变化使矿石的下限品位不断改变，从前抛弃的尾矿堆由于技术的进步和国民经济日益增长的需要，今天又被重新利用，这样的事实并不少见。

1.5.2 选矿

选矿是用物理或化学方法将矿物原料中的有用矿物与脉石或有害矿物分离开，或将多种有用矿物分离开的工艺过程，又称为矿物加工。选矿产品中，有用成分富集的部分称为精矿，如铜精矿、锡精矿等；无用成分富集或有用成分含量最低的部分称为尾矿；有用成分的含量介于精矿和尾矿之间，需要进一步处理的部分称为中矿。根据不同的矿石类型和对选矿产品的要求，在实践中需采用不同的选矿方法。常用的选矿方法有重选法、磁选法、浮选法、电选法、化学选法等。各种选矿方法是提高矿石品位的有效手段，同时，选矿方法还可用来分开两种以上的有用矿物，以便在冶金过程中对这些矿物分别处理，这对于简化冶金工艺流程和降低冶炼费用都是很有利的。

1.5.2.1 重选

重选即重力选矿，是利用被分选矿物颗粒间相对密度、粒度、形状的差异及其在介质（水、空气或其他相对密度较大的液体）中运动速率和方向的不同，使之彼此分离的选矿方法。其包括跳汰选、摇床选、溜槽选等。重选是选别黑钨矿、锡石、砂金、粗粒铁和锰矿石的主要选矿方法，也普遍应用于选别稀有金属砂矿。重选适用的粒度范围宽，从几百毫米到1mm以下，选矿成本低，对环境污染少。矿物粒度在上述范围内并且组分间密度差别较大时，用重选最合适。有时，可用重选（主要是重介质选、跳汰选等）预选除去部分废石，再用其他方法处理，以降低选矿费用。随着贫矿、细矿物原料的增多，重选设备趋向于大型化、多层化，并利用复合运动设备（如离心选矿机、摇动翻床、振摆溜槽等），以提高细粒物料的重选效率。目前重选已能较有效地选别 20μm 的物料。

1.5.2.2 磁选

磁选是利用矿物颗粒磁性的不同，在不均匀磁场中进行选别的选矿方法。强磁性矿物（磁铁矿和磁黄铁矿等）用弱磁场磁选机选别，弱磁性矿物（赤铁矿、菱铁矿、钛铁矿、黑钨矿等）用强磁场磁选机选别。弱磁场磁选机主要为开路磁系，多由永久磁铁构成；强磁场磁选机为闭路磁系，多用电磁磁系。弱磁性铁矿物也可通过磁化焙烧变成强磁性矿物，再用弱磁场磁选机选别。磁选机的构造有筒式、带式、转环式、盘式、感应辊式等。磁滑轮用于预选块状强磁性矿石。

1.5.2.3 浮选

浮选通常指泡沫浮选，是利用各种矿物原料颗粒表面对水的润湿性（疏水性或亲水性）差异来进行选别的选矿方法。天然疏水性矿物较少，常向矿浆中添加捕收剂，以增强欲浮出矿物的疏水性；加入各种调整剂，以提高选择性；加入起泡剂并充气，产生气泡，使疏水性矿物颗粒附于气泡，上浮分离。浮选是应用最广泛的选矿方法，几乎所有的矿石都可用浮选分选，如金矿、银矿、方铅矿、闪锌矿、黄铜矿、辉铜矿、辉钼矿、镍黄铁矿等硫化矿物，孔雀石、白铅矿、菱锌矿、异极矿和赤铁矿、锡石、黑钨矿、钛铁矿、绿柱石、锂辉石以及稀土金属矿物、铀矿等氧化矿物的选别。浮选通常能处理小于 0.2 ~ 0.3mm 的物料，近年来，还出现一些回收微细物料（小于 5 ~ 10μm）的新方法。浮选的生产指标和设备效率均较高，选别硫化矿石的回收率在 90% 以上，精矿品位可接近纯矿物的理论品位。用浮选可处理多金属共生矿物，如从铜、铅、锌等多金属矿石中可分离出铜、铅、锌和硫铁矿等多种精矿，且能得到很高的选别指标。

1.5.2.4 电选

电选是利用矿物颗粒电性的差别，在高压电场中进行选别的选矿方法。具有不同电导率的各种矿物通过电场时，由于静电感应或俘获带电离子的作用而带有不同的电荷，并在电场中显示不同的特点；辅以重力作用，使之产生不同的运动轨迹；然后借助接料器具，达到将不同导电性矿物分离的目的。电选主要用于分选导体、半导体和非导体矿物。电选机按电场，可分为静电选矿机、电晕选矿机和复合电场电选机；按矿粒带电方法，可分为接触带电电选机、电晕带电电选机和摩擦带电电选机。电选机处理粒度范围较窄，处理能力低，原料需经干燥，因此应用受到限制；但其成本不高，分选效果好，污染少。电选主要用于粗精矿的精选，如选别白钨矿、锡石、锆英石、金红石、钛铁矿、钽铌矿、独居石等，也用于矿物原料的分级和除尘。

1.5.2.5 化学选

化学选是利用矿物化学性质的不同，采用化学方法或化学与物理相结合的方法分离和回收有用成分，得到化学精矿的选矿方法。这种方法比通常的物理选矿法适应性强，分离效果好，但成本较高，常用于处理用物理选矿方法难以处理或无法处理的矿物原料、中间产品或尾矿。随着成分复杂的、难选的和细粒的矿物原料日益增多，物理和化学选矿联合流程的应用越来越受到重视。化学选矿成功应用的实例有氰化法提金、酸浸-沉淀-浮选及离析-浮选处理氧化铜矿等。溶剂萃取、离子交换和细菌浸取等技术的应用，进一步促进了化学选的发展。

1.6 有色金属的冶炼

冶金学是研究从矿石或二次金属资源中提取金属或金属化合物，用各种加工方法制成具有一定性能的金属材料的科学。冶金学不断地吸收自然科学，特别是物理学、化学、力学等方面的新成就，指导着冶金生产技术向广度和深度发展。另外，冶金生产又以丰富的实践经验充实了冶金学的内容，使其发展成为两大领域，即物理冶金学和提取冶金学。

研究通过成型加工制备具有一定性能的金属或合金材料的科学，称为物理冶金学，或称金属学。金属（包括合金）的性能（物理性能及力学性能）不仅与其化学成分有关，而且与成型加工或金属热处理过程产生的组织结构有关。成型加工包括金属铸造、粉末冶金（制粉、压制成型及烧结）及金属塑性加工（压、拔、轧、锻）。研究金属的塑性变形理论、塑性加工对金属力学性能的影响以及金属在使用过程中的力学行为的科学，则称为力学冶金学。显然，力学冶金学是物理冶金学的一个组成部分。

研究从矿石中提取金属（包括金属化合物）的生产过程的科学，称为提取冶金学。由于这些生产过程伴有化学反应，其也称为化学冶金学。它研究分析火法冶炼、湿法提取或电化学沉积等各种过程及方法的原理、工艺流程及设备，故又称为过程冶金学。后一名词根据国内冶金工作者的习惯，简称冶金学。也就是说，狭义的冶金学指的是提取冶金学，而广义的冶金学则包括提取冶金学及物理冶金学。提取冶金学的任务是：研究各种冶炼及提取方法，提高生产效率，节约能源，改进产品质量，降低成本，扩大品种并增加产量。

作为冶金原料的矿石或精矿，其中除含有所要提取的金属矿物外，还含有伴生金属矿物以及大量无用的脉石矿物。冶金的目的就是把所要提取的金属从成分复杂的矿物集合体中分离出来并加以提纯。冶金分离和提纯过程常常不能一次完成，需要根据金属及其矿石的性质确定合适的工艺流程，采用不同的冶金过程及方法进行多次分离和提纯才能完成。例如，铜、镍、铅、锌、锡等金属的冶炼通常包括预处理、熔炼和精炼三个循序渐进的作业过程；而铝、钨、钛等金属的冶炼则首先是从其矿石中制取纯氧化物或卤化物，然后再用熔盐电解法、金属热还原法或其他方法制取金属。

在现代冶金中，由于矿石（或精矿）性质和成分、能源、环境保护以及技术条件等情况的不同，实现上述冶金作业的工艺流程和方法是多种多样的。根据冶炼金属的不同，冶金工业通常分为黑色冶金工业（或钢铁冶金工业）和有色冶金工业。前者包括生铁、钢和铁合金（如铬铁、锰铁等）的生产，后者包括其余所有各种金属的生产。根据各种冶金方法的特点，大体上可将其归纳为火法冶金、湿法冶金和电冶金三类。

1.6.1 火法冶金

火法冶金是在高温条件下进行的冶金过程。矿石或精矿中的部分或全部矿物在高温下经过一系列物理化学变化，生成另一种形态的化合物或单质，分别富集在气体、液体或固体产物中，达到所要提取的金属与脉石及其他杂质分离的目的。实现火法冶金过程所需的热能通常是依靠燃料燃烧来供给，也有依靠冶金反应过程中的化学反应来供给的，比如，硫化矿的氧化焙烧和熔炼就无需由燃料供热，金属热还原过程也是自热进行的。火法冶金过程没有水溶液参加，所以又称为干法冶金。火法冶金是有色金属生产普遍采用的一种提取冶金方法，现在几乎全部的铅、锡、锑、钛以及85%的铜、20%的锌、大部分的镍均采用火法冶金生产。火法冶金具有生产能力大、能够利用硫化矿中硫的燃烧热、可以经济地回收贵金属和稀有金属、产出的高温炉渣组成稳定等优点，其生产成本一般低于湿法冶金。火法冶金包括炉料准备、熔炼、火法精炼等过程。

1.6.1.1 炉料准备

炉料准备是将精矿或矿石、熔剂和烟尘等按冶炼要求配制成具有一定化学组成和物理性质的炉料的过程，为现代火法冶金流程的重要组成部分。炉料准备一般包括储存、配料、混合、炉料干燥、炉料制粒、炉料制团、焙烧及煅烧等。除焙烧及煅烧使炉料发生化学变化外，其他过程一般只发生物理变化。

A 储存

有色金属冶炼厂的主要原料一般来源比较分散。为了均衡生产，各厂均需储存一定数量的原料。由于精矿颗粒细、有价金属含量高，露天储存易造成金属损失，因此需储存在有盖仓库内。在保证正常生产的前提下，确定最少精矿储存量是一个重要的技术经济问题。最少精矿储存量与冶炼厂日处理量和精矿的储存天数有关。精矿的储存时间则取决于冶炼工艺及其工作制度、大检修的配合、交通运输等条件。一般冶炼厂精矿的储存时间可取15~20天，连续性强的冶炼工艺的精矿储存时间可适当延长，以便完成配料前的初混、取样化验等准备工作，使精矿成分较为稳定，减轻配料工序的负荷。季节性生产的小型冶炼厂，应考虑停产期间精矿的储存。交通运输条件较差时，如枯水季节不能水运等，则应适当增加储存时间。

B 配料

配料是根据冶炼要求将所需的各种物料按一定质量比配合的过程，是炉料准备的一道作业。常用的配料方法有干式配料和湿式配料。

(1) 干式配料。干式配料方法有仓式配料和堆式配料两种。仓式配料是将各种物料分别装入配料仓中，通过给料、称量装置，按质量比例配合在一起。仓式配料易于调整配料比例，不受粒度的限制，被工厂广泛采用。堆式配料是将不同物料按一定比例沿水平方向分层铺成料堆，再沿垂直方向切割的配料方法。堆式配料多用于各种精矿的配合，将各种精矿按比例分层铺成料堆，一个料堆可供数日使用，成分比较稳定。但由于堆式配料不能配入粒度相差较大的物料，采用堆式配料时常要有仓式配料作辅助。

(2) 湿式配料。湿式配料方法是将各种料以矿浆形式配合，根据冶炼工艺要求，混合浆可直接或经干燥后送入下一道作业。湿式配料多用于需将磨细的熔剂配入精矿的冶炼作业，或用于流态化炉使用湿式进料的冶炼厂。

C 混合

混合是将配料充分混合，使其成分均匀的过程，也是炉料准备一个不可缺少的环节。混合可以在圆筒混合机进行，也有在轮式混合机内进行的。回转圆筒做圆周运动时，炉料靠其自身与内壁产生的摩擦力被带到一定高度，然后在重力作用下离开内壁而被抛落到筒底，如此往复运动。在抛落过程中物料相互冲击、混合搅拌，成分逐渐均匀。物料在轮式混合机中混合的过程是：当轮子转动时，物料从一定高度落到混合轮上，被旋转的钢棒打成散乱状态，得到混匀。

D 炉料干燥

一般进厂精矿的含水量都高于炉料准备、冶炼及烟气处理等所允许的含水量，需要经过干燥处理。炉料干燥是脱除物料中物理水的过程，为炉料准备的组成部分。熔炼干燥的炉料能显著地减少炉气量及炉气烟道、收尘设施容量，提高炉气中硫酸的露点和改善炉气的制酸性能。有色金属冶炼厂常用的干燥方法有圆筒干燥法和气流干燥法。圆筒干燥法是把待干燥的物料加入到回转的圆筒干燥窑中，与其燃烧室所产生的高温热气流相接触，使水蒸发而达到干燥目的。气流干燥法是将待干燥的物料装入鼠笼破碎机中，并通入高温热气流，使物料在粉碎分散、呈悬浮状态时直接与高温热气流接触，在数秒内得到干燥。球团炉料通常在矿仓内用热气流干燥，也有在链板干燥机和带式干燥机上进行干燥的。链板干燥机结构简单，干燥温度一般在473～573K。带式干燥机的温度高些，既可干燥脱水，也可进行一定程度的焙烧。圆筒干燥窑虽然结构简单，但操作时生球因发生滚动而会粉碎，所以应用得不多。

E 炉料制粒

炉料制粒是在松散物料或粉料中配入适当的水分和黏结剂，在圆筒型或圆盘型制粒机中通过转动使其逐渐成为坚固球体的过程，为炉料准备的组成部分。由于物料颗粒间存在水分的毛细现象而形成水膜，水膜的表面张力使颗粒相互吸附，再配合机械力的作用而生成母球，母球经长大、紧密，成为具有一定机械强度的生球粒。

F 炉料制团

炉料制团是将松散粉状炉料在加或不加黏合剂的情况下压制成具有一定几何形状的团块的过程，是为提高竖式炉（如鼓风炉、竖罐、直井炉等）内料柱的透气性和改善炉料其他冶炼性能而在炉料准备中设置的一道作业。制团方法分为热压制团和冷压制团两种。热压制团是将常温粉煤等直接与高温的焙烧矿混合，使煤被加热到充分软化并析出一定数量的胶质体后，加压成型。此法流程简单，热利用率高，不需黏合剂，但团矿质量往往不如冷压制团法的好。冷压制团是在常温下将原料、煤粉、黏合剂等经混合、碾磨、压密后，压制成团。

G 焙烧

焙烧是将矿石、精矿或金属化合物在空气中不加或配加一定的物料（如炭粉、氯化剂等），加热至低于炉料的熔点，发生氧化、还原或其他化学变化的冶金过程。它是火法冶金或湿法冶金中浸取前的准备作业，其目的在于改变炉料中提取对象的化学组成，便于下一步处理。根据工艺的目的，焙烧方法可分为氧化焙烧、硫酸化焙烧、氯化焙烧、苏打焙烧、还原焙烧、磁化焙烧、挥发焙烧和烧结焙烧；按物料在焙烧过程中的运动状态，焙烧方法又可分为固定床焙烧、移动床焙烧、流态化焙烧和飘浮焙烧。

H 煅烧

煅烧是加热分解氢氧化物、碳酸盐、硫酸盐等，以脱除其化学结合水和气体成分的过程，是为使产物或产品满足后续工序或产品标准而设置的一道作业。在火法冶金中，煅烧是炉料准备的组成部分，煅烧的反应多为吸热反应。煅烧温度必须高于煅烧物的分解温度，碳酸盐的煅烧温度为900～1000K，而硫酸盐或黏土矿物则为900～1300K。

1.6.1.2 熔炼

熔炼是炉料在高温（1300～1600K）炉内发生一定的物理、化学变化，产出粗金属或金属富集物（如锍、黄渣等）和炉渣的火法冶金过程。粗金属或金属富集物与熔融炉渣由于互溶度很小且存在密度差，分为两层而得以分离。炉料除精矿、焙砂、烧结矿等外，有时还需添加熔剂、还原剂等。此外，为使熔炼在高温下进行，往往需加入燃料燃烧，并送入空气或富氧空气。熔炼过程一般进行得很迅速，故熔炼设备生产率高，每平方米熔池面积的昼夜生产能力达几吨乃至几十吨。常用的熔炼设备有鼓风炉、反射炉、电炉、闪速炉、转炉、短窑和新型熔池熔炼炉等。按熔炼过程反应的实质，其可分为氧化熔炼、还原熔炼、还原硫化熔炼、挥发熔炼、沉淀熔炼和反应熔炼等。

A 氧化熔炼

氧化熔炼是处理有色金属硫化矿的重要方法，它是以氧化反应为主的熔炼过程。硫化铜精矿和硫化镍精矿等原料的造锍熔炼、硫化铅精矿的熔池熔炼、铜锍和镍锍的吹炼等，都属于氧化熔炼。这些熔炼过程都是使精矿中的硫、铁和杂质元素发生氧化，从而使有价金属富集的过程。一些粗金属(例如粗铜等)的氧化精炼也属于氧化熔炼。造锍熔炼可采用鼓风炉、反射炉、电炉、闪速炉、艾萨炉等设备，熔池熔炼可采用顶吹或底吹熔池熔炼炉，铜锍和镍锍的吹炼一般采用转炉，粗金属氧化精炼一般采用反射炉或回转炉。

B 还原熔炼

还原熔炼是金属氧化物在高温下被还原剂还原成金属的熔炼过程。目前，采用还原熔炼来提取的有色金属主要有鼓风炉还原熔炼法炼铅、鼓风炉炼锌、反射炉炼锡、电炉炼锡、澳斯麦特炉炼锡、氧化锑还原熔炼等。锌和铅冶炼的原料几乎全是硫化精矿，所以锌、铅的还原熔炼都是先将硫化精矿进行烧结焙烧，使精矿中的硫化矿物（PbS、ZnS）氧化变为氧化物（PbO、ZnO），并将细粒物料结块以后，才送鼓风炉进行还原熔炼。还原熔炼使用的设备有鼓风炉、反射炉、电炉和熔池熔炼炉，选用哪一种设备取决于进炉物料的形态及工厂的具体条件。

C 还原硫化熔炼

还原硫化熔炼是在有还原剂和硫化剂存在的条件下，使铜、镍氧化矿中的铜、镍被硫化为 Cu_2S 和 Ni_3S_2 并富集在锍中的熔炼过程。这种熔炼过程使用碳质还原剂，并以石膏（$CaSO_4$）或黄铁矿（FeS_2）作为硫化剂。随着湿法冶金技术的发展，氧化铜矿现在大都采用湿法冶金处理，故这种熔炼方法在氧化铜矿的处理中已不多用，但这种方法在氧化镍矿的处理中还有应用。

D 挥发熔炼

挥发熔炼是一种利用某些金属或其化合物蒸气压较大的特性进行分离或提纯的过程。例如，鼓风炉炼锌属于还原挥发熔炼，该过程在还原时利用了还原产物金属锌的挥发性；硫化锑精矿的鼓风炉熔炼则是一种氧化挥发熔炼方法，熔炼过程是基于 Sb_2S_3 及其氧化后产物 Sb_2O_3 的挥发性能而形成的。

E 沉淀熔炼

沉淀熔炼是用金属铁从高品位硫化矿中置换并沉淀出金属的熔炼方法，其反应如下：

$$MeS + Fe = Me + FeS$$

式中，Me 表示金属。这种方法不需要焙烧，硫化矿只需一步处理即可得到金属，可用于高品位的铅、锑、铋等硫化矿的熔炼。在有色金属的火法冶金中，这种熔炼方法已不再单独使用，只在某些冶炼过程中作为一种辅助手段。

F 反应熔炼

反应熔炼是通过一种金属的硫化物与这种金属的氧化物或硫酸盐相互反应，直接从硫化矿中提取金属的熔炼方法。例如：

$$PbS + 2PbO = 3Pb + SO_2$$

$$PbS + PbSO_4 = 2Pb + 2SO_2$$

这是一种古老的冶炼方法，早期用于从高品位硫化铅矿中提取金属铅，后也用于铋冶炼。

1.6.1.3 火法精炼

火法精炼是指在高温下用各种方法除去粗金属中杂质的精炼过程。其主要是利用主金属与杂质在物理和化学性质上的差异，通过某种化学反应或物理过程，使主金属和杂质分别富集在不同的相中来实现彼此分离，从而达到提纯主金属的目的。火法精炼按其工艺过程发生的变化，可以分为以化学变化为主的化学精炼法和以物理变化为主的物理精炼法。

A 化学精炼法

以化学变化为主的火法精炼主要是利用杂质与主金属某些化学性质的不同，通过适当的化学反应使两者分离。其又可大致分为两类：

（1）利用主金属、杂质与某种元素亲和力的差异而进行分离的方法。例如，某些杂质与氧的亲和力大于主金属，在精炼中加入氧化剂或吹入氧气，杂质被氧化成氧化物，而主金属不被氧化，仍保持为金属形态，从而实现分离。这种通过氧化过程而进行的精炼常称为氧化精炼。与之类似的还有硫化精炼、氯化精炼、碱性精炼、金属脱气、电渣熔炼等。

（2）利用某些主金属能生成某种易挥发且易离解的化合物，而杂质则不能生成这种化合物的性质差异进行分离的方法。首先是控制一定的精炼条件，使主金属变成易挥发化合物挥发而与杂质分离，然后通过化合物离解得到纯金属。有时还可以通过化合物的离解制取具有一定物理形态（如镀层、超细球形粉等）的纯金属。碘化物热离解法、羰基法属于这类精炼方法。从某种意义上来说，歧化冶金也属此类。

B 物理精炼法

以物理变化为主的火法精炼主要是利用主金属与杂质某些物理性质的不同，通过某种物理过程而进行脱除杂质的方法。例如，利用主金属和杂质的蒸气压不同进行精炼的方法，包括蒸馏（升华法）、精馏精炼、真空精炼；利用杂质在金属液、固两相间的溶解度不同进行精炼的方法，包括熔析精炼和区域熔炼。

应当指出，在实践中几乎不存在单纯的化学精炼法或物理精炼法，这两种方法往往相互配合使用，以达到最佳的精炼效果。例如，锡的火法精炼、熔析法及凝析法除铁砷、结晶法除铅铋等为物理精炼法，而加硫除铜、加铝除砷锑则为化学精炼法。

火法精炼在有色金属生产中获得了广泛应用，与湿法提纯的溶液净化和电解精炼相比，其具有过程较简单、成本低的优点，因而许多有色重金属（如铅、锌、铜、锡等）都采用火法精炼来生产纯金属。铅、锌火法精炼产品的纯度均可达 99.99%，能满足用户的要求。稀有高熔点金属和稀土金属由于金属本身的电极电位比氢气负，在水溶液中不可能稳定存在，因此火法精炼是它们进行提纯和致密化的唯一途径。在这些金属的火法精炼过程中，往往还可控制某种条件，使金属锭的内部结构符合某些金属加工的要求，同时还可直接得到异形件（如不同形状断面的棒材等）、镀层以及符合特殊要求的粉末等。

1.6.2 湿法冶金

湿法冶金是在溶液中进行的冶金过程。湿法冶金温度不高，一般低于373K，现代湿法冶金中的高温高压过程，其温度也不过在473K左右，极个别情况下温度可达573K。该法具有适于处理低品位矿物原料、能处理复杂矿物原料、有利于矿物资源综合利用和环境保护、劳动条件好等优点。湿法冶金包括浸出、液固分离、净化、制备金属等过程。

1.6.2.1 浸出

用适当的熔剂处理矿石或精矿，使欲提取的金属呈某种离子（阳离子或络阴离子）形态进入溶液，而脉石及其他杂质则不溶解，这样的过程称为浸出。浸出根据浸出剂的种类，可分为酸浸出、碱浸出、氨浸出、氰化物浸出、氯盐浸出、氯气浸出、硫脲浸出、加入微生物的细菌浸出等；根据浸出过程的压力，可分为常压浸出和加压浸出；根据浸出的方式，可分为就地浸出、堆浸、渗滤浸出、搅拌浸出、热球磨浸出、管道浸出、流态化浸出和电浸出等；根据浸出过程反应的特点，可分为氧化浸出和还原浸出；根据浸出流程，可分为间歇浸出、连续浸出和多段浸出。

对某些难浸出的矿石或精矿，在浸出前常常需要进行预处理，使被提取的金属转变为易于浸出的某种化合物或盐类。例如，转变为可溶性的硫酸盐而进行的硫酸化焙烧等，是常用的预处理方法。

1.6.2.2 液固分离

液固分离是将浸出得到的含金属（离子）的浸出液与由脉石矿物组成的不溶残渣（浸出渣）进行分离的过程，为现代湿法冶金流程的组成部分。与其他湿法冶金作业相比，液固分离作业常需花费更多的时间，其往往成为整个湿法冶金过程的控制步骤，从这个意义上来说，液固分离是湿法冶金的一个重要环节。液固分离方法有絮凝、沉降、过滤和洗涤。常用的液固分离设备有沉降槽、离心机和压滤机等。

1.6.2.3 净化

从溶液中除去杂质的湿法冶金过程称为净化。在湿法冶金的浸出作业中，仅使欲提取金属完全而又有选择性地溶解出来是不可能的，矿石中的其他成分也会或多或少地溶浸出来，因此浸出液中不可避免地会含有杂质。杂质的存在会对后续作业操作和产品质量产生不良影响，必须通过溶液净化使其从浸出液中除去。主要的溶液净化方法有结晶、蒸馏、沉淀、置换、溶剂萃取、离子交换、电渗析和膜分离等。

1.6.2.4 制备金属

制备金属是把水溶液中的金属离子或中性分子转化为金属态而从溶液中析出的湿法冶金单元操作过程，是湿法冶金的重要步骤之一。从溶液中提取金属的方法大体上可以分为电解提取和化学提取两种。

A 电解提取

电解提取又称电解沉积，是向水溶液或悬浮液中通入直流电，使其中的某金属离子在阴极上还原而沉积的过程。在湿法冶金中，广泛采用电解提取法从水溶液中提取铜、锌、镍、金等金属。

B 化学提取

化学提取是一种用还原剂把水溶液中的金属离子还原成金属的过程。常用的还原剂有氢气，SO_2 气体，亚铁离子，铁、锌、铝、铜等金属以及草酸、联氨等。化学提取按照所用的还原剂，可分为加压氢气还原法、二氧化硫还原法、亚铁还原法、置换法、联氨还原法、歧化沉淀法等。

1.6.3 电冶金

电冶金是利用电能提取金属的方法。根据利用电能效应的不同，电冶金又分为电热冶金和电化冶金。

1.6.3.1 电热冶金

电热冶金是利用电能转变为热能进行冶炼的方法。在电热冶金的过程中，按照物理化学变化的实质来说，其与火法冶金过程差别不大，两者的主要区别只是冶炼时热能来源不同。电热冶金可用于许多冶金过程，主体设备为电炉。根据电热转换方式，可将电炉分为电阻炉、感应炉、电弧炉、等离子体炉和电子束炉等。与一般火法冶金相比，电热冶金具有加热速度快，调温准确，温度高（可达 2273K），可以在各种气氛、各种压力或真空中作业，以及金属烧损少等优点，成为冶炼普通钢，铁合金，镍、铜、锌、锡等重有色金属，钨、钼、钽、铌、钛、锆等稀有高熔点金属以及某些其他稀有金属、半导体材料等的一种主要方法。但电热冶金消耗电能较多，只有在电源充足的条件下才能发挥优势。

1.6.3.2 电化冶金

电化冶金的全称是电化学冶金，是利用电化学反应使金属从含金属盐类的溶液或熔体中析出的过程。前者称为水溶液电解，如铜、铅、锡的电解精炼和铜、锌的电解沉积等，可列入湿法冶金一类；后者称为熔盐电解，适用于铝、镁、钠等活泼金属的生产。熔盐电解不仅利用电能的化学效应，而且利用电能转变为热能，借以加热金属盐类，使之熔化成为熔体，故也可列入火法冶金一类。当前用电化冶金生产和精炼的有色金属已达 30 余种。

1.6.4 各种冶金方法的应用

火法冶金、湿法冶金和电冶金这三种冶金方法各有优缺点和适用范围。大多数有色金属通常要采用两种或三种冶金方法相互配合的生产流程才能生产出来。例如铜的生产，对于硫化铜矿的冶炼，首先是采用造锍熔炼、铜锍吹炼、粗铜精炼的火法冶金工艺将硫化铜精矿冶炼成阳极铜，然后用电化冶金方法将阳极铜电解精炼成阴极铜；而对于氧化铜矿的冶炼，则是采用浸出、萃取、电积的生产工艺，该工艺包括湿法冶金和电冶金方法。锌的生产是采用火法冶金方法将硫化锌精矿焙烧成氧化物焙砂，然后用湿法冶金方法浸出焙砂而得到硫酸锌溶液，最后用电化冶金方法从硫酸锌溶液中电积出金属锌。铝的生产首先是采用拜耳法或烧结法将铝土矿转化为纯的氧化铝，然后用高温熔盐电解法将氧化铝电解成金属铝，生产流程涉及烧结、溶出、煅烧、电解等过程。本书主要介绍铜、镍、铅、锌、锡、铝、钨、钛八种典型有色金属的生产方法。根据矿石性质和冶炼产品的不同，这些有色金属均需采用不同的冶金方法进行组合才能生产出来，如表 1-2 所示。

表 1-2 八种典型有色金属生产采用的冶金方法

金 属	火法冶金	湿法冶金	电 冶 金
铜	硫化铜精矿造锍熔炼，铜锍吹炼，粗铜火法精炼	氧化铜矿浸出，硫化铜矿细菌浸出，溶剂萃取	铜锍电炉熔炼，阳极铜电解精炼，铜电解沉积
镍	硫化镍精矿造锍熔炼，镍锍吹炼，氧化镍矿火法冶炼	高镍锍选择性浸出，红土镍矿还原-氨浸，红土镍矿加压酸浸	镍锍电炉熔炼，硫化镍电解
铅	硫化铅精矿烧结焙烧，铅烧结块鼓风炉熔炼，硫化铅精矿直接熔炼，粗铅火法精炼		铅电解精炼
锌	硫化锌精矿焙烧，密闭鼓风炉炼锌，粗锌火法精炼	锌焙砂浸出，氧化锌矿浸出，硫化锌精矿直接浸出，硫酸锌溶液净化	硫酸锌溶液电解沉积
锡	锡精矿焙烧，锡精矿还原熔炼，锡炉渣熔炼，粗锡火法精炼		锡精矿电炉还原熔炼，粗锡电解精炼
铝	碱石灰烧结法生产氧化铝	拜耳法生产氧化铝	电解铝生产
钨	钨精矿苏打烧结分解，三氧化钨生产，三氧化钨氢还原	黑钨精矿碱分解，白钨精矿苏打水溶液分解或盐酸分解，钨酸钠溶液净化，钨酸生产	垂熔炉烧结生产致密钨
钛	钛渣生产，选择氯化法生产人造金红石，四氯化钛生产，四氯化钛精馏净化，海绵钛生产，粉末冶金法生产致密钛，氯化法生产钛白	锈蚀法和硫酸法生产人造金红石，四氯化钛净化除钒、铝，硫酸法生产钛白	真空电弧熔炼法生产致密钛

1.7 有色金属的循环

1.7.1 有色金属循环的意义

有色金属的提取、制备、生产、使用和废弃是一个不断消耗资源和能源的过程，这是一种“资源-产品-废弃物”单向流动的线性经济，其特征是高开采、低利用、高排放，对资源的利用常常是粗放的和一次性的。有色金属生产的增长主要依靠高强度地开采和消费有色金属矿产资源以及高强度地破坏生态环境，这种线性经济运行模式导致的最终结果必然是自然资源的枯竭和自然环境的破坏，是一种不可持续的发展模式。要实现有色金属工业的可持续发展，必须着眼于有色金属资源利用方式和经济发展模式的转变，寻求以最有效利用资源和保护环境为基础的循环经济之路。

循环经济是物质闭环流动型经济的简称，是由“资源-产品-再生资源”所构成的、物质反复循环流动的经济发展模式，其基本特征是低开采、高利用、低排放。循环经济克服了传统线性经济发展模式的弊端，实现废物的再生利用，使之变成再生资源，重新进入生产系统，进行新一轮的物质流传递。发展有色金属循环经济，实现有色金属资源的循环利用，对于促进资源、环境与经济社会的全面、协调和可持续发展具有以下重要意义：

（1）有色金属资源循环可以弥补矿产资源不足。全世界有色金属矿产资源难以满足人类的需求，而且矿石品位越来越低，矿物资源越来越少。然而与此同时，社会积存的各种金属废品、边角料和含有色金属的各种溶液、渣等物料却越来越多。这些物料的金属含量通常比原矿高。综合来看，处理这些物料的直接经济效益和社会效益，都比从矿山开采矿石而后经选、冶、加工要好得多。

（2）有色金属资源循环可以改善环境。原生有色金属的生产由于原料品位较低、成分复杂，因而生产流程长、工序多，生产过程中产生的废水、废气、废渣（简称“三废”）导致环境污染；相反，再生有色金属的生产由于原料品位较高且成分较单纯，因而流程短、工序少，产生的“三废”显著减少。如果我国有色金属的总产量中有一半来自资源循环而不是来自矿石，废水、废气和废渣将大大减少，二氧化硫、砷、氟、汞、镉、铅等有毒元素在“三废”中的排放量也将明显下降。据测算，与原生金属生产相比，每吨再生铜、再生铝、再生铅可分别节水395m^3、22m^3、235m^3，减少固体废物排放量380t、20t、128t；每吨再生铜、再生铅分别相当于少排放二氧化硫0.137t、0.03t。如果大部分有色金属产量来自循环利用，则有色金属工业对环境造成的污染将从根本上得以改善。

（3）有色金属资源循环可以节能。有色金属工业是高能耗生产部门，原生有色金属生产的能源费用占总生产费用的比例日渐增大。在能源变得越来越紧张的今天，资源循环可以大幅度节能，这是一般的工艺和装备进步所无法比拟的，因此特别引人关注。对于高能耗的有色金属工业来说，要走出产量增加、能耗随之上升的状况，单靠小改小革的节能措施难以奏效。铜、铅、锌、铝的循环利用可分别节能84%～87%、60%～65%、60%～72%、92%～97%，资源循环的节能潜力非常明显。加大资源循环的力度，有色金属工业的单位产量能耗和总能耗就能大大降低。

（4）有色金属资源循环可以使投资和生产成本下降。原生有色金属生产所用原料是低品位矿石，生产1t铜需要开采120～150t或更多的矿石，生产1t锡、钼、钨需要的矿石量为1700～2500t。生产原生金属时不仅需要建设矿山，而且还消耗大量燃料及其他原材料，因而生产原生金属的费用是很高的。然而，有色金属资源循环不需要建设矿山，生产工艺流程短，基建投资和生产成本下降。有人统计，再生有色金属的生产费用大约只有从矿石生产有色金属费用的一半。生产1t再生铝比从矿石生产1t铝节约投资87.5%，生产费用降低40%～50%。资源循环使投资和生产成本如此大幅度地降低，也绝不是一般变革所能比拟的。

1.7.2 发展有色金属循环经济的原则

有色金属循环经济是一种以有色金属资源的高效利用和循环利用为核心，以“减量化、再利用、资源化”为原则，以“低消耗、低排放、高效率”为基本特征，符合可持续发展理念的经济增长模式，是对“大量生产、大量消费、大量废弃”的传统增长模式的根本变革。“减量化、再利用、资源化”原则（即3R原则）是发展有色金属循环经济的核心内容，也是提高资源和能源利用效率、保护生态和促进经济发展所必须遵循的基本原则。

（1）减量化原则。减量化原则属于输入端方法，旨在减少进入生产过程的物质量，从源头节约资源和减少污染物排放。它要求投入较少的原料和能源达到既定的生产目的或消费目的，从而在经济活动的源头就注意节约资源和减少污染。企业可以通过技术改造、采用先进的生产工艺、实施清洁生产来减少单位产品生产的原料使用量，以达到节约资源和减少废弃物排放的目的。例如，在铜冶炼生产过程中，采用闪速熔炼工艺或艾萨炉熔池熔炼工艺可较大幅度降低原材料消耗，提高能源利用效率，大幅度减少二氧化硫排放。

（2）再利用原则。再利用原则属于过程方法，是指产品多次使用或修复、翻新，或再制造后继续使用，尽可能地延长产品的使用周期，防止产品过早地成为垃圾。其目的是提高产品和服务的利用率，使各种物质和能量各尽其能。有色金属企业拥有大量的设备（包括生产设备和运输设备），在生产工艺、设备的设计中应尽量采用标准化设计，这样不仅可以使备品备件的资源共享，减少库存，而且可以使生产设施非常便捷地升级换代，而不必更换整套设施。对于运输设备，应进行部分零部件的翻新而不必要对整个设备进行替换，从而提高运输能力。

（3）资源化原则。资源化原则（也称再循环原则）属于输出端方法，要求物品完成使用功能后重新变成再生资源，从而又回到输出端开始新一轮的生产加工。它能将废弃物最大限度地转化为资源，变废为宝、化害为利，既可减少自然资源的消耗，又可减少污染物的排放。有色金属资源的循环再利用，不仅可以延缓甚至解决有色金属矿产资源枯竭的问题，而且可以极大地减缓对环境造成的压力。

1.7.3 发展有色金属循环经济的模式

循环经济模式既要求物质在系统内多次重复利用，从而达到生产和消费的“非物质化”，尽量减少对物质，特别是自然资源的消耗；又要求经济体系排放到环境中的废物可以被环境同化，并且排放总量不超过环境的自净能力。循环经济实现“非物质化”的重要途径是提供功能化服务而不仅仅是提供产品本身，做到物质产品利用的最大化而不是消费的最大化，在满足人类不断增长的物质需要的同时，大幅度地减少物质消耗。

循环经济模式可以认为是一种“资源-生产-流通-消费-再生资源”的反馈式流程，运行模式为“资源-产品-再生资源”。有色金属循环经济的运行模式，主要是在传统的“勘探-采矿-选矿-冶炼-加工-制品-使用”线性经济运行模式中，补充建立了有色金属资源再生利用系统，以弥补单向流动的线性经济模式中再生利用系统的缺失，克服线性经济运行中阻断有色金属资源循环的弊端。即以矿山、采矿、选矿、冶炼、加工为主导产业，以有色金属资源再生、有价金属综合回收、“三废”治理和利用等为静脉产业，以房地产、电力、交通运输、制造业等使用有色金属的行业为关联及衍生产业，构成有色金属资源循环利用的产业链，如图 1-1 所示。在社会经济生态系统中，通过有色金属资源循环利用的产业链，形成有色金属的生产、消费、再生利用三个相互影响和互动的功能系统，在企业内部、企业与企业之间、企业与社会之间三个层面上沟通有色金属资源循环利用的渠道，实现有色金属的“资源-产品-再生资源”闭路循环。在这个有色金属闭路循环系统中，把清洁生产、资源综合利用、生态设计和可持续消费等融为一体，强调废物减量化、资源化和无害化。因此，有色金属循环经济本质上是一种不同于传统经济的生态经济，是一种新型的、先进的、人与环境和谐发展的经济形态，是实现经济、社会和环境可持续发展、协调发展和“共赢”发展的经济运行理想模式。

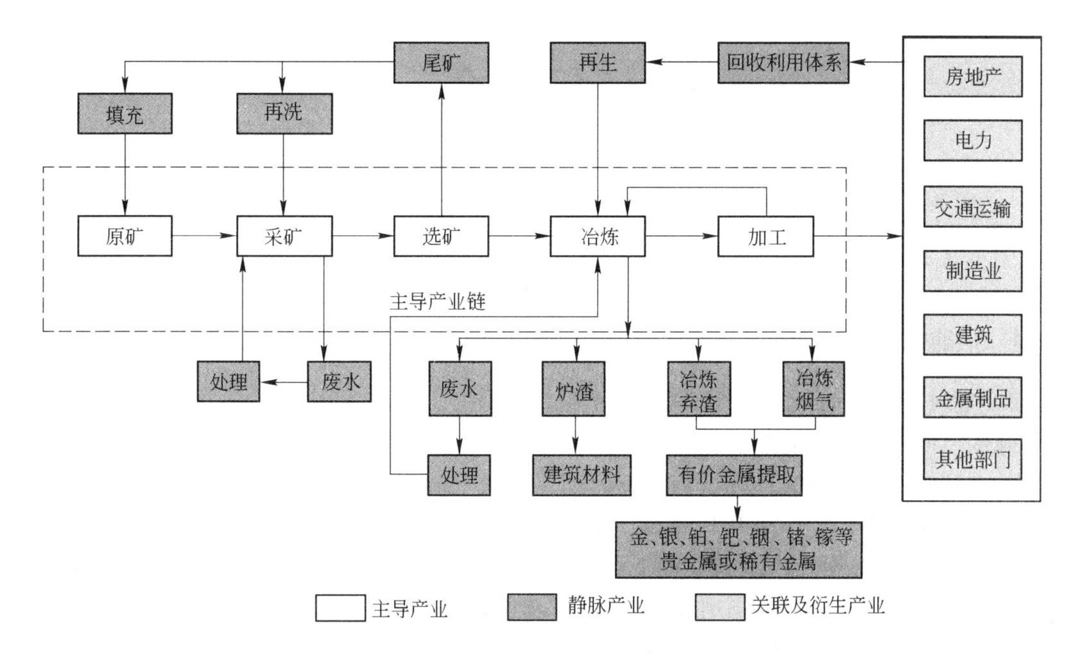

图 1-1　有色金属工业发展循环经济的基本模式

复习思考题

1-1　冶金技术的发展经历了哪几个时代？

1-2　有色金属可以分为几类？举例说明。

1-3　有色金属的地位是什么？

1-4　什么是有色金属矿产资源和二次资源？

1-5　矿物和矿石的区别是什么？

1-6　什么是选矿，选矿方法有几种？

1-7　冶金学的定义是什么？

1-8　提取冶金学的任务是什么？

1-9　冶金方法可以分为几类？分别说明。

1-10　发展有色金属循环经济有何意义？

2 铜冶金

2.1 概　　述

2.1.1 铜的性质和用途

2.1.1.1 物理性质

铜是一种重要的有色重金属，在常温下为固体，新口断面呈紫红色。铜的晶体结构为面心立方晶格。固态纯铜具有良好的延展性，可加工成 0.0799mm 的细丝或薄片。铜是优良的导电和导热体，其导电和导热能力在金属中仅次于银，如以银的导电和导热能力为100%，则铜的导电和导热能力分别为 93% 和 73.2%。微量杂质的存在会使铜的导电能力大为降低，例如，铜中含砷 0.0013% 时，可使其电导率降低 1%。液态铜能溶解许多气体，如 H_2、O_2、SO_2、CO_2、CO 和水蒸气，因此精炼铜在铸锭之前要脱除溶解的气体，否则铜锭会产生气孔。

铜的力学性能优于铝，例如，当铜丝和铝丝每单位长度电阻相同时，若以铜的截面积、直径、重量和破坏强度为1，则铝的相应值分别为 1.61、1.27、0.488 和0.64。可见，虽然铝丝重量减轻一半，但由于其强度差、尺寸大，使电机的体积相应增大。铜的主要物理性质列于表 2-1。

表 2-1　铜的主要物理性质

性　质	数　值	性　质	数　值
半径/pm	96(Cu^+),72(Cu^{2+}),127.8(Cu)	汽化热/$kJ \cdot mol^{-1}$	306.7
熔点/K	1356.6	密度/$kg \cdot m^{-3}$	8960(293K),7940(13656.6K)
沸点/K	2840	热导率/$W \cdot (m \cdot K)^{-1}$	401(300K)
熔化热/$kJ \cdot mol^{-1}$	13.0	电阻率/$\Omega \cdot m$	1.6730×10^{-8}(293K)

2.1.1.2 化学性质

铜是元素周期表中第 4 周期 I_B 族元素，元素符号为 Cu，原子序数为 29，相对原子质量为 63.546。铜原子的外电子构型为$[Ar]3d^{10}4s^1$。铜在形成稳定化合物时可失去 4s 轨道的 1 个电子，也可同时失去 3d 轨道中的 1 个电子，所以铜主要有 +1 和 +2 两种氧化态。常温下铜的氧化态以 +2 为主，高温时低氧化态的化合物稳定。

铜在干燥空气中不氧化，在温度高于 458K 时则开始氧化，温度低于 623K 时生成红色氧化亚铜（Cu_2O），温度高于 623K 时生成黑色氧化铜（CuO）。长期放置在含 CO_2 的潮湿空气中，铜表面会逐渐生成一层绿色的碱式碳酸铜($CuCO_3 \cdot Cu(OH)_2$)，即所谓“铜绿”。

在电化次序表中，铜位于氢的后面，因此铜不能溶于稀硫酸和盐酸中，但能溶于硝酸、王水和加热的浓硫酸中。有空气存在时，其也能溶于盐酸、稀硫酸和氨水中。

2.1.1.3 铜的化合物

铜的化合物有数百种，但以工业规模生产的不多，其中最重要的是五水硫酸铜，或称胆矾（$CuSO_4 \cdot 5H_2O$），其次有波尔多液（$Cu(OH)_2 \cdot CuSO_4$）、偏亚砷酸铜（$Cu(AsO_2)_2$）、醋酸铜（$Cu(CH_3COO)_2$）的复合物、氰化亚铜（CuCN）、氯化铜（$CuCl_2$）、氧化亚铜（Cu_2O）、氧化铜（CuO）、碱式碳酸铜和环烷酸铜等。铜与硫化合生成硫化亚铜（Cu_2S）和硫化铜（CuS）。

2.1.1.4 铜的用途

由于铜具有许多优异性能，在各工业部门中得到广泛应用。20 世纪 60 年代之前，铜的重要性和消费量仅次于钢铁。此后，其才让位给资源更丰富、价格更便宜的铝，退居第三位。20 世纪 80 年代后期中国铜消费比例为：电力 55.2%，机械制造 19.6%，金属制品 8.1%，交通运输 4.3%，电子 2.2%，有色金属 2.3%，仪器仪表 2.1%，其他 6.2%。就世界范围而言，铜产量半数以上用于电力和电子工业，如制造电缆、电线、电机及其他输电和电讯设备。20 世纪 80 年代后，铜在电信上的部分用途被光导纤维所代替。此外，铜也是国防工业的重要材料，用于制造各种子弹壳、飞机和舰艇零部件。

铜能与锌、锡、铝、镍、铍等形成多种重要合金。黄铜（铜锌合金）、青铜（铜锡合金）用于制造轴承、活塞、开关、油管、换热器等。铝青铜（铜铝合金）抗震能力很强，可用以制造需要强度和韧性的铸件。铜镍合金中的蒙奈尔合金以抗蚀性著称，多用于制造阀、泵、高压蒸汽设备。铍青铜（铍铜合金）的力学性能超过高级优质钢，广泛用于制造各种机械部件、工具和无线电设备。

铜的化合物是农药、医药、杀菌剂、颜料、电镀、原电池、染料和触媒的重要原料。

2.1.2 炼铜原料

铜在地壳中的相对丰度仅为 $6.8 \times 10^{-3}\%$，但铜能形成比较富的矿床。在各类铜矿床中，铜呈各种矿物存在，其中大部分为硫化物和氧化物，少量为自然铜。自然界产出的铜矿物有 240 种之多，但多数并不常见，也不具有工业价值。常见的硫化矿物有黄铜矿（$CuFeS_2$）、斑铜矿（Cu_5FeS_4）、辉铜矿（Cu_2S）、铜蓝（CuS）、黝铜矿（$Cu_{12}Sb_4S_{13}$）、砷黝铜矿（$Cu_{12}As_4S_{13}$）等，氧化矿物有孔雀石（$CuCO_3 \cdot Cu(OH)_2$）、硅孔雀石（$CuSiO_3 \cdot 2H_2O$）、蓝铜矿（$2CuCO_3 \cdot Cu(OH)_2$）、赤铜矿（Cu_2O）、黑铜矿（CuO）和胆矾（$CuSO_4 \cdot 5H_2O$）等。

炼铜原料约 90% 来自硫化矿，约 10% 来自氧化矿，少量来自自然铜。现今采矿的铜矿石品位为 1% 左右，坑内采矿的边界品位为 0.4%，露天采矿可降至 0.2%。采出来的矿石需先经选矿（一般为浮选）得到含铜 10% ~30% 的精矿，再进行冶炼。铜精矿的粒度很小，粒度小于 0.074mm 的精矿颗粒占 90% 以上。除了含铜外，铜精矿还含有数量与铜大抵相当的硫和铁，并有一定量的其他杂质，典型的铜精矿化学成分波动范围见表 2-2。铜矿物常伴生有黄铁矿、闪锌矿、方铅矿、镍黄铁矿及含钴矿物，贵金属、稀有金属和半金属也是常见的伴生组分。在冶炼时，必须回收铜精矿中的有价组分，以提高资源的综合利用程度和消除对环境的污染；同时也要注意利用铜精矿的巨大反应表面和熔炼反应热，以强化生产和节约能源。氧化铜矿难以选矿富集，一般用湿法冶金或其他方法处理。除了铜的矿产资源外，杂铜等二次铜资源也是重要的炼铜原料。

表 2-2 铜精矿化学成分的波动范围

Cu	Fe	S	SiO_2	CaO	Au	Ag
10% ~30%	20% ~30%	25% ~35%	<10%	<10%	2 ~10g/t	15 ~300g/t

2.1.3 铜的生产方法

2.1.3.1 火法炼铜

火法炼铜是当今生产铜的主要方法，其产量占铜生产量的80% ~90%，主要用于处理硫化矿。以硫化铜精矿为原料生产金属铜的工艺流程如图 2-1 所示。工艺过程主要包括四个步骤，即造锍熔炼、铜锍吹炼、粗铜火法精炼和阳极铜电解精炼。造锍熔炼可以在不同的设备中进行，传统熔炼设备有反射炉、电炉和密闭鼓风炉等，强化熔炼设备有闪速炉、诺兰达炉、艾萨炉、白银炉等。火法炼铜的优点是：适应性强，能耗低，生产效率高，金属回收率高。

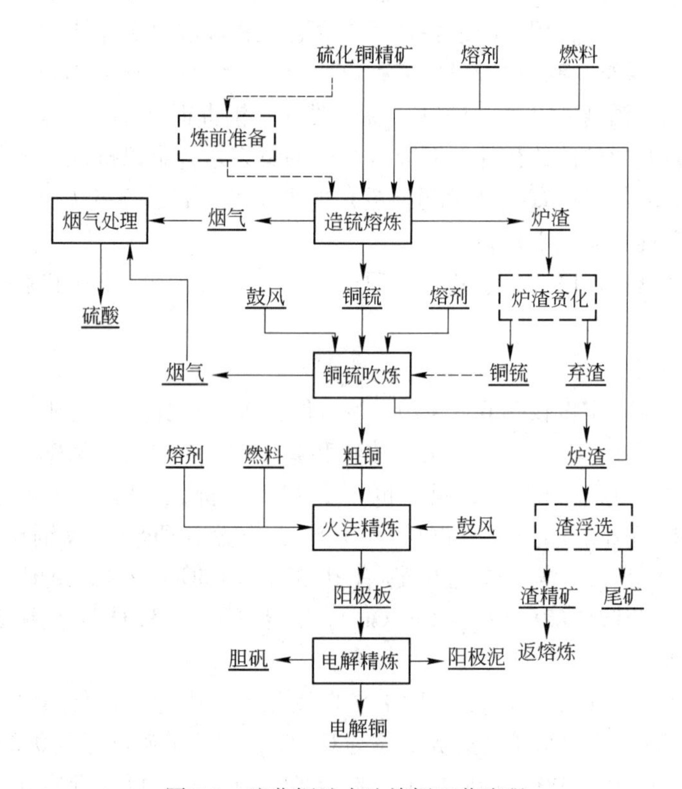

图 2-1 硫化铜矿火法炼铜工艺流程

2.1.3.2 湿法炼铜

湿法炼铜产量占铜生产量的10% ~20%，主要用来处理氧化矿、贫矿和残留矿，也可用来处理硫化矿。氧化铜矿湿法炼铜工艺流程如图 2-2 所示。工艺过程主要包括四个步骤，即浸出、萃取、反萃取、金属制备（电积或置换）。氧化矿可以直接进行浸出，低品位氧化矿采用堆浸，富矿采用槽浸。硫化矿在一般情况下需要先进行氧化焙烧后再浸出，也可直接采用细菌浸出或高压氧浸出。

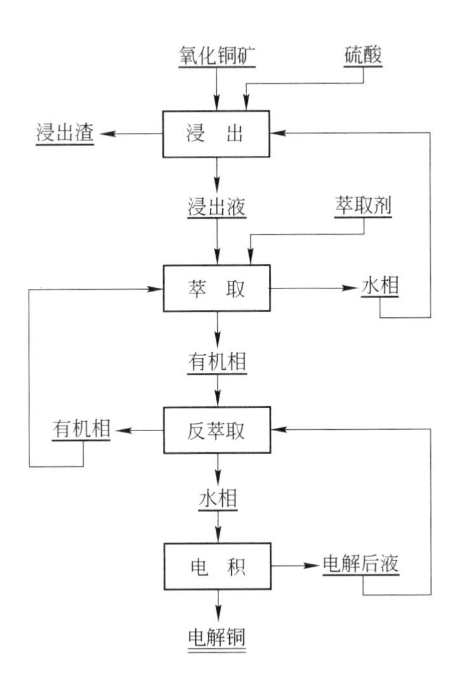

图 2-2 氧化铜矿湿法炼铜工艺流程

2.2 造锍熔炼

2.2.1 造锍熔炼的基本原理

如前所述，硫化铜精矿铜含量一般为10%～30%，除脉石外，常伴生有大量铁的硫化物，其量超过主金属铜。所以用火法由铜精矿直接炼出粗金属，在技术上仍存在一定困难，冶炼时金属回收率和金属产品质量也不容易达到要求。因此，世界上普遍采用造锍熔炼-铜锍吹炼的工艺来处理硫化铜精矿。这种工艺的原理是：利用铜与硫的亲和力大于铁和一些杂质金属，而铁与氧的亲和力大于铜的特性，在高温及控制氧化气氛条件下，使铁等杂质金属逐步氧化后进入炉渣或烟尘被除去，而金属铜则富集在铜锍等各种中间产物中，并逐步得到提纯。

在铜的冶炼富集过程中，造锍熔炼是一个重要的单元过程，即将硫化铜精矿、部分氧化物焙砂、返料和适量的熔剂等炉料，在1423～1523K的高温下进行熔炼，产出两种互不相溶的液相（熔锍和熔渣）的过程。熔锍是指硫化亚铁与重金属硫化物互溶在一起形成的硫化物熔体；熔渣是指矿石中的脉石、炉料中的熔剂和其他造渣组分在熔炼过程中形成的金属硅酸盐、铁酸盐和铝酸盐等混合物的熔体。

造锍熔炼主要包括两个过程，即造渣和造锍过程，其主要反应如下：

$$2FeS_{(l)} + 3O_{2(g)} = 2FeO_{(l)} + 2SO_{2(g)} \quad (1)$$

$$2FeO_{(l)} + SiO_{2(s)} = 2FeO \cdot SiO_{2(l)} \quad (2)$$

$$xFeS_{(l)} + yCu_2S_{(l)} = yCu_2S \cdot xFeS_{(l)} \quad (3)$$

FeS 的氧化反应（1）可以达到炉料部分脱硫的目的；造渣反应（2）主要是脱除炉料中的部分铁，并使炉料中的 SiO_2、Al_2O_3、CaO 等成分和杂质通过造渣除去；造锍反应（3）则是使炉料中的硫化亚铜与未氧化的硫化亚铁相互溶解，产出含铜较高的液态铜锍（又称铜锍）。铜锍中铜、铁、硫的总量常占 85% ~95%，炉料中的贵金属几乎全部进入铜锍。炉渣是以 $2FeO \cdot SiO_2$（铁橄榄石）为主的离子型硅酸盐熔体，铜锍则是以 Cu_2S 和 FeS 为主的共价型硫化物熔体，两者互不相溶，且铜锍密度大于熔渣密度，故铜锍与熔渣可以相互分离。传统的造锍熔炼法有反射炉熔炼、电炉熔炼和密闭鼓风炉熔炼；现代的强化熔炼法有闪速炉熔炼、诺兰达法、三菱法、瓦纽柯夫法、白银法和艾萨法或澳斯麦特法等。

造锍熔炼的目的在于，把炉料中全部的铜富集在铜锍相，把脉石、氧化物及杂质汇集于熔渣相，然后使铜锍相与熔渣相完全分离，分别产出铜锍和熔渣。为了达到这个目的，造锍熔炼过程必须遵循两个原则：一是必须使炉料有相当数量的硫来形成铜锍；二是使炉渣二氧化硅含量接近饱和，以使铜锍和炉渣不致混溶。

当炉料中有足够硫时，在高温下由于铜与硫的亲和力大于铁，而铁与氧的亲和力大于铜，故 FeS 能按以下反应使铜硫化：

$$FeS_{(l)} + Cu_2O_{(l)} = FeO_{(l)} + Cu_2S_{(l)}$$

在熔炼温度为 1473K 时，该反应的平衡常数 $K = 15850$，这说明 Cu_2O 几乎可以被 FeS 完全硫化。实践证明，不论铜的氧化物呈什么形态存在，上述反应都能进行，这个反应也用于从转炉渣中回收铜，它是火法炼铜的一个重要反应。

对炉渣性质的研究表明，当没有二氧化硅时，液态氧化物和硫化物是高度混溶的。实验表明，当体系中不存在 SiO_2 时，例如含 30% ~60% Cu 的铜锍，在 1427K 下能溶解达其本身质量 50% 的 FeO。因而不含 SiO_2 的硫化物-氧化物体系基本上是单一相，即不能使熔渣与铜锍分离。但是，随着体系中 SiO_2 含量的增加，渣-锍间不相混溶性逐步提高，直至 SiO_2 含量大于 5% 时，铜锍与熔渣才开始分层。当熔渣被 SiO_2 饱和时，熔渣与铜锍之间的相互溶解度最小，两者发生最大程度的分离。表 2-3 列出了一组被 SiO_2 饱和的 Cu_2S-FeS-FeO-SiO_2 体系中，两个不相混溶的液相的平衡组成。

表 2-3 被 SiO_2 饱和的 Cu_2S-FeS-FeO-SiO_2 体系的平衡组成 （%）

物质	FeO	FeS	SiO_2	Cu_2S
炉渣	57.73	7.59	33.83	0.85
铜锍	14.92	54.69	0.25	30.14

对于二氧化硅作用的机理，一般认为，当没有二氧化硅时，氧化物和硫化物结合成共价键的半导体 Cu-Fe-S-O 相；当有二氧化硅存在时，它便与氧化物化合而形成强力结合的硅氧阴离子，例如：

$$2FeO + 3SiO_2 = 2Fe^{2+} + Si_3O_8^{4-}$$

因而汇集成离子型的炉渣相。硫化物没有显出形成这种硅氧阴离子的倾向，而是保留为明显的共价键的铜锍相。这样就形成了不相混溶的熔渣和铜锍两层熔体。

另外一些实验表明，CaO 和 Al_2O_3 都能与 SiO_2 形成络合物，并能降低 FeS 和其他硫化物在熔渣中的溶解度，从而改善熔渣与铜锍之间的分离效果。所以，炉渣中有少量氧化钙和氧化铝也是有好处的。

2.2.2 造锍熔炼的铜锍

2.2.2.1 铜锍的成分

铜锍是由 Cu_2S 和 FeS 组成的硫化物熔体，其中含有 Ni、Co、Pb、Zn、As、Sb、Bi、Ag、Au、Se 和微量脉石成分，此外还含有 2% ~4% 的氧。一般认为铜锍中的 Cu、Pb、Zn、Ni 等重金属分别以 Cu_2S、PbS、ZnS、Ni_3S_2 硫化物形态存在；Fe 除以 FeS 形态存在外，还有少部分以 FeO 或 Fe_3O_4 形态存在于铜锍中。常见的铜锍化学成分列于表 2-4。

表 2-4 部分熔炼方法的铜锍化学成分 (%)

熔炼方法	化学成分				
	Cu	Fe	S	Pb	Zn
密闭鼓风炉熔炼	32.0 ~40.0	28.0 ~39.0	20.0 ~24.0	—	—
奥托昆普闪速炉熔炼	48.0 ~51.0	20.0 ~22.0	21.0 ~22.0	0.4 ~0.6	0.6 ~0.8
诺兰达法	64.7 ~69.8	6.1 ~7.8	21.1 ~23.0	0.6 ~2.8	0.3 ~1.2
白银法	30.4 ~53.2	18.5 ~35.2	21.4 ~24.5	—	0.9 ~2.0
瓦纽柯夫法	40.0 ~50.0	20.0 ~27.0	23.6 ~24.3	—	—
艾萨法	47.0 ~67.0	12.0 ~29.0	21.0 ~24.0	—	—
三菱法	65.7	9.2	21.9	—	—

铜锍的理论组成范围可以从纯 Cu_2S（白冰铜）变化到纯 FeS，相当于铜含量从 79.8%降到 0，硫含量从 20.2% 增至 36.4%。实际上工厂铜锍含铜 30% ~70%，含硫 20% ~25%。

铜锍中铜的质量分数称为铜锍品位，铜锍品位并不是越高越好。选择铜锍品位是生产中的一个重要问题，铜锍品位太低，会使铜锍吹炼时间拉长，费用增加；品位太高，则使熔炼炉渣铜含量增加。根据分配定律，在一定温度下，铜在熔渣和铜锍两相间的平衡浓度比是一个常数，即：

$$\frac{w(\mathrm{Cu})_{\%}}{w[\mathrm{Cu}]_{\%}} = K_{\mathrm{Cu}}$$

式中 $w(\mathrm{Cu})_{\%}$，$w[\mathrm{Cu}]_{\%}$——分别为铜在熔渣和铜锍中的质量百分数。

上式表明铜锍品位越高，铜在渣中的损失越多。在造锍熔炼时 K_{Cu} 值为 0.01 左右，亦即熔渣铜含量为铜锍铜含量的 1%。反射炉、密闭鼓风炉等传统熔炼方法产出的铜锍品位较低，一般为 25% ~45%。为了减少熔炼的能耗，现代强化造锍熔炼中使用富氧操作的工厂越来越多，所产的铜锍品位有越来越高的趋势，一般达 50% ~79%，有的甚至高达 75%。

根据铜锍铜含量和熔炼条件的不同，铜锍中还含有一定数量的氧。氧的来源是由于熔炼炉内的氧化或微氧化气氛以及炉料（焙砂、转炉渣等）的带入，通常铜锍含氧 2% ~4%。研究指出，铜锍中的氧主要呈 Fe_3O_4 的形态存在，Fe_3O_4 实际上不溶于 Cu_2S，只溶于 FeS。因此，铜锍品位越低，含氧就越多；铜锍品位越高，含氧就越少。实际上，当铜锍品位接近白冰铜时，氧含量就接近于零。这样，在实际铜锍中总有一部分 FeS 被 Fe_3O_4 所取代，这也就是实际铜锍硫含量比理论硫含量要低的原因。

氧是铜锍中的有害成分，因为存在于铜锍中的 Fe_3O_4 熔点高（1858K）、密度大，容易形成炉底结瘤。在造锍熔炼过程中，氧化生成的 Fe_3O_4 在有 SiO_2 存在的条件下会被 FeS 所还原，即：

$$3Fe_3O_{4(s)} + FeS_{(l)} + 5SiO_{2(s)} = 5(2FeO \cdot SiO_2)_{(l)} + SO_{2(g)}$$

2.2.2.2 铜锍的性质

铜锍的熔点根据其成分不同，为 1173～1323K。其密度与铜含量有关，铜含量越高，密度越大，固体铜锍的密度比液体略大一些。对于含铜 30%～40% 的液体铜锍，其密度为 4.8～5.3t/m^3。

铜锍的热容量与其品位和温度有关，在进行热计算时常取 1046kJ/kg。

铜锍是贵金属的良好捕集剂。据测定，1t Cu_2S 可溶解 74kg 金，而 1t FeS 能溶解 52kg 金。因此，火法炼铜是回收贵金属的有效方法。

铜锍也能溶解铁，因此钢钎常常被侵蚀，用于装运铜锍的钢包和流槽需要内衬耐火砖加以保护。

液体铜锍遇水容易发生爆炸，这是因为铜锍中的 Cu_2S 和 FeS 遇水分解产生氢气，而氢气与空气混合达到一定比例（4.1%～74%）时则发生爆炸，因此生产中要绝对防止铜锍与水接触，所有工具和钢包必须保持干燥。

铜锍具有良好的导电性，其电导率为 3～10S/m，S 为西门子（电导的基本单位）。铜锍的电导率远远大于离子导电的熔盐（如 NaCl 的电导率为 0.04S/m），这表明铜锍是电子导电而不是离子导电，因为它是共价键结合的。

ZnS 对铜锍的性质有重要影响，铜锍中 ZnS 含最高时，由于其熔点高、密度小，容易在熔渣和铜锍之间生成隔膜层，妨碍铜锍与熔渣的分离。

2.2.3 造锍熔炼的炉渣

2.2.3.1 炉渣的成分

炉渣主要由 SiO_2 和 FeO 组成，其次是 CaO、Al_2O_3 和 MgO 等，并含有少量的铜和硫。造锍熔炼炉渣的化学成分见表 2-5。

表 2-5 部分熔炼方法的炉渣化学成分 （%）

熔炼方法	化学成分							
	Cu	Fe	Fe_3O_4	SiO_2	S	Al_2O_3	CaO	MgO
密闭鼓风炉熔炼	0.42	29.0	—	38.0	—	7.5	11	0.74
奥托昆普闪速炉熔炼	1.5	44.4	11.8	26.6	1.6	—	—	—
诺兰达法	2.6	40.0	15.0	25.1	1.7	5.0	1.5	1.5
白银法	0.45	35.0	3.2	35.0	0.7	3.3	8.0	1.4
瓦纽柯夫法	0.5	40.0	5.0	34.0	—	4.2	2.6	1.4
艾萨法	0.65	34.0	7.5	31.0	2.8	7.5	5.0	—
三菱法	0.6	38.2	—	32.2	0.6	2.9	5.9	—

组成炉渣的氧化物可以分为酸性的和碱性的。酸性的氧化物有 SiO_2，这类氧化物能与氧离子反应而形成络合阴离子，如 $SiO_2 + O^{2-} = SiO_4^{4-}$；碱性的氧化物有 FeO、CaO、MgO、ZnO、MnO、BaO 等，这类氧化物能提供阳离子，如 $CaO = Ca^{2+} + O^{2-}$；Al_2O_3 是中性氧化物，它在酸性渣中呈碱性，如 $Al_2O_3 = 2Al^{3+} + 3O^{2-}$，在碱性渣中呈酸性，如 $Al_2O_3 + O^{2-} = 2AlO_2^-$。酸性渣 SiO_2 含量大于 40%，碱性渣 SiO_2 含量小于 35%。炉渣的酸碱性可以用硅酸度表示。硅酸度是指炉渣中结合成 SiO_2 的氧原子物质的量 $n_{O(SiO_2)}$ 与结合成碱性氧化物的氧原子物质的量 $n_{O(\Sigma MeO)}$ 之比，即：

$$\text{硅酸度} = \frac{n_{O(SiO_2)}}{n_{O(\Sigma MeO)}}$$

酸性渣的硅酸度一般大于 1.5，碱性渣的硅酸度一般小于 1。

2.2.3.2 炉渣的性质

炉渣的主要性质包括熔点、黏度、密度、导电率等，炉渣性质的好坏对熔炼过程进行的顺利与否起着极为重要的作用。

A 熔点

炉渣的熔点是最重要的性质，它在很大程度上影响炉料的熔化速度和燃料消耗。组成炉渣的各种氧化物都有很高的熔点，如表 2-6 所示。

表 2-6 组成炉渣的各种氧化物的熔点 (K)

SiO_2	FeO	CaO	Al_2O_3	Fe_3O_4	MgO	ZnO
1983	1633	2843	2323	1858	3073	2173

但是当各种氧化物混合加热时，由于相互作用形成低熔点共晶、化合物和固溶体，炉渣的熔点比组成炉渣的各种氧化物的熔点低得多，一般只有 1323 ~ 1373K。

炉渣的熔化与纯物质的熔化不同，纯物质有固定的熔点，而炉渣没有确定的熔点，它在一定温度范围内熔化，随温度升高逐渐熔化变成熔体。故通常所说的炉渣熔点是指炉渣完全熔化的温度。炉渣熔点受硅酸度的影响很大，硅酸度越高，即 SiO_2 含量越高，则其熔化温度范围越大；硅酸度越小，FeO 和 CaO 含量越高，则其熔化温度范围越小。

B 黏度

黏度也是炉渣的一个重要性质，它影响炉渣与铜锍的分离和炉渣的流动性，从而影响炉渣的排放性质、化学反应速度和传热效果。黏度是由流体分子之间吸引力所引起的，当速度不同的两层流体流动时，彼此间会产生内摩擦力。在单位速度梯度下，作用在单位面积上的内摩擦力称为黏度。黏度的单位用帕秒表示，符号为 Pa · s。

炉渣黏度的大小取决于炉渣的温度和成分，一般随温度升高而降低，但 SiO_2 含量高的酸性炉渣，其黏度随温度升高而缓慢降低，而碱性渣的黏度则随温度升高而剧烈降低。铜熔炼炉渣的黏度小于 0.5Pa · s 时极易流动，0.5 ~ 1Pa · s 时流动性较好，而 1 ~ 2Pa · s 时为黏稠炉渣，大于 2Pa · s 时为极黏稠炉渣。

C 密度

炉渣的密度直接影响炉渣和铜锍的澄清分离。由于炉渣凝固时体积变化不大，生产实践中通常以固体炉渣密度近似代替熔融炉渣密度。在缺乏固体炉渣密度数据时，也可以由纯氧化物密度按加和规则近似计算熔渣密度，即：

$$\rho_s = \Sigma(\varphi(MeO)\rho_{MeO})$$

式中 ρ_s——熔渣密度，kg/m^3；

ρ_{MeO}——纯固体氧化物 MeO 的密度，kg/m^3；

$\varphi(MeO)$——渣中 MeO 的体积分数,%。

在组成炉渣的各组分中，SiO_2 密度最小（2.2～2.55t/m^3），而铁的氧化物 FeO 密度最大（大于5.0t/m^3），因此 SiO_2 含量高的炉渣密度小，而铁含量高的炉渣密度大。炼铜炉渣的密度通常为3.3～3.6t/m^3。铜锍和熔渣的密度差应大于1t/m^3。

D 电导率

炉渣的电导率对电炉熔炼有很重要的影响，因为输入的电功率和熔炼炉料之间的热平衡与其有关。电导率大则输入电功率不足，因此温度降低，生产率下降。电导率测定结果指出，熔融炉渣的电导率为0.001～0.05S/m，与标准的熔盐离子导电体（NaCl 的电导率为0.04S/m）相差不多，故一般认为炉渣是离子导电。温度升高时，炉渣黏度降低，离子容易迁移，所以电导率增加。当炉渣铁含量高时，因 Fe^{2+} 半径小，易导电，故碱性渣的电导率比酸性渣要高得多。

2.2.3.3 炉渣含铜损失

炉渣含铜损失是铜冶炼的主要损失，它占总铜质量的1%～2%。炉渣铜含量一般在0.2%～0.4%之间，铜含量超过这个范围的一般都要进行贫化处理。炉渣中铜的损失主要与铜锍品位和炉渣量有关，铜锍品位越高，炉渣量越大，则炉渣中铜的损失越大；反之，则越小。

根据铜在炉渣中损失的形态，大致可将其损失分为三种类型：

（1）化学损失，是指铜以 Cu_2O 形态造渣引起的损失。前面已经提及，只要炉料中有足够的硫，Cu_2O 都将变成硫化物。除非含硫不足或者氧化气氛太强，才会造成这种损失，在一般情况下渣中 Cu_2O 的含量是很小的。

（2）物理损失，是指铜以 Cu_2S 形态溶解于炉渣中引起的损失。它取决于炉渣成分，如前所述，酸性炉渣溶解 Cu_2S 较少，而 FeO 含量高的炉渣能溶解较多的 Cu_2S。因此，为了降低铜的物理损失，应尽可能减少炉渣中的 FeO 含量或提高炉渣酸度，或加入 CaO 代替一部分 FeO。

（3）机械损失，是指铜以铜锍微滴的形态混入渣中所引起的损失。它是铜在炉渣中损失最大的部分，一般占50%以上。造成这种损失的原因很多，归纳如下：

1）炉渣本身的性质不良，如黏度和密度太大、熔点过高，使铜锍不容易澄清。

2）熔渣与铜锍的澄清条件不好，如炉渣过热度不够、熔池容积和形状不合理、澄清时间没有保证。

3）由于化学反应不完全，特别是炉渣中 Fe_3O_4 未还原完全，当其被 FeS 还原时产生气泡的浮游作用，将铜锍液滴带入炉渣。

4）铜锍颗粒太细，来不及结合成大颗粒沉降。

5）操作因素，如在放渣时带走铜锍和生料等。

在生产实践中，为了尽可能降低渣中铜含量，必须选择适合的炉渣成分。

2.2.3.4 渣型选择

根据以上分析，对于造锍熔炼炉渣的渣型选择可归纳如下：

（1）炉渣应有适当的熔点，一般为1323～1373K，太低则不能保证熔炼反应温度，太高则使燃料消耗增加。电炉渣的熔点可以高一些。生产中炉渣还要保证100～150K的过热度。

（2）炉渣要黏度小、流动性好，以便与铜锍分离。在高温下，其黏度最好不超过2Pa·s。但黏度太小对鼓风炉熔炼也是不利的。

（3）炉渣的密度不应太大，一般为3.3～3.6t/m^3，以保证铜锍和炉渣的密度差在1～2t/m^{3}之间。

（4）炉渣的表面张力要大，以使铜锍颗粒容易合并长大，进而减少铜锍颗粒的悬浮。

（5）电炉熔炼时，炉渣的导电性要适当，热容量要小，以保证提高电能热效率。

（6）炉渣对铜的锍溶解度要小。

（7）造渣所配入的熔剂要少，因为熔剂配入过多会增加成本和炉渣量。由于这个缘故，选择渣型时应充分考虑精矿中造渣成分的自熔性，尽可能做到不加或少加熔剂。必须加熔剂时也应就地取材，同时选择含贵金属的熔剂。

2.2.4 造锍熔炼方法

铜锍熔炼以往多在鼓风炉、反射炉和电炉等传统冶金炉内进行。这些传统方法历史悠久，曾在历史上占据重要地位，但随着科学技术的进步，这些方法存在的缺点（例如熔炼强度低、能耗高、硫回收率低、生产成本高、环境污染严重等）越来越突出。因此，这些传统熔炼工艺正逐渐被节能、环境友好的强化熔炼新工艺所代替。

自20世纪70年代以来，不少新的强化铜锍熔炼工艺已在工业上广泛采用，归纳起来有两大类：一类是悬浮熔炼，如奥托昆普闪速炉熔炼、加拿大国际镍公司氧气闪速熔炼和KHD公司的连续顶吹旋涡熔炼法等；另一类是熔池熔炼，如诺兰达熔炼法、三菱法、瓦纽柯夫法、艾萨法和我国的白银法等。这些方法的共同特点是：运用富氧技术，强化熔炼过程；充分利用炉料氧化反应热的能量，在自热或接近自热熔炼的条件下进行熔炼；产出高浓度的SO_2烟气，可有效地回收、制造硫酸或其他硫产品，环境保护好；节能，经济效益好。

2.3 铜精矿的密闭鼓风炉熔炼

鼓风炉熔炼是一种古老的炼铜方法，它是在竖式炉子中依靠上升热气流加热炉料来进行熔炼，在历史上此法最早曾用于从氧化铜矿石生产粗铜，从块状硫化铜矿生产铜锍。这种方法的床能力大，热效率高，在20世纪30年代以前一直是世界上主要的炼铜方法。传统鼓风炉的炉顶是敞开的，炉气量大，含SO_2浓度低（约0.5%），不易回收，造成污染。为了克服传统鼓风炉的这种缺点，在20世纪50年代中期，出现了直接处理铜精矿的密闭鼓风炉熔炼法。密闭鼓风炉的炉顶具有密封装置，铜精矿只需加水混捏后即可直接加入炉内，在烟气加热和料柱的压力作用下固结成块，使得熔炼顺利进行，炉气可用于制酸。

2.3.1 密闭鼓风炉熔炼的原理

2.3.1.1 炉料、炉气和温度在炉内的分布

密闭鼓风炉的炉料是由混捏铜精矿和一部分块料（转炉渣、熔剂）所组成的，这种块料对于炉内料柱的透气性是很必需的，块料的数量要求占炉料质量的30%（或容积比50%）以上。炉料经由炉顶长方柱形加料斗加入，当炉料下降离开加料斗进入炉内时，炉料自然地向两侧滚动，由于偏析作用，细的精矿在炉子中心部分形成料柱，而料柱的两侧被块料所填充，造成炉内炉料分布的不均匀状态，这是密闭鼓风炉炉料分布的特点。

由于炉内炉料分布的不均匀特点，造成了炉气的分布不均匀，即炉子中间透气性差，炉气阻力大，而炉壁附近则相反，因此形成了鼓风炉炉气的周边行程。由于这种中心料柱的存在和周边高温炉气的作用，使混捏精矿发生固结和烧结，为鼓风炉熔炼精矿创造了有利条件。但是也由于这个缘故，破坏了各种炉料与炉气之间的良好接触，妨碍了多相冶金反应的进行，给造渣和硫化物的氧化带来不良影响，这是密闭鼓风炉熔炼床能力低、铜锍品位不高的根本原因。

炉料的分布不均匀也使得鼓风炉内的温度不均匀，炉子两侧温度高，中心温度低，在炉子上部更为突出，但到下部靠近风口水平面时则又趋于一致。这也是密闭鼓风炉熔炼与一般鼓风炉熔炼（中心行程）不同的地方。

2.3.1.2 鼓风炉内的物理化学过程

鼓风炉炉料在自上而下的运动过程中与上升的炉气相遇，依次发生各种物理化学变化，这些变化按炉子的高度分为预备区、焦点区和炉缸区。

A 预备区

预备区位于炉子上部，其上部的温度为523~873K，下部为1273~1373K。在此区内，炉料首先经过预热干燥和脱水，然后高价硫化物（黄铁矿和黄铜矿）发生分解。预备区为氧化气氛，部分硫化物被氧化。在预备区的下部温度较高，发生石灰石分解、铜精矿固结和烧结作用，并有一部分初始铜锍和炉渣生成。

B 焦点区

焦点区位于风口水平以上约1m处，温度为1523~1573K，气氛属强氧化性，主要是进行激烈的氧化反应，同时完成炉料熔化造渣和造锍的过程。

氧化反应包括焦炭燃烧和硫化亚铁氧化，并产生大量的热，供炉料熔炼所需。焦炭燃烧反应为：

$$C + O_2 = CO_2$$

硫化亚铁氧化造渣反应为：

$$2FeS + 3O_2 + SiO_2 = 2FeO \cdot SiO_2 + 2SO_2$$

在有石英熔剂存在时，也发生下列反应：

$$3Fe_3O_4 + FeS + 5SiO_2 = 5(2FeO \cdot SiO_2) + SO_2$$

它使转炉渣中的 Fe_3O_4 和炉料中氧化产生的 Fe_3O_4 还原造渣，部分未还原的 Fe_3O_4 溶入铜

锍或炉渣中。

在这里必须指出，FeS 的氧化和焦炭的燃烧是不同的，焦炭是在固体状态下依靠鼓风通过焦炭层进行燃烧，而硫化亚铁则在进入焦点区之前就已熔化，因而它是在液体状态下迅速流过焦炭层时被氧化。无论是热力学条件（焦炭热效应大）还是动力学条件（FeS 氧化时间短），都使得焦炭燃烧优先进行，而硫化亚铁氧化较少。但是当焦炭加入量不够时，则硫化亚铁氧化增加。在实际中即利用这个规律，采用调整焦率的方法来调节鼓风炉脱硫率、炉气 SO_2 含量和铜锍品位。

C 炉缸区

炉缸区位于焦点区下面，温度为 1473 ~ 1523K，在这里主要是汇集熔炼产物炉渣和铜锍，同时调整成分，使在炉内少量被氧化的 Cu_2O 硫化进入铜锍，反应为：

$$Cu_2O + FeS \xlongequal{} Cu_2S + FeO$$

炉缸中汇集的液体产物连续或间断地流入前床，进行澄清分离。

2.3.2 密闭鼓风炉熔炼的实践

密闭鼓风炉为竖式矩形炉子，图 2-3 是某厂密闭鼓风炉熔炼示意图，炉子由炉缸、炉身和炉顶等部分组成。

炉缸是用千斤顶支承在水泥基础上，在缸底铁板内部砌镁砖，其四壁由水套围成深度为 500 ~ 600mm 的熔池，它保证铜锍和炉渣的汇集及成分调整。在炉缸底上砌筑一个咽喉口，用于放出熔体。

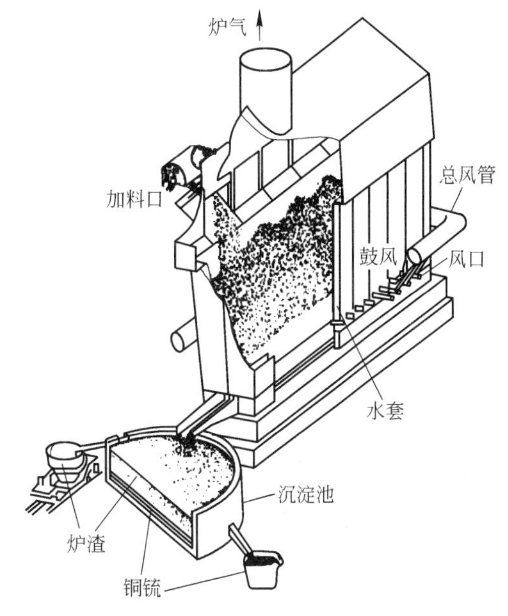

图 2-3 密闭鼓风炉熔炼示意图

炉身是由许多块水套组成的，侧水套有一定倾斜角（5° ~ 8°），端水套垂直安装。为了减少用水和利用冷却水余热，现今水套都改用汽化冷却形式，因此水套用锅炉钢板焊成，不仅焊接水平要求高，而且焊成后要经受压力为 80885Pa 的水压试验，合格后才能使用。在侧水套上略高于炉缸深度（100 ~ 200mm）处设风口，空气由此送入鼓风炉。风口水平面大小即表示鼓风炉大小，$10m^2$ 鼓风炉的尺寸（长 × 宽）为 8.3m × 1.22m。风口总面积与炉子风口水平面积之比称为风口比，一般为 3.9% ~ 6.3%，据此可确定风口的大小和个数。

炉顶是密闭鼓风炉的重要组成部分，它包括加料口和排烟口，最上部为顶盖板。排烟口设在端墙的上部，排出的烟气经收尘净化后送去制酸。加料口在顶盖板中央，它是断面为直筒形或漏斗形的具有一定深度的容器，这既可保证炉顶密封，又不致使细的精矿被烟气带走。

在正常熔炼制度下，密闭鼓风炉熔炼的技术经济指标如表 2-7 所示。

表 2-7 密闭鼓风炉熔炼的技术经济指标

指　标	工厂1	工厂2	工厂3
精矿含铜/%	20 ~ 28	19 ~ 20	10 ~ 15
精矿含铁/%	24 ~ 28	26 ~ 28	27 ~ 32
精矿含硫/%	20 ~ 30	27 ~ 30	25 ~ 30
块料率/%	35 ~ 45	50 ~ 55	46 ~ 58
铜锍品位/%	35 ~ 40	34 ~ 36	32 ~ 35
渣含铜/%	0.28 ~ 0.32	0.32	0.2 ~ 0.3
渣含铁/%	32 ~ 34	28 ~ 30	28 ~ 32
渣含 SiO_2/%	34 ~ 36	34 ~ 36	28 ~ 31
床能力/$t \cdot (m^2 \cdot d)^{-1}$	45 ~ 55	42 ~ 45	55 ~ 60
脱硫率/%	50 ~ 55	53	50 ~ 54
焦率/%	8 ~ 9	10 ~ 10.5	7 ~ 8.5
烟尘率/%	5 ~ 7	3.5	6.8
烟气含 SO_2/%	5 ~ 7.2	3.9	5.12

氧气在冶金工业中的应用，给鼓风炉熔炼技术带来了新的生机。中国铜陵有色金属公司第二冶炼厂于 1986 年在两座 $10m^2$ 密闭鼓风炉中进行富氧鼓风的生产性熔炼试验，取得了较好效果。当鼓风含氧 30.5% 时，与空气鼓风熔炼相比，床能力和脱硫率分别由 $42.7t/(m^2 \cdot d)$ 和 46.8% 提高到 $62.4t/(m^2 \cdot d)$ 和 57.2%，而焦率则由 10.2% 降到 6.46%。然而，不论是敞口鼓风炉炼铜法还是由它发展而来的密闭鼓风炉炼铜法，由于其烟气 SO_2 浓度低而不能经济地回收、能源消耗高、难以大型化等，已陆续停止使用或被先进炼铜方法所取代。

2.4 铜精矿的反射炉熔炼

反射炉熔炼是传统的火法炼铜方法之一，适于处理细粒浮选精矿，对原料适应性强，对燃料种类无严格要求，渣中铜含量低，操作简单，作业率高，生产稳定，炉体寿命长，炉床面积大，适合大规模生产。在世界铜的生产中，反射炉炼铜产出的铜产量占 30% ~ 40%。但是反射炉熔炼具有不能充分利用原料反应热、燃料消耗大、热效率低（只有 15% ~30%）、炉气 SO_2 浓度低、不好利用、造成污染等缺点。因此，采用反射炉熔炼的工厂已逐渐减少。

2.4.1 反射炉熔炼的原理

反射炉熔炼的实质是将炉料加到炉子前半部的料坡上，在燃料燃烧形成的高温火焰、高温炉气和炉内表面热辐射作用下使之熔化，熔融产物在料坡上和熔池中与其他炉料组分发生物理化学反应，最后在熔池中形成铜锍和炉渣。两者因互不相溶和密度不同而分层，分别由铜锍口和渣口放出。

2.4.1.1 炉内的燃料燃烧和热交换

反射炉熔炼所需要的热量只有 10% ~20% 来自熔炼过程的反应热及炉料、燃料、空气带来的显热，80% ~90% 的热量是靠反射炉前端烧嘴的燃料（天然气、粉煤、油）燃烧供给的。烧嘴的设计应使燃料尽可能推迟一部分燃烧，使燃料充分沿炉长分布，以便形成一个较长的熔炼高温区。这个高温区通常占炉长 1/2 ~2/3，大部分炉料也都加在这个区域内，使用富氧可以延长熔炼高温区。随着炉气传热给炉料表面，炉气温度逐渐降低，离开炉子时炉气温度一般为 1523 ~1623K，比炉渣温度约高 100K，以便使炉渣充分过热，保证炉尾处铜锍与炉渣的澄清分离。由于离开反射炉的烟气温度较高，通常采用余热锅炉回收烟气的余热。

反射炉内的传热主要是依靠炉气和炉壁对炉料的辐射及对流作用，炉料在单位时间内获得的热量 Q 可用下式计算：

$$Q = C\left[\left(\frac{T_1}{100}\right)^4 - \left(\frac{T_2}{100}\right)^4\right]F$$

式中 C——综合辐射系数，$kJ/(h \cdot m^2 \cdot K^4)$；

T_1，T_2——分别为炉气和炉料表面的热力学温度，K；

F——炉料受热表面积，m^2。

从上述公式可见，反射炉炉料所接受的热量主要取决于炉气温度、炉料表面温度及面积。由于炉料表面温度主要取决于炉料熔点，而炉料表面积则取决于装料方式和炉料性质等因素，故在炉料成分不变和装料方式一定时，炉料熔点和表面积均为常数。因此，反射炉熔炼的速度主要取决于炉气温度。为了使燃料在反射炉内燃烧达到较高的温度，燃料燃烧只能在有限的过量空气条件下进行，所以反射炉内的气氛一般接近中性或微氧化性。

2.4.1.2 炉料的熔化和铜锍、炉渣的形成

炉料的熔化是在炉料表面进行的，炉气从炉料表面掠过而不直接与之作用。炉料熔化速度除与炉气温度有关外，还与炉料成分及其混合均匀程度有关。显然，炉料成分应使炉渣易熔，但是若炉渣熔点太低，则不能保证炉料各成分相互反应所必需的温度，因此炉渣熔点必须适当。炉料混合的均匀程度对铜锍和炉渣的形成也有重要影响。

铜锍的形成过程是：在料坡上首先生成易熔的硫化物共晶，当这些共晶沿着料坡流下时，不断与其接触的炉料发生溶解和相互作用，形成初期铜锍，它流入熔池中与炉渣继续反应形成最终铜锍。铜锍的品位取决于炉料中硫含量和反射炉的脱硫率。

炉渣的形成过程与铜锍相似，当料坡面上受热时，首先生成易熔的氧化物共晶体，此共晶体继续与游离的 SiO_2、CaO、FeO、Fe_3O_4 作用形成初期炉渣，此炉渣在熔池中继续发生反应形成最终炉渣。

炉渣与铜锍在炉尾熔池中按其密度不同进行澄清分离。

2.4.1.3 炉内的主要化学反应

炉料加入反射炉后，首先发生脱水、分解过程，然后发生熔化和相互反应。因为反射炉内的氧化气氛不强，故氧化反应不是很显著。

A 分解反应

炉料的脱水和分解过程仅对生精矿的熔炼具有比较大的意义，对于焙烧矿而言，分解反应在焙烧时就已完成。生精矿中高价硫化物的分解反应主要为：

$$FeS_2 = FeS + \frac{1}{2}S_2$$

$$Fe_nS_{n+1} = nFeS + \frac{1}{2}S_2$$

$$2CuFeS_2 = Cu_2S + 2FeS + \frac{1}{2}S_2$$

$$2CuS = Cu_2S + \frac{1}{2}S_2$$

$$2Cu_3FeS_3 = 3Cu_2S + 2FeS + \frac{1}{2}S_2$$

可见，分解反应能够脱除炉料中的一部分硫。

B 铁的高价氧化物和硫化物之间的反应

铁的高价氧化物会被硫化物还原为低价氧化物，例如：

$$16Fe_2O_3 + FeS_2 = 11Fe_3O_4 + 2SO_2$$

$$10Fe_2O_3 + FeS = 7Fe_3O_4 + SO_2$$

这类反应在低温（773～873K）下就开始进行，但是生成的 Fe_3O_4 和炉料中原有的 Fe_3O_4 是比较稳定的化合物，其不与 FeS 直接发生反应。但在有二氧化硅存在时，则下列反应很容易进行：

$$3Fe_3O_4 + FeS + 5SiO_2 = 5(2FeO \cdot SiO_2) + SO_2$$

这个反应是反射炉熔炼最有代表性的反应，反应的完全程度与温度和炉料混合均匀程度有关，温度越高，混合越好，则反应越完全。通常炉料中 Fe_3O_4 的还原程度可达 70%～85%。

C 铜的氧化物与 FeS 的反应

在反射炉内部分 Cu_2S 会被氧化成 Cu_2O，但有 FeS 存在时，Cu_2O 又会被硫化成 Cu_2S：

$$Cu_2O + FeS = Cu_2S + FeO$$

这个反应可保证所有炉料中的铜进入铜锍，因而也是一个重要的反应。而且不论铜的氧化物是否呈结合状态（如 $Cu_2O \cdot Fe_2O_3$），该反应都能进行。

D 锌化合物的反应

锌化合物的反应也很重要，特别是在熔炼锌含量高的物料时。硫化锌为难熔物质，它与氧化物的相互反应很不彻底，熔炼时硫化锌分配于铜锍和炉渣产品中，它使炉渣熔点升高、黏度增大；它也容易随温度降低而析出结晶，生成炉结和中间层，妨碍铜锍的放出和澄清。

氧化锌在熔炼时进入炉渣中，其危害不是很大，但炉料锌含量高则会增加炉渣的黏度。

从上述反应可见，反射炉炉料中的相互反应也能脱除一部分硫。

2.4.1.4 转炉渣的贫化作用

反射炉熔炼时除加入固体炉料外，还加入液态转炉渣。转炉渣的成分一般为：Cu 1.5%～3%，SiO_2 24%～26%，$FeO + Fe_3O_4$ 65%～75%，S 1%～2%。加入转炉渣的目的首先是提取转炉渣中的铜，其次是利用转炉渣中的铁作为熔剂。

转炉渣中铜的形态主要是机械夹带的铜锍，少部分以造渣形态的氧化亚铜和金属铜存在。反射炉贫化转炉渣的作用是：

（1）转炉渣中的铜锍在反射炉内受到过热和澄清作用。转炉温度为1423K，而反射炉可达到1773K，而且反射炉比转炉具有更好的澄清条件。

（2）转炉渣中的 Fe_3O_4 在反射炉内经受分解和还原作用。反射炉的高温气氛呈中性或微氧化性，并有大量硫化物和二氧化硅存在，为 Fe_3O_4 的还原创造了较好的条件。Fe_3O_4 还原越完全，越有利于转炉渣脱铜。

（3）转炉渣中的 Cu_2O 和金属铜在反射炉中被硫化，反应如下：

$$Cu_2O + FeS = Cu_2S + FeO$$

$$2Cu + FeS + \frac{1}{2}O_2 = Cu_2S + FeO$$

形成的 Cu_2S 进入铜锍。转炉渣中的铜进入铜锍的回收率可达到75%～85%。

2.4.2 反射炉熔炼的实践

反射炉是用优质耐火材料砌筑、由钢立柱和拉杆组成的支架固定的长方形炉子，如图2-4所示。炉体由炉基、炉底、炉墙、炉顶和加固支架等组成。

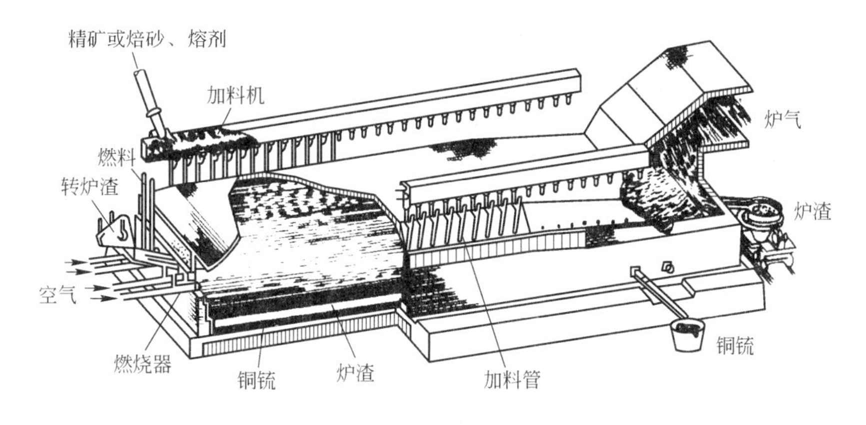

图2-4 炼铜反射炉示意图

炉基是反射炉的基础，它承受炉子和炉料的总负荷，用耐热混凝土或炉渣浇灌而成。

炉底直接砌筑在炉基上，炉底要承受熔体的高温、压力、冲刷和侵蚀作用，必须选用适宜的耐火材料建造，以延长其使用寿命。炉底通常用石英砂或镁砂捣固后，再经高温烧结制成。我国用镁砂（MgO）和氧化铁粉（Fe_2O_3）烧结而成的炉底抗蚀性好，有的炉底连续工作超过9年仍未损坏。

炉墙也是砌筑在炉基上面，炉墙内层采用优良镁质耐火砖，其主要作用是防止炉渣的高温侵蚀作用；外层用普通耐火砖砌筑，熔池部位加厚。在侧墙尾部用镁砖或铬镁砖做2～3个铜锍口，交替使用。我国工厂采用虹吸式放铜锍法比较安全，劳动强度小，又节约了原材料消耗。炉渣放出口设在靠近炉尾的端墙或侧墙上，也是用镁砖或铬镁砖砌成的。有些工厂还在炉墙的外壁设置冷却水套。

炉顶是反射炉的重要部分，一般有两种形式：一种是拱顶；另一种是吊顶。拱顶多用硅砖砌成环状或分成多段。吊顶多用镁砖砌筑，耐高温性、耐炉渣化学腐蚀性好，局部维修方便，便于炉子加宽，对提高炉子的生产能力和延长炉顶的使用期限有利。我国工厂多采用止推式吊顶，这是一种拱顶与吊顶的混合结构，它可以防止单纯吊顶的起伏不平，因而延长了炉顶寿命，高温区可用9~11个月，低温区可用3年以上。

加固支架由立柱、拉杆和螺帽构成，用于保持炉子不变形或少变形。特别是在炉子升温时，应及时旋动拉杆上的螺帽，以调节因膨胀产生的应力。立柱用工字钢或槽钢成对组合，分立于侧墙和端墙两边，紧靠炉墙，每对立柱上下均用拉杆拉紧，用螺帽调节其松紧。

在正常情况下，反射炉熔炼的主要技术经济指标如下：

（1）床能力。床能力为每昼夜1m^{2}炉床面积处理的炉料量。对于焙烧矿，为4~6.5t/(m^2·d)；对于生精矿，为2~4t/(m^2·d)。

（2）燃料消耗。对粉煤而言，熔炼焙烧矿时为炉料量的9.5%~14%，熔炼生精矿时为14%~20%；对重油而言，熔炼焙烧矿时为7%~12%，熔炼生精矿时为10%~16%。

（3）铜的回收率。铜的回收率因精矿品位的不同而不同，富精矿（Cu 30%~40%）为98%~99%，中等品位精矿（Cu 10%~20%）为94%~97%，而贫精矿（Cu 2%~5%）为80%~90%。

反射炉炼铜法存在的主要问题是硫化铜精矿的潜热利用差，熔炼所需热量主要依靠燃料的燃烧供给，而燃料燃烧的热利用率又只有25%~30%，因此燃料消耗多，产出的烟气量大；且其中的SO_2浓度低，回收利用困难，环境污染严重。在能源价格不断上涨和环境保护法规日益严格的形势下，反射炉炼铜法应用的局限性已变得越发明显。因此，国际上不少反射炉炼铜厂曾寻求过改造反射炉的途径，如用预热空气和富氧燃烧、研制新型燃烧器以强化熔炼、在炉顶试验氧气顶吹和加热等。由于闪速熔炼和熔池熔炼技术的进步和工艺的日趋完善，自20世纪70年代以来这些方法已在一些工厂取代了反射炉法，其趋势日渐增强。然而在一些特定的地区，反射炉炼铜法仍在继续发挥作用，在世界铜产量中仍占有重要的地位。

2.5 铜精矿的电炉熔炼

电炉熔炼是利用电流通过熔融炉料产生的高温进行熔炼的过程，只能熔炼干燥过的生精矿或焙烧矿，20世纪初（1903年）电炉在铜工业中开始应用。其优点是：可利用炉气的SO_2，适合处理难熔物料，电能效率高。其缺点是：不能利用精矿反应的热能，电能消耗大，费用高。因此，电炉熔炼仅在电能供应方便的地区采用。

2.5.1 电炉熔炼的原理

电炉熔炼的实质是将炉料加入矿热电炉中，在电热作用下将炉料熔化并发生与反射炉熔炼相同的各种物理化学变化，形成铜锍、炉渣和烟气。

2.5.1.1 *炉料的加热和熔化*

将电极从炉顶插入熔池渣层，通电后电能就会转变为热能，产生的热量可按下式计算：

$$Q = I^2Rt$$

式中 Q——热量，J；

I——电流，A；

R——电阻，Ω；

t——时间，s。

在电极附近，电流密度和电极与炉渣之间的气膜电阻都很大，因此在电极附近会产生微弧放电并集中了大量的热量，使电极附近炉渣的温度很高；而在距离电极远的区域，则由于电流密度小和炉渣电阻比气膜电阻小的缘故，热量较少，温度也低，至炉墙处温度最低。

由于电炉内温度分布不均，电极附近炉渣过热大、密度小，所以它向上流动到熔体表面，其流动至电极周围与炉料接触时传热给炉料，使之熔化；形成的熔体温度低、密度大，容易下沉。因此，在电极周围熔池中形成炉渣的对流循环运动，进而不断地发生传热和熔化以及与反射炉熔炼相同的各种物理化学变化。

由此可见，电炉的传热是依靠过热炉渣加热炉料，而熔化和反应过程在炉料内部进行。由于这个缘故，电炉炉气温度低，炉气不直接参加反应，而且电能效率高。

2.5.1.2 电炉的供电制度和调节

大型矿热电炉有6根电极，每对电极与一个单相变压器相连接，变压器的一次线圈具有几个接触点（挡数），可以使二次电压有不同的数值。随着二次电压的不同，供给炉内的功率也不同，电压越高，功率越高，因而热量越多。故当开炉、停炉或者改变炉料、床能力时，就可以用改变电压的方法来调节供入炉内的电功率，亦即改变供入的热量。

但是当电炉在一定的电压下工作时，由于熔池负荷的变动，会使二次电流的数值发生波动。当电流达到变压器的最大电流时，电流的波动会迫使变压器保护装置自动跳闸；而不在最大电流工作时，电流的波动又会使变压器效率降低。为了改变这种情况，常用升降电极的办法来调整熔池的负荷。

上面已经提到，6电极电炉一般是用三个单相变压器，每一对电极与一个单相变压器的二次线圈相连，因而可将其看作单相电路，如图2-5所示。由该图可知，电流按两个方向流通：一个方向经过炉渣（I_1）；另一个方向经过炉渣和铜锍（I_2）。设其通过的电阻分别为R_1和R_2，炉渣的比电阻为ρ，电极插入深度为a，电极直径为d，电极表面距离为l，则：

$$R_1 = \rho \frac{l}{ad}$$

如果铜锍电阻忽略不计，则：

$$R_2 = \rho \frac{2(H-a)}{F}$$

式中 F——电极的断面积，$F = \pi d^2/4$；

H——渣层厚度。

因为两并联电路总电阻R为：

$$R = \frac{R_1 R_2}{R_1 + R_2}$$

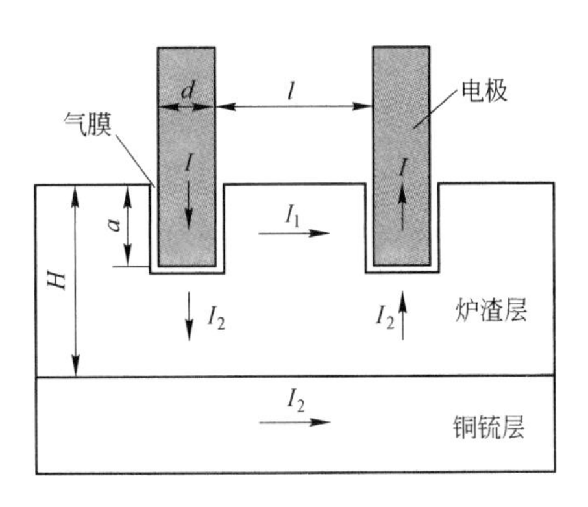

图2-5 电炉电负荷图

将 R_1、R_2 值代入，可得：

$$R = \frac{2\rho}{a + F/(H - a)}$$

因为电极断面积 F 和炉渣深度 H 皆可视为常数，故：

$$R \propto \frac{\rho}{a}$$

为了保持一定的电流值，熔池的负荷 R 必须保持不变，当炉渣的比电阻 ρ 因气膜状态、料堆大小及位置、炉渣成分和深度变化而发生改变时，就可以相应地用增大或减小电极埋入深度 a 的办法来维持平衡。电极的升降可自动控制或用卷扬机械来进行。

2.5.2 电炉熔炼的实践

电炉和反射炉一样，也是卧式长方形炉子，其主要尺寸与电极直径（d）有关，长 $21d$，宽 $6d$，电极中心距离为 $3d$。电炉的功率为 16500 ~ 50000kW。炼铜矿热电炉如图 2-6 所示，它由炉基、炉底、炉墙、炉顶、支架和电极升降装置等组成。

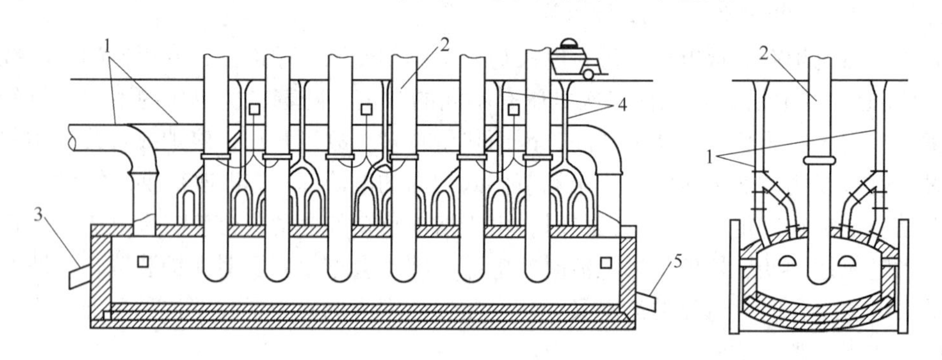

图 2-6 炼铜矿热电炉示意图

1—排烟管；2—电极；3—放渣口；4—给料管；5—铜锍口

炉基由钢筋混凝土做成的许多立柱构成，根据放渣和放铜锍的要求，立柱应高于 1.7m，在立柱上放工字钢和铸钢板。这种架空的结构可使炉底被空气冷却，同时也便于观察炉底情况。

炉底是先在铸钢板上浇灌反拱形混凝土炉底，然后在其上面竖砌 3 ~ 4 层镁砖和黏土砖，也要做成反拱形。

电炉炉墙下面部分均用生铁板做成箱式炉壳（围板），炉墙和炉底都砌在炉壳里面，炉墙内渣线以下为镁砖或铬镁砖，外面为黏土砖，渣线以上都用黏土砖。近年来，也有采用铜水套强制冷却炉墙结构的。

电炉炉顶不像反射炉那样受高温作用，因此可用黏土砖砌成。但是由于炉顶开孔多，除电极孔外还有加料孔、排气孔等，因此炉顶必须有足够的强度。有的工厂试验改用耐热钢筋混凝土护顶。

电炉支架与反射炉相同，但由于电炉电流大，在支架上易产生涡流，增加电耗，故拉杆多用抗磁钢材做联轴节，以隔断电流，减少损失。

炉渣和铜锍放出口分别设在电炉两端，铜锍口采用石墨衬套；炉渣口也可用石墨衬套，但最好用铜制水套。有的工厂为减轻劳动强度，采用虹吸放铜锍的方法。

电极都是采用连续自焙电极，电极外面为薄钢板电极壳，内装电极糊，依靠电流的焦耳热进行烧结。电极糊由煅烧过的无烟煤、焦炭细粒与焦油和沥青按一定比例混合而成，分批由上部加入电极壳中，在受热时逐步发生软化、蒸馏和烧结作用。

为了防止爆炸，电炉熔炼的炉料要求水分含量在3%以下。但干燥后的精矿和粉矿，其传热和透气性不好，而且烟尘率很高，电耗大。因此，我国工厂都采用圆盘制粒机制粒，然后在烧结机上进行干燥。除粒料外，在电炉熔炼中也采用粉料、块料和烧结块。

以某厂熔炼高钙镁质铜精矿的生产为例，在正常操作条件下，电炉熔炼的技术经济指标为：床能力7t/(m^2·d)，电能消耗400~430kW·h/t，电能效率94.9%，金属回收率97.8%~98%，热利用率69.5%。

电炉熔炼的改进措施主要是提高功率和扩大尺寸、采用优质耐火材料、用空气和水套等冷却热负荷大的炉墙部分、改进电极夹持器、加强密封处理炉气、放渣和放铜锍机械化以及使电炉操作控制自动化等。在现代炼铜中，电炉的使用是很有限的。

2.6 铜精矿的闪速炉熔炼

闪速熔炼是一种将具有巨大表面积的硫化铜精矿颗粒（水分含量小于0.3%）、熔剂与氧气、富氧空气或预热空气一起喷入赤热的炉膛内，使炉料在漂浮状态下迅速氧化和熔化的熔炼方法。它将焙烧、熔炼和部分吹炼过程在一个设备内完成，不仅强化了熔炼过程，而且大大减少了能源消耗，提高了硫的利用率，改善了环境。闪速熔炼炼铜的生产能力约占粗铜冶炼能力的50%，闪速熔炼已经成为现代火法炼铜最主要的熔炼方法。闪速熔炼分为芬兰奥托昆普公司闪速熔炼和加拿大国际镍公司氧气闪速熔炼两种类型。

2.6.1 闪速熔炼的原理

入炉的浮选硫化铜精矿粒度很细，一般90%以上小于0.074mm，比表面积达200m^2/kg，熔炼过程中又处于悬浮状态，因而气-固或气-液间的传质和传热条件十分强化。在高温作用下，大部分硫化物颗粒在反应塔内仅停留2~3s即可完成氧化脱硫、熔化、造渣等反应，并放出大量的热作为熔炼所需的大部或全部能量。在反应塔内形成的铜锍和炉渣落入沉淀池，进一步完成造锍和造渣过程，经澄清分离后分别从铜锍口和渣口放出。

闪速熔炼是在高温强氧化气氛中进行的，因此精矿中依次进行高价硫化物的分解、硫化物的氧化及氧化物与硫化物的相互反应。

A 分解反应

分解反应主要包括黄铁矿、黄铜矿、高价硫化物的分解反应：

$$FeS_2 = FeS + \frac{1}{2}S_2$$

$$Fe_nS_{n+1} = nFeS + \frac{1}{2}S_2$$

$$2CuFeS_2 = Cu_2S + 2FeS + \frac{1}{2}S_2$$

$$2CuS \longequal Cu_2S + \frac{1}{2}S_2$$

B 氧化反应

氧化反应是闪速熔炼的代表性反应，主要包括：

$$FeS + \frac{3}{2}O_2 = FeO + SO_2$$

$$3FeS + 5O_2 = Fe_3O_4 + 3SO_2$$

$$6FeO + O_2 = 2Fe_3O_4$$

$$Cu_2S + \frac{3}{2}O_2 = Cu_2O + SO_2$$

$$S_2 + 2O_2 = 2SO_2$$

C 高价硫化物直接氧化和造渣反应

高价硫化物直接氧化和造渣反应主要包括：

$$2CuFeS_2 + \frac{5}{2}O_2 = Cu_2S \cdot FeS + 2SO_2 + FeO$$

$$2FeS_2 + \frac{7}{2}O_2 = FeS + FeO + 3SO_2$$

$$2FeO + SiO_2 = 2FeO \cdot SiO_2$$

可见，在强氧化气氛中，铜精矿氧化不可避免地会产生 Fe_3O_4 而不完全是 FeO，也有一部分 Cu_2S 氧化成 Cu_2O。另外，强氧化造成硫的大量氧化，为此需要通过控制氧化气氛来控制硫的氧化，以保证获得适当品位的铜锍。氧化气氛通常用氧和硫、铁供给数量的百分比来表示，比值越大，氧化程度越大，铜锍品位越高；反之，则越低。通常控制氧和硫、铁的数量比为 48% ~50%。

D 相互反应

相互反应在熔池中进行，主要反应如下：

$$3Fe_3O_4 + FeS = 10FeO + SO_2$$

$$3Fe_3O_4 + FeS + 5SiO_2 = 5(2FeO \cdot SiO_2) + SO_2$$

$$Cu_2O + FeS = Cu_2S + FeO$$

$$2FeO + SiO_2 = 2FeO \cdot SiO_2$$

反应结果使 Cu_2O 以 Cu_2S 形态进入铜锍，同时使部分 Fe_3O_4 还原成 FeO 造渣。但是闪速熔炼时 Fe_3O_4 的还原条件是很差的，因此炉渣铜含量高。

2.6.2 奥托昆普闪速炉熔炼

2.6.2.1 工艺流程

奥托昆普闪速炉熔炼工艺通常由炉料准备、熔炼、烟气冷却、供氧、空气预热、炉渣处理、烟气处理等环节组成，工艺流程如图 2-7 所示。

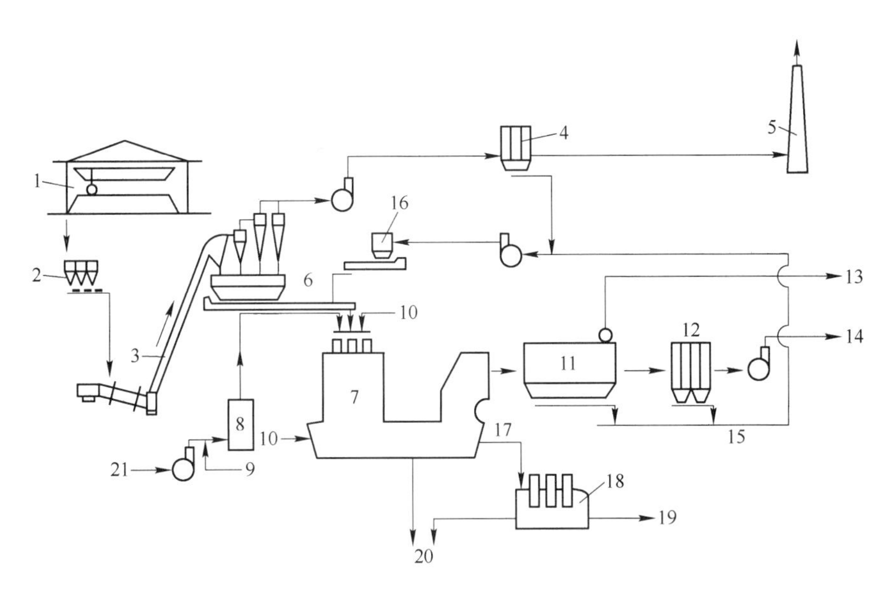

图 2-7 奥托昆普闪速炉炼铜工艺流程

1—储料仓；2—配料仓；3—气流干燥；4—干燥电收尘器；5—烟囱；6—干矿仓；7—闪速炉；8—空气预热装置；9—氧气；10—重油；11—余热锅炉；12—电收尘器；13—蒸汽；14—烟气制酸；15—烟尘；16—烟灰仓；17—闪速炉渣；18—贫化电炉；19—弃渣；20—铜锍送往转炉；21—空气

2.6.2.2 奥托昆普闪速炉的结构

目前在工业中普遍采用奥托昆普闪速炉熔炼法，这种炉子由反应塔、沉淀池、上升烟道和喷嘴等组成，如图 2-8 所示。

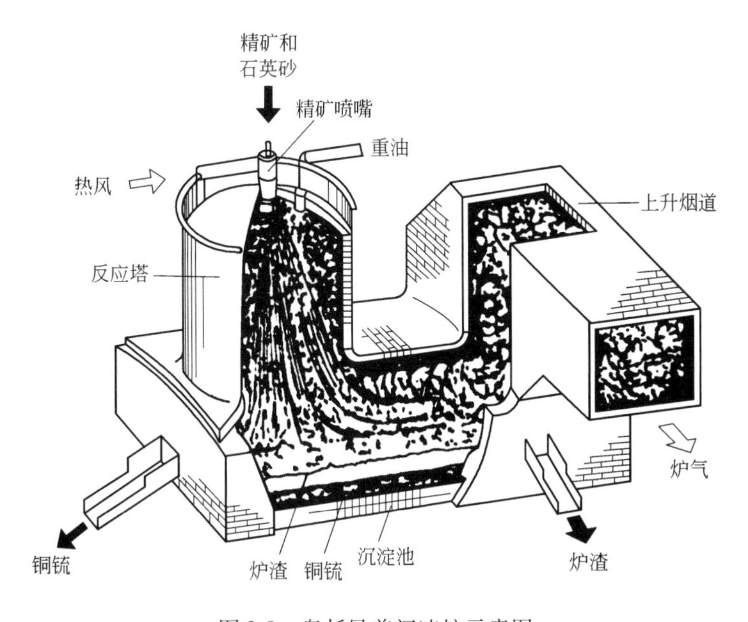

图 2-8 奥托昆普闪速炉示意图

反应塔是用钢板制成的圆筒，内衬以镁铬砖，塔顶部 1.5 ~ 2m 处为电铸铬砖砌筑。大型闪速炉反应塔的内径为 ϕ5.7 ~ 6.5m，高约 6m。塔顶部安装喷吹精矿的喷嘴，塔身下部用铜水套冷却，以降低耐火材料的温度，同时也有利于在耐火材料上形成磁性氧化铁保护层。在反应塔和沉淀池的接合处采用带翅片的铜管，外敷耐火材料或耐火混凝土。

沉淀池是由镁铬砖砌筑的矩形熔池，外面用钢板包围，同时用立柱和拉杆加固。沉淀池的作用是储存并分离铜锍和炉渣，大型闪速炉的沉淀池尺寸为长 19 ~ 21m，宽 6 ~ 8m，高 3 ~ 4m。在沉淀池侧墙上有 2 ~ 6 个铜锍口，而渣口位于沉淀池尾部。

上升烟道与余热锅炉相通，它采用钢板制作外壳，内衬以耐火砖，横断面为矩形，其高度视余热锅炉入口的位置而定。

2.6.2.3 原料、熔剂及燃料

由于炉料在闪速炉反应塔中停留的时间仅为 2s 左右，炉料水分含量高或粒度大均会导致反应不完全，发生下生料现象。因此，各厂炉料水分含量一般控制在 0.3% 以下。炉料干燥方法有气流干燥、圆筒干燥、沸腾干燥及蒸气干燥等，我国和日本的闪速炉炼铜厂均采用气流干燥法。铜精矿粒度一般要求小于 0.074mm 的颗粒占 90% 以上。石英熔剂可以是经破碎筛分后的石英砂，也可以直接使用天然海砂或河砂，但粒度均应小于 1mm。各种返料（如烟尘等）均应经过破碎筛分。

闪速炉常用燃料有重油、焦粉、粉煤及天然气等。各种燃料可单独使用，也可混合使用。由于烟气用于制酸，对燃料硫含量无特殊要求。

闪速炉脱硫率高且易于控制，对铜精矿品位无特殊要求，一般均可产出规定品位的铜锍。但应控制铅、锌、砷、锑、铋等杂质。铅、锌会降低闪速炉烟尘的熔点，使之易于黏结余热锅炉管壁。精矿砷含量高，会增加工厂处理含砷烟尘及废酸的负担。精矿锑、铋含量高，则阳极铜锑、铋含量也高，会增加铜电解精炼净液工序的负担，并影响电解铜质量。闪速炉熔炼的铜精矿化学成分如表 2-8 所示。

表 2-8 闪速炉熔炼的铜精矿化学成分 (%)

工厂	化学成分								
	Cu	Fe	S	Pb	Zn	As	Sb	Bi	SiO_2
贵溪	21 ~ 22	28 ~ 29	32 ~ 33	0.4 ~ 0.5	0.6 ~ 1.2	0.25	0.06	0.07	6 ~ 6.5
足尾	25.4	27.8	30.4	1.4	2.6	0.6	—	—	—
东予	30.8	24.3	29.7	0.25	0.6	0.14	—	—	—
汉堡	26 ~ 32	18 ~ 28	23 ~ 33	0.1 ~ 0.5	0.5 ~ 2	0.1	—	—	6 ~ 7

2.6.2.4 闪速熔炼的实践

A 给料

干燥后的炉料及返回闪速炉的烟尘分储于炉顶料仓。炉顶料仓应有 4h 左右的储量。入炉物料一般采用粉体流量计或料仓压力传感器计量，再通过 1 ~ 2 台可调速的埋刮板运输机经 1 ~ 4 个精矿喷嘴加入闪速炉。

B 供氧与供热

闪速熔炼的热量消耗一般为 2092 ~ 2510kJ/kg，只有反射炉熔炼的 1/3 ~ 1/2。闪速熔炼的热量消耗要根据热平衡计算确定。除利用氧化和造渣反应热外，还可以通过补加燃料或者采用氧气自热熔炼（不加燃料）来解决，前者用于奥托昆普闪速炉熔炼，后用于氧气闪速炉熔炼。

奥托昆普闪速炉熔炼又分为预热空气和预热富氧空气两种形式，无论是预热空气还是采用富氧空气都是为了减少燃料的消耗，空气一般预热到773～1223K，富氧空气含氧27%～29%。如用含氧38%～40%的富氧空气也可不用燃料，不过需根据精矿成分和铜锍品位而定。由于采用了空气和烧油，这种闪速熔炼炉气的SO_2含量虽然只有10%～15%，但已能满足制造硫酸的要求。

氧气闪速炉熔炼是全部用工业氧（O_2 95%～97%）来代替空气进行熔炼。由于炉气带走的热量很少，依靠氧化反应热就已足够，不需补充燃料。这时炉气含SO_2高达80%，因而可直接制成液体SO_2出售。

C 温度与压力

铜锍和炉渣的控制温度与铜锍品位和炉渣成分有关。铜锍温度一般控制在1423～1513K，炉渣温度控制在1463～1573K。

铜锍温度采用一次性热电偶检测。当铜锍温度偏差超出允许范围时，即通过调整反应塔燃料量予以纠正。

生产上主要控制反应塔出口、沉淀池出口及上升烟道出口三处的烟气温度。反应塔出口烟气温度是反映塔内精矿化学反应良好与否的重要参数，但由于难以实际测量，一般通过热平衡计算及测定耐火材料温度进行推测。通常反应塔出口烟气温度为1623～1673K。沉淀池出口及上升烟道出口的烟气温度由热电偶测定。沉淀池出口烟气温度控制在1673～1693K，上升烟道出口烟气温度控制在1573～1623K。控制较低的上升烟道出口烟气温度，有利于减轻余热锅炉烟尘的黏结。

闪速炉炉内压力一般控制沉淀池拱顶为微负压，通过设于电收尘器与排风机之间的蝶阀自动控制。

D 计算机控制

闪速熔炼由于反应迅速、操作严格，目前国内外工厂的自动化装备水平普遍较高，日本东予厂、我国贵溪冶炼厂等采用了计算机在线控制，能实现稳定生产。

当闪速炉处理料量不变时，只要控制闪速炉产出的铜锍品位、铜锍温度和炉渣中的铁硅比（$w(Fe)/w(SiO_2)$）这三个变量稳定，就可以使熔炼、吹炼、制酸生产稳定。

计算机在线控制时，通过调节石英熔剂比率来控制炉渣中的铁硅比（在一般情况下$w(Fe)/w(SiO_2)\approx 1.15$），通过调节闪速炉反应塔送风的总氧量来控制铜锍品位，通过调节闪速炉反应塔的燃料给入量或鼓风氧浓度来控制铜锍的温度。

E 余热利用

闪速炉出炉烟气温度一般为1573～1623K，含二氧化硫10%以上，并含有50～100g/m^3熔融状态的烟尘。为回收烟气余热并初步捕集烟气中的烟尘，必须设置余热锅炉，把闪速炉烟气冷却到623K左右，经收尘后送去制造硫酸。

2.6.2.5 闪速熔炼产物

A 铜锍

闪速炉脱硫率高，产出的铜锍品位较高，通过增减反应塔鼓风量，可在较大范围内调整铜锍品位。从降低闪速炉燃料消耗、减少需要转炉吹炼的铜锍量以及稳定闪速炉和转炉烟气制酸的条件考虑，宜选取较高品位的铜锍，但其往往受到转炉吹炼热平衡及操作水平的限制。通常铜锍品位为50%～60%，高时可达73%，甚至直接产出粗铜。闪速炉熔炼的铜锍化学成分见表2-9。

表2-9 闪速炉熔炼的铜锍化学成分 (%)

工厂	化学成分							
	Cu	Fe	S	Pb	Zn	As	Sb	Bi
贵溪	48~51	20~22	21~22	0.4~0.6	0.6~0.8	0.15~0.2	0.08	0.1~0.12
足尾	46~50	21~26	22~24	0.4~1.4	2.5~3.0	—	—	—
东予	52	20.3	22.9	0.5	1.0	—	—	—
汉堡	60~62	14~16	23	—	—	—	—	—

B 炉渣

闪速炉由于产出的铜锍品位高及炉渣 Fe_3O_4 含量较高，因此炉渣铜含量也较高。多数工厂对闪速炉渣都进行了专门处理，其方法有电炉贫化法、浮选法、闪速炉直接弃渣法。闪速炉熔炼的炉渣化学成分见表2-10。

表2-10 闪速炉熔炼的炉渣化学成分 (%)

工厂	$w(Fe)/w(SiO_2)$	化学成分					
		Cu	Fe	S	Pb	Zn	SiO_2
贵溪	1.15	0.9	38.6	1.0	—	—	33.6
佐贺关	1.18	2.6	38.2	1.5	0.12	0.85	32.3
东予	1.13	0.8	38.0	—	—	—	31.0
汉堡	1.34	1~2	43.0	1.3	—	—	32.0

C 烟尘

闪速炉烟尘成分与原料所含的易挥发元素 Pb、Zn、As、Sb、Bi、Cd 等有密切关系，同时与返回的转炉及闪速炉烟尘，特别是电收尘器烟尘的数量有关。由于杂质在熔炼过程中依据平衡关系分布于烟尘、炉渣及铜锍中，因此烟尘杂质成分含量高，铜锍以及之后的粗铜杂质含量也高。为避免杂质随烟尘的返回而不断积累，杂质含量高的烟尘不应全部返回闪速炉，应另行综合回收处理。

贵溪冶炼厂铜精矿含 As 0.2%~0.26%、Sb 0.06%、Bi 0.07%。在烟尘基本全部返回的情况下，最终阳极铜含 As 0.07%~0.10%、Sb 0.037%~0.042%、Bi 0.037%~0.045%。

此外，闪速炉烟尘含 Pb、Zn 过高时，容易发生余热锅炉烟尘黏结故障。日本小坂厂闪速炉炉料 Pb+Zn 含量为7%~8%，余热锅炉烟尘 Pb+Zn 含量为15%~16%，是迄今闪速炉炉料 Pb、Zn 含量最高的实例。

D 烟气

闪速炉熔炼脱硫率高，又多采用富氧空气鼓风，因而烟气中二氧化硫浓度一般为10%~20%，最高可达40%。反应塔送普通空气时，烟气中 SO_2 与 SO_2+SO_3 的体积比为1.5%~2.0%，送富氧空气时为2.0%~3.0%（至酸厂前）。炉料经过深度干燥，烟气水分含量一般为4%~8%。闪速炉烟气含尘浓度一般为50~120g/m^3，要求进硫酸系统时一般为0.5g/m^3。

闪速炉烟气量、烟气成分与精矿成分、燃料及送风含氧浓度有关。某厂闪速炉烟气实例见表 2-11。

表 2-11 某厂闪速炉烟气实例

精矿成分/%		送风含氧浓度/%	出炉烟气量 $/m^3 \cdot h^{-1}$	烟气成分（体积分数）/%				
Cu	S			SO_2	CO_2	H_2O	O_2	N_2
14.3	34.2	21	76700	10.95	4.08	6.77	1.14	77.06
25.0	30.0	21	68700	8.66	5.94	8.15	1.35	75.90
22.5	30.8	32 ~ 33	51171	18.42	3.42	5.73	1.18	71.23
25.0	30.0	31 ~ 32	49534	17.97	3.46	5.78	1.20	71.58

闪速炉烟气一般与转炉烟气混合后，采用双转双吸烟气制酸工艺处理。根据制酸要求，进转化器最低的 SO_2 经济浓度为6%。因此，闪速炉出炉烟气中 SO_2 浓度应按照其与转炉烟气混合及考虑系统漏风后满足上述要求进行控制。

闪速炉出炉烟气中 SO_2 浓度通过调整送风含氧浓度、送风温度和燃料量进行控制。闪速炉烟气系统设备及管道漏风系数为 1.6 ~ 1.8。

2.6.2.6 元素分布

铜精矿中杂质元素在闪速熔炼中的行为相当复杂，它们在铜锍、炉渣和烟尘中的分布除了与元素本身的性质和元素之间的相互作用有关外，还与送风含氧浓度、铜锍品位、操作温度等操作条件有关。表 2-12 列出了不同研究者给出的元素分布。

表 2-12 As、Sb、Bi 在铜锍、炉渣及烟气中的分布

铜锍品位/%	在铜锍中/%			在炉渣中/%			在烟气中/%		
	As	Sb	Bi	As	Sb	Bi	As	Sb	Bi
40	4	13	10	10	25	1	86	62	79
55	10	30	15	10	30	5	80	40	80
55	39.16	64.09	83.71	14.58	32.11	3.09	46.18	3.35	10.08
57	23	53	27	20	46	15	57	27	58
62	41.34	59.32	75.64	23.99	35.28	9.6	32.7	3.82	11.88

2.6.2.7 炉渣贫化

A 电炉贫化法

电炉贫化利用电能加热熔融炉渣，并在还原剂的作用下将渣中 Fe_3O_4 还原成 FeO，降低了熔融炉渣的黏度，以利于铜渣分离；与此同时，在硫化剂的洗涤下，使渣中的铜硫化成铜锍，并加以回收。处理闪速炉渣的贫化电炉多数为独立的矿热电炉，典型贫化电炉的尺寸（长×宽×高）为 10m×5m×2.5m。炉型为椭圆形或长方形，炉子功率多为 3000 ~ 3500kW。此法由于能处理工厂的各种返回品及冷料，过程简单，占地较少，被多数闪速熔炼工厂所采用。也有少数工厂采用“内藏式”贫化电炉的，即在闪速炉沉淀池内插入电极，使闪速炉渣达到弃渣水平。内藏式贫化电炉的优点是：

（1）占地面积小，热利用好，投资省；

（2）电极直接插入闪速炉沉淀池，可减轻炉底、炉侧墙结瘤，铜锍放出顺利；

(3) 可降低烟尘率和烟气温度，有利于余热锅炉的运行。

其缺点是：

(1) 沉淀池的操作条件较差；

(2) 电极周围密封不好时，会降低烟气中二氧化硫浓度；

(3) 沉淀池温度较高，操作不好时电极易折断。

闪速炉渣的电炉贫化一般采用连续作业。由于闪速炉渣中大部分铜以硫化物形态机械夹带，因而贫化主要靠电热澄清。贫化电炉单位炉床面积的电力负荷一般为 40 ~ 110kW/m^2。贫化电炉温度控制最重要的是控制炉内渣温。炉膛温度与电炉操作制度关系较大，故各厂不一。根据统计，炉膛温度一般为 1473K 左右，通常比炉内熔渣温度低 80 ~ 150K。当采用贫化电炉单纯从炉渣中回收铜时，一般炉内熔渣温度比加入的闪速炉渣温度提高30 ~ 150K，为 1523 ~ 1573K。但是，熔渣温度太高将增加金属在弃渣中的溶解损失，对于炉衬寿命、电极消耗等都不利。为防止电炉冒烟和大量吸入冷风，贫化电炉应维持微负压操作，炉膛压力以 -30 ~ 0Pa 为宜。

炉渣贫化电炉的熔池深度多为 900 ~ 1100mm，渣层厚度多为 500 ~ 800mm，采用连续作业制度时，弃渣通常连续放出，炉内渣层厚度较稳定，一般为 700mm 左右。为了降低弃渣铜含量，有些工厂采用两段电炉贫化，铜锍间断放出。贫化电炉采用间断作业制度时，弃渣间断放出，通常一个周期放出一次。刚放完渣时，炉内渣层最薄可能为 300mm 左右；出完铜并进渣后，炉内渣层厚度可能达 800mm 左右。为了降低弃渣铜含量，常采用停电澄清法放渣，铜锍间断放出。无论采用哪种作业制度，炉内铜锍面最低不小于 100 ~ 150mm；当熔池深度为 1000mm 左右时，铜锍面最高不大于 400 ~ 500mm。当采用停电澄清法放渣时，放渣前以提电极停电 10 ~ 15min 为宜。

采用连续操作制度贫化闪速炼铜炉渣时，在不加或少加硫化剂的情况下电耗较低，平均 1t 液体炉渣耗电 60 ~ 80kW · h，铜的回收率一般为 60% ~ 75%。采用间断操作制度时，需加入一定数量的添加剂，电耗较高，波动范围较大，1t 液体炉渣平均耗电 150 ~ 350kW · h，铜的回收率一般为 75% ~ 85%。

贫化电炉产出的铜锍一般含 Cu 39% ~ 52%、Fe 20% ~ 29%、S 22.96% ~ 23.2%，铜锍产率为 2% ~ 3.5%；产出的炉渣一般含 Cu 0.5% ~ 0.65%、Fe 36.78% ~ 40.53%、SiO_2 29.03% ~ 35.5%、CaO 1.85% ~ 4%。贫化电炉烟气中 SO_2 浓度多在 5% 以下，烟气量也不大，故常与闪速炉或转炉烟气一起制酸。

B 浮选贫化法

浮选贫化法基于铜的硫化物与炉渣中其他组分可选性的差别，将铜以硫化铜精矿的形式回收。浮选贫化的关键是熔融炉渣必须经过缓冷（24 ~ 48h），且需细磨至 90% 小于 50μm 的粒度。当渣中含铜超过 4% 时，在细磨前需经磁选，优先回收白冰铜和金属铜，以保证浮选矿浆中铜含量稳定。浮选法处理的闪速炉渣一般 $w(Fe)/w(SiO_2) = 1.4 \sim 1.5$，炉渣含 Fe_3O_4 20%、SiO_2 25% ~ 30%、Cu 1.5% ~ 2.5%。浮选所得精矿的铜品位为 20% ~ 35%，返回闪速炉；产出的尾矿含铜 0.4% 左右。浮选法处理 1t 炉渣的耗电量为 70 ~ 80kW · h，浮选药剂消耗 400 ~ 500g。浮选闪速炼铜炉渣时，铜的回收率约为 90%；浮选转炉炼铜炉渣时，铜的回收率为 80% ~ 95%，铁的回收率为 90% 左右；浮选诺兰达法炼铜炉渣时，铜的回收率约为 96%。

电炉贫化与浮选贫化相比，具有投资较省、占地面积小、流程短、有价金属综合回收较好等优点。其缺点是：铜的直收率较低，耗电量大。浮选贫化与电炉贫化相比，具有尾矿含铜品位低、铜的回收率高、耗电量较小的优点。其缺点是：投资较大，占地面积大，流程长，渣中铅、锌等有价金属难以富集。

C 闪速炉直接弃渣法

日本玉野冶炼厂闪速炉用焦粉作燃料，并加入具有一定粒度的碎焦，碎焦不完全燃烧，带入沉淀池浮于熔体表面，形成还原性气氛。控制反应塔排出烟气的 CO 浓度在 0.5% 左右，并将炉渣的铁硅比值调整到 1.2，得出的渣铜含量低于 0.65%，可以直接弃去不做处理。

2.6.2.8 技术经济指标

奥托昆普闪速炉熔炼的主要技术经济指标如表 2-13 所示。

表 2-13 奥托昆普闪速炉熔炼的主要技术经济指标

指　标	冶　炼　厂		
	中国贵溪	芬兰哈里亚瓦尔塔	日本玉野
精矿处理量/$t \cdot d^{-1}$	1100	850 ~ 1050	1360
反应塔直径 × 高/m × m	6.8 × 7	4.5 × 6.5	6 × 6.5
精矿喷嘴数量/个	4	1	4
渣层厚度/m	0.1 ~ 0.2	0.25	0.6
铜锍层厚度/m	0.5	0.3	0.4
鼓风含氧浓度（体积分数）/%	21	60 ~ 95	29
鼓风温度/K	723	493	673
铜锍品位（质量分数）/%	50	65 ~ 70	60
渣中 $w(Fe)/w(SiO_2)$	1.15	1.4 ~ 1.5	1.15
炉渣处理方法	电炉贫化	浮　选	闪速炉插电极
烟气量/$m^3 \cdot h^{-1}$	70000	73000 ~ 20000	40000 ~ 50000
烟气 SO_2 浓度（体积分数）/%	10	30 ~ 70	13.5
每吨精矿耗油量/kg	52	0 ~ 18	1.4
每吨精矿耗煤量/kg	0	0	34
每吨精矿工业耗氧量/m^3	0	290 ~ 400	100

2.6.3 国际镍公司氧气闪速炉熔炼

加拿大国际镍公司（INCO）氧气闪速炉的炉体结构如图 2-9 所示。在炉子的两个端墙上安装有烧嘴，含水小于 0.1% 的干精矿和含氧 95% 的工业氧气一起从烧嘴水平喷入炉内，在空间运行零点几秒时间内完成氧气与精矿中硫和铁的氧化、造渣反应，生成铜锍、炉渣和含高浓度 SO_2 的烟气。精矿喷嘴为内衬陶瓷的水冷不锈钢管。生成的铜锍和炉渣在熔池分离，烟气自设于炉子中部的上升烟道排出，并直接送烟气收尘系统。

INCO 闪速炉熔炼的技术特点是：

（1）采用氧气鼓风，烟气量小，烟气处理设备小，建设投资低；

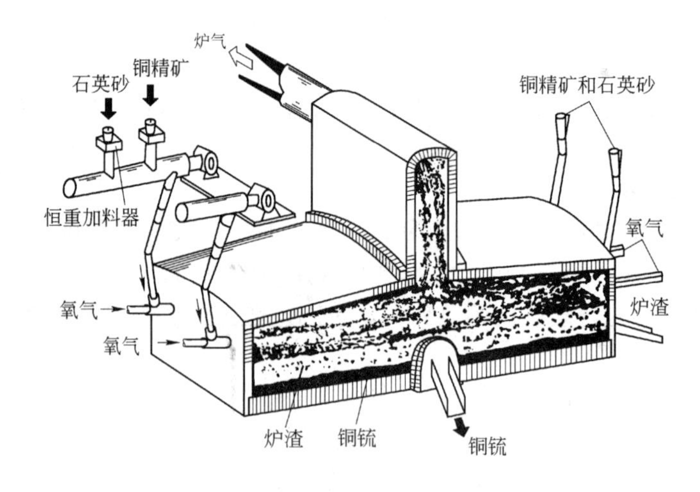

图 2-9 国际镍公司氧气闪速炉示意图

(2) 烟气 SO_2 浓度高达 70% ~80%，可以生产液体二氧化硫、元素硫或硫酸；

(3) 过程自热，熔炼 1t 铜消耗的氧气量为 800 ~1000m^3，相当于 0.15 ~0.18t 标煤/t；

(4) 炉渣铜含量较低，弃去前可以不做处理。

但是，由于 INCO 闪速炉使用工业氧气，这种熔炼方法仅适用于电价低廉的地区使用，它的推广受到一定的限制。

INCO 闪速炉熔炼的主要技术经济指标如表 2-14 所示。

表 2-14 INCO 闪速炉熔炼的主要技术经济指标

指 标	冶 炼 厂		
	加拿大铜崖	美国赫尔利	美国海登
精矿处理量/$t \cdot d^{-1}$	1100 ~ 1600	1300	2360
炉子长 × 宽 × 高/mm × mm × mm	22000 × 5500 × 5000	22000 × 5500 × 5000	22000 × 5500 × 5000
渣层厚度/m	0.6	0.4	—
铜锍层厚度/m	0.6	0.8	—
每吨精矿工业耗氧量/kg	180 ~ 220	250	228 ~ 278
鼓风温度/K	常温	常温	—
铜锍品位（质量分数）/%	45 ~ 48	45 ~ 55	55
渣中 $w(Fe)/w(SiO_2)$	1.14	1.20	—
渣中含铜（质量分数）/%	0.63	0.7	0.5
炉渣处理方法	不处理	不处理	电炉贫化
烟气量/$m^3 \cdot h^{-1}$	13000	17000	—
烟气 SO_2 浓度（体积分数）/%	70 ~ 80	70	—

2.6.4 闪速熔炼的优缺点

与传统炼铜方法相比，闪速熔炼具有以下优点：

(1) 充分利用铜精矿的表面积，将焙烧和熔炼两个工序在一次作业中完成，流程短，

生产率高，反应塔处理能力高达40～100t/(m^2·d)。

(2) 充分利用精矿中硫和铁的氧化热，因此热效率高，燃料消耗少。熔炼过程的工艺能耗为0.1～0.3t标煤/t。可以使用天然气、重油、粉煤及焦粉等多种燃料。

(3) 烟气量小，烟气SO_2浓度高，有利于制造硫酸。硫到硫酸的产品的回收率达95%，能有效地防止冶炼烟气污染大气。

(4) 通过调节反应塔（奥托昆普闪速炉）供氧总量，就可以控制脱硫率和铜锍品位。

(5) 过程控制简单，可以通过计算机控制实现生产过程的自动化。

其缺点是：

(1) 精矿要充分干燥，熔剂必须粉碎。

(2) 氧化气氛强，反应时间短，炉内易生成Fe_3O_4炉结。渣中含铜高，必须进一步贫化处理。

(3) 烟尘率高，给余热锅炉等的操作带来困难。

(4) 投资大，辅助设备多，因此还只限于大型工厂采用。

2.6.5 闪速熔炼的发展趋势

闪速炼铜的发展趋势主要有以下四方面：

(1) 大型化和计算机控制。大型闪速炉每天处理的铜精矿在2500t以上，不少闪速炉采用计算机在线控制铜锍品位、铜锍温度和炉渣的铁硅比，以实施优化生产。

(2) 扩大氧气的应用。从20世纪70年代起奥托昆普炼铜闪速炉就采用富氧熔炼，而且所用富氧氧气的浓度逐步提高，有的已超过60%。富氧熔炼提高了炉子的生产能力，使用高浓度富氧空气可以使反应塔达到自热熔炼。

(3) 简化流程，提高对原料的适应性。在闪速炉沉淀池内插电极或增设电热贫化区，把炉渣贫化作业合并到闪速炉内完成。这种闪速炉既简化了生产流程，又可处理含难熔物料较多的原料。

(4) 提高铜锍品位，实现直接炼铜。奥托昆普炼铜闪速炉的铜锍品位已从20世纪70年代的45%～50%提高到80年代的50%～65%。在波兰的格沃古夫炼铜厂和澳大利亚的奥林匹克坝冶炼厂，已采用闪速炉熔炼低铁高品位铜精矿，直接生产粗铜。

2.7 铜精矿的艾萨/澳斯麦特熔炼

艾萨熔炼法是由芒特·艾萨矿山有限公司和澳大利亚联邦科学与工业研究组织，于1973年开始研究开发的一项新的冶炼技术，其冶炼设备称为艾萨炉。艾萨炉炉体为简单的竖式圆筒形，其技术核心是采用了浸没式顶吹燃烧喷枪。20世纪80年代初，澳大利亚澳斯麦特有限公司成立，研究并开发了澳斯麦特冶炼工艺，其冶炼设备称为澳斯麦特炉。炉子形状与艾萨炉基本相同，其技术核心也是头部浸没在渣层内吹风的喷枪。艾萨炉、澳斯麦特炉虽然称法不同，但其实质均属于空气或富氧空气浸没式顶吹熔炼炉。浸没式顶吹熔炼技术是将喷枪直接竖直浸没在熔渣层内，使熔池内熔体、炉料与气体之间造成强烈的搅拌与混合，从而强化传热和传质过程以及提高化学反应速率的熔池熔炼技术。这种技术近年来发展很快，已广泛应用于铜、铅、锡冶炼以及炼铁等工业领域。目前，全世界已有许多厂家采用了艾萨熔炼法或澳斯麦特熔炼法，我国中条山有色金属公司、云南铜业股份有限公司、云南锡业公司等厂家也相继引进了这两种冶炼方法。

2.7.1 艾萨/澳斯麦特熔炼炉的原理

艾萨/澳斯麦特熔炼炉的工作原理如图2-10所示。炉体为具有耐火材料衬里的垂直圆柱体。喷枪从炉顶中心插入炉内，喷枪头部浸没在熔池的熔渣层内，将混有燃料的空气或富氧空气浸没喷射到熔池中，形成大量分散气泡，同时由于熔体的涡动，加速了传热和传质过程的进行。炉料（包括精矿、熔剂、返料等）从炉顶加料口加入炉内，直接落入处于强烈搅动的熔池，快速被卷入熔体与吹入的氧反应，炉料被迅速熔化，生成炉渣和铜锍。需要补充的燃料，如果用块煤，可以将其配入炉料一并加入炉内；若用粉煤、燃油或气体燃料，可通过喷枪直接喷入熔池。生成的炉渣和铜锍由放出口放出至沉降炉，在沉降炉内实现渣锍分离。铜锍送吹炼炉吹炼成粗铜，炉渣一般经水淬后弃掉。也可以将熔炼的产品直接放入贫化电炉，炉渣和铜锍在贫化电炉内进行澄清分离，而且可以向贫化炉内加入适当的还原剂，对炉渣进行贫化，降低渣中铜含量。冶炼产生的烟气经上升烟道排出至余热锅炉降温并回收余热，再经过收尘净化后送硫酸厂制酸、回收硫。

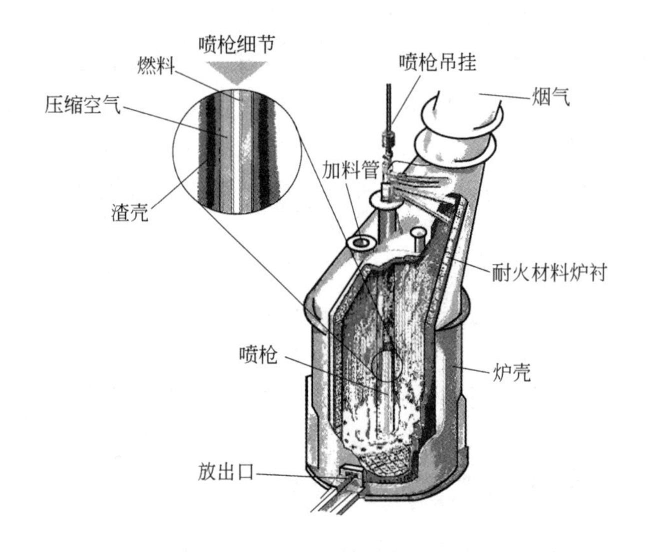

图2-10 艾萨/澳斯麦特熔炼炉工作原理示意图

2.7.2 艾萨/澳斯麦特熔炼的实践

艾萨炉和澳斯麦特炉的结构基本上是一样的，由炉壳、炉体、喷枪、喷枪夹持架和升降装置、加料装置以及产品放出口等组成。

（1）炉壳。炉壳是一个直立的圆筒，由钢板焊接而成，上部钢板厚约25mm，熔池部分钢板厚约40mm，熔池部分还有一个钢结构加强框架。炉身上部向一边偏出一个角度，以便让开中心喷枪和设置烟气出口。

（2）炉体。艾萨/澳斯麦特炉的炉型结构多为筒球型。炉顶呈截头斜圆锥形或平顶圆柱形，斜炉顶烟气流动比较通畅。在炉盖上布置喷枪孔、加料孔、烘炉烧嘴孔、烟道孔等。炉身为圆柱体，炉底呈球缺形或反拱形。熔池由圆柱体与球缺两部分组成。这种炉型的特点是：形状简单，炉壳制造容易，砌砖简便，形状接近于熔体的运动轨迹，利于反应的进行。炉衬全部用直接结合镁铬砖砌筑。考虑砖体的膨胀，在炉壳与砖之间或砖与水套之间填一层具有高导热性能的填料，该填料用片状石墨和黏土配制而成。

（3）喷枪。喷枪是艾萨/澳斯麦特熔炼法的核心技术，也是专利产品。喷枪是多层同心套管，中心管送燃料，第二层送氧气，第三层送助燃空气，第四层送冷却空气。也有双层套管的，中心管送油或者天然气，外层管送富氧空气。喷枪的头部插入渣层内，是最容易损坏的部位，长度一般为800~2000mm，外套管多用不锈钢制造。喷枪的枪身部分由于包上一层喷溅的炉渣，起到了保护喷枪的作用，一般不会烧坏。喷枪头部的寿命为5~7天，最长15天。

（4）喷枪升降机。艾萨炉是竖式炉，比较高，所以喷枪比较长，一般为13~16m。这样就需要一个行程很大的喷枪升降机。喷枪固定在一个滑架上，并与相应的管路连接。滑架由一个专用的电动卷扬机带动，沿导轨上下滑动。滑架的各种管接头分别用金属软管与车间相应的固定的供油、供风管道相接。金属软管的长度应能满足喷枪最大行程的需要。为了减少电动卷扬机的负荷，滑架设有配重。喷枪头部插入渣层的深度根据喷吹气体压力变化，由计算机自动调节。

（5）上升烟道。烟道的结构形式有倾斜式和垂直式。倾斜式的角度不小于70°，烟道内衬耐火材料，目的是使进入烟道的熔渣可自流回到炉内。这种烟道黏结严重，而且不易清理。垂直式烟道是余热锅炉受热面的一部分，这种形式的烟道内壁温度低，烟尘易黏结，但黏结层易脱落，好清理。所以垂直式烟道越来越广泛地被采用。

艾萨/澳斯麦特熔炼法的主要技术经济指标为：精矿成分：Cu 23% ~29%、Fe 25.7% ~29%、S 29% ~33%、SiO_2 4% ~16%、水分 7% ~12%；燃料率 5.5% ~8.8%（煤）；处理量 33~112t/h；喷枪供风量 200~840m^3/min；富氧浓度 40% ~52%；烟气 SO_2 浓度 6% ~12.4%；熔池温度 1433~1473K；铜锍品位 58% ~62%；渣中铜含量 0.5% ~1.5%。

艾萨/澳斯麦特熔炼法具有以下优点：

（1）对炉料适应性强，对炉料制备要求低，含水10%以下的炉料可直接入炉；

（2）熔炼过程中熔池剧烈搅动，极大增强了反应过程的传质和传热强度，大大提高了反应速度，热效率高，床能力大；

（3）熔炼过程中充分利用炉料中硫和铁的氧化反应热，需补充的热量很少，燃料率低，而且可以用一般煤作燃料；

（4）与传统的熔炼工艺相比，艾萨炼铜炉脱除各种杂质元素的速度很高；

（5）炉子结构简单，不转动，占地小，投资低；

（6）采用顶吹喷枪，操作方便，不存在侧吹、底吹熔炼炉与风口有关的各种问题；

（7）烟气稳定，烟尘率低，烟气中 SO_2 浓度高，有利于硫酸厂制酸，硫的回收率高，酸厂尾气可达标排放；

（8）采用浸没式顶吹，鼓风压力低，动力消耗较小；

（9）整个冶炼过程可通过计算机控制。

2.8 铜锍的吹炼

铜锍吹炼的任务是将铜锍吹炼成含铜98.5%～99.5%的粗铜。吹炼的实质是在一定压力下将空气送到液体铜锍中，使铜锍中FeS氧化成FeO并与加入的石英或CaO熔剂造渣，Cu_2S则与氧化生成的Cu_2O发生相互反应而变成粗铜。吹炼过程所需热量全靠熔锍中硫和铁的氧化及造渣反应所放出的热量供给，为自热过程。吹炼过程的温度为1473～1523K。传统的吹炼设备主要是卧式转炉，新近发展的吹炼设备有闪速吹炼炉、顶吹吹炼炉等。

2.8.1 P-S转炉吹炼的原理

1909年，皮尔斯（Peirce）和史密斯（Smith）在波尔梯莫尔（Baltimore）首次成功使用碱性或中性耐火材料炉衬的转炉吹炼铜锍，这种卧式转炉通称为P-S转炉。P-S转炉吹炼是周期性的间歇作业，熔融铜锍分批装入转炉内，要经历由装料、吹炼、排渣等操作组成的几个循环，直至产出粗铜才算完成一个完整的吹炼过程，然后重新加入铜锍开始下炉吹炼。吹炼过程严格地分为两个周期进行：第一周期又称造渣期，主要是FeS的氧化造渣，结果形成Cu_2S熔体，称为白冰铜；第二周期又称造铜期，主要是Cu_2S被氧化成Cu_2O，同时Cu_2O在熔体中与未氧化的Cu_2S作用生成金属铜（粗铜），在这一周期没有炉渣形成。

吹炼过程还可除去少量挥发性杂质，如铅、锌、锡、砷、锑、铋等，而贵金属则溶解富集在粗铜中。

2.8.1.1 第一周期（造渣期）

第一周期主要是除去熔锍中全部的铁以及与铁化合的硫，主要反应包括FeS的氧化反应和FeO的造渣反应，即：

$$2FeS + 3O_2 = 2FeO + 2SO_2$$

$$2FeO + SiO_2 = 2FeO \cdot SiO_2$$

将上述两式相加得第一周期的总反应为：

$$2FeS + 3O_2 + SiO_2 = 2FeO \cdot SiO_2 + 2SO_2$$

反应结果是得到液态铁橄榄石炉渣（$2FeO \cdot SiO_2$），其中含SiO_2 29.4%、FeO 70.6%。实际上由于石英加入量的限制，工业转炉渣的SiO_2含量常常低于28%。

在吹炼温度下，FeS的氧化属气-液相反应，反应进行得很迅速；而FeO的造渣属固-液相反应，反应进行得较缓慢。由于石英熔剂多以固体形式浮在熔池表面，FeO以熔融状态溶于铜锍中，SiO_2与FeO的接触不是很充分，来不及造渣的FeO便随熔体循环并与空气再次相遇，进一步被氧化成磁性氧化铁：

$$6FeO + O_2 = 2Fe_3O_4$$

形成的Fe_3O_4只能在有SiO_2存在时才按下式被还原：

$$3Fe_3O_4 + FeS + 5SiO_2 = 5(2FeO \cdot SiO_2) + SO_2$$

由于三者接触不良，Fe_3O_4还原不彻底，在转炉渣中会含有Fe_3O_4，一般含量为

12% ~25%，有时高达40%。Fe_3O_4 的存在提高了转炉渣的熔点、黏度和密度。转炉渣铜含量高达2% ~3%，必须返回熔炼或单独处理。

在吹炼的条件下，会有一部分 Cu_2S 不可避免地被氧化成 Cu_2O 或者金属铜，但只要有 FeS 存在，它们都可以再被硫化成 Cu_2S，因此第一周期的产品主要是白冰铜。

2.8.1.2 第二周期（造铜期）

第二周期是继续向造渣期产出的 Cu_2S 熔体鼓风，进一步氧化脱除残存的硫以生产金属铜的过程。鼓入空气中的氧首先将 Cu_2S 氧化成 Cu_2O，生成的 Cu_2O 在液相中与 Cu_2S 进行交互反应而得到粗铜，即：

$$2Cu_2S + 3O_2 = 2Cu_2O + 2SO_2$$

$$Cu_2S + 2Cu_2O = 6Cu + SO_2$$

将上述两式相加得第二周期的总反应为：

$$Cu_2S + O_2 = 2Cu + SO_2$$

在第一周期接近终点时，这些反应便开始进行，当放出最后一批炉渣之后，在转炉底部有时可见到少量金属铜。由于金属铜和硫化亚铜相互有一定的溶解度，可以形成密度不同而组成一定的 $Cu\text{-}Cu_2S(L_1)$ 和 $Cu_2S\text{-}Cu(L_2)$ 互不相溶的两层溶液。这两层溶液的组成原则上取决于温度（见图2-11）。于是造铜期熔池中组分和相的变化，在理论上按图2-11中 $a \to d$ 的路线分三步进行：

（1）当空气与 Cu_2S 在图中 $a \sim b$（1473K）范围内反应时，硫以 SO_2 形式除去，变成一种含硫不足但没有金属铜的白冰铜，即 L_2 相，反应是：

$$Cu_2S + xO_2 = Cu_2S_{(1-x)} + xSO_2$$

这一反应进行至硫含量降低到19.4%（b 点）为止。

（2）在图中 $b \sim c$（1473K）范围内，出现分层，底层为含硫1.2%的金属铜，即 L_1 相；上层为含硫19.4%的白冰铜，即 L_2 相。进一步鼓风将只增加金属铜和白冰铜的数量比例，而两层的成分则无变化。

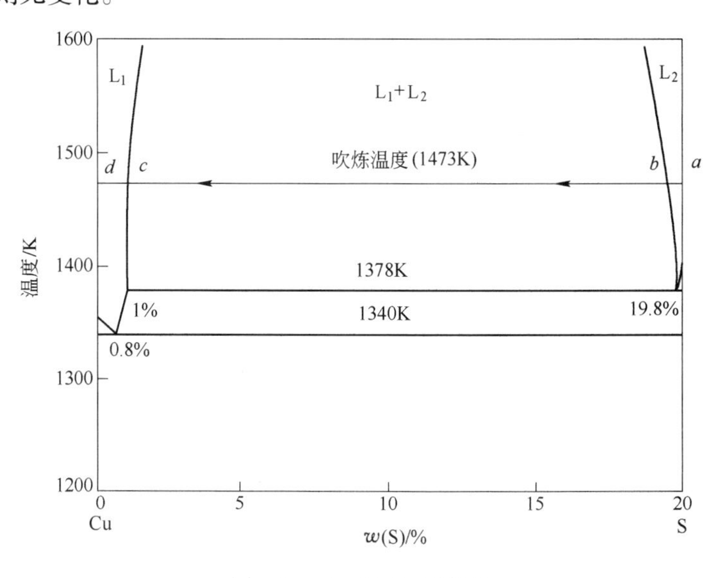

图2-11 Cu-S二元系相图

（3）在 $c \sim d$(1473K) 范围内，又开始进入单一的金属铜相（S 1.2%），而白冰铜相消失，进一步鼓风将只减少金属中的硫含量，反应为：

$$[S] + 2[O] = SO_2$$

吹炼过程直到开始出现 Cu_2O 为止。为了确保粗铜质量、提高铜的直收率和延长转炉寿命，必须严格控制好吹炼的终点，防止过吹。根据反应，粗铜中的硫含量可降到0.02%，不过这时铜的含氧量也增加至0.5%。

2.8.1.3 铜锍吹炼的温度和热制度

吹炼过程的正常温度在1423～1573K之间，温度过低，熔体有凝固的危险；但温度过高，即超过1573K时，转炉炉衬容易损坏。吹炼低品位铜锍时温度通常容易过高，而吹炼高品位铜锍时则出现热量不足，因此铜锍品位控制以不超过50%～60%为限。

吹炼过程是自热过程，不需外加燃料，完全依靠反应热就能进行。

在第一周期，总反应的热效应如下：

$$2FeS + 3O_2 + SiO_2 = 2FeO \cdot SiO_2 + 2SO_2 \qquad \Delta_r H_m^\ominus = -1029.6 kJ/mol$$

因此，1kg 氧可放出10725kJ 热量。根据实际测定结果，在鼓空气时1min 可使熔体温度上升0.9～3K，而停止鼓风1min 将使熔体温度降低1～4K。

在第二周期，总反应的热效应为：

$$Cu_2S + O_2 = 2Cu + SO_2 \qquad \Delta_r H_m^\ominus = -217.4 kJ/mol$$

1kg 氧只能放出6794kJ 热量。每鼓风1min 可使熔体温度上升0.15～1.2K，而停止鼓风1min 将使熔体温度下降3～8K。

由此看来，第二周期放出的热量比第一周期低约36%，所以在第二周期热量较为紧张，操作中必须减少停风；而在第一周期过热的情况下，则必须加入冷料来调节。

2.8.2 P-S 转炉吹炼的实践

P-S 转炉为卧式转炉，由炉身、供风系统、熔剂供给系统、排烟系统和传动系统组成，如图2-12 所示。

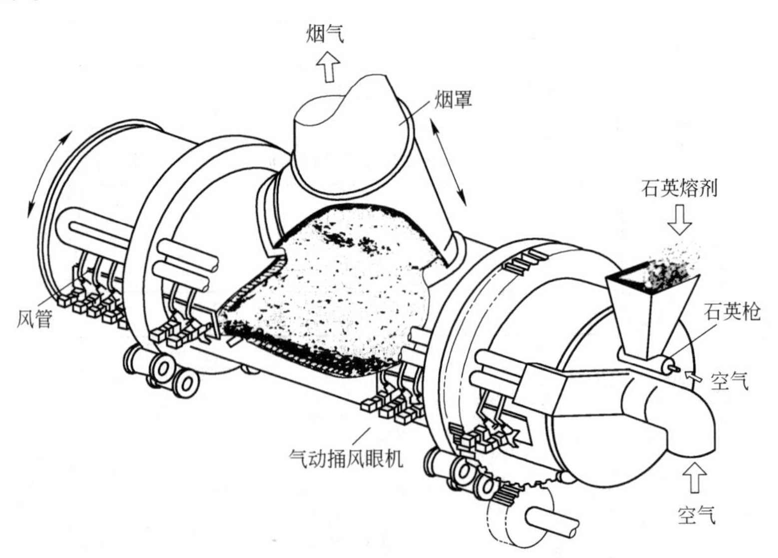

图2-12 卧式转炉示意图

（1）炉身。炉身由用锅炉钢板焊接而成的炉壳、内衬镁砖或铬镁砖的炉衬、水冷炉口、风管、风口、大圈轮、大齿轮等部分组成。靠近炉壳两端各有一个大圈轮，它是转炉回转机构的从动轮，当传动系统的工作电动机转动时，小齿轮带动大齿轮，从而使转炉做回转运动。中小型转炉可转动360°，大型转炉只能转动270°。

炉口位于转炉中部，是供装料、放渣、放铜、排烟和维修炉衬时使用的工作门。炉口呈长方形，其面积为吹炼时熔池表面积的18%～25%。正常吹炼时炉口轴线向后倾斜18°～30°，以保证烟气顺利通往烟道。为了延长炉口寿命，在我国已成功将活动炉口改为水套炉口，以减少炉结形成。

转炉内侧有一排风口，其数目按炉壳单位长度选取，一般为2～6个/m。送风强度为0.75～1.1m^3/(min·cm^2)，风管内径为ϕ38～55mm，风口风速为126～128m/s。为保证正常操作，风口倾角一般以6°～8°为宜。

（2）送风系统。送风系统包括活动接头、三角风箱、U形风管、风口盒、风口管等部分。送来的压缩空气经总风管依次通过这套系统进入转炉内。送风压力一般为0.081～0.12MPa。为保证足够的送风量，需经常清理风口，过去采用人工清理风口的操作，现已普遍被机械所代替。

（3）熔剂供给系统。熔剂供给系统的功能是将小块石英熔剂定量均匀地送入炉内。一般采用具有计量装置的溜槽通过炉口直接加入，以代替过去常用的特制石英枪。

（4）排烟系统。为防止炉气被稀释和便于收尘，炉口与密封烟罩相连，烟罩通常做成水套冷却式和铸铁板烟罩两种形式。

（5）传动系统。传动系统由电动机和传动机构组成，可使转炉准确地向正反两个方向转动，以便于装料、排渣和放铜。为确保生产安全，应设有备用电源。

吹炼产物有粗铜、转炉渣、烟气和烟尘，典型组成如表2-15所示。粗铜含杂质较多，需进一步精炼提纯。转炉渣一般含铜1.5%～5.0%，必须回收处理。烟尘包括粗烟尘和细烟尘，粗烟尘含铜较高，返回铜冶炼系统处理；细烟尘含铅、锌、砷、锑较高，送去单独处理。转炉烟气SO_2浓度较高，经收尘后送去制酸。在正常操作时，吹炼过程的主要技术经济指标如表2-16所示。

表2-15　铜锍吹炼产物的主要组成　（%）

产物	成分									
	Cu	Pb	Zn	Fe	S	O	Al_2O_3	SiO_2	CaO	MgO
粗铜	98.5～99.5	0.3	0.005	0.1	0.02～0.1	0.5～0.8	—	—	—	—
细烟尘	8	30～40	9～10	2～3	11～14	—	—	2～3	—	—
粗烟尘	35～40	4～8	1～4	7～8	11～14	1～2	—	—	—	—
转炉渣	1.5～5	—	—	10～35	—	—	～5	20～30	～10	～5

表2-16　铜锍吹炼的主要技术经济指标

指　标	转炉容量			
	20t	50t	80t	100t
铜锍品位/%	28～32	20～21	50～55	55
送风时率/%	77～88	85	70～80	80～85

续表 2-16

指 标	转炉容量			
	20t	50t	80t	100t
直收率/%	80 ~ 85	90	93.5	94
熔剂率/%	18 ~ 20	20	8 ~ 10	68
冷料率/%	7 ~ 10	25 ~ 30	26 ~ 63	30 ~ 37
镁砖消耗/$kg \cdot t^{-1}$	60 ~ 140	45 ~ 60	4 ~ 5	25
炉寿命①/t · 炉期$^{-1}$	1200	2200	26400	—
水耗/$m^3 \cdot t^{-1}$	—	130	—	—
电耗/$kW \cdot h \cdot t^{-1}$	—	650 ~ 700	50 ~ 60	40 ~ 50

①表中炉寿命的单位表示从大修到大修之间所产出的铜量。

转炉吹炼的改进主要是:

(1) 采用计算机自动控制装置，提高转炉的自动化生产水平，一些工厂的转炉已实现了无人操作。

(2) 采用虹吸式转炉，通过设在转炉轴向的虹吸管道与烟道相接，使炉口与烟道密封，减少了冷风的吸入，提高了烟气 SO_2 浓度，减轻了烟气对环境的污染。

(3) 采用富氧鼓风和转炉熔炼精矿，富氧空气对于吹炼高品位铜锍特别有效。

2.8.3 闪速吹炼

闪速吹炼是美国肯尼柯特（Kennecott）公司和芬兰奥托昆普（Outokumpu）公司合作开发的铜锍吹炼新工艺。该工艺是将熔炼炉产出的熔融铜锍进行水淬，磨细干燥后在闪速炉中用工业氧气或富氧空气进行吹炼，这种方式可以在自热条件下连续生产粗铜。1995 年第一座闪速吹炼炉在美国肯尼柯特犹他冶炼厂建成投产，2007 年第二座闪速吹炼炉在我国祥光铜业公司顺利投产，标志着闪速吹炼技术已十分可靠。

闪速吹炼和闪速熔炼在工艺上十分相似，但闪速吹炼处理的是粉状铜锍，脉石成分含量很少，而且闪速吹炼的氧化程度比闪速熔炼要大，工艺反应主要集中在反应塔及其下方的沉淀池。铜锍粉进入反应塔后，通过对流和辐射从炉内的高温中获取热量，并与氧迅速发生氧化反应，产生大量热，将自身熔化。由于铜锍粉的粒度和化学成分不尽相同，较小的铜锍粒子易被加热和氧化，反应产物往往是 Cu_2O、FeO、Fe_3O_4 和 Fe_2O_3 等氧化物；而较大的铜锍粒子加热缓慢，反应速率较慢，反应产物往往欠氧化并含有未被氧化的 Cu_2S 等。当反应产物落到沉淀池中时，Cu_2O 与 Cu_2S 继续发生交互反应，生成金属铜；铁等金属的氧化物则与造渣熔剂发生反应，生成炉渣。沉淀池内的反应主要集中在反应塔下方的炉渣层中，在距离反应塔出口 1m 的范围内反应基本完成，后段的沉淀池基本处于渣铜澄清分离状态，只有烟气中的沉降物仍然会引起少量的造铜、造渣反应。

闪速吹炼是强氧化条件下的冶炼方法，吹炼过程中有大量的 Fe_3O_4 生成，与闪速熔炼和 P-S 转炉不同，闪速吹炼采用的是铁酸钙炉渣。相比于硅酸铁炉渣，铁酸钙炉渣溶解 Fe_3O_4 的能力要强很多，可达 20% 以上，而且渣中 Cu_2O 含量高达 20%。大量 Cu_2O 的存在大大提升了炉渣溶解 Fe_3O_4 的能力，因此反应产物中虽然有大量 Fe_3O_4 生成，但很难析出。闪速吹炼炉渣主要成分的控制范围是：Cu 18% ~20%，S 0.2% ~0.3%，SiO_2 1.5% ~2.5%，Fe 35% ~42%，CaO 16% ~18%，Fe_3O_4 24% ~36%，$w(CaO)/w(Fe)$ = 0.32 ~0.42。

为了降低渣量，获得较高的直收率，闪速吹炼的入炉铜锍品位控制较高，一般为68% ~76%。但在工业铜锍中，若铜锍品位控制过高，尤其是在加入闪速吹炼炉渣的情况下，铜锍中会存在 Cu_2O 甚至金属铜（当铜锍品位达到72%时较为明显，铜锍中有明显的纤维状金属铜），使铜锍的韧性提高，研磨困难，增大了研磨机的负荷，加速了研磨机的消耗，使能耗增大，不利于生产。因此在实际生产中，铜锍品位一般控制在69% ~71%较为合适。

与传统的P-S转炉相比，闪速吹炼炉具有以下优点：

（1）建设投资低。一座反应塔尺寸为 ϕ4.25m ×6.5m 的闪速吹炼炉即可代替 3 ~8 座 ϕ4m ×13.6m 的 P-S 转炉，粗铜产量达到 10 ~40 万吨/年。同时，由于闪速吹炼烟气量只有 P-S 转炉的 1/10 ~1/6，其烟气处理及制酸设备的尺寸均比较小，烟气处理及制酸系统的投资一般占粗铜冶炼厂总投资的 30% ~50%。如表 2-17 数据所示，新建闪速炼铜工厂如果采用闪速吹炼工艺，总投资可比 P-S 转炉吹炼降低 15% ~25%，规模越大，闪速吹炼越具优势。

表 2-17 相对投资比较

工艺方案	设计规模（粗铜）10 万吨/年		设计规模（粗铜）30 万吨/年	
	闪速炉 + P-S 转炉(3 座)	闪速炉 + 闪速吹炼炉	闪速炉 + P-S 转炉(6 座)	闪速炉 + 闪速吹炼炉
熔炼车间	100	84	100	75
炉渣选矿车间	100	100	100	100
制氧站	100	125	100	120
硫酸车间	100	70	100	60
总投资	100	85	100	75

（2）生产成本低，劳动生产率高。虽然熔炼出来的熔融铜锍要先水淬再磨碎烘干，但因为铜锍磨碎及干燥电耗仅增加不到10kW·h/t，闪速炉吹炼高品位冷铜锍采用高浓度富氧鼓风，仍然可以实现吹炼过程的自热。加之闪速吹炼采用低压鼓风（10 ~15kPa）以及烟气量大幅减少、制酸工序电能节省、耐火材料消耗降低等因素，与 P-S 转炉比较，其生产成本可降低 10% ~20%。随着闪速熔炼技术的提高，采用闪速吹炼工艺，使用一台闪速熔炼炉和一台闪速吹炼炉，铜产量可达 30 ~50 万吨/年，劳动生产率大幅度提高。犹他冶炼厂年处理铜精矿 110 万吨/年，实物劳动生产率为 1000t/人。

（3）环保好。闪速吹炼炉避免了 P-S 转炉炉口泄漏 SO_2 烟气和包子、吊车转运铜锍或粗铜过程中产生烟气的问题，制酸烟气量稳定。犹他冶炼厂硫的总回收率设计值为 99.8%，实际生产数据达到 99.9%，成为世界上最洁净的冶炼厂之一。

（4）对熔炼炉没有特殊要求。闪速吹炼炉处理的冷铜锍，可以来自闪速炉、诺兰达炉、电炉、澳斯麦特炉、艾萨炉、鼓风炉等各种熔炼炉。

（5）闪速吹炼炉与熔炼炉可以异地建设和配置。建一座闪速吹炼炉可以同时处理来自不同熔炼工艺生产的铜锍，有利于实现未来将熔炼建在不同的矿山，硫酸全部或部分就地利用，铜锍集中吹炼，形成新的铜冶炼生产链的设想，也为铜冶炼厂重组和结构调整技术提供了一条新思路。

诚然，闪速吹炼和其他连续吹炼一样，存在粗铜硫含量偏高（0.3%～0.5%）的问题，而P-S转炉吹炼粗铜一般硫含量在0.05%以下。所以，用阳极炉精炼由闪速吹炼炉产出的粗铜时，需要适当增加氧化强度或延长氧化时间以降低阳极铜的硫含量。此外，电解残阳极、不合格阳极板等尚需通过采用专门的竖炉等途径进行处理。

2.8.4 艾萨/澳斯麦特炉吹炼

艾萨/澳斯麦特炉顶吹浸没吹炼是在顶吹浸没熔炼基础上发展而成的，两者的原理和炉型一样。我国中条山冶炼厂是世界上首家引进“双顶”工艺（即顶吹浸没熔炼和吹炼）的企业，设计规模为年产粗铜3.5万吨。建有两台澳斯麦特炉，一台作熔炼炉，处理铜精矿20吨/年；另一台作吹炼炉，处理澳斯麦特熔炼炉每年产出的6万吨铜锍。我国第二个（世界第三个）采用“双顶”工艺的为云锡10万吨/年铜冶炼项目，于2012年建成投产。顶吹吹炼工艺目前还是周期性作业，未能真正实现连续吹炼。铜锍加入方式可以采用热铜锍直接流入顶吹吹炼炉，也可以采用热铜锍水淬后以固态铜锍形式加入，还可以采用冷、热铜锍搭配入炉。

顶吹吹炼炉的缺点是没有沉淀区，不利于炉渣与铜或铜锍的澄清分离，渣中铜含量高，很难完成单炉连续吹炼和同时分离的过程；竖式的炉型结构不利于残极的加入，残极熔化需要单独设熔化炉；顶吹吹炼炉的氧风吹在渣层，氧势高，采用硅铁渣型时容易形成泡沫渣，因此需要配入大量的煤或焦作为还原剂；此外，吹炼炉由于铜锍导热性能好，吹炼温度高，存在喷枪寿命短，只能维持24h等突出问题。

2.9 其他炼铜方法

2.9.1 诺兰达炼铜法

诺兰达炼铜法是将空气或富氧空气鼓入铜锍层，使加到熔池表面的含铜物料迅速熔炼成高品位铜锍的炼铜方法。该方法将焙烧、熔炼和吹炼三个过程同时在一个设备中完成，属于熔池熔炼，具有加速气-液-固三相间传质和传热的特点，是一种强化、低能耗、少污染的炼铜方法。它是由加拿大诺兰达矿业公司于1964年开始研究开发的。1968年，ϕ3050mm×10670mm半工业试验炉投产，日处理精矿量100t。1973年，用于工业生产的ϕ5200mm×2130mm诺兰达炉建成投产，日处理精矿量800t。

诺兰达炼铜法最初是以生产粗铜为目的，但产出的粗铜硫含量高达2%，其他杂质（如砷、锑、铋等）含量也较高，给下一步精炼作业带来困难。因此，该法于1975年改为生产高品位铜锍。

诺兰达炉是一台水平圆柱形反应炉，如图2-13所示。用高速抛料机将含铜物料和熔剂加入炉内，通过侧边风口喷入富氧空气以保持熔池内铜锍和熔渣处于搅动状态。精矿中的铁和硫与氧发生氧化放热反应，提供熔炼所需的主要热量，不足的热量由配入炉料中的煤或碎焦补充，或者用燃烧装置烧煤或烧油补充。熔炼产生的铜锍含铜55%～75%，由铜锍口间断地放入铜锍包中，送转炉吹炼。炉渣从端墙渣口放出，直接流到贫化电炉进行炉渣贫化处理，贫化电炉铜锍也送转炉吹炼回收铜。或者炉渣放入渣包中，经缓冷后送选矿厂，选出渣精矿，渣精矿返回诺兰达炉回收渣中的铜。反应炉烟气经水冷密封烟罩送入余热锅炉，将烟气降温并回收余热，或者用其他冷却方式将烟气降温，然后经电除尘器净化后送硫酸厂制酸。

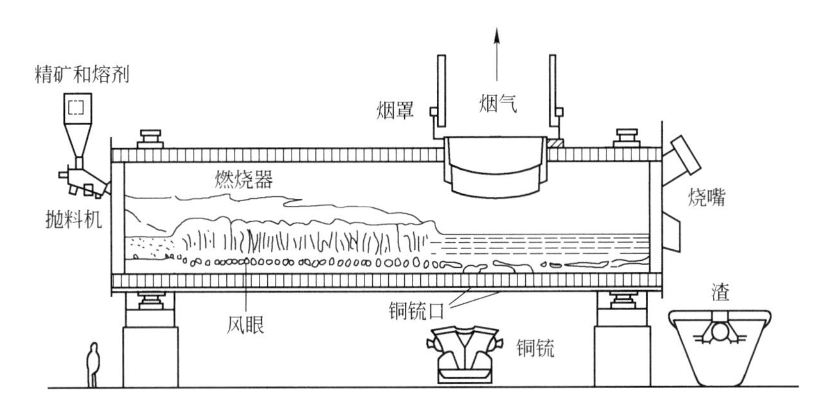

图 2-13 诺兰达炉原理图

诺兰达熔炼的主要技术经济指标如表 2-18 所示。

表 2-18 诺兰达熔炼的主要技术经济指标

指 标	数 值	指 标	数 值
床能力/t·$(m^2 \cdot d)^{-1}$	30～50	炉龄/天	400
铜回收率/%	98.5	工业氧气消耗/$m^3 \cdot t^{-1}$	100～150
年鼓风小时数/h	7200	电耗/$kW \cdot h \cdot t^{-1}$	32
燃料率/%	2～3	耐火材料消耗/$kg \cdot t^{-1}$	0.35～0.55
脱硫率/%	76	堵眼用黏土消耗/$kg \cdot t^{-1}$	0.7
烟尘率/%	2.3～4.8	烧眼用氧气管/支·kt^{-1}	3

诺兰达炉具有以下优点：

(1) 对原料适应性比较强，既可以处理高硫精矿，也可以处理低硫含铜物料；既可以处理粉矿，又可以处理块矿。

(2) 对入炉物料没有严格要求，不需要复杂的备料过程，含水不大于 8% 的原料可以直接入炉，烟尘率低。

(3) 对辅助燃料适应性强。诺兰达富氧熔炼是一个自热熔炼过程，一般补充燃料率仅 2%～3%，而且可以用煤、焦粉、石油焦等低热值燃料配入炉料里作辅助燃料。

(4) 熔炼过程热效率高、能耗低、生产能力大。生产时炉料抛撒在熔池表面后，立即被卷入强烈搅动的熔体中与吹入的氧激烈反应，确保炉料迅速而完全地熔化。床能力可达 20～30t/$(m^2 \cdot d)$。可产出高品位铜锍，减少了下一转炉吹炼工序的工作量。产生的烟气相对较少，烟气量连续且稳定，SO_2 浓度高，有利于硫的回收，减少了对环境的污染。

(5) 炉衬没有水冷设施，炉体散热损失小，炉衬合理设计，操作得当，炉寿命可达

400 天以上。

（6）炉体可以转动，操作比较灵活，开炉、停炉容易掌握，劳动条件好。

其主要缺点是：炉渣中铜含量较高，直收率较低，炉渣需采用选矿处理或电炉贫化处理。

2.9.2 三菱连续炼铜法

三菱连续炼铜法是把铜精矿和熔剂喷入熔炼炉，将其熔炼成铜锍和炉渣，而后流至贫化电炉产出弃渣，铜锍再流入吹炼炉产出粗铜的炼铜方法。这种方法是由日本三菱公司于1974 年研制成功的。各炉子的工艺参数可独立控制，易于保持最优的熔炼状态。冶炼中间熔体靠三个炉子的位差自动通过流槽，在各炉子之间连续流动（见图 2-14）。全系统用计算机控制。

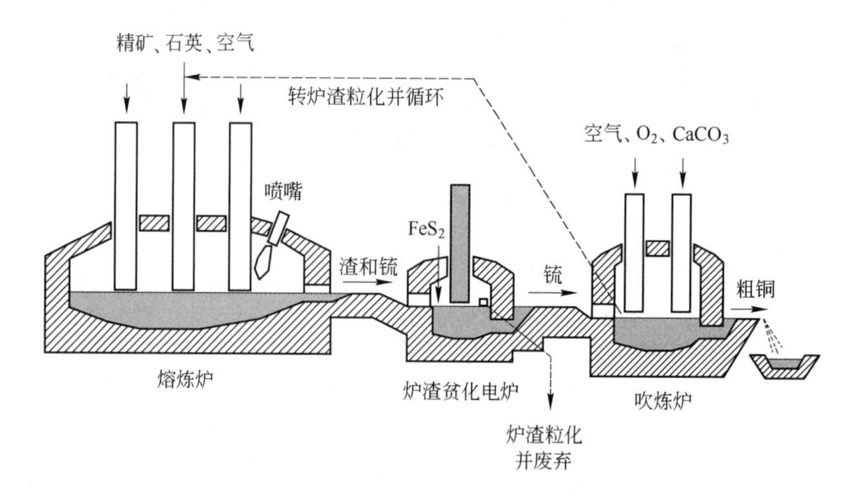

图 2-14 三菱法设备连接示意图

（1）熔炼炉。炉子呈圆形，炉内维持中等氧势，其任务是将精矿熔炼成品位高于65% 的铜锍。炉料由干燥至水分含量低于 1% 的铜精矿、细碎石英熔剂和转炉渣组成，用含氧 33% ~35% 的富氧空气经喷枪以高速喷入熔池中，迅速完成冶金反应。铜锍和炉渣的混合熔体经保温流槽流往炉渣贫化炉。烟气 SO_2 浓度达 12%，净化后送制酸工序。熔炼炉的热源主要来自冶金反应，不足部分由外供燃料燃烧补充。

（2）炉渣贫化电炉。炉子呈椭圆形，维持较低氧势。在炉子中插入三根电极，提高混合熔体的温度，以改善炉渣的物理性质，使铜锍与炉渣分离。铜锍经虹吸和流槽流入吹炼炉中。弃渣含铜 0.6% 左右，从渣口放出，经水淬后外运。

（3）吹炼炉。炉子呈圆形，尺寸略小于熔炼炉，炉内维持最高的氧势，也用喷枪将富氧空气、熔剂喷入炉池，将铜锍迅速吹炼成含 Cu 98.5%、S 0.05% 的粗铜。炉渣为 Cu_2O-Fe_2O_3-CaO 渣系，典型的炉渣成分为：CaO 10% ~20%，Fe 40% ~50%，Cu 10% ~20%。吹炼渣经水淬、干燥后大部分返回熔炼炉中处理，小部分作为冷料返回吹炼炉。

三菱连续炼铜法的优点是：环境保护和工作条件好，炉气可以利用，可直接产出粗铜；设备投资少，燃料消耗低。其缺点是：流槽需要外部加热，粗铜杂质含量高。

2.9.3 白银炼铜法

白银炼铜法是一种熔池熔炼铜锍的方法。它是由我国白银有色金属公司与有关单位在20世纪70年代共同研制成功的。该法取代了原铜精矿反射炉熔炼法，并经历了空气熔炼、富氧熔炼和自热熔炼三个阶段。

白银炉主体结构由炉基、炉底、炉墙、炉顶、隔墙和内虹吸池及炉体钢结构等部分组成。炉顶设投料口3~6个，炉墙设铜锍口、渣口、返渣口和事故放空口各1个。另设吹炼风口若干个。炉中设一道隔墙，将熔池分为上面隔开、下面连通的熔炼区和沉淀区。随着炉中隔墙结构的不同，白银炉又有单室和双室两种炉型。隔墙仅略高于熔池表面，炉子两区空间和熔体均各自相通的炉型称为单室炉型；隔墙将炉子两区的空间完全隔开，只有熔体相通的炉型称为双室炉型，如图2-15和图2-16所示。

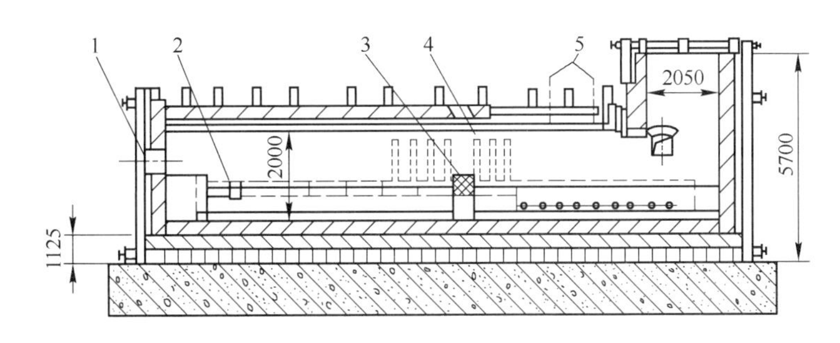

图2-15　44m² 单室型白银炉结构示意图

1—炉头燃烧孔；2—渣口；3—隔墙；4—炉中燃烧孔；5—加料口

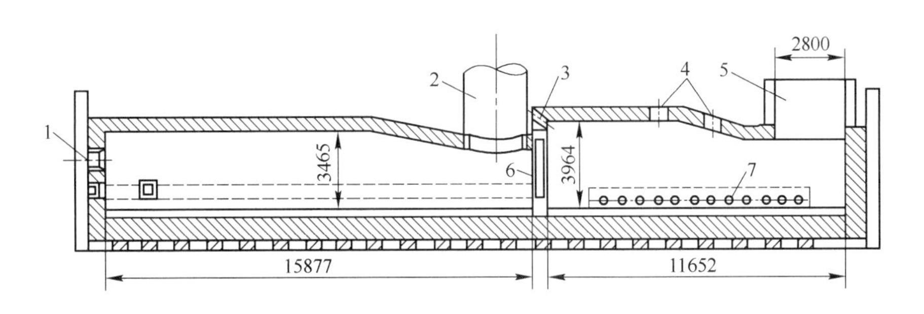

图2-16　100m² 双室型白银炉结构示意图

1—炉头燃烧孔；2—沉淀区上升烟道；3—炉中燃烧孔；4—加料口；5—熔炼区上升烟道；6—隔墙；7—风口

熔炼区在炉尾，由精矿、熔剂、烟尘组成的炉料从加料口投入到熔炼区的熔池表面，将空气或富氧空气从炉墙两侧的风口鼓入熔池，使熔池形成沸腾喷溅状态，从而为炉内的物理化学反应创造良好的动力学条件，反应过程放出大量的热，同时生成铜锍和炉渣。铜锍与炉渣由隔墙通道流向沉淀区进行澄清分离，上层为炉渣，下层为铜锍。炉渣由沉淀区渣口放出，铜锍由隔墙通道流入铜锍区，并经虹吸口放出。烟气也分别从各区的尾部烟道排出，经换热、除尘和制酸后排空。

为了补充热量，需在熔炼区和沉淀区的前端分别喷吹粉煤供热。炉气和熔体逆向流动，以保证铜锍和炉渣过热分离，同时又可以处理转炉渣。

由上述可知，白银炼铜法具有对原料适应性强、熔炼强度大、燃料品种要求宽松、综合能耗低、出炉烟气 SO_2 浓度高、环境条件好等特点。白银炼铜法在接近自然熔炼时的主要技术经济指标如表 2-19 所示。

表 2-19 白银炼铜法在接近自然熔炼时的主要技术经济指标

指 标	炉床面积	
	44m²	100m²
开动风口个数/个	8~9	19~20
总风量/$m^3 \cdot h^{-1}$	12605	21816
富氧浓度/%	47	47
床能力/$t \cdot (m^2 \cdot d)^{-1}$	32.89	32.89
处理湿料量/$t \cdot d^{-1}$	724	1414
处理干料量/$t \cdot d^{-1}$	668	1306
铜锍品位/%	50	50
渣中铜含量/%	0.938（未贫化处理）	0.6
粗铜熔炼回收率/%	96.37	97.90
出炉烟气 SO_2 浓度/%	16.70	≤21.03
每吨粗铜消耗标准煤/t	0.773	<0.8
烟尘率/%	3.06	<3

2.9.4 瓦纽柯夫炼铜法

瓦纽柯夫炼铜法是 20 世纪 50 年代由俄罗斯莫斯科钢铁与合金研究院 A. V. 瓦纽柯夫教授发明的一种炼铜方法，属于熔池熔炼技术。

瓦纽柯夫炼铜法的工作原理如图 2-17 所示。主体是熔炼室，它的一端是铜锍虹吸池，

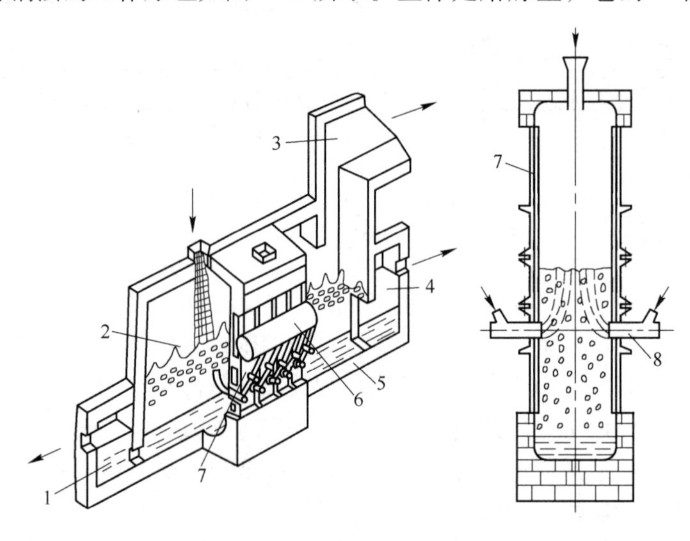

图 2-17 瓦纽柯夫炼铜法工作原理示意图

1—铜锍虹吸池；2—熔炼室；3—烟道；4—炉渣虹吸池；5—耐火砖砌体；6—空气、氧气管；7—水套；8—风口

另一端是炉渣虹吸池，炉缸用镁铬砖砌筑，其上部均为水套，熔池总深度为2～2.5m，渣层厚1.6～1.8m。侧墙设有上下两排风口，冶炼用的富氧空气通过风口鼓入渣层。风口以上渣层由于鼓入富氧空气的强烈搅动而产生泡沫层，使从炉顶加入的炉料迅速熔化，并发生激烈的氧化和造渣反应，生成铜锍和炉渣。熔炼生成的铜锍和炉渣在风口以下1m深的静止渣层中澄清分离，到达炉缸后分成铜锍和炉渣两层，分别从两端的虹吸池连续放出。铜锍先流入铜锍保温炉，然后再送转炉吹炼。炉渣流到储渣炉，使渣中的铜锍颗粒进一步从渣中沉淀下来，定期放出送转炉吹炼，弃渣间断地放入渣罐，送到渣场。冶炼烟气通过熔炼室后上方的上升烟道进入余热锅炉，经降温及回收余热后送烟气除尘系统，净化后的烟气送硫酸厂制酸或回收单质硫。

瓦纽柯夫炉与诺兰达炉、白银炉均属于侧吹式熔池熔炼炉。它们的区别主要在于：诺兰达炉、白银炉的富氧空气吹入铜锍层中；而瓦纽柯夫炉则是采用深熔池熔炼，富氧空气吹入熔池渣层中。富氧空气吹入渣层有利于水套挂渣，可以减少热损失，而且安全。

瓦纽柯夫炼铜法与其他炼铜方法相比，具有炉料准备简单、熔炼强度大、燃料消耗低、氧气利用率高、烟气SO_2浓度高、炉子寿命长等优点。瓦纽柯夫炼铜法的主要技术经济指标如表2-20所示。

表2-20　瓦纽柯夫炼铜法的主要技术经济指标

指　标	数　值	指　标	数　值
床能力/$t \cdot (m^2 \cdot d)^{-1}$	55～70	铜锍层厚度/mm	600～800
吨料耗煤量/t	约0.04	渣层厚度/mm	1600～1800
吨料天然气耗量/m^3	20～30	熔炼区温度/K	1573
富氧空气含氧/%	60～96	铜锍放出温度/K	约1373
鼓风压力/MPa	0.1～0.12	炉渣放出温度/K	1473～1523
吨料耗氧量/m^3	165～175	出炉烟气温度/K	1473～1523
炉料含铜/%	12～20	烟尘率/%	约1
炉料含水/%	≤6～8	烟气含尘/$g \cdot m^{-3}$	2～3
铜锍品位/%	40～60	烟气SO_2浓度/%	约20
渣中含铜/%	0.4～0.55	炉顶负压/Pa	-30～0

2.9.5 基夫塞特熔炼法

基夫塞特熔炼技术的全称为氧气悬浮旋涡电热熔炼，它是由前苏联全苏有色金属科学研究院开发的，可用于炼铜和炼铅。基夫塞特炉由反应塔和炉室两部分组成，如图2-18所示。反应塔一般是具有矩形断面的矮塔，内衬铬镁耐火砖并有水冷构件。炉室呈矩形，用铝砖砌筑炉顶和上部炉墙，用铬镁砖砌筑炉膛。与白银炉类似，基夫塞特炉炉室设有一道铜质水冷隔墙，将熔池分为上面隔开、下面连通的熔炼区和电热区。反应塔下方为熔炼区（也称分离室），隔墙的另一侧为电热区，该区相当于贫化电炉。

基夫塞特炉反应塔的作用与奥托昆普闪速炉反应塔相似，干燥后水分含量小于1%和粒度小于1mm的炉料通过喷嘴与工业纯氧同时喷入反应塔，炉料在反应塔内完成硫化物的氧化反应并使炉料颗粒熔化，生成铜锍和炉渣熔体进入熔炼区。铜锍与炉渣在熔炼区进

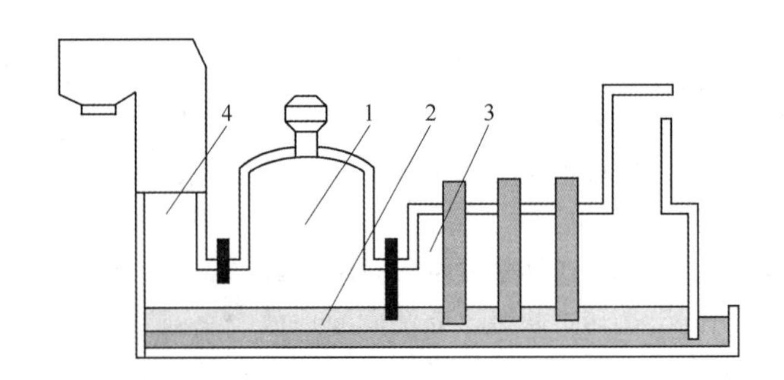

图 2-18 基夫塞特炉结构示意图

1—反应塔；2—熔池；3—电热区；4—竖直烟道

行初步的分离后，从隔墙下面的通道进入电热区，进行炉渣的贫化，继续完成铜锍与炉渣的澄清分离。

隔墙的作用是防止反应气体从熔炼区进入电热区。在隔墙的作用下，在熔炼区产生的炉气只能通过竖直烟道离开炉膛。1523～1623K 的炉气经间接换热器水冷后进入电收尘器，温度降至 773～873K。回收的烟尘返回熔炼。烟气 SO_2 浓度达 80%～85%，适于制取液态 SO_2、元素硫和硫酸。

处理含 Cu 25% 的精矿时，过程可以维持自热。精矿品位低于 25% 时需加燃料。熔炼含 Cu 25% 的精矿时可产出品位为 50% 的铜锍，熔炼直收率达 99.1%；熔炼含 Cu 8.2% 的精矿时，可产出品位为 35% 的铜锍，熔炼直收率达 96.3%。

由于隔墙另一侧有电炉对炉渣进行贫化，炉渣含铜较低。不论是处理高品位矿还是低品位矿，炉渣铜含量只有 0.35%。

2.9.6 卡尔多转炉熔炼法

卡尔多转炉又称氧气斜吹转炉。转炉炉体呈倾斜状，置于托圈内圆辊上，炉身可绕轴线旋转，氧枪经炉口斜插入炉内并能摆动，如图 2-19 所示。根据操作需要，炉体倾动机构以 0.1～1.0r/min 的倾动速度使炉体绕水平面轴线倾动 ±360°，并可随时停留在任何角度位置上；炉体旋转机构以 0～40r/min 的旋转速度使炉体绕其轴线旋转。氧枪和烟罩组成一体，完成向炉子输送燃料、搅动熔体及排除烟气的过程。

卡尔多转炉的操作制度视炉料而定。可以加液体料，加料后加入熔剂即可开始吹炼；也可以加固体料，加料后进行熔化，待固体料熔化后再进行吹炼作业。吹炼时炉体的水平倾斜角为 16°～20°。根据工艺要求，可以采用不同的炉体旋转速度、不同的氧气压力进行吹炼。

在国内有色冶炼方面，卡尔多转炉主要用来将镍冶炼过程中产生的二次铜精矿吹炼成为粗铜。该精矿含有较多的镍，故熔渣熔点高、黏度

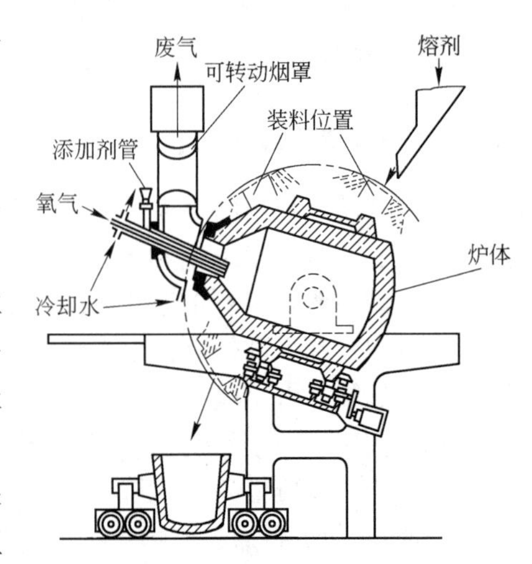

图 2-19 卡尔多转炉结构示意图

大，不能采用普通转炉吹炼，而采用这种转炉可冶炼出合格的粗铜。由于使用了氧气，熔化和吹炼都在同一炉内进行，故强化了熔炼过程，缩短了流程，而且提高了烟气中 SO_2 浓度，便于硫的回收。除此之外，卡尔多转炉还应用于高品位或成分复杂的铜精矿的熔炼和吹炼，铅精矿、锡精矿的熔炼，铜转炉渣的贫化，含铅、锌高的铜烟尘的处理以及再生铜的冶炼等。

卡尔多转炉由于炉体倾斜且旋转，增加了液态金属与液态渣的接触，提高了反应速度。由于炉体旋转，炉衬受热均匀、侵蚀均匀，有利于延长炉子寿命。用卡尔多转炉熔炼二次铜精矿生产粗铜和处理生铜的技术经济指标如表 2-21 所示。

表 2-21 用卡尔多转炉熔炼二次铜精矿生产粗铜和处理生铜的技术经济指标

指 标	熔炼铜精矿	熔 炼 生 铜
单炉处理量/t	15 ~ 16	12 ~ 14
生产能力/$t \cdot d^{-1}$	60 ~ 64	>100
单炉操作时间/h	5 ~ 6.5	2 ~ 2.5
熔剂率/%	2 ~ 4	1 ~ 3
渣率/%	22 ~ 25	10 ~ 15
粗铜氧气单耗/$m^3 \cdot t^{-1}$	230 ~ 300	100 ~ 200
精矿重油单耗/$kg \cdot t^{-1}$	30 ~ 40	—
镁砖单耗/$kg \cdot t^{-1}$	5 ~ 7	2.5 ~ 4
炉龄/炉	300 ~ 400	400 ~ 500
氧枪头寿命/炉	350 ~ 500	600 ~ 800
熔炼回收率/%	98.5	99.5

2.9.7 特尼恩特熔炼法

特尼恩特熔炼法是由智利国家铜业公司开发的一种强化熔炼技术。该技术由特尼恩特转炉、炉渣贫化炉、P-S 转炉等设备组成，其工艺流程如图 2-20 所示。

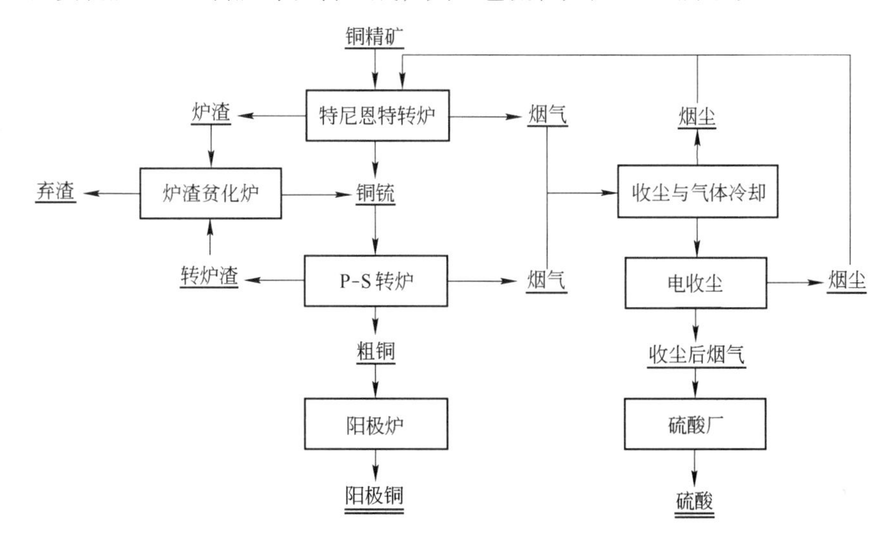

图 2-20 特尼恩特熔炼法工艺流程

特尼恩特转炉是该技术的关键设备，其结构与P-S转炉类似，但炉体比P-S转炉长得多，并且在风嘴区以后设有炉渣澄清区，如图2-21所示。通过风嘴将含水0.2%的干精矿与富氧空气（O_2 36%～40%）一起喷入熔池，烟尘率小于0.8%，另外还可以通过加料枪把一部分含水7%～9%的湿精矿、返料和熔剂也加入炉内。炉料在特尼恩特转炉内进行连续的熔炼和吹炼反应，过程可以自热进行，分别产出含铜74%～76%的高品位铜锍、含铜4%～8%的炉渣和含SO_2 25%～35%的烟气。铜锍和炉渣分别从特尼恩特转炉的两端放出，铜锍用吊包运至P-S转炉，吹炼成含铜99.4%的粗铜，粗铜经阳极炉精炼后浇铸成阳极；炉渣则在贫化炉中进行贫化处理，产出含铜小于0.85%的弃渣和含铜72%～75%的铜锍，弃渣送渣场，铜锍送P-S转炉；从特尼恩特转炉炉口出来的烟气用水冷烟罩捕集除尘，降温后再通过电收尘器进一步除尘，然后送硫酸厂制酸，烟尘返回特尼恩特转炉。

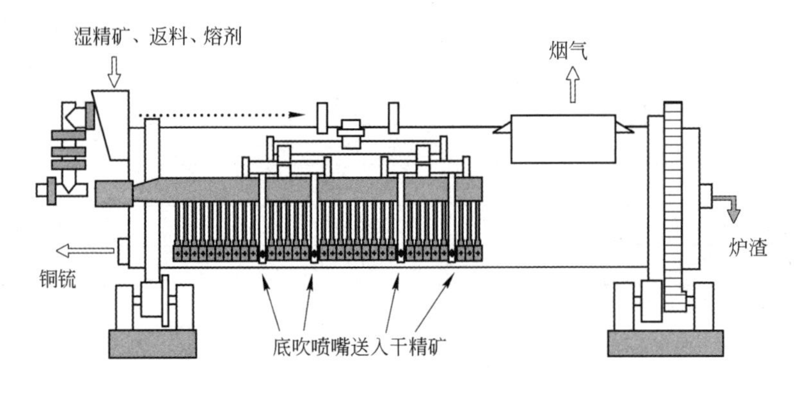

图2-21　特尼恩特转炉结构示意图

特尼恩特熔炼法不仅被智利的主要冶炼厂采用，而且还被推广到赞比亚、秘鲁、墨西哥和泰国等国家。表2-22列出了智利Caletones冶炼厂两台特尼恩特转炉熔炼的主要技术经济指标。

表2-22　特尼恩特转炉熔炼的主要技术经济指标

指　标	特尼恩特转炉1	特尼恩特转炉2
干精矿处理量/$t \cdot d^{-1}$	1895	1715
返料量/$t \cdot d^{-1}$	300	210
熔剂量/$t \cdot d^{-1}$	230	210
煤消耗量/$t \cdot d^{-1}$	5.3	5.1
总空气量(标态)/$m^3 \cdot h^{-1}$	54000	50000
铜锍产量/$t \cdot d^{-1}$	750	640
炉渣产量/$t \cdot d^{-1}$	1500	1250
烟气量(标态)/$m^3 \cdot h^{-1}$	54000	50000
烟气SO_2浓度/%	24.5	24.0
富氧空气浓度/%	36.7	36.2
鼓风时率/%	97.5	97.8
铜锍含铜/%	73.5	75.0
炉渣含铜/%	8.3	7.1
炉渣含Fe_3O_4/%	14.7	17.2

2.9.8　富氧底吹熔炼法

富氧底吹熔炼法是我国具有知识产权的一种炼铜工艺，其成功开发与工业化应用开启了铜冶炼技术发展的新时代。该工艺采用一台卧式可回转的熔炼炉，通过底部的氧枪将富氧空气吹入炉内进行强化熔炼，富氧浓度达73%，实现完全自热熔炼（不用配煤，熔炼规模大时炉体热过剩，还可处理部分氧化铜矿或含硫低的焙烧脱砷金精矿等）。富氧底吹炼铜法目前已经在越南生权大龙冶炼厂以及我国山东东营方圆有色金属集团有限公司、山东恒邦冶炼股份有限公司和内蒙古包头华鼎铜业发展有限公司等得到工业化应用。

尺寸为ϕ4.4m×16.5m的卧式富氧底吹熔炼炉结构如图2-22所示。炉子内衬铬镁砖，外形类似于诺兰达炉和智利的特尼恩特熔炼炉，区别是诺兰达炉和智利特尼恩特炉通过风口送氧，而底吹炉是通过氧枪送氧。底吹炉共有9支氧枪，分两排布置，下排呈7°角，有5支氧枪；上排呈22°角，有4支氧枪。上下排的氧枪夹角为15°，错开排列。该炉采用深冷法、能力为10000m^3/h的制氧站与其相配套。

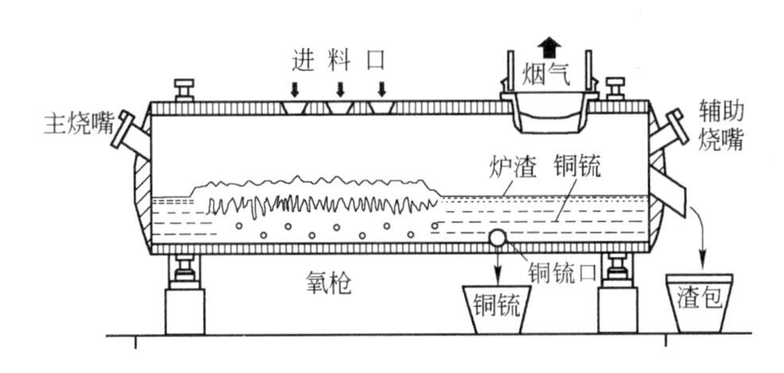

图2-22　富氧底吹熔炼炉结构示意图

混合矿料不需要干燥、磨细，配料后由皮带传输，连续从炉顶进料口加入炉内的高温熔体中。氧气和空气通过底部氧枪连续送入炉内的铜锍层。烟气进入余热锅炉，经电收尘后进入酸厂处理。炉渣从端部定期放出，由渣包吊运至缓冷场，缓冷后进行渣选矿。铜锍从侧面铜锍口定期放出，由铜锍包吊运至P-S转炉吹炼。氧气底吹熔炼炉的主要技术经济指标见表2-23。

表2-23　氧气底吹熔炼炉的主要技术经济指标

指　标	设 计 值	实 际 值
精矿处理量/$t \cdot d^{-1}$	1150	1400
送风时率/%	95	95
燃料率/%	2.46	0~0.8
氧料比/$m^3 \cdot t^{-1}$	186.2	140~170
脱硫率/%	68.19	65~70
进锅炉烟气SO_2浓度/%	14.68	>20
渣型($w(Fe)/w(SiO_2)$)	1.7	1.4~1.8
渣中含铜/%	4	3~4
烟尘率/%	2.5	2.5

续表 2-23

指标	设计值	实际值
炉料粒度/mm	<15	<20
炉料水分/%	8	6~8
选矿弃渣含铜/%	0.42	0.35~0.4
鼓风氧气浓度/%	70	70~75
氧枪气体压力/MPa	0.4~0.6	0.5~0.6
铜锍品位/%	55	55~60
熔池温度/K	1453~1473	1453±20
总回收率/%	Cu 97.79 Au 97.75 Ag 95.00	Cu 97.98 Au 98.00 Ag 97.00

富氧底吹炼铜法在工艺上具有以下优点：

（1）原料适应性强，备料简单，精矿不用干燥和制粒；富氧浓度高，炉体热损失少（炉体无铜水套），氧枪寿命长；烟尘率低，环保条件好；投资省，杂质脱除率高。

（2）富氧空气直接送入铜锍层反应，不易形成泡沫渣，安全性高。

（3）单炉完成铜锍和炉渣的分离，不需设沉降电炉。炉渣铁硅比高，渣量少。熔炼渣经渣选矿，渣尾矿中 $w(\mathrm{Cu})<0.30\%$、$\rho(\mathrm{Au})<0.3\mathrm{g/t}$、$\rho(\mathrm{Ag})<109\mathrm{g/t}$，铜、金、银回收率高。

（4）能源消耗低。由于鼓风氧气浓度高，烟气量小，热损失少，炉料中不需要另外配煤，可以实现完全自热熔炼。

（5）生产操作易于掌握。富氧底吹熔炼工艺具有操作简单易行的特点，氧料比、熔体温度、铜锍品位、炉渣铁硅比等参数均采用分散控制系统（DCS）控制，自动化程度较高，易于掌握。

（6）生产能力调节范围大。当炉子规格一定时，富氧底吹熔炼炉实际处理精矿的能力可在设计值基础上有±50%的波动范围。

2.9.9 离析法炼铜

离析法用于处理难选的结合性氧化铜矿。将含铜1%~5%的矿石磨细，混以2%~5%的煤粉和0.2%~0.5%的食盐，在弱还原气氛下加热至1023~1073K后，矿石中的铜生成气态氯化亚铜（Cu_3Cl_3），并被氢还原离析出金属铜而附着于炭粒表面，经浮选得到含铜30%~50%的铜精矿，然后用反射炉熔炼成粗铜。此法由于能耗高，很少采用。

2.10 粗铜的火法精炼

火法精炼的主要目的是除去粗铜中的铁、铅、锌、铋、镍、砷、锑、硫等杂质，利用杂质与氧的亲和力大于铜与氧的亲和力以及杂质氧化物在铜中溶解度小的特性，首先向铜液中鼓入空气，使杂质氧化而被除去，然后在铜液中加入还原剂除氧，最后得到化学成分和物理规格符合电解精炼要求的阳极铜。

2.10.1 粗铜火法精炼的原理

2.10.1.1 粗铜火法精炼的氧化过程

由于粗铜铜含量在98%以上，在氧化过程中首先是发生铜的氧化：

$$4Cu + O_2 \longrightarrow 2Cu_2O$$

生成的 Cu_2O 溶解于铜液中，在操作温度为1373～1523K的条件下，Cu_2O 在铜中的溶解度为6%～13%。然后是溶解的 Cu_2O 与铜液中的杂质金属（Me）发生反应：

$$Cu_2O + Me \longrightarrow 2Cu + MeO$$

反应的平衡常数为：

$$K = \frac{w[MeO]_{\%} \cdot w[Cu]_{\%}^2}{w[Cu_2O]_{\%} \cdot w[Me]_{\%}}$$

式中 $w[MeO]_{\%}$，$w[Cu_2O]_{\%}$——分别为金属氧化物 MeO 和 Cu_2O 的质量百分数；

$w[Me]_{\%}$，$w[Cu]_{\%}$——分别为金属 Me 和 Cu 的质量百分数。

因为 MeO 在铜液中的溶解度很小，容易达到饱和；而铜的浓度很大，杂质氧化时几乎不发生变化，故都可视为常数，即上式可写成：

$$w[Me]_{\%} = \frac{K'}{w[Cu_2O]_{\%}}$$

所以，Cu_2O 的浓度越大，杂质金属 Me 的浓度就越小。为了迅速、完全地除去铜中的杂质，必须使铜液中 Cu_2O 的浓度达到饱和。升高温度可以增加铜液中 Cu_2O 的浓度，但温度太高会使燃料消耗增加，也会使下一步还原的时间延长，所以氧化期温度以1373～1423K为宜，这时 Cu_2O 的饱和浓度为6%～8%。

氧化除杂质时，为了减少铜的损失和提高过程效率，常加入各种熔剂，如石英砂（对铅、锡）、石灰和苏打（对镍、砷、锑）等，使各种杂质生成硅酸铅、硅酸锡、砷酸钙、砷酸钠等造渣除去。

脱硫是在氧化精炼最后进行的，这是因为在有其他与氧亲和力大的金属时，铜的硫化物不易被氧化。但只要氧化除杂质金属结束，立即就会发生剧烈的相互反应放出 SO_2：

$$Cu_2S + 2Cu_2O \longrightarrow 6Cu + SO_2$$

这时铜水出现沸腾现象，称为“铜雨”。除硫结束后，就开始了还原操作过程。

2.10.1.2 粗铜火法精炼的还原过程

还原过程主要是还原在氧化过程中产生的 Cu_2O，用重油、天然气、液化石油气和丙烷等作还原剂，我国工厂多用重油。依靠重油等分解产出的 H_2、CO 等使 Cu_2O 还原，反应为：

$$Cu_2O + H_2 \longrightarrow 2Cu + H_2O$$

$$Cu_2O + CO \longrightarrow 2Cu + CO_2$$

$$Cu_2O + C \longrightarrow 2Cu + CO$$

$$4Cu_2O + CH_4 \xlongequal{} 8Cu + CO_2 + 2H_2O$$

为了获得合格的阳极板，还原过程的终点控制十分重要，一般以达到铜中含氧0.03%～0.05%（或含 Cu_2O 0.3%～0.5%）为限。超过此限度时，氢气在铜液中的溶解量会急剧增加，在浇铸铜阳极板时氢气析出，使阳极板多孔；而还原不足时，就不能产生一定量的水蒸气以抵消铜冷凝时的体积收缩部分，降低了阳极板的物理规格，同样不利。所以一定不能过还原，如果发生过还原，则氧化、还原操作必须重复进行。

2.10.2 粗铜火法精炼的实践

精炼操作分为加料、熔化、氧化、还原和浇铸等几个步骤，设备可以采用反射炉、回转炉或倾动炉。粗铜精炼常用反射炉和回转式精炼炉，倾动炉用于再生铜（固体料）的火法精炼。

2.10.2.1 反射炉

反射炉是传统的火法精炼设备，具有结构简单、容易操作、原燃料适应性强等优点。其缺点是热效率低、操作环境和劳动条件差。精炼反射炉的形式及结构与熔炼反射炉基本相同。100t 铜精炼反射炉的结构如图 2-23 所示。整个炉子建立在砖柱或钢筋混凝土柱上，在柱上先铺设 25～40mm 厚的钢板或铸铁板，然后在板上面砌筑炉底和炉墙。炉子为拱顶，炉墙外面有生铁围板，用工字钢作构架，上下用拉杆加固。炉子内部用镁砖砌成，炉子有两个炉门用于加料和操作。炉前端用烧油喷嘴加热，从炉尾部扒渣。放铜口设在靠近尾部侧墙一边。

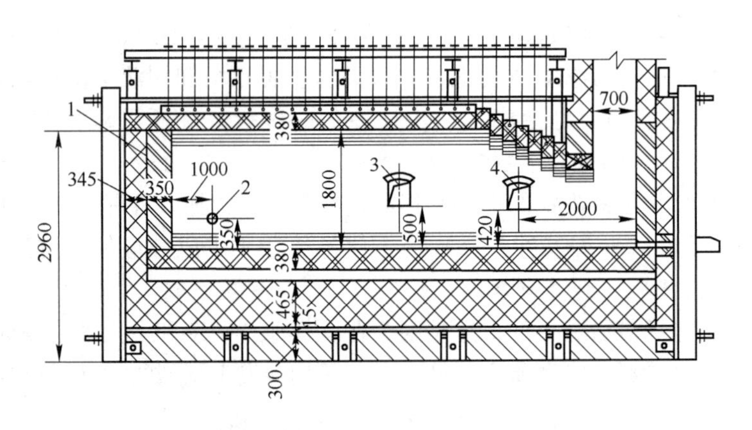

图 2-23 100t 铜精炼反射炉结构示意图

1—燃烧器前室；2—浇模口；3—吹风口；4—扒渣口

铜精炼反射炉的主要技术经济指标为：操作总炉时 8～18h；床能力 5～10t/(m^2·d)；热料率 70%～90%；冷料率 10%～30%；渣率 0.1%～5%；渣中铜含量 11%～35%；吨铜重油单耗 74～120kg；还原油用量 5～20kg/t；炉气出炉温度 1373～1573K。

2.10.2.2 回转式精炼炉

回转式精炼炉是近代较普遍采用的精炼设备。它的优点是：散热损失少，密封性强，操作环境改善；机械化、自动化程度高，操作灵活；节省人员，劳动强度小。其缺点是：设备投资高，冷料率低（一般不超过 15%），浇铸初期铜液落差大，精炼渣铜含量较高。

如图2-24所示，回转式精炼炉由回转炉筒体、托辊装置、驱动装置、燃烧器、排烟装置等组成。通常在炉子一端设置燃烧器，开设取样口、测温口；在炉子另一端开设排烟口。在炉体中部开有加料和倒渣用的炉口，炉口的大小取决于铜水包等加料设备的形状与尺寸，炉口设有液压或机械启动的炉口盖。在非加料和倒渣的时间，炉口盖将炉口盖住。在炉口下方两侧装有风嘴，氧化、还原时，风嘴转入液面下供风，氧化、还原剂可根据需要切换。在风嘴对侧的炉体上开设放铜口。回转式精炼炉可以正反回转，设快速、慢速两套驱动装置，在进料、倒渣、氧化、还原时采用快速转动；在浇铸时采用慢速转动。

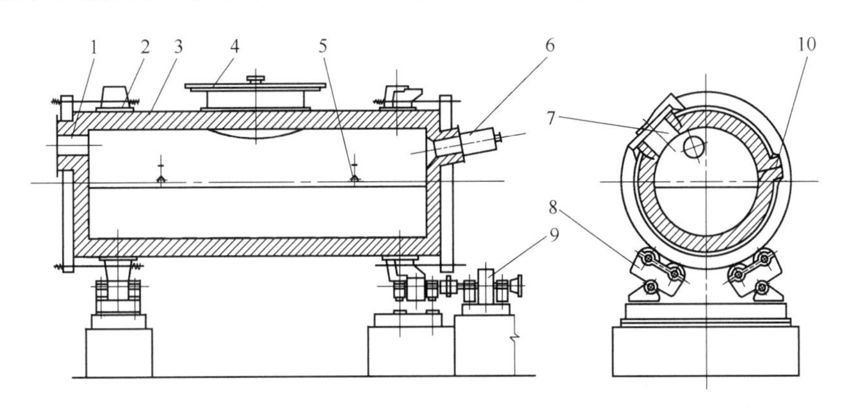

图2-24 回转式精炼炉

1—排烟口；2—壳体；3—砖砌体；4—炉盖；5—氧化还原口；6—燃烧器；7—炉口；8—托辊；9—传动装置；10—放铜口

回转式精炼炉采用的燃料有重油、天然气、煤气和粉煤，采用的还原剂有氨、液化石油气、天然气、煤气和重油等。其主要技术经济指标为：操作总炉时7.1～24h；炉子容量70～380t；渣率3%～4%；渣中铜含量30%～40%；燃料单耗20～80kg/t；还原剂单耗4～11.5kg/t；炉膛最高温度1723K；铜液最高温度1553～1573K。

铜的精炼技术近年来有了较大发展。在工艺方面，由空气氧化发展到富氧空气氧化，由插树还原、重油还原发展到天然气、氨气、液化石油气还原，从而强化了精炼过程，缩短了还原时间。精炼设备大型化、机械化、自动化程度日趋提高，过去采用几十吨到一百多吨的精炼炉，现在大多采用容量为200t、300t的精炼炉，有的厂还使用了400t以上的精炼炉。

2.11 铜的电解精炼

铜的电解精炼是以火法精炼的铜为阳极，硫酸铜和硫酸水溶液为电解质，电铜为阴极，向电解槽通直流电使阳极溶解，在阴极析出更纯的金属铜的过程。根据电化学性质的不同，阳极中的杂质或者进入阳极泥，或者保留在电解液中而被脱除。

2.11.1 电解精炼的电极反应

铜电解精炼在由硫酸铜和硫酸组成的水溶液中进行，根据电离理论，水溶液中存在

H^+、Cu^{2+}、SO_4^{2-} 离子和水分子，因此在阳极和阴极之间施加电压通电时，将发生相应的反应。

（1）阳极反应。阳极上可能进行的反应如下：

$$Cu - 2e = Cu^{2+} \qquad \varphi^{\ominus}_{Cu^{2+}/Cu} = 0.34V$$

$$Me - 2e = Me^{2+} \qquad \varphi^{\ominus}_{Me^{2+}/Me} < 0.34V$$

$$H_2O - 2e = 2H^+ + \frac{1}{2}O_2 \qquad \varphi^{\ominus}_{O_2/H_2O} = 1.229V$$

$$SO_4^{2-} - 2e = SO_3 + \frac{1}{2}O_2 \qquad \varphi^{\ominus}_{O_2/SO_4^{2-}} = 2.42V$$

（2）阴极反应。阴极上可能进行的反应为：

$$Cu^{2+} + 2e = Cu \qquad \varphi^{\ominus}_{Cu^{2+}/Cu} = 0.34V$$

$$2H^+ + 2e = H_2 \qquad \varphi^{\ominus}_{H^+/H_2} = 0V$$

$$Me^{2+} + 2e = Me \qquad \varphi^{\ominus}_{Me^{2+}/Me} > 0.34V$$

根据电化学原理，在阳极上溶解的是电极电位代数值较小的还原态物质，而在阴极上析出的是电极电位代数值较大的氧化态物质。因此，阳极上主要是铜的溶解，阴极上主要是铜的析出。杂质在电解中的行为主要取决于它们在电位序上的位置及其在电解液中的溶解度。电极电位比铜更负的杂质金属（$\varphi^{\ominus}_{Me^{2+}/Me} < 0.34V$）进入电解液后，会以离子的形态留在电解液中；而电极电位比铜更正的贵金属和某些化合物（$\varphi^{\ominus}_{Me^{2+}/Me} > 0.34V$）在阳极不发生放电化学溶解，以阳极泥形态沉积于槽底，从而实现了铜与杂质的分离。在电解精炼过程中，可以将铜阳极中的杂质分为如下四类：

（1）锌、铁、镍、钴、锡、铅等属于电极电位比铜更负的一类杂质，电解时均溶于电解液中，但其中的铅离子会与硫酸根离子进一步生成难溶的硫酸盐而沉降进入阳极泥。这类金属大多数在火法精炼时已被除去，少量进入溶液积累而使电解液变得不纯，因此要定期抽出一部分电解液进行净化。

（2）金、银和铂族金属的电极电位比铜更正，几乎全部转入阳极泥，少量溶解的银也会与电解液中的氯离子化合生成氯化银，沉入阳极泥。铜阳极泥是回收金、银等贵金属的原料。

（3）硫、氧、硒、碲以 Cu_2S、Cu_2O、Cu_2Te、Cu_2Se、AgSe、AgTe 等形态存在于铜阳极中，电解时也不进行电化学溶解，而是自阳极板上脱落进入阳极泥。

（4）砷、锑、铋等是电极电位与铜相近的一类杂质，对铜产品最为有害。当其在电解液中积累到一定的浓度时，便会在阴极上放电析出，使电解铜的质量降低。这些杂质在电解过程中全部进入电解液，但 40% ~50% 的砷以及 60% ~80% 的锑、铋会发生水解，以不溶性盐的形态进入阳极泥。

2.11.2 铜电解精炼的条件控制

2.11.2.1 电解液成分

工业上采用的电解液除含 $CuSO_4$ 和 H_2SO_4 外，还有少量溶解的杂质和有机添加剂。电解液成分的控制就是要保证足够的铜离子和 H_2SO_4 浓度。铜离子浓度大可以防止杂质析出，硫酸浓度大则导电性好。但这两个条件是互相制约的，即 H_2SO_4 浓度大时，铜的溶解度降低；反之则升高。通常铜离子浓度为40~50g/L，硫酸浓度为180~240g/L。

要求电解液中的杂质尽量少，但长期积累其也会升高，因此电解液必须净化。一般是根据具体情况将其定时抽出，并补充新的电解液。

电解液中的添加剂为表面活性物质，包括动物胶、硫脲和干酪素等，其作用是吸附在晶体凸出部分，增加局部的电阻，保证阴极致密平整。

2.11.2.2 电流密度

电流密度是指每平方米阴极表面通过的电流。显而易见，电流密度越大，生产率越高。电流密度的选择应考虑两个因素，即技术和经济两方面。从技术方面来说，因为电解时溶解和沉积速度总是超过铜离子迁移速度，电流密度大时，则因为浓差不同而产生阳极钝化，阴极则结晶粗糙，甚至出现粉状结晶。从经济方面来说，电流密度过大，则电压增加，电耗增大；同时由于提高电流密度，电解液循环量增大，会增大阳极泥的损失。

最佳电流密度应根据具体条件选择，我国目前大都是采用220~260A/m^2。

2.11.2.3 槽电压

铜电解精炼的槽电压为0.25~0.35V，主要由电解液电阻、导体电阻和浓差极化引起的电压降所组成。电解液电阻与溶液成分和温度等因素有关，酸度大，温度高，则电阻小；反之则电阻大。导体电阻与接触点电阻及阳极泥电阻有关。而浓差极化是由于阴、阳极电解液成分不同所引起的，结果是产生与电解施加电压方向相反的电动势。根据研究，电解液电阻是最大的，占槽电压的50%~70%，浓差极化引起的电压降占20%~30%，而导体电阻的电压降占10%~25%。

2.11.2.4 电流效率

电流效率是指实际阴极产出铜量与理论上通过1A·h(3.6kC)电量应沉积的铜量之比的百分数。电流效率通常为97%~98%。电流效率降低的原因是漏电、阴阳极短路、副反应（如铁离子的氧化还原）作用和铜的化学溶解等。

2.11.3 铜电解精炼的设备和指标

铜电解精炼是在钢筋混凝土制作的长方形电解槽中进行，槽内衬铅皮或聚氯乙烯塑料，以防腐蚀。电解槽放置于钢筋混凝土的横梁上，槽底部与横梁之间用瓷砖或橡胶板绝缘。相邻两个电解槽的侧壁间有空隙，上面放瓷砖或塑料板绝缘，再放导电铜排连接阴、阳极。铜电解槽的结构如图2-25所示。

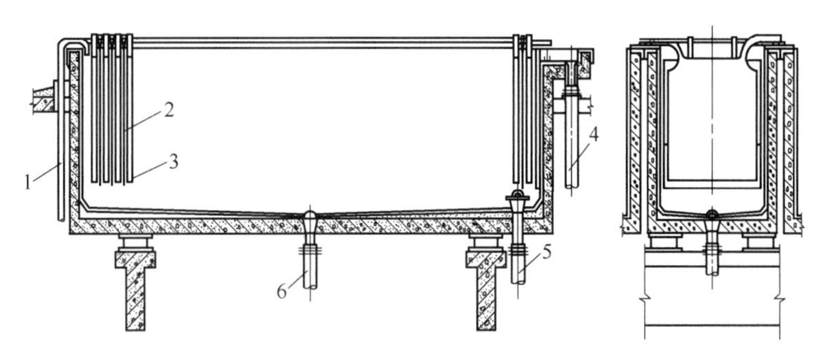

图2-25 铜电解槽

1—进液管；2—阴极；3—阳极；4—出液管；5—放液孔；6—放阳极泥孔

在严格管理和遵守各项操作规定的条件下，铜电解精炼的技术经济指标为：直流电耗230～260kW·h/t；残极率14%～24%；直接回收率76%～82.55%；电解总回收率99.6%～99.9%；硫酸消耗2～9.9kg/t；蒸汽消耗0.6～1.2t/t；电流效率97%～97.8%。

20世纪70年代以来，铜电解精炼技术有了很大的发展，出现了周期反向电流电解、永久不锈钢阴极（艾萨法）电解等新工艺以及极板作业机组、多功能专用吊车、短路自动检测装置、大型可控硅整流器等设备。电解精炼生产向大型化、高效率、低消耗的目标发展。

2.12 湿法炼铜

湿法炼铜是用溶剂浸出铜矿石或铜精矿，使铜进入溶液，然后从经过净化处理后的含铜溶液中回收铜的方法。此法主要用于处理低品位铜矿石、氧化铜矿和一些复杂的铜矿石。目前湿法炼铜在铜生产中所占的比重不大，只占10%～20%。但从今后资源发展趋势来看，随着矿石逐渐贫化，氧化矿、低品位难选矿石和多金属复杂铜矿的利用日益增多，湿法炼铜将成为处理这些原料的有效途径。

2.12.1 湿法炼铜的浸出剂

浸出过程常用的溶剂有硫酸、氨、硫酸高铁($Fe(SO_4)_3$)溶液等。选择溶剂除考虑含铜矿物的成分和性质外，还必须考虑脉石性质，对于含二氧化硅高的矿石采用酸性溶剂，对于含铁和碳酸钙（镁）高的矿石采用碱性溶剂，而对于含硫化物和氧化物的混合矿石则宜采用硫酸高铁酸性溶液作溶剂。

2.12.1.1 *硫酸浸出*

常用含硫酸1%～5%的水溶液浸出，矿石中铜的氧化态化合物很容易与酸发生反应：

$$CuCO_3 \cdot Cu(OH)_2 + 2H_2SO_4 = 2CuSO_4 + CO_2 + 3H_2O$$

$$(CuCO_3)_2 \cdot Cu(OH)_2 + 3H_2SO_4 = 3CuSO_4 + 2CO_2 + 4H_2O$$

$$CuSiO_3 \cdot 2H_2O + H_2SO_4 = CuSO_4 + SiO_2 + 3H_2O$$

$$CuO + H_2SO_4 = CuSO_4 + H_2O$$

这些反应在常温下即可进行。

硫酸水溶液可用来浸出含铜1%～2%的氧化铜矿石。除含铜外，铜矿石中还含大量的脉石，如氧化铁和石灰石等。脉石的存在将消耗大量的酸，并使浸出溶液含杂质。氧化铁的溶解反应生成$Fe_2(SO_4)_3$：

$$Fe_2O_3 \cdot nH_2O + 3H_2SO_4 = Fe_2(SO_4)_3 + (n+3)H_2O$$

虽然Fe^{3+}能够提高浸出效率，但在下一步会给电积提铜造成困难。

石灰石的溶解反应生成$CaSO_4$：

$$CaCO_3 + H_2SO_4 = CaSO_{4(s)} + H_2O + CO_2$$

大量的硫酸钙不仅消耗硫酸，而且不溶于水，并使浸出渣固化结块，很难过滤除去。由于这个缘故，含石灰石高的矿石不能用硫酸浸出。硫酸浸出适合于含石英的矿石。

另外，浸出时贵金属大多数均不溶解，因此湿法炼铜对处理含贵金属高的矿石是不利的。当采用湿法时，会使贵金属的回收工艺流程复杂化。

2.12.1.2 氨浸出

氨的水溶液在有二氧化碳（或碳酸铵）存在时能溶解所有铜的氧化物和金属铜，反应如下：

$$CuO + 2NH_4OH + (NH_4)_2CO_3 = Cu(NH_3)_4CO_3 + 3H_2O$$

$$Cu(NH_3)_4CO_3 + Cu = Cu_2(NH_3)_4CO_3$$

在有空气存在时，生成的碳酸铵盐又能被氧化：

$$Cu_2(NH_3)_4CO_3 + (NH_4)_2CO_3 + 2NH_4OH + \frac{1}{2}O_2 = 2Cu(NH_3)_4CO_3 + 3H_2O$$

氧化过的铜的碳酸铵盐又能溶解金属铜。

以上反应可在常压、常温或加温（323K）条件下进行，主要是浸出氧化铜矿石和金属铜，不能浸出硫化矿石。

氨浸法的优点是氨不与氧化铁和碳酸钙等脉石作用，所得的浸出溶液特别纯，因此对碱性脉石的氧化矿和自然铜特别有利。

2.12.1.3 硫酸高铁浸出

硫酸高铁溶液能够溶解次生硫化铜矿物，如辉铜矿（Cu_2S）和铜蓝（CuS）等：

$$Cu_2S + 2Fe_2(SO_4)_3 = 2CuSO_4 + 4FeSO_4 + S$$

$$CuS + Fe_2(SO_4)_3 = CuSO_4 + 2FeSO_4 + S$$

此反应在低温时进行得很慢，因此常需要加温到308K或以上。斑铜矿（Cu_5FeS_4）与硫酸高铁也有类似反应，但是黄铜矿（$CuFeS_2$）即使在高温下其溶解速度也很慢。

硫酸高铁的另一个特性是在中性溶液中分解为碱式盐：

$$Fe_2(SO_4)_3 + 2H_2O = Fe_2(OH)_2(SO_4)_2 + H_2SO_4$$

此反应是可逆的，加入硫酸可使之转变为硫酸高铁。因此，为了保证溶解继续进行和同时处理含氧化物的混合矿，必须加入硫酸。所以实际上单纯用硫酸高铁作溶剂的很少，常常是硫酸和硫酸高铁混合使用。

2.12.1.4 细菌浸出

细菌浸出是利用细菌对硫化铜矿的直接和间接氧化作用，从铜矿石中提取金属铜的浸出方法。湿法炼铜中起作用的细菌主要为氧化铁硫杆菌和氧化硫杆菌。氧化铁硫杆菌的作用如下：

（1）直接氧化。在细菌作用下使金属硫化矿直接氧化，例如：

$$2CuFeS_2 + \frac{17}{2}O_2 + H_2SO_4 \xlongequal{\text{细菌作用}} 2CuSO_4 + Fe_2(SO_4)_3 + H_2O$$

（2）间接氧化。在细菌作用下首先使亚铁离子氧化成高铁离子，然后再使其参与硫化矿的氧化，相关反应如下：

$$2FeSO_4 + \frac{1}{2}O_2 + H_2SO_4 \xlongequal{\text{细菌作用}} Fe_2(SO_4)_3 + H_2O$$

$$Cu_2S + Fe_2(SO_4)_3 + 2O_2 = 2FeSO_4 + 2CuSO_4$$

$$CuFeS_2 + 2Fe_2(SO_4)_3 + 3O_2 + 2H_2O = 5FeSO_4 + CuSO_4 + 2H_2SO_4$$

$$FeS_2 + Fe_2(SO_4)_3 + 3O_2 + 2H_2O = 3FeSO_4 + 2H_2SO_4$$

上述两种作用相辅相成，构成了良性循环。实际上，以上反应在没有细菌存在时也能进行，但反应速度极其缓慢，氧化铁硫杆菌的存在可以加速铜的溶解，所以细菌实际上起着催化作用。实践证明，当浸出黄铜矿时，在没有细菌存在时，即使经历一年的时间，铜的浸出率也不到20%；但在细菌参与下，不到20天铜的浸出率就可达到20%，而一年之内则达到60%以上。

氧化硫杆菌的作用不是直接与硫化物作用，而是生活于硫化物环境中，以某种方式参加硫和硫化物的一些中间氧化过程，如：

$$S_2O_2^{2-} + \frac{1}{2}O_2 = S_2O_3^{2-}$$

$$S_2O_3^{2-} + \frac{5}{2}O_2 = 2SO_4^{2-}$$

$$2S + 3O_2 + 2H_2O = 2H_2SO_4$$

细菌浸出用于回收低品位矿物原料中的铜，已有数十年的生产实践，具有生产成本低、基建费用省、环境保护条件好、工艺可行、经济效益较好等优点。细菌浸出的最大缺点是氧化速度慢，浸出周期长，少则1年，多则5年以上。

2.12.2 湿法炼铜的浸出方法

湿法炼铜的浸出方法有就地浸出、废矿或矿石堆浸、池浸和搅拌浸出等。露天剥离或地下矿采掘的低品位矿石适宜用堆浸，氧化铜富矿适宜用搅拌浸出或池浸，含碱金属多的氧化铜矿适宜用氨浸，露天矿坑的边坡矿、老矿的采空崩落区、巷道内残矿以及采用爆破松动的含铜矿体适宜用就地浸出。选用哪种方法，主要考虑矿石品位、含铜矿物的存在形态及其可溶性、耗酸的共生脉石含量以及生产规模等。各种浸出方法的主要特征列于表2-24。

表2-24 低品位铜矿石各种浸出方法的主要特征

名称	搅拌浸出	池浸	堆浸		就地浸出
适应矿石类型	氧化矿、浮选尾矿	氧化矿、混合矿	氧化矿	混合矿、硫化矿	露天矿坑的边坡矿、老矿的采空崩落区、巷道内残矿及矿柱等
矿石粒度	10 ~ 65μm	2 ~ 10μm	10 ~ 50mm	10 ~ 50mm	
矿石中铜品位/%	1 ~ 2	>0.5	<1	<1	>0.2
浸出周期	3 ~ 5h	10 ~ 20天	2 ~ 10月	2 ~ 10月	>1年
浸出液始酸/g·L⁻¹	20 ~ 30	20 ~ 60	10 ~ 60	0 ~ 10	0 ~ 10
浸出液含铜/g·L⁻¹	3 ~ 10	0 ~ 5	1 ~ 2	1 ~ 2	约1
浸出率/%	80 ~ 90	>50	<50	<50	<50

除上述几种浸出方法外，现今在湿法炼铜中逐渐发展了高压浸出法，包括高压酸浸和高压氨浸。在高温、高压条件下，使浸出反应在高于浸出液常压沸点的温度下进行，从而加快各种硫化铜精矿浸出反应的速度，缩短浸出时间。提高压力可以使氧气或易挥发的氨在较高的分压下参与浸出反应，使反应在更有利的条件下进行。在高温、高压条件下，还可以使一些在常温、常压下不能进行的浸出反应成为可能。因此，高压浸出是一种强化浸出技术，为湿法炼铜开辟了新的途径。

2.12.3 湿法炼铜的实践

目前湿法炼铜的工艺流程主要有低品位铜矿石堆浸-萃取-电积和硫化铜精矿硫酸化焙烧-浸出-电积两种，也有一些小型工厂采用浸出-铁置换流程。

2.12.3.1 低品位铜矿石堆浸-萃取-电积流程

堆浸-萃取-电积流程包括堆浸、萃取、反萃取、电解沉积等过程（如图 2-26 所示），用于处理氧化铜矿、低品位铜矿石、废矿石等。由于该流程的原料主要是现有选冶流程不能或难以处理的各种含铜原料，省掉了选矿过程，因而建厂投资和生产成本分别降低 60% 和 50%。

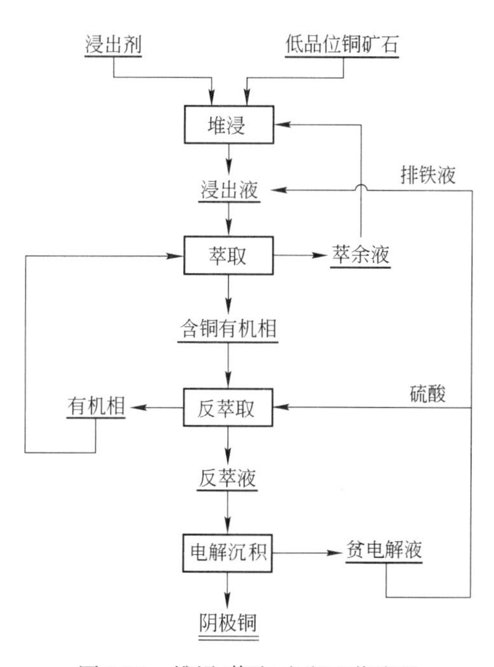

图 2-26 堆浸-萃取-电积工艺流程

A 堆浸

堆浸是将浸出剂连续通过矿石堆的浸出方法，分为废石堆浸和矿石堆浸。对露天矿剥离的废石或地下矿开拓与采准的废石进行浸出，称为废石堆浸。由于废石的成分、块度不一，对堆放方式的要求不严，浸出条件较差，这种方法浸出率不高。对铜品位较高的贫矿、表外矿、难选氧化矿或混合矿进行的堆浸，称为矿石堆浸。这类矿石通常经过初步破碎，块度差别不大，品位有可供参考的分析数据，堆场的准备、堆放的方式、矿堆的格局比较正规，容易做到合理布液、集中管理，故浸出率较高。堆浸采用的浸出剂主要取决于矿石的性质，对氧化矿堆浸一般采用酸浸，对硫化矿或混合矿堆浸可采用细菌浸出。浸出剂的布液方法有喷淋法、灌溉法、插管注入法等。

B 溶剂萃取

溶剂萃取是利用铜及其他杂质在酸性浸出液与有机溶液中分配比的不同，选择性地将铜离子从水溶液转移到有机溶液，使之富集的过程。有机溶液通常由萃取剂和稀释剂组成，常用的萃取剂有 LIX54、LIX622、LIX984、N510 等，稀释剂有 260 号煤油等。被萃取的金属离子从有机相转移到水溶液的过程称为反萃取。萃取与反萃取为可逆过程：

$$Cu^{2+}_{(水相)} + 2RH_{(有机相)} \underset{反萃取}{\overset{萃取}{\rightleftharpoons}} R_2Cu_{(有机相)} + 2H^{+}_{(水相)}$$

该反应的进行主要取决于体系的酸度，在低酸度条件下反应向右进行，铜被萃取到有机相；在高酸度条件下反应向左进行，铜被反萃取到水相。因此，经过萃取和反萃取过程即可提高铜离子的浓度。采用溶剂萃取法，可从低浓度浸出液（Cu 1～5g/L，H_2SO_4 1g/L）中得到铜含量较高的溶液（Cu 30～50g/L，H_2SO_4 140～180g/L）。采用电解沉积法，可从这种溶液中得到高纯度（99.9%以上）的电铜。

C　电解沉积

电解沉积是采用不溶阳极（如含少量锑的铅阳极），以反萃取溶液为电解质（Cu 45～50g/L，H_2SO_4 150～160g/L），在直流电作用下使铜离子还原沉积在铜阴极上的过程。电极反应如下：

阴极反应　$$CuSO_4 + 2e = Cu + SO_4^{2-}$$

阳极反应　$$H_2O - 2e = \frac{1}{2}O_2 + 2H^+$$

总反应　$$CuSO_4 + H_2O = Cu + H_2SO_4 + \frac{1}{2}O_2$$

电解过程的槽电压为1.8～2V，电流密度一般为160～180A/m^2，同极中心距一般采用100mm，电解液温度为323～333K，电解液的循环方式多采用上进下出。

电解液中的铁离子是电解沉积时最有害的杂质之一，因为Fe^{3+}离子会溶解阴极铜：

$$Cu + 2Fe^{3+} = Cu^{2+} + 2Fe^{2+}$$

生成的Fe^{2+}又会在阳极上被氧化：

$$Fe^{2+} - e = Fe^{3+}$$

如此反复循环，会降低电流效率。因此，电解沉积法对溶液铁含量要求很严，含铁高的溶液必须预先除铁，一般应控制铁离子浓度在5g/L以下。当铁离子浓度在5g/L左右时，电流效率一般保持在85%以上；在3g/L左右时，电流效率可达90%以上。

电解沉积法所用的溶液铜含量不得低于12g/L，含铜太低会发生氢离子放电，并使阴极铜不致密，有时甚至产出海绵铜。通常工业上的电积后液含铜30～35g/L，含酸150～160g/L，含铁小于5g/L。另外，当用电积后的溶液进行循环浸出时，杂质积累会增加，因此必须排出部分电积溶液加以净化，除去其中的杂质，以免影响阴极质量。

2.12.3.2　硫化铜精矿硫酸化焙烧-浸出-电积流程

硫化铜精矿硫酸化焙烧-浸出-电积流程由以下过程组成：

（1）用沸腾炉或回转窑焙烧硫化铜精矿，使硫化铜矿物氧化成硫酸盐和氧化物（如$CuSO_4$、$CuO \cdot CuSO_4$、CuO等），产出含硫酸盐和氧化物的焙砂；

（2）用稀酸（来自废电解液）浸出焙砂，使焙砂中的铜进入溶液，同时部分铁也进入溶液；

（3）采用中和法进行溶液净化除铁；

（4）用电解沉积法从净化后液中回收铜。

在20世纪60年代，我国曾有10多个小型工程采用搅拌槽浸出焙烧硫化矿，但这种流程具有渣量大、贵金属不易回收、铜回收率不高（最高为94%）、能耗高、大量废电解液难处理等缺点。因此，现在已经很少有工厂使用硫化铜精矿硫酸化焙烧-浸出-电积流程。

2.12.3.3 浸出-铁置换流程

浸出-铁置换流程比较古老，用于含铜很少的浸出溶液，一般堆浸液（含铜1～5g/L）可直接用铁置换。其主要反应是铁取代硫酸铜中的铜：

$$CuSO_4 + Fe = FeSO_4 + Cu$$

这个置换是很完全的，在操作良好的条件下，铜的回收率可达95%以上。

此法的主要缺点是：消耗铁料，得到的海绵铜只是中间产品；对含Fe^{3+}高的浸出液用铁置换时，Fe^{3+}被还原成Fe^{2+}，不但增加了铁的消耗量，而且给置换后液中和带来困难。但铁置换法设备简单、投资省，适用于矿体分散、规模不大、交通不便、服务年限短的氧化铜矿体的开发利用。

除以上各种提取铜的方法外，还有蒸馏法和高压氢还原法。蒸馏法用于从氨浸溶液中提取铜，此法的实质是加热分解$Cu_2(NH_3)_4CO_3$溶液：

$$2Cu_2(NH_3)_4CO_3 + O_2 = 4CuO + 8NH_3 + 2CO_2$$

产出的CuO为纯化合物，可还原为金属。而分解析出的NH_3和CO用水吸收，可返回浸出再用。高压氢还原法可直接从溶液得到铜粉，供粉末冶金使用。

2.13 铜 再 生

铜再生是指从含铜废料中回收利用铜的冶金过程，由此得到的含铜产品称为再生铜。在铜及其合金的生产、加工和消费过程中所产生的废品、边角屑末、废仪器设备部件和生活用品等，均为再生铜的生产原料。由于全球铜精矿资源的匮乏，可以循环利用的废杂铜逐步成为铜冶炼原料的重要补充。在主要发达国家，再生铜产量的比重非常高，美国约占60%，日本约占45%，德国约占80%。我国再生精铜产量自2003年的28.8万吨快速发展至2010年的172.8万吨，而再生铜占整个精铜产量的比重也从2003年的16.3%上涨至2010年的37.8%。相对发达国家较高的再生铜比例，我国再生铜产业具有广阔的发展前景。

2.13.1 再生铜生产原料的分类及预处理

2.13.1.1 原料分类

再生铜生产原料来源广泛，通常按化学成分可以分为如下七类：

（1）废纯铜。废纯铜多为导电铜材加工过程产生的废料，如铜线锭压延废品、铜杆剥皮废屑和拉线过程产生的废线等。这类原料中铜和银的含量不小于99.90%，可用于生产铜线锭和铜箔。

（2）紫杂铜。紫杂铜包括各种紫杂铜废型材、废屑、废线、镀锡铜线等，铜含量为90%～95%，通常用于阳极炉生产精铜或阳极铜。

（3）废黄铜。这里指的是数量较多且牌号明确的废黄铜，主要成分为Cu 60.5%～91%、Zn 9%～39.5%，其他杂质含量总和不大于0.2%～0.5%，如表2-25所示。废黄铜用于生产相应牌号的黄铜锭、坯。凡化学成分不符合表2-25所示的均作黄杂铜处理。

表 2-25 几种普通废黄铜的化学成分 （%）

牌号	主要成分		杂质（≤）					
	Cu	Zn	Pb	Fe	Sb	Bi	P	总 和
H90	89 ~ 91	余量	0.003	0.10	0.005	0.002	0.01	0.2
H80	79 ~ 81	余量	0.003	0.10	0.005	0.002	0.01	0.3
H68	67 ~ 70	余量	0.003	0.10	0.005	0.002	0.01	0.3
H62	60.5 ~ 63.5	余量	0.08	0.15	0.005	0.002	0.001	0.5

（4）黄杂铜。黄杂铜包括各种黄铜废料、废屑、废单壳、废机件和废生活用品等。其主要元素含量为 Cu 50% ~80%、Zn 10% ~30%，可作为鼓风炉生产黑铜的原料。

（5）白杂铜。白杂铜主要有铜、锌、镍合金废料和镀镍的黄杂铜及紫杂铜。白杂铜的主要元素含量为 Cu 50% ~80%、Zn 18% ~30%、Ni 2.5% ~15%，可作为鼓风炉生产黑铜的原料。

（6）青杂铜。青杂铜包括响铜、菩萨铜、青机铜等铜、锡、铅合金的废料，其主要元素含量为 Cu 60% ~85%、Sn 5% ~15%、Pb 1.5% ~6%，此外还含有 Zn 3% ~5%、Ni 0.1%、As(或 Sb) 0.3%，可作为转炉生产粗铜的原料。

（7）含铜残渣。含铜残渣包括铜熔炼过程中产出的各种含铜返回料和炉渣。这些含铜残渣均可用于再生铜的生产。

2.13.1.2 原料预处理

再生铜生产原料的预处理包括分类和分选、解体、破碎和磨碎、电磁分离、脱油和干燥、打包和压块等工序。

A 分类和分选

分类的目的是为了除去废铜料中的夹杂物。可按外观和化学成分进行分类，把废铜料按金属铜或铜合金归类集中，以便于处理。分类主要用目视法手工操作，必要时可借助化学分析和物理检测手段。对于含铁的铜废料（如废切屑、已破碎的废铸件、炉渣、尘料、碎电缆、冲压废料等），可将其放在输送带上，用悬挂式电磁分选机从铜废料中清除铁磁性夹杂物。

B 废料的解体

废料解体是为了剔除黑色金属和非金属镶嵌物，通过切割、破碎和磨碎等工序把废料解体成适于进行下道工序处理的块度。对于废电缆、废线，可采用机械、高温和静电分离等方法进行解体。机床切削产出的废屑，被铁污染量可达 38%，切屑表面还会被润滑油和乳化剂污染；在露天堆存时，所含的水分和油分含量可达 20% ~30%。这类废屑在冶金处理前需要进行清洗除杂。首先在螺旋混合器或离心机内用 333 ~353K 的碱液对切屑进行清洗，然后在 573 ~673K 下用圆筒干燥机进行除油和干燥，使切屑内残留的水分和油分含量不超过 0.2%。

C 打包和压块

破碎成块的废料、废散热器、金属残条和切边、废电缆电线和电极绕组等，需进行打包和压块。铜包块的密度一般为 2 ~4.5t/m^3。

2.13.2 再生铜生产的工艺流程

再生铜的生产方法主要有直接利用法和间接利用法两类。直接利用法是按标准分选出有牌号的废杂铜，经过配料将废杂铜熔炼成同牌号的铜合金直接利用，是最经济有效的铜再生途径。间接利用法是将杂铜先经火法处理铸成阳极铜，然后电解精炼成电解铜，并在电解过程中回收其他有价元素。

2.13.2.1 直接利用法

用直接利用法处理铜废料时，可根据铜废料原料的性质分别生产铜线锭、黄铜、铜箔和结晶硫酸铜。

A 用废纯铜生产铜线锭

用废纯铜作为原料生产铜线锭的方法与用电解铜作为原料生产铜线锭的方法基本相同。采用碱性炉衬反射炉对废纯铜进行精炼，以含硫小于1%的原油或重油作燃料，空气作氧化剂，含硫小于0.4%的柴油或重油作还原剂。由于废纯铜的杂质含量比电解铜高，在精炼废纯铜时氧化程度较深，所取试样的断面约有1/2的氧化斑。用废纯铜原料生产的铜线锭，其化学成分和物理性能均应符合国家标准。

B 用废黄铜生产黄铜

配入废黄铜生产普通黄铜的工艺流程如图2-27所示。配入的废黄铜使用量与生产黄铜的牌号有关，例如，生产H62黄铜时配入的废黄铜量可达70%，生产H68黄铜时可达60%，生产H90黄铜时可达20%。普通黄铜熔炼没有复杂的精炼过程，故要求原料成分符合标准。

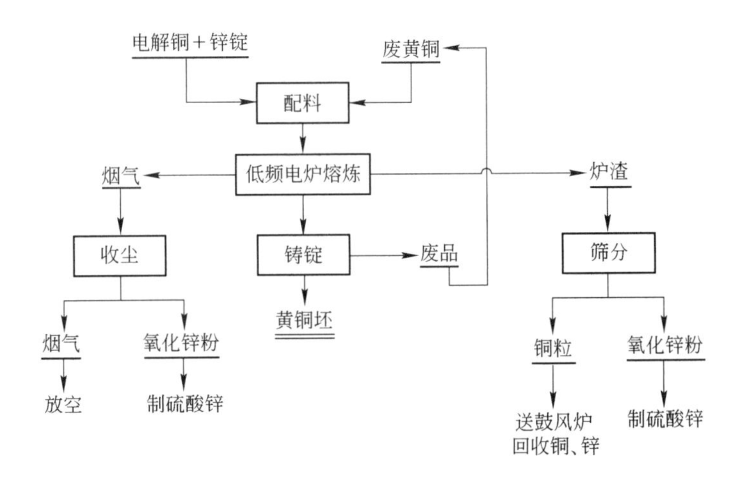

图2-27 配入废黄铜生产普通黄铜的工艺流程

熔炼黄铜可采用低频有芯感应电炉，容量为1.5t。熔炼温度控制范围：H62为1333～1373K，H68为1373～1433K，H90为1473～1453K。按上述工艺生产出的黄铜，其化学成分和物理性能均应符合国家标准。H90和H68黄铜的铅含量不得大于0.02%，H68黄铜的铁含量不得大于0.07%，否则轧制时会发生开裂。

C 用废纯铜生产铜箔

铜箔的生产包括废纯铜的氧化酸浸溶解和电解沉积两个过程。当用废铜线作为原料时，最好将铜线在773K下预先进行焙烧以脱除油脂。采用含Cu 40～42g/L、H_2SO_4 120～140g/L的废电解液或酸洗液作为溶剂，在353～358K和连续鼓入空气的条件下对废纯铜进行溶解。溶液铜含量增加约一倍后，将其引入辊筒阴极电解槽（见图2-28）进行电解沉积。电解槽和起阴极作用的辊筒均由不锈钢或钛制成，不溶阳极用钛制成。阴极电流密度为1600～2250A/m^2，电解液温度为313K，电解液循环速度为1.8～2.0m^3/h，电解液杂质含量应控制为有机杂质0.04～0.09g/L、氯0.02～0.07g/L、铁0.8～3.0g/L。

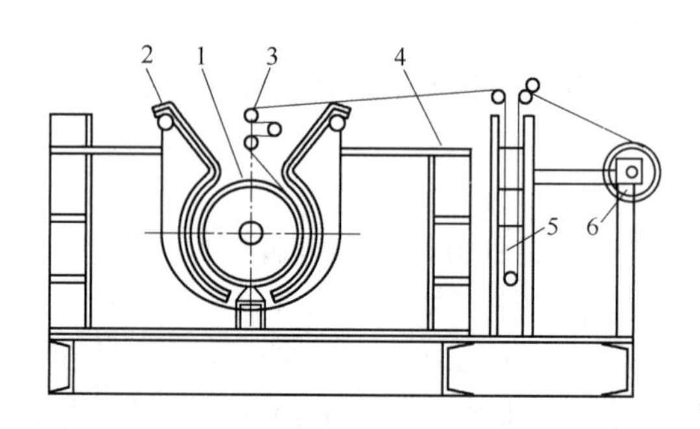

图2-28 生产铜箔用辊筒阴极电解槽示意图

1—辊筒阴极；2—阳极；3—导电辊；4—电解液槽；5—洗涤槽；6—缠绕辊

在辊筒阴极上得到的铜箔厚度在100nm以下，其抗拉强度为200～250MPa。

D 用铜灰生产结晶硫酸铜

以铜灰为原料生产结晶硫酸铜的工艺流程如图2-29所示。铜灰大多是铜材在拉丝、压延等加工过程中表层脱落下来的铜粉下脚料，表面附有由润滑油和石墨粉等组成的油腻层，它在573K以上有明火时即可燃烧。因此，在973～1073K下对铜灰进行氧化烘焙即可除去铜灰表面的油腻层，同时又能加速铜粉氧化，使其生成易溶于酸的氧化铜或氧化亚铜。

烘烤过程在一个直径为ϕ400mm、长5000mm、壁厚10mm的由无缝钢管制成的回转窑内进行，炉身倾斜3°，转速为1.58r/min。烘烤产物用筛孔尺寸为2～2.5mm的筛子进行筛分，筛上粗料送往阳极炉回收铜，含铜约90%的细料送入鼓泡塔用废电解液进行溶解。废电解液含硫酸170～200g/L。鼓泡塔的流出液含铜150～180g/L、硫酸90～130g/L。

流出液经铜粉分离器、沉降槽除去残余铜粉和沉淀物后，送入带式水冷结晶机，以析出结晶形态的硫酸铜（$CuSO_4 \cdot 5H_2O$）。结晶浆

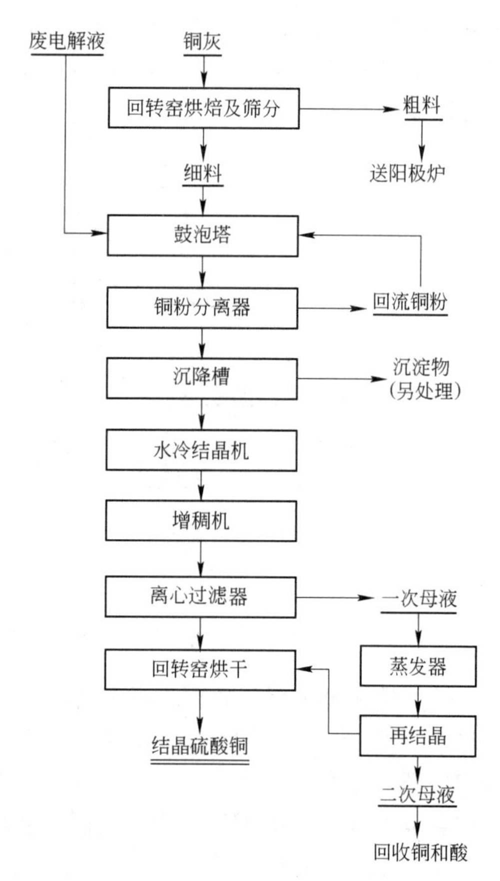

图2-29 用铜灰生产结晶硫酸铜的工艺流程

液经一装有低速搅拌器的增稠机，使结晶和母液粗分离。然后将结晶间歇性地装入离心过滤器进一步脱除母液。所得的结晶硫酸铜经烘干即可达到国家一级品的标准。

2.13.2.2 间接利用法

用间接利用法处理含铜废料时，通常有四种不同的流程，即一段法、二段法、三段法和顶吹熔炼法。

A 一段法

一段法即阳极炉精炼-电解精炼法，该法首先是将分类过的高品位废杂铜或固体粗铜加入阳极炉精炼，经熔化、氧化、还原、浇铸等工序得到阳极板，再将阳极板经电解精炼得到阴极铜产品。其优点是：流程短，设备简单，建厂快，投资少。但该法在处理成分复杂的杂铜时，产出的烟尘成分复杂，难以处理；同时精炼操作的炉时长，劳动强度大，生产效率低，金属回收率也低。因此，一段法适宜处理含杂质较少且成分不复杂的杂铜。

B 二段法

二段法即杂铜鼓风炉熔炼-阳极炉精炼-电解精炼法，该法是先将杂铜经鼓风炉还原熔炼得到金属铜，然后将金属铜在阳极炉内精炼成阳极铜（或者杂铜先经转炉吹炼成粗铜，粗铜再在阳极炉内精炼成阳极铜），阳极铜送电解精炼得到阴极铜产品。鼓风炉熔炼得到的金属铜杂质含量较高，呈黑色，故称为黑铜。该方法对原料的适用性强，在我国应用较为广泛。

C 三段法

三段法即杂铜鼓风炉熔炼-黑铜转炉吹炼-阳极炉精炼-电解精炼法，该法首先是将杂铜经鼓风炉还原熔炼成含铜75% ~85%的黑铜，并产出含铜1%左右的炉渣，原料中含有的锌、铅等在熔炼时挥发进入烟气，在收尘系统中予以回收；然后黑铜在转炉内吹炼成含铜96%的粗铜，粗铜经阳极炉精炼，产出含铜高于98%的阳极铜；此阳极铜再经电解精炼得到阴极铜。三段法的工艺流程如图2-30所示。该法具有原料综合利用好、产出的烟尘成分简单且容易处理、粗铜品位较高、精炼炉操作较容易、设备生产率较高等优点，但又有过程较复杂、设备多、投资大、燃料消耗多等缺点。

D 顶吹熔炼法

上述方法在处理高品位的废杂铜时具有较好的技术经济指标，但在处理低品位废杂铜时，鼓风炉熔炼和阳极炉精炼存在能耗高、生产周期长、耐火材料损耗大、经济上不合理等问题。另外，由于低品位废杂铜含有大量的有机物，在熔炼过程中会产生有机污染物，环保问题难以解决。为此，国内外一些企业近年来采用先进的顶吹熔炼技术处理低品位废杂铜，比较典型的炉型有艾萨/澳斯麦特炉、卡尔多炉。这些设备技术先进，机械化、自动化程度高。大多数工厂除有先进的炉窑和加料、浇铸设备外，还采用了DCS、可编程控制器（PLC）等自动化控制系统，提高了生产效率，降低了劳动强度，而且最大限度地避免了依赖操作人员素质来保障安全生产和产品质量的问题。

a 澳斯麦特炉处理复杂含铜废料

日本同和矿业公司的小坂冶炼厂是世界上第一个采用澳斯麦特炉处理复杂含铜废料的企业。入炉原料为可再生利用的低品位铜废料（约40%）、低品位含铜黑矿（约10%）、炼锌过程中产生的残渣（约50%）。该企业只是引进了澳大利亚的澳斯麦特炉及相关附属设备，经过大量生产实践自行摸索出相关的操作条件和工艺技术参数。澳斯麦特炉系统采

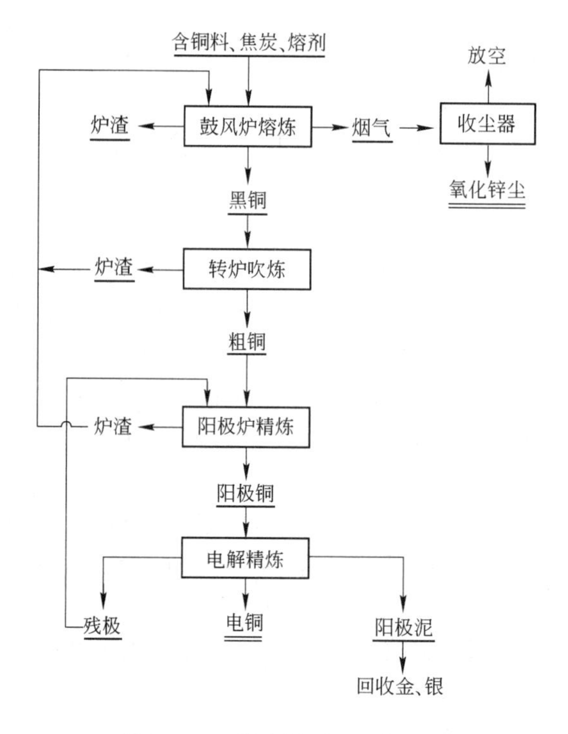

图 2-30 三段法铜再生工艺流程

用 DCS 控制技术，通过对喷枪的准确定位，实现不同熔炼方式、风量和氧气量的自动控制。对配料实现远程控制，降低了劳动强度，提高了配料精度，实现了产品质量的稳定。熔炼产生的熔体经水淬之后，采用湿法工艺回收其中的铜和贵金属。该企业年处理废杂铜原料 6 万吨，年产铜 1. 2 万吨、金 5t、白银 500t、铅 2. 5 万吨、铋 200t。我国广东清远云铜公司也采用澳斯麦特炉处理复杂含铜废料。

b 卡尔多炉处理低品位废杂铜

卡尔多炉处理低品位废杂铜是一种先进的熔炼技术，主要体现在金属回收率高、环境效益好、自动化程度高等方面，目前被欧洲一些再生有色金属企业用于处理低品位的混杂的废有色金属。意大利威尼斯附近的新萨明（Nuova Samim）铜冶炼厂利用波立登的卡尔多炉技术处理低品位废杂铜，年产 2. 5 万吨粗铜。2007 年，我国江西铜业公司引进一台容积为 $13m^3$ 的卡尔多炉处理废杂铜，年产铜 5 万吨；并于 2009 年 5 月投料试生产，处理废杂铜及含铜物料，包括废杂铜、黑铜、反射炉渣、倾动炉渣、含铜废料（铜粉饼）等，入炉物料平均含铜 70% ~80%，每炉装入量为 80t，粗铜产量约 50t，粗铜品位在 98. 5% 左右。卡尔多炉处理废杂铜的优点是：由于使用工业纯氧以及同时应用氧-油枪，使炉内的温度容易调节，温度范围广；由于炉体自身的旋转，加快物料的熔化和气-固-液相间的反应速率；炉体结构紧凑，炉子烟气量小，热效率高，利用氧-油枪容易控制熔炼过程中炉气的氧势，根据不同熔炼阶段的需要，可以有不同的氧势或还原势；对炉料的变化有较强的适应能力，适合处理含杂质高的复杂炉料，过程简单；炉体体积小，拆卸容易，所以维修方便，炉子作业率高。卡尔多炉的缺点是：间歇作业使炉子操作频繁，烟气量和烟气成分呈周期性变化，炉子寿命较短，造价高。

复习思考题

2-1　炼铜原料有哪些?
2-2　火法炼铜有几个主要步骤?画出火法炼铜的原则工艺流程图。
2-3　湿法炼铜有几个主要步骤?画出湿法炼铜的原则工艺流程图。
2-4　简述造锍熔炼的基本原理。
2-5　火法炼铜的方法有哪些?试比较各种火法炼铜方法的优缺点。
2-6　铜锍 P-S 转炉吹炼分为几个周期,每个周期的主要产物是什么?
2-7　铜锍除采用 P-S 转炉吹炼外,还可采用哪些吹炼设备?
2-8　简述粗铜火法精炼的基本原理。
2-9　粗铜火法精炼分为几个步骤,主要的火法精炼设备有哪些?
2-10　简述铜电解精炼过程中各杂质的行为。
2-11　湿法炼铜的浸出剂有哪些,其浸出原理是什么?
2-12　湿法炼铜的浸出方法及工艺流程有哪些?
2-13　再生铜的原料有哪些,铜再生有哪些方法?

3 镍冶金

3.1 概　　述

3.1.1 镍的性质和用途

3.1.1.1 物理性质

镍是银白色的金属。金属镍有两种晶态，α 镍为紧密六方晶系，β 镍属面心立方晶体。镍退火后伸长率为40% ~50%，布氏硬度为80 ~90MPa，铸造收缩率为2.2%。其在受水、水蒸气和氧的作用时，表面变暗。镍具有良好的延展性，可制成很薄的镍片（厚度小于0.02mm）。单位体积的镍能吸收4.15倍体积的氢气。

镍是元素周期表中仅有的三个磁性金属之一，为许多磁性合金材料的成分。镍能与许多金属组成合金，这些合金包括耐高温合金、不锈钢、结构钢、磁性合金和有色金属合金等。镍的主要物理性质如表3-1所示。

表3-1　镍的主要物理性质

性　质	数　值	性　质	数　值
半径/pm	78（Ni^{2+}），124.6（Ni）	汽化热/$kJ \cdot mol^{-1}$	374.8
熔点/K	1726	密度/$kg \cdot m^{-3}$	8902（298K）
沸点/K	3005	热导率/$W \cdot (m \cdot K)^{-1}$	90.7（300K）
熔化热/$kJ \cdot mol^{-1}$	17.6	电阻率/$\Omega \cdot m$	6.84×10^{-8}（293K）

3.1.1.2 化学性质

镍是元素周期表中第4周期Ⅷ族元素，元素符号为Ni，原子序数为28，相对原子质量为58.69。镍原子的外层电子构型为［Ar］$3d^8 4s^2$，在形成化合物时容易失去最外层4s轨道上的2个电子，也可失去次外层3d轨道上的电子，因此镍具有+2、+3和+4等氧化态，+2是镍稳定的氧化态。298K时镍的标准电极电势为-0.257V。

镍能抗氧锈蚀，因为其表面生成一层NiO致密薄膜，能阻止进一步氧化；镍也能抗强碱腐蚀，它在稀盐酸和硫酸中溶解很慢，但稀硝酸能与之作用。

在低于773K的温度，镍与氯气不发生显著反应。但含硫气体对镍有严重腐蚀作用。

镍与氧生成三种化合物，即氧化亚镍（NiO）、四氧化三镍（Ni_3O_4）和三氧化二镍（Ni_2O_3），只有NiO在高温下稳定。Ni_2O_3加热至673 ~723K时离解为Ni_3O_4，进一步升高温度，最终变为NiO。NiO的熔点为1923 ~1933K，很容易被C或CO还原。NiO能溶解于硫酸、亚硫酸、盐酸和硝酸等溶液中形成绿色的二价盐，当与石灰乳发生反应时，即形成绿色的氢氧化镍($Ni(OH)_2$)沉淀。

镍与硫生成四种化合物，即NiS_2、Ni_6S_5、Ni_3S_2和NiS。NiS在中性和还原气氛下受热

时分解为 Ni_3S_2 和单质硫（S_2）。在冶炼高温下只有 Ni_3S_2 是稳定的，其离解压比 FeS 小，但比 Cu_2S 大。

镍在常压和 313 ~ 373K 温度下可与 CO 生成羰基镍（$Ni(CO)_4$），它是挥发性化合物。当温度升高至 423 ~ 589K 时，羰基镍又分解为金属镍。这是羰基镍法提取镍的理论基础。

镍的盐类多为二价，如 $NiSO_4$、$NiCl_2$ 等。

3.1.1.3 镍的用途

镍是制造各种类型不锈钢、高温高强度合金、软磁合金和合金结构钢的重要成分，被广泛用于冶金、化工、石油、建筑、机器制造、仪器仪表以及航天、航海等领域。镍能与铬、铜、铝、钴等元素组成非铁基合金。镍基合金、镍铬基合金是耐高温、抗氧化材料，用于制造喷气涡轮、电阻、电热元件、高温设备结构件等；铝镍钴合金是良好的磁性材料，用于制作电工器材；镍基合金可用于制造形状记忆合金和储氢合金等。镍可用作镀层，有光泽，能防锈；可用作催化剂和化学电源，催化剂主要用于有机物的氢化、氢解、异构化、烃类的重整及脱硫等过程，化学电源有 Cd-Ni、Fe-Ni、Zn-Ni、H_2-Ni 等电池；还可用于制作颜料、染料和铁素体。

3.1.2 炼镍原料

镍在地球中的含量约为 3%，次于铁、氧、硅、镁，居第五位；但其在地壳中的平均含量仅为 0.008%，居已知元素的第 24 位，相当于铜、铅、锌三种金属加和的两倍之多，而富集成可供开采的镍矿床则不多。由于从矿山开采出来的矿石含镍品位低，大多都需经选矿获得精矿才能用来冶炼。

镍矿床通常分为三类，即硫化镍矿、氧化镍矿和砷化镍矿。世界陆基镍的储量约为 6200 万吨，其中硫化矿约占 40%，氧化镍矿约占 60%。砷化镍矿只在北非摩洛哥有少量产出，其含镍矿物主要是红镍矿（NiAs）、砷镍矿（$NiAs_2$）和辉砷镍矿（NiAsS）等，从此类矿物中提取镍仅限于个别国家。世界镍产量约有 70% 产自硫化镍矿，30% 产自氧化镍矿。我国采用硫化镍矿生产镍所占的比重更大。

硫化镍矿中主要的含镍矿物为镍黄铁矿（$(Fe,Ni)_9S_8$）、含镍磁黄铁矿（$(Fe,Ni)_7S_8$）、辉铁镍矿（$3NiS \cdot FeS_2$）等，与硫化镍矿伴生的其他矿物主要有黄铜矿（$CuFeS_2$）、黄铁矿（FeS_2）、磁黄铁矿（Fe_7S_8）以及 Fe_2O_3、SiO_2、MgO、CaO 和 Al_2O_3 等脉石成分。硫化镍矿的原矿品位一般为 0.3% ~ 1.5%，其中常含有铜、钴、金、银和铂族元素等，冶炼前必须先经过选矿，得到含镍为 4% ~ 8% 的精矿。一般镍含量在 3% 以上的富矿可直接冶炼。硫化镍精矿的化学成分如表 3-2 所示。

表 3-2 硫化镍精矿的化学成分 （%）

Ni	Cu	Co	Fe	S	MgO	SiO_2	CaO
2.9 ~ 10.6	0.25 ~ 3.8	0.19 ~ 0.34	22.2 ~ 47.9	15.9 ~ 33.1	0.4 ~ 7.0	2.0 ~ 26.4	1.1 ~ 3.2

氧化镍矿的主要矿物分为两类：一类为硅酸镁镍矿和暗蛇纹石，都是高硅镁质的镍矿，用分子式 $NiSiO_3 \cdot mMgSiO_3 \cdot nH_2O$ 表示，硅酸镁镍矿的镍含量为 0.5% ~ 1.5%，而暗蛇纹石的镍含量为 0.3% ~ 0.4%；另一类为红土矿，它是由镍的氧化物和铁的氧化物（褐铁矿）组成的共生矿，镍含量在 1% 左右，铁含量高达 40% ~ 50%。两类氧化镍矿的

化学成分如表3-3所示。

表3-3 两类氧化镍矿的化学成分 (%)

氧化镍矿	矿物特点	Ni	Co	Fe	MgO	SiO_2	Cr_2O_3	冶炼方法
硅镁镍矿型	低铁、高镁	1.5~3.0	0.02~0.1	10~25	15~35	30~50	1~2	火 法
	低 镁	1.5~2.0	0.02~0.1	25~40	5~15	10~30	1~2	湿法或火法
褐铁矿型	高铁、低镁	0.8~1.5	0.1~0.2	40~50	0.5~5.0	10~30	2~5	湿 法

由于氧化镍矿难选，目前以氧化镍矿生产的镍占镍产量的比重不大（只有约30%），但氧化镍矿（特别是红土矿）占镍储藏量的比例大，因此它是未来提镍的主要原料来源。

3.1.3 镍的生产方法

由于炼镍原料复杂，其处理工艺较多。镍的生产方法分为火法和湿法两大类。硫化镍矿的火法冶炼占硫化矿提镍的86%，其处理方法是先进行造锍熔炼制取镍锍（含铜镍锍或称低镍锍），然后对镍锍进行吹炼得到高镍锍，经磨浮分离获得高品位硫化镍精矿，经重熔、浇铸得到硫化镍阳极板，经电解获得纯镍，其工艺流程如图3-1所示。

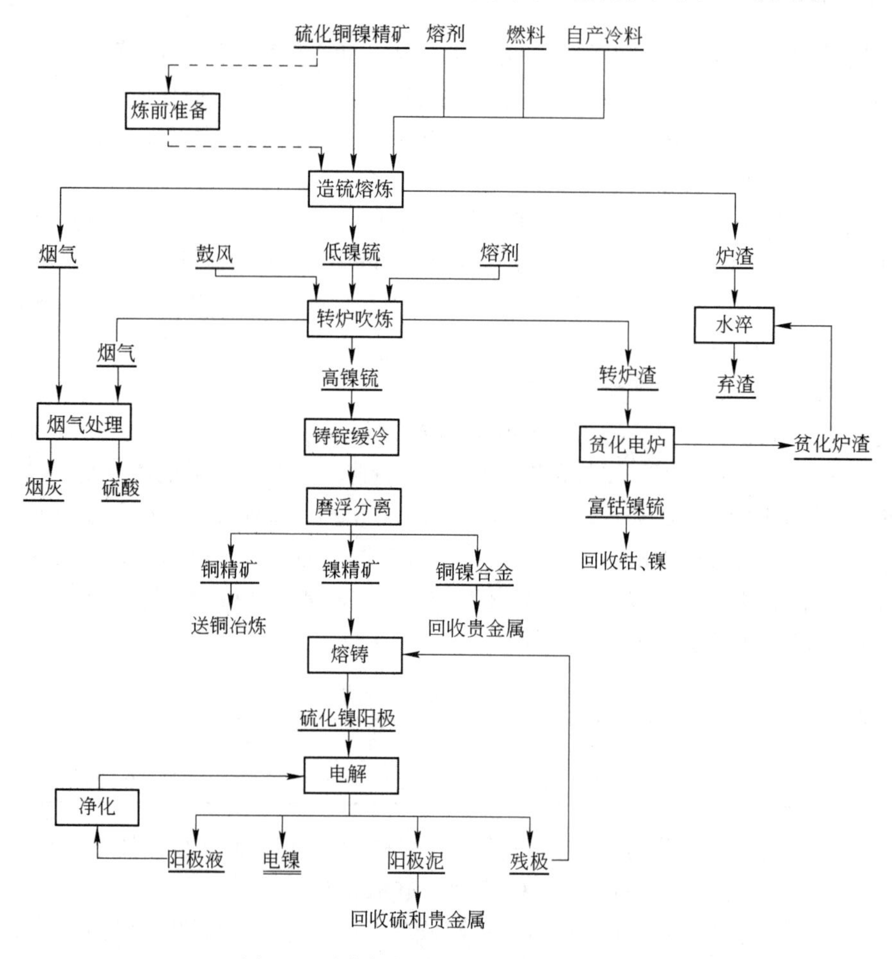

图3-1 硫化铜镍矿生产电镍的工艺流程

硫化镍矿的湿法冶炼占硫化矿提镍的14%，通常采用高压氨浸或硫酸化焙烧-常压酸浸两种流程处理。

氧化镍矿可选用火法或湿法冶炼工艺，见表3-3。氧化镍矿的火法冶炼基本上是以电炉还原熔炼生产镍铁为主，少数用鼓风炉进行还原硫化熔炼产出镍锍。氧化镍矿的湿法冶炼占氧化镍矿提镍的16%，通常采用还原焙烧-氨浸和加压酸浸的流程处理。

3.2 硫化镍精矿造锍熔炼

硫化镍精矿的火法冶炼工艺流程如图3-1所示，包括造锍熔炼、低镍锍吹炼、高镍锍处理、金属镍生产等主要过程。根据造锍熔炼方法的不同，可以将火法冶炼流程分为鼓风炉熔炼法、反射炉熔炼法、矿热电炉熔炼法、闪速炉熔炼法和熔池熔炼法。这些熔炼方法虽然采用的设备不同，但其实质都是将硫化镍精矿（或焙烧矿）与熔剂加热熔化，使炉料中的硫化铁进一步氧化成氧化铁，与其他杂质元素和炉料中的石英等熔剂结合为炉渣，炉料中的Ni_3S_2、Cu_2S和未氧化的FeS结合成低镍锍，与炉渣分离，钴、贵金属及其他少量杂质进入低镍锍。炉料中的硫氧化成二氧化硫进入烟气，经除尘净化后送往制酸工序。本节主要介绍闪速炉、鼓风炉和矿热电炉熔炼硫化镍精矿。

3.2.1 闪速炉熔炼

硫化镍矿闪速熔炼是将干燥的硫化镍精矿经过闪速炉熔炼产出低镍锍的过程，其原理和生产操作与前述硫化铜矿闪速熔炼极为相似。

3.2.1.1 硫化镍矿闪速熔炼的原理

闪速炉熔炼硫化镍精矿是将深度脱水的粉状精矿在加料喷嘴中与富氧空气混合后，以高速度（60~70m/s）从反应塔顶部喷入高温（1723~1823K）反应塔内，此时精矿颗粒受气体包围而处于悬浮状态，并在2~3s内基本完成了硫化物的分解、氧化和熔化过程。硫化物和氧化物的混合熔体落入反应塔底部的沉淀池中，继续完成造锍与造渣反应，熔锍与炉渣在沉淀池进行澄清分离，产出的低镍锍送转炉吹炼，熔渣流入贫化炉经进一步还原贫化处理后弃去，SO_2等气体进入烟气制酸。

A 反应塔内的主要反应

硫化镍精矿在反应塔内主要发生分解反应和氧化反应：

$$Fe_7S_8 = 7FeS + \frac{1}{2}S_2$$

$$2CuFeS_2 = Cu_2S + 2FeS + \frac{1}{2}S_2$$

$$3NiS \cdot FeS_2 = Ni_3S_2 + FeS + S_2$$

$$(Ni,Fe)_9S_8 = 2Ni_3S_2 + 3FeS + \frac{1}{2}S_2$$

$$3NiS = Ni_3S_2 + \frac{1}{2}S_2$$

$$FeS_2 = FeS + \frac{1}{2}S_2$$

$$S_2 + 2O_2 = 2SO_2$$

$$2CuFeS_2 + \frac{5}{2}O_2 = Cu_2S \cdot FeS + FeO + 2SO_2$$

$$3FeS_2 + 8O_2 = Fe_3O_4 + 6SO_2$$

$$2Fe_7S_8 + \frac{53}{2}O_2 = 7Fe_2O_3 + 16SO_2$$

$$2Cu_2S + 3O_2 = 2Cu_2O + 2SO_2$$

$$Ni_3S_2 + \frac{7}{2}O_2 = 3NiO + 2SO_2$$

$$2FeS + 3O_2 = 2FeO + 2SO_2$$

B　沉淀池内的主要反应

反应塔内的反应产物进入下方的沉淀池后，继续发生如下反应：

$$3Fe_3O_4 + FeS = 10FeO + SO_2$$

$$9NiO + 7FeS = 3Ni_3S_2 + 7FeO + SO_2$$

$$Cu_2O + FeS = Cu_2S + FeO$$

$$2FeO + SiO_2 = 2FeO \cdot SiO_2$$

反应生成的 Ni_3S_2、Cu_2S 和 FeS 等低价硫化物中的金属原子与硫原子均以共价键相结合，它们在熔融状态下互溶便形成了相应的镍锍（Ni_3S_2-Cu_2S-FeS）；FeO、Fe_3O_4 以及 SiO_2、CaO、MgO、Al_2O_3 等脉石氧化物则进入炉渣。

需要说明的是，Fe_3O_4 的熔点高（1870K）、密度大（约 5g/cm^3），使炉渣和镍锍不易分离，造成金属损失增加，且容易在炉底析出，使炉子的有效容积减小，处理能力降低。因此，在熔炼过程中应采取措施尽量减少 Fe_3O_4 的生成。

3.2.1.2　闪速熔炼镍锍的实践

A　工艺流程及设备

奥托昆普闪速炉熔炼镍锍的工艺主要包括炉料准备、闪速熔炼、余热回收、空气预热、炉渣处理、烟气处理等环节。图 3-2 所示为硫化镍精矿闪速炉熔炼的原则工艺流程。

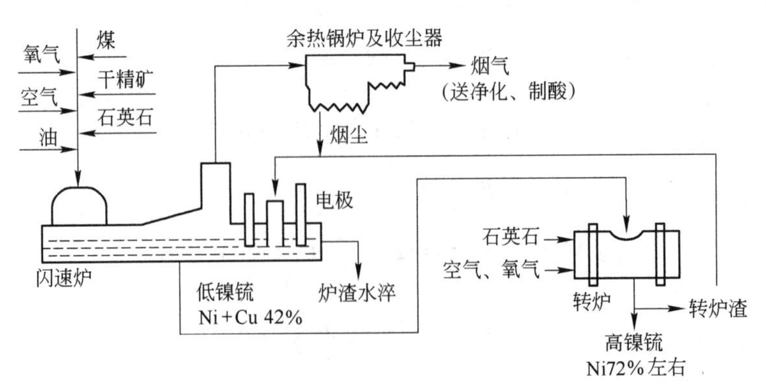

图 3-2　硫化镍精矿闪速炉熔炼的原则工艺流程

目前，国内外有5台奥托昆普型炼镍闪速炉在运转。炼镍闪速炉的结构与炼铜闪速炉基本相同，主要由反应塔、沉淀池、上升烟道和喷嘴等组成（见第2章），5家镍冶炼厂闪速炉的主要技术参数如表3-4所示。

表3-4 5家镍冶炼厂闪速炉的主要技术参数

参数	芬兰 哈贾伐尔塔厂	澳大利亚 卡尔古利厂	博茨瓦纳 皮克威厂	俄罗斯 诺里尔斯克厂	中国 金川公司
投产年代/年	1959	1973	1973	1981	1992
处理能力/$t \cdot d^{-1}$	960	1297	2880	1656	1200
镍年产量/t	16000	48000	19500		20000①
反应塔尺寸/m	$\phi_{内}=3.7$, $H=7.4$	$\phi_{内}=6.98$, $H=5.43$	$\phi_{内}=8.0$, $H=9.5$	$\phi_{内}=8.16$, $H=7.93$	$\phi_{内}=6.0$, $H=6.4$
沉淀池尺寸/m	$L=16.86$, $B=4.5$, $D=1.8$	$L=18.14$, $B=7.3$, $H=2.7$	$L=15.0$, $H=4.2$	$127m^2$	$L=12.2$, $B=7.04$, $D=1.3$
炉渣贫化区尺寸/m	分开，电炉贫化， $\phi_{内}=8.2$, $H=4.1$	$L=16.99$, $B=7.3$, $H=2.7$	分开， 2台电炉贫化	分开，1台电炉贫化，$120m^2$	$L=17.48$, $B=7.04$, $D=1.3$
变压器功率/kW	8000	6000+4500	2台，9000	1台，8000	2台，4000
制氧机能力/$m^3 \cdot h^{-1}$		2台，2700	6550 （O_2浓度98%）		2台，6500（O_2浓度90%~92%）； 1台，1400（O_2浓度98%）
反应塔风量/$m^3 \cdot h^{-1}$		72900		55000	27520
氧浓度/%	35	23.8	24	42~48	42
风温/℃	200	459	290		200
吨矿油耗/kg	137	70	70	90	
吨矿电耗/$kW \cdot h$	10	20	20	14	
吨矿总能耗/GJ	664	1325	1325		551

①指投产时的年产量。

采用闪速熔炼炉进行造锍熔炼的工厂，可将闪速熔炼炉与炉渣贫化电炉合为一体或分开设置，我国金川公司采用前一种。金川闪速炉带有电热贫化区，镍精矿通过气流干燥，采用低温富氧鼓风制度，生产过程采用计算机进行在线控制。主要金属的回收率为：Ni 97.16%，Cu 98.48%，Co 65.46%；S的回收率高于95%。

B 原料、熔剂及燃料

奥托昆普闪速炉的入炉物料一般包括从反应塔顶加入的干精矿、石英粉、烟灰以及从贫化区加入的返料、石英石、粉煤两部分。精矿需干燥至水分含量小于0.3%，当超过0.5%时，精矿在进入反应塔高温气氛时，由于水分迅速汽化形成水汽膜而将精矿颗粒包围，阻碍了硫化物氧化反应的迅速进行，结果造成生料落入沉淀池。

目前应用于镍精矿深度干燥的方法有回转窑干燥、喷雾干燥、流态化干燥和气流干燥四种。回转窑干燥精矿易结块和脱硫；矿浆直接进行喷雾干燥能耗高，喷头磨损严重；流态化干燥消耗大量天然气或轻油；气流干燥为负压下的低温快速干燥，精矿在干燥过程中脱硫少、能耗低，操作条件好，精矿在干燥的同时即被提升至闪速炉的炉顶料仓中，从而省去了精矿的提升运输设备。

将含水分8%～10%的硫化镍精矿经短窑（设粉煤燃烧室）、鼠笼打散机和气流管三段低温气流快速干燥，得到水分含量小于0.3%、小于0.074mm粒级所占比例大于80%的干精矿。干精矿的成分列于表3-5。

表3-5 干精矿的成分 （%）

元素	Ni	Cu	Co	S	Fe	SiO_2	MgO	CaO
含量	6.6～8.1	3.07～3.73	约0.20	27.2～28.5	38.5～41.1	7.1～8.6	约6.5	约1.0

混合烟尘（返料）的成分为：Ni 6.80%，Cu 3.14%，Co 0.21%，Fe 39.70%，S 3.3%，CaO 1.12%，MgO 6.86%，SiO_2 17.68%。混合烟尘中的硫含量比相应铜冶炼要低。

石英熔剂的成分为：SiO_2 95.65%，CaO 0.39%，MgO 0.26%，Fe 1.47%，H_2O 0.08%。在石英熔剂中，钙、镁以碳酸盐形式存在，铁以Fe_2O_3形式存在。石英熔剂的干燥与球磨同时进行，得到水分含量小于1%、小于0.246mm粒级所占比例大于90%的石英粉，用压缩空气送至闪速炉炉顶的石英料仓。

闪速炉常用燃料有重油、天然气、焦粉及粉煤等，各种燃料可单独使用，也可混合使用。当使用固体燃料时，需干燥至水分含量小于1%，磨细至小于0.074mm粒级所占比例大于90%。由于烟气用于制酸，对燃料的硫含量无特殊要求。

C 镍闪速熔炼的技术条件及其控制

闪速熔炼生产的目的是产出适当品位的镍锍、铁硅比合适的炉渣，并维持镍锍和炉渣具有合适的温度。

（1）合理配料。从反应塔顶加入的物料的配比及成分通过计算确定，现已由计算机来完成，并根据计算结果对入炉物料的比例自动进行调整，实现在线控制。当闪速炉入炉镍精矿处理量为50t/h时，反应塔入炉料的配比及成分如表3-6所示。

表3-6 镍精矿处理量为50t/h时合理的炉料配比及成分

物料		精矿	烟灰	石英
物料配比/t		100	15～16	18～20
化学成分/%	Ni	7.54～8.03	7.84～8.37	
	Cu	3.73～3.8	3.73～3.97	
	Co	0.2～0.21	0.23～0.24	
	Fe	38.59～38.86	39.00～39.80	1.08～1.17
	S	26.88～27.27	3.52～4.38	94.77～96.63
	SiO_2	8.22～8.57	17.12～18.19	0.22～0.23
	MgO	6.21～6.46	6.42～6.68	0.18～0.21
	CaO	1.02～1.03	39.00～39.80	

各种炉料被输送至炉顶的料仓分储，入炉前按设定的配比要求经料仓压力传感器或电

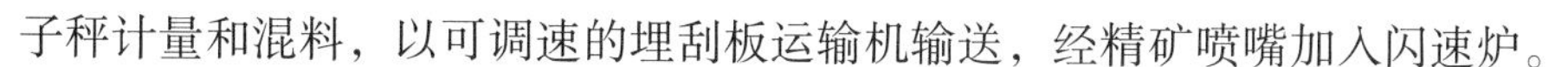

子秤计量和混料，以可调速的埋刮板运输机输送，经精矿喷嘴加入闪速炉。

（2）温度控制。镍锍和炉渣的温度与镍锍品位和炉渣成分有关。实际生产中，在精矿处理量一定的情况下，通过控制镍锍品位以及调整闪速炉的重油量、鼓风富氧浓度、鼓风温度等来控制镍锍温度为1423～1473K。

（3）风、油、氧的配入量。风、油、氧的配入量对闪速炉内的温度和镍锍品位起着决定性作用。金川闪速炉不同干精矿处理量的合理风、油、氧配入量如表3-7所示。

表3-7 金川闪速炉不同干精矿处理量的合理风、油、氧配入量

干精矿处理量/t	50	45	40	30
风量/$m^3 \cdot h^{-1}$	19000	19500	19000	20000
氧量/$m^3 \cdot h^{-1}$	9000	7900～8000	6000～7000	5000～6000
油量/$L \cdot h^{-1}$	500～600	650～700	700～750	1000～1200

注：镍锍中 $w(Ni)+w(Cu)=42\%\sim47\%$，镍锍温度1423～1473K。

在其他条件不变的情况下，鼓风富氧浓度越高，则镍锍温度越高；反之则越低。对于一定的镍锍温度，富氧浓度越高，则维持反应热平衡所需要的重油加入量越少。实际生产综合考虑炉内各区域的温度分布、炉壁挂渣、镍锍温度及余热锅炉的烟气热量情况，一般控制富氧浓度为42%，鼓风温度为473K。

3.2.1.3 镍造锍熔炼的产物

A 镍锍

镍造锍熔炼的本质就是通过熔炼过程，使铁和硫选择性氧化和造渣除去。从原则上来说，镍的熔炼与铜的熔炼没有太大差别，所得镍锍的性质与铜锍也大致相同。只是镍熔炼所得的锍主要由Ni_3S_2、Cu_2S和FeS组成（镍、铁、硫的总量为镍锍的80%～90%），其中含有少量CoS和贵金属等。与铜锍不太相同的是，镍锍的金属化程度（游离金属含量与总金属含量之比）高，熔点也较高。

一般铜镍锍中 $w(Ni)+w(Cu)$的值在45%～50%之间波动，也有的含铜小于1%。表3-8所示为某厂铜镍锍、炉渣及烟尘的成分。

表3-8 某厂铜镍锍、炉渣及烟尘的成分 （%）

熔炼产物	Ni	Cu	Co	Fe	S	SiO_2	MgO	CaO	Fe_3O_4	Fe/SiO_2
铜镍锍	30.88	17.16	0.535	22.96	24.33					
炉　渣	0.2	0.24	0.07	40.78	0.2	32.15	7.38	1.14	3	1.26
烟　尘	6.74	2.76	0.21	40.93	1.54	17.32	5.30	1.04	54.53	2.38

B 炉渣

硫化镍精矿造锍熔炼产出的炉渣与熔炼硫化铜精矿时产出的炉渣相似，均为铁橄榄石型炉渣，一般含Fe 30%～40%、SiO_2 30%～40%（见表3-8）。铜镍硫化精矿中的脉石除了SiO_2以外，还有钙和镁的碳酸盐，它们在高温下都发生分解反应，生成CaO、MgO并与SiO_2造渣。生产过程中通常控制炉渣中铁硅比$w(Fe)/w(SiO_2)=1.15\sim1.25$。

由于镍矿物原料往往含有较多的MgO，炉渣含MgO也较多。炉渣MgO含量低于10%时，对炉渣的性质影响不大；MgO含量超过14%时，炉渣的熔点会迅速升高，黏度增大；

然而，当 MgO 含量高于 22% 时，炉渣的电导率增大，并随炉渣中 MgO 含量升高和 FeO 含量降低，炉渣中有价金属的含量降低。

炉渣 CaO 含量为 3% ~8% 时，对炉渣的性质不产生重大影响；当 CaO 含量增大到 18% 左右时，炉渣的电导率增大 1 ~2 倍，炉渣的密度和黏度降低、熔点升高，但硫化物在渣中的溶解度降低。

炉渣的黏度受硅酸根离子存在形态和大小的影响，在一般情况下，碱性氧化物（如 MgO、CaO 等）能破坏硅酸根离子的网状结构，有降低炉渣黏度的作用。对于有色冶金炉渣，一般其黏度在 0.5Pa·s 以下时，炉渣的流动性好；若黏度超过 1Pa·s，则会明显影响炉渣与锍的分离和炉渣的排放。

对于闪速炉熔炼和电炉熔炼，炉渣的电导率对电炉贫化炉渣具有重要意义，一般黏度小的炉渣具有良好的导电性。

C 烟尘及烟气

由于闪速炉是采用干燥的粉状物料并用高压空气喷入反应塔，加上贫化区加块料时所带入的粉尘，因而烟尘产出率较高，一般约为入炉物料的 16%，烟尘的成分如表 3-8 所示。高温烟气中的烟尘有相当一部分处于熔融或半熔融状态，烟气（尘）流经上升烟道、余热锅炉进入排烟收尘系统时，有些会沉积在上升烟道侧壁和余热锅炉进口处，并逐渐堆积形成大块，影响炉子的正常操作。烟气因含 SO_2，在经余热锅炉、电收尘后送制酸系统。

D 镍在炉渣中的损失

镍在炉渣中的损失有两种形式，即机械夹杂和化学溶解（主要以 NiO 形态）。熔炼体系的氧势、镍锍品位、炉渣性质、熔炼温度以及操作方式，都会影响镍在炉渣中的损失。随熔炼炉内氧势的增加，炉渣中 $w(Fe^{2+})/w(Fe^{3+})$ 降低（Fe_3O_4 含量增大），镍的化学溶解损失量递增。因此，在造锍熔炼过程中，提高镍锍品位会导致镍的损失量增大。用炉渣贫化炉处理炉渣时，使用还原剂（如焦炭等）可降低镍的化学损失，提高镍的回收率。采用奥托昆普闪速熔炼炉的工厂，常使用电炉进行炉渣的贫化。博茨瓦纳 BCL 公司和芬兰奥托昆普公司的炉渣贫化过程是在单独的电炉中进行。澳大利亚西部镍矿公司和我国金川公司则将炉渣贫化和闪速炉熔炼合并在一个设备内进行，这样节约了能源并提高了生产率。

闪速熔炼中严格控制入炉的氧料比，能准确地控制部分 FeS 不被氧化，这部分残余的 FeS 便与 Ni_3S_2、Cu_2S 形成一定组成的镍锍。金川公司镍锍的典型成分为：Ni 31%，Cu 14%，Fe 28%，S 24%。可见，造锍熔炼是主金属镍和铜的火法富集过程。进入反应塔中的镍，有 5% ~7% 以 NiO 的形式进入沉淀池中，致使沉淀池中的渣含镍高达 0.8% ~1.2%。此外，在反应塔的高温和强氧化气氛中，钴的硫化物 Co_3S_4 中有 30% ~40% 的钴被氧化成 CoO 进入炉渣中，其余进入镍锍中。

闪速熔炼过程的化学反应与传统熔炼工艺没有本质的区别，只是通过熔炼设备和熔炼工艺的改进来改善硫化镍精矿与强氧化性气体之间的多相反应动力学条件，达到强化熔炼的目的。在闪速熔炼反应过程中，细颗粒物料悬浮于紊流的氧化性气流中，改善了气-液-固三相的传质条件，使化学反应快速进行；喷入的细粒干精矿具有很大的表面积（1kg 粒度为 0.074mm 的精矿具有 200m² 以上的表面积），氧化性气体与硫化物在高温下的反应速度将随接触面积的增大而显著提高；增加反应气相中的氧浓度，有助于炉料反应速度和氧化程度的提高，使精矿中更多的铁和硫氧化。由于反应速度快，单位时间放出的热量多，使燃料消耗降低，从而减少了因燃料燃烧带入的废气量，提高了烟气中 SO_2 的浓度，为烟气的综合利用创造了有利条件。

3.2.2 鼓风炉熔炼

硫化镍矿鼓风炉熔炼是最早的炼镍方法之一，其设备和生产操作与硫化铜矿的鼓风炉熔炼很相似，都是在竖式炉中进行。从炉子上部分批、分层地加入炉料，依靠上升的热气流加热炉料进行熔炼。随着生产规模的扩大、冶炼技术的进步以及环境保护要求的提高，这一方法已逐渐被淘汰。但由于鼓风炉熔炼具有投资少、建设周期短、操作简单、控制容易等特点，加之改进后的密闭鼓风炉采用密封炉顶、富氧鼓风等先进技术，使得这一传统的冶炼工艺在改善环境、降低能耗、烟气回收利用等方面得以不断完善，因而一些中小型企业至今仍将其作为首选工艺。我国金川镍矿和新疆喀拉通克铜镍矿曾分别于 20 世纪 60 年代和 80 年代采用鼓风炉进行熔炼，后被闪速炉和电炉所取代；而四川会理镍矿于 1960 年投产，采用鼓风炉熔炼镍矿约 40 年，后因资源枯竭等原因停产。

3.2.2.1 鼓风炉熔炼的原理

鼓风炉是一种竖式冶金炉，炉料（高品位块矿、烧结块或团矿、焦炭、熔剂、转炉渣等）从炉子上部分批、分层地加入炉内，空气由风口不间断地鼓入炉内，使固体燃料燃烧，热气流自下而上地通过料柱，进行炉气与炉料逆向运动和热交换，完成熔炼并分离出熔锍和炉渣。密闭鼓风炉熔炼时，精矿可以不烧结，经过混捏压制成团后即可送入鼓风炉。

硫化镍矿石或烧结块的鼓风炉熔炼属于典型的半自热熔炼。虽然硫化镍矿中 FeS 的氧化及氧化物的造渣属于放热反应，但仍需配入占炉料 9% ~14% 的焦炭，以补充炉子的热量。

硫化镍矿烧结块或块矿入炉后，随着料柱的下降，料温逐渐升高，炉料发生一系列物理化学变化，包括干燥、脱水、分解、氧化、熔化等，最终形成镍锍、炉渣及烟气（尘）。根据炉料在炉内向下运动过程中发生的物理化学变化，可以按炉子的高度将其分为预备区、焦点区和炉缸区。

A 预备区

预备区位于炉子的上部，其温度自上而下在 673 ~1273K 范围内变化，为氧化性气氛。在此区内，炉料首先进行干燥脱水，一部分高价硫化物发生分解反应；温度升高到 773 ~973K 时，由于大多数硫化物的着火温度（773K 左右）比焦炭的着火温度（873 ~1073K）低，因此固体硫化物优先发生氧化反应。

在预备区，FeS 氧化的主要产物是 Fe_3O_4，当其移动到下部与焦炭和未氧化的 FeS 接触时，又被还原为 FeO。在预备区的下部温度较高（1373 ~1473K），发生石灰石的分解反应，烧结块中易熔硅酸盐和硫化物开始熔化，形成初期炉渣和镍锍。其在向下流动的过程中进一步受热，并逐渐溶解其他难熔组分，成为最终炉渣和镍锍进入炉缸。镍锍的形成反应如下：

$$Cu_2O + FeS = Cu_2S + FeO$$

$$9NiO + 7FeS = 3Ni_3S_2 + 7FeO + SO_2$$

上述反应产生的 Ni_3S_2、Cu_2S 和 FeS 共溶形成镍锍，其中溶有少量的 Fe_3O_4 和贵金属。

FeO、CaO、MgO 等碱性氧化物与物料中的酸性氧化物 SiO_2 发生造渣反应，形成硅酸盐炉渣。

B 焦点区

焦点区位于风口水平以上约 1m 处，其温度在 1573～1673K 范围内，为强氧化性气氛。在此区内主要是进行焦炭的燃烧反应、FeS 的氧化造渣反应和 Fe_3O_4 的还原反应：

$$C + O_2 = CO_2$$

$$2FeS + 3O_2 + SiO_2 = (2FeO \cdot SiO_2) + 2SO_2$$

$$3Fe_3O_4 + FeS + 5SiO_2 = 5(2FeO \cdot SiO_2) + SO_2$$

同时产生大量的热量，供炉料熔炼所需。

在焦点区，炽热的焦炭在完全燃烧前始终呈固态，但 FeS 则呈液体状态迅速流过此区而进入炉缸，停留时间很短，只有少部分被氧化。

C 炉缸区

炉缸区位于焦点区下面，其温度在 1523～1573K 范围内。炉缸区主要是汇聚熔炼产物镍锍和炉渣并初步分层，如果熔体是连续放出的，则在前床分离炉渣和镍锍，而炉缸只是熔体进入前床的过道。

3.2.2.2 鼓风炉熔炼镍锍的实践

A 工艺流程及设备

鼓风炉熔炼镍锍的工艺主要包括炉料准备、鼓风熔炼、烟气处理、炉渣处理等环节。图 3-3 所示为硫化镍精矿鼓风炉熔炼的原则工艺流程。

鼓风炉按其结构特点可分为敞开式和密闭式，按照工艺要求又有设炉缸和不设炉缸而设前床之分。我国金川和会理曾经采用的鼓风炉均为敞开式，炉床面积分别为 10.3m^2 和 3.7m^2，金川鼓风炉设有炉缸，会理鼓风炉不设炉缸而设前床。前床即为炉外的“大炉缸”，在此进行低镍锍与炉渣的澄清分离、储存熔体以及缓冲前后生产工序的运行。前床一般设有低镍锍和炉渣放出口各一个。日本住友公司四阪岛冶炼厂采用的鼓风炉为密闭式，炉床面积为 9.5m^2，其炉型与铜熔炼密闭鼓风炉相同，可直接处理镍精矿。

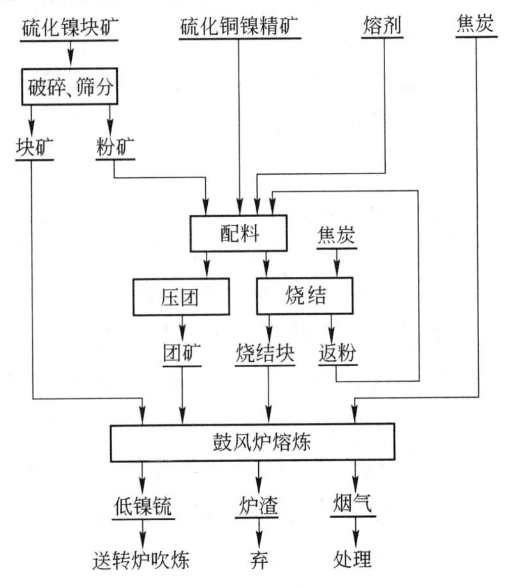

图 3-3 硫化镍精矿鼓风炉熔炼的原则工艺流程

B 炉料及产物

鼓风炉入炉的炉料有以下几种：

（1）含镍物料。国内鼓风炉大多处理品位较高的硫化铜镍块矿（如新疆喀拉通克镍矿）或烧结块（如四川会理镍矿），也有的以处理杂料和废料为主（如成都电冶厂的密闭鼓风炉）。含镍物料还包括一些回炉料，如块状转炉渣、包子壳等，而氧化镍矿也是鼓风炉的重要原料。

(2) 熔剂。常用的熔剂为石英石（SiO_2 含量大于 85%）和石灰石（CaO 含量大于 45%）两种。直接加入鼓风炉的熔剂粒度为 30 ~ 60mm，若配入烧结块，则粒度为 2 ~ 5mm。

(3) 燃料。鼓风炉熔炼的热量主要来自燃料燃烧、硫化铁的氧化及氧化亚铁的造渣反应热。因此，炉料中硫的含量越高，燃料的消耗越少。焦炭是鼓风炉熔炼通用的燃料。

在鼓风炉熔炼的实际生产中，主要控制床能力、焦率、脱硫率和回收率等主要技术经济指标。会理镍矿的主要矿物组成为磁黄铁矿、镍黄铁矿和黄铜矿等，脉石中有橄榄石、蛇纹石、辉石等，矿石成分复杂，主要特点是硫低、镁高。会理镍矿鼓风炉熔炼的炉料及产物成分见表 3-9，熔炼所产低镍锍含镍 11% ~12%，高镍锍含镍 47.6%，镍冶炼回收率为 90.15%。

表 3-9　会理镍矿鼓风炉熔炼的炉料及产物成分　(%)

炉料和产物	Ni	Cu	Fe	S	MgO	CaO	SiO_2
精　矿	4.31	1.49					
烧结块	4.10	1.48	33.40	11.28	9.54	3.78	19.00
团　矿	3.87	1.39	30.25	17.70	10.00	6.15	17.37
块　矿	1.93	0.96	25.74	12.66	17.33	5.29	19.75
低镍锍	12.00	4.87	52.90	24.90			
炉　渣	0.191		34.40		10.49	4.40	33.60
烟　尘	3.72	1.30	28.70	11.60	10.39	4.40	28.80

新疆喀拉通克镍矿是以黄铜矿、紫硫镍矿和镍黄铁矿为主的硫化铜镍矿，硫含量高，难熔脉石氧化镁和氧化钙含量低，矿石中铜的含量比镍高，其特富矿的成分如表 3-10 所示。

表 3-10　喀拉通克硫化铜镍特富矿的成分　(%)

组成	Ni	Cu	Co	Fe	S	SiO_2	MgO	CaO	Al_2O_3
含量	3.28	4.59	0.087	43.22	27.83	7.55	1.77	1.16	1.86

该矿于 1989 年采用鼓风炉-转炉生产流程，设有 $8m^2$ 的鼓风炉 1 台（有 $36m^2$ 前床），$\phi2.2m \times 3.66m$ 的 10t 转炉 3 台。特富块矿直接入鼓风炉，粉矿经堆烧后再入炉。转炉所产高镍锍经水淬后，送阜康冶炼厂采用湿法处理生产电镍。

3.2.3　电炉熔炼

电炉熔炼是利用电能通过熔融物料产生的高温进行熔炼的过程，可处理含难熔物质较多的原料，在镍冶金中被广泛用于低镍锍的生产。世界上一些著名的镍冶炼公司，如加拿大的鹰桥、汤普森，俄罗斯的北镍、贝辰加、诺里尔斯克，南非的瓦特瓦尔以及我国的金川、磐石等镍冶炼厂，都曾经或仍然采用矿热电炉处理镍精矿，生产低镍锍。

3.2.3.1　硫化镍矿电炉熔炼的原理

电炉熔炼实质上可分为两个过程，即热工过程（如电能转换、热能分布等）和冶炼过程（如炉料熔化、化学反应、锍与渣分离等）。电炉熔炼时，是将炉料加在熔池表面上，当电极从炉顶插入熔池渣层并通电后，电能便会转变为热能，熔池内的熔体因受热而产生对流运动，使炉料熔化、不断下沉，同时发生各种物理化学变化，形成镍锍、炉渣和烟气。电炉熔炼镍锍的原理与前述熔炼铜锍很相似。

A 热工过程

在插入炉渣的电极上通电后，由于炉渣电阻的作用，电能转变为热能。在电极附近电流密度大，加之电极与炉渣之间的气膜电阻也很大，因此电极附近会产生微弧放电并积蓄大量的热量，使电极附近炉渣温度很高（过热）、密度小，从而向上流动到熔体表面，与从炉顶加至熔池表面的炉料接触发生传热，使炉料熔化，形成的熔体温度低、密度大，容易下沉。因此，熔池中形成了电极周围炉渣的对流运动，进而不断地发生传热、熔化以及各种物理化学变化。

由于电炉是靠过热炉渣来加热炉料的，而炉料的熔化和反应过程则是在炉料内部进行，所以电炉炉气的温度较低，炉气不直接参与反应，熔池表面不发生显著的变化。

B 冶炼过程

电炉熔炼的脱硫率低（16% ~20%），在处理硫含量高的物料时，必须在熔炼前进行焙烧预脱硫；当精矿品位高、硫含量较低时，也可不经焙烧，直接入炉熔炼。硫化镍精矿的焙烧可采用流态化焙烧炉或回转窑，采用前者的工厂较多。焙烧过程的温度为 873 ~ 973K，主要反应是 FeS 氧化成 Fe_3O_4 和 SO_2。对含有镍黄铁矿或黄铜矿的精矿进行部分脱硫焙烧时，几乎没有或不生成 NiO 或 Cu_2O。

电炉熔炼过程中，当炉料被加热至 1273K 时，炉料中便发生硫化物、某些硫酸盐和碳酸盐等的热分解反应，生成比较简单而稳定的化合物。如果入炉物料是焙砂而不是精矿，则上述反应已在焙烧时完成。当炉料被加热到 1373 ~ 1573K 时，主要发生硫化物和氧化物之间的交互反应，反应产生的 Ni_3S_2、Cu_2S、FeS、CoS 等相互溶合的液态产物便是低镍锍，其中溶解有少量的 Fe_3O_4 及铜、镍、铁和贵金属。碱性氧化物（FeO、CaO、MgO 等）与酸性氧化物 SiO_2 发生造渣反应，生成 $m\text{MeO} \cdot n\text{SiO}_2$ 型的硅酸盐炉渣。而熔融状态的低镍锍与炉渣在熔池中因密度不同而分开。

3.2.3.2 电炉熔炼镍锍的实践

A 工艺流程及设备

电炉熔炼镍锍的工艺主要包括硫化镍精矿的焙烧脱硫、电炉熔炼、烟气处理、炉渣处理等环节。图 3-4 所示为硫化镍精矿电炉熔炼的原则工艺流程。

硫化镍矿的熔炼电炉一般采用矩形电炉，其由电炉本体和附属设备构成，炉体结构与炼铜矿热电炉相同（见第 2 章）。我国于 1968 年建成第一台 16500kW 的矿热电炉，此后又陆续建成 3 台。熔化硫化矿石和精矿的电炉可以看做是高温熔池，里面有两层熔体（见第 2 章），上面的炉渣层厚 1700 ~ 1900mm，下面的镍锍层厚 600 ~ 900mm。进入熔池中的固体物料以料堆的形式沉入渣层，形成料坡。电极插入渣层的深度为 300 ~ 500mm，电能通过炉内的 3 根或 6 根电极送入，有 40% ~80% 的热量产生于电极-炉渣接触面上，其余的热量则产生于处在电回路的渣层内。炉料靠以电能为主要来源的热量进行加热、熔化，继而完成造锍、造渣的反应。国内外硫化镍矿熔炼电炉的主要参数见表 3-11。

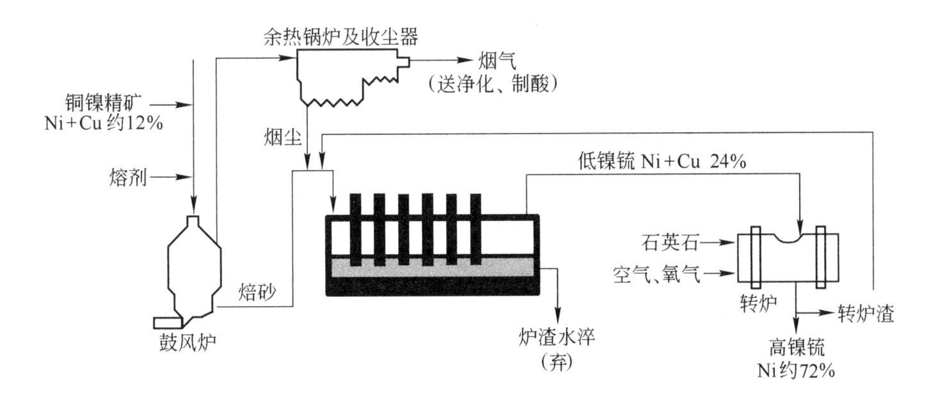

图 3-4 硫化镍精矿电炉熔炼的原则工艺流程

表 3-11 硫化镍矿熔炼电炉的主要参数

参 数	金川公司	贝辰加公司	北镍公司	诺里尔斯克公司	汤普森公司
炉膛内部尺寸(长×宽×高)/m×m×m	21.5×5.5×4.0	22.74×5.54×5.1	11.2×5.2×4.0	23.2×6.0×5.1	27.4×6.71×3.96
炉床面积/m^2	118.25	126	58	139	184
电极直径/m	1.0	1.1	1.2	1.2	1.22
电极中心距/m	3.0	3.2	3.0	3.2	3.76
电极数目/根	6	6	3	6	6
电炉变压器数目/个	3	3	1	3	3
变压器容量(总容量)/kW	5500(16500)	16667(50000)	30000(30000)	15000(45000)	6000(18000)
变压器低压侧线电压/V	304~470	475~800	390~550	551~743	160~300
功率强度/kW·m^{-2}	140	396	517	324	98
电炉操作功率/kW		40000	27000	40000	12000~15000
熔池深度/m	2100	2700	2500	2700	
镍锍深度/m	600~900	600~800	600~800	600~900	600~750
放锍口个数/个	3	4	3	4	3
放渣口个数/个	3	4	2	4	1
每吨炉料电能消耗/kW·h	600	740	780~815	525~625	400~430
每吨炉料电极消耗/kg	5.7~7.8	4.1	2.9	2.8~3.4	1.73

矿热电炉用于镍冶金，主要优点为：熔池温度易调节，热效率高；对物料适应性强，特别适于处理某些难熔物料，块矿、干精矿、团矿、烧结矿、焙砂等均可入炉；炉渣与低镍锍分离条件好，金属实收率高。其主要缺点为：能耗大，所产烟气中 SO_2 浓度低（通常在0.5%～1.0%），难以处理。

B 炉料及产物

加入电炉的物料主要是精矿和焙砂，其次是烟尘、返回炉料及液体转炉渣、熔剂和碳质还原剂等。对物料的要求是水分含量应控制在3%以下，粒度均匀，以不超过30mm为宜。

电炉熔炼硫化铜镍精矿时，其产品有低镍锍、炉渣、烟气和烟尘。低镍锍送至转炉工序进一步富集；炉渣中因有价金属含量低而废弃；烟气经收尘、制酸后排入大气，所收得的烟尘则返回电炉熔炼。低镍锍主要由 Ni_3S_2、Cu_2S 及 FeS 所组成，其中含有部分 CoS 和一些游离金属及其合金。

低镍锍与炉渣的密度差越大，则两者分离得越彻底，而低镍锍的密度又取决于组成低镍锍的各种硫化物的含量。硫化物 Ni_3S_2、Cu_2S 及 FeS 的密度分别为 5.3g/cm^3、5.7g/cm^3 和 4.6g/cm^3，低镍锍品位越低，即 FeS 含量越高，则低镍锍的密度越小。固体低镍锍的密度一般为 4.6 ~ 5.0g/cm^3，熔融时密度稍小；炉渣的密度一般为 3 ~ 4g/cm^3。

电炉熔炼硫化铜镍矿石和精矿所得的低镍锍镍含量一般在 7% ~ 18%。各厂采用电炉熔炼产出的低镍锍成分实例见表 3-12。

表 3-12 电炉熔炼产出的低镍锍成分实例 (%)

成　分	金川公司	贝辰加公司	北镍公司	诺里尔斯克公司	汤普森公司
Ni	12 ~ 18	7 ~ 13	7 ~ 13	12 ~ 16	15 ~ 17
Cu	6 ~ 9	4.5 ~ 11	4.5 ~ 11	9 ~ 12	2
Co	0.4	0.3 ~ 0.5	0.3 ~ 0.5	0.4 ~ 0.55	—
Fe	46 ~ 50	50 ~ 54	50 ~ 53	47 ~ 49	48 ~ 50
S	24 ~ 27	25 ~ 27	25 ~ 27	22 ~ 26	25 ~ 27

低镍锍的产率取决于入炉物料的硫含量和电炉熔炼过程的脱硫率。入炉物料的硫含量越高，低镍锍的产率就越大，其中的有价金属含量（低镍锍品位）越低。因此，电炉熔炼的脱硫率越高，低镍锍的产率就越小，其中的有价金属含量越高。

矿热电炉熔炼的炉渣成分决定着炉渣的熔点、黏度、密度、电导率等重要性质。炉渣的性质好坏又对生产指标（如渣中镍含量、电单耗、生产能力等）产生直接影响，同时炉子渣温控制、供电制度及加料制度的制订都取决于炉渣的性质。因此，选择好渣型、控制合理的炉渣成分对于有效控制电炉熔炼生产极为重要。

电炉熔炼产出的炉渣主要由 SiO_2、FeO、MgO、CaO 和 Al_2O_3 5 个主要成分构成，它们的总和占炉渣总量的 97% ~ 98%；此外，还含有少量 Fe_3O_4、铁酸盐、金属氧化物和硫化物。通常电炉熔炼所产炉渣中有价金属的含量为：Ni 0.07% ~ 0.25%，Cu 0.05% ~ 0.10%，Co 0.025% ~ 0.1%，炉渣成分实例见表 3-13。

表 3-13 电炉熔炼产出的炉渣成分实例 (%)

成　分	金川公司	贝辰加公司	北镍公司	诺里尔斯克公司	汤普森公司
Ni	0.14 ~ 0.18	0.08 ~ 0.11	0.07 ~ 0.09	0.09 ~ 0.11	0.17
Cu	0.1	0.05 ~ 0.10	0.06 ~ 0.09	0.05 ~ 0.10	0.01
Co	0.06	0.03 ~ 0.04	0.025	0.03 ~ 0.04	0.06
FeO	30	28 ~ 32	24 ~ 26	28 ~ 32	47 ~ 50
SiO_2	41	41 ~ 43	43 ~ 45	41 ~ 43	35 ~ 46
MgO	16 ~ 19	12 ~ 25	18 ~ 22	12 ~ 24	5
CaO	3	3 ~ 5	2.5 ~ 4	6 ~ 8	4
Al_2O_3		8 ~ 10	5 ~ 7	8.5 ~ 12	6

3.3 镍锍吹炼

通过闪速炉、鼓风炉、电炉等冶炼设备进行造锍熔炼产出的低镍锍，因为其成分不能满足精炼工序的处理要求，所以必须对低镍锍做进一步提纯处理。

低镍锍的吹炼是将低镍锍放在转炉内，鼓入空气，加入适量的石英熔剂，使低镍锍中的 FeS 和其他杂质氧化后与石英造渣，部分硫和其他一些挥发性杂质氧化后随烟气排出，从而得到有价金属含量较高的高镍锍（主要由 Ni_3S_2 和 Cu_2S 组成）和有价金属含量较低的转炉渣，它们由于各自的密度不同而进行分层，密度小的转炉渣浮于上层被排除。高镍锍中的镍和铜大部分仍然以硫化物的形态存在，小部分则以合金形态存在，而贵金属和部分钴也进入高镍锍中。

3.3.1 镍锍吹炼的原理

转炉吹炼是一个强烈的自热过程，所需要的热量全部由吹炼低镍锍过程中铁、硫及其他杂质发生氧化反应和造渣反应放出的热量来提供。

低镍锍吹炼与铜锍吹炼的不同之处在于，低镍锍的吹炼只有造渣期，没有造金属镍期。低镍锍的主要成分为 FeS、Ni_3S_2、Cu_2S、PbS、ZnS、CoS 及 Fe_3O_4 等，如果以 Me、MeS 和 MeO 分别代表金属、金属硫化物和金属氧化物，则在 1523K 的吹炼温度下，硫化物一般发生下列氧化反应：

$$MeS + \frac{3}{2}O_2 \xlongequal{} MeO + SO_2 \qquad (1)$$

$$MeS + O_2 \xlongequal{} Me + SO_2 \qquad (2)$$

若按式（2）进行吹炼镍锍，产出金属镍需要 1923K 的高温，然而一般的卧式转炉采用空气吹炼难以达到如此高的温度，即式（2）不能顺利进行，因此式（1）便成为低镍锍吹炼的主要反应。

在铜、镍、钴、铁等几种金属中，与氧的亲和力从大到小依次为铁、钴、镍、铜，而与硫的亲和力顺序恰好相反。因此，在吹炼过程中铁最易被氧化造渣除去，而铜最难氧化。在铁被氧化造渣除去以后，接着就是钴被氧化，但因镍锍中钴的含量少，在钴氧化除去的同时镍也开始氧化造渣。为了避免钴、镍被氧化造渣，需要在铁还没有被完全氧化造渣除去之前就结束吹炼作业。

3.3.1.1 铁的氧化造渣

在转炉中鼓入空气时，首先是低镍锍中的 FeS 发生氧化反应生成 FeO：

$$FeS + \frac{3}{2}O_2 \xlongequal{} FeO + SO_2$$

生成的 FeO 与吹炼过程中加入的石英熔剂发生造渣反应：

$$2FeO + SiO_2 \xlongequal{} 2FeO \cdot SiO_2$$

$$2FeS + 3O_2 + SiO_2 \xlongequal{} 2FeO \cdot SiO_2 + 2SO_2$$

由于渣的密度较小而浮于熔体表面，继而被分离除去。

3.3.1.2 镍的富集

在大部分铁被氧化造渣的吹炼后期，当镍锍中铁含量降低到8%时，镍锍中的Ni_3S_2开始剧烈地氧化和造渣。因此，实际生产中为降低渣中镍含量，在镍锍吹炼至铁含量不低于20%时便进行放渣，并接收新的一批低镍锍。如此反复进行，直至炉内具有足够数量的富镍锍时，进行筛炉操作，即将富镍锍进一步吹炼到铁含量为2%～4%时，放渣出炉，产出镍含量为45%～50%的高镍锍。

吹炼过程中，在风口附近虽然有部分镍被氧化成氧化镍：

$$Ni_3S_2 + \frac{7}{2}O_2 = 3NiO + 2SO_2$$

但因转炉内熔体中有大量FeS存在，所生成的氧化镍又被硫化：

$$9NiO + 7FeS = 3Ni_3S_2 + 7FeO + SO_2$$

所以，只要熔体中还保留有一定量的FeS存在，镍应主要以Ni_3S_2的形态存在于高镍锍中，而氧化进入渣中的量很少。

借鉴于炼钢工业的氧气顶吹转炉，1973年加拿大国际镍公司的铜崖冶炼厂开创了采用氧气顶吹、在高温下吹炼高镍锍产出金属镍的先例，将镍锍吹炼成含硫0.2%～4%的粗镍铜合金。镍锍采用氧气吹炼成粗镍的主要化学反应为：

$$FeS + \frac{3}{2}O_2 = FeO + SO_2$$

$$3FeS + 5O_2 = Fe_3O_4 + 3SO_2$$

$$2FeO + SiO_2 = 2FeO \cdot SiO_2$$

$$Ni_3S_2 + 2O_2 = 3Ni + 2SO_2$$

$$Ni_3S_2 + \frac{7}{2}O_2 = 3NiO + 2SO_2$$

$$Ni_3S_2 + 4NiO = 7Ni + 2SO_2$$

3.3.1.3 铜的富集

由于铜的硫化物比镍的硫化物更稳定而不易被氧化，而且低镍锍中铜含量一般比镍含量低，因此在吹炼过程中，大部分的铜仍以Cu_2S形态保留在高镍锍中，只有小部分Cu_2S被氧化为Cu_2O，继而又与未被氧化的FeS和Cu_2S发生反应，生成Cu_2S和少量金属铜：

$$Cu_2S + \frac{3}{2}O_2 = Cu_2O + SO_2$$

$$Cu_2O + FeS = Cu_2S + FeO$$

$$2Cu_2O + Cu_2S = 6Cu + SO_2$$

由于铜与硫的亲和力大于镍，产生的金属铜可以还原镍锍中的Ni_3S_2：

$$4Cu + Ni_3S_2 = 3Ni + 2Cu_2S$$

生成的金属镍与金属铜互溶形成合金后便进入高镍锍中，这就产生了金属化高镍锍。

3.3.1.4 其他次要元素的富集和去除

A 钴

当低镍锍吹炼至铁含量降至15%左右时，钴在镍锍中的含量最高，此时的钴得到最大程度的富集；镍锍中铁含量进一步降低时，CoS便开始氧化；镍锍中铁含量降低至10%以下时，钴开始剧烈氧化并进入渣中。实际生产中为防止钴的氧化损失，在吹炼前期控制镍锍铁含量不低于15%。经过加入几批低镍锍吹炼后，待转炉内具有足够数量的富镍锍时，再将富镍锍继续吹炼至铁含量为2%～4%，这样可以减少钴在渣中的损失。所以，钴在镍锍和渣中的分配主要取决于镍锍中铁的含量。

B 硫

吹炼的过程中，低镍锍中与金属结合为化合物的硫也被氧化，生成SO_2气体随烟气排出，经净化后送去制酸。低镍锍中的硫含量在27%左右，而吹炼后高镍锍中的硫含量在21%～22%之间。

C 金、银及铂族

在低镍锍中，一部分金、银以AuS或AuSe、AuTe的形式存在，铂族金属以Pt_2S的形式存在。由于贵金属稳定性好，在吹炼过程中大部分进入高镍锍中。

3.3.2 镍锍吹炼的实践

在镍的火法冶金生产中，用转炉吹炼是提高镍锍品位、生产高镍锍的主要方法。转炉吹炼法工艺简单，具有高效、低耗、易操作的优点，被长期应用于镍的火法冶金。

低镍锍的吹炼一般采用卧式转炉，其结构与铜锍吹炼所采用的转炉相同（见第2章）。卧式转炉由炉基、炉体、送风系统、排烟系统、传动系统及加料（石英、冷料）系统等组成。国内外一些镍冶炼厂卧式转炉的主要技术参数实例列于表3-14。

表3-14 国内外一些镍冶炼厂卧式转炉的主要技术参数实例

参 数	金川公司	鹰桥镍冶炼厂	北镍公司	诺里尔斯克公司	汤普森公司
转炉尺寸/m×m	7.7×3.66	9.75×3.96	6.1×3.6	8.5×4.0	10.67×3.96
风口数/个	32	52	28	48	36
风口直径/mm	38		38	50	41
石英消耗/$t\cdot t^{-1}$	0.85	1.04	1.2	2～2.2	1.44
作业时间/h	12		34	25～28	25.7
鼓风量/$m^3\cdot min^{-1}$	330	500			400～600
操作温度/K	1493～1523	1523		1523～1743	
高镍锍产量/$t\cdot h^{-1}$	3.5	2.2	1.2～1.5	1.3～1.5	6.35

转炉吹炼所得的高镍锍产品中，通常$w(Ni)+w(Cu)$达到75%左右，硫含量一般控制在21%～24%，铁含量为1%～4%。国内外一些镍冶炼厂的镍锍成分及炉渣成分列于表3-15中。

表3-15　国内外一些镍冶炼厂的镍锍成分及炉渣成分　(%)

吹炼产物及成分		金川公司	鹰桥镍冶炼厂	北镍公司	诺里尔斯克公司	汤普森公司
低镍锍	Ni	30.88	8.5	7~13	12~16	15~17
	Cu	17.16	5	11~45	9~12	1
	Fe	22.96	48~53	50~53	47~49	48~50
	Co	0.54	0.78	0.3~0.5	0.4~0.5	
	S	24.33	24~26	25~27	22~26	25
高镍锍	Ni	51.08	52	42	49	73~75
	Cu	23.48	24	33	26~28	2.6
	Fe	2.05	1	2~4	2~3	0.6~1
	Co	0.94	1	0.6	0.5	0.6
	S	21.95	21.5	22	18	19~21
转炉渣	Ni	0.5~1.5	1.0	1.5	1.05	1.2~3
	Cu	0.5~0.7	0.8	1.3	0.85	0.15~0.2
	Fe	51~54	46~49	66	66	50
	Co	0.3~0.5		0.26	0.17	
	S	1.2				
	SiO_2	24~26	24.3	26	20	20~26

从镍精矿至产出高镍锍的金属回收率分别为：Ni 92.6%，Cu 93.2%，Co 55.1%。

将高镍锍吹炼成金属镍最大的困难是，不可避免地要生成熔点高于2173K的NiO，而且随着熔体中硫的活度下降，生成NiO的速度大于NiO被硫还原的速度，NiO积累得越来越多，故一般只能在氧气顶吹转炉中才能实现将高镍锍吹炼成金属镍。这种炉子的结构和工作原理与铜冶炼中的卡尔多转炉（见第2章）相同。

加拿大国际镍公司铜崖冶炼厂的氧气顶吹转炉吹炼操作为每炉次作业制。先将镍锍熔体注入炉内，然后使炉子旋转，将氧枪插入炉内送氧吹炼。在吹炼过程中，镍锍中的FeS氧化成FeO和SO_2，FeO与石英熔剂造渣。炉渣造好后，抽出氧枪，移开烟罩，炉子绕短轴旋转将炉渣倒入渣包，再加入新的镍锍继续吹炼。如此反复，直至炉内的高镍锍体积达到要求为止。如果要吹炼至粗镍产品，则在吹炼成高镍锍后继续送氧吹炼，使Ni_3S_2转变为金属镍。铜崖冶炼厂氧气顶吹转炉的生产能力为50t/炉，入炉镍锍成分为Ni 62%、Cu 14%、Fe 2%、S 20%，产出的粗镍铜合金成分为Ni 65%~70%、Cu 15%、Fe 1%、S 4%~5%，作为羰基法生产纯镍的原料。

印度尼西亚的梭罗阿科冶炼厂则用氧气顶吹转炉把低镍锍吹炼成高镍锍。该厂氧气顶吹转炉的生产能力为150t/炉，入炉镍锍成分为Ni 32%、Fe 57%、S 10%，产出的高镍锍成分为Ni 79%、Cu 0.5%、S 19.5%，炉渣成分为Ni 2%~3%、Fe 50%~60%、SiO_2 24%。

3.4　高镍锍处理

吹炼产出的高镍锍主要为镍、铜硫化物的混合物，并含有少量的铜镍合金。因此，需要对高镍锍进行镍铜分离，以利于下一步工序分别提取镍和铜。目前工业上通常采用的镍铜分离方法有高镍锍磨浮分离法和高镍锍选择性浸出法。

3.4.1 高镍锍磨浮分离法

磨浮分离法是用选矿方法，从高镍锍熔体铸锭缓冷生成的晶粒中分离硫化铜、硫化镍和镍铜合金的过程，为高镍锍处理方法之一。其实质是利用高镍锍熔体在铸锭缓慢冷却时各组分相互溶解度的差异，分别生成具有不同化学成分的硫化镍和硫化铜晶粒以及存在于这些晶粒间的 Cu-Ni 合金相，用磁选方法选出磁性铜镍合金，再用浮选方法分离出硫化镍精矿和硫化铜精矿。这种方法是 20 世纪 40 年代才发展起来的一种高镍锍的镍铜分离工艺。其由于成本低、效率高，一经问世就备受青睐，并发展成为迄今为止最重要的高镍锍中镍铜分离方法。

3.4.1.1 高镍锍缓冷、磨浮分离的理论依据

如硫含量不足以使全部金属形成硫化物的高镍锍（Ni 50%、Cu 30%、S 20%），则高镍锍可以用 $Cu\text{-}Cu_2S\text{-}Ni_3S_2\text{-}Ni$ 四元系来表示。在该体系中，Cu-Ni 二元系的熔体和固体都能形成溶液，即 Cu、Ni 可组成固溶体，而 $Ni\text{-}Ni_3S_2$ 和 $Cu\text{-}Cu_2S$ 二元系没有固溶体或只有较小的固溶区；在 $Cu_2S\text{-}Ni_3S_2$ 二元系中存在 Cu-Ni-S 三元共晶系，其最低共晶温度为 848K，在共晶点，镍在 Cu_2S 中的溶解度小于 0.5%，铜在 Ni_3S_2 中的溶解度约为 6%。因此，当熔体缓慢冷却时，将会从体系中先后析出 Cu_2S、Ni_3S_2 和 Cu-Ni 合金。

当熔体从转炉温度（1623K）缓冷至 1200K 时，Cu_2S 开始析出，此后随着温度下降，从液相中析出的 Cu_2S 逐渐增多，Cu_2S 晶粒逐渐长大；在 993K 时，Cu_2S 在 Ni_3S_2 中的溶解度降到 6% ~7% 以下后，Ni_3S_2 也开始以晶粒形式析出；在 848K 时，三元共晶液相完全转化成固相；固体温度降低到约 793K 时，Ni_3S_2 完成结构转化，由 β 型变成 β′型（低温型），析出一些 Cu_2S 和 Cu-Ni 合金相，铜在 β′型 Ni_3S_2 基体中的溶解度下降至 2.5%，793K 又称为三元类共晶点；温度继续下降时，Ni_3S_2 相中不断析出 Cu_2S 和 Cu-Ni 合金相，直至 644K 为止，此时 Ni_3S_2 相中铜的溶解度小于 0.5%，在此温度下将不再有明显的析出现象发生，共晶生成的微粒晶体完全消失。这样，冷却后的高镍锍便形成了可分离的硫化铜、硫化镍和铜镍合金三种成分。其中，Cu-Ni 合金相吸收了高镍锍中几乎全部的金和铂族金属，而银则富集在 Cu_2S 相中。

缓冷的目的是使高镍锍中的物相发生分离，并促进晶粒长大。因此，控制 1200 ~644K 间的冷却速度十分重要，特别是控制 848 ~793K 间的冷却速度，有利于 Cu_2S 和 Cu-Ni 合金相从固体 Ni_3S_2 基体中析出，并与已存在的 Cu_2S 和 Cu-Ni 合金相晶粒结合。若冷却速度过快，则 Ni_3S_2 基体中存在的 Cu_2S 和 Cu-Ni 合金相的晶粒极细，不利于选矿分离。

3.4.1.2 高镍锍缓冷、磨浮分离的实践

磨浮分离法包括高镍锍铸锭缓冷和磁选、浮选分离两个主要过程，其工艺流程如图 3-5所示。将转炉吹炼产出的高镍锍熔体注入 8 ~20t 的保温模（坑）内，缓冷 72h，以使其中的 Cu_2S 相、Ni_3S_2 相和 Cu-Ni 合金相分别结晶，以利于下一步进行相互分离。冷却后的高镍锍先经过破碎、磨细，然后进行磁选获得 Cu-Ni 合金（也称为一次合金），再经浮选获得硫化镍精矿和硫化铜精矿。硫化铜精矿送铜冶炼系统处理；硫化镍精矿（或称二次镍精矿）经反射炉熔炼，浇铸成硫化镍阳极板，电解生产纯镍（电镍）；铜镍合金用于回

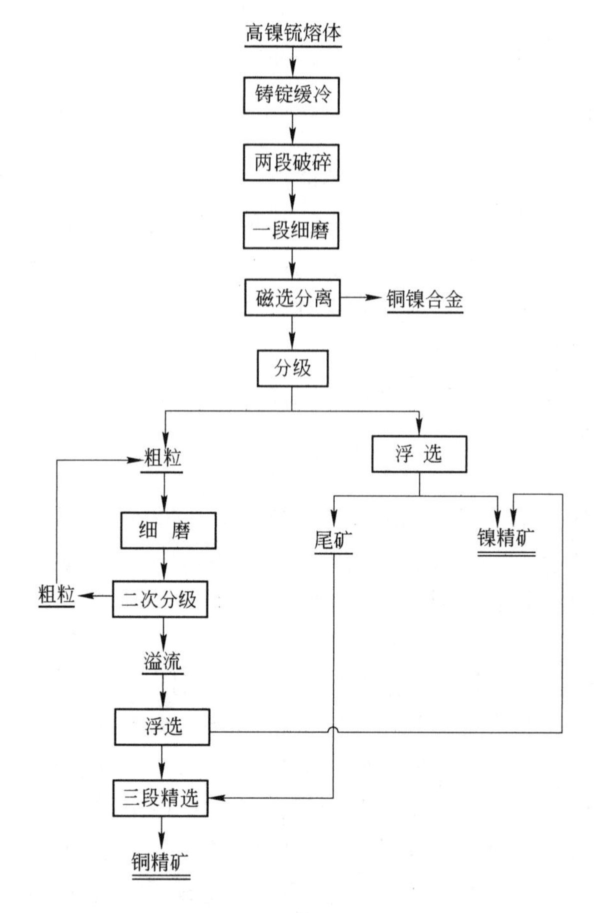

图 3-5 高镍锍磨浮分离法工艺流程

收贵金属。我国某厂高镍锍磨浮分离产品的成分见表 3-16。

表 3-16 我国某厂高镍锍磨浮分离产品的成分

磨浮产品	成分/%							成分/g·t^{-1}		
	Ni	Cu	Co	Fe	S	Pb	Zn	Au	Ag	Pt 族
硫化镍精矿	59 ~ 65	2.3 ~ 3.5	0.75 ~ 0.98	3.6 ~ 7.8	~ 21	0.0012 ~ 0.0033	0.016 ~ 0.025	4.4 ~ 7.5	18.75 ~ 58.20	5.3 ~ 23.0
硫化铜精矿	3.2 ~ 3.5	69 ~ 70		4 ~ 4.5	~21	—	—	—	—	—
铜镍合金	69 ~ 70	16 ~ 18		7 ~ 8	4 ~ 5	—	—	8.5 ~ 13.6	34.2 ~ 111.7	9.8 ~ 41.4

由于一次合金中贵金属品位较低，需在一次合金中配入含硫物料进行硫化熔炼和吹炼，使贵金属进一步富集在二次高镍锍的 Cu-Ni 合金（二次合金）中，以利于从二次合金中分离提取贵金属。

3.4.2 高镍锍选择性浸出法

高镍锍经磨浮分离后进行硫化镍阳极电解精炼，流程比较繁琐，故自 20 世纪 60 年代初，国内外同步致力于从高镍锍中湿法提取镍。目前国外工业化的三类方法为芬兰奥托昆普公司的硫酸选择性浸出-黑镍除钴-电解沉积（或氢还原）法、加拿大舍利特·高尔登公司的氨浸-氢还原法以及加拿大鹰桥公司的氯化浸出-电解沉积（或氢还原）法。

3.4.2.1 高镍锍硫酸选择性浸出提取镍

A 高镍锍硫酸浸出的原理

奥托昆普公司的哈贾伐尔塔镍精炼厂是最先采用硫酸选择性浸出法的工厂，目前南非的吕斯腾堡镍精炼厂，津巴布韦的宾都拉冶炼厂，俄罗斯的诺里尔斯克联合企业和北方镍公司，我国的新疆阜康冶炼厂、吉林镍业公司及金川集团公司等都采用此工艺。

金属化高镍锍主要由 Cu-Ni 合金、Ni_3S_2 和 Cu_2S 三相组成，其化学成分如表 3-17 所示。

表 3-17 金属化高镍锍的化学成分 （%）

厂　别	Ni	Cu	S	Fe	Co
芬兰哈贾伐尔塔镍精炼厂	60 ~ 65	22 ~ 25	6 ~ 7	~0.5	0.7 ~ 1.0
津巴布韦宾都拉冶炼厂	69 ~ 72	19 ~ 30	5.5 ~ 6.5	0.3 ~ 0.4	0.3 ~ 0.9
中国阜康冶炼厂	31.9	48.5	16.0	0.33	0.105

哈贾伐尔塔镍精炼厂的高镍锍中金属相占 66%，Ni_3S_2 占 18%，Cu_2S 占 15%，杂质约占 1%。经磨矿后，物料粒度一般为 90% 小于 0.074mm。

硫酸选择性浸出工艺由若干段常压和加压逆流浸出组成，用于最初加压浸出的溶液为镍电解（电积）阳极液。在常压浸出阶段，高镍锍金属相中的镍能全部溶解，而 Ni_3S_2 相中的镍只能溶解 1/3，Cu_2S 相中的镍基本不溶解，主要反应如下：

$$Ni + H_2SO_4 = NiSO_4 + H_2$$

$$Ni + H_2SO_4 + \frac{1}{2}O_2 = NiSO_4 + H_2O$$

合金相中的钴能发生上述类似反应而溶解：

$$Co + H_2SO_4 + \frac{1}{2}O_2 = CoSO_4 + H_2O$$

金属相中的铜发生氧化反应，生成硫酸铜进入浸出液，Cu^{2+} 又进一步作为氧化剂，氧化、溶解合金中的镍、钴。在有氧存在时，Ni_3S_2 相与 Cu^{2+}、H_2SO_4 发生下列反应：

$$Cu + H_2SO_4 + \frac{1}{2}O_2 = CuSO_4 + H_2O$$

$$Ni + CuSO_4 = Cu + NiSO_4$$

$$Co + CuSO_4 = Cu + CoSO_4$$

$$Ni_3S_2 + 2Cu^{2+} = 2NiS_{(s)} + Ni^{2+} + 2Cu^{+}$$

$$Ni_3S_2 + H_2SO_4 + \frac{1}{2}O_2 = 2NiS_{(s)} + NiSO_4 + H_2O$$

使 Ni_3S_2 相中的镍有 1/3 被溶解。在第一段常压浸出中，当溶液 $pH > 3.9$ 时，溶液中的

Cu^{2+}将生成碱式硫酸铜沉淀，合金相中的铁也能溶解；当溶液 pH >2 时，水解生成针铁矿沉淀，贵金属不溶解而留在浸出渣中。

哈贾伐尔塔镍精炼厂的常压浸出为三段逆流，温度为363K；加压一段浸出，温度为473K，压力为1.96MPa。镍、钴的浸出率分别为98%和97%。第一段常压浸出液为成品液，其中镍离子浓度为80~100g/L，而铜、铁等杂质离子的浓度均低于0.01g/L。

我国阜康冶炼厂以喀拉通克镍矿生产的水淬金属化高镍锍为原料，采用两段逆流硫酸选择性浸出，其由一段常压连续浸出和一段加压浸出组成。将高镍锍球磨至粒度小于0.045mm的物料大于95%后经浓密、过滤，滤饼用加压浸出液和阳极液进行一段浆化，矿浆用泵扬送至6台串联的常压浸出槽进行常压浸出。浸出槽尺寸为 ϕ2500mm×3000mm，采用空气搅拌或空气-机械联合搅拌，槽内装有加热矿浆的蛇管，可采取间断浸出或连续浸出作业，浸出温度为343K，浸出终点 pH =5.5~6.3。此时浸出液中的镍离子浓度为75~96g/L，而铜、铁几乎全部被水解沉淀入渣，浓度均小于0.01g/L。常压浸出的矿浆经浓密、过滤后，成品液送镍电解车间；浓密机的底流用阳极液进行二段浆化后，由高压隔膜泵送入机械搅拌卧式加压釜进行加压浸出。加压釜尺寸为 ϕ2600mm×9000mm，加压浸出温度为423K，压力为0.8MPa。

加压浸出后的矿浆排放至自蒸发器减压、降温，再经浓密、过滤，所得加压浸出液返回常压浸出，加压浸出渣的成分为 Cu 60%~70%、Ni 4%~5%、S 20%~22%，作为提取铜和贵金属的原料。

B 硫酸浸出液的净化

由于第一段浸出过程中发生置换、水解等反应，绝大部分的铜、铁等杂质被抑制于浸出渣中，因此它们在浸出液中残余的浓度已很低，但仍需进一步净化脱除铅、钴等杂质离子，才能满足镍电解沉积的要求。

哈贾伐尔塔镍精炼厂采用 $Ba(OH)_2$ 作为除铅试剂。将 $Ba(OH)_2$ 与粉状高镍锍一起加入浸出系统中，浸出液中的铅和钡形成硫酸铅和硫酸钡的共晶体沉淀，从而将铅除去。

阜康冶炼厂等多家采用硫酸选择性浸出工艺的镍厂，都采用黑镍（NiOOH）除钴。通过高价氢氧化镍能氧化溶液中的 Co^{2+}，使之呈 $Co(OH)_3$ 形态沉淀出来，同时还能使溶液中的微量杂质（如 Cu、Fe、Pb、Mn、As 及 Zn 等）得到深度净化。黑镍除钴的基本反应为：

$$NiOOH + Co^{2+} + H_2O = Ni^{2+} + Co(OH)_{3(s)}$$

黑镍除钴在4台串联的空气搅拌槽中进行，槽尺寸为 ϕ2500mm×3000mm，通常采用两段逆流方式。溶液温度为343~353K，NiOOH 中 $n(Ni)/n(Co) = 1.2$，过程时间为1.5h，除钴率约为98%。除钴后液的成分为：Ni 约85g/L，Co 约0.003g/L，Cu、Fe 均为0.001g/L 左右。哈贾伐尔塔镍精炼厂的除钴新工艺是采取萃取除钴及加氢还原得到钴粉的净化工艺。

C 硫酸镍溶液的电解沉积

硫酸镍溶液的电解沉积是在阴极析出镍而使电解液中 Ni^{2+} 贫化的同时，在阳极析出氧气，并使电解液中酸度增加。电解沉积的主要反应如下：

阴极反应 $$Ni^{2+} + 2e = Ni$$

阳极反应 $$H_2O - 2e = \frac{1}{2}O_{2(g)} + 2H^+$$

硫酸镍溶液的电解沉积采用不溶阳极隔膜电解槽，以纯铅或铅-银合金作为阳极，以钛种板或不锈钢种板作阴极、经电解 11～24h 后剥离下来的始极片（纯镍片）作为商品电解槽的阴极。前述的净化液调整至 pH＝3.2～3.4，加温至 333～338K，按一定的循环量均匀地流入阴极隔膜袋中，再不断地通过隔膜往外渗滤，最终由电解槽一端的溢流口排出。阴极液含 Ni^{2+} 80g/L 左右，阳极液含 Ni^{2+} 55g/L 左右，电解镍的 Ni 含量为 99.98%。

我国工厂硫酸镍不溶阳极隔膜电积的主要技术参数如表 3-18 所示。

表 3-18 我国工厂硫酸镍不溶阳极隔膜电积的主要技术参数

参 数	数 值	参 数	数 值
电解液温度/K	333～338	种板周期/h	11～12
槽电压/V	3.3～3.8	阴极周期/天	5～7
电流密度/$A \cdot m^{-2}$	200～230	阴极液流量/mL·(min·袋)$^{-1}$	130～170
阳极尺寸/mm×mm	600×1020	阴阳极液面差/mm	10～30
阴极尺寸/mm×mm	660×820	溶液循环量/$m^3 \cdot t^{-1}$	40
每槽阴极片数/片	26	阴阳极液镍浓度差/$g \cdot L^{-1}$	≥25
同名极距/mm	140	阴极电流效率/%	95～97

3.4.2.2 高镍锍氯化浸出提取镍

氯化浸出是指在水溶液介质中，通过氯化使原料中的有价金属以氯化物形态溶出的过程。根据介质种类和作业方式的不同，氯化浸出可分为盐酸浸出、氯气浸出、氯盐浸出和电氯化浸出。由于氯及氯化物的化学活性极高，生成的氯化物溶解度大，因此在常温、常压下，氯化浸出就能达到采用其他介质必须在加温、加压条件下才能达到的技术指标，所以，氯化浸出在工业生产上获得了较快的发展。

加拿大鹰桥公司最早将氯化浸出用于处理高镍锍。1968 年，该公司在挪威克里斯蒂安松建成用盐酸浸出高镍锍、年产镍 6800t 的示范工厂。1977 年，鹰桥公司又研制成功氯气浸出高镍锍新工艺，并应用于工业，原先的粗镍阳极电解精炼法现已被氯化浸出法所取代，年产镍 5 万吨。法国镍冶金公司勒阿弗尔（Le Havre）镍精炼厂、美国阿马克斯镍精炼厂、日本住友金属矿山公司新居滨镍精炼厂也采用了类似的工艺流程。本节主要介绍高镍锍氯气浸出提取镍。

A 高镍锍氯气浸出的原理

氯气浸出高镍锍的反应机理分为两个过程。

第一个过程是在 Cu^{2+} 离子的催化作用下，氯气将 Ni_3S_2 氧化浸出，使其进入溶液，即进行氯化浸出（也称控电氯化浸出），主要反应为：

$$Ni_3S_2 + Cl_2 = 2Ni^{2+} + NiS + S + 2Cl^-$$

$$2NiS + Cl_2 = 2Ni^{2+} + 2S + 2Cl^-$$

$$Ni_3S_2 + 2Cu^{2+} = 2NiS + Ni^{2+} + 2Cu^+$$

$$NiS + 2Cu^{2+} = Ni^{2+} + 2Cu^{+} + S$$

$$2Cu^{+} + Cl_2 = 2Cu^{2+} + 2Cl^{-}$$

$$Cu_2S + S = 2CuS$$

很显然，在氯化浸出过程中不仅 Ni_3S_2 被氧化分解，而且溶液中的 Cu^{2+}/Cu^{+} 在进行着氧化还原反应，起着催化剂的作用，加速了高镍锍的氧化溶浸。此外，在氯化浸出过程中，物料中的 FeS、CoS 等硫化物也与镍、铜的硫化物一起被氧化溶浸，进入溶液中。

第二个过程是在不通氯气且电位较低的条件下，靠溶液中的 Cu^{2+} 与物料中的 Ni_3S_2、NiS 反应或 Ni 与 Cu^{2+} 发生置换反应（也称浸镍析铜过程），主要反应为：

$$Ni_3S_2 + 2Cu^{2+} = 2NiS + Ni^{2+} + 2Cu^{+}$$

$$NiS + 2Cu^{2+} = Ni^{2+} + 2Cu^{+} + S$$

$$Cu_2S + Cu^{2+} = CuS + 2Cu^{+}$$

$$2Cu^{+} + S = CuS + Cu^{2+}$$

在上述反应中，大部分的铜重新形成硫化物沉淀，使溶液中铜离子（Cu^{2+} 和 Cu^{+}）浓度从 50g/L 降低至 0.2g/L。

B　氯化浸出液的净化

高镍锍氯化浸出液的净化是通过各种化学反应，将溶液中的铁、铜、钴、砷、铅及氯等杂质脱除，获得纯净的氯化镍溶液，以便从溶液中电解沉积纯镍或生产镍盐。为此，各厂均有其独特的净化方法。

鹰桥公司氯化浸出液采用 $NiCO_3$ 中和沉淀铁、砷，经除铅、萃取分离镍钴、脱氯后，获得纯净的氯化镍溶液（新液）。日本新居滨镍精炼厂采用氧化中和沉淀分离铁、N235 共萃钴、铜、铁、锌等杂质。法国勒阿弗尔精炼厂采用磷酸三丁酯（简称 TBP）萃取除铁、三异辛胺（TIOA）萃取钴、铜。

C　氯化镍溶液的电解沉积

氯化镍溶液电解沉积的主要反应如下：

阴极反应　　$Ni^{2+} + 2e = Ni$

阳极反应　　$2Cl^{-} - 2e = Cl_{2(g)}$

氯化镍溶液的电解沉积是在阴极析出镍而使电解液中 Ni^{2+} 贫化的同时，在阳极析出氯气。理论上溶液的 pH 值不变，这是 $NiCl_2$ 电解液突出的优点之一，但氯气污染较为严重，需在阳极区域设专门的装置收集。氯气可返回用于浸出，尾气采用 NaOH 溶液吸收净化。氯化镍的电解沉积也采用不溶阳极隔膜电积，以纯铅作为阳极，以镍始极片作为商品电解槽的阴极。阴极液含 Ni^{2+} 60g/L，电解液温度为 333K，电流效率为 98% ~99%。

3.4.2.3　高镍锍加压氨浸提取镍

用加压氨浸法从高镍锍中提取镍的工艺过程较为简单，环境污染小。其生产流程包括加压氨浸、浸出液蒸氨与除铜、氧化水解、液相加氢还原制取镍粉和镍粉压块等工序。

A　高镍锍加压氨浸的原理

a　加压氨浸

在升高氧压和温度的条件下，高镍锍中的金属硫化物能与溶液中的 O_2 和 NH_3 发生反应，生成可溶性的镍氨配合物进入溶液，其主要反应如下：

$$NiS + 2O_2 + 6NH_3 = [Ni(NH_3)_6]SO_4$$

钴和镍相似，也能按上述反应形成钴氨配合物，但其不稳定，当温度高于373K时会急剧分解。铜在浸出过程中起到催化剂的作用，当溶液中缺乏铜离子时，镍的浸出速度会下降。铁的配合物很不稳定，转变为不溶的 Fe_2O_3：

$$4FeS + 9O_2 + 8NH_3 + 4H_2O = 2Fe_2O_3 + 4(NH_4)_2SO_4$$

金属硫化物中的硫在一系列反应中生成各种可溶性的硫氧酸根离子（$S_2O_3^{2-}$、$S_3O_6^{2-}$、SO_4^{2-} 等），最终氧化成硫酸盐和氨基磺酸盐，其主要反应如下：

$$2(NH_4)_2S_2O_3 + 2O_2 = (NH_4)_2S_3O_6 + (NH_4)_2SO_4$$

$$(NH_4)_2S_3O_6 + 2O_2 + 4NH_3 + H_2O = NH_4SO_3\text{-}NH_2 + 2(NH_4)_2SO_4$$

铜对溶液中未饱和硫氧酸根离子的氧化反应也起到催化作用。

高镍锍的加压氨浸通常采用两段逆流操作。第一段称为“调节”浸出，要求产出的浸出液中含有一定数量的未饱和硫氧酸根离子，如 $S_2O_3^{2-}$、$S_3O_6^{2-}$、$NH_2\text{-}SO_3^-$ 等，以满足下一工序脱铜的需要。第一段浸出后的矿浆经浓密、过滤后，滤饼用新调配的氨溶液浆化，送入加压釜进行第二段浸出（最终浸出）。

b 浸出液蒸氨与除铜

浸出液蒸氨与除铜是通过加热溶液将大部分游离 NH_3 蒸馏出来，随溶液中游离 NH_3 的浓度逐渐减小，铜离子就会与未饱和硫氧酸根离子发生反应，以硫化铜形式沉淀脱除，其主要反应如下：

$$Cu^{2+} + S_2O_3^{2-} + H_2O = CuS_{(s)} + 2H^+ + SO_4^{2-}$$

$$Cu^{2+} + S_3O_6^{2-} + 2H_2O = CuS_{(s)} + 4H^+ + 2SO_4^{2-}$$

$$8Cu^{2+} + 2S_2O_3^{2-} + 4H_2O = 8Cu^+ + S_3O_6^{2-} + SO_4^{2-} + 8H^+$$

$$2Cu^+ + S_3O_6^{2-} + 2H_2O = Cu_2S_{(s)} + 4H^+ + 2SO_4^{2-}$$

可见，在浸出时保留一定数量的硫代硫酸根、连多硫酸根和氨基磺酸根是很必要的。它们可以保证不外加硫即可充分除铜。除铜过程的产物是 CuS 和 Cu_2S 的混合物。这种除铜方法不需要往系统中添加除铜的沉淀剂即可有效除去溶液中的铜，而且除铜选择性好，所得沉淀产物中的镍含量通常小于1%。

c 氧化水解

氧化水解包括氧化和水解两个化学反应步骤。其目的是使除铜后液中还原性的未饱和硫氧酸根离子（如 $S_2O_3^{2-}$、$NH_2\text{-}SO_3^-$ 等）氧化成硫酸根离子（SO_4^{2-}），以免影响后续加氢还原所得镍粉的质量。

在升温和鼓入空气的条件下，未饱和硫氧酸根离子很容易被氧化成硫酸根离子，其反应如下：

$$(NH_4)_2S_2O_3 + 2O_2 + H_2O + 2NH_3 = 2(NH_4)_2SO_4$$

$$(NH_4)_2S_3O_6 + 2O_2 + 2H_2O + 4NH_3 = 3(NH_4)_2SO_4$$

氨基磺酸盐必须在较高温度下才能发生水解反应，此时溶液中应保持一定浓度的硫酸铵，以免镍基配合物同时发生水解反应：

$$NH_4SO_3\text{-}NH_2 + H_2O \Longrightarrow (NH_4)_2SO_4$$

这样可使溶液中硫代硫酸盐的浓度降到 0.005g/L 以下，氨基磺酸盐的浓度降到 0.05g/L。

d 液相加氢还原制取镍粉

镍的液相氢还原是一个气-液-固多相反应，以高压氢气作还原剂从溶液中还原镍，其反应为：

$$Ni^{2+} + H_2 \Longrightarrow Ni + 2H^+$$

加氢还原反应可获得镍含量为99.9%的镍粉。母液经过硫化氢沉钴后，回收硫酸铵作肥料，钴渣为提钴原料。

e 镍粉压块

镍粉压块过程是将前述工序所得的镍粉洗净、干燥后，加入黏结剂，在对辊压块机上压成圆枕形。产出的压块必须具有足够的强度，保证在运往烧结工序时不破裂。压块经烧结后不仅提高了强度，还脱除了大部分硫、碳等杂质。

B 高镍锍加压氨浸的实践

澳大利亚克威那拉精炼厂采用加压氨浸法处理来自该国卡尔古利镍冶炼厂的高镍锍，其成分为：Ni 72%，Cu 5%，Co 0.6%，Fe 0.7%，S 20%，几乎不含贵金属。

该厂的高镍锍经圆锥型球磨机磨细后，采用两段逆流浸出。浸出过程在如图 3-6 所示的卧式高压反应釜中进行，浸出所用的加压釜尺寸为 ϕ4.1m×17.7m，内衬 5mm 厚的不锈钢板。釜内分成 4 个隔室，各室间设有隔板，溢流堰的高度可以调节，釜内各室均设有带双层桨叶的搅拌桨，上部采用端面双层密封。浸出为放热反应，釜内装有冷却水管，以控制釜内温度。

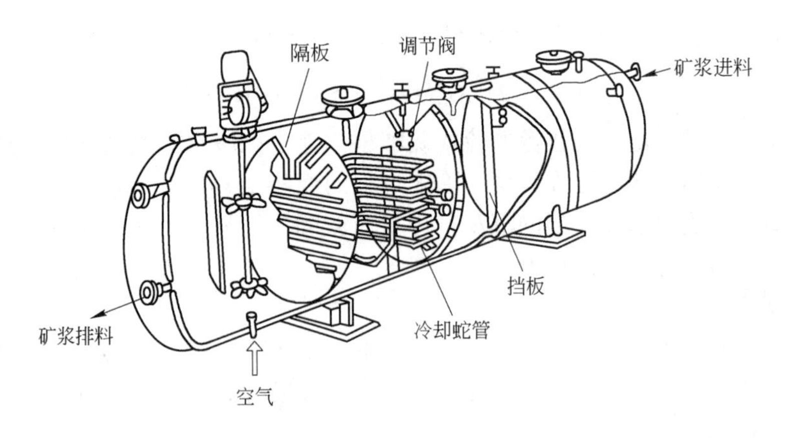

图 3-6 卧式高压反应釜

第一段压力为 0.80MPa，温度为 353～358K，时间为 7～9h，排出的矿浆冷却至 311K 后送浓密机液固分离，第一段成品浸出液成分（g/L）为 Ni 55～60、Co 约 1.0、Cu 4～6、游离氨 120、未饱和硫 4～6、$(NH_4)_2SO_4$ 350，镍浸出率为 85%～90%；第一段浸出矿浆送浓密机进行液固分离，底流用洗涤液进行浆化，再用泵压入第二段浸出釜，用新调配的氨溶液和空气进行“最终”浸出。第二段压力为0.85MPa，温度为358～363K，时间为13～14h。两段逆流浸出的镍浸出率为95%～97%。经洗涤后最终浸出渣成分为Ni 0.9%、Cu 0.12%、Co 0.15%～0.2%，浆化后用泵送往尾矿池。

蒸氨除铜在4台尺寸为ϕ2.75m×3.36m的蒸氨除铜锅中连续进行。当溶液中游离氨蒸至浓度低于70g/L时，硫化铜开始沉淀。除铜温度为383K，得到含铜0.1～0.3g/L的溶液，再通入H_2S可将溶液的铜浓度降到0.002g/L，得到的硫化铜渣成分为：Cu 60%，Ni 1%，S 20%。

氧化水解过程在氧化水解塔内进行。氧化水解塔是舍利特·高尔登公司的专利，尺寸为ϕ1.68m×18.3m。在温度为518～523K、压力为4MPa的条件下，从塔底送入4.12MPa的高压空气，溶液在氧化水解塔内停留时间为30min。氧化水解后的溶液含未饱和硫的浓度低于0.005g/L，氨基磺酸盐浓度低于0.05g/L。

镍的液相氢还原为分批操作。5台氢还原釜并联操作，氢还原釜的尺寸为ϕ2.3m×9.6m，采用钢制外壳，内衬5mm不锈钢，釜上设有4台74kW的双层桨叶搅拌器，轴上采用端面密封，材质为石墨和钨铬钴合金。每台釜每次进料液22m^3，釜充满系数为60%。液相氢还原的反应温度为473～478K，釜内压力为3.1～3.4MPa，一个还原周期为3～5天。镍粉经水洗、过滤、干燥后的成分为：Ni 99.8%，Cu 0.006%，Co 0.08%，Fe 0.006%，S 0.02%～0.03%，C 0.001%，Se 0.002%。

干燥后的镍粉加入0.3%的聚丙烯酸胺作为黏结剂，由对辊压块机压制成40mm×30mm×17mm的圆枕形压块，重约70g/块。压块送入烧结炉进行烧结，烧结炉的加热区长21m，温度为1223K；冷却区长17m，压块由1223K逐渐冷却到393～403K，炉子保持氢气气氛，排料端设有氮封。

氢还原尾液采用硫化氢沉淀，使镍、钴等有价金属沉淀为NiS、CoS等加以回收。

此外，加拿大舍利特·高尔登公司采用此法处理硫化镍精矿以提取镍，硫化镍精矿成分为：Ni 10%，Co 0.5%，Cu 2%，Fe 38%，S 31%，脉石14%，不含贵金属。其中，镍呈镍黄铁矿（$(Fe,Ni)_9S_8$）、铜呈黄铜矿（$CuFeS_2$）、铁呈磁黄铁矿（Fe_nS_{n+1}）和黄铁矿（FeS_2）存在。镍、钴、铜的冶炼回收率分别为90%～95%、50%～75%和88%～92%。

3.5 硫化镍阳极电解

硫化镍阳极电解是以高镍锍磨浮分离产出的硫化镍为可溶阳极，以硫酸镍和氯化镍的混合液为电解液，以镍始极片为阴极，经电解精炼获得纯镍的镍电解方法。20世纪50～60年代，由于高镍锍缓慢冷却、浮选分离技术的进步，加拿大国际镍公司的汤普森冶炼厂最早开始采用硫化镍阳极进行电解制取金属镍，此后该工艺被广泛采用。目前，在北美和西欧许多国家，硫化镍阳极电解法已经取代了传统的粗镍阳极电解工艺，而我国的镍产量90%左右是由该工艺生产的。20世纪60～70年代，国际上又相继出现了采用不溶性阳极从含镍的硫酸盐和氯化物溶液中电解沉积镍的新工艺，芬兰、南非、日本、挪威、法国等国家的一些镍冶炼企业都采用这种工艺。

与粗镍阳极电解精炼工艺相比，硫化镍阳极电解工艺取消了高镍锍的焙烧与还原熔炼过程，从而简化了生产流程，降低了建厂投资及生产消耗；但硫化镍阳极的硫含量高（一般含 S 20% ~25%、Ni 65% ~75%，并含有部分 Cu_2S、FeS 等），且阳极板质脆、易碎裂，残极返回量大，电解能耗高。此外，硫化镍阳极中的多种杂质元素（如铜、铁、钴、铅、锌等）在电解过程中易溶解进入电解液中，而镍离子在阴极的电沉积过程中本身脱除杂质的能力有限（镍的标准电极电势较负），因此阴极液必须预先经过净化处理，以控制杂质离子的浓度；同时采用隔膜电解槽，使阴极液和阳极液分开，这种电解槽的构造较为复杂。本节着重叙述硫化镍阳极电解制取金属镍。

硫化镍阳极的隔膜电解工艺是我国目前最主要的电解镍生产工艺，其工艺流程如图3-7所示。

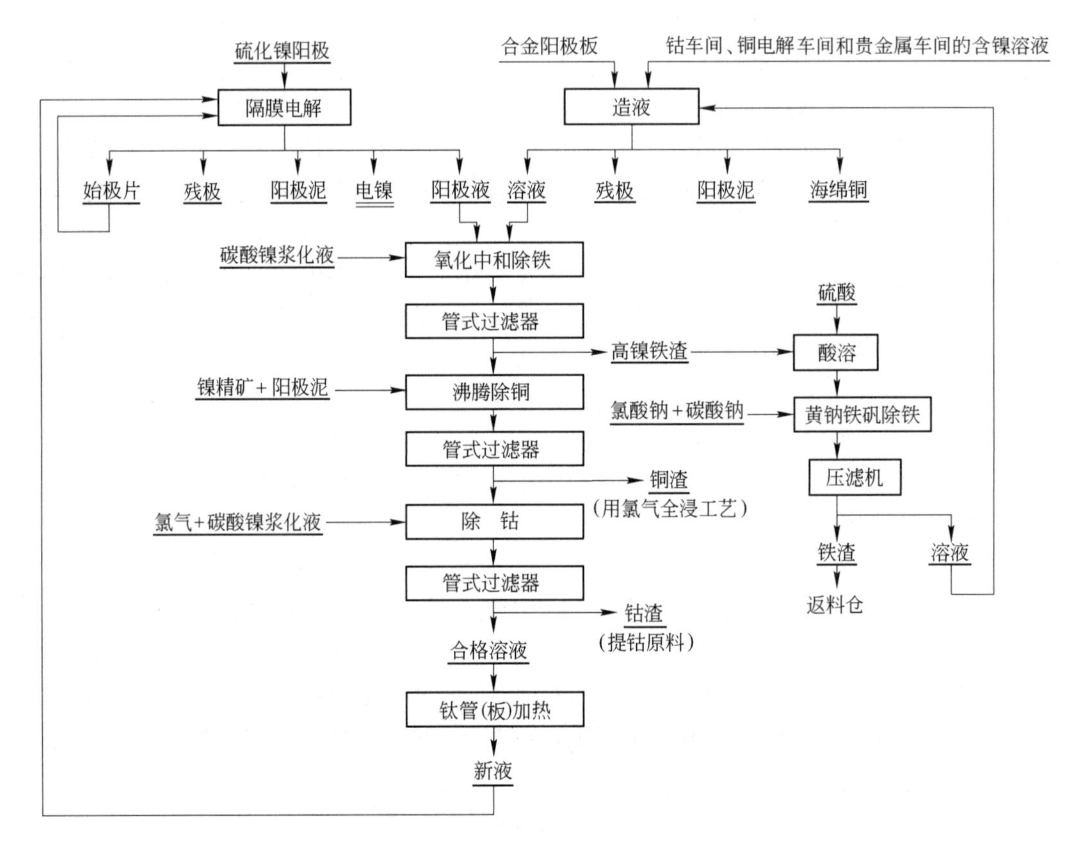

图 3-7 硫化镍阳极的隔膜电解工艺流程

3.5.1 电解精炼的电极过程

3.5.1.1 阳极反应

硫化镍阳极的电化学溶解是使硫化物中的硫氧化成元素硫，进入阳极泥，而金属离子则进入溶液。硫化镍阳极电解时阳极发生的主要反应如下：

$$Ni_3S_2 - 2e = Ni^{2+} + 2NiS \quad (1)$$

$$NiS - 2e = Ni^{2+} + S \quad (2)$$

$$Ni_3S_2 - 6e = 3Ni^{2+} + 2S \quad (3)$$

上述溶解反应中，式（3）可由式(1)+2×式(2)得到。式（3）所示的阳极溶解反应的平衡电极电势为：

$$\varphi = 0.104 + 0.030\lg a_{Ni^{2+}}$$

式中 $a_{Ni^{2+}}$——镍离子的活度。

铜、铁等杂质也发生电化溶解：

$$Cu_2S - 4e = 2Cu^{2+} + S$$

$$FeS - 2e = Fe^{2+} + S$$

硫化镍阳极溶解时，因控制的电势较高，不仅可使 Ni_3S_2、Cu_2S 等中的 S^{2-} 氧化为元素硫，还可使其进一步氧化为硫酸根：

$$Ni_3S_2 + 8H_2O - 18e = 3Ni^{2+} + 2SO_4^{2-} + 16H^+ \quad (4)$$

同时，还可能发生析氧反应：

$$H_2O - 2e = \frac{1}{2}O_2 + 2H^+ \quad (5)$$

式（4）和式（5）是电解造酸的反应，因此电解过程中阳极液的 pH 值会逐渐降低。硫化镍阳极电解生产中，从电解槽中流出的阳极液的 pH 值为 1.8～2.1，因此，阳极液不仅需要脱除溶入其中的杂质，还需要调整酸度至符合电解要求，才能作为阴极液再返回电解槽中。造酸反应所消耗的电流占通过电解槽总电流的5%～7%，使阳极电流效率低于阴极电流效率。这是造成硫化镍阳极电解阴极液和阳极液中 Ni^{2+} 离子浓度不平衡（阳极液中 Ni^{2+} 离子贫化）的原因之一。

3.5.1.2 阴极反应

镍冶金中，不论是采用粗镍阳极、硫化镍阳极进行电解精炼，还是采用含镍溶液进行电解沉积，它们所有的阴极过程都是镍在阴极放电析出。阴极发生的反应可分为以下三类：

$$Ni^{2+} + 2e = Ni \qquad \varphi_{Ni^{2+}/Ni} = -0.257 + 0.059\lg a_{Ni^{2+}}$$

$$2H^+ + 2e = H_2 \qquad \varphi_{H^+/H} = 0.059\lg \frac{a_{H^+}}{p_{H_2}^{1/2}}$$

$$Me^{2+} + 2e = Me \qquad \varphi_{Me^{2+}/Me} = \varphi^{\ominus}_{Me^{2+}/Me} + 0.059\lg a_{Me^{2+}}$$

式中 Me——杂质金属；

a_{H^+}，$a_{Ni^{2+}}$，$a_{Me^{2+}}$——分别为氢离子、镍离子、金属离子的活度；

p_{H_2}——氢气分压，Pa。

Ni^{2+}/Ni 氧化还原电对的标准电极电势为 -0.257V，而氢在镍电极上析出的超电势较小，致使镍和氢在阴极上的析出电势相差不大。因此在电解过程中，溶液中的 H^+ 与 Ni^{2+} 会一同在阴极放电析出。析出的氢易被电镍所吸收，从而影响电镍产品的质量。在实际的硫化镍阳极电解生产中，控制电解液呈弱酸性（pH＝4～5），阴极析氢反应消耗的电流一般占通过电解槽总电流的0.5%～1%。因此，为了保证电镍产品的质量并使电解过程具有良好的技术经济指标，防止和减少氢在阴极的析出是很重要的。

在镍电解的阴极液中，常含有一定浓度的铜、钴、铁和锌等有害杂质的金属离子，这些杂质离子的浓度虽然很低，但由于其标准电极电势比镍更正或与镍相近，加之有些元素能与镍形成固溶体合金，使它们较易与镍在阴极共同放电析出。

3.5.2 硫化镍阳极电解的条件控制

3.5.2.1 硫化镍阳极和镍片阴极

在硫化镍阳极电解生产中，首先是根据电解工艺的要求，将高镍锍磨细、浮选产出的硫化镍二次精矿经反射炉熔化，浇铸、缓冷制成具有一定物理规格和化学组成的阳极板。国内外工厂电解精炼所使用的硫化镍阳极成分见表3-19。电解所用的阳极和阴极如图3-8所示。

表3-19 硫化镍阳极成分 (%)

厂 别	Ni	Cu	Co	Fe	S	Zn	Pb
国内工厂1	66~68	4~6	0.7~1.3	1.5~2.4	22~25	<0.006	<0.005
国内工厂2	65~70	<5	0.6	1.5	20~22	0.01~0.05	微 量
国外工厂	76	2.6	0.5	0.5	20		

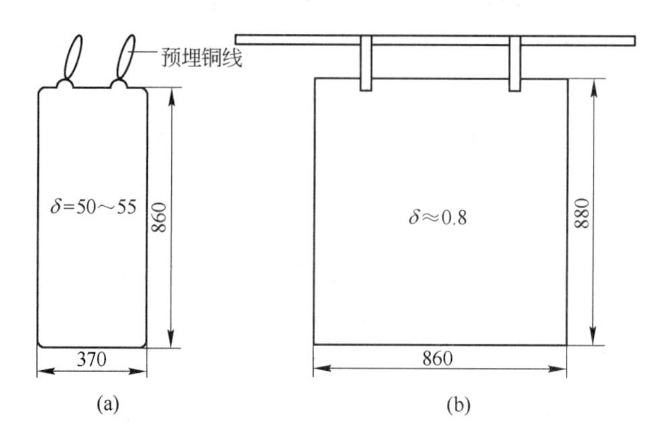

图3-8 硫化镍阳极和镍片阴极

(a) 硫化镍阳极；(b) 纯镍阴极（始极片）

3.5.2.2 镍电解的主要技术条件及设备

采用硫化镍阳极电解工艺的工厂都是采用含有硫酸盐和氯化物的混合溶液为电解液。电解液必须保持足够高的镍离子浓度和很低的杂质离子浓度，并控制其pH值在4.6~4.8之间。pH值太小，会使氢容易析出；pH值太大，又会使镍的氢氧化物或碱式盐胶体出现，被阴极吸附而妨碍镍的电沉积。为此，常在电解液中加入硼酸作缓冲剂来保持pH值的稳定。电解液中氯离子的存在，一是促进阳极的溶解；二是提高阴极电流效率。因为氯离子在阴极表面上的吸附使镍电沉积时的阴极极化减小，从而使 Ni^{2+} 比 H^+ 更容易在阴极上放电析出。此外，电解液中还需维持钠离子浓度为45g/L左右，以提高电解液的电导率，降低电解液的黏度和表面张力，有利于阴极表面产生的氢气泡能顺利脱离板面逸出，避免阴极板面产生麻点。我国工厂阴极液和阳极液成分见表3-20。

表 3-20 硫化镍阳极电解的阴极液和阳极液成分

项目	Ni /g·L^{-1}	Cu /g·L^{-1}	Co /g·L^{-1}	Fe /g·L^{-1}	Zn /g·L^{-1}	Pb /g·L^{-1}	Cl /g·L^{-1}	Na /g·L^{-1}	H_3BO_3 /g·L^{-1}	有机物 /g·L^{-1}	pH
阴极液	70~75	≤0.0003	≤0.02	≤0.004	≤0.00035	≤0.0003	70~90	40~45	4~6	<0.7	4.6~4.8
阳极液	>70	0.4~0.8	0.1~0.25	0.2~0.6	0.001~0.0015	0.001~0.002					1.5~2

国内外工厂硫化镍阳极电解的主要技术条件见表 3-21。

表 3-21 国内外工厂硫化镍阳极电解的主要技术条件

技术条件	国内工厂1	国内工厂2	国外工厂	技术条件	国内工厂1	国内工厂2	国外工厂
电流密度/A·m^{-2}	250	180~210	240	阴极液循环量/mL·(A·h)$^{-1}$	65	80	80
电解液温度/℃	65	60~65	63	阳极周期/天	9~10	9~10	21
同极中心距/mm	190	190	197	阴极周期/天	4~5	3	10

硫化镍阳极电解的电解槽为长方形凹槽，如图 3-9 所示。电解槽的壳体由钢筋混凝土制成，内衬 5~9 层环氧树脂玻璃钢等防腐材料，槽底设有一个排放阳极泥浆的放出口。电解槽安装在钢筋混凝土横梁上，槽底四角垫以绝缘板。

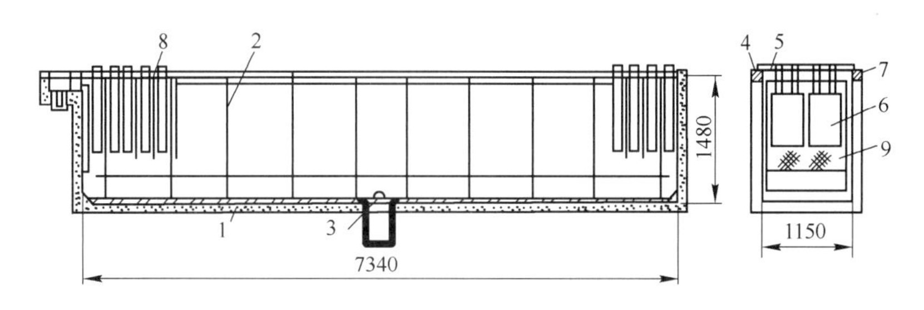

图 3-9 硫化镍阳极电解的电解槽

1—槽体；2—隔膜架；3—塞子；4—绝缘瓷板；5—阳极导电棒；6—硫化镍阳极板；7—导电板；8—阴极板；9—隔膜袋

为了获得纯度高的电镍，电解槽内的阴极被套装在隔膜袋内，如图 3-10 所示。用具有一定透水性的涤棉布制成隔膜袋，套在上方开口的长方形隔膜框上形成阴极室，以便在其中放入阴极和盛装净化后的电解液（阴极液）；电解槽内的其余区域成为阳极室，排列放入电解所用的硫化镍阳极。电解槽内的阴、阳极板交替排列，形成并联，而槽与槽之间则为串联。隔膜的作用一是使阴极室与阳极室隔开；二是既使阴极室中的阴离子单向导电离开阴极室，又不使阳极溶解的杂质离子进入阴极室。为了达到上述目的，还必须控制电解液的流速，以维持阴极室液面高于阳极室液面约 50mm。

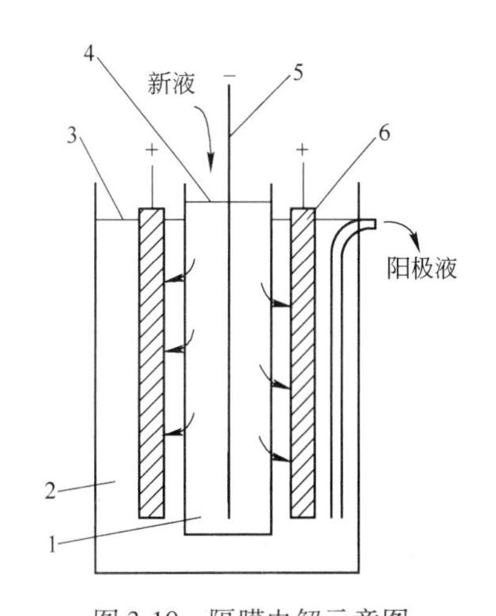

图 3-10 隔膜电解示意图

1—阴极室；2—阳极室；3—阳极液面；4—阴极液面；5—纯镍阴极片；6—硫化镍阳极板

硫化镍阳极电解一定时间后会在其表面形成

阳极泥层，需定期刮落。电解初期，槽电压约为2.4V；而到阳极周期的末期，槽电压升高至4~5V。由于阳极杂质的影响，使得阳极电流效率（86%左右）低于阴极电流效率(97%左右)。硫化镍阳极电解的直流电能消耗取决于槽电压和阴极电流效率，一般为3300~5000kW·h/t。

3.5.2.3 镍电解的主要产物

（1）电解镍。硫化镍阳极电解在阴极产出电镍。我国生产的电镍的化学成分和物理规格应符合国家标准GB/T 6516—2010的要求，该标准将电镍按纯度分为五个牌号，见表3-22。

表3-22 电解镍的化学成分（GB/T 6516—2010）

牌号			Ni9999	Ni9996	Ni9990	Ni9950	Ni9920
化学成分/%	镍和钴总量（≥）		99.99	99.96	99.9	99.5	99.2
	钴（≤）		0.005	0.02	0.08	0.15	0.50
	杂质含量（≤）	C	0.005	0.01	0.01	0.02	0.10
		Si	0.001	0.002	0.002	—	—
		P	0.001	0.001	0.001	0.003	0.02
		S	0.001	0.001	0.001	0.003	0.02
		Fe	0.002	0.01	0.02	0.20	0.50
		Cu	0.0015	0.01	0.02	0.04	0.15
		Zn	0.001	0.0015	0.002	0.005	—
		As	0.0008	0.0008	0.001	0.002	—
		Cd	0.0003	0.0003	0.0008	0.002	—
		Sn	0.0003	0.0003	0.0008	0.0025	—
		Sb	0.0003	0.0003	0.0008	0.0025	—
		Pb	0.0003	0.0015	0.0015	0.002	0.005
		Bi	0.0003	0.0003	0.0008	0.0025	—
		Al	0.001	—	—	—	—
		Mn	0.001	—	—	—	—
		Mg	0.001	0.001	0.002	—	—

（2）阳极泥。硫化镍阳极电解过程中，阳极板中大部分的镍、铜、铁、钴等进入溶液，而阳极反应生成的元素硫以及未溶解的硫化物和贵金属则形成阳极泥。阳极泥率为25%~30%，阳极泥中的硫含量约为80%，镍含量约为4%。阳极泥被用作提取贵金属，特别是铂族金属的重要原料。

（3）阳极液。纯净的电解液首先被送入隔膜袋内的阴极区，当通过隔膜袋进入阳极区，就成为阳极液。受阳极反应的影响，阳极液中H^+和杂质离子的浓度大幅度升高，因此，阳极液自电解槽中连续不断地流出后，被送去净化除杂，生产电解新液。

3.5.3 阳极液的净化

阳极液的净化主要包括除铁、铜、钴、铅和锌等微量杂质，并保持电解液体积和钠离子的平衡。

3.5.3.1 阳极液除铁

除铁作业有连续和间断两种方法，大型镍电解厂都采用连续作业。我国工厂的除铁方法采用中和法，将阳极液经钛管加热器加热到343～348K后，再连续流经几个帕丘卡空气搅拌槽（$75m^3$）反应约2h。空气既用于搅拌，又作为氧化剂，使Fe^{2+}氧化。然后加入碳酸镍中和，控制pH值在4～4.5范围内，Fe^{3+}便成为$Fe(OH)_3$沉淀，其反应如下：

$$2Fe^{2+} + \frac{1}{2}O_2 + 5H_2O = 2Fe(HO)_{3(s)} + 4H^+$$

$$2H^+ + NiCO_3 = Ni^{2+} + CO_{2(g)} + H_2O$$

再将除铁矿浆泵入管式过滤器内进行液固分离，得到铁含量降至0.01g/L以下的溶液和铁渣。

3.5.3.2 阳极液除铜

除铜方法多样，国外镍电解厂大多采用镍粉（粒）除铜，即在机械搅拌槽内维持反应温度在353K以上，控制pH<3.5，加入镍粉使铜离子置换析出。而我国工厂则采用比较独特的硫化镍精矿（硫化镍）添加少量镍阳极泥（主要成分为硫黄）的除铜工艺。除铜的反应如下：

$$Ni_3S_2 + Cu^{2+} = Cu + 2NiS + Ni^{2+}$$

$$Ni_3S_2 + 2Cu^{2+} = Cu_2S + NiS + 2Ni^{2+}$$

$$Ni_3S_2 + 3Cu^{2+} + S = 3CuS + 3Ni^{2+}$$

$$Ni_{(合金)} + Cu^{2+} = Cu + Ni^{2+}$$

除铜过程在类似流态化置换槽（$40m^3$）内连续化进行。将除铁后液用浓硫酸调整至pH≈2.5，从流态化置换槽的锥体切线方向进入，控制温度为323～333K，镍精矿的加入量为溶液铜含量的3.5～4倍，镍精矿与镍阳极泥量的质量比为4∶1。除铜后液的铜浓度可降至3mg/L以下。此法除铜效率高，生产能力大，原料易得，可附带提高溶液中的镍离子浓度；但渣量大，除铜后液铁含量有所回升。

3.5.3.3 阳极液除钴

除钴的基本原理与除铁相似，但Co^{2+}比Fe^{2+}难氧化，Co^{3+}又比Fe^{3+}难水解沉淀。因此，除钴需要采用比空气更强烈的氧化剂。通常用氯气作氧化剂，并以碳酸镍作中和剂。

除铜后液在搅拌槽中用碳酸镍调整pH至4.5～5.0后，用离心泵送入110m长的管式反应器与氯气混合，进行如下反应：

$$2Co^{2+} + Cl_2 + 3NiCO_3 + 3H_2O = 2Co(OH)_{3(s)} + 3Ni^{2+} + 2Cl^- + 3CO_2$$

除钴后液钴含量小于0.01g/L，水解产生的钴渣可用作提钴的原料。

3.5.3.4 阳极液除铅、锌

我国工厂除微量铅、锌的工艺有共沉淀法和离子交换法。前者是在氯气除钴过程中，在钴被氧化的同时，铅和部分镍也被氧化，生成 PbO_2 和 $Ni(OH)_3$，PbO_2 微粒能被 $Ni(OH)_3$ 沉淀吸附而除去。净化后液铅含量可降至 0.3mg/L，符合镍电解要求。在氯气除钴过程中，将除钴的最终 pH 值提高到 5.5～5.8，锌与镍的水合物能以同晶形共沉淀的形式从溶液中除去。用共沉淀法除铅、锌工艺的优点是不增加工序，除铅、锌和除钴在一个工序内完成；其缺点是渣量大，渣中镍含量高。

3.6 羰基法生产镍

羰基法生产金属镍是利用一氧化碳气体与“活性”镍原子作用生成气态羰基镍（$Ni(CO)_4$）并易于分解出金属的特性，进行提取或精炼镍的过程。早在 1898 年，L. 蒙德（Ludwig Mond）和 C. 兰格尔（Car Langer）首先发现低温下镍与一氧化碳能生成易挥发的羰基镍，而在加温的条件下，羰基镍又会分解为镍粉和一氧化碳。常与镍伴生的铜却很难生成羰化物，铁和钴虽然也能较容易地生成羰化物，但因生成条件和羰化物的挥发性存在差异，所以为镍的选择性分离提取创造了有利条件。

3.6.1 羰基法的原理

过渡金属与一氧化碳配体（即羰基）在特定条件下结合形成的一类特殊化合物，称为金属羰基配合物。镍、钴、铁在化合物中常见的氧化态是 +2、+3，但在羰基配合物中，它们的氧化态却表现为 0。

$Ni(CO)_4$ 为四面体结构，Ni 原子与四个 CO 配体相连。CO 配体中 C—O 以三键相连，碳端与 Ni 原子配合。室温下 $Ni(CO)_4$ 为无色液体，易挥发。羰基法生产镍是基于常压和高于室温（高于 311K）条件下，CO 能与镍反应生成气态 $Ni(CO)_4$：

$$Ni_{(s)} + 4CO_{(g)} \xlongequal{\quad} Ni(CO)_{4(g)} \qquad \Delta_r H_m^{\ominus} = -163.3\text{kJ/mol}$$

该反应为可逆反应，反应进行的方向取决于温度和压力。反应向右进行为放热，体积缩小至 1/4，故降温、加压有利于羰基配合物的形成；反应向左进行为吸热，体积放大 4 倍，故升温、减压有利于羰基配合物的分解。这个反应对镍的选择性很高，对铜和铂族元素不起作用，铁和钴虽然也能生成羰基配合物，但根据这些金属羰基配合物熔点和沸点的不同，可以将它们分离并获得纯的羰基镍。镍、钴和铁羰基配合物的物理性质见表 3-23。

表 3-23 镍、钴和铁羰基配合物的物理性质

羰基配合物	熔点/K	沸点/K	常温时性状	常压时分解温度/K
$Ni(CO)_4$	248	316	无色液体	363.6，空气中易燃
$Co_2(CO)_8$	324	分 解	棕色晶体	325
$Fe(CO)_5$	253	376	黄色液体	523

羰基镍气体在受热时分解成金属镍和一氧化碳，一氧化碳可以返回利用。由于一氧化碳和羰基镍有剧毒，工作场地空气中其最大允许浓度为 1×10^{-7}。

3.6.2 羰基法的实践

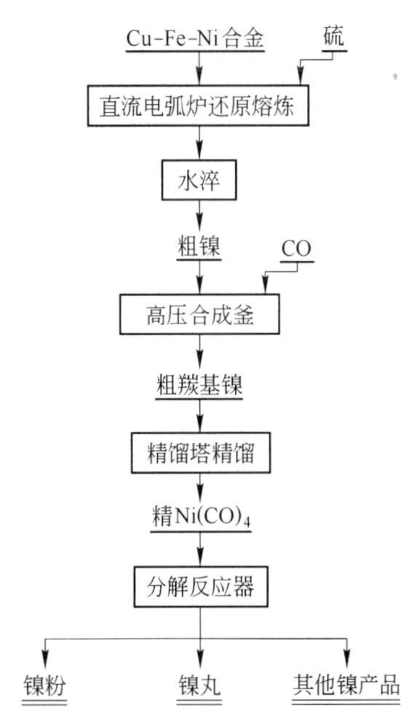

图 3-11 高压合成羰基镍的工艺流程

羰基镍的生产工艺包括原料熔化、粒化、合成、精馏和分解等主要工序。羰基镍的合成方法分为常压、中压和高压合成。羰基镍生产的辅助工序主要有一氧化碳的生产、解毒和废料的回收处理。我国工厂目前采用高压合成羰基镍的工艺流程，如图3-11所示。

3.6.2.1 原料制备

前文曾经提到，铜镍锍或镍锍的吹炼只能得到高铜镍锍或高镍锍。但是当用氧气顶吹时，由于氧气吹炼反应速度快，热效应大，又可以避免大量炉气带走热量而造成热损失，因此能够保证达到1773K以上的高温，故可以在吹炼的第二周期里得到金属镍。

加拿大铜崖精炼厂采用氧气顶吹转炉将高镍锍直接吹炼得到金属镍，熔体经水淬得到粗镍粒，其成分列于表3-24中。

表 3-24 粗镍水淬颗粒的化学成分 (%)

厂 别	Ni	Cu	Co	Fe	S	其 他
加拿大铜崖精炼厂	65 ~ 70	15		1	4 ~ 5	
我国工厂	60 ~ 63	14 ~ 15	1.27	10	4 ~ 5	9

我国工厂是将高镍锍浮选产出的一次Cu-Fe-Ni合金加入到直流电弧炉中先熔化，再加硫还原熔炼，当温度达1573 ~ 1773K时，加入石英造渣。加入适当的硫化物，维持熔体中的$w(Cu):w(S) \leqslant 4:1$，有利于后续提高镍的羰化率，同时把钴、贵金属等尽可能保留在残渣中；氧的存在也阻碍着羰化合成的顺利进行，需用铝粉脱除熔体中的氧。然后在约1723K下进行水淬粒化，得到合成羰基镍所需的原料。为了保证合成的速度，要求原料颗粒疏松并有一定的孔隙。颗粒直径为10mm，堆密度为3.6g/cm^3。粗镍水淬颗粒的化学成分如表3-24所示。

3.6.2.2 高压合成羰基镍时各元素的行为

（1）金属镍。镍极易与一氧化碳发生羰化反应，常压下即可获得95%以上的羰化率。

（2）硫化镍。在羰化合成过程中，硫化镍可与金属铜发生如下反应：

$$Ni_3S_2 + 4Cu = 2Cu_2S + 3Ni$$

其中的硫化镍转化为金属镍后，即与CO发生羰化反应。

在颗粒新鲜的表面，硫化镍也可与CO发生如下反应：

$$Ni_3S_2 + 14CO = 3Ni(CO)_4 + 2COS$$

所生成的羰基硫（COS）与金属铜发生硫化反应，生成Cu_2S与CO：

$$COS + 2Cu = Cu_2S + CO$$

（3）铁。铁在常压下与一氧化碳反应很慢，反应如下：

$$Fe + 5CO = Fe(CO)_5$$

但随压力升高而加快，如在7MPa下铁的羰化率为30%，而在20MPa下羰化率可提高到80%。少量以FeS形式存在的铁几乎不发生反应。

（4）钴。在高压条件下，金属钴仅有少量参加如下羰化反应：

$$2Co + 8CO = Co_2(CO)_8$$

$$4Co + 12CO = Co_4(CO)_{12}$$

由于熔点高，其在随后进行的精馏净化作业中以晶体形式留在精馏残液中。

（5）贵金属。铑、锇、钌在羰化合成中的行为与金属钴相同，会有少量损失。而铜、金、银、铂、钯、铱等则不与一氧化碳反应，几乎全部留在羰化渣中。

（6）硫。硫在羰化反应中起到两个积极作用：一是在羰化物料颗粒界面传递CO，起活化作用，加快反应速度；二是使铜、钴、铑、锇、钌转化为硫化物，以免受羰化损失。所以在羰化物料的准备中，要求其中含有一定量的硫，以 $w(Cu):w(S) \leqslant 4:1$ 为宜，以确保铜镍的有效分离，抑制钴、铑、锇、钌的羰化损失。

3.6.2.3 羰基镍的合成

为了增加反应速率和简化羰基镍的冷凝液化过程，现今常压羰基法已逐渐被高压羰基法所代替。加拿大铜崖精炼厂年产镍丸和镍粉共5.5万吨，其生产过程包括合成、分馏和分解三部分。该厂将氧气顶吹转炉产出的粗镍粒分批间断地装入回转反应器（合成釜），反应器尺寸为 $\phi3.7m \times 13.4m$，容量为150t，两端呈半球形。将加热到453K的CO通入反应器内，维持压力为6.884MPa。此时，镍和少量铁分别生成 $Ni(CO)_4$ 和 $Fe(CO)_5$，而铜、钴和铂族元素留在渣中。经过42h反应后，镍提取率达95%。合成过程为分批间断作业，挥发性的 $Ni(CO)_4$ 气体经过水冷的环形冷凝器后冷凝成液体，送入储槽。羰化反应剩余的残渣用以回收铜、钴和铂族元素。

我国羰基镍生产起步较晚，生产规模也相对较小。羰化合成是在 $\phi8.1m \times 8.0m$ 的高压合成釜中分批间断进行，6个高压合成釜分为三组，每组2个（共装料16t）。作业周期为：装料→通氮气吹扫打压→检漏→通CO洗涤→合成。控制CO浓度大于60%，反应釜内压力为22.5MPa。反应结束，通氮气吹扫，卸渣。装、卸料和洗涤检查泄漏的时间为12～16h，合成及反应时间为61～72h。

合成所得的粗羰基镍是 $Ni(CO)_4$、$Fe(CO)_5$ 和 $Co_2(CO)_8$ 的混合物，其成分为95%～98.9%的 $Ni(CO)_4$、1.1%～5%的 $Fe(CO)_5$ 以及少量的 $Co_2(CO)_8$、水和机油等杂质。

3.6.2.4 粗羰基镍的精馏提纯

粗羰基镍的精馏是利用 $Ni(CO)_4$ 和 $Fe(CO)_5$ 的挥发性不同（沸点的差异），使镍和铁分离。由表3-23可见，$Ni(CO)_4$ 和 $Fe(CO)_5$ 的沸点分别为316K和376K，而 $Co_2(CO)_8$ 在低于324K时为固体，只要控制一定的温度，就可把 $Fe(CO)_5$ 和 $Co_2(CO)_8$ 除去，达到提纯 $Ni(CO)_4$ 的目的。

粗羰基镍的精馏在精馏塔中进行，控制温度在316～376K之间，由塔下部加入液体粗羰基镍，$Ni(CO)_4$ 受热气化，上升至塔顶冷凝器冷凝为液体 $Ni(CO)_4$，而精馏塔塔底的残留物主要是 $Fe(CO)_5$ 和 $Co_2(CO)_8$。

加拿大铜崖精炼厂的精馏塔为两台并联的 $\phi610mm \times 3050mm$ 带筛板的多层塔；我国工厂采用四个 $\phi400mm \times 12000mm$ 的一次精馏塔和两个 $\phi250mm \times 12000mm$ 的二次精馏塔，塔内装有 $\phi25mm \times 25mm$ 的瓷环填充塔身，以增加气-液接触面积，塔顶通水加以冷却。气体在塔顶冷凝成液体，其中 60% 的液体作为精馏塔的回流由塔顶向下喷淋，另外 40% 的液体作为精馏产品流进精羰基镍储槽。

3.6.2.5 羰基镍的分解

羰化精炼的优越性主要体现在分解过程，可在不同的工艺条件下、不同的设备中生产出上百种产品。羰基镍按其分解形式的不同，可分为有晶核分解和无晶核分解。

羰基镍在无晶核的条件下于 473 ~ 493K 分解，而在有晶核的条件下于 453 ~ 473K 分解，分解反应为：

$$Ni(CO)_{4(g)} \xlongequal{} Ni_{(s)} + 4CO_{(g)}$$

控制反应塔内的分解条件不同，就可得到不同牌号和不同用途的镍粉。改变反应塔的结构和工艺条件，还可生产镍丸、镍箔及不同基体的包覆粉。

A 镍粉的生产

精羰基镍在 CO 的压力下压入高位槽，然后自流至蒸发器中，用 363K 的热水间接加温，使羰基镍蒸发成气体。

控制进入热水器的料液量，保证温度为 316 ~ 318K，$Ni(CO)_4$ 气体的压力为 0.15MPa。$Ni(CO)_4$ 气体经过缓冲槽进入 873K 烟气加热的反应塔中。刚进入反应塔的 $Ni(CO)_4$气体的温度最高为 573K，分解成细小的晶种，这些晶种缓慢地下落。随着 $Ni(CO)_4$气体的继续分解，出现了新的晶种，同时先形成的晶种逐渐长大，最后落入最下部的仓内。镍粉经螺旋输料机送至管道内，然后用氮气输送至成品库。释放出的 CO 经两段布袋收尘净化，使气体中 $Ni(CO)_4$ 的含量小于 $0.1mg/m^3$，排至 CO 储罐供循环使用。

镍粉最重要的参数是密度和物理结构，这些都可以通过控制 $Ni(CO)_4$ 的供给速度、浓度和反应塔上的温度带来实现。供给的 $Ni(CO)_4$ 浓度低，产出的就是轻粉；反之，供给的浓度高，镍粉有条件长大，产出的就是重粉。

特殊镍粉的生产原理与普通镍粉一样，但要求其密度、物理结构比较特殊，所以生产特殊镍粉的反应塔高度比普通镍粉的反应塔高得多，镍粉在下落的过程中有足够的时间继续长大，形成链状、树枝状结构。

B 镍丸的生产

镍丸的生产与镍粉相似，不同的是其有晶种的分解。镍丸的分解装置包括斗式提升机、顶部圆柱状的混合室、管式加热器、反应塔和筛分机。镍丸反应塔高 15m，如图 3-12 所示。

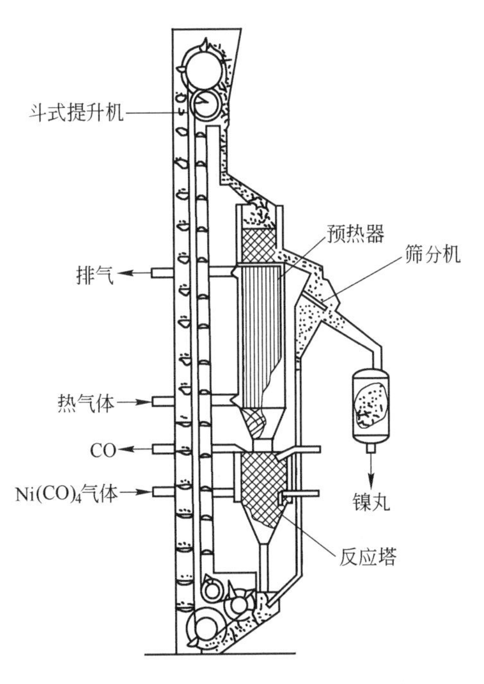

图 3-12 羰基镍生产镍丸的反应塔

将细颗粒镍丸在管式加热器中加热到473～513K后送入反应塔，同时$Ni(CO)_4$浓度为10%而其余为CO的混合气体从反应塔的三个喷嘴喷入，保持气体压力为0.15MPa。混合气体遇到热的小镍粒，在其表面分解，镀上一层镍，长大的镍丸经斗式提升机送到反应塔顶部的混合室，循环往复。镍丸从直径0.5mm长大到10～13mm，需要20天。经筛分机筛出合格的镍丸，用氮气洗涤消毒后包装成品。镍丸的镍含量为99.97%。

渗硫镍丸的生产是在通入的CO气体中加入硫，使之在镍丸表面沉积，达到渗硫的目的。

C 包覆粉的生产

包覆粉是羰基镍产品中最大的一族，包括耐热涂层类、热保护涂层类、耐磨涂层类、润滑涂层类等。

包覆粉的生产过程和设备比较简单。首先将精制$Ni(CO)_4$送到热水浴加热的蒸发器中进行汽化，然后将基体材料加入沸腾器中，用电炉丝加热的沸腾器温度升到423K时开始振动。温度升到488K时，使CO进入$Ni(CO)_4$的蒸发器，与挥发出来的$Ni(CO)_4$混合，形成$Ni(CO)_4$浓度为20%～30%的混合气体，进入沸腾器中。$Ni(CO)_4$接触到热的基体材料马上分解，在基体的表面镀上一层镍。如此反复，当镀层达到要求时终止分解。冷却至333K时停止振动，卸出镍包覆粉。

此外，为了利用羰基铁液体副产品，还采用镍铁分解器生产镍铁合金粉，其成分为：Ni 30%，Fe 70%。

羰基法的缺点是羰基镍为剧毒物质，除加强密封外，车间必须强制换气，每小时10次，并需安装报警系统。

3.7 氧化镍矿火法冶炼

氧化镍矿床是含镍橄榄岩经长期风化淋滤、沉积形成的地表风化壳性矿床，由于铁在矿床风化过程中被氧化，矿石呈红色，因而也称为红土镍矿（Laterite）。氧化镍矿有褐铁矿型和硅镁镍矿型两种类型。褐铁矿型氧化镍矿位于矿床的上部，由于风化淋滤作用的结果，矿石以低镍、高铁、低镁为特征；硅镁镍矿型氧化镍矿位于矿床的下部，由于风化富集作用，矿石以高镍、低铁、高镁、富硅为特征。氧化镍矿的成分一般为：Ni 0.98%～3%，Fe 10%～40%，MgO 2%～30%，SiO_2 17.6%～33.7%，Al_2O_3 0.7%～5.5%。氧化镍矿的特点是矿石中的镍常以类质同象分散在脉石矿物中，且粒度很细，因此不能用机械选矿方法予以富集，只能直接冶炼。直接冶炼富集氧化镍矿的方法取决于矿石的性质，可分为火法和湿法两大类。火法富集是将氧化镍矿中的镍熔炼成镍铁或低镍锍而使镍富集的过程，有回转窑干燥预还原-电炉熔炼法、烧结-鼓风炉硫化熔炼法、烧结-高炉还原熔炼法等；湿法富集是将氧化镍矿中的镍浸出到溶液中而被提取的过程，有还原焙烧-氨浸法和加压酸浸法等。本节介绍氧化镍矿的火法冶炼，湿法冶炼将在3.8节介绍。

3.7.1 氧化镍矿还原熔炼镍铁

氧化镍矿还原熔炼镍铁是将硅镁镍矿中的镍和部分铁在高温下经还原剂选择性还原成金属，产出镍铁的过程，产品供合金钢生产使用。自20世纪50年代法国镍公司的新喀里多尼亚多尼安博（Doniambo）冶炼厂首先采用回转窑-电炉熔炼氧化镍矿生产镍铁以来，此法已在全世界获得广泛应用。产出的镍铁合金中镍含量为20%～30%，镍的回收率为90%～95%，钴不能回收。

3.7.1.1 氧化镍矿还原熔炼镍铁的原理

氧化镍矿在电炉还原熔炼中主要发生下列反应：

$$NiO + CO = Ni + CO_2$$

$$NiSiO_3 + CO = Ni + SiO_2 + CO_2$$

$$FeO + CO = Fe + CO_2$$

$$Fe_2SiO_4 + 2CO = 2Fe + SiO_2 + 2CO_2$$

$$NiO + Fe = Ni + FeO$$

$$2NiSiO_3 + 2Fe = 2Ni + Fe_2SiO_4 + SiO_2$$

还原产生的镍和铁相互溶解形成镍铁合金，与密度较小的炉渣分离。

3.7.1.2 电炉熔炼镍铁的实践

氧化镍矿电炉熔炼镍铁的生产工艺主要包括矿物的破碎、干燥、煅烧与预还原电炉熔炼、精炼等环节。图3-13所示为国外某厂电炉生产镍铁合金的工艺流程。

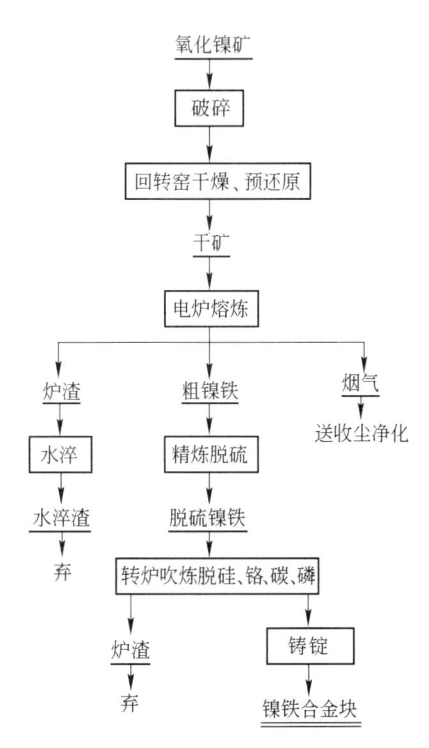

图3-13 国外某厂电炉生产镍铁合金的工艺流程

A 干燥

氧化镍矿石一般含游离水和结合水高达30%～45%，因此在镍铁生产工艺中，首先需要对矿石进行干燥。将矿石破碎到50～150mm，然后用直接加热的干燥窑在523K左右除去矿石的游离水分，得到既不黏结又不太粉化且水分含量为15%～20%的预干燥矿石。

B 煅烧与预还原

煅烧与预还原过程是用回转窑除去矿石中的化学结合水，并选择性地将镍氧化物还原成金属。在回转窑内混有还原剂（碎煤或焦）的预干燥矿石与烟气逆向运行，随着炉料向窑头方向移动，其温度和被还原程度逐渐提高。矿石在673K温度区域内完全脱水，在773～873K温度区域开始被还原。排料端窑温控制在1073～1173K，此时矿石中绝大部分镍的氧化物被还原成金属，而铁的氧化物只有一部分被还原成金属，其余成为氧化亚铁。

煅烧脱水作业的回转窑尺寸为ϕ2700mm×7300mm，采用逆流式重油加热，消耗重油68～90kg/t，矿石粒度为20mm。

C 电炉熔炼

电炉熔炼是在电炉内直接处理煅烧矿，产出粗镍铁和炉渣的作业。经过煅烧后的氧化镍矿配入粒径为10～30mm的挥发性煤或焦炭（约为4%），一同从电炉炉顶加入炉中，镍、铁还原后，得到粗镍铁合金（熔点约为1513K）和炉渣（液化温度约为1858K）。炉渣的主要成分为FeO、MgO和SiO_2，间断放出，经水淬后弃去。表3-25所示为电炉熔炼粗镍铁和炉渣的成分，镍铁中镍的直接回收率为93%左右。

表3-25 电炉熔炼粗镍铁和炉渣的成分 （%）

产物	Ni + Co	S	P	C	Cr	Si	Fe	MgO	Al_2O_3	SiO_2
粗镍铁	15～32	0.3	0.03	2	1.6	3	余量			
炉渣	0.2						5.5	38	2	53

氧化镍矿还原熔炼镍铁的矿热电炉功率最大为85000kV·A，采用三电极埋弧操作，单位电耗为550kW·h/t。

D 精炼

精炼是除去粗镍铁中的硫、硅、碳、铬和磷等杂质，使之达到产品标准的作业。粗镍铁的精炼通常在镍铁包中进行，首先是在还原条件下加入纯碱进行炉外精炼除硫，经造渣脱硫后，镍铁熔体中硫含量可降至0.02%，其反应为：

$$Na_2CO_3 = Na_2O + CO_2$$

$$2Na_2O + 3S = 2Na_2S + SO_2$$

$$Na_2O + SiO_2 = Na_2SiO_3$$

脱硫后的镍铁倾入转炉内，通入空气氧化残余的硅、铬、碳、磷，加入氧化钙与磷结合成磷酸钙造渣，反应如下：

$$Si + O_2 = SiO_2$$

$$4Cr + 3O_2 = 2Cr_2O_3$$

$$C + O_2 = CO_2$$

$$4P + 5O_2 + 6CaO = 2Ca_3(PO_4)_2$$

镍铁按照我国的现行标准（GB/T 25049—2010），根据其中镍含量不同分为5大类，再依据镍铁中的C、Si、P、S等含量不同，将每大类各分为5个牌号，因此共计25个牌号。镍铁牌号及其化学成分见表3-26。

表3-26 镍铁牌号及其化学成分 （%）

<table>
<tr><td colspan="2">镍铁牌号</td><td>FeNi20</td><td>FeNi30</td><td>FeNi40</td><td>FeNi50</td><td>FeNi70</td></tr>
<tr><td colspan="2">Ni 含量</td><td>15.0～25.0</td><td>25.0～35.0</td><td>35.0～45.0</td><td>45.0～65.0</td><td>60.0～80.0</td></tr>
<tr><td rowspan="5">镍铁牌号</td><td>FeNi(20～70)LC</td><td colspan="5">C≤0.03, Si 0.20, P 0.03, S 0.03, 其他(略)</td></tr>
<tr><td>FeNi(20～70)LC LP</td><td colspan="5">C≤0.03, Si 0.20, P 0.02, S 0.03, 其他(略)</td></tr>
<tr><td>FeNi(20～70)MC</td><td colspan="5">C 0.03～1.0, Si 1.0, P 0.03, S 0.10, 其他(略)</td></tr>
<tr><td>FeNi(20～70)MC LP</td><td colspan="5">C 0.03～1.0, Si 1, P 0.02, S 0.10, 其他(略)</td></tr>
<tr><td>FeNi(20～70)HC</td><td colspan="5">C 1.0～2.5, Si 4.4, P 0.03, S 0.40, 其他(略)</td></tr>
</table>

国外一些厂家采用回转窑干燥预还原-电炉熔炼法生产镍铁合金的基本情况，见表3-27。

表 3-27 国外厂家生产镍铁合金的基本情况

工 厂	原料及成分/%	产品及产能/万吨·年$^{-1}$	主要技术经济指标
印度尼西亚 Pomala厂	红土矿：Ni 2.2，Co 0.05，Fe 13，MgO 24，SiO_2 38，CaO 0.4，Al_2O_3 1.4	镍铁丸 1.1(Ni)	
日本 大江山冶炼厂	高镁质硅酸镍矿：Ni + Co 2.5，Fe 10～15，MgO 20～24，SiO_2～45	镍铁 1.3(Ni)	回转窑高温还原焙烧产出粒铁，经磁选、跳汰富集产出镍铁合金，镍的回收率约95%
日本 八户冶炼厂	高镁质硅酸镍矿：Ni + Co 2.5，Fe 10～15，MgO ～24，SiO_2 40～45	镍铁 2.6(Ni)	回转窑干燥还原温度1273K，铁的还原率60%，60000kV·A电炉1台，镍铁合金含镍13%～15%
日本 日向冶炼厂	高镁质硅酸镍矿：Ni + Co ～2.5，Fe ～15，MgO ～24，SiO_2～45	镍铁 1.8(Ni)	回转窑铁还原率60%，40000kV·A电炉1台，电炉能耗440kW·h/t，镍铁合金含镍约23%
新喀里多尼亚 多尼安博厂	高镁质硅酸镍矿：Ni + Co ～2.5，Fe 14～20，MgO ～24，SiO_2 32～37	镍铁、镍锍 8.5(Ni)	33000kV·A电炉3台，10500kV·A电炉8台，48000kV·A矩形炉1台，镍的回收率90%～93%，电炉能耗660kW·h/t，燃油消耗70～90kg/t
马其顿 费尼马克冶炼厂	红土矿：Ni ～0.8，Fe 40～45，MgO ～12，SiO_2 25～30	镍铁 1.5(Ni)	85000kV·A电炉2台
南斯拉夫 科索沃镍铁厂	红土矿：Ni 1.3，Co 0.07，Fe 20～30，MgO ～12，SiO_2 40～50	镍铁 1.2(Ni)	45000kV·A电炉2台，镍铁合金含镍约23%
乌克兰 波布日斯科镍厂	红土矿：Ni 0.87，Co 0.06，Fe 22，SiO_2 45	镍铁	产出的粗镍铁进行三段精炼，干燥无烟煤消耗100kg/t，电炉电耗790kW·h/t
哥伦比亚 塞罗马托萨厂	红土矿：Ni 2.97，Co 0.06，Fe 15，SiO_2/MgO = 2.945	镍铁 3(合金)	51000kV·A电炉，镍铁合金含镍42%～47%，镍的回收率约88%
多米尼加 博纳阿厂	高镁质硅酸镍矿：Ni 1.87，Fe 17，MgO 25，SiO_2 35	镍铁 3.3(Ni)	55000kV·A矩形电炉3台，镍的回收率约93%，电炉能耗500kW·h/t，镍铁合金含镍32%～40%
美国 利得冶炼厂	高镁质硅酸镍矿：Ni 1.5，Fe 12，MgO 30，SiO_2 50	镍铁 0.55(Ni)	14000kV·A电炉4台，镍的回收率90%，电炉能耗680kW·h/t，燃油消耗23kg/t

3.7.2 氧化镍矿还原硫化造锍熔炼

氧化镍矿还原硫化造锍熔炼是在鼓风炉中将矿石中的镍、钴和部分铁还原出来，与加入的硫化剂硫化形成金属硫化物的共熔体并与炉渣分离，故称为还原硫化熔炼。氧化镍矿鼓风炉硫化熔炼工艺在前苏联和北欧国家使用较多，如列日镍厂、乌法列伊镍公司、奥尔斯克镍厂等。鼓风炉还原硫化熔炼镍锍的工艺流程如图3-14所示。

3.7.2.1 氧化镍矿鼓风炉熔炼的原理

鼓风炉熔炼是在氧化镍矿中配入适量的CaO和SiO_2，首先在约1373K下使其烧结成块（或挤压成团、自然晾干），然后配入一定量的黄铁矿（或石膏）作硫化剂、焦炭作还原剂和燃料，使其在鼓风炉内约1623K的温度下熔炼成低镍锍。镍的回收率通常可以达到85%以上，并可以回收钴。氧化镍矿在鼓风炉内还原、硫化、造锍熔炼的过程中，主要发生以下反应。

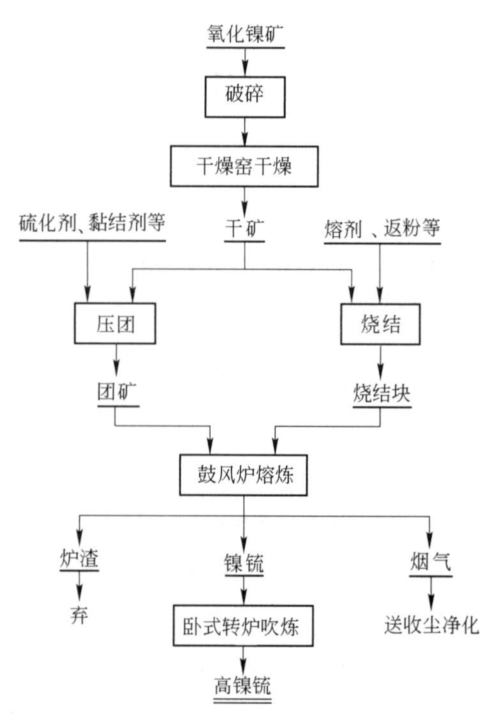

图3-14 鼓风炉还原硫化熔炼镍锍的工艺流程

A 离解反应

入炉炉料中除了石灰石在1181K离解以外，黄铁矿在超过873K时离解为FeS，鼓风炉熔炼时该反应发生在炉子的上部，生成硫蒸气或被氧化为SO_2随烟气排出，矿物中所含有的半数硫没有参与硫化反应，因此黄铁矿的离解是不希望的；此外，黄铁矿离解时常伴随着矿物的崩裂作用，形成大量碎块，它们易被烟气带走，使硫化剂消耗过高。一般控制入炉物料的粒度在25～50mm。由于黄铁矿作为硫化剂存在上述缺点，许多工厂都乐于采用较难离解的石膏（$CaSO_4 \cdot 2H_2O$）硫化剂。

B 还原反应

金属氧化物在炉内被碳质还原剂及其产生的CO所还原，总反应表示为：

$$MeO + C(CO) = Me + CO(CO_2)$$

最易还原的氧化物是NiO，在973～1073K时其还原反应速度就已相当快；而硅酸镍（$NiSiO_3$）的还原就要难得多。当炉料中存在FeO和CaO时，由于形成Fe_2SiO_4和$2CaO \cdot SiO_2$，加速了$NiSiO_3$的还原反应。

铁氧化物还可还原为FeO，与SiO_2造渣形成$2FeO \cdot SiO_2$。一定量的铁氧化物被还原为金属铁，可使硫化过程和造镍锍的过程加速。

C 硫化反应

以石膏作硫化剂时，其在有炉渣存在的条件下受热，将按下式完全离解：

$$CaSO_4 \cdot 2H_2O = CaO + SO_3 + 2H_2O$$

随后，金属氧化物与含有CO和SO_3的气体相互反应而被硫化：

$$3NiO + 9CO + 2SO_3 = Ni_3S_2 + 9CO_2$$

$$3NiSiO_3 + 9CO + 2SO_3 = Ni_3S_2 + 3SiO_2 + 9CO_2$$

$$FeO + 4CO + SO_3 = FeS + 4CO_2$$

$$Fe_2SiO_4 + 8CO + 2SO_3 = 2FeS + SiO_2 + 8CO_2$$

$$3NiO + 2FeS + Fe = Ni_3S_2 + 3FeO$$

$$6NiSiO_3 + 4FeS + 2Fe = 2Ni_3S_2 + 3Fe_2SiO_4 + 3SiO_2$$

$$NiO + Fe = Ni + FeO$$

$$2NiSiO_3 + 2Fe \xlongequal{} 2Ni + Fe_2SiO_4 + SiO_2$$

氧化镍矿经还原、硫化、造锍熔炼所产出的低镍锍，主要由镍和铁的硫化物组成。为保证镍、钴的回收率（一般为70%～85%），镍锍中含有大量的金属铁。

与硫化镍矿的造锍熔炼一样，低镍锍以熔融状态加入转炉进行吹炼，产出的高镍锍的主要成分为Ni_3S_2。高镍锍的进一步处理与硫化镍矿生产高镍锍的处理方法相同。

3.7.2.2 氧化镍矿鼓风炉熔炼的实践

A 炉料

氧化镍矿鼓风炉还原硫化熔炼的入炉炉料包括以下五种：

（1）氧化镍矿。氧化镍矿由于疏松易碎且水分含量较高，不宜直接装入鼓风炉中熔炼，一般需先经制团或烧结成块后才入炉熔炼。氧化镍矿制团是先将矿物在干燥窑内973～1073K高温下干燥至矿石中水分含量降至10%～14%，然后经破碎、筛分，配以适量的黏结剂（如黏土、石灰等）、熔剂和返粉，混合均匀后再添加适量水，送至压团机压制成具有一定机械强度的团矿（制团过程为物理过程，无化学变化）。氧化镍矿烧结属于还原烧结，主要靠矿石中高价氧化铁还原为FeO，随后与SiO_2反应形成半熔性的硅酸盐，使粉矿黏结成块。

（2）熔剂。常用石英石和石灰石两种熔剂。

（3）硫化剂。硫化剂主要是石膏（$CaSO_4 \cdot 2H_2O$），其次为黄铁矿（FeS_2）。

（4）燃料。焦炭既作为燃料，也作为还原剂，占炉料的20%～30%。

（5）烧结返粉。氧化镍矿烧结时还需配入25%～30%的烧结返粉，以改善烧结料层的透气性，强化过程，提高烧结块的质量。

B 熔炼产物

鼓风炉熔炼时，将焦炭、转炉渣、熔剂、团矿或烧结块以分层加料方式，从炉顶侧面依次顺序加入炉内。大量焦炭在鼓风炉的风口区燃烧，使风口附近的炉温升到1973K以上。高温炉气向上流动，使向下运动的炉料被加热并进行脱水、离解、还原、硫化和熔炼等一系列物理化学过程，形成镍锍和炉渣两种密度不同的熔体，流入炉缸或前床进行澄清分离。上层为密度小的炉渣，下层为密度大的镍锍，其中Ni + Cu含量为12%～25%，S含量为22%～26%。

3.7.2.3 镍锍的吹炼

氧化镍矿中基本不含铜，所得镍锍主要是由镍、铁、硫组成的，三元成分占98%～99%，因而无需进行镍、铜的分离。工业实践表明，镍锍的金属化程度很高（占总量的34%～36%），其中有60%的镍呈金属形态，28%～42%的铁呈铁镍合金形态，因此吹炼时的反应为：

$$2Fe + O_2 + SiO_2 \xlongequal{} 2FeO \cdot SiO_2$$

$$2FeS + 3O_2 + SiO_2 \xlongequal{} 2FeO \cdot SiO_2 + 2SO_2$$

除这些反应外，金属镍也将被氧化，但由于FeS的存在，保证了镍不会造渣，反应如下：

$$6NiO + 6FeS + 2O_2 + 3SiO_2 \xlongequal{} 2Ni_3S_2 + 3(2FeO \cdot SiO_2) + 2SO_2$$

虽然吹炼过程只有造渣期，但由于镍锍品位不高，常需在几个转炉中进行吹炼，将大部分铁氧化造渣之后，再集中于一个转炉内吹炼氧化剩余的铁，这时钴和镍也开始被氧化。当镍锍中含钴时，钴常富集于最后一批转炉渣中（钴含量可达0.8%～1.2%），此渣将作为提取钴的原料。吹炼的最终产品为高镍锍，实际为 Ni_3S_2 形式的硫化镍。

3.8 氧化镍矿湿法冶炼

红土镍矿的镍品位低且矿相复杂，加之矿物中缺少硫，所以难以采用火法冶金进行造锍熔炼处理。对于镍含量较高而铜、钴含量低的红土镍矿，较多采用电炉还原熔炼的方法生产镍铁；但在处理镍、铜和钴含量都比较高的红土镍矿时，宜采用湿法冶金处理，以利于综合回收各种有价金属。浸出是湿法冶金中常用的处理方法，浸出剂通常是酸或碱。红土镍矿湿法冶金工艺方案的选择，主要基于矿石中碱性氧化镁的含量、金属价格、能源价格以及环境保护等。硅镁质型红土镍矿中氧化镁含量高，采用酸浸时不仅耗酸量大，同时产生大量镁盐，因此宜采用碱性氨浸，而且这种浸出是在常温、常压下进行的。若矿石中氧化镁含量低，则可采用硫酸浸出。为了加速矿石中有价金属的溶解，硫酸浸出过程通常在较高的温度和压力下进行。

目前，世界范围内大规模工业应用的红土镍矿湿法冶金工艺主要有如下两种：

（1）还原焙烧-氨浸工艺。

（2）全湿法酸浸工艺。全湿法酸浸工艺主要包括高压酸浸（HPAL）、常压酸浸（AL）、强化高压酸浸（EHPAL）及堆浸等。而高压酸浸工艺由于能耗低、碳排放量少、有价金属综合利用率高等特点，成为国外处理高铁、低镍品位红土镍矿资源的主要技术。

镍产品主要有电镍、镍粉、镍块及含镍中间产品（如氧化镍、氢氧化镍）等。

3.8.1 红土镍矿的还原焙烧-氨浸

对于MgO含量大于10%、镍含量在1%左右且镍赋存状态不太复杂的红土镍矿，通常采用还原焙烧-氨浸工艺处理。其主要优点是：试剂可循环使用，消耗量小，能综合回收镍和钴；其缺点是：浸出率偏低，镍、钴金属的回收率分别为75%～85%和40%～60%。而对于含镍蛇纹石类的红土镍矿，则不适宜采用还原焙烧-氨浸工艺。采用该法处理红土镍矿的工厂有古巴尼加罗冶炼厂、印度苏金达冶炼厂、斯洛伐克谢列德冶炼厂、澳大利亚雅布鲁精炼厂及我国青海元石山镍冶炼厂等。

国内外采用还原焙烧-氨浸法的部分生产厂家见表3-28。

表3-28 国内外采用还原焙烧-氨浸法的部分生产厂家

厂 别	处理原料/%	产品及产量/万吨·年$^{-1}$
印度苏金达冶炼厂	红土矿：Ni 0.4～1.2，Co 0.04～0.1，Fe 30～58	镍粉0.48(Ni)，钴粉0.02(Co)
菲律宾诺诺克镍厂	红土矿：Ni 1.23，Co 0.1，Fe 37	镍粉、镍块3.1(Ni)
澳大利亚雅布鲁精炼厂	红土矿：Ni 1.57，Co 0.1，Fe 30	烧结NiO 3(Ni)
阿尔巴尼亚爱尔巴桑镍冶炼厂	红土矿：Ni 0.9，Co 0.06，Fe 30，SiO_2～10，MgO～3，CaO～3	镍块0.5(Ni)

续表 3-28

厂　别	处理原料/%	产品及产量/万吨·年$^{-1}$
斯洛伐克谢列德冶炼厂	红土矿：Ni 0.9，Co 0.16，Fe 50，SiO_2 1～10，MgO 1～4，CaO ～3	电镍 0.3(Ni)，电钴 0.01(Co)
巴西圣保罗精炼厂	氧化镍矿：Ni 1.65	电镍 1(Ni)，电钴 0.03(Co)
古巴尼加罗冶炼厂	高镁质硅酸镍矿：Ni + Co ～1.3，Fe 12，SiO_2 35，MgO 29	烧结 NiO 1.8(Ni)
古巴切格瓦纳镍冶炼厂	高镁质硅酸镍矿：Ni + Co ～1.3，Fe 12，SiO_2 35，MgO 29	烧结 NiO 2.3(Ni)
中国青海元石山镍冶炼厂	镍铁氧化矿：Ni 0.9，Co 0.06，Fe 32，SiO_2 ～18，Mg ～5	精制硫酸镍 0.3(Ni)

3.8.1.1 氧化镍矿还原焙烧-氨浸的原理

氨浸法是基于红土镍矿中的镍一般与铁结合成铁酸盐状态，经还原焙烧使铁酸镍转变成金属镍或镍铁合金，以便在氨溶液中溶解。

A 红土镍矿的还原焙烧

红土镍矿采用煤气进行还原焙烧，主要发生下列反应：

$$NiO + H_2 = Ni + H_2O$$

$$3Fe_2O_3 + H_2 = 2Fe_3O_4 + H_2O$$

$$NiO + CO = Ni + CO_2$$

由于矿石中氧化镍与铁共生，还原产物（焙烧矿）中镍与铁呈合金形式存在。

B 焙烧矿的氨浸

焙烧矿用 NH_3-$(NH_4)_2CO_3$ 溶液进行常压氨浸，在焙砂矿浆充气条件下，镍溶解于含氨的碳酸铵溶液中：

$$FeNi + O_2 + 8NH_3 + H_2O + 3CO_2 = [Ni(NH_3)_6]^{2+} + Fe^{2+} + 2NH_4^+ + 3CO_3^{2-}$$

而 Fe^{2+} 进一步氧化成 Fe^{3+}，呈胶状沉淀析出：

$$4Fe^{2+} + O_2 + 2H_2O + 8OH^- = 4Fe(OH)_{3(s)}$$

浸出所得的富镍溶液在蒸氨塔中被加热蒸馏脱除氨，溶液中 Ni^{2+} 与 OH^- 和 CO_3^{2-} 化合变成碱式碳酸镍：

$$[Ni(NH_3)_6]^{2+} = Ni^{2+} + 6NH_{3(g)}$$

$$5Ni^{2+} + 6OH^- + 2CO_3^{2-} = 3Ni(OH)_2 \cdot 2NiCO_{3(s)}$$

碱式碳酸镍经煅烧成为氧化亚镍：

$$3Ni(OH)_2 \cdot 2NiCO_3 = 5NiO + 3H_2O + 2CO_2$$

3.8.1.2 氧化镍矿还原焙烧-氨浸的实践

古巴尼加罗冶炼厂用还原焙烧-常压氨浸工艺处理氧化镁含量高的红土镍矿已达半个世纪之久，其工艺流程如图 3-15 所示。

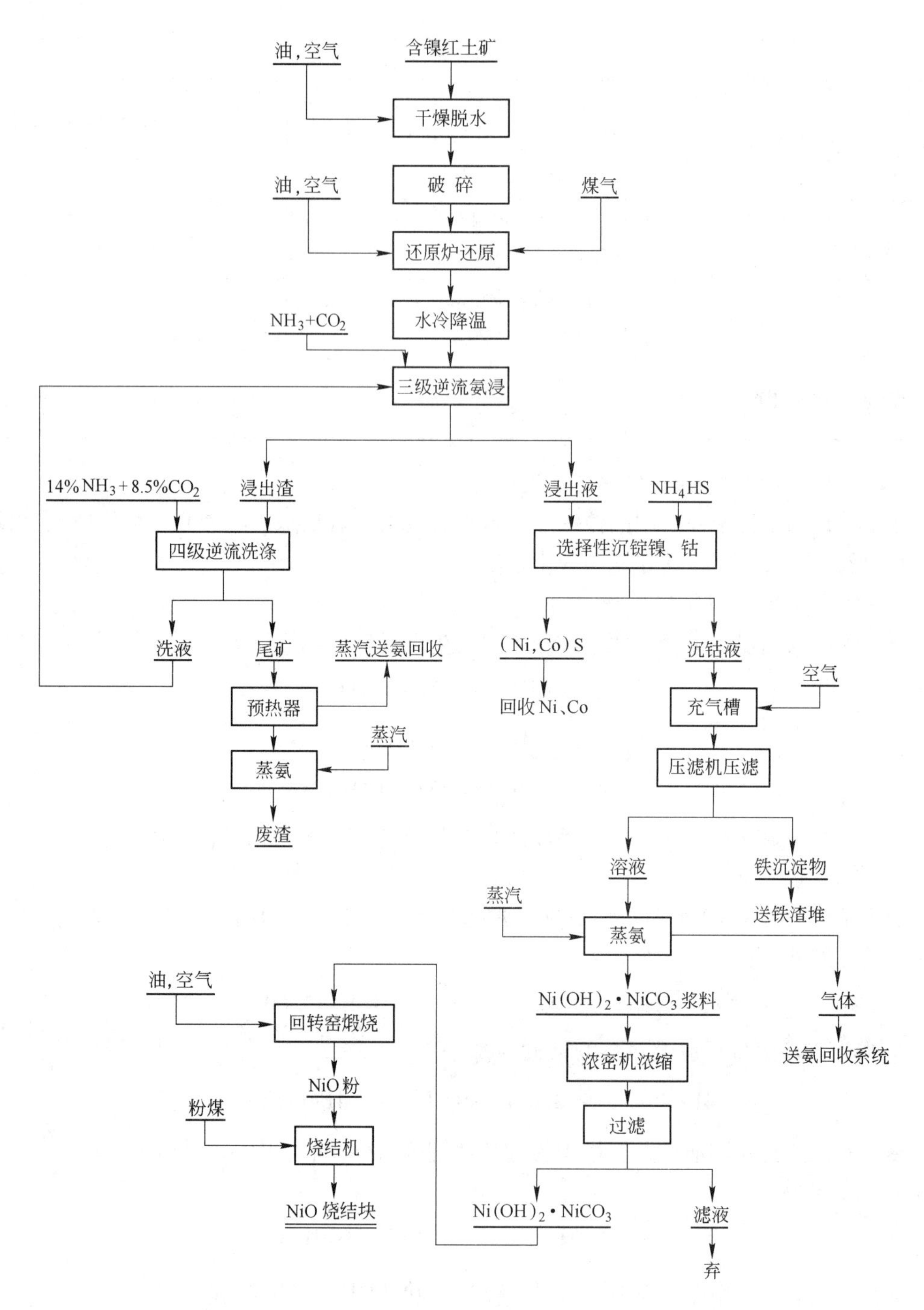

图 3-15 古巴尼加罗冶炼厂生产工艺流程

尼加罗冶炼厂生产规模为年处理矿石 178 万吨（平均含 Ni 1.3%、Co 0.07%），生产烧结氧化镍 1.8 万吨（含 Ni 90%），镍总实收率为 70.4%，钴浸出率为 18% ~20%，氨耗为 410kg/t，二氧化碳耗量为 551kg/t。

该厂处理的红土镍矿粒度小于 0.074mm 的物料占 90%，矿物先在多膛炉中进行还原焙烧，用煤气加热和控制还原气氛，煤气的组成为 CO 28% ~30%、H_2 15% ~16%、CO_2 3% ~4%，温度控制在1033K，使氧化镍被还原成金属镍。

焙烧矿用 NH_3-$(NH_4)_2CO_3$ 溶液进行常压氨浸，采用如图3-16所示的充气搅浸槽三段逆流浸出。第一段浸出矿浆经浓密机固液分离，产出的富镍溶液成分为：Ni 12 g/L，Co 0.17g/L，NH_3 65g/L，CO_2 35g/L。

在蒸氨塔中，富镍溶液被加热蒸馏脱除氨，溶液中 Ni^{2+} 与 OH^- 和 CO_3^{2-} 化合变成碱式碳酸镍（$3Ni(OH)_2 \cdot 2NiCO_3$）。碱式碳酸镍最后在回转窑中于1613K煅烧成氧化亚镍。将氧化亚镍和无烟煤混合制团，在烧结机上烧结，制成粒度大于6.35mm的烧结镍。煅烧的氧化亚镍粉和烧结镍的成分如表3-29所示。

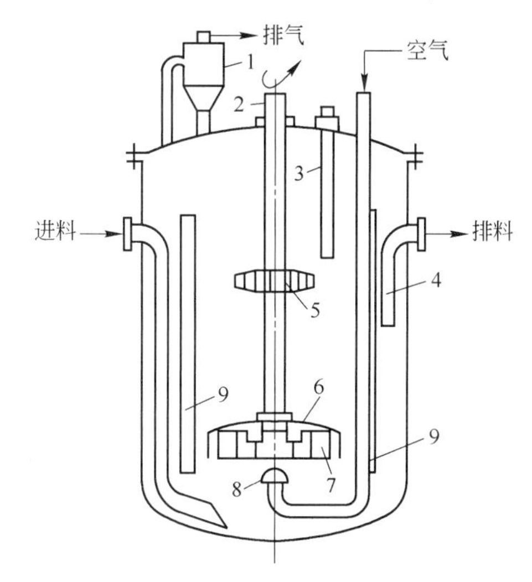

图3-16 充气搅拌槽

1—气液分离；2—搅拌轴；3—测温管；4—排料浆管；5—上搅拌轮；6—下搅拌轮；7—叶轮；8—空气分布帽；9—液面调节阀

表3-29 煅烧的氧化亚镍粉和烧结镍的成分 （%）

镍产品	Ni	Co	Fe	S	Cu	Pb	SiO_2	O_2	MgO
煅烧氧化亚镍粉	76.5	0.6	0.25	0.4	0.03		1.2		1.032
烧结镍	88	0.7	0.3	0.05	0.04	0.0005	1.7	7.5	

为提高镍、钴的回收率，美国矿务局发展了还原焙烧-氨浸法处理红土镍矿回收镍、钴的新工艺，简称USBM法。该法的要点在于：还原焙烧前加入了黄铁矿（FeS_2）进行制粒，还原时用纯CO作还原剂，浸出液用LIX64-N作为萃取剂实现钴、镍分离，生产电镍；整个系统为闭路循环，有效地利用了资源。处理镍、钴含量分别为1%和0.2%的红土镍矿时，镍、钴的回收率分别为90%和85%；处理镍、钴含量分别为0.53%和0.06%的低品位红土镍矿时，钴的回收率也能达76%。与原来的氨浸工艺相比较，新工艺大大提高了镍、钴的回收率，降低了过程的能耗。

3.8.2 红土镍矿的加压酸浸

红土镍矿的加压酸浸是在高温、高压条件下，用硫酸从氧化镍矿石中选择性浸出镍和钴的过程。对于镁含量小于10%（特别是小于5%）的红土镍矿，可采用加压酸浸（简称HPAL）的全湿法流程。即在503~533K和4~5MPa的高温、高压下，首先用硫酸对红土镍矿进行选择性浸出，得到含镍、钴的浸出液，并使矿石中的铁、铝等杂质大部分留存于渣中；然后采用硫化物沉淀（简称MSP）技术或氢氧化物沉淀（简称MHP）技术从浸出液中回收镍和钴，其回收率一般为90%~95%。

典型的红土镍矿HPAL工艺一般包括原料准备、高压酸浸、中和、浓密机连续逆流洗涤（简称CCD洗涤）、产品生产等工序，其原则工艺流程如图3-17所示。由于各厂的产品方案不同，产品生产的工艺流程有较大差异，最终产品可以是金属镍（电镍、镍粉、镍块等）、混合镍钴中间产品（硫化镍钴、氢氧化镍钴等）、氧化镍及碳酸钴等。

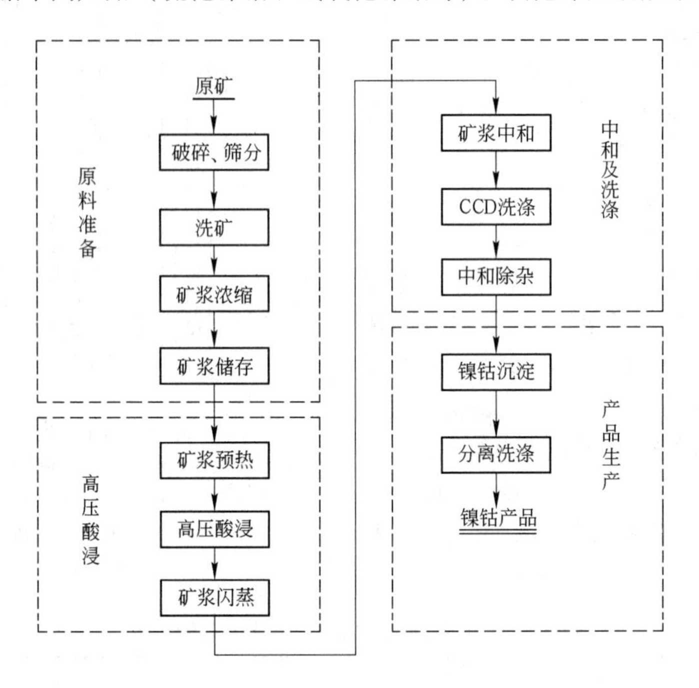

图3-17　红土镍矿HPAL原则工艺流程

3.8.2.1　原料准备

矿石经过破碎、筛分、洗矿，加水制成含固体25%的矿浆进入浓密机，其底流含固体45%~47%，用泵送往浸出作业。

3.8.2.2　高压酸浸

矿浆经预热至355K温度后，用矿浆泵送往加热器加热至519K，自流入压煮器进行浸出。矿石中的氧化镍、氧化钴与硫酸作用生成硫酸镍和硫酸钴而进入溶液：

$$NiO + H_2SO_4 = NiSO_4 + H_2O$$

$$CoO + H_2SO_4 = CoSO_4 + H_2O$$

古巴毛阿湾镍厂共有四组压煮器，每组四台串联操作。压煮器为立式，尺寸为ϕ3050mm×15800mm。压煮器壳为钢制，内衬6.4mm铅板，再衬76mm耐酸砖及一层炭砖。用高压蒸汽搅拌，压煮器内反应温度为519K，反应压力为3.6MPa，反应时间为112min，镍、钴的浸出率为95%~96%。

3.8.2.3　中和及洗涤

从最后一台压煮器出来的矿浆经冷却、闪蒸降温至369K以下，进行中和除杂，经六段浓密机进行CCD洗涤。第一段浓密机的溢流作为富镍溶液，浸出渣送尾矿池（可作为炼铁原料）。矿石、富镍溶液和浸出渣的成分见表3-30。

表 3-30 矿石、富镍溶液和浸出渣的成分

矿石及产品	Ni	Co	Cu	Zn	Fe	Mn	Cr (Cr_2O_3)	SiO_2	Mg (MgO)	Al (Al_2O_3)
矿石/%	1.35	0.146	0.02	0.04	47.5	0.8	(2.9)	3.7	(1.7)	(8.5)
富镍溶液/$g \cdot L^{-1}$	5.95	0.64	0.1	0.2	0.6	2.0	0.3	2	2	2.3
浸出渣/%	0.06	0.008	—	—	51	0.4	(3.0)	3.5	(0.7)	(8.1)
浸出率/%	96	95	100	100	0.4	57	3.0	12	60	11

3.8.2.4 产品生产

产品生产过程是从富镍溶液中回收镍和钴，采用的方法是硫化物沉淀法。先向富镍溶液中通入 H_2S 气体预处理以除去铬，并使 Fe^{3+} 还原成 Fe^{2+}；再用珊瑚浆（$CaCO_3$）中和富镍溶液中的游离酸，中和时要严格控制 pH = 2 ~ 2.6，pH 值太低则镍、钴很难沉淀完全，pH 值太高则铁也沉出。

中和后液用 H_2S 沉淀镍、钴：

$$NiSO_4 + H_2S = H_2SO_4 + NiS_{(s)}$$

$$CoSO_4 + H_2S = H_2SO_4 + CoS_{(s)}$$

硫化沉淀过程采用机械搅拌的卧式高压釜（ϕ3500mm × 9910mm），壳体为钢制，内衬 4.75mm 橡胶和 114mm 耐酸砖。控制温度为 391K，总压力为 1.0MPa，H_2S 分压为 0.8MPa。在镍、钴沉淀的同时，少量杂质铜和锌也沉淀。得到的镍、钴硫化物沉淀产品的成分列于表 3-31。

表 3-31 镍、钴硫化物沉淀产品的成分

产 品	Ni	Co	Cu	Zn	Fe	Mn	Cr	S	Mg (MgO)	Al (Al_2O_3)	硫酸盐
中和溢流/$g \cdot L^{-1}$	4.15	0.45	0.8	0.1	0.6	1.4	0.2	—	1.9	1.6	27.0
镍、钴硫化物/%	55.1	5.9	1.0	1.7	0.3	—	0.4	35.6	—	0.02	0.04
回收率/%	99	98.1	100	100	4	—	13.1	—	0	0.1	—

3.9 镍 再 生

随着科学技术的发展和人们生活对镍需求量的增加，原生镍矿产资源逐年减少，而工业和民用含镍废品量则不断增加，因此，再生镍的回收与综合利用日益受到重视。据统计，美国、日本等发达国家已对镍的二次资源进行严格的分类回收，回收率达 80% 以上，再生镍比重占总消耗量的 20% 左右。再生镍金属的回收和综合利用，不仅有效地利用镍废弃物资源，补充镍金属的需求，而且因其投资少、见效快、节约能源和矿源、减少环境污染等优点，具有显著的社会效益和经济效益。

3.9.1 含镍废料的分类及其处理方法

3.9.1.1 含镍废料的分类

含镍的物料品种较多，它们分别以废件及块状物料、屑料、粉尘和其他含镍废料形态

返回再生金属冶炼厂进行处理，这些含镍废料中常含有镍、钴、铁、铜、铬、钨、锡、铝等有价金属，其中镍含量为2% ~70%，多在10% ~20%之间。与常见的有色金属（如铝、铜、铅、锌等）相比，镍的消费量相对较少，而且含镍产品种类繁多，产品使用寿命较长，故含镍废料的种类繁杂，至今还没有形成含镍废料的分类标准。根据其来源和化学成分，可将含镍废料简单分为含镍合金、废电池和含镍催化剂等。

A 含镍合金

含镍合金主要是各类不锈钢、高温合金、硬质合金、废磁性合金、膨胀合金、镍磷铁等。不锈钢中的镍含量一般为2% ~35%，并含有一定量的铬、钼等；高温合金的镍含量多为25% ~70%；硬质合金均为含镍的碳化钛基合金；废磁性合金的镍含量为14% ~24%；镍钴膨胀合金主要为硬玻璃陶瓷封接用合金（又称为可伐合金），其镍含量为8.5% ~29.5%；镍磷铁是钙镁磷肥生产过程中的副产品，镍磷铁的产量约为钙镁磷肥产量的1.5%，其成分为：Ni 4% ~7%，Fe 63% ~71%，P 7.5% ~10.5%，Cu 0.38% ~0.95%，Co 0.16% ~0.3%。

B 废电池

含镍的电池主要包括镍镉电池、镍氢电池等。废镍镉电池含 Ni 11.6% ~55.6%、Cd 1.1% ~17.3%，废镍氢电池含 Ni 29% ~42%。

C 含镍催化剂

镍系列催化剂广泛用于多种化学反应，特别是用于多种加氢反应，其主要分为雷尼镍催化剂和载体型镍催化剂。雷尼镍催化剂为无载体的金属粉末，镍含量为60% ~70%；其他含镍催化剂有多种类型，其镍含量低的一般为1.2% ~6%，高的可达30% ~70%。废镍催化剂，尤其是载体型催化剂，载体（如 Al_2O_3 等）含量高，还含有一些助剂。

3.9.1.2 含镍废料的处理方法

先根据含镍废料中镍和其他金属的含量严格分类，再确定其最经济合理的处理方法。一般纯净的合金废料可根据具体情况直接再熔炼成相应的合金使用，或直接熔炼成用于生产不锈钢、磁钢的配料。对于其他化学成分比较复杂的合金废料或含镍较高的废弃物等，可以采用电炉熔炼成镍铁；或采用湿法流程及火法与湿法联合流程进行处理，加工成金属镍或镍盐产品。

A 火法冶金处理方法

含镍废料中化学成分比较简单、数量多的物料，一般都采用电弧炉直接熔炼成合金原料或作为不锈钢、磁钢的配料。先在电弧炉内将含镍废料加热至约1723K 使其熔化，然后向熔体中通氧气。根据各元素与氧的亲和力不同，使部分元素与镍分离。有关元素与氧的亲和力从大到小依次为：

$$Al > Si > V > Mo > Cr > C > P > Fe > Co > Ni > Cu$$

含镍废料中与氧亲和力比镍更大的杂质元素，将不同程度地优先与氧结合造渣而与镍分离。

B 湿法冶金处理方法

当含镍废料成分较简单或其金属回收价值较高时，一般可采用湿法处理。在采用湿法流程时，金属的溶解可采用化学法或电化学法溶解，然后根据具体情况采用化学沉淀法（如中和沉淀、硫化沉淀、置换沉淀及盐类结晶等）、溶剂萃取和离子交换技术对溶液中的有价金属进行分离，以富集和提纯镍及其他有价金属。

C 火法冶金与湿法冶金联合处理方法

对于成分复杂、镍含量较低的难处理含镍废料，一般都采用火法-湿法联合处理流程。将含镍废料（如高磷镍铁）在电弧炉或卧式转炉中吹炼，并加入石英或石灰石作熔剂，除去部分在高温下易氧化的杂质元素。然后熔铸成阳极，在电解槽中进行电解精炼，产出电镍。

3.9.2 含镍合金的回收与再生

3.9.2.1 从镍基合金废料中提取镍

镍基合金废料大都是镍基高温合金生产和加工过程中的返回料以及其他镍基铁合金废料。这类物料首先在电弧炉中进行高温熔炼，浇铸成镍基合金阳极板。阳极的成分为：Ni 44% ~ 72%，Co 0.018% ~ 2.22%，Cu 0.018% ~ 1.82%，Fe 0.47% ~ 36.05%，Pb 0.001% ~0.04%，Zn 0.0005% ~0.13%，Cr 0.5% ~25.03%。为避免阳极成分大幅度波动对电解的影响，应将各批号的阳极合理搭配，使阳极液中的杂质浓度在一定范围内波动。以镍基合金为阳极板、不锈钢为母板、弱酸性氯化镍溶液为电解液，在种板电解槽中电解 10 ~12h，得到厚约 0.6mm 的始极片，加工成阴极。再在工业电解槽中以镍基合金为阳极板、镍始极片为阴极、弱酸性氯化镍溶液为电解液（阴极液），进行隔膜电解，产出电镍。阴极液的成分为（g/L）：Ni 55 ~75，Co 小于 0.0015，Cu 小于 0.0004，Fe 小于 0.0006，Pb 小于 0.0001，Cr 小于 0.001，Cl^- 160 ~180，H_2BO_3 5 ~7，Na^+ 小于 65。

由于镍基合金阳极中镍品位较低，致使阴极进液与阳极出液的镍离子浓度相差达 5 ~ 9g/L。因此，阳极液不仅需进行较为复杂的净化除杂，还需抽出大约 1/5 的溶液进行浓缩，以便维持比较恒定的镍离子浓度。此外，还需以镍基合金为阳极板进行单独的电解造液，以补充电解液中贫化的镍离子。阳极液的净化过程包括 N235（三辛基胺）萃取脱除铜、锌、铁、钴等杂质，$NiCO_3$ 中和除铬，通 Cl_2 氧化脱除铅等，最终获得满足电解精炼所需的阴极液。再生镍电解精炼的主要技术条件见表 3-32。

表 3-32 再生镍电解精炼的主要技术条件

项　目	技术条件	项　目	技术条件
阴极室进液 pH 值	4.6 ~4.8	阴极周期/天	3
阳极室出液 pH 值	1.2 ~1.7	阳极周期/天	8 ~9
阴极室进液流量/$m^3 \cdot t^{-1}$	95 ~105	槽电压/V	1.4 ~2.7
阴、阳极室液面差/mm	25 ~40	电流密度/$A \cdot m^{-2}$	300 ~350
阴极室液温/K	343 ~348	同极距/mm	170

3.9.2.2 从废镍铬合金钢中回收镍

在废高温合金及废镍铬不锈钢（简称废合金钢）中，镍含量波动很大，为 9% ~ 70%，而铬含量高达 12% ~25%。国内某厂经多次试验研究，提出了从废合金钢中同时回收镍与铬的生产工艺流程。将镍含量在 55% 以上的废镍铬合金钢直接在电弧炉中熔炼，并浇铸成阳极板；而当废合金钢中镍含量低于 55% 时，则需采用空气吹炼氧化，使镍富集到 60% 左右，再浇铸成镍铁阳极板。废镍铬合金钢电炉熔炼作业包括加料、熔化、吹炼氧化、蒸锌、脱氧、浇铸等环节。通过对镍铁阳极板进行电解，在阴极获得电镍。吹炼氧化过程所得的富铬渣送去回收铬。

电炉熔炼的技术经济指标为：电炉熔炼镍直收率80% ~90%，炉时10 ~15h；电能消耗1800kW·h/t，电极消耗30 ~40kg/t，石灰石消耗约70kg/t，萤石消耗约80kg/t，石英砂消耗约40kg/t。

3.9.2.3 从镍磷铁废料中生产电解镍

镍磷铁合金中，磷与铁、镍、钴、铜在熔融状态下能完全互溶，其中可能存在Ni_3P、Co_2P、Fe_3P及Cu_3P等，其稳定性依次逐渐减弱。从镍磷铁废料中生产电解镍的工艺过程主要包括反射炉熔炼、电炉熔炼、冷铸粗镍阳极、镍电解精炼、电解液净化等。

反射炉熔炼是在对镍磷铁进行脱除杂质的同时，使镍初步富集。熔炼过程控制炉温为1573K，向熔融的镍磷铁中增加鼓风，并加入足量的石英，使铁优先氧化造渣除去。部分镍、钴、铜也发生氧化反应，但生成的氧化物遇到合金熔体中的铁和磷时，又被还原成金属。反射炉熔炼所得的镍合金中磷含量为6.5%左右，镍含量大于45%。镍合金送入电炉，加入块焦和石英砂，鼓入空气进一步氧化除杂。熔炼至合金中镍含量升至75%左右时，即可浇铸成粗镍阳极板。按照前述方法进行隔膜电解，获得电解镍。

3.9.2.4 电炉还原熔炼含镍废料生产镍铁

用含镍废料还原熔炼生产镍铁时，主要是除去镍铁中的氧、硫及其他杂质。熔炼过程中，将空气鼓入金属熔池中或熔池表面，使杂质金属氧化生成氧化物，与主体金属分离。采用炼钢用的翻转式或可卸炉顶式电弧炉，容量一般为0.5 ~10t。电极采用碳电极或石墨电极，工艺过程为间歇式。主要工序为炼前炉料准备、装料及熔化、精炼、出渣、浇铸金属。一般炉时为4.5 ~6h。

为了控制镍铁产品中的硫、磷含量，通常应控制它们在原料中的含量，或通过炉外精炼法进一步脱除硫和磷。

3.9.3 废旧电池中镍的回收与再生

含镍电池主要是指镍镉电池、镍氢电池。镍镉电池曾是主要的可充电电池，我国自产加上进口，年消费量在几亿只。由于镉的毒性大而使镍镉电池受到了很大限制，20世纪90年代后，它逐步让位于镍氢电池和锂离子电池。国外在废旧镍镉电池回收利用方面已产业化，如美国国际金属公司采用火法处理镍镉电池，镉挥发以氧化物形式回收；镍以镍铁形式回收；欧洲有三家回收厂，每年回收便携式镍镉蓄电池3000t、工业蓄电池3000t，这三家工厂在分离镉后，将镍钴渣和镍铁渣销售给炼钢厂或特殊合金厂；日本曾是镍镉电池最大的生产国和消费国，对此已形成两种回收工艺，其火法工艺与美国国际金属公司的工艺相近，湿法工艺是采用酸浸出镍、镉，然后再分别回收；此外，德国也建立了废旧镍镉电池湿法处理回收利用的工厂。

3.9.3.1 火法处理

废镍镉电池一般是采用高温熔炼进行处理，利用镉易挥发的特性将镉分离出来，产出一种镍铁渣。如美国日用电池公司是将废镍镉电池原料与还原剂（焦炭）混合，在熔炼炉中通入惰性气体（氩气或氮气），分三段加热：在523 ~573K的温度下除去水分；再在773 ~1073K的温度下烧掉塑料等挥发物；最终在1173 ~1273K的温度下使镉挥发并冷凝回收。韩国一家工厂也采用火法冶金处理废镍镉电池，将镉挥发除去后，所得的渣中含镍（36%）、铁（20%）以及其他金属（如钴），然后从渣中以硫酸镍形式回收镍。

废旧镍氢电池也可采用火法处理工艺。日本的住友金属、三德金属等公司主要是利用废旧电池中各元素的沸点差异进行分离、熔炼。具体步骤为：先将废旧镍氢电池破碎、解体、洗涤以除去 KOH 电解液，经重力分选除去有机废弃物后，放入焙烧炉中于 873～1073K 下焙烧，焙烧产物经电炉熔炼获得镍铁合金（含 Ni 50%～55%、Fe 30%～35%）。

3.9.3.2 湿法处理

湿法处理是将废旧电池原料用硫酸或盐酸浸出，浸出液经净化后，用化学沉淀、溶剂萃取-电积的方法回收金属。

A 化学沉淀

D. A. Wilson 等人将废旧电池经清洗后（洗去 KOH 电解质），在 623～873K 温度下焙烧 1h，镉被氧化，镍、镉的盐类也被分解成氧化物。焙烧后的产物用 4mol/L 的 NH_4NO_3 进行常温、常压浸出，镉氧化物溶解，而镍、铁则不溶。往浸出液中通入 CO_2，使镉以 $CdCO_3$ 形式沉淀。溶液中含有少量镍，加入 HNO_3 后萃取回收镍。

B 萃取-电积

荷兰的镍镉电池处理工艺是：先将电池破碎、筛分，粗颗粒主要为铁壳、塑料和纸，再用磁性分离方法将铁和塑料、纸分开。用盐酸在 303～333K 温度下对粗颗粒进行清洗，将铁中的镉洗下，清洗除镉后的铁送钢铁厂生产镍铁；盐酸清洗液用作浸出液对细颗粒进行浸出，产出的浸出渣（约占物料量的 1%，主要是镍和铁）可送钢铁厂处理，浸出液用萃取法分离提取镉，并经电积获得纯度为 99.8% 的电镉。

3.9.4 废催化剂中镍的回收与再生

镍基或含镍催化剂在石油加氢处理（即加氢处理、氢化精炼和加氢裂解）、有机物氢化合成、烃蒸气重组、加氢脱硫等多个领域有着广泛应用，对失效后废催化剂中镍、钼、钒等有价金属的回收已受到重视。早在 20 世纪 70～90 年代，国外针对含镍废催化剂再生的专利技术就多达 300 余项，不少大型石油公司、化学品公司、矿产冶炼公司等都拥有自己的专利技术。到 2005 年，此类废催化剂的年处理量已达 17.8 万吨。随着石油需求量的增长以及各国对汽油中硫含量标准的提高，此类催化剂的需求和废催化剂的处理量将进一步增加。

从废催化剂中回收有色金属的技术可分为火法冶金、湿法冶金和真空挥发三类。火法冶金方法通过氧化、还原或真空挥发，可以有效地除去废催化剂中的碳、有机残渣和某些杂质（如砷、硫、卤素等），使载体以渣的形式与溶入的金属分离，所回收的镍产品是富集的金属或可销售的合金。采用湿法冶金可在低温的水溶液介质中，通过溶解、萃取、沉淀、离子交换、电积等方式实现杂质元素与镍的分离。采用真空挥发的方法可使有价金属（如钴、铜、铬和锌等）生成挥发性氯化物而分离，也可使镍生成挥发性的羰基配合物而分离，还可使杂质硫、碳以及镉或铅等以卤化物或氧化物的形式挥发除去。

表 3-33 列出了国内外一些处理废石油精炼催化剂（含镍催化剂）的工厂情况。

表 3-33 国内外一些处理废石油精炼催化剂的工厂情况

公司	基本工艺	产品	处理能力/短吨·年$^{-1}$
美国 CRI 冶金公司	高压碱浸→Na_2CO_3 分解	MoO_3，V_2O_5，Al_2O_3，Ni，Co	30000
美国 C. S. 金属公司	碱浸→辅助浸出→加压氧化	MoO_3，V_2O_5，Al_2O_3，Ni，Co	
美国 Gulf 化学冶金公司	碱性焙烧→碱浸→NH_3 反应→电弧炉	MoO_3，V_2O_5，Al_2O_3，Ni，Co	23000
法国奥雷公司	NaOH 焙烧→火法冶炼→离子交换→NH_3 反应	钼酸铵，硫酸氧钒，Ni/Co	3000（法国） 2000（沙特）
荷兰 Metrex 公司	焙烧→$Mg(OH)_2$ 反应→H_2SO_4 反应→溶剂萃取	MoO_3，Al_2O_3，Ni-Co	
澳大利亚 Treibacher 公司	转窑→碱浸→NH_3 反应	Ni，Ni-Fe，V_2O_5，Fe-V	
中国台湾 Full Yield 工业公司	碱性氧化浸出→沉淀→溶解→结晶	MoO_3，V_2O_5，$NiSO_4$	8000

注：1 短吨 = 907. 18kg。

美国 Gulf 化学冶金公司（GCMC）是目前世界上最大的废石油精炼催化剂处理厂之一，对废石油精炼催化剂的处理已超过 40 年。该公司的废催化剂与苏打粉混合后，于 973 ~ 1123K 温度下在多室焙烧炉中进行焙烧，使废催化剂中的钼、钒、磷、硫等与苏打反应生成相应的钠盐，而氧化铝和其他金属氧化物则不反应。焙砂经浆化、球磨、CCD 洗涤、过滤，得到含钼、钒的溶液和含氧化铝、镍、钴的滤渣，溶液用于生产 MoO_3、V_2O_5 和液态钼酸铵；而滤渣送电弧炉熔炼生产熔结氧化铝和含镍、钴、钼、钒等的合金，该合金成分为：Ni 37% ~43%，Co 12% ~17%，Mo 3% ~17%，V 4% ~14%，Fe 6% ~13%，Si 1. 11%，Al 0. 1% ~0. 3%。

比利时萨达茨（N. V. Sadaci）公司也是较早开展废催化剂处理的公司。该公司的废催化剂先在回转窑中于 1127 ~ 1373K 温度下进行焙烧，由于废催化剂的烃（碳氢化合物）含量高，焙烧时所需燃料极少，主要通过加氧量来控制炉温。催化剂中的硫反应生成 SO_2，金属硫化物则转化为相应的氧化物，回转窑产生的烟气送硫酸生产工序生产硫酸，所得焙砂送 GCMC 公司按上述工艺生产 MoO_3、V_2O_5 及含镍合金。

中国台湾富尔雅德（Full Yield）工业公司自 1982 年开始处理石化行业的废催化剂，将催化剂中的镍生产为硫酸镍（1500t/a）。

复习思考题

3-1 简述镍的性质和用途。
3-2 生产镍的原料主要有哪些？
3-3 简述镍的生产方法并比较各自的特点。
3-4 简述硫化镍精矿造锍熔炼的原理及主要的熔炼方法。
3-5 简述镍锍吹炼的原理，说明通常不将镍锍吹炼至金属镍的原因。
3-6 简述镍锍吹炼过程中各元素的分布。

3-7 处理高镍锍提取镍的工艺有哪些，各工艺的特点是什么？

3-8 简述高镍锍磨浮分选的原理。

3-9 简述高镍锍选择性浸出的原理和工艺过程。

3-10 简述硫化镍阳极电解提取镍的原理及工艺过程，写出硫化镍阳极电解的电极反应。

3-11 镍电解的阳极液如何净化？

3-12 简述羰基镍法生产镍的原理及产品特点。

3-13 简述氧化镍矿火法冶炼的方法及工艺流程。

3-14 简述氧化镍矿湿法冶炼的方法及工艺流程。

3-15 再生镍的原料有哪些，镍的再生有哪些方法？

4 铅冶金

4.1 概　　述

4.1.1 铅的性质和用途

4.1.1.1 物理性质

铅是蓝灰色金属，新的断口具有明显的金属光泽。铅的蒸气压较大，不同温度下铅的平衡蒸气压见表4-1。

表4-1 不同温度下铅的平衡蒸气压

温度/K	893	983	1093	1233	1563	1633	1798
蒸气压/Pa	0.13	1.33	13.33	133.32	6666.1	13332	100325

由于高温时铅的挥发性大，易导致铅的损失，所以炼铅厂必须备有完善的收尘设备，以保证铅的回收，同时防止工作人员中铅毒。

铅在重金属中是最柔软的金属，莫氏硬度为1.5，能用指甲刻划。铅的展性很好，可轧成铅皮，锤成铅箔；但铅的延性差，不能拉成铅丝。

铅为热和电的不良导体，如果银的热导率和电导率为100，则铅的热导率仅为8.5，而电导率仅为10.7。铅的主要物理性质如表4-2所示。

表4-2 铅的主要物理性质

性　质	数　值	性　质	数　值
半径/pm	132(Pb^{2+}),84(Pb^{4+}),175(Pb)	汽化热/$kJ \cdot mol^{-1}$	177.8
熔点/K	600.65	密度/$kg \cdot m^{-3}$	11350(293K)
沸点/K	2013	热导率/$W \cdot (m \cdot K)^{-1}$	35.3(300K)
熔化热/$kJ \cdot mol^{-1}$	5.121	电阻率/$\Omega \cdot m$	20.648×10^{-8}(293K)

4.1.1.2 化学性质

铅是元素周期表中第6周期IV_A族元素，元素符号为Pb，原子序数为82，相对原子质量为207.2。铅原子的外电子构型为$[Xe]4f^{14}5d^{10}6s^2 6p^2$，在形成化合物时可失去6p轨道上的2个电子，也可同时失去6s轨道上的2个电子，故铅有+2和+4两种氧化态，常温下以+2氧化态为主。

常温时，铅在完全干燥的空气中或不含空气的水中都不会起化学变化；在潮湿和含有CO_2的空气中，铅失去金属光泽而变成暗灰色，其表面被次氧化铅（Pb_2O）薄膜所覆盖。

铅与氧生成PbO、Pb_2O、Pb_3O_4和Pb_2O_3四种化合物，其中最稳定的是PbO，其他只是冶金过程中的中间产物。PbO是容易挥发的化合物，沸点为1743K，在空气中温度达

1073K 时便显著挥发，因此炼铅过程中因 PbO 挥发而造成的损失很大。

铅易溶于硝酸、硼氟酸（HBF_4）、硅氟酸（H_2SiF_6）等酸中，难溶于稀盐酸及硫酸。常温时盐酸和硫酸仅作用于铅的表面，因为生成的 $PbCl_2$ 及 $PbSO_4$ 几乎不溶解而附着在铅的表面，使其内部金属不受酸的影响。

4.1.1.3　铅的用途

铅是电气工业部门制造蓄电池、汽油添加剂和电缆的原材料；铅由于具有很高的抗酸、碱性能，故广泛用于化工和冶金设备的防腐衬里；铅能吸收放射性射线，所以可用作原子能工业和医学中的防护屏；铅能与许多金属形成合金，因此铅被广泛用于生产各种合金，如铅基轴承合金、活字金、焊料等；铅的化合物常用于染料、玻璃及橡胶等工业部门。

4.1.2　炼铅原料

铅在地壳中的平均含量为 0.0016%。据统计，2012 年世界铅的资源量超过 20 亿吨，储量为 8900 万吨。储量较多的国家有澳大利亚、中国、美国、秘鲁、哈萨克斯坦、墨西哥等。我国铅资源丰富，铅的储量为 1400 万吨。

铅的矿物原料分为硫化矿与氧化矿两大类，其中硫化矿属原生矿，分布最广。铅的硫化矿主要是方铅矿（PbS），是当今炼铅的主要原料，其共生矿物为闪锌矿（ZnS），伴生矿物为辉银矿（Ag_2S），此外还常伴生有黄铁矿（FeS_2）和其他硫化矿物。

氧化铅矿主要由白铅矿（$PbCO_3$）和铅矾（$PbSO_4$）组成，属次生矿，常出现在原生矿的上层，或与硫化矿共存而形成复合矿。铅在氧化矿中的储量比在硫化矿中少得多，对炼铅工业来说，氧化矿意义较小。

自然界中铅矿呈单一矿床存在的很少，多数是多金属矿，最常见的是铅锌复合矿。

铅矿石一般铅含量不高，现代开采的铅矿石的铅含量一般为 3% ~9%，最低为 0.4% ~1.5%，必须进行选矿富集，得到符合冶炼要求的铅精矿。表 4-3 所列为国内一些铅精矿的成分。

表 4-3　国内一些铅精矿的成分

成分	Pb/%	Zn/%	Cu/%	S/%	Fe/%	SiO_2/%	CaO/%	Au/g·t^{-1}	Ag/g·t^{-1}
精矿 1	66.00	0.93	0.21	16.05	6.03	2.84	0.73	1.35	1200
精矿 2	57.5	6.7	0.2	13.5	5.2	0.6	3.4	—	—
精矿 3	38.0	6.2	0.04	27.2	18.7	3.7	0.5	—	—

4.1.3　铅的生产方法

现代铅的生产方法都是火法，湿法炼铅目前还处于研究阶段。火法炼铅按冶炼原理不同，分为反应熔炼、沉淀熔炼和焙烧-还原熔炼三种。

4.1.3.1　反应熔炼

反应熔炼是利用一部分 PbS 氧化生成 PbO 和 $PbSO_4$，与未氧化的 PbS 相互反应产出金属铅的方法，其基本反应如下：

$$2PbS + 3O_2 = 2PbO + 2SO_2$$

$$PbS + 2PbO = 3Pb + SO_2$$

$$PbS + 2O_2 = PbSO_4$$

$$PbS + PbSO_4 = 2Pb + 2SO_2$$

反应熔炼可在膛式炉或反射炉内进行，又称为膛式熔炼。此法只适于处理高品位（含铅65%～70%以上）的铅精矿，单独用此方法处理硫化铅精矿现已完全淘汰，但其基本原理已用于众多新的炼铅方法中，如水口山（SKS）法、QSL法等。

4.1.3.2 沉淀熔炼

沉淀熔炼是利用与硫亲和力大于铅的金属铁，将硫化铅中的铅置换出来的熔炼方法，反应如下：

$$PbS + Fe = Pb + FeS$$

历史上曾经用此法生产铅，但由于需消耗大量铁，其作为一种单独的炼铅方法现已被完全淘汰，但这个反应常在火法炼铅中用来提高铅的回收率。

4.1.3.3 焙烧-还原熔炼

焙烧-还原熔炼是现今最普遍采用的方法，其产量约占世界矿产铅总量的60%，其他新的炼铅方法占40%。焙烧-还原熔炼法生产铅的工艺流程如图4-1所示。

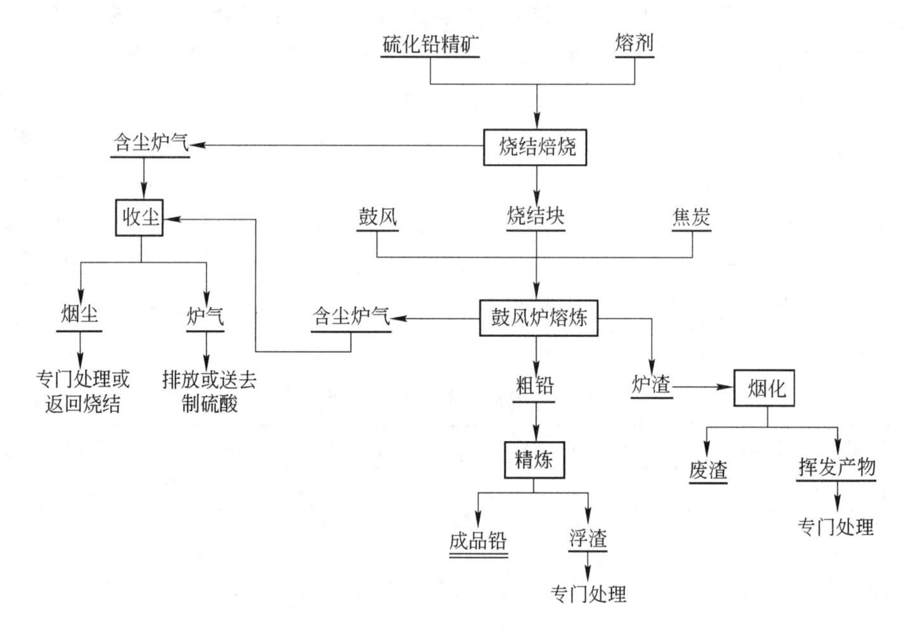

图4-1 焙烧-还原熔炼法生产铅的原则工艺流程

由于传统的烧结焙烧-鼓风炉还原熔炼法的硫利用率低，熔炼时需消耗大量昂贵的冶金焦，无法满足世界性环境保护提高以及减少能耗、降低成本的要求，近年来火法炼铅中逐渐开始采用一些强化熔炼的方法。经过多年发展，其中已工业化的方法有基夫塞特（Kivcet）熔炼法、QSL熔炼法、澳斯麦特熔炼法、艾萨熔炼法以及我国的水口山法，这是火法炼铅的新发展。但由于传统的烧结焙烧-鼓风炉熔炼法投资较低、原料适应性广，在今后的一段时间内仍将占据铅冶炼的主导地位。

4.2 铅精矿的烧结焙烧

4.2.1 烧结焙烧的目的和方法

4.2.1.1 烧结焙烧的目的

硫化铅精矿的粒度很细，大部分小于0.074mm，在入鼓风炉之前必须进行烧结焙烧，其目的在于：

（1）氧化脱硫。将精矿中的硫化铅氧化为易于还原的氧化铅，其他金属硫化物也氧化为氧化物，在氧化脱硫的同时，精矿中的砷、锑也可顺便除去。

（2）结块。将细粒物料烧结成适合鼓风炉熔炼的、具有一定块度和孔隙率的烧结块。

4.2.1.2 焙烧程度和脱硫率

硫化铅精矿的焙烧程度用焙烧产物的硫含量来表示，它取决于精矿中的锌含量和铜含量。ZnS在鼓风炉熔炼过程中，一部分溶解于铅冰铜，另一部分进入炉渣中。未熔化的硫化锌颗粒悬浮于炉渣中，使炉渣变黏，铅冰铜与渣不能很好地分层，从而导致熔炼过程燃料消耗和铅在渣中的损失增大；而ZnS存在于铅冰铜中会增大铅冰铜的熔点，也是不希望的。如果精矿中锌含量高，焙烧时应尽量把硫脱除彻底，使锌全部转变为ZnO，因为ZnO可溶解于适当成分的鼓风炉渣中而对炉渣性质不产生大的影响。如果精矿铜含量较高（如在1%以上），则焙烧时又希望在烧结块中残留一部分硫（1% ~1.5%），以使铜以Cu_2S形态进入铅冰铜中，从而使铜得到回收，并避免了它对熔炼过程的危害。对于铜和锌含量都高的铅精矿，有的工厂先进行“死焙烧”，使铜和锌的硫化物尽量氧化，然后在鼓风炉熔炼时加入黄铁矿作硫化剂，使铜变成Cu_2S进入铅冰铜；也有的工厂不加黄铁矿直接熔炼，使铜进入粗铅。

脱硫率是指焙烧时烧去的硫量与原精矿中的硫量之比，以百分数表示。

4.2.1.3 焙烧方法

由于铅精矿烧结焙烧时易产生低熔点化合物，一般而言，铅精矿一次烧结脱硫率为50% ~75%。简单地将铅精矿进行焙烧往往得不到硫含量合格的烧结块，工业上常采用两次焙烧和一次焙烧两种操作法。

两次焙烧是先在1123 ~1173K下将精矿中的一部分硫烧去，然后将烧结块破碎，在1273 ~1373K下进行第二次焙烧，烧去第一次焙烧剩余的硫，并将焙烧物料进行烧结。为了区分这两次焙烧，称第一次焙烧为预先焙烧，第二次焙烧为最终焙烧。

一次焙烧的核心是在硫化铅精矿与熔剂组成的烧结配料中，加入大量粒度不大于6 ~8mm的返回烧结块，使整个炉料中的硫含量降低至6% ~8%。一次焙烧所产出的烧结块，大部分（65% ~70%）仍返回烧结焙烧过程与精矿一起进行配料，仅有小部分送至鼓风炉熔炼，因此这种焙烧过程也称为返回焙烧。我国炼铅厂大都采用返回焙烧过程。

4.2.2 硫化铅精矿的焙烧过程和烧结过程

4.2.2.1 焙烧过程

硫化铅精矿的焙烧就化学实质而言，是借助于空气中的氧来完成氧化的过程，该过程使硫化铅以及精矿中的其他金属硫化物转变为氧化物。焙烧时硫化铅发生如下氧化反应：

$$2PbS + \frac{7}{2}O_2 = PbO + PbSO_4 + SO_2$$

最初形成的硫酸铅再与硫化铅相互作用形成 PbO：

$$3PbSO_4 + PbS = 4PbO + 4SO_2$$

PbS 与 PbO 或 $PbSO_4$ 相互作用生成金属铅：

$$PbSO_4 + PbS = 2Pb + 2SO_2$$

$$PbS + 2PbO = 3Pb + SO_2$$

所产生的铅在烧结过程中或多或少地再被空气氧化，变为氧化铅。

从上述反应可以看出，PbS 焙烧结果是获得了 PbO、$PbSO_4$、Pb，其数量取决于焙烧温度和气相组成。由于焙烧温度通常都在 1123K 以上，而且是强氧化气氛，所以在焙烧的最终产物中，一般 $PbSO_4$ 和金属 Pb 的量都很少，主要是 PbO。

存在于硫化铅精矿中的其他金属硫化物（如 FeS_2、ZnS 以及砷、锑硫化物等），在氧化焙烧中也不同程度地被氧化。

4.2.2.2 烧结过程

烧结焙烧的目的之一是使细粒物料结块。焙烧时所形成的铅的硅酸盐和铁酸盐由于熔点较低，故能使炉料在作业温度下形成液态，待冷却后形成坚实的大块，因此它们是烧结过程中有效的黏结剂。烧结过程形成的低熔点化合物主要有硅酸铅和铁酸铅。

硅酸铅于 923 ~ 973K 下开始形成：

$$xPbO + ySiO_2 = xPbO \cdot ySiO_2$$

PbO-SiO_2 系中的化合物及共晶列于表 4-4。

表 4-4 PbO-SiO_2 系中的化合物及共晶

化合物及共晶	PbO 含量/%	熔点/K	化合物及共晶	PbO 含量/%	熔点/K
PbO	100	1159	PbO_2-PbO · SiO_2	69.4	1005
2PbO · SiO_2	88.1	1016	2PbO · SiO_2-PbO · SiO_2	85.0	989
4PbO · SiO_2	94.3	999	4PbO · SiO_2-2PbO · SiO_2	91.0	987
PbO · SiO_2-SiO_2	78.8	1037			

根据对 PbO-Fe_2O_3 系的研究可知，当温度为 998 ~ 1025K 时，铅的铁酸盐也大量形成：

$$xPbO + yFe_2O_3 = xPbO \cdot yFe_2O_3$$

PbO-Fe_2O_3 系的熔化温度列于表 4-5。

表 4-5 PbO-Fe_2O_3 系的熔化温度

PbO/%	Fe_2O_3/%	温度/K	PbO/%	Fe_2O_3/%	温度/K
100	0	1149	83	17	1123
95	5	1083	80	20	1198
92.5	7.5	1058	70	30	1410
90	10	1035	60	40	1500
88	12	1025	0	100	1800

作为钙质熔剂的 CaO 对烧结过程也有重大影响。根据对 CaO-SiO_2-PbO 系的研究可知，当 PbO 含量不变时，随着 CaO 含量的增加，互溶体的熔化温度升高。如 x(PbO) = 50% 不变时，x(SiO_2) 从 50% 降至 30%，而 x(CaO) 从零增至 20%，其熔点从 1034K 提高到 1223K。研究还表明，石灰质较多的熔体凝固间隔较短，使形成的烧结块具有更多的孔隙，这对下一步还原熔炼是有利的。

综上所述，在铅烧结过程中，当温度达到一定程度（923 ~ 973K）时，料层中便开始出现液相，液体润湿细小的固体颗粒并使之黏结成完整而多孔的烧结块。液相开始形成的基础是硅酸铅和铅的铁酸盐，当继续加热时，呈熔融状态的铅的硅酸盐和铁酸盐将溶解游离状态的 PbO 及铁的氧化物，同时也溶解一些 CaO、SiO_2 和 Al_2O_3 等。铅烧结过程中液相的发展取决于烧结温度和铅含量。对富铅物料而言，易熔的硅酸铅占全部烧结块的 60% 左右；含 Pb 40% ~ 42% 的烧结块，液相达 50%；贫铅（含 Pb 29% ~ 33%）的烧结块中，液相为 30% ~ 40%。液相的形成和数量是获得足够强度烧结块的基础。

在烧结焙烧过程中，过早的烧结是不好的，因为易熔的组分会包围矿粒，阻止空气和矿粒接触，致使硫化物不能氧化，所得的烧结块内残留着未氧化的硫化物；此外，物料过早烧结还会妨碍熔剂与焙烧矿的结合。

4.2.3 烧结焙烧的实践

4.2.3.1 烧结炉料的准备

炉料的准备主要是通过配料、混合等步骤，使焙烧物料在化学成分和物理性质两方面都达到获得优质烧结块所必需的要求。

A 对焙烧物料化学成分的要求

对焙烧物料化学成分的要求主要是指焙烧物料中 S、Pb 和造渣组分的含量。

精矿中的硫化物就是焙烧过程的燃料。通过配料，炉料中的硫含量以能维持焙烧和烧结时必需的温度为宜。若炉料中含硫 5% ~ 7%、脱硫率在 50% ~ 75% 之间，可以得到残硫含量为 1.0% ~ 1.5% 的烧结块；若炉料硫含量低于 5%，则仅依靠硫化物氧化放出的热量就不足以维持焙烧过程，此时需在炉料中配入少量碳质燃料（如焦炭粉）以补充热量；若炉料硫含量大于 7%，就需要采用两次焙烧，才能达到烧结块残硫含量为 1.0% ~ 1.5% 的要求。

提高炉料中的铅含量，在烧结和熔炼过程中都会得到高的生产率。但是铅含量太高的炉料烧结时容易熔结，同时也会导致熔炼困难。在实际的烧结炉料中，铅含量一般控制在 48% ~ 52% 之间。

为了在熔炼时能得到一种合理的、性能良好的炉渣成分，通常要在烧结炉料中配入适当的熔剂，熔剂的种类和数量根据渣型来决定。渣成分的选择应遵循最小熔剂加入量原则。由于原料成分及性质的不同，加上技术水平的差异，各厂选配渣的成分很不一致，一般范围是：SiO_2 19% ~ 35%，FeO 28% ~ 40%，CaO 0 ~ 20%，ZnO 0 ~ 30%。

B 对焙烧物料物理性质的要求

对焙烧物料物理性质的要求主要是指其粒度、湿度和透气性。

为了改善炉料的透气性，需要加入大颗粒的烧结返料。返料最适宜的粒度为 4 ~ 8mm，大于 8mm 的返料几乎不能提高透气性，反而会降低炉料的脱硫率。熔剂的粒度以 2 ~ 3mm

为宜。

烧结料应具有最佳湿度，其值可用测定烧结料比体积和堆密度的方法确定。如图 4-2 所示，堆密度最大而比体积最小的湿度即为最佳湿度，其水分含量为最大毛细水含量。此时炉料具有最小体积，有利于提高设备利用率，也具有最大的透气性。

炉料的混合与制粒，对保证烧结料的化学成分、粒度以及水分的均匀有很重要的意义。

制粒对烧结机生产率和烧结块的质量都有很大的影响，所以铅厂普遍进行制粒，广泛采用的制粒设备是圆盘制粒机和圆筒制粒机。

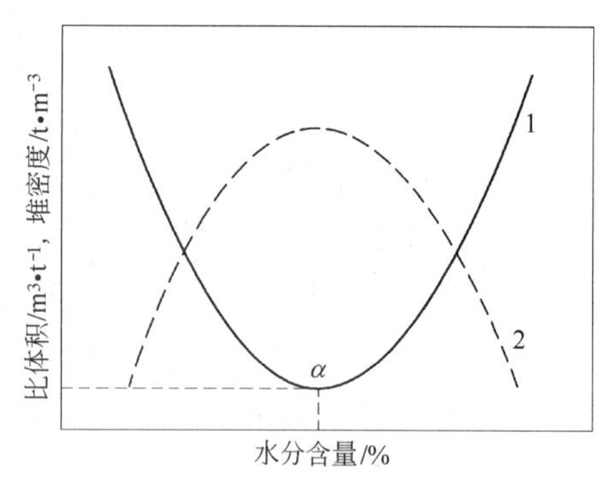

图 4-2 炉料堆密度、比体积与水分含量的关系

1—比体积；2—堆密度

4.2.3.2 带式烧结机

现代大型炼铅厂均采用带式烧结机进行烧结焙烧。图 4-3 为铅精矿烧结工艺流程图。

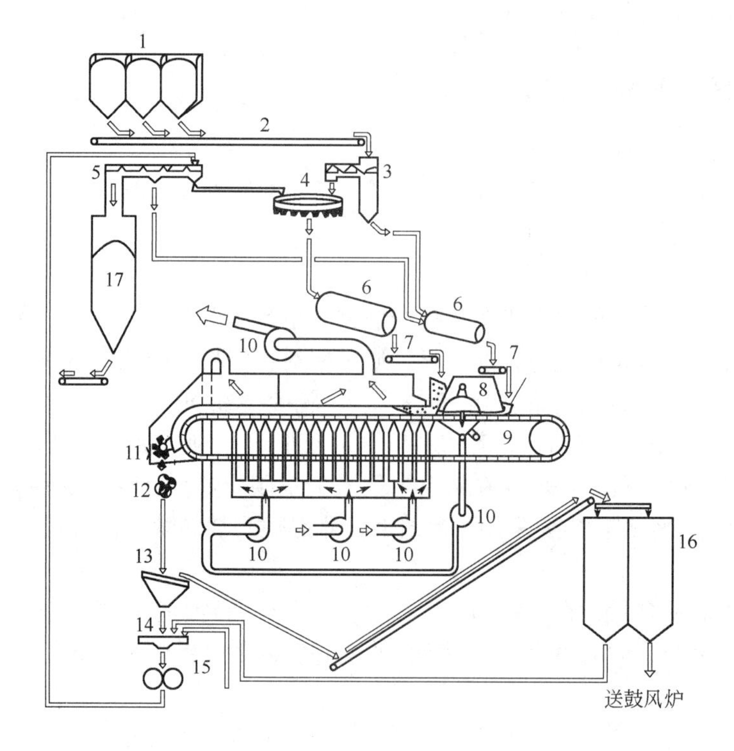

图 4-3 铅精矿烧结工艺流程图

1—料仓；2—运输机；3，5—分料器；4—圆盘混合机；6—圆筒混合机；7—给料机；8—点火炉；9—94m² 烧结机；10—风机；11—单轴破碎机；12—齿辊破碎机；13—筛子；14—冷却盘；15—平辊破碎机；16—烧结矿料仓；17—返粉料

带式烧结机的大小用风箱长 × 宽（m^2）表示，例如 $18 \times 2 = 36m^2$、$25 \times 2 = 50m^2$、$30 \times 3 = 90m^2$ 等。近年来，烧结机向大型化发展，特别是加大了宽度，处理铅精矿最大烧

结机的宽度可达4m，有效长度超过50m。

经配料、混合、制粒准备好的炉料，通过布料机卸到移动着的烧结机小车内，刮板将料刮平至规定的料层高度。小车的底部由炉箅组成，小车之间没有隔板，小车由扣链轮带动缓慢向前移动。当装好炉料的小车通过点火炉时，炉料着火燃烧并进行烧结焙烧的各种冶金反应。点火后的小车沿风箱上的导轨向前移动，空气透过料层使之强烈燃烧并烧结成块。小车行走至烧结机尾部的半圆形固定导轨或星轮时，烧结反应已经结束，小车也沿着上轨道进入下轨道。车上已烧结好的烧结料被倾倒下来，经破碎和筛分后，筛上为烧结块成品，送鼓风炉熔炼；筛下为返粉，经破碎、润湿后返回烧结车间配料。

4.2.3.3 鼓风烧结

烧结有吸风烧结和鼓风烧结两种方法。吸风烧结是一种向下吸风、烧结反应由料层上部向下部发展的烧结方法。由于吸风烧结烟气中 SO_2 浓度低（0.5% ~2.5%），不能达到制酸的要求（$\varphi(SO_2)>6\%$），这种烟气很难利用，环境污染大，现已被淘汰。所以，世界各炼铅厂普遍采用鼓风烧结。

鼓风烧结是先在台车炉箅上敷设20 ~40mm厚的点火炉料层，进入点火炉下火口吸风点火之后，再向此红热料层上装入焙烧炉料，这时改变气流方向，开始从下往上鼓风，鼓风压力为1471 ~2942Pa。随着小车的向前移动，炉料逐渐被焙烧，最终获得烧结块。

与吸风烧结相比，鼓风烧结具有如下优点：

（1）生产率高，一般为13 ~18t/(m^2·d)，最高可达22t/(m^2·d)；

（2）可处理高铅炉料（含Pb 45% ~53%）；

（3）烟气中 SO_2 浓度高（6% ~9%），便于制酸；

（4）可防止烧结过程中形成的金属铅充塞小车炉箅和吸风箱；

（5）由于烧结过程中料层不被压紧，可保持料层有良好的透气性。

铅精矿的制粒与鼓风烧结已被广泛采用。目前鼓风烧结的动向除烧结机本体趋向于大型化之外，主要是加强密封，防止烟气外逸；有的工厂还采用富氧空气鼓风、蒸气-空气鼓风等措施来强化烧结过程。

4.3 铅烧结块的鼓风炉熔炼

鼓风炉还原熔炼的目的在于把烧结矿中的铅最大限度地还原出来，以获得富集有金、银等贵金属的粗铅，同时使炉料中的各种造渣成分结合成渣。如果烧结块中含有较多的铜，熔炼时可产出少量铅冰铜。我国大多数工厂都采取不产铅冰铜的方法，使70% ~75%的铜还原进入粗铅。若炉料中还含有镍和钴，可产出黄渣（又称砷冰铜）。

铅烧结块的组成很复杂，其中铅主要以氧化铅、硅酸铅、铁酸铅以及少量PbS、$PbSO_4$和金属铅的形态存在，此外，还含有其他金属氧化物、贵金属以及来自脉石、熔剂的造渣成分。

由于烧结焙烧时已经配入熔剂，鼓风炉炉料主要是自熔性的烧结块（占85% ~100%）和焦炭。为了改善操作和提高铅的回收率，还可加入返渣和其他含铅物料及铁屑等。焦炭既是鼓风炉的燃料，也是熔炼过程的还原剂。

鼓风炉容易造成还原气氛，它利用炉料逐渐下移和气流不断上升的逆流原理，大大提高了热的利用率。鼓风炉下部燃料燃烧产生的高温还原性气体，在上升过程中将热量传给炉料，并使其发生各种冶金反应和熔化成熔体，流入炉缸后按密度不同而分成粗铅层和熔渣层。当有铅冰铜和黄渣产出时，也在炉缸内分层并定期放出。炉气和烟尘则经炉顶进入收尘系统。

4.3.1 还原熔炼时烧结块中各组分的行为

4.3.1.1 铅的化合物

在烧结块中铅主要以氧化物的形态存在。烧结块中游离的 PbO 与炉气中的 CO 发生如下还原反应：

$$PbO + CO = Pb + CO_2$$

PbO 是很易还原的氧化物。在 433 ~458K 的温度下，PbO 已开始被 CO 还原；在较高温度下，当炉气中 CO 浓度不大时，还原反应也能很快进行，如在 1273K 以上，CO 浓度只需 3% ~5% 。

硅酸铅的还原比氧化铅要困难一些，但当有碱性氧化物，特别是 CaO 存在时，可将熔体中的 PbO 置换出来而成为游离状态的 PbO，有利于还原，其反应如下：

$$2PbO \cdot SiO_2 + CaO + 2CO = CaO \cdot SiO_2 + 2Pb + 2CO_2$$

存在于铅烧结块中的少量 $PbSO_4$ 和 PbS 在还原熔炼中发生如下反应：

$$PbSO_4 + 4CO = PbS + 4CO_2$$

当有石英存在时，会促进 $PbSO_4$ 的分解：

$$PbSO_4 + SiO_2 = PbO \cdot SiO_2 + SO_2 + \frac{1}{2}O_2$$

PbS 在熔炼过程中几乎全部进入铅冰铜。为了将 PbS 中的铅分离出来，常在炉料内加入铁屑，使之与 PbS 发生如下反应：

$$PbS + Fe = FeS + Pb$$

这便是鼓风炉熔炼的沉淀过程。

少量的 PbS 能与 PbO 及 $PbSO_4$ 发生相互反应而得到金属铅。由于金属氧化物与金属硫化物、硫酸盐相互反应以及 $PbSO_4$ 分解产生 SO_2，因而起到脱硫作用。铅鼓风炉熔炼的脱硫率通常在 30% ~50% 之间。

4.3.1.2 铁的化合物

烧结块中的铁主要呈 Fe_2O_3 和 Fe_3O_4 以及硅酸亚铁的形态存在。铁的氧化物在高温还原气氛中，按如下顺序发生变化：

$$Fe_2O_3 \rightarrow Fe_3O_4 \rightarrow FeO \rightarrow Fe$$

各种铁氧化物的还原反应如下：

$$3Fe_2O_3 + CO = 2Fe_3O_4 + CO_2$$

$$Fe_3O_4 + CO = 3FeO + CO_2$$

$$FeO + CO = Fe + CO_2$$

在铅还原熔炼过程中，并不希望铁氧化物还原为金属铁。因为铁的密度比铅小，熔点又高，在炉缸中有一部分凝成炉缸结，即所谓的“积铁”，另一部分以铁壳形态析出在铅液面上，结果都给鼓风炉操作带来困难。

根据图4-4所示的金属氧化物还原的平衡曲线图可知，在铅鼓风炉熔炼条件下，炉气中CO浓度（如图4-4中划线部分所示）低于FeO还原反应的CO平衡值。由此可见，在炉况正常时，FeO还原为金属铁的条件是不存在的。但是，因为炉内焦炭及鼓风的分布往往不均匀，造成局部的强还原气氛，因此不可避免地有少量铁的氧化物被还原为金属铁。

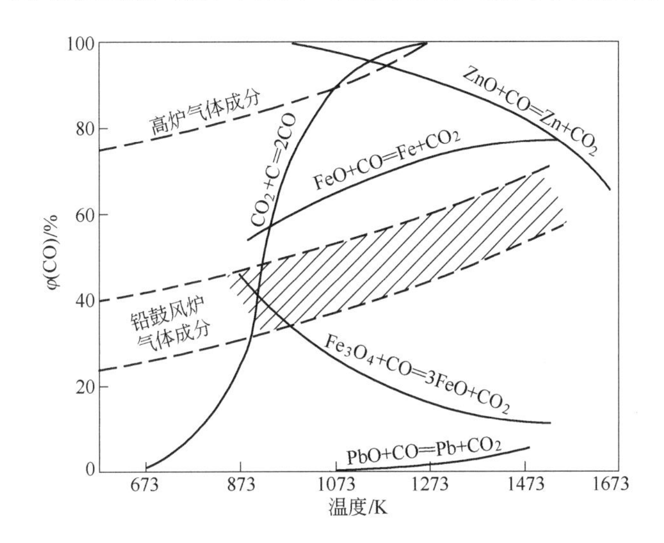

图4-4 金属氧化物还原的平衡曲线图

铁的化合物主要以FeO的形态与SiO_2发生造渣反应，生成$2FeO \cdot SiO_2$进入炉渣中：

$$2FeO + SiO_2 = 2FeO \cdot SiO_2$$

烧结块中少量的FeS，除部分被炉气和Cu_2O中的氧氧化外，其余皆以FeS形态进入铅冰铜。

4.3.1.3 铜的化合物

烧结块中的铜大部分以Cu_2O、$Cu_2O \cdot SiO_2$和Cu_2S的形态存在。Cu_2S在还原熔炼过程中进入铅冰铜。$Cu_2O \cdot SiO_2$在铅鼓风炉还原气氛下不能完全被还原，部分进入炉渣。高硫烧结块中的Cu_2O可被其他金属硫化物硫化成Cu_2S：

$$Cu_2O + FeS = Cu_2S + FeO$$

这就是鼓风炉熔炼的硫化（造冰铜）过程。

当烧结块残硫很少时，Cu_2O被还原为金属铜而进入粗铅中：

$$Cu_2O + CO = 2Cu + CO_2$$

4.3.1.4 锌的化合物

锌在烧结块中主要以ZnO及$ZnO \cdot Fe_2O_3$的形态存在，只有小部分呈ZnS和$ZnSO_4$形态。$ZnSO_4$在铅鼓风炉还原熔炼过程中发生如下反应：

$$ZnSO_4 + 4CO = ZnS + 4CO_2$$

因此，当铅精矿中锌含量较高时，需完全焙烧，在配料时应选用高铁质的碱性鼓风炉渣。

ZnS 为炉料中最有害的杂质化合物，其在熔炼过程中不被还原而进入炉渣及冰铜。ZnS 熔点高、密度较大（$4.7g/cm^3$），进入冰铜和炉渣后会增加两者的黏度，减小两者的密度差，使炉渣与冰铜分离困难。

4.3.1.5 砷、锑、锡、镉及铋的化合物

铅烧结块中砷以砷酸盐状态存在，在还原熔炼的温度和气氛下，其被还原为 As_2O_3 和砷，As_2O_3 挥发进入烟尘；砷一部分溶解于粗铅中，另一部分与铁、镍、钴等结合为砷化物并形成黄渣（砷冰铜）。

锑的化合物在还原熔炼中的行为与砷相似。

锡主要以 SnO_2 形态存在，SnO_2 在还原熔炼中按下式还原：

$$SnO_2 + 2CO = Sn + 2CO_2$$

还原后的 Sn 主要进入粗铅，一小部分进入烟尘、炉渣和铅冰铜。

镉主要以 CdO 形态存在，在 873 ~ 973K 下被还原为金属镉。由于镉的沸点低（1040K）且易于挥发，在熔炼过程中大部分镉进入烟尘。

铋以 Bi_2O_3 形态存在，在鼓风炉熔炼时被还原为金属铋而进入粗铅中。

4.3.1.6 金和银

铅是金、银的良好捕收剂，熔炼时大部分金、银进入粗铅，只有很少一部分进入铅冰铜和黄渣中。

4.3.1.7 脉石成分

炉料中的 SiO_2、CaO、MgO 和 Al_2O_3 等脉石成分在熔炼过程中都不被还原，全部与 FeO 一同形成炉渣。

4.3.2 铅鼓风炉熔炼的实践

4.3.2.1 鼓风炉的构造

现代大型炼铅厂均采用水套式矩形鼓风炉（如图 4-5 所示）。鼓风炉由炉基、炉缸、炉身（水套）和炉顶四部分组成。炉宽 1.2 ~ 1.66m，长 3 ~ 10.7m，风口直径为 $\phi60 \sim 100mm$，风口比为 2% ~5%，炉子有效高度（从风口中心线到加料台面的距离）为 4 ~6m，炉缸深 0.5 ~0.8m。

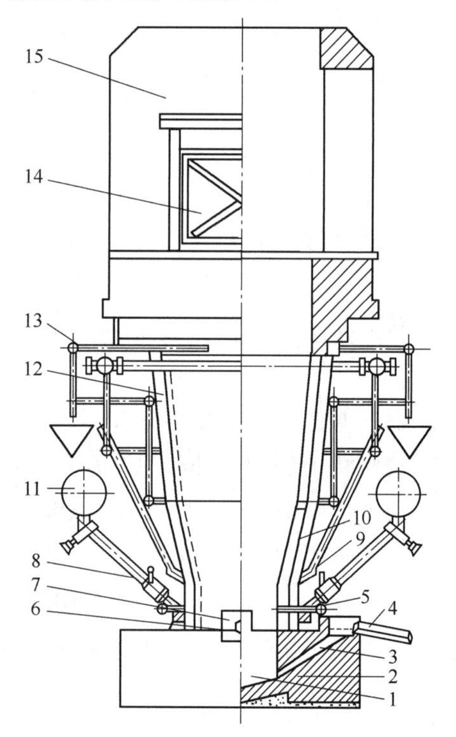

图 4-5 普通矩形鼓风炉（纵断面）

1—炉缸；2—虹吸放铅口；3—虹吸道；4—放铅流槽；5—风口；6—放渣（咽喉）口；7—山型水套；8—支风管；9—进水管；10—下水套；11—环形风管；12—上水套；13—出水管；14—炉顶炉门；15—炉顶

4.3.2.2 鼓风炉的正常作业

鼓风炉的正常作业包括备料与加料、鼓风与风口操作、水套冷却系统照看、熔炼产品（粗铅、炉渣等）的放出。

炉料主要是含铅 50% 左右、块度为 50 ~

150mm 的烧结块，燃料和还原剂是焦炭，焦率为 9% ~12% 。对焦炭的要求是具有适当的孔隙率（40% ~53%）、足够的机械强度、较高的发热值和着火温度。此外，还可能加入铁屑、炉渣等附加料以及其他含铅返料。加料先后顺序为焦炭、附加料和返料、烧结块，加料方式为两侧加料或中央加料。

鼓风量为 20 ~ $30m^3/(m^2 \cdot min)$，风压为 12 ~20kPa。风口操作的基本任务是保证风口通畅。

大型鼓风炉一般采取虹吸连续放铅，采取咽喉连续放渣；小型鼓风炉由于热容量的原因，采用间断放铅和放渣。若炉渣锌含量较高，则需将炉渣放入电热前床，电热前床作为中间储存设备以利于烟化炉处理；炉渣锌含量低时，则直接水淬堆存。电热前床除了用于保温、加热和储存炉渣外，还起到澄清和降低渣中铅含量的作用。

铅鼓风炉熔炼的技术经济指标列于表 4-6。

表 4-6 铅鼓风炉熔炼的技术经济指标

指　标	生产率 $/t \cdot (m^2 \cdot d)^{-1}$	焦率 /%	渣中铅含量/%	脱硫率 /%	料面气体温度/K	单位鼓风量（标态） $/m^3 \cdot t^{-1}$	烟尘率 /%
高料柱（4 ~6m）	45 ~70	10 ~14	1.0 ~1.5	30 ~50	373 ~473	500 ~900	0.5 ~1.0
低料柱（2.5 ~3m）	60 ~90	8 ~11	1.5 ~3.5	60 ~70	773 ~873	1440	2.0 ~5.0

4.3.2.3 铅鼓风炉熔炼的产物

铅鼓风炉熔炼的产物为粗铅、炉渣、铅冰铜、砷冰铜、烟尘和烟气。铅及其他金属在熔炼产物中的分配率如表 4-7 所示。

表 4-7 金属在熔炼产物中的分配率 (%)

熔炼产物	Pb	Ag	Au	Cu	Sb	As	Sn
粗　铅	95.9	95.9	95.9	25.5	78.5	79.4	68.8
铅冰铜	1.1	1.7	0.9	34.9	0.6	0.7	0.9
砷冰铜	0.5	1.6	3.2	1.0	3.1	7.1	19.9
炉　渣	2.5	0.8	0	23.5	14.0	0	17.8

A 粗铅

烧结块除含铅外，还含有其他一些有价金属，在鼓风炉还原熔炼时，部分有价金属被还原进入液态铅中，故称此铅为粗铅。粗铅一般含铅 97% ~98%，需进一步精炼为精铅。

B 炉渣

每生产 1t 粗铅通常可产出 1 ~2t 炉渣。

铅炉渣的主要组成是 SiO_2、CaO 和 FeO，且 ZnO 含量较高，故可视为 FeO-CaO-SiO_2-ZnO 系渣。铅炉渣一般成分为：SiO_2 19% ~35%，FeO 28% ~40%，CaO 3% ~20%，ZnO 4% ~30%，MgO 小于 3% ~5%，Al_2O_3 小于 3% ~5%，渣中铅含量为 1% ~3.5%。

炉渣中除铅含量较高之外，大约含有炉料中 80% 的锌以及稀散金属，目前广泛采用烟化炉（见图 4-6）烟化法处理炉渣，以回收其中的锌及其他有价金属。炉渣烟化过程的实质是把粉煤与空气或天然气与空气的混合物吹入烟化炉的熔融炉渣内，使炉渣中的锌化合物还原为金属锌而挥发进入气相，气相中的锌在烟化炉的上部空间或烟道系统中再被氧化，最后以 ZnO 形式被捕集于收尘设备中。同时，Pb、In、Sn、Cd、Ge 等也挥发，并随 ZnO 一起在收尘器中收集。烟化炉的处理量为 30 ~ 50t/(m² · d)，炉渣中锌的挥发率为 85% ~94%，铅的挥发率达 98% 以上。挥发产物含 Zn 60% ~75%、Pb 5% ~20%，废渣 Zn 含量小于 2%、Pb 含量小于 0.2%。

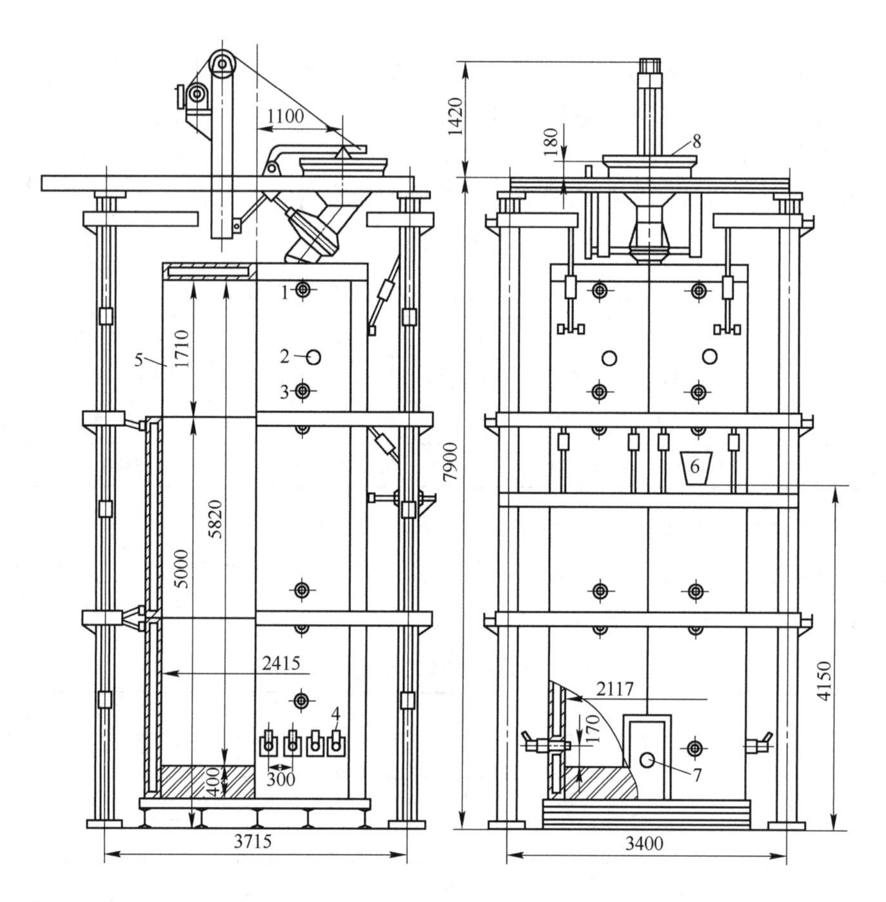

图 4-6 烟化炉结构图

1—水套出水管；2—三次风口；3—水套进水管；4—风口；5—排烟口；6—熔渣加入口；7—放渣口；8—冷料加入口

C 铅冰铜

铅冰铜为 PbS、Cu_2S、FeS 和 ZnS 等硫化物的合金，含铜 5% ~35%。铅冰铜的熔点视其成分不同，在 1123 ~ 1323K 之间变动。铜含量大于 20% 的富冰铜，可用与铜转炉吹炼相似的吹炼法或湿法处理；含铜 5% ~15% 的贫冰铜需预先进行富集熔炼，即将铜的品位提高到 20% 以上再进行吹炼或湿法处理。

D 砷冰铜

砷冰铜又称黄渣，是某些金属砷化物的合金，其中常富集相当多的贵金属。砷冰铜的熔点为 1323 ~ 1373K，密度为 7.0g/cm³，在炉缸中存在于铅冰铜和粗铅之间。砷冰铜可与铅冰铜一起用转炉直接吹炼或用富集熔炼法处理。

E 烟尘

熔炼所产出的烟尘，其化学成分为 Pb 45% ~68%、Zn 5% ~20%、Cd 0.3% ~4.5%，还含有 In、Tl、Ge 等，可用于综合回收各种有价金属。由于铟、锗用途较广、价格较高，铅烟尘已成为铟、锗回收的一种主要原料。

4.4 硫化铅精矿的直接熔炼

铅的直接熔炼又称直接炼铅，是硫化铅精矿不经焙烧或烧结焙烧，直接进行熔炼，利用硫化铅精矿粉料在迅速氧化过程中放出的大量热将炉料迅速熔化，产出液态铅和熔渣，同时产出少量 SO_2 浓度高的烟气，使硫得以回收的冶金过程。

硫化铅精矿直接炼铅的基本原则是：在高氧势下首先使熔融炉料完全脱硫，产出硫含量低（小于0.5%）的粗铅和富铅熔渣；然后在低氧势下对富铅熔渣进行还原熔炼，产出粗铅和铅含量低（小于2%）的炉渣。

铅的直接熔炼可采用富氧或工业纯氧进行熔炼，其熔炼过程均经过铅精矿氧化和氧化铅还原两个阶段。氧化和还原分别在熔炼设备的不同区域或同一设备的不同阶段进行。

与传统的烧结焙烧-鼓风炉还原熔炼工艺相比较，铅的直接熔炼取消了烧结工艺，规避了烧结过程中低浓度 SO_2 烟气和大量返粉处理的问题；采用氧气或富氧空气进行闪速熔炼或熔池熔炼，使硫化矿氧化和造渣等放热反应集中在一个冶炼过程中，既强化了熔炼过程，又充分利用了精矿的表面能和燃烧热，可实现自热或基本自热熔炼，降低了能耗，减轻甚至消除了对环境的污染；工艺流程更加紧凑，装备更加先进，自动化控制程度大大提高。此外，直接熔炼的原料适用性广，除了处理铅精矿外，还可搭配处理大量铅渣料和再生铅物料。

铅的直接熔炼为节约能耗和改善环境创造了良好的条件，引起了冶金工作者的高度关注。经过多年发展，基夫赛特法、QSL 法、水口山法、艾萨法、澳斯麦特法、卡尔多法、科明科法等已经获得突破性的进展，并已经在工业上得到应用。其中，基夫赛特法属于闪速熔炼，QSL 法和水口山法属于氧气底吹熔炼，艾萨法、澳斯麦特法和卡尔多法属于氧气顶吹熔炼法。

4.4.1 氧气底吹熔炼法

氧气底吹炼铅是利用熔池熔炼的原理和浸没底吹氧气的强烈搅动，使硫化物精矿、含铅二次物料与熔剂等原料在反应器（熔炼炉）的熔池中充分混合、迅速熔化和氧化，生成粗铅、炉渣和 SO_2 烟气。

自 20 世纪 90 年代以来，包括我国西北铅锌冶炼厂在内，世界上有四家工厂采用 QSL 技术炼铅。我国自行开发的水口山炼铅法也是采用氧气底吹熔炼的方法，并已得到了广泛的工业应用。

氧气底吹炼铅的特点是氧的利用率高（几乎 100%）、硫的利用率高（大于 97.5%）、烟气中 SO_2 浓度高（8% ~18%）、炉子操作方便、劳动条件好以及成本低等。

4.4.1.1 QSL 法

QSL 反应器为卧式炉，是 QSL 法的核心设备（见图 4-7）。该反应器设有驱动装置，沿轴线方向可旋转近90°，以便于停止吹炼操作时能将喷枪转至水平位置处理事故或更换喷枪。

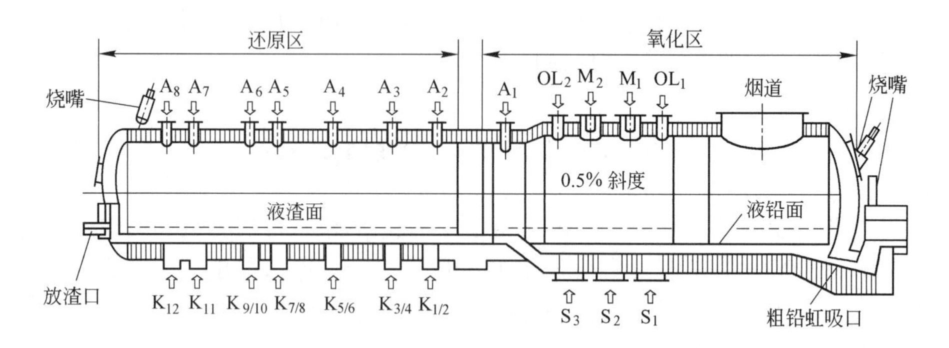

图4-7 QSL法炼铅反应器示意图

$S_1 \sim S_3$—氧枪插孔；$K_1 \sim K_{12}$—还原枪插孔；M_1，M_2—加料口；

$A_1 \sim A_8$—辅助燃烧器插孔；OL_1，OL_2—燃油枪插孔

反应器主要由氧化区和还原区组成，用隔墙将两区隔开，隔墙下端设有熔体通道，便于排渣和液铅流动。其还附设有加料口、粗铅虹吸口、放渣口和排烟口。在氧化区熔池下方安装有氧气喷枪，在还原区设有氧-还原剂喷枪。

QSL法已先后在德国鲁奇公司、加拿大科明科公司、韩国高丽锌业公司、我国白银有色集团股份有限公司西北铅锌冶炼厂相继建厂应用。韩国和加拿大采用QSL法日处理炉料（精矿与渣）550～1230t，粗铅年产规模达6～12万吨。

铅精矿、熔剂和烟尘等按配料计算比例充分混合、制粒后，连续加入炉子的氧化区。工业氧通过浸没在熔体中的氧枪进入。熔池内的熔体剧烈地翻动，并在高氧势下进行气-液-固三相的充分接触和迅速反应，产生硫含量低的粗铅和铅含量较高的熔渣，称为初渣。初渣铅含量高，占炉料总铅量的40%～50%，其熔点较低，使氧化区可在较低温度下操作。初渣经隔墙下方的熔体通道进入还原区，由设在炉子底部的还原枪喷送粉煤，使熔渣中的氧化铅和硅酸铅等还原成金属铅，即在低氧势下进行初渣贫化。贫化产生的铅回流并与氧化区形成的铅汇合，经虹吸口放出。贫化后的熔渣称为终渣，经还原区端部的放渣口连续放出。初渣中的铅在还原区不断地被还原析出，渣的熔点也不断升高，故还原区需补充燃料燃烧以提高炉温。熔炼烟气含SO_2 10%～20%，从氧化区依次进入垂直烟道、余热锅炉和电收尘器，净化后的含SO_2烟气送往制酸工序。

QSL法具有设备简单、原料不需预处理而直接入炉、连续作业自动化程度高、环保好等一系列优点。该法存在的问题主要在还原区，因渣层较薄，还原剂穿透渣层而不能充分利用；由于连续作业总处在终渣状态下还原，要求的还原强度高，搅动状态下铅的挥发量偏大；烟气温度高，烟尘率高。

4.4.1.2 水口山法

氧气底吹-鼓风炉还原熔炼法简称水口山法，是我国自行开发、具有独立知识产权的熔池熔炼新技术，具有投资少、环保好、硫及伴生金属回收率高、能耗低、强化冶炼等一系列优点。该法适宜处理硫化铅物料，特别适于老铅厂传统烧结-鼓风炉还原工艺的改造。目前，我国矿产精铅的50%以上是由SKS法生产的。

SKS 法与 QSL 法相类似，也是用氧气底吹方法直接熔炼硫化铅精矿，但其主要设备采用的是只有氧化区而无还原区的短反应器（如图 4-8 所示）。SKS 法与 QSL 法的不同之处在于对高铅渣的处理方法不同，前者用炉外贫化，即用附设电炉（或烧结块鼓风炉）来完成炉渣还原反应；后者在炉内贫化，即高铅渣在流经反应器还原区的过程中完成炉渣还原反应。

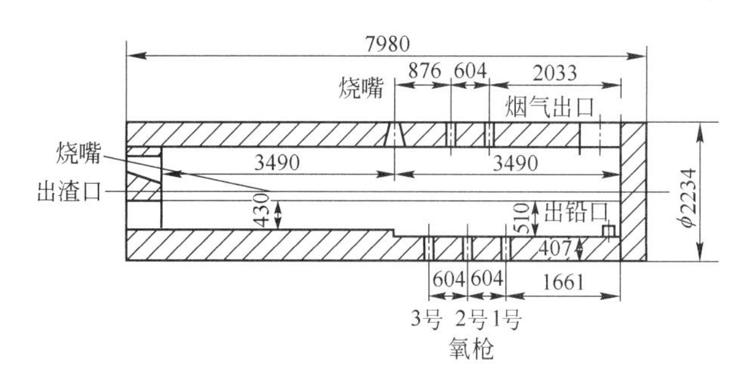

图 4-8 水口山法反应器简图

SKS 炼铅法由于使用富氧鼓风，熔炼烟气量小，SO_2 浓度高，硫的利用率高；原料适应性大，可处理各种品位的硫化矿，并可搭配处理废铅蓄电池中的铅膏、锌冶炼厂产出的浸出渣、铅氧化矿等二次铅原料和贵金属物料，对炉料铅、硫含量的上限不设限制，无需添加返粉和返渣，故取消了破碎工序，因而流程缩短，投资省；炉料制备简单，经润湿制粒（粒度为 5 ~ 10mm，含 H_2O 5% ~ 6%）后加入反应器，没有粉尘和干料入炉，加之设备密封性好，铅尘、铅烟及其他有害气体逸散量少，工作场地劳动卫生条件大大改善。

SKS 法存在的不足之处为：

（1）对入炉精矿品位要求较高，入炉原料铅含量要求在 35% 以上；

（2）氧气底吹炉产出的高温液态高铅渣需铸成渣块，使高铅渣的物理显热被浪费，高铅渣块重新入鼓风炉还要用价格较高的焦炭加热和还原，增加了成本和能耗。

为克服上述不足，不少企业进行了液态高铅渣直接还原的工业试验，开发出了氧气底吹-侧吹（底吹）熔融还原炼铅法和氧气底吹-底吹电热熔融还原炼铅法。

氧气底吹-侧吹（底吹）熔融还原炼铅法为第二代氧气底吹炼铅技术，采用侧吹（底吹）熔融还原炉代替鼓风炉，底吹炉产出的熔融铅氧化渣通过流槽直接流入还原炉，充分利用富铅渣的潜热；使用廉价的还原剂代替冶金焦，铅冶炼能耗和生产成本显著降低；还原炉配备高效的余热锅炉回收利用余热；还原炉的环保与鼓风炉相比也有显著改善。

氧气底吹-底吹电热熔融还原炼铅法是在第二代氧气底吹技术的基础上发展起来的第三代氧气底吹炼铅技术，采用底吹电热熔融还原炉代替底吹还原炉，还原炉采用电极补热，以粉煤作为还原剂。该工艺的设备连接示意图如图 4-9 所示。底吹炉产出的熔融铅氧化渣通过流槽直接流入还原炉，产出二次粗铅和炉渣，炉渣通过热渣流槽直接流入烟化炉进行烟化，以回收氧化锌。该工艺与第二代技术相比，能更有效地降低还原剂、燃料消耗和烟尘率，提高了铅的直收率。

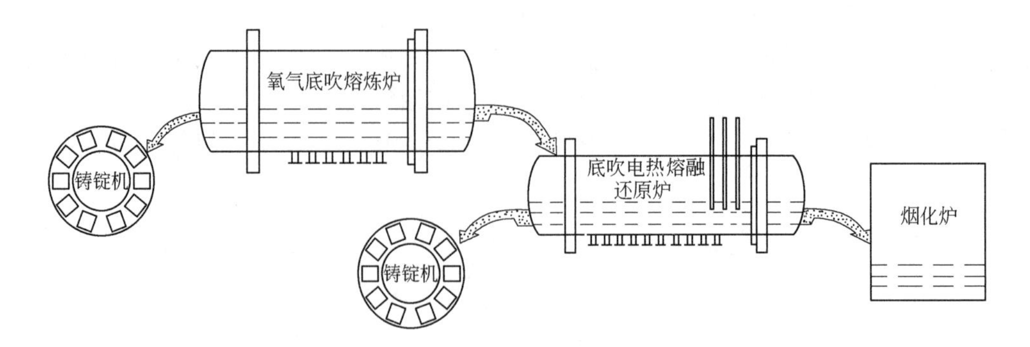

图 4-9 氧气底吹-底吹电热熔融还原工艺的设备连接示意图

4.4.2 氧气顶吹熔炼法

4.4.2.1 艾萨/澳斯麦特法

艾萨熔炼法和澳斯麦特熔炼法起源于赛罗顶吹浸没喷枪技术，采用富氧空气熔炼，其与传统粗铅冶炼工艺相比具有如下优点：

(1) 工艺流程短，熔炼强度大，热效率高，能耗低，金属回收率和生产效率高；

(2) 原料和燃料适应性广，处理能力调节幅度大；

(3) 炉子和顶吹喷枪结构简单，操作灵活方便，自动控制水平高；

(4) 炉体密封性好，硫利用率高，环境保护好，炉子使用寿命长。

图 4-10 是澳斯麦特法炼铅的主体设备示意图，该设备主要由炉体、喷枪、喷枪夹持架及升降装置、后燃烧器、排烟口、加料装置及产品放出口等组成。

艾萨/澳斯麦特法熔炼炉是一个固定的立式圆筒形炉子，设有一个浸没式喷枪向炉子供给富氧或部分燃料，顶吹炉补热所用的燃料为气体、液体或固体。混合后的炉料从炉顶

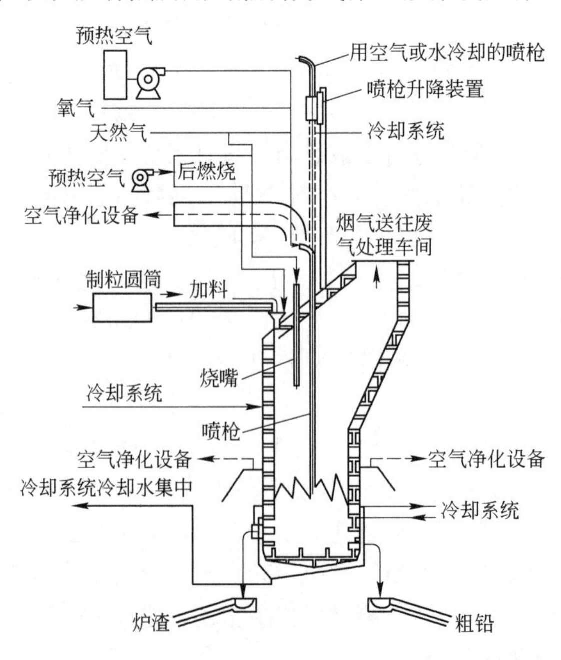

图 4-10 澳斯麦特法炼铅的主体设备示意图

进入熔炼炉，冶炼过程所需的燃料和富氧空气（浓度为30% ~40%）通过浸没式喷枪直接喷射到高温熔融渣层中，使熔池内熔体产生剧烈的搅动，在熔池中完成全部炉料的脱水、熔化、氧化、还原和造渣反应，直接产出部分粗铅和富铅渣。整个冶炼过程分为氧化和还原两步进行，可以采用一台炉间断作业，也可以采用两台炉（一台氧化、一台还原）连续作业。硫化铅精矿首先在氧化过程充分氧化，得到低硫铅和高铅渣，然后高铅渣在还原过程被充分还原，得到低铅炉渣。

在一台炉子内分阶段作业的单炉生产，可以采用连续操作或间断操作。采用间断操作时，氧化熔炼和富铅渣还原分阶段交替进行时，产出粗铅和弃渣，产生的烟气量及其成分波动大，不利于烟气的处理和制酸。

我国云南锡业公司采用澳斯麦特熔炼法建设了一座年产 10 万吨电铅的工厂，该厂在同一台炉内完成铅精矿的氧化、富铅渣的还原及渣的烟化三个冶炼过程。

艾萨/澳斯麦特法熔炼不仅可以处理铅精矿和各种含铅烟尘，还可以处理各种含铅渣料和铅的二次回收物料，如湿法炼锌系统产生的含铅渣以及电铅系统产生的各种铅浮渣、废蓄电池等。

我国云南冶金集团在引进艾萨炉炼铅技术的基础上，结合我国国情，创造出了具有独立知识产权的 ISA-YMG 熔炼技术（富氧顶吹熔炼-鼓风炉还原炼铅）。在熔炼过程中，硫化铅精矿采用艾萨炉富氧顶吹氧化熔炼，在熔池内熔体、炉料、富氧空气之间进行强烈地搅拌和混合，大大强化了热量传递和质量传递，加快了化学反应速度，使物料一入炉就开始反应，相应地延长了反应时间，因此反应过程更充分；整个炉体结构紧凑，整体设备简单，喷枪容易拆卸且直接插入熔池，可以实现枪位自动调节控制，大大提高了更换的速度；操作简单，生产费用低。还原熔炼基于鼓风炉熔炼，增加了热风、富氧供风和粉煤喷吹技术，形成独特的还原技术，处理能力大幅度提高，生产效率高，原料适应性强，降低了焦炭消耗和渣中铅含量。

4.4.2.2 卡尔多法

卡尔多炉由精矿喷枪和氧-油喷枪、上升烟道、环保烟罩、炉体及炉体支架、炉体旋转装置、炉体倾翻系统和紧急倾翻系统等部分组成，如图 4-11 所示。

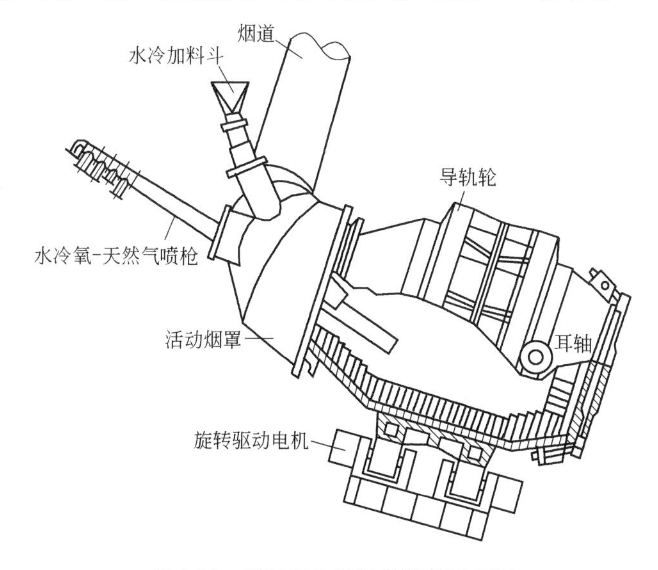

图 4-11 TERC 法卡尔多转炉示意图

卡尔多炼铅法是在一个炉子内先用氧枪喷射熔炼氧化，再用氧-油枪喷射还原。卡尔多法具有设备少、投资省、自动化程度高、环保好等优点。

卡尔多转炉能耗低，采用富氧后烟气体积大大减少，从而提高了烟气中 SO_2 的浓度；但是卡尔多转炉吹炼是周期性作业，烟气量与烟气成分均不稳定，热损失比较多。因此，氧气顶吹卡尔多转炉法直接熔炼铅精矿尚未得到广泛推广。

4.4.3 基夫塞特法

基夫塞特炼铅法由前苏联全苏有色金属科学研究院开发，它是一种氧气闪速氧化熔炼与电热还原熔炼结合为一体的直接炼铅法，经过多年生产运行，已成为工艺先进、技术成熟的现代直接炼铅法。

基夫塞特炼铅法的核心设备为基夫塞特炉。该炉由四部分组成，即带氧焰喷嘴的反应塔、具有焦炭过滤层的熔池、冷却烟气的竖烟道（立式余热锅炉）和铅锌氧化物还原挥发的电热区。图 4-12 为维斯麦港炼铅厂基夫塞特炉的本体结构示意图。

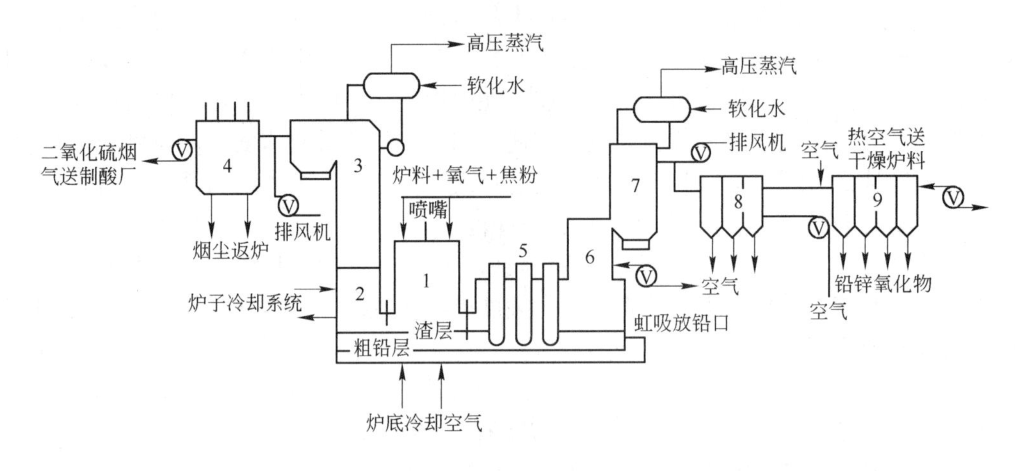

图 4-12 维斯麦港炼铅厂基夫塞特炉的本体结构示意图

1—反应塔；2—上升烟道；3，7—余热锅炉；4—电收尘器；5—电极；
6—电炉烟道；8—换热器；9—布袋收尘器

干燥后的硫化铅精矿和熔剂由工业纯氧从闪速炉反应塔顶部的喷枪喷入塔内，在悬浮状态下，硫化物在塔内发生剧烈的氧化反应并使炉料颗粒熔化，生成由金属氧化物、金属铅液滴和其他成分所组成的熔体。熔体落入沉淀池时，通过覆盖在沉淀池表面的焦炭过滤层，其中的大部分氧化物还原为金属铅而沉降到熔池底部，其余的熔体组成初渣，初渣通过水冷隔墙下部的连通口进入还原电炉。电炉温度高达 1673K，初渣中的 PbO、ZnO 等被从炉顶气密加料器加入炉内的焦粉和碳电极还原，得到的二次粗铅回流至氧化段沉淀池内，与其中的粗铅熔体混合并由虹吸口连续放出。还原产出的锌蒸气随电炉炉气进入冷凝器冷凝为液体锌，或被氧化为 ZnO，在收尘设备中回收。氧化段高 SO_2 浓度的烟气经垂直冷却室冷却至 823K 后，进入高温电收尘器净化，送往制酸工序或生产液态 SO_2 及元素硫。电炉部分烟气经捕集氧化锌的布袋收尘器后排放。

基夫赛特炉的主要技术经济指标为：反应塔火焰温度 1653 ~ 1693K，熔池温度 1273 ~

1473K，烟气中 SO_2 浓度 20% ~30%，烟气温度 1473 ~1572K，脱硫率 9.7%，入氧化锌烟尘锌量40% ~50%，铅的回收率97%，渣中含铅 1.5% ~2%、锌7% ~10%，炉料处理量 720t/d，吨铅焦炭单耗46kg，吨铅电耗 175kW · h。

基夫塞特炼铅法可处理各种不同品位的铅精矿、铅银精矿、铅锌精矿和鼓风炉难以处理的硫酸盐残渣。湿法炼锌厂产出的铅银渣、废铅蓄电池糊、各类含铅烟尘等都可以作为原料入炉冶炼。基夫塞特炼铅法对原料有广泛的适应性，能以较低的费用回收原料中的有价金属，可以满足日益严格的环境保护要求，该法有着良好的发展前景。

4.5 粗铅的精炼

粗铅中除含贵金属 Au、Ag 之外，还含有 Cu、As、Sn、Sb、Zn、Bi 等多种杂质，杂质总含量一般为 1% ~3%。表 4-8 列出了粗铅的成分。

表 4-8 粗铅的成分

成分	Pb/%	Cu/%	As/%	Sb/%	Sn/%	Bi/%	S/%	Fe/%	Zn/%	Au /$g \cdot t^{-1}$	Ag /$g \cdot t^{-1}$
工厂 1	96.06	2.08	0.45	0.66	0.02	0.11	0.23	0.05	0.16	59	1799
工厂 2	96.73	0.69	0.54	0.76	0.003	—	—	—	—	—	—

铅中的杂质影响了铅的性质，如使铅硬度增加、韧性降低、抗蚀性减弱等，限制了铅的用途。粗铅精炼的目的在于除去各种杂质、提高铅的纯度，以达到牌号铅的标准（见表 4-9），同时综合回收各种有价金属。

表 4-9 铅锭的化学成分（GB/T 469—2005）

牌号	Pb（≥）	化学成分/%										
		杂质（≤）										
		Ag	Cu	Bi	As	Sb	Sn	Zn	Fe	Cd	Ni	总和
Pb99.994	99.994	0.0008	0.001	0.004	0.0005	0.0008	0.0005	0.0004	0.0005	—	—	0.006
Pb99.990	99.990	0.0015	0.001	0.010	0.0005	0.0008	0.0005	0.0004	0.0010	0.0002	0.0002	0.010
Pb99.985	99.985	0.0025	0.001	0.015	0.0005	0.0008	0.0005	0.0004	0.0010	0.0002	0.0005	0.015
Pb99.970	99.970	0.0050	0.003	0.030	0.0010	0.0010	0.0010	0.0005	0.0020	0.0010	0.0010	0.030
Pb99.940	99.940	0.0080	0.005	0.060	0.0010	0.0010	0.0010	0.0005	0.0020	0.0020	0.0020	0.060

粗铅精炼有火法精炼和电解精炼两种方法，国外多数工厂采用火法精炼，我国和日本等国家采用电解法精炼。

火法精炼是顺次除去粗铅中杂质元素的高温作业，使这些杂质元素分别富集于精炼渣中，生产率较高；但其属于多段作业，金属的回收效率较低，且作业繁杂。电解精炼则是使杂质元素一次性进入阳极泥，直收率较高，但生产率较低。

4.5.1 粗铅的火法精炼

粗铅无论是采取火法精炼还是电解精炼，在精炼前通常都用火法除去粗铅中的铜、砷、锑和锡。粗铅火法精炼的工艺流程如图4-13所示。

4.5.1.1 除铜

粗铅精炼除铜采用熔析除铜和加硫除铜两种方法。

A 熔析除铜

由Cu-Pb系状态图（见图4-14）可见，Cu在铅液中的溶解度随温度降低而减小，当铅液温度下降到1225K以下时，析出的结晶不是纯铜，而是含Pb 3%～5%的固溶体，它以固体状态浮在铅液面上。随着温度继续下降，铅液铜含量相应逐渐减少。当温度降至铅的熔点（599K）附近时，可得到含Cu 0.06%的共晶，这是熔析法除铜的理论极限。但实际上由于粗铅中含有As和Sb，可与铜形成Cu_3As（熔点为1103K）、Cu_3As_2（于983K分解）、Cu_3Sb（高于858K时分解）等化合物以及与之相关的共晶和固溶体，这些化合物和固溶体不溶于铅，混入固体渣而浮在铅液面上。因此，实际熔析除铜时可将Cu含量除至0.02%～0.03%。在熔析过程中，几乎所有的Fe、Ni、Co、S也被除去。

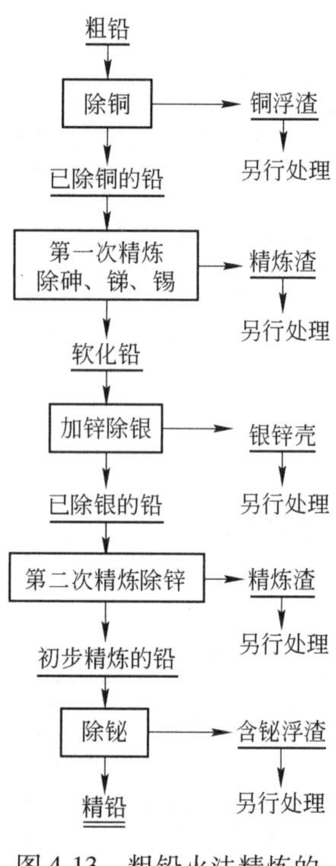

图4-13 粗铅火法精炼的工艺流程

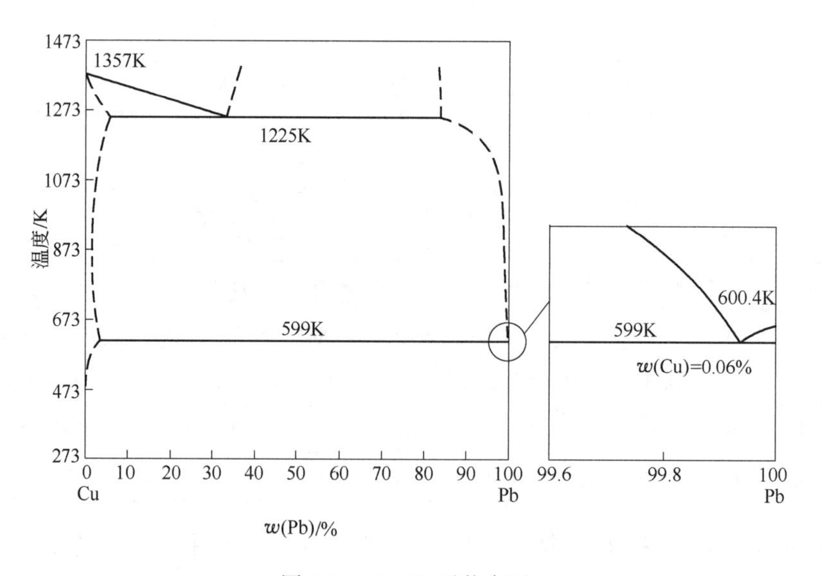

图4-14 Cu-Pb系状态图

熔析有加热熔析和冷却凝析两种作业方法。前者是将粗铅锭放在反射炉或熔析锅内，用低温熔化，使铅与杂质分离；后者是将鼓风炉放出的液体铅用泵送至凝析设备，然后降低温度，使杂质从铅液中凝析出来。生产上多采用冷却凝析法。

B 加硫除铜

粗铅经熔析除铜后还残存少量的铜（0.02% ~0.03%），可采用加硫除铜法进行深度脱铜。在稍高于铅的熔点温度（603 ~613K）下，把粉状元素硫加入不断用机械搅拌形成的液铅旋涡中，生成质轻且难溶于液铅中的Cu_2S，达到除铜的目的。由于粗铅熔体中铅的浓度远远超过铜，加入的硫首先与铅作用生成PbS：

$$2Pb_{(l)} + S_2 \xlongequal{} 2PbS_{(l)}$$

PbS可溶解于铅液中，其溶解度在操作温度下可达0.7% ~0.8%。由于铜与硫的亲和力大于铅，PbS又使铅液中的铜硫化：

$$PbS_{(l)} + 2Cu_{(l)} \xlongequal{} Pb_{(l)} + Cu_2S_{(s)}$$

Cu_2S的密度比铅小，又不溶于铅液中，呈固体浮渣状态浮于铅液面上而被除去。理论上残存在铅中的最小铜量只有百万分之几，而实际上达到0.001% ~0.002%。

除铜过程一般都在半球形的铸钢精炼锅中间断进行。精炼锅可盛放50 ~200t液铅，有的超过300t。在同一个精炼锅中先进行熔析，接着在机械搅拌下加硫除铜。元素硫的加入量按形成Cu_2S理论需要量的1.25 ~1.30倍加入。

C 粗铅连续脱铜

粗铅连续脱铜是应用熔析除铜的原理，作业多在反射炉内进行。此时铅熔池自上而下形成一定的温度梯度，使铜及其化合物从熔池较冷的底层析出，上浮至高温的上层，与加入炉内的铁屑和苏打相互作用造渣。粗铅的脱铜程度取决于熔池底层温度、铅液在熔池中的停留时间和粗铅中的砷、锑含量等因素。

我国某厂连续脱铜反射炉的构造如图4-15所示。该炉的特点是在距炉底500mm的水平面上设有一排冷却水管，对底层铅液进行强制冷却。铅液（含Cu 0.6% ~1.0%）从鼓风炉放至铅包，从反射炉顶经残极井注入炉内。铅池表面由重油加热至1173 ~1373K。由于铅液不断地从铅池底层放出，在冷却水管以上的铅液也不断地经过水管间的空隙向下流动。冷却水管的作用在于控制熔池底层铅液达到熔析所要求的温度（623 ~673K），粗铅的熔析脱铜即在此温度区间内进行。因此，进入水管水平以下的铅液即为合格的铅（平均含Cu 0.06%），在底层析出并上浮的铜及其他化合物与加入炉内的铁屑、苏打作用造渣。

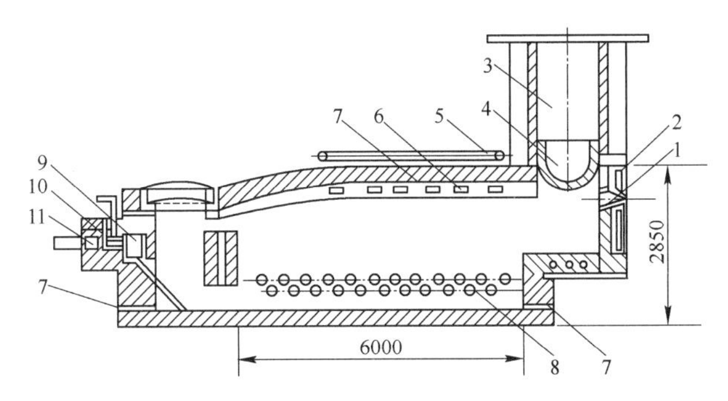

图4-15 我国某厂连续脱铜反射炉的构造

1—烧嘴；2—烧嘴水套；3—残极井；4—残极锅；5—进料皮带；6—进料口；
7—测温孔；8—冷却水管；9—放铅槽；10—放铅开关；11—放铅溜子

熔析与加硫除铜过程产生的铜质浮渣中含Cu 5% ~20%、Pb 55% ~75%，还含有少量的As、Sb、Au、Ag等，一般采用苏打-铁屑反射炉熔炼法进行处理，以回收其中的铜、铅和贵金属。

4.5.1.2 除砷、锑、锡

A 氧化精炼

除铜后的粗铅用氧化精炼的方法，除去与氧亲和力比铅大的 As、Sb、Sn 等杂质。氧化精炼一般在反射炉中进行，采用自然通风氧化，过程温度为 1023 ~ 1173K，作业时间为 12 ~ 36h。根据质量作用定律，氧化精炼时首先氧化的是铅：

$$2Pb + O_2 = 2PbO$$

反应产生的 PbO 再使砷、锑、锡等杂质氧化，同时杂质也直接被空气中的氧所氧化。生成的氧化物因密度小且不溶于铅液，故浮在熔池面上而与铅分离。

由于 PbO 不溶于铅液，氧化精炼反应只在熔池表面进行，杂质必须扩散至熔池表面才能与 PbO 以及空气中的 O_2接触。因此，精炼反应的速度很慢，作业时间较长。

B 碱性精炼

为缩短作业时间，大型现代化铅厂广泛采用了碱性精炼法。碱性精炼也是使粗铅中的砷、锑、锡等杂质氧化并造渣而与铅分离，氧化剂主要是硝石（$NaNO_3$）而不是空气，且精炼过程在 693 ~ 723K 的较低温度下进行。熔剂是用 NaOH、NaCl 和 Na_2CO_3 的混合试剂，使砷、锑、锡生成相应的砷酸钠、锑酸钠和锡酸钠，即碱性渣。

4.5.1.3 加锌除银

加锌除银是将金属锌加入液体铅中进行搅拌，由于锌与金和银的亲和力较大，能相互结合形成稳定、熔点高、密度比铅小的 $AuZn_5$ 和 Ag_2Zn_3 金属互化物以及一系列固溶体，并以固体银锌壳的形态浮于液铅表面而与铅分离。

加锌除银作业在精炼锅中进行。需要除银的粗铅被加热到 723K 时即把锌加入液铅中，加锌量取决于铅中 Au、Ag 的含量，一般锌的消耗量为铅量的 1.5% ~2.0%。加锌作业分两次进行，第一次加锌量为需要量的2/3，此时约 90% 的银进入银锌壳中。捞出银锌壳后，立即进行第二次加锌，即将第一次未加完的锌量加入。第二次银锌壳中银的含量小于 0.5%，而且含有大量没有反应的金属锌，所以第二次银锌壳可返回至第一次加锌过程中再使用。由于金与锌的亲和力大于银与锌的亲和力，金优先与锌形成化合物并进入第一批银锌壳中，所以对含金的铅而言，加锌除银也能优先除金。除银后液铅的银含量小于 2 ~3g/t。

银锌壳是锌和金、银、铅的合金，其中含有大量机械夹杂的铅以及少量铅、锌氧化物。根据银锌壳中主要成分锌、铅和银沸点的差别（Zn 为 1180K、Pb 为 1798K、Ag 为 2226K），用蒸馏法进行处理，即在还原气氛下将其加热至 1273 ~ 1373K，ZnO 和 PbO 被还原为金属，锌以蒸气状态进入冷凝器冷凝成液态锌，残留的铅和贵金属的合金即为贵铅。贵铅的处理将在第 10 章中介绍。

4.5.1.4 真空除锌

除银后的铅含 Zn 0.6% ~0.7%，在除铋前需将锌除去。除锌的方法有氧化法、氯化法、碱法、真空法和加碱联合法等，目前广泛采用真空精炼法。真空精炼法是利用铅与锌的蒸气压不同而将铅锌分离。真空蒸发适宜的真空度为 13.33 ~ 1.33Pa，温度为 873K 左右，此时锌的挥发率达到 96% ~98%，而铅的挥发率仅为 0.03% ~0.07%。

4.5.1.5 加钙、镁除铋

铋属于最难从铅中除去的杂质。铅中 Bi 含量为 0.05% 左右，一般采用加 Ca、Mg 除

Bi 的方法。该法的实质是 Ca、Mg 在铅液中可与 Bi 形成 Bi_3Ca（780K 时分解）、Bi_2Ca_3（熔点为 1201K）以及 Bi_2Mg_3（熔点为 1096K）等不熔化合物，这些化合物也不溶于铅且密度比铅小，呈硬壳状浮在铅液表面上而被除去。在除铋精炼过程中，镁以金属块形态直接加入铅液中，而钙则因容易氧化而以含 Ca 2% ~5% 的 Pb-Ca 合金形态加入。

除铋后液铅含 Ca 0.03% ~0.04%、Mg 0.04% ~0.07%，并含有少量的锌和锑，这些杂质可用氧化精炼、氯化精炼及碱性精炼方法除去。在这些方法中，以碱性精炼的效果最好。碱性精炼作业温度为 633 ~673K，在搅拌的条件下加入少量烧碱或烧碱与硝石，使钙、镁、锑等杂质进入碱渣。精炼后液铅中的钙、镁含量可少于百万分之一，铅样条表面光泽，出现特有的致密结晶。

4.5.2 粗铅的电解精炼

粗铅的电解精炼在我国和日本、加拿大等国家得到了广泛应用，用此法生产的精铅约占铅总产量的 20%。电解精炼能通过一次电解得到纯度较高的精炼铅，贵金属和其他有价元素及杂质富集在阳极泥中，有利于集中回收。

4.5.2.1 粗铅电解精炼的电极反应

粗铅电解精炼以硅氟酸和硅氟酸铅的水溶液作电解液，用粗铅或经火法精炼初步除 Cu、As、Sn 的铅作阳极，以纯铅作阴极。电解液各组分在溶液中离解成下列各离子：

$$PbSiF_6 = Pb^{2+} + SiF_6^{2-}$$

$$H_2SiF_6 = 2H^+ + SiF_6^{2-}$$

$$H_2O = H^+ + OH^-$$

电解时，H^+ 与 Pb^{2+} 趋向于阴极，OH^- 及 SiF_6^{2-} 趋向于阳极。在正常情况下，阴极反应为：

$$Pb^{2+} + 2e = Pb$$

即只有 Pb^{2+} 放电反应发生，析出金属铅沉积在阴极上。氢的超电压很大，故阴极上不会发生 H^+ 放电反应。

阳极在电流作用下，铅以阳离子形态进入溶液，其反应为：

$$Pb - 2e = Pb^{2+}$$

即阳极不断地溶解，且不发生 OH^- 与 SiF_6^{2-} 离子的放电反应。

4.5.2.2 电解精炼时杂质的行为

杂质在电解精炼时的行为取决于它们的标准电位及其在电解液中的浓度。根据铅中常见杂质的标准电位，可将它们分为三类：

（1）电位比铅负的金属杂质，如 Zn、Fe、Cd、Co、Ni 等。该类杂质在电解时随铅一同进入电解液，但由于它们具有比铅高的析出电位，且浓度极小，因此在阴极不致放电析出，但溶解时将增加电能和酸的消耗。它们在火法精炼时容易除去，所以不致污染电解液。

（2）电位比铅正的杂质，如 As、Sb、Bi、Cu、Au、Ag 等。该类杂质在电解时一般不溶解而留在阳极泥中，阳极泥是回收贵金属的原料。为了使阳极泥层具有一定附着强度，铅电解的阳极必须含有 0.3% ~1.0% 的锑。若含铋和铜太多，会使阳极泥坚硬致密，应尽量避免。

（3）电位与铅很接近的杂质，如 Sn。锡既能与铅一同在阳极溶解进入电解液，又能与铅一同在阴极上析出。因此，粗铅中的锡不能通过电解精炼法除去。为除去电铅中的锡，一般采用如前所述的氧化精炼法。

4.5.2.3 粗铅电解精炼的实践

粗铅电解精炼时，电极与电解槽间的电路连接多采用复联式，即电解槽彼此串联，而电解槽中的阴、阳极为并联。电解槽一般用内衬沥青的钢筋混凝土制成，现多衬软聚氯乙烯塑料，此外还有外部是钢筋混凝土、内部整体注塑成聚乙烯防腐衬里的电解槽。

铅电解槽的结构如图 4-16 所示，国内某厂铅电解槽及其阴、阳极的主要尺寸如表4-10所示。

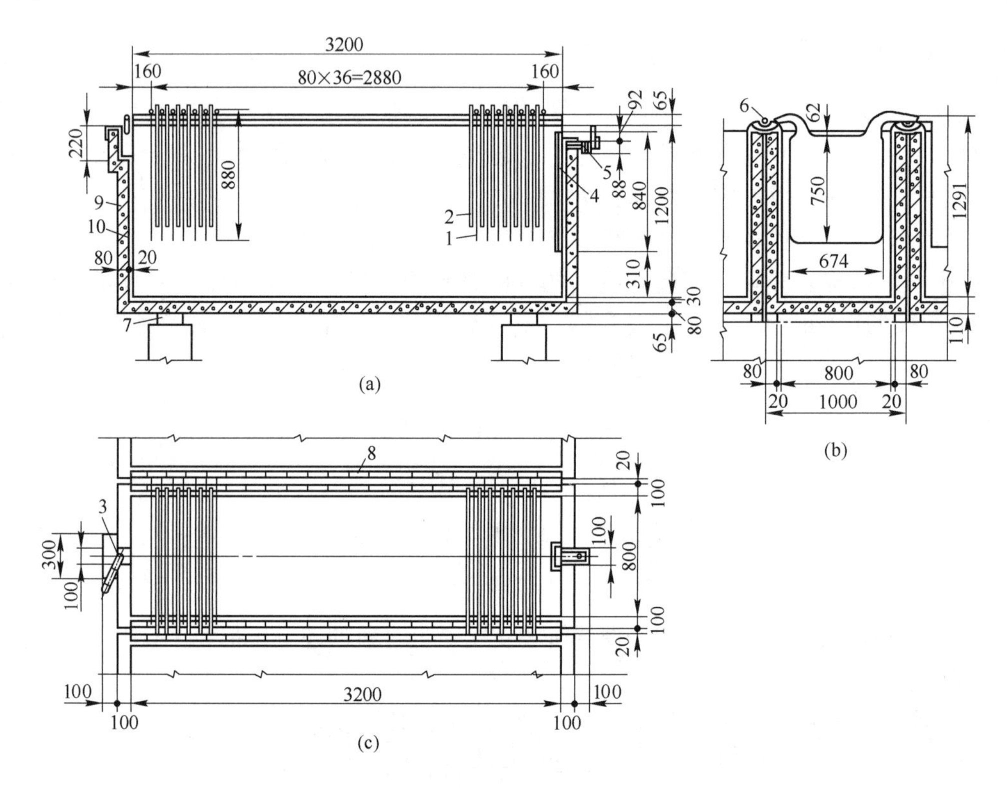

图 4-16 铅电解槽的结构

1—阴极；2—阳极；3—进液管；4—溢流槽；5—回液管；6—槽间导电棒；7—绝缘瓷砖；8—槽间瓷砖；9—槽体；10—沥青胶泥衬里

表 4-10 国内某厂铅电解槽及其阴、阳极的主要尺寸

电路连接方式	电解槽材质	电解槽（长×宽×高）/mm×mm×mm	每槽阳（阴）极块数/块	阴阳极极距/mm	阳极尺寸（长×宽×厚）/mm×mm×mm	阴极尺寸（长×宽×厚）/mm×mm×mm
复联	钢筋混凝土内衬聚氯乙烯	3200×760×1100	38（39）	80	735×630×20	840×660×2.0

A 电解液组成、温度和循环量

电解液组成为 Pb 60～120g/L、游离 H_2SiF_6 60～100g/L、总酸（SiF_6^{2-}）100～190g/L，此外还含有少量金属杂质离子和添加剂（如明胶和 β-萘酚）。电解液温度通常为 303～318K，温度太高，则硅氟酸分解加快，电解液的蒸发损失增大；温度太低，则电解液电阻增大。电解液采用一级循环。循环能使电解液均匀，电解液的循环速度一般为 18～30L/min。电解液循环速度取决于电流密度和阳极成分，当阳极成分一定时，循环速度应随电流密度的增大而增大，但循环速度要保证阳极泥不致从阳极板上脱落。

B 槽电压

槽电压是用于克服电解液、阳极泥层、各接触点和导体的电阻以及由于浓差极化引起的反电势，其中以电解液造成的电压降最大。电解液的组成和性质是影响槽电压的重要因素。阳极电解时间越长，附着在阳极上的阳极泥层越厚，则槽电压随之升高。因此在电解过程中，槽电压由最初的 0.35～0.4V 逐渐增加到 0.55～0.6V，甚至达到 0.7V。当槽电压超过 0.7V 时，便会引起杂质在阴、阳极上的放电，使电解液污染和阴极析出铅的质量下降。为了减轻甚至消除由于阳极泥层过厚而引起的槽电压升高现象，工厂通常采取二次或三次电解的方法，即在阳极周期内，将阳极从电解槽中取出并刷去阳极泥层，再装槽电解。

C 电流密度

电解槽的生产能力几乎与电流密度成正比。铅电解常用的电流密度为 140～200A/m²，多数工厂为 130～180A/m²。电流密度的选择取决于阳极杂质的含量和性质以及阴、阳极操作周期。对杂质含量较高、操作周期较长的阳极，宜选用较低的电流密度；反之，则选择较高的电流密度。随着现代炼铅技术的发展，铅电解已朝着高电流密度、大极板的方向发展，国外最高电流密度达到 240A/m²，国内最高电流密度达到 200～210A/m²，阳极板重 250kg/块（厚 30～33mm）。

D 添加剂

电解液加入胶质或其他添加剂，可以改善电解过程和提高析出铅的质量。铅电解的添加剂主要是胶质（明胶、骨胶、皮胶等）和 β-萘酚等。

E 电解液的脱铅和新酸的补充

随着电解过程的进行，电解液中的铅离子浓度逐渐增加，而游离硅氟酸浓度则逐渐下降。为了保持电解液成分的均衡与稳定，需要定期向电解液中补加新的硅氟酸，同时脱除电解液中过剩的 Pb^{2+}。脱铅方法有两种，一种是抽出部分电解液，向其中加入适量硫酸，使其中的 Pb^{2+} 形成 $PbSO_4$ 沉淀，其反应为：

$$PbSiF_6 + H_2SO_4 = PbSO_{4(s)} + H_2SiF_6$$

另一种方法是采用石墨作阳极、纯铅始极片作阴极的电解法脱铅。

当铅阳极质量较差时，铅离子浓度会随铅电解的进行而下降，需补加铅，工业上常加入黄丹（PbO）。

我国铅电解精炼的主要技术经济指标如表 4-11 所示。

表 4-11 我国铅电解精炼的主要技术经济指标

项目	一厂	二厂
电解液组成/$g \cdot L^{-1}$：		
Pb^{2+}	100	100~115
游离酸	85	92~99
总酸	160	150~195
电解液温度/K	317	312~318
用胶量/$kg \cdot t^{-1}$	0.5	0.5~0.8
电流密度/$A \cdot m^{-2}$	172	182

项目	一厂	二厂
槽电压/V	0.5	0.43
电流效率/%	约97	约92
电能消耗/$kW \cdot h \cdot t^{-1}$	152	135.2
阳极泥成分/%：		
Pb	15.44	13~15
Au	0.043	0.04~0.064
Ag	13.34	8.27~11.75
阴极铅含量/%	>99.99	>99.99

4.6 铅再生

由于铅对环境有污染，从20世纪80年代中期开始，铅的应用开始下降。由于铅的特殊性，随着环保政策要求的日趋严格，国外非常重视再生铅的回收，再生铅的生产主要集中在北美、西欧以及亚洲的日本、韩国等发达国家。我国是全球最大的精铅生产国和仅次于美国的第二大精铅消费国，近年来，我国再生铅工业取得了一定的进展，已初步形成独立产业，再生铅产量约占精铅总量的30%。

4.6.1 铅再生原料

再生铅的原料可分为新废杂料和旧废杂料。新废杂料包括铅烟尘、铅渣、熔炼残料及铅制品加工中的残料等，旧废杂料包括蓄电池、废压延铅板、废铅管、电缆包皮、印刷合金、巴比合金及其他铅制品。旧废杂料是再生铅最重要的原料，占新、旧废杂料总量的80%以上。美国再生铅原料的组成大致是新废杂料占13.9%、旧废杂料占86.1%。而在旧废杂料中，废蓄电池占88.3%，其余为电缆包皮、合金焊料等。这些废杂料除含铅外，还含有一定数量的铜、锑、锡、砷等有价组分。

4.6.2 铅再生方法

铅再生工艺流程的选择在很大程度上取决于原料的特性和地区条件以及对产品质量的要求。铅再生过程一般要经过炼前预处理、熔炼和精炼三个阶段。

4.6.2.1 炼前预处理

炼前预处理包括分类、解体、分选、防爆检验和碎料烧结等。即废杂料进厂后，根据其性质、混杂程度和状态进行分类，使含铅废杂料中的铅和无关的材料分离，将块料与细料分选开，检验有无炮弹头等爆炸危险物，将细碎料烧结成块等。

4.6.2.2 熔炼

当处理铅渣、合金等组成单一的废料时，可以直接进行熔炼；而当处理废蓄电池等组成复杂的废杂料时，则需经炼前预处理。熔炼是把含铅废杂物料放入反射炉、鼓风炉、短窑和电炉中进行熔炼，产出硬铅或粗铅。也可以在原生铅冶炼厂把蓄电池废料等含铅废料与铅精矿混合处理，主要是采用基夫赛特法、澳斯麦特法、艾萨法、QSL 法和国内的氧气底吹-鼓风炉还原熔炼法（SKS 法）等直接炼铅方法进行熔炼，这些熔炼方法不仅回收了铅，同时还能有效回收电池中的硫酸。例如，采用澳斯麦特熔炼法处理废铅蓄电池中的膏泥，废铅蓄电池经预处理后，将铅膏（水分含量可高达 10%）与碎焦（粒度小于 50mm，焦率为 4%）以及烟尘返料连续从加料口加入澳斯麦特炉内，燃油或天然气以及空气由喷枪喷入，在(1223 ± 20) K 温度下熔炼，所产粗铅中 As、Sb 含量均小于 0.05%，不用精炼即可得到“软化铅”，铅的回收率大于 97%，每吨干铅膏的燃油消耗为 75.9kg。在后期的熔炼中，渣中含砷、锑的氧化物被富集，待炉内被熔渣充满后，加过量焦粉使熔渣充分还原，得到一种含锑 5% ~20% 的粗铅，最后的熔渣可达到废弃的要求。

4.6.2.3 精炼

精炼是脱除硬铅或粗铅中的杂质，产出精铅；或在精炼中调整其化学成分，制成合金。精炼的方法与 4.5 节中介绍的粗铅精炼方法相同。

4.6.3 蓄电池废料处理

4.6.3.1 火法流程

从废蓄电池中回收铅的工艺流程实例如图 4-17 所示。经预处理后产出三部分物料，

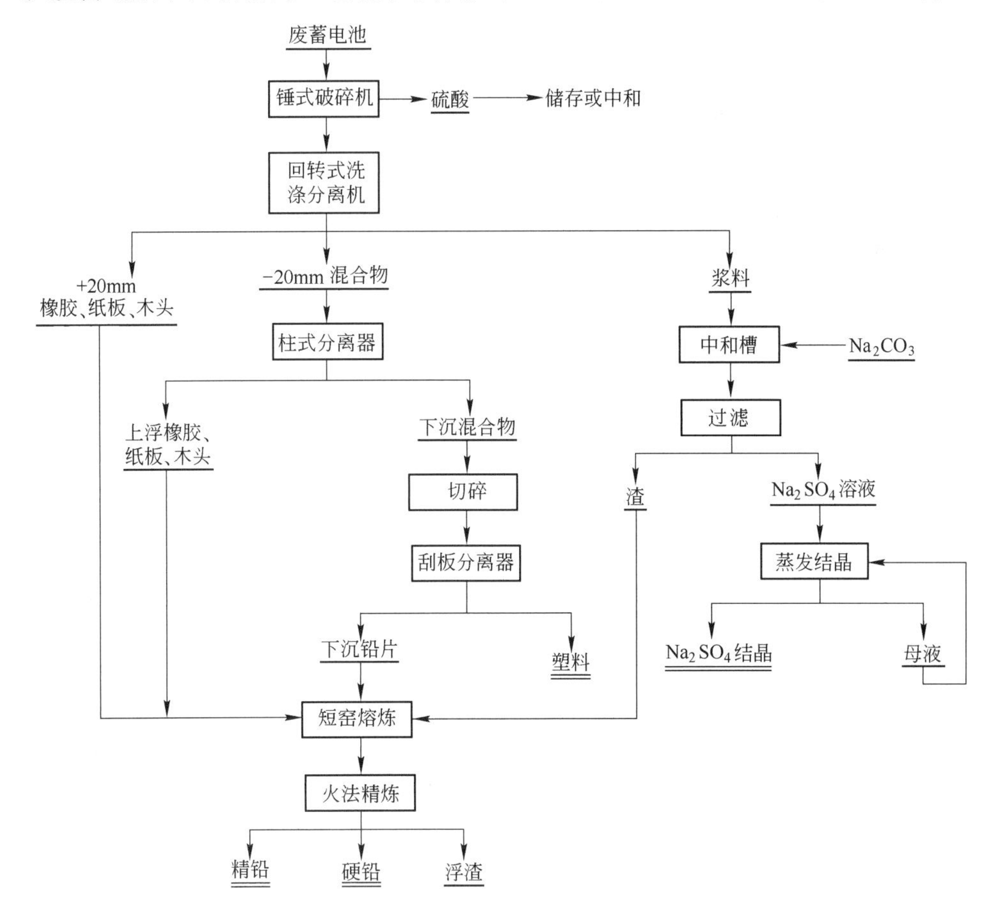

图 4-17 从废蓄电池中回收铅的工艺流程

即非金属物料（+20mm，包括塑料、橡胶等）、金属物料（包括铅片、碎塑料等）和浆料（包括硫酸铅、氧化铅）。非金属物料经处理分离出塑料，塑料可再生出售。金属物料送短窑熔炼成硬铅。浆料用碱处理后进行过滤，滤液送生产硫酸钠，滤渣送短窑熔炼。

短窑也称回转炉，是一种可以回转的圆形炉子，具有传热和传质效果好、热利用率高、反应速度快、对原料适应性强等特点。用短窑处理含铅废料时，可以进行两段熔炼作业，即在炉内先加入废蓄电池物料，暂不加还原剂和熔剂，在1073K下利用炉料中的PbO将锑氧化：

$$3PbO + 2Sb = 3Pb + Sb_2O_3$$

在此过程中，约40%的铅从炉料中析出来，形成含Pb 99.5%、Sb 0.2%的软化铅和富锑渣。待软化铅排出后，才加入适量的纯碱、铁屑、木炭和石英，在1373~1473K进行第二段还原熔炼。在第二段熔炼期熔渣被充分还原，产出含Pb 95.3%、Sb 3.0%~4.5%的高锑“硬铅”。熔炼产出的软化铅和硬铅经火法精炼得精铅。铅的直收率达97%，总回收率达98.5%~99%。物料分离较充分并得到回收利用。

4.6.3.2 湿法流程

为了进一步消除废铅酸蓄电池熔炼和粗铅精炼产生的含铅烟气，研究出了废铅酸蓄电池的湿法处理工艺，有如下三种方法：

（1）将废铅酸蓄电池物理解离，废酸用活性炭柱处理浓密后再生，橡胶烧结，金属板栅熔铸成阳极，进行常规的硅氟酸电解精炼；膏泥进行碳铵转化，使$PbSO_4$变为$PbCO_3$后再用硅氟酸溶解，并用镀PbO的钛板作阳极电解沉积得到金属铅。两种电解铅的纯度均达99%。

（2）将废铅酸蓄电池物理解离，放出的硫酸用石灰中和，板栅和膏泥用氟硼酸溶解后进行电积。

（3）改变从蓄电池铅泥中直接回收铅的思路，以铅泥代替纯铅，生产红丹、三盐基硫酸铅等铅系列产品。

复习思考题

4-1 画出硫化铅精矿还原熔炼的原则工艺流程。
4-2 简述硫化铅精矿烧结焙烧的目的和焙烧方法。
4-3 鼓风炉炼铅的熔炼产物有哪些？
4-4 简述烟化炉烟化法处理炼铅炉渣的基本原理。
4-5 什么是直接炼铅，直接炼铅的方法有哪些？
4-6 硫化铅精矿直接炼铅的基本原则是什么？
4-7 与烧结焙烧-鼓风炉还原熔炼工艺相比较，直接炼铅有哪些优点？
4-8 简述粗铅火法精炼的主要过程。
4-9 简述粗铅熔析除铜、加硫除铜和连续脱铜的基本原理。
4-10 分别写出铅电解精炼的电解液体系以及阴、阳极的材质和电极反应。
4-11 简述铅电解精炼时各杂质的行为。
4-12 再生铅的原料有哪些，铅再生有哪些方法？

5 锌 冶 金

5.1 概　　述

5.1.1 锌的性质和用途

5.1.1.1 物理性质

金属锌是银白色略带蓝灰色的金属，断面有金属光泽，晶体结构为密排六方晶格。锌在熔点附近的蒸气压很小，液体锌的蒸气压随温度的升高急剧增大，这是火法炼锌的基础。不同温度下锌的平衡蒸气压如表5-1所示。

表5-1 不同温度下锌的平衡蒸气压

温度/K	692.5	773	973	1180	1223
蒸气压/Pa	21.9	188.9	8151.1	101325	150439.1

在室温下锌很脆，布氏硬度为7.5MPa。加热到373～423K时，锌变得很柔软，延展性变好，可压成0.05mm的薄片或拉成细丝；当加热到523K时，锌则失去延展性而变脆，可加工成粉。锌的主要物理性质列于表5-2。

表5-2 锌的主要物理性质

性　质	数　值	性　质	数　值
半径/pm	83(Zn^{2+}),125(共价),133.2(Zn)	汽化热/kJ·mol^{-1}	114.2
熔点/K	692.73	密度/kg·m^{-3}	7133(293K)
沸点/K	1180	热导率/W·(m·K)$^{-1}$	116(300K)
熔化热/kJ·mol^{-1}	6.67	电阻率/Ω·m	5.916×10^{-8}(293K)

5.1.1.2 化学性质

锌是元素周期表中第4周期II_B族元素，元素符号为Zn，原子序数为30，相对原子质量为65.37。锌原子的外电子构型为[Ar]$3d^{10}4s^2$，在形成化合物时容易失去4s轨道上的2个电子，+2是锌离子常见的氧化态。

锌具有较好的抗腐蚀性能，在常温下不被干燥的空气、不含二氧化碳的空气或干燥的氧所氧化，但与含有CO_2的潮湿空气接触时，其表面生成一层灰白色致密的碱式碳酸锌($ZnCO_3\cdot3Zn(OH)_2$)薄膜，保护内部锌不再被腐蚀。锌在熔融时与铁形成化合物，冷却后保留在铁表面上，保护铁免受侵蚀。

商品锌易溶于盐酸、稀硫酸和碱性溶液中。

锌的主要化合物有硫化锌、氧化锌、硫酸锌和氯化锌等。

5.1.1.3 锌的用途

金属锌的最大用途是镀锌，约占总耗锌量的50%；其次是用于制造各种牌号的黄铜，约占总耗锌量的20%；压铸锌占15%左右；其余20%～25%主要用于制造各种锌基合金、干电池、氧化锌、建筑五金制品及化学制品等。锌广泛用于航天、汽车、船舶、钢铁、机械、建筑、电子及日用等行业。

锌的氧化物多用于橡胶、陶瓷、造纸、颜料工业。氯化锌用作木材的防腐剂，硫酸锌用于制革、纺织和医药等工业。

5.1.2 锌的资源和炼锌原料

锌在地壳中的平均含量为0.005%。据统计，2012年世界锌的资源量为19亿吨，储量为2.5亿吨。储量较多的国家有澳大利亚、中国、美国、加拿大、秘鲁和墨西哥等。我国锌矿储量居世界第一位，储量达4300万吨。

锌矿石按其所含矿物种类的不同，可分为硫化矿和氧化矿两类。在硫化矿中，锌主要以闪锌矿（ZnS）或铁闪锌矿（nZnS · mFeS）的形态存在；在氧化矿中，锌多以菱锌矿（$ZnCO_3$）和异极矿（$Zn_2SiO_4 \cdot H_2O$）的形态存在。自然界中，锌的氧化矿一般是次生的，是硫化锌矿长期风化的结果。目前，炼锌的主要原料是硫化矿，其次是氧化矿。

锌的矿物以硫化矿最多，单一硫化矿极少，多与其他金属硫化矿伴生形成多金属矿，有铅锌矿、铜锌矿、铜锌铅矿。这些矿物除含有主要矿物铜、铅、锌外，还常含有银、金、砷、锑、镉、铟、锗等有价金属。硫化矿锌含量为8.8%～17%，氧化矿锌含量约为10%。冶炼要求锌精矿锌含量大于45%～55%，因此一般采用优先浮选法对低品位多金属含锌矿物进行选矿，得到符合冶炼要求的各种金属的精矿。炼锌厂硫化锌精矿的化学成分见表5-3。

表5-3 炼锌厂硫化锌精矿的化学成分 （%）

序号	Zn	Fe	Pb	Cu	Cd	As	Sb	S	CaO	MgO	SiO_2	Al_2O_3
1(国内)	54.8	5.59	0.63	0.2	0.2	0.04	0.02	31.1	0.75	0.11	4.53	0.34
2(国内)	50.8	7.04	1.65	0.25	0.23	—	—	30.0	2.2	0.34	6.0	0.78
3(国内)	47.5	10.1	1.24	0.34	0.26	0.24	0.02	30.5	0.86	0.65	3.57	—
4(国外)	59.2	3.0	0.38	0.33	0.28	—	—	33.5		0.02	0.1	2.8
5(国外)	51.7	9.6	1.12	0.1	0.19	0.16	0.02	31.7	0.41	—	—	0.12

氧化锌矿的选矿比较困难，目前的应用多以富矿为主，一般将氧化锌矿经过简单选矿进行少许富集，也可用回转窑或烟化炉进行挥发处理，以得到富集的氧化锌物料。含锌品位较高的氧化矿（Zn 30%～40%）可以直接冶炼。

此外，炼锌原料还有含锌烟尘、浮渣和锌灰等。含锌烟尘主要有烟化炉烟尘和回转窑还原挥发的烟尘。

5.1.3 锌的生产方法

现代炼锌方法分为火法炼锌与湿法炼锌两大类，以湿法冶炼为主。

火法炼锌包括焙烧、还原蒸馏和精炼三个主要过程，主要有平罐炼锌、竖罐炼锌、密闭鼓风炉炼锌及电热法炼锌。平罐炼锌和竖罐炼锌都是间接加热，存在能耗高、对原料的适应性差等问题，平罐炼锌已几乎被淘汰，竖罐炼锌也只有为数很少的 3 ~5 家工厂采用。电热法炼锌虽然是直接加热，但不产生燃烧气体，存在生产能力小、能耗高、锌直收率低的问题，因此发展前途不大，仅适于电力便宜的地方使用。密闭鼓风炉炼锌由于具有能处理铅锌复合精矿及含锌氧化物料，在同一座鼓风炉中可生产出铅、锌两种不同的金属，采用燃料直接加热，能量利用率高的优点，是目前主要的火法炼锌设备，其产量占锌总产量的 10% 左右。

湿法炼锌包括传统的湿法炼锌和全湿法炼锌两类。湿法炼锌由于资源综合利用好、单位能耗相对较低、对环境友好，是锌冶金技术发展的主流，到 20 世纪 80 年代初，其产量约占世界锌总产量的 80%。

传统的湿法炼锌实际上是火法与湿法的联合流程，是 20 世纪初出现的炼锌方法，包括焙烧、浸出、净化、电积和制酸五个主要过程。一般新建的锌冶炼厂大都采用湿法炼锌，其主要优点是：有利于改善劳动条件，减少环境污染；有利于生产连续化、自动化、大型化和原料的综合利用，可提高产品质量、降低综合能耗、增加经济效益等。

全湿法炼锌是在硫化锌精矿直接加压浸出技术的基础上形成的，于 20 世纪 90 年代开始应用于工业生产。该工艺省去了传统湿法炼锌工艺中的焙烧和制酸工序，锌精矿中的硫以元素硫的形式富集在浸出渣中另行处理。

火法炼锌和传统湿法炼锌的原则工艺流程分别示于图 5-1 和图 5-2。

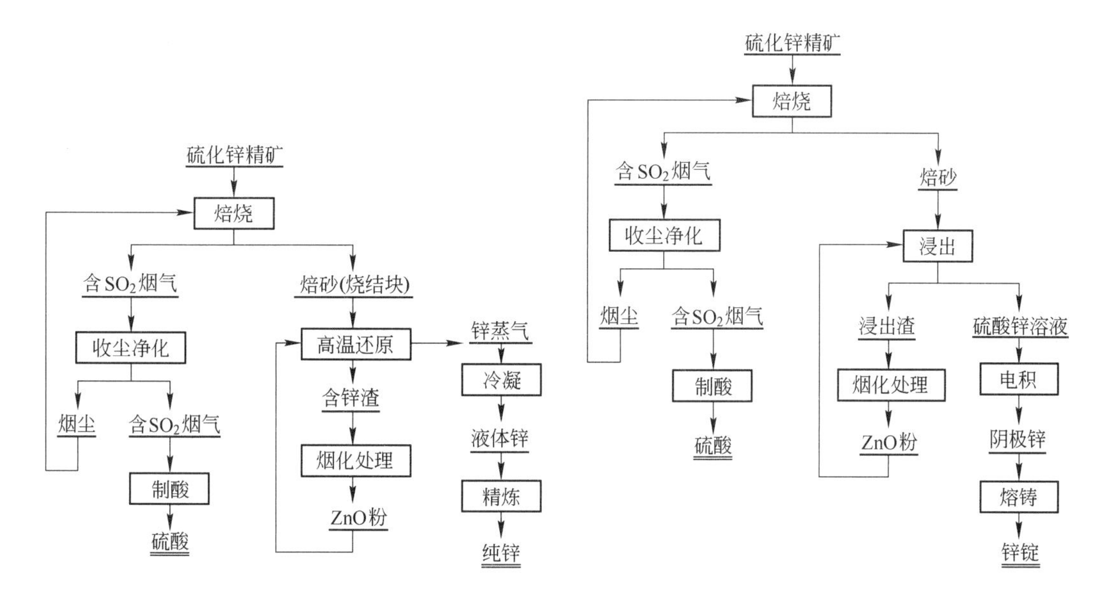

图 5-1 火法炼锌的原则工艺流程　　图 5-2 传统湿法炼锌的原则工艺流程

无论是火法炼锌还是湿法炼锌，生产流程均较复杂，在选择时应根据原材料性质，力求遵循技术先进可行、经济合理、能耗少、环境保护好、成本低等原则。

5.1.4 锌的牌号和化学成分

我国工业用锌的牌号及化学成分列于表 5-4。

表 5-4 我国工业用锌的牌号及化学成分（GB/T 470—2008）

牌号	化学成分/%									
	Zn（≥）	杂质含量（≤）								
		Pb	Cd	Fe	Cu	Sn	Al	As	Sb	总和
Zn 99.995	99.995	0.003	0.002	0.001	0.001	0.001	—	—	—	0.0050
Zn 99.99	99.99	0.005	0.003	0.003	0.002	0.001	—	—	—	0.010
Zn 99.95	99.95	0.020	0.020	0.010	0.002	0.001	—	—	—	0.050
Zn 99.5	99.5	0.3	0.07	0.04	0.002	0.002	0.010	0.005	0.01	0.50
Zn 98.7	98.7	1.0	0.20	0.05	0.005	0.002	0.010	0.01	0.02	1.30

注：Zn 99.99%的锌锭用于生产压铸合金，最高铅含量应为0.003%。

5.2 硫化锌精矿的焙烧

5.2.1 焙烧的目的和要求

锌的冶炼无论是采用火法还是湿法流程（除用锌精矿直接浸出流程外），硫化锌精矿都要先进行焙烧。因此，焙烧是从硫化锌精矿中提炼金属锌的第一个冶金过程。硫化锌精矿的焙烧过程是在高温下借助空气中的氧进行氧化脱硫的过程，将锌精矿中的硫化锌转变为氧化锌，产出的焙烧矿（焙砂）或用于火法炼锌，或用于湿法浸出。

用于火法炼锌（竖罐炼锌或电炉炼锌）的焙砂，要求在焙烧过程中将硫化锌精矿所含的硫完全除去，得到的焙砂主要由金属氧化物组成。这样可使蒸馏得到的锌较纯，也可避免蒸馏过程中锌成为硫化锌而带来锌的损失；密闭鼓风炉炼锌需要将锌精矿进行烧结焙烧，焙烧时既要脱硫、结块，还要控制铅的挥发。当精矿中铜含量较高时，要适当残留一部分硫，以便在熔炼中产出冰铜。

用于传统湿法炼锌厂的焙砂并不要求全部脱硫，为了使焙砂中形成少量硫酸盐以补偿电解与浸出循环系统中硫酸的损失，焙砂中需要保留3%~4%硫酸盐形态的硫。所以，湿法炼锌厂所进行的是氧化焙烧和部分硫酸化焙烧。

5.2.2 焙烧时硫化锌精矿中各组分的行为

5.2.2.1 硫化锌

硫化锌以闪锌矿或铁闪锌矿的形式存在于锌精矿中。焙烧时硫化锌进行下列反应：

$$ZnS + 2O_2 = ZnSO_4 \quad (1)$$

$$2ZnS + 3O_2 = 2ZnO + 2SO_2 \quad (2)$$

$$2SO_2 + O_2 = 2SO_3 \quad (3)$$

$$ZnO + SO_3 = ZnSO_4 \quad (4)$$

焙烧开始时，发生反应（1）与反应（2），反应产生SO_2之后，在有氧的条件下它又被氧化成SO_3。反应（3）是可逆的，在低温时（773K）反应从左向右进行，即SO_2氧化

为 SO_3；在较高温度（873K 以上）时反应从右向左进行，即 SO_3 分解为 SO_2 与氧。反应（4）表明，在有 SO_3 存在时氧化锌可以形成硫酸锌，此反应也是可逆的。硫酸锌生成的条件及数量取决于焙烧温度及气相成分，即当温度低、SO_3 浓度高时，形成的硫酸锌就多；当温度高、SO_3 浓度低时，硫酸锌发生分解，趋向于形成氧化锌。调节焙烧温度和气相成分，就可以控制在焙砂中生成氧化物或硫酸盐的相对数量。

ZnS 在焙烧过程中受热时不分解，仍保持紧密状态，使气体透过困难；同时，焙烧所得的氧化锌密度比硫化锌小，所占体积较大，完全包裹硫化锌核心，使氧扩散到硫化锌表面也很困难。因此，硫化锌是较难焙烧的一种硫化物。

5.2.2.2 硫化铅

硫化铅（PbS）是铅在硫化锌精矿中存在的矿物形式。硫化铅也是比较紧密的硫化物，热分解率很小，被氧化的速率很慢。硫化铅在焙烧时的行为可参阅第 4 章中硫化铅精矿的焙烧过程。

5.2.2.3 硫化铁

硫化铁（FeS_2）通称为黄铁矿，它是锌精矿中常有的成分。焙烧时其在较低的温度下即发生热分解：

$$FeS_2 = FeS + \frac{1}{2}S_2$$

也按下列反应生成氧化物：

$$4FeS_2 + 11O_2 = 2Fe_2O_3 + 8SO_2$$

$$3FeS + 5O_2 = Fe_3O_4 + 3SO_2$$

焙烧结果是得到 Fe_2O_3 与 Fe_3O_4，两者数量之比随温度改变而有所不同。由于 FeO 在焙烧条件下继续被氧化以及硫酸铁很容易分解，可以认为焙烧产物中没有或极少有 FeO 与 $FeSO_4$ 存在。

5.2.2.4 硅酸盐的生成

硫化锌精矿中的脉石常含有游离状态的二氧化硅和各种结合状态的硅酸盐，二氧化硅含量有时达到2% ~8%。二氧化硅与氧化铅接触时，形成熔点不高的硅酸铅($2PbO \cdot SiO_2$)，促使精矿熔结，妨碍焙烧进行。熔融状态的硅酸铅可以溶解其他金属氧化物或其硅酸盐，形成复杂的硅酸盐。二氧化硅还易与氧化锌生成硅酸锌（$2ZnO \cdot SiO_2$），硅酸锌和其他硅酸盐在浸出时虽容易溶解，但结合态的二氧化硅在浸出时容易变成胶体状态，对澄清和过滤不利。

为了减少焙烧时硅酸盐的形成，对入炉精矿中的铅、硅含量应严格控制。除注意操作外，还应从配料方面使各种不同精矿按比例混合，得到铅与二氧化硅含量尽可能少的焙烧物料。

硅酸盐的生成对火法炼锌来说不致造成生产上的麻烦，无需特别予以注意。

5.2.2.5 铁酸锌的生成

当温度在 873K 以上时，焙烧硫化锌精矿生成的 ZnO 与 Fe_2O_3 按以下反应形成铁酸锌：

$$ZnO + Fe_2O_3 = ZnO \cdot Fe_2O_3$$

在湿法浸出时，铁酸锌不溶于稀硫酸，留在残渣中而造成锌的损失。因此，对于湿法炼锌厂来说，力求在焙烧中避免铁酸锌的生成，尽量提高焙烧产物中的可溶锌率，可采用下列措施：

（1）加速焙烧作业，缩短反应时间，以减少在焙烧温度下 ZnO 与 Fe_2O_3 颗粒接触的时间。

（2）增大炉料的粒度，以减小 ZnO 与 Fe_2O_3 颗粒接触的表面积。

（3）升高焙烧温度并对焙砂进行快速冷却，能有效地限制铁酸锌生成。秘鲁一家工厂曾采用 1423K 的高温沸腾焙烧，证明铁酸锌生成的数量比原 1223K 焙烧减少了 14%。高铁锌精矿（含 Zn 50%、Fe 11.3%）的高温沸腾焙烧试验也证实了这一点。

（4）将锌焙砂进行还原沸腾焙烧，用 CO 还原铁酸锌，由于其中的 Fe_2O_3 被还原，破坏了铁酸锌的结构而将 ZnO 析出。还原反应如下：

$$3(ZnO \cdot Fe_2O_3) + CO = 3ZnO + 2Fe_3O_4 + CO_2$$

硫化锌精矿的焙烧是一个复杂过程，焙烧作业的速度、温度及气氛控制受多种因素的影响。国内外的工业实践表明，传统湿法炼锌工艺要求精矿铁含量不能太高，一般为 5% ~6%。若铁含量过高，在焙烧时将生成铁酸锌，影响锌的浸出效果，即使采用高温高酸浸出及新型除铁工艺等措施，也将使工艺流程复杂，不可避免地造成锌的损失。

5.2.3 硫化锌精矿的沸腾焙烧

焙烧硫化锌精矿的设备广泛采用沸腾焙烧炉。沸腾焙烧是强化焙烧过程的新方法，使空气自下而上地吹过固体炉料层，使精矿悬浮于炉气中进行焙烧，运动的粒子处于悬浮状态，其状态如同水的沸腾。

目前采用的沸腾焙烧炉可分为带前室的直型炉、道尔型湿法加料直型炉和鲁奇扩大型炉三种类型。鲁奇型沸腾炉具有生产率高、热能回收好及焙砂质量较高等优点。20 世纪 70 年代以来各厂均改建或新建鲁奇型沸腾炉（结构如图 5-3 所示），其主要包括内衬耐火材料的炉身、装有风帽的空气分布板、下部的钢壳风箱、炉顶、炉气出口、侧边的加料装置和焙砂溢流排料口。

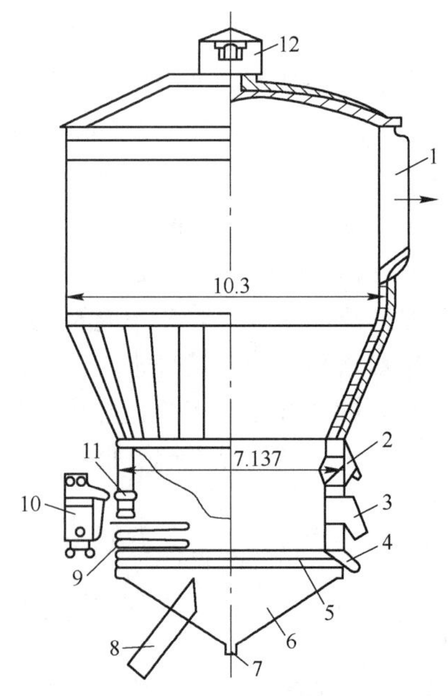

图 5-3 鲁奇上部扩大型沸腾炉

1—排气道；2—烧油嘴；3—焙砂溢流排料口；4—底卸料口；5—空气分布板；6—风箱；7—风箱排放口；8—进风管；9—冷却管；10—高速皮带；11—加料孔；12—安全罩

目前世界上最大的锌沸腾焙烧炉的床面积为 $123m^2$，日处理 800t 精矿。

在焙烧实践中，根据下一步工序对焙砂的要求不同，沸腾焙烧分别采用高温氧化焙烧和低温部分硫酸化焙烧两种不同的操作。

5.2.3.1 高温氧化焙烧

采用高温氧化焙烧主要是为了获得适于还原蒸馏法炼锌用的焙砂。除了把精矿硫含量脱除至最低限度外，还要把精矿中铅、镉等主要杂质脱除大部分，以便得到较好的还原指标。高温焙烧主要是利用铅、镉的氧化物和硫化物的挥发性大以及硫酸锌的分解特性来除去杂质。在沸腾层中硫、铅、镉的脱除主要取决于焙烧温度。生产实践表明，在过剩空气量为20%的条件下，焙烧矿中S、Pb、Cd的含量随沸腾层温度的升高而降低，如表5-5所示。

表5-5 沸腾层温度对硫、铅、镉脱除的影响

沸腾层温度/K	1223	1273	1323	1343	1373	1423
焙烧矿铅含量/%	0.85	0.71	0.61	0.47	0.36	0.16
焙烧矿镉含量/%	0.25	0.22	0.08	0.04	0.02	0.006
焙烧矿硫含量/%	1.5	1.3	0.95	0.45	0.21	0.16

实践证明，在固定温度为1363K的条件下，减少过剩空气量也可以提高铅、镉的脱除率，而且对硫的脱除率没有很大的影响，如表5-6所示。这是由于在沸腾层内强烈搅拌造成良好的传质条件，使硫得以很好地烧去，同时硫化铅和硫化镉比其氧化物容易挥发的缘故。

表5-6 沸腾焙烧时过剩空气量对硫、铅、镉脱除的影响

过剩空气量/%	20	14	9	6	2
焙烧矿铅含量/%	0.42	0.22	0.12	0.077	0.052
焙烧矿镉含量/%	0.026	0.012	0.0089	0.0071	0.0065
焙烧矿硫含量/%	0.30	0.24	0.22	0.32	0.72

但是，沸腾焙烧温度的升高受到精矿烧结成块的限制，因此高温氧化焙烧时宜采用1343～1373K。

5.2.3.2 低温部分硫酸化焙烧

低温部分硫酸化焙烧主要是为了得到适合湿法炼锌浸出使用的焙砂。这种焙砂要求含有一定数量硫酸盐形态的硫（$S_{SO_4^{2-}}$ 2%～4%，$S_{SO_4^{2-}}$又称可溶硫），为了保证在脱除大部分硫的同时又能获得一定数量硫酸盐形态的硫，沸腾层焙烧温度不能像高温焙烧时那样高，一般采用1123～1173K。焙烧温度对部分硫酸化焙烧矿质量的影响如表5-7所示。可见，低温焙烧对于保存一些硫酸盐形态的硫是有利的，但这时焙砂所含硫化物形态的硫（S_S，又称不溶硫）也增加了。

表5-7 焙烧温度对部分硫酸化焙烧矿质量的影响

沸腾层温度/K	1103	1143	1173	1223	1273
过剩空气量/%	18	17.6	18	17	17
全锌/%	55.14	53.0	56.7	53.6	54.5
可溶锌/%	49.65	49.3	53.2	50.4	51.3
可溶锌率/%	90.2	93.0	93.8	94.0	94.0
全硫/%	3.11	2.19	1.74	1.46	1.30
可溶硫/%	1.66	1.35	1.21	1.06	0.94
不溶硫/%	1.45	0.74	0.53	0.40	0.36

高温氧化焙烧和低温部分硫酸化焙烧的主要技术经济指标列于表5-8中。

表 5-8 高温氧化焙烧和低温部分硫酸化焙烧的主要技术经济指标

指 标	高温氧化焙烧	低温部分硫酸化焙烧
炉子处理能力/$t\cdot(m^2\cdot d)^{-1}$	6.44～7.5	4.8～5.9
过剩空气量/%	5～10	20～30
沸腾层直线速度/$m\cdot s^{-1}$	0.55～0.70	0.5～0.6
温度/K：		
沸腾层	1343～1373	1123～1173
炉顶部	1303～1323	1093～1143
烟尘率/%	20～25	45～55
脱硫率/%	98～99	89～92
烟气 SO_2 浓度/%	10～12	9～9.5
脱铅率/%	60～75	—
脱镉率/%	90～95	—

强化沸腾焙烧的措施有高温沸腾焙烧、富氧空气沸腾焙烧、制粒、利用二次空气或贫 SO_2 烧结烟气焙烧、多层沸腾炉焙烧等。

5.3 火法炼锌

5.3.1 火法炼锌的基本理论

5.3.1.1 ZnO 的还原

火法炼锌是基于在高温（高于 1273K）下 ZnO 能被碳质还原剂还原，其主要反应为：

$$ZnO_{(s)} + CO_{(g)} = Zn + CO_{2(g)} \quad (1)$$

$$+)\quad CO_{2(g)} + C_{(s)} = 2CO_{(g)} \quad (2)$$

$$ZnO_{(s)} + C_{(s)} = Zn_{(g)} + CO_{(g)}$$

反应（1）和反应（2）都是吸热反应，又都是可逆反应。从氧化锌用碳还原的条件图（见图 5-4）可以看出，氧化锌还原的温度很高，从 1223K 左右开始，比其他金属的还

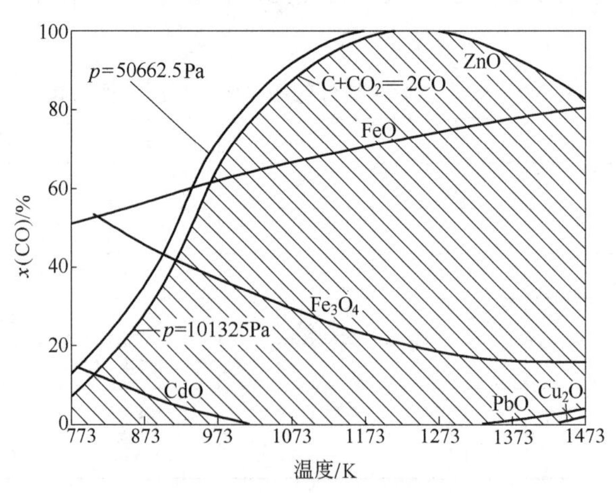

图 5-4 氧化锌用碳还原的条件图

原温度要高得多。而且锌的沸点是1180K，因此还原反应不能直接得到液体金属锌，而只能得到锌蒸气。这种锌蒸气容易从固体炉料中逸出，故还原蒸馏法炼锌不产生液体炉渣。其次，氧化锌的还原必须在强还原气氛中进行，比所有其他金属的还原气氛都要强。而且由于锌蒸气冷凝时容易被CO_2气体氧化，要求还原后的炉气中含有很高浓度的CO或者配料中要加入足够的碳质还原剂，因此还原蒸馏法炼锌常在密闭的蒸馏罐内进行，而加热则在罐外（即间接加热）。最后，还原蒸馏得到的锌蒸气必须在冷凝器中冷凝成为液体锌。如果将焙砂预先脱除铅、镉，则这种锌可达到相当高的纯度。

ZnO用固体炭还原生产液体锌的必要条件是温度高于1280K，总压大于350kPa。存在于焙砂中的铁酸锌（$ZnO \cdot Fe_2O_3$）在蒸馏过程中可被CO按如下反应还原：

$$ZnO \cdot Fe_2O_3 + CO = ZnO + 2FeO + CO_2$$

$$ZnO \cdot Fe_2O_3 + 3CO = ZnO + 2Fe + 3CO_2 \qquad \text{（低于1173K）}$$

$$ZnO + CO = Zn + CO_2$$

可见，铁酸锌可以被很好地还原，焙烧形成铁酸锌对火法炼锌不是特别有害。

焙砂中的硅酸锌在配入石灰后也容易还原，但焙砂中的$ZnSO_4$和ZnS实际上完全进入蒸馏残渣而引起锌的损失。

5.3.1.2 锌蒸气的冷凝

锌蒸气的冷凝是一个相变过程，即由气态锌冷凝变成液态锌。为此，必须使锌蒸气温度降到露点以下。露点是指在固定气压之下，气相中所含的锌蒸气达到饱和而凝结成液态时的温度。在蒸馏法炼锌过程中，锌蒸气常被其他气体（主要是CO）稀释，因此还原蒸馏罐逸出的气体是CO、锌蒸汽和少量CO_2等组成的混合气体，锌蒸气在罐气中的含量不超过50%或分压不大于50662Pa。工厂蒸馏罐中锌蒸气的分压在$(4.0 \sim 4.9) \times 10^4$Pa之间，此时锌蒸气的露点为1103～1143K。

锌蒸气冷凝过程中，所获得的液体锌量取决于所控制的冷凝温度。如果只是控制在露点温度，则只能得到极少量的锌。锌的冷凝效率在理论上可用下式表示：

$$冷凝效率 = \frac{冷凝所获得的锌量}{冷凝前炉气锌含量} \times 100\% = \frac{p_1 - p_2}{p_1} \times 100\%$$

式中 p_1——开始冷凝时锌蒸气的分压，Pa；

p_2——熔点时锌蒸气的分压，Pa。

因此，降低冷凝温度直到接近锌的熔点，使剩余锌蒸气的压力接近零，则可获得最大冷凝效率。但实际上由于温度控制得不准确，被气体带走的锌量常达2%～3%。在冷凝器中，锌蒸气的冷凝发生在冷凝器内壁，最先冷凝于器壁上的锌为极细的小液滴，随后逐渐聚成较大的液滴而汇流于冷凝器底部。冷凝器内壁上液体锌的存在有利于锌蒸气的继续冷凝。若锌蒸气在气流中冷凝为微细的液滴，且来不及凝聚成为较大的液滴，即成为细尘状的锌粒，沉积于冷凝器内锌液的表面，这种锌粒称为冷凝灰。如锌蒸气刚刚冷凝成小液滴，其表面即被氧化或硫化，生成一层氧化物或硫化物薄膜，不能汇聚成较大的液滴，则最终凝固为细粉，这种细粉称为蓝粉。引起蓝粉生成的主要因素是CO_2，因为当锌蒸气和气体混合物冷却时，由于CO按下式离解：

$$2CO = CO_2 + C$$

冷凝器内的 CO_2 分压增加，促使部分锌蒸气在冷凝器内按下式氧化：

$$Zn_{(g)} + CO_2 = ZnO_{(s)} + CO$$

无论是生成锌冷凝灰还是生成蓝粉，都将降低锌的冷凝效率。

对不同的火法炼锌过程，采用不同的冷凝设备。现代火法炼锌工业应用最多的冷凝器是飞溅式冷凝器，包括锌雨飞溅式冷凝器和铅雨飞溅式冷凝器两类。

5.3.2 密闭鼓风炉炼锌

密闭鼓风炉炼锌法又称为帝国熔炼法或 ISP 法，它是在密闭鼓风炉内燃烧碳质燃料来直接加热铅锌烧结块或团矿，进行还原挥发熔炼，同时提取铅、锌的锌冶炼方法，是目前世界上最主要的火法炼锌方法。目前世界上有 14 台鼓风炉在进行锌的生产。在密闭鼓风炉内，焦炭既是还原剂，又是直接加热炉料以维持作业温度所需的燃料，因此焦炭燃烧反应产生的 CO 和 CO_2 以及鼓入风中的 N_2 会与还原反应产生的 Zn 蒸气混在一起，炉气中的锌蒸气被大量 CO、CO_2 和 N_2 所稀释，其组成为 Zn 5% ~7%、CO_2 11% ~14%、CO 18% ~20%，入冷凝器炉气的温度高于 1273K。这使从 CO_2 含量高的高温炉气中冷凝低浓度的锌蒸气存在许多困难。冷凝时，为了防止锌蒸气被氧化为 ZnO，应该采取急冷与降低锌活度的措施。铅雨冷凝器的出现克服了从 CO_2 含量高、锌含量低的炉气中冷凝锌的技术难关，使鼓风炉炼锌在工业上获得成功，是处理复杂铅锌物料的较理想方法，迅速发展成为一种重要的铅锌冶炼工艺。

铅锌精矿与熔剂配料后在烧结机上进行烧结焙烧，烧结块和经过预热的焦炭一同加入鼓风炉。烧结块在炉内被直接加热到 ZnO 开始还原的温度后，ZnO 被还原而得到锌蒸气，锌蒸气与风口区燃烧产生的 CO_2 和 CO 气体一同从炉顶进入铅雨冷凝器，锌蒸气被铅雨吸收形成 Pb-Zn 合金，从冷凝器放出，再经冷却后析出液体锌；形成的粗铅、锍和炉渣从炉缸放入前床分离，粗铅进一步精炼，炉渣经烟化或水淬后堆存。

5.3.2.1 鼓风炉内的主要反应

鼓风炉炼锌的原料是含铅、锌烧结块，也可以是单纯锌的烧结块。这些炉料在炼锌鼓风炉内发生的主要反应如下：

$$C + O_2 = CO_2 \qquad \Delta_r H_m^{\ominus} = -408kJ/mol \tag{1}$$

$$2C + O_2 = 2CO \qquad \Delta_r H_m^{\ominus} = -246kJ/mol \tag{2}$$

$$CO_2 + C = 2CO \qquad \Delta_r H_m^{\ominus} = +162kJ/mol \tag{3}$$

$$ZnO + CO = Zn_{(g)} + CO_2 \qquad \Delta_r H_m^{\ominus} = +188kJ/mol \tag{4}$$

$$PbO + CO = Pb_{(l)} + CO_2 \qquad \Delta_r H_m^{\ominus} = +67kJ/mol \tag{5}$$

为了便于分析，按鼓风炉的高度将其划分为炉料加热带、再氧化带、还原带和炉渣熔化带四个带来叙述。炉内各带的温度变化情况如图 5-5 所示。

A 炉料加热带

加入炉内的烧结块温度为 673K 左右，在此带内烧结块从炉气中吸收热量，被迅速加热到 1273K，从料面逸出的炉气温度则被降低到 1073 ~1173K。在这种温度变化范围内，

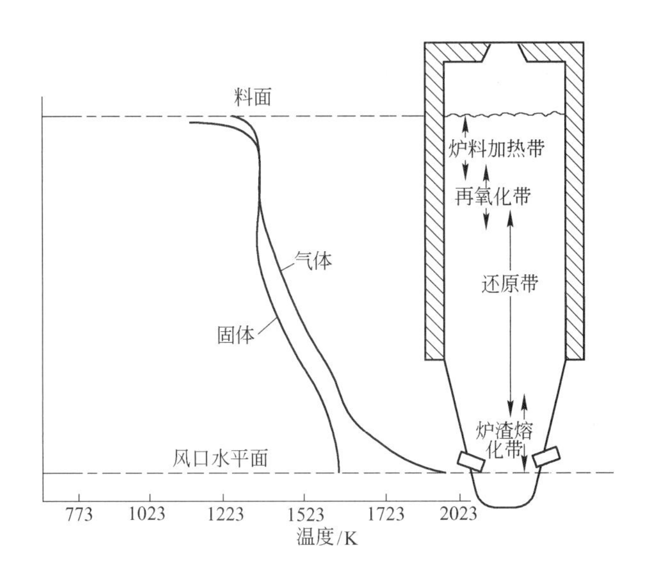

图 5-5 鼓风炼锌炉内各带划分示意图

炉气中有一部分锌蒸气重新被氧化，即发生反应（4）的逆反应。

为了保证进入冷凝器的含锌炉气具有足够高的温度（超过反应（4）的平衡温度 20K 左右），必须使被炉料降低了的炉气温度再次升高。为此，需从炉顶吸入空气，使其与炉气中的一部分 CO 发生燃烧反应放出热量，来补偿加热炉料所消耗的热量。炉料加热到 1273K 所需的热量，大部分是炉顶吸入空气燃烧炉气中 CO 放出来的热量，只有少量来自锌蒸气的再氧化。氧化反应产生的 ZnO 随固体炉料下降至高温区时，又需要消耗焦炭的燃烧热来还原挥发。所以，这部分锌的还原与氧化只起着热量的传递作用。

在炉料加热带还发生 PbO 的还原反应。该反应为放热反应，不需外加热量，它的进行只占次要地位。

B 再氧化带

再氧化带内炉料与炉气的温度相等，发生的主要化学反应为：炉料从炉气中吸收热量后进行的反应（3）；炉气中部分锌蒸气按反应（4）逆向进行而被氧化，放出热量给炉气。因此，这一带内炉气与炉料的温度几乎保持不变，维持在 1273K 左右。

在再氧化带内，炉料中的 PbO 按反应（5）被大量还原，同时也被锌蒸气按下式还原为金属铅：

$$PbO + Zn_{(g)} = Pb + ZnO$$

由于 ZnS 在 1273K 下是最稳定的，在高温区挥发出来的 PbS 都将被锌蒸气还原，产生的 ZnS 固体一部分沉积在炉壁上，助长了炉身炉结的生成；另一部分将随固体炉料下降至高温带。

C 还原带

还原带的温度范围为 1273～1573K，是炉料中 ZnO 与炉气中 CO 和 CO_2 保持平衡的区域。许多 ZnO 在此带内按反应（4）被还原，使炉气中锌的浓度达到最大值。上升炉气中的 CO_2 少部分被固体炭按反应（3）还原。此带发生的这两个主要反应均为吸热反应，热量主要靠炉气的显热来供给。因此，炉气通过此带后温度降低 300K 左右。由于通过此带后的炉料将熔化造渣，ZnO 会溶于渣中，因此希望 ZnO 在此带内以固态还原的程度越大越好。

由于渣中 ZnO 的活度变小，ZnO 的还原变得更加困难，致使渣中锌含量增加。ZnO 在此带能否以固态尽量被还原，主要取决于炉渣的熔点。易熔渣通过高温带时会很快熔化，使 ZnO 不能完全从渣中还原出来，所以鼓风炉炼锌希望造高熔点渣。

通过还原带的炉气，其中 Pb、PbS 和 As 的含量达到最大值，当炉气上升到上部较低的温度带时，这些组分便部分冷凝在较冷的固体炉料上，随炉料下降至此带高温区时又挥发，所以这些易挥发的物质有一部分在这里循环。大量被还原的铅在此带能溶解其他被还原的金属（如 Cu、As、Sb、Bi），将这些元素带至炉底，减少对锌冷凝的影响。同时，粗铅还捕集了 Au 和 Ag，最后从炉底放出粗铅。

D 炉渣熔化带

炉渣熔化带的温度在 1473K 以上。炉渣在此带完全熔化，熔于炉渣中的 ZnO 在此带还原，焦炭则按反应（1）和反应（2）在这一带燃烧。约有 60% 的 ZnO 在炉渣熔化带从液态炉渣中被还原，因而要消耗大量的热；同时，炉渣完全熔化也要消耗大量的热。这些热量主要靠焦炭燃烧放出的热量来供给，并在此带造成 1673K 的最高温度来保证炉渣熔化与过热。

比较反应（1）和反应（2）的燃烧可知，鼓风炉炼锌应尽可能从反应（1）获得热量，以降低焦炭的消耗。但是炉渣中的 ZnO 还原又需要炉气中有较高的 CO 浓度，这就希望提高炉料中的碳锌比。这样不仅要消耗更多的焦炭，而且还将造成 FeO 的还原。这一问题的解决有赖于在生产中确定适当的碳锌比与鼓风量，预热鼓风是解决鼓风炉炼锌这一矛盾的重要途径。

在生产实践中，根据具体的生产条件正确选定碳锌比、鼓风量及热风温度，是提高产量的一个有效方法。

5.3.2.2 鼓风炉炼锌的设备及生产实践

鼓风炉炼锌的主要设备包括密闭鼓风炉炉体、铅雨冷凝器、冷凝分离系统以及铅渣分离的电热前床。密闭鼓风炉炼锌的设备连接如图 5-6 所示。

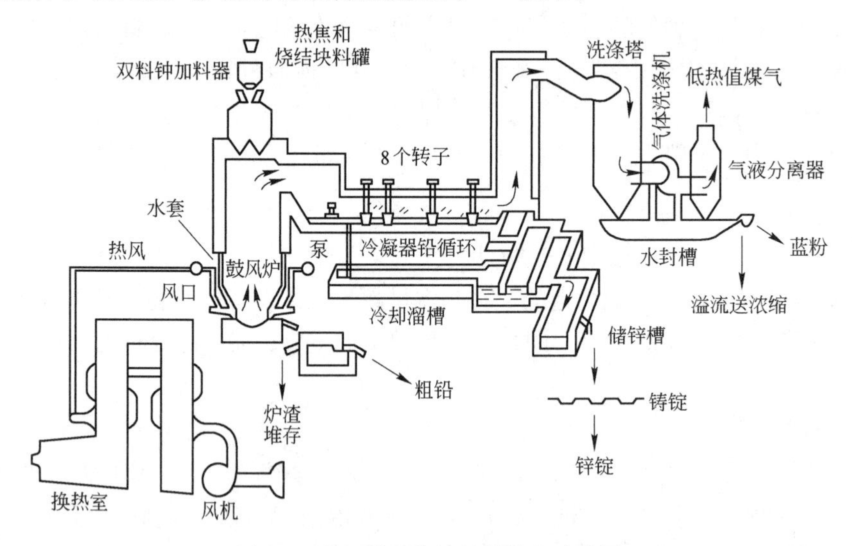

图 5-6 密闭鼓风炉炼锌的设备连接图

炼锌密闭鼓风炉的处理能力用每天燃烧的炭量来表示。标准炉（炉身断面积为 $17.2m^2$）的能力为每天燃烧炭量 94t。鼓风炉炼锌每生产 1t 锌消耗焦炭 0.9 ~1.1t。

炼锌密闭鼓风炉是鼓风炉系统的主体设备，由炉基、炉缸、炉腹、炉身、炉顶、料钟及炉身两侧的水冷风嘴等部分组成。炉体横截面呈矩形，两端呈半圆形，其结构如图 5-7 所示。

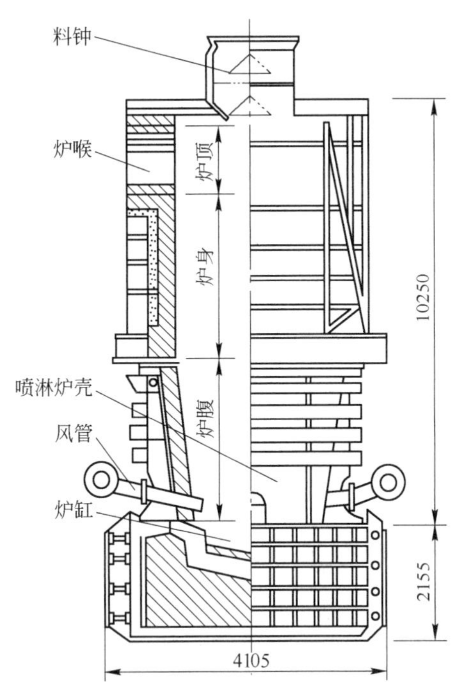

图 5-7 炼锌密闭鼓风炉

炼锌鼓风炉的炉腹最初用水套砌成，内衬铝镁砖，现已将水套改为喷淋炉壳。炉身用轻质黏土隔热混凝土和轻质黏土砖砌成。由于密闭鼓风炉炉顶需要保持高温、高压，钢板围成的炉身上部内衬用高铝砖砌筑。整个密封式炉顶是悬挂式的。整个炉顶采用异型吊砖和低钙铝砖砌筑，用轻质热混凝土浇筑而成，在炉顶上装有双料钟加料器或环形塞加料钟。在炉顶一侧或两侧开设排气孔，与铅雨冷凝器相通。在炉顶还开设有数个炉顶风口，必要时鼓入热风，燃烧炉气中的部分 CO 以维持炉顶的高温（约 1273K）。

鼓风炉产出的含锌炉气经炉身上的烟道口导出，引入铅雨冷凝器中（见图 5-8）。铅雨冷凝器是鼓风炉炼锌的特殊设备，每个冷凝器有三个带轴的垂直转子浸入冷凝器内的铅池中。转子造成强烈铅雨，将气体迅速冷却到与铅液相同的温度（873K 以上），在其离开冷

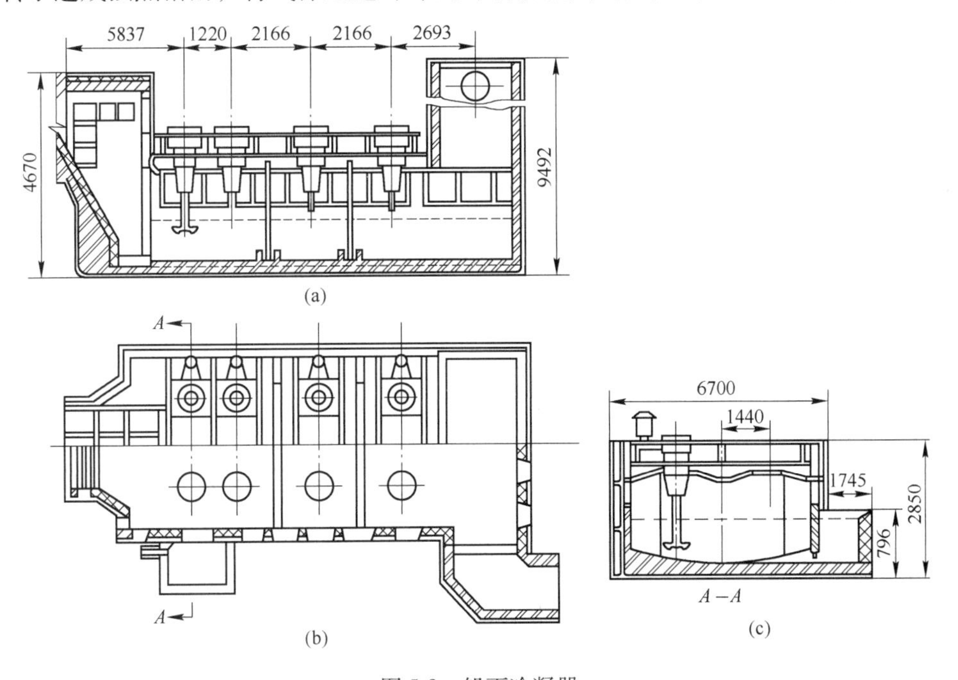

图 5-8 铅雨冷凝器

凝器之前又进一步冷却至723K左右。这样可使从冷凝器出来的气流中未冷凝的锌减少到进入冷凝器时总锌量的5%以下。

每个冷凝器的铅液用铅泵以300~400t/h的速度不断循环。循环系统包括一个冷凝器、一个铅泵池、一个长的水冷溜槽。改变水冷槽的水冷面积，就可控制传出的热量；改变铅液的泵出速度，就可调节冷凝器冷、热两端的温度差。铅锌的分离一般采用冷却凝析法将锌分离出来。水冷槽使铅液冷却至约723K，进入分离槽内完成铅锌分离（液体锌成为上部液层而与铅分离）。适当地安排锌与铅的溢流面，使分离槽中保持一个深度为380mm的锌层，这样液体锌便可以不断地流入下一个加热池，以便必要时加钠除砷，然后浇铸成锭。冷却了的铅液不断地返回冷凝器。

炉气经冷凝后再进行洗涤，洗涤后的废气热值为2.59~2.97MJ/m^3，此废气用以预热空气和焦炭。热风温度提高100K，可提高炉子的熔炼能力20%。由喷雾塔和洗涤器排出来的水，引至浓液槽内回收蓝粉，所得蓝粉返回配料。炉渣和粗铅（当料中铜含量多时还有冰铜）定期从炉缸内放出。

炼锌密闭鼓风炉所用炉料与其他鼓风炉一样要求使用块料，烧结块和焦炭的块度最好在60~80mm范围内。为使炉顶气体保持高温，入炉的焦炭要预热至1073K。入炉的烧结块一般都是刚从烧结机上卸下来的，如果是冷的烧结块，也要预热到与焦炭一样的温度。

鼓风炉炼锌是火法炼锌的一项技术革新，与竖罐炼锌相比，它具有生产能力大、燃料热利用率高、可处理铅锌复合矿、直接回收金属锌和金属铅等许多优点。其缺点是：容易生成炉结，消耗大量冶金焦炭，存在铅污染和综合利用等问题；而且火法炼锌一般只能得到4~5号锌（Zn 98.7%~99.5%），其中含有0.5%~1.3%的杂质，必须精炼。因此，鼓风炉炼锌的发展受到了一定的限制。

5.3.2.3 鼓风炉炼锌炉渣的处理

为了提高锌的挥发率和降低渣中锌含量，要求鼓风炉炼锌炉渣具有较高的熔点（1473K）和氧化锌活度，因此鼓风炉炼锌炉渣为高氧化钙炉渣，炉渣的$w(CaO)/w(SiO_2)$一般为1.4~1.5，炉渣中一般含Pb 0.5%、Zn 6%~8%，锌随渣的损失量占入炉总锌量的5%。为了减少渣中含锌损失，应减少渣量和降低渣中锌含量。采用高钙炉渣有利于减少熔剂消耗量和渣量，从而提高锌的回收率。

由于鼓风炉炼锌炉渣一般含有6%~8%的Zn和小于1%的Pb，可采用烟化炉或贫化电炉处理，回收其中的锌、铅、锗等有价金属。

5.3.3 粗锌的精炼

由于火法炼锌所得的粗锌中含有Pb、Cd、Fe、Cu、Sn、As、Sb、In等杂质（总含量为0.1%~2%），这些杂质元素影响了锌的性质，限制了锌的用途，因此必须对粗锌进行精炼以提高锌的纯度。目前工业上一般采用火法精馏精炼，此外还有熔析法和真空蒸馏精炼法。

粗锌的精馏精炼是连续作业，它是在一种专门的精馏塔内完成的。如图5-9所示，精馏塔包括铅塔和镉塔两部分，一般是由两座铅塔和一座镉塔组成的三塔型精馏系统构成。铅塔的主要任务是从锌中分离出沸点较高的Pb、Fe、Cu、Sn、In等元素，镉塔则实现锌与镉的分离。

粗锌精馏精炼的基本原理是利用锌与各杂质的蒸气压和沸点的差别，在高温下使它们

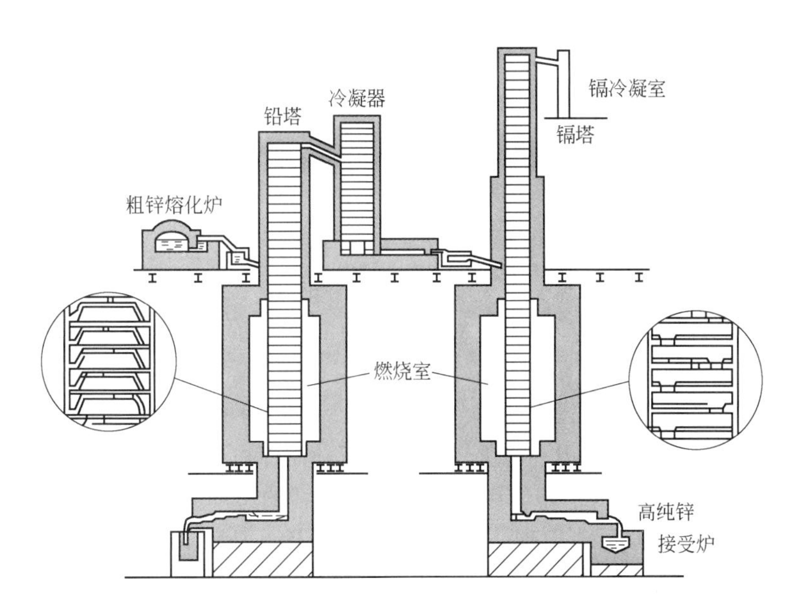

图 5-9 粗锌精馏塔的设备连接图

与锌分离。锌及常见杂质的沸点如表 5-9 所示。

表 5-9 锌及常见杂质的沸点

金 属	Zn	Cd	Pb	Fe	Cu	Sn	In
沸点/K	1180	1040	2017	3008	2633	2533	2343

可见，锌与镉的沸点比铅低，比铁与铜更低，如果控制精炼温度为 1273K，则锌与镉应该完全挥发出来，而铅、铁等高沸点金属则很少挥发或不挥发。

粗锌精馏系统除铅塔和镉塔外，还有熔化炉、铅塔冷凝器、镉塔冷凝器、熔析炉、铸锭炉等。

铅塔由 50 ~ 60 个长方形或圆形碳化硅盘所叠成，塔盘间的接触处很严密，外面的气体不能进入塔的内部。铅塔下部四周用煤气或重油加热，上部保温。加热部分的塔盘呈浅 W 形，称为蒸发盘；上部塔盘为平盘，称为回流盘，两种塔盘大小一样（长为 990mm，宽为 475mm）。蒸发盘设在下部是为了增大受热面，以保证大量金属锌的蒸发。如图 5-10 所示，相邻两塔盘互成 180°交错砌成，使在塔内下流的液体与上升的气流呈 Z 字形运动，以保证液相与气相充分接触，促使蒸发与冷凝过程尽可能接近平衡状态。

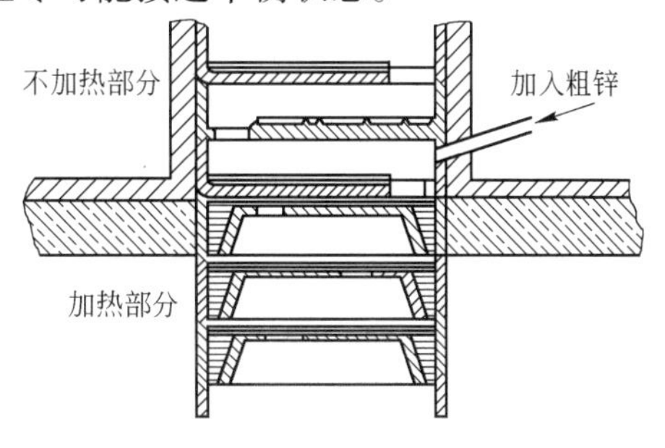

图 5-10 精馏塔部分结构图

在混合炉熔化的粗锌经过一密封装置均匀地流入铅塔。铅塔燃烧室的温度控制在 1423 ~ 1523K 之间，以保证锌和镉大量蒸发。液体金属在由各层蒸发盘的溢流孔流入下面的蒸发盘时，与上升的金属蒸气（主要为锌和镉）密切接触，使锌液有充分机会受热蒸发，同时上升气流中所夹带的沸点较高的金属蒸气（如铅）也有充分机会冷凝。如此，液体金属层次越多，则其锌含量越少，最后其中大部分的锌均可气化上升；而占加入精馏塔总锌量20% ~25%的含有较多高沸点金属的残留液体金属（主要为铅），由铅塔的最下层流入熔析炉内进行熔析精炼。在熔析炉内熔体分为三层：上层为含铅的锌，也称无镉锌或B号锌，返回混合炉；中层为锌铁糊状熔体（含铁3%左右），称为硬锌，送火法冶炼厂；底层为含锌粗铅，按一般炼铅方法炼得纯铅。

为了不使铅蒸气到达塔的上部，在蒸发盘与回流盘之间有一空段，高约1m，不装塔盘，被蒸发的铅在此被冷凝下来。铅塔内未被冷凝的上升金属蒸气中锌、镉含量越来越高，最后从铅塔最上层逸出，经铅塔冷凝器冷凝为液体（镉含量小于1%）后，进入镉塔分离锌和镉。燃烧室温度控制在1373K左右，发生与铅塔中相同的蒸发和冷凝过程。最后，从镉塔最上层逸出的富镉蒸气进入镉冷凝器，冷凝为Cd-Zn合金（Cd 5% ~15%），送去提取镉。镉塔的最下层聚积了除去镉的纯锌液，铸锭后即为商品纯锌。

粗锌精馏精炼可以产出99.99%以上的高纯锌，锌的总回收率可达99%，精锌产出率为65% ~70%，一级品率达到100%，并能综合回收Pb、Cd、In等有价金属。

表5-10列出了炼锌厂粗锌精馏产物的化学成分。

表5-10 炼锌厂粗锌精馏产物的化学成分 （%）

类别	Zn	Pb	Cd	Fe	Sn	Sb	Cu	As
粗锌	98.6	1.25	0.1	0.013	0.001	0.002	0.002	0.028
Cd-Zn合金	—	—	6.3	—	—	—	—	—
硬锌（Fe-Zn）	73	21	—	1.3	—	—	—	3.8
粗铅	1.2	98.7	—	—	0.012	—	<0.001	—
无镉锌	98.8	1.15	0.05	0.015	0.001	0.004	0.004	0.002
精锌	99.995	0.001	0.001	0.0005	<0.0002	<0.0002	<0.0002	<0.0002

粗锌的真空蒸馏是利用锌与各杂质的蒸气压差别，在高温和真空中使它们与锌分离。与精馏法相比，真空蒸馏法是在低于大气压的环境下进行，作业温度低，产品锌的纯度更高。

5.3.4 火法炼锌新技术

5.3.4.1 等离子体炼锌技术

等离子体发生器将热量从风口输送到装满焦炭的炉子的反应带，在焦炭柱的内部形成一个高温空间。粉状ZnO焙烧矿与粉煤和造渣成分一起被等离子喷枪喷入高温带，反应带的温度为1973 ~2773K，ZnO瞬时被还原，生成的锌蒸汽随炉气进入冷凝器而被冷凝为液体锌。由于炉气中不存在CO_2和水蒸气，没有锌的二次氧化问题。

5.3.4.2 锌焙烧矿闪速还原

锌焙烧矿闪速还原方法包括硫化锌精矿在沸腾炉内死焙烧、在闪速炉内用碳对ZnO焙砂进行还原熔炼和锌蒸气在冷凝器内冷凝为液体锌三个基本工艺过程。

5.3.4.3 喷吹炼锌

在熔炼炉内装入底渣，用石墨电极加热到1473 ~1573K使底渣熔化。用N_2将小于

0.074mm 的焦粉与氧气一同通过喷枪喷入熔渣中，与通过螺旋给料机送入的锌焙砂进行还原反应，产出的锌蒸气进入铅雨冷凝器而被冷凝为液体锌。

5.4 湿法炼锌

湿法冶金是在低温（298~523K）及水溶液中进行的一系列冶金作业过程。传统的湿法炼锌过程可分为焙烧、浸出、净化、电解沉积和熔铸五个阶段。先以稀硫酸为溶剂溶解含锌物料中的锌，使锌尽可能全部地溶入溶液中，得到硫酸锌溶液；然后对此溶液进行净化，以除去溶液中的杂质；再从硫酸锌溶液中电解析出锌，电解析出的锌再熔铸成锭。

与火法炼锌相比，湿法炼锌具有产品纯度高、金属回收率高、综合利用好、劳动条件好、环境易达标、过程易于实现自动化和机械化等优点。

5.4.1 锌焙砂的浸出

湿法炼锌的浸出是以稀硫酸溶液作溶剂，控制适当的酸度、温度和压力等条件，将含锌物料（如锌焙砂、锌烟尘、锌氧化矿、锌浸出渣及硫化锌精矿等）中的锌化合物溶解成硫酸锌进入溶液，不溶固体形成残渣的过程。浸出所得的混合矿浆再经浓缩、过滤，将溶液与残渣分离。

5.4.1.1 锌焙砂浸出的原则工艺流程

锌焙砂浸出是用稀硫酸溶液去溶解焙砂中的氧化锌。作为溶剂的硫酸溶液实际上是来自锌电解车间的废电解液。

锌焙砂浸出分为中性浸出和酸性浸出两个阶段，常规浸出流程采用一段中性浸出和一段酸性浸出或两段中性浸出的复浸出流程。锌焙砂首先用来自酸性浸出阶段的溶液进行中性浸出。中性浸出的实质是用锌焙砂来中和酸性浸出溶液中的游离酸，控制一定的酸度（pH=5.2~5.4），用水解法除去溶解的杂质（主要是 Fe、Al、Si、As、Sb），得到的中性溶液经净化后送去电积回收锌。

中性浸出仅有少部分 ZnO 溶解，锌的浸出率为75%~80%，因此浸出残渣中还含有大量的锌，必须用含酸浓度较大的废电解液（含100g/L 左右的游离酸）进行二次酸性浸出。酸性浸出的目的是使浸出渣中的锌尽可能完全溶解，进一步提高锌的浸出率；同时还要得到过滤性能良好的矿浆，以利于下一步进行液固分离。为避免大量杂质同时溶解，终点酸度一般控制在 H_2SO_4 浓度为1~5g/L。

经过两段浸出，锌的浸出率为85%~90%，渣中锌含量约为20%。为了提高锌的回收率，需采用火法或湿法对浸出渣进行处理，以回收其中的锌。火法一般采用回转窑还原挥发法，得到的 ZnO 粉再用废电解液浸出。湿法主要采用热酸浸出，就是将中性浸出渣进行高温高酸浸出，在低酸中难以溶解的铁酸锌以及少量其他尚未溶解的锌化合物得到溶解，可进一步提高锌的浸出率。采用热酸浸出可使整个湿法炼锌流程缩短，生产成本降低，并获得含贵金属的铅银渣，各种铁渣容易过滤洗涤，但锌焙砂中的铁也大量溶解进入溶液中，溶液中的铁含量可达20~40g/L。

锌焙砂的常规浸出工艺流程与热酸浸出工艺流程分别见图5-11和图5-12。

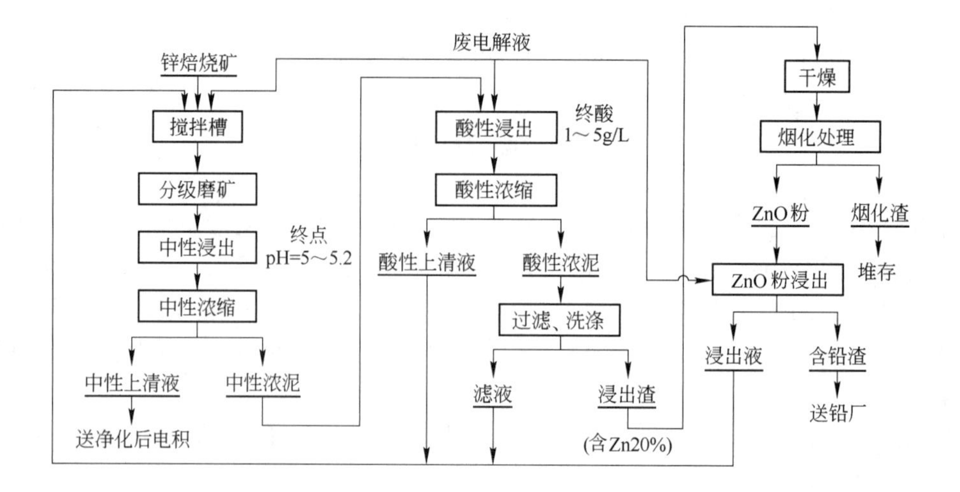

图 5-11 锌焙砂的常规浸出工艺流程

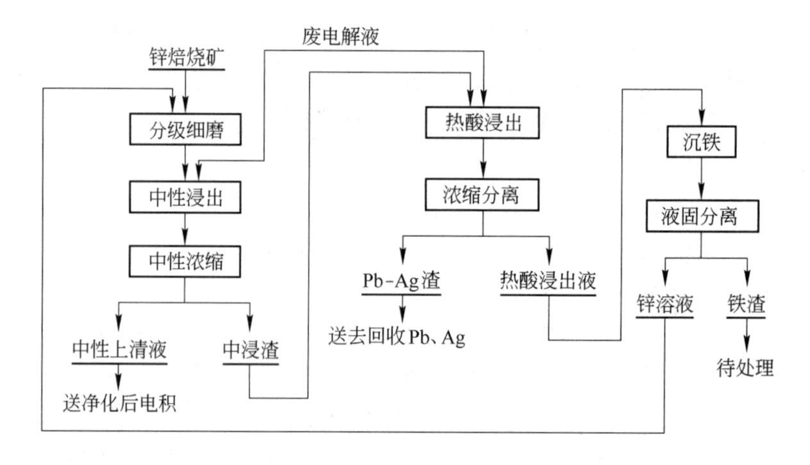

图 5-12 锌焙砂的热酸浸出工艺流程

5.4.1.2 锌焙砂各组分在浸出时的行为

A 锌的化合物

氧化锌是焙烧矿的主要成分，浸出时与硫酸作用，按以下反应进入溶液：

$$ZnO + H_2SO_4 \longrightarrow ZnSO_4 + H_2O$$

该反应是浸出过程中的主要反应。

硫酸锌很易溶于水，溶解时放出溶解热，其溶解度随温度的升高而增大。

铁酸锌（$ZnO \cdot Fe_2O_3$）在通常的工业浸出条件下（温度为 333～343K，终点酸度为 H_2SO_4 1～5g/L），锌的浸出率一般只有1%～3%，这说明相当数量与铁结合的锌仍保留在残渣中。采用高温高酸浸出，铁酸锌可按以下反应溶解：

$$ZnO \cdot Fe_2O_3 + 4H_2SO_4 \longrightarrow ZnSO_4 + Fe_2(SO_4)_3 + 4H_2O$$

与此同时，大量的铁进入溶液。因此，采用此法时必须首先解决溶液的除铁问题。

硫化锌仅能在热浓硫酸中按如下反应溶解：

$$ZnS + H_2SO_4 \longrightarrow ZnSO_4 + H_2S$$

在浸出槽内，由于自由酸首先与 ZnO 反应，故上面这个反应实际上意义很小。硫化锌在实际浸出过程中基本不溶解而进入浸出渣中。

B 铁的氧化物

铁在锌焙烧矿中主要以高价氧化物 Fe_2O_3 状态存在，也有少量的铁呈低价形态（FeO、Fe_3O_4、$FeSO_4$）。

Fe_2O_3 在中性浸出时不溶解，但在酸性浸出时一部分按如下反应进入溶液：

$$Fe_2O_3 + 3H_2SO_4 \longrightarrow Fe_2(SO_4)_3 + 3H_2O$$

FeO 在很稀的硫酸溶液中也会溶解，其反应为：

$$FeO + H_2SO_4 \longrightarrow FeSO_4 + H_2O$$

Fe_3O_4 不溶于稀硫酸溶液中。

当浸出物料中有金属硫化物存在时，$Fe_2(SO_4)_3$ 可被还原为 $FeSO_4$，反应为：

$$Fe_2(SO_4)_3 + MeS \longrightarrow 2FeSO_4 + MeSO_4 + S$$

中性浸出时，焙烧矿中的铁有 10% ~20% 进入溶液，溶液中存在 Fe^{2+} 和 Fe^{3+} 两种铁离子。

C 铜、镉、钴的氧化物

铜、镉、钴通常是锌精矿中的主要杂质，在焙砂中大多以氧化物形态存在。采用酸性和中性浸出时，它们很容易溶解，生成硫酸盐进入溶液：

$$CuO + H_2SO_4 \longrightarrow CuSO_4 + H_2O$$

$$CdO + H_2SO_4 \longrightarrow CdSO_4 + H_2O$$

$$CoO + H_2SO_4 \longrightarrow CoSO_4 + H_2O$$

一般来讲，焙砂中铜、镉、钴的含量都不是很高，因而它们在浸出液中的浓度也都比较低。在某些特殊情况下，若精矿铜含量比较高，在酸性浸出时进入浸出液的铜到了中性浸出阶段又会部分水解析出，并且浸出液的铜含量将由中性浸出终点 pH 值所决定，pH 值越高，溶液中铜含量就越低。

D 砷和锑的化合物

焙烧时精矿中的砷和锑将有部分呈低价氧化物（如 As_2O_3 和 Sb_2O_3）挥发。高价氧化物 As_2O_5 和 Sb_2O_5 与炉料中的各种碱性氧化物（如 FeO、ZnO、PbO，尤其是 CaO）结合，形成相应的砷酸盐和锑酸盐留在焙砂中。各种砷酸盐和锑酸盐都容易与硫酸按下式反应：

$$FeO \cdot As_2O_5 + H_2SO_4 + 2H_2O \longrightarrow FeSO_4 + 2H_3AsO_4$$

$$FeO \cdot Sb_2O_5 + H_2SO_4 + 2H_2O \longrightarrow FeSO_4 + 2H_3SbO_4$$

砷酸和锑酸在溶液中按以下反应发生离解：

$$AsO_4^{3-} + 8H^+ \longrightarrow As^{5+} + 4H_2O$$

$$SbO_4^{3-} + 8H^+ \longrightarrow Sb^{5+} + 4H_2O$$

只有当溶液中氢离子有较大的浓度时，平衡才会自左向右移动。因此在工业浸出条件下，砷和锑在浸出液中主要以配阴离子存在，很少形成简单的高价阳离子。

E 金与银

金在浸出时不溶解，完全留在浸出残渣中。银在锌焙砂中以硫化银（Ag_2S）与硫酸银（Ag_2SO_4）的形态存在。硫化银不溶解，硫酸银溶入溶液中，溶解的银与溶液中的氯离子结合为氯化银沉淀进入渣中。

F 铅与钙的化合物

铅的化合物在浸出时以硫酸铅（$PbSO_4$）和其他铅化合物（如 PbS）的形态留在浸出残渣中。钙常以氧化物和碳酸盐存在于焙砂中，浸出时按如下反应生成硫酸钙：

$$CaO + H_2SO_4 = CaSO_{4(s)} + H_2O$$

$$CaCO_3 + H_2SO_4 = CaSO_{4(s)} + H_2O + CO_2$$

$CaSO_4$ 微溶，实际上不进入溶液而是进入浸出渣中，消耗硫酸。

G 二氧化硅

在焙砂中，二氧化硅一般呈游离状态（SiO_2）和结合状态硅酸盐（$MeO \cdot SiO_2$）存在。在浸出过程中，游离的二氧化硅不会溶解，而硅酸盐则在稀硫酸溶液中部分溶解，如硅酸锌可按下列反应溶解进入溶液中：

$$2ZnO \cdot SiO_2 + 2H_2SO_4 = 2ZnSO_4 + SiO_2 + 2H_2O$$

生成的二氧化硅不能立即沉淀而呈胶体状态存在于溶液中，使浓缩与过滤发生困难。中性浸出时，随着溶液温度和酸度的降低，硅酸将凝聚起来，并随同某些金属的氢氧化物（氢氧化铁）一起发生沉淀，在 pH = 5.2 ~ 5.4 时沉淀得最完全。因此在中性浸出阶段，不仅某些金属杂质的盐类能发生水解沉淀从溶液中除去，而且硅酸发生凝聚和沉淀也可从溶液中除去。溶液中硅酸含量可降到 0.2 ~ 0.3g/L。

为了加速浸出矿浆的澄清与过滤，提高设备的生产率，在湿法冶金中常使用各种凝聚剂。我国各湿法炼锌厂采用的国产三号凝聚剂，是一种人工合成的聚丙烯酰胺聚合物，其凝聚效果良好。锌焙砂中性浸出时，加入 5 ~ 20mg/L 三号凝聚剂，可提高硅酸沉降速度 12 倍。

5.4.1.3 锌焙砂浸出的生产实践

湿法炼锌常压浸出采用的浸出槽根据搅拌方式的不同，分为空气搅拌槽与机械搅拌槽两种。浸出槽一般用混凝土或钢板制成，内衬耐酸材料。浸出槽的容积一般为 50 ~ 100m^3，目前趋向大型化，120 ~ 400m^3 的大槽已在工业上应用。图 5-13 为连续浸出空气搅拌槽的结构图。

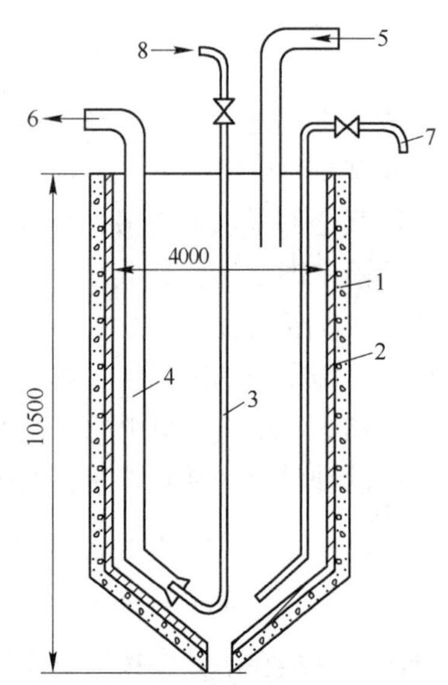

图 5-13 连续浸出空气搅拌槽的结构图
1—混凝土槽体；2—防腐衬里；3—扬升器用风管；4—扬升器；5—矿浆输入管；6—矿浆输出管；7—搅拌用风管；8—进风管

锌焙砂浸出的实际操作各厂不一样。一般中性浸出所用的溶液含有 100 ~ 110g/L 的 Zn 与 1 ~ 5g/L 的 H_2SO_4。开始浸出时，液固比为 10 ~ 15，浸出温度为 313 ~ 343K，整个浸出时间为 30 ~ 150min，终点 pH 值为 5.0 ~ 5.4。将 3 ~ 4 个空气搅拌槽串联起来，矿浆连续地由一个搅拌槽流入另一个搅拌槽。浸出过程中矿浆不需另外加热，依靠焙砂的显热、放热反应热以及溶解热，可使温度维持在 313 ~ 343K。

在中性浸出终了时，调节 pH = 5.0 ~ 5.4，此时 Fe^{2+} 不水解，而 Fe^{3+} 则很易水解形成 $Fe(OH)_3$ 沉淀除去。为了使溶液中的铁在浸出终了时用中和水解法除去，需要将 Fe^{2+} 氧化成 Fe^{3+}。常用的氧化剂一般为二氧化锰（软锰矿或阳极泥），所以在浸出时向第一台搅拌槽内加入电解锌时所获得的泥状二氧化锰。

二氧化锰在酸性介质中使硫酸亚铁氧化，其反应如下：

$$2FeSO_4 + MnO_2 + 2H_2SO_4 \longrightarrow Fe_2(SO_4)_3 + MnSO_4 + 2H_2O$$

在最后的搅拌槽内硫酸铁水解，形成氢氧化铁沉淀除去，反应如下：

$$Fe_2(SO_4)_3 + 6H_2O \longrightarrow 2Fe(OH)_{3(s)} + 3H_2SO_4$$

所产出的硫酸又被锌焙砂中的氧化锌和加入的石灰乳中和，总的反应可写成下式：

$$Fe_2(SO_4)_3 + 3ZnO + 3H_2O \longrightarrow 3ZnSO_4 + 2Fe(OH)_{3(s)}$$

用中和法沉淀铁的同时，溶液中的 As、Sb 可与铁共同沉淀进入渣中。所以在生产实践中，当溶液中 As、Sb 含量较高时，为使它们沉淀完全，即使 As、Sb 含量降至 0.1mg/L 以下，必须保证溶液中有足够的铁离子，一般控制铁量与砷和锑的总量之比为 10 ~ 15。如果溶液中铁不足，必须补加 $FeSO_4$。

矿浆从最后的搅拌槽送入浓缩槽进行浓缩。由浓缩槽澄清的溶液就是中性硫酸锌溶液，此溶液送去净化以除去其中的杂质，然后电解。浓缩产物是呈浓稠矿浆状的中性浸出不溶残渣，送至酸性浸出槽进行酸性浸出。

酸性浸出的溶液是从电解槽内放出的电解液。浸出开始时，矿浆中液固比约为 10；而浸出结束时，由于部分锌从固相进入溶液中，故液固比提高到 20。矿浆温度开始时为 313 ~ 323K，由于锌化合物与硫酸之间的放热反应以及溶解热的影响，使矿浆温度在酸性浸出结束时升高至 323 ~ 343K。酸性浸出的时间是 3 ~ 4h。酸性浸出的矿浆在浓缩槽内进行浓缩，澄清液送往中性浸出；而液固比为 2.5 ~ 4 的浓缩产物送往过滤，滤渣称为浸出渣，其中含锌约 20%，送烟化处理系统以回收锌。

通常锌焙砂经过两段浸出的锌浸出率约为 80%，而氧化锌粉（尘）的浸出率为 92% ~ 94%。

5.4.1.4 热酸浸出及铁的沉淀

在锌精矿的沸腾焙烧过程中，生成的 ZnO 与 Fe_2O_3 不可避免地会结合成铁酸锌（$ZnO \cdot Fe_2O_3$）。铁酸锌是一种难溶于稀硫酸的铁氧体，在一般的酸浸条件下不溶解，全部留在中性浸出渣中，使渣中锌含量在 20% 左右。根据铁酸锌能溶解于近沸的硫酸的性质，在生产实践中采用热酸浸出（温度为 363 ~ 368K，始酸浓度大于 150g/L、终酸浓度为 40 ~ 60g/L），使渣中铁酸锌溶解，其反应为：

$$ZnO \cdot Fe_2O_3 + 4H_2SO_4 \longrightarrow ZnSO_4 + Fe_2(SO_4)_3 + 4H_2O$$

同时，渣中残留的 ZnS 使 Fe^{3+} 还原成 Fe^{2+} 而溶解：

$$ZnS + Fe_2(SO_4)_3 \longrightarrow ZnSO_4 + 2FeSO_4 + S$$

热酸浸出结果是：铁酸锌的溶出率达到90%以上，金属锌的回收率显著提高（达到97%～98%），铅、银富集于渣中，但大量铁也转入溶液中，溶液中铁含量可达20～40g/L。若采用常规的中和水解除铁，因形成体积庞大的$Fe(OH)_3$溶胶，所以无法浓缩与过滤。为从高铁溶液中沉淀除铁，根据沉淀铁的化合物形态不同，生产上已成功采用了黄钾铁矾($KFe_3(SO_4)_2(OH)_6$)法、针铁矿($FeOOH$)法和赤铁矿(Fe_2O_3)法等除铁方法。

从Fe^{3+}含量高的浸出液中采用针铁矿法和赤铁矿法沉铁时，必须大大降低Fe^{3+}的含量，用ZnS或SO_2预先将Fe^{3+}还原为Fe^{2+}，随后用空气将Fe^{2+}缓慢氧化，析出针铁矿或赤铁矿。

A 黄钾铁矾法

黄钾铁矾法是目前国内外普遍采用的除铁方法，溶液中90%～95%的铁可以沉淀出来，残存的铁进一步以$Fe(OH)_3$沉淀。当溶液中的铁以黄钾铁矾形式析出时，沉淀物为结晶态，易于沉降、过滤和洗涤。黄钾铁矾法的基本反应为：

$$3Fe_2(SO_4)_3 + 2A(OH) + 10H_2O = \underset{\text{黄钾铁矾}}{\underline{2AFe_3(SO_4)_2(OH)_{6(s)}}} + 5H_2SO_4$$

式中 A——K^+、Na^+、NH^{4+}等离子。

实践证明，一价离子的加入量必须满足分子式$AFe_3(SO_4)_2(OH)_6$所规定的原子比，也就是说$n_A : n_{Fe}$必须达到1∶3，方能取得较好的除铁效果。如果进一步增加一价离子的加入量，例如$n_A : n_{Fe}$达到2∶3或1∶1，则所获得的效果并不明显。

为了尽量降低溶液的铁含量，必须使黄钾铁矾的析出过程在较低酸度下进行。工业上高温高酸浸出时的终点酸度很高，一般达到30～60g/L。因此，工业生产流程在高温高酸浸出之后专门设置了一个预中和工序，使溶液的酸度从30～60g/L下降到10g/L左右，然后再加入锌焙砂调整溶液pH值，控制沉铁过程在$pH \approx 1.5$时进行，但焙砂中的铁酸锌不溶解而留在铁矾渣中。

黄钾铁矾的析出过程本身也是一个产生酸的过程，因此，随着黄钾铁矾的析出，溶液本身的酸度将不断升高。这就要求在沉铁的过程中不断加入中和剂，以使溶液的酸度始终保持在$pH \approx 1.5$。

黄钾铁矾的工业析出条件一般为$pH \leqslant 1.5$、温度约363K，添加晶种可以加快其析出速度。

为提高其他有价金属的回收率和减轻铁矾渣的污染，又发展出了低污染黄钾铁矾法和转化法。低污染黄钾铁矾法是在铁矾沉淀之前，通过对含铁溶液的稀释及预中和等手段，降低沉矾前溶液的酸度或Fe^{3+}的浓度，避免在沉矾过程中加入焙砂作中和剂，沉淀出纯铁矾渣。

转化法又称混合型黄钾铁矾法，其特点是在同一阶段完成铁酸锌的浸出和铁矾的沉淀，即将传统黄钾铁矾法流程中的热酸浸出、预中和及沉铁三个阶段在同一个工序完成，又称铁酸锌的一段处理法。转化法适宜处理Pb、Ag含量低的锌精矿。

B 针铁矿法

在较低酸度（pH=3～5）、低Fe^{3+}浓度（低于1g/L）和较高温度（353～373K）的条件下，浸出液中的铁可以呈稳定的化合物针铁矿（$Fe_2O_3 \cdot H_2O$或α-FeOOH）析出。如

果从 Fe^{3+} 浓度高的浸出液中以针铁矿的形式沉铁，首先要将溶液中的 Fe^{3+} 用 SO_2 或 ZnS 还原成 Fe^{2+}，然后加 ZnO 调节 pH 值至 3 ~5，再用空气缓慢氧化，使其以针铁矿的形式析出。针铁矿的总反应如下：

$$Fe_2(SO_4)_3 + ZnS + \frac{1}{2}O_2 + 3H_2O = ZnSO_4 + \underset{\text{针铁矿}}{\underline{Fe_2O_3 \cdot H_2O_{(s)}}} + 2H_2SO_4 + S$$

针铁矿沉铁法包括 Fe^{3+} 的还原和 Fe^{2+} 的氧化两个关键作业。针铁矿沉铁的技术条件为：温度 358 ~363K，pH =3.5 ~4.5，分散空气，添加晶种，Fe^{3+} 初始浓度 1 ~2g/L，时间 3 ~4h，沉铁率可达 90%。

针铁矿沉铁法有两种实施方法，即 V · M 法（氧化-还原法）和 E · Z 法（部分水解法）。

V · M 法是在 353 ~363K 下，用过量 15% ~20% 的锌精矿把溶液中的 Fe^{3+} 还原成 Fe^{2+}，随后在 353 ~363K 以及相应 Fe^{2+} 状态下中和至 pH =2 ~3，用空气氧化沉铁。

E · Z 法是将高 Fe^{3+} 浓度的溶液与中和剂一同均匀地加入加热且强烈搅拌的沉铁槽中，Fe^{3+} 加入速度等于针铁矿沉铁速度，故溶液中 Fe^{3+} 的浓度降低，得到组成为 $Fe_2O_3 \cdot 0.64H_2O \cdot 0.2SO_3$ 的铁渣，称为类针铁矿。

C 赤铁矿法

当硫酸浓度不高时，在高温（453 ~473K）、高压（2000kPa）条件下，溶液中的 Fe^{3+} 会发生如下水解反应，得到结晶状的赤铁矿（Fe_2O_3）沉淀：

$$Fe_2(SO_4)_3 + 3H_2O = \underset{\text{赤铁矿}}{\underline{Fe_2O_{3(s)}}} + 3H_2SO_4$$

如果溶液中的铁呈 Fe^{2+} 形态，应使其氧化为 Fe^{3+}。产出的硫酸需用石灰中和。赤铁矿法的沉铁率可达 90%。

采用赤铁矿法沉铁，需有高温、高压设备。如日本坂岛锌厂采用赤铁矿法，沉铁过程在衬钛的高压釜中进行，操作条件是：温度 473K，压力 1.7652 ~1.9613MPa，停留时间 3h。沉铁率达到 90%，得到的铁渣含 Fe 58% ~60%，是容易处理的炼铁原料。

由于上述三种除铁方法的研究成功，湿法炼锌在 20 世纪 60 年代以后有了较大发展。

5.4.1.5 氧化锌矿的浸出

氧化锌矿主要有菱锌矿、硅锌矿及异极矿，其特点是难以选矿富集，通常需要采用冶金方法进行处理。对于低品位的铅锌氧化矿，一般采用先火法富集再湿法处理；对于高品位的铅锌氧化矿及氧化锌精矿，可直接进行酸浸或碱浸（氨浸）。

由于氧化锌矿多为高硅矿，直接酸浸又往往产生硅酸胶体，使矿浆难以澄清分离和影响过滤速度。因此，在生产中一般采用将矿浆快速中和至 pH =4.5 ~5.5、提高浸出温度、添加 Al^{3+} 和 Fe^{3+} 或在 343 ~363K 下进行反浸出的措施，以减少胶态硅的浓度。

工业上应用的氧化锌矿酸浸工艺主要有老山工艺（Vieille-Montagne）、中和凝聚法、顺流连续浸出法（EZ 法）、瑞底诺（Radina）法及硫-氧联合浸出工艺。前四种工艺都是采用不同的方法将矿浆中的胶质 SiO_2 在凝胶前以不同形式除去。硫-氧联合浸出工艺将硫化锌精矿焙砂浸出与氧化锌矿浸出有机地结合，利用氧化锌矿的中性浸出代替了传统的铁矾法或针铁矿法除铁工序，并利用硫化锌精矿焙砂浸出液的体积增大氧化锌矿浸出的液固比，解决了单独处理氧化锌矿时澄清、液固分离困难的问题。该工艺的氧硫比有较大的调节范围，硫化锌精矿焙砂与氧化矿的比例可灵活调节；既可单独处理硫化矿，又可单独处理氧化矿。当单独处理氧化矿时，需加大氧化锌矿的中性液返回量和酸浸液返回量，以提高氧化锌矿浸出的液固比及浸出液中的锌含量。

氨浸是以氨或氨与铵盐为浸出剂，在净化过程中，因体系呈弱碱性，铜、钴、镉、镍等金属杂质均易被锌粉置换除去。采用氨浸法处理含锌物料以回收有价金属，具有原料适应性广、工艺流程短、净化负担轻、环境污染小、产品品种多等特点。

5.4.1.6 硫化锌精矿的直接浸出

传统的湿法炼锌实质上是湿法和火法的联合过程，只有硫化锌精矿直接酸浸工艺才是真正意义上的全湿法炼锌工艺。

硫化锌精矿的直接酸浸是硫化锌精矿不经焙烧，在有氧存在的条件下用废电解液浸出锌精矿，使硫化物直接转化为硫酸盐和元素硫的过程，主要反应如下：

$$ZnS + H_2SO_4 + \frac{1}{2}O_2 \xlongequal{\quad} ZnSO_4 + S + H_2O$$

硫化锌精矿的直接浸出克服了焙烧-浸出-电积流程工艺复杂、流程长、SO_2 烟气污染等缺点，具有对环境污染小、硫以元素硫回收、锌回收率高、工艺适应性好的优点，是一种具有发展潜力的工艺。

硫化锌精矿的直接酸浸方法可分为常压富氧酸浸法（又称常压富氧浸出）和加压富氧酸浸法（又称氧压浸出）两种。从物理化学的角度来看，常压富氧浸出和氧压浸出没有本质区别。常压富氧浸出过程在溶液沸点以下进行，浸出速率一般较小。氧压浸出在密闭的反应容器内进行，反应温度较高，氧气分压较大，使浸出过程得到强化。

A 硫化锌精矿的氧压浸出

硫化锌精矿的氧压浸出是在高压釜（又称压煮器）内充氧，以废电解液为溶剂，在高温（413 ~433K）、高压（350 ~700kPa）下使硫化锌精矿中的锌以硫酸锌形式进入溶液，硫以元素硫产出。该工艺特别适合处理高铁闪锌矿。

硫化锌精矿的主要矿物形态有高铁闪锌矿（(Fe,Zn)S）、磁黄铁矿（FeS）、方铅矿（PbS）、黄铜矿（$CuFeS_2$）等，浸出时矿物中的硫被氧化成元素硫或硫酸根，Fe^{2+}可被进一步氧化成 Fe^{3+}，Fe^{3+}可加速硫化锌的分解：

$$2Fe^{3+} + ZnS \xlongequal{\quad} Zn^{2+} + 2Fe^{2+} + S$$

硫化锌精矿氧压浸出的设备连接图如图 5-14 所示。硫化锌精矿在球磨机内磨细至 98% 小于 44μm，加入木质磺酸盐（约 0.1g/L）用于破坏精矿粒表面上包裹的熔融硫，用泵送入压煮器第一室，同时泵入预热到 343K 的废电解液和通入工业氧气。浸出温度为 418 ~428K，浸出压强为 1300kPa，浸出时间约为 1h。浸出后的矿浆由压煮器排到闪蒸槽，在那里降压至 100kPa。闪蒸所产生的蒸汽用于预热浸出液（锌电解沉积的废电解液）。矿浆再由闪蒸槽排入调节槽，同时冷却到 353K，此时元素硫由非晶形转变为单斜晶形。调节槽的矿浆送到水力旋流器进行分离，溢流为硫酸锌溶液。硫酸锌溶液含 Zn 115g/L、H_2SO_4 30g/L，经中和、净化后送电解沉积生产金属锌。旋流器底流为富硫精矿，经泡沫浮选得到硫精矿。硫精矿经过滤和洗涤后，用蒸汽间接加热熔融，熔融的粗硫黄经硫黄压滤机过滤，得到含元素硫 99% 的精制硫黄。

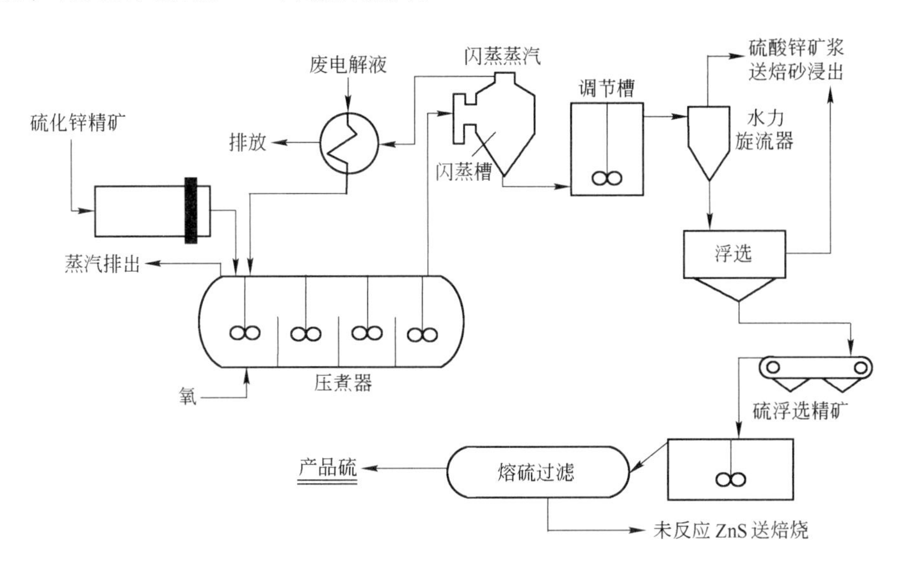

图 5-14 硫化锌精矿氧压浸出的设备连接图

B 硫化锌精矿的常压富氧浸出

硫化锌精矿的常压富氧浸出是在氧压浸出基础上发展起来的直接浸出技术，它规避了氧压浸出高压釜设备制作要求高、操作控制难度大等问题，而且同样达到浸出回收率高的目的。

硫化锌精矿的常压富氧浸出是在温度为 368 ~ 373K、压力为 0.1MPa、通入氧气的工艺条件下，用废电解液连续浸出硫化锌精矿，硫化锌被转化为硫酸锌进入溶液，硫以元素硫进入浸出渣。在浸出过程中，氧作为强氧化剂，需通过某些中间物质（如 Fe^{3+}/Fe^{2+}）才能起作用。常压富氧浸出反应温度低于 373K，Fe^{2+} 的氧化速率不能达到工业要求，所以反应速度较慢。

常压富氧浸出工艺锌的浸出率高达 99%，产渣量少，可以取消挥发窑，直接用于处理锌浸出渣，相应解决了焙烧炉及挥发窑的污染问题。

与氧压浸出相比，要达到相接近的锌浸出率，常压富氧浸出反应时间不小于 24h，而氧压浸出反应时间为 1h；在相同的酸度下，常压富氧浸出终液的铁含量明显高于氧压浸出终液的铁含量，增加了溶液除铁工作量，锌的回收率略低于或接近氧压浸出工艺。

常压富氧浸出的核心设备是 DL 反应器。DL 反应器为立式封闭搅拌槽，搅拌器设在底部。该反应器体积大，蒸汽消耗量较大，但总投资仍低于氧压浸出工艺；因为无高压设备，所以清理等维护工作量少，且安全性较好。

5.4.2 硫酸锌溶液的净化

锌焙烧矿经过中性浸出所得的硫酸锌溶液含有许多杂质，这些杂质的含量超过一定程度时将给锌的电积过程带来不利影响。因此，在电积前必须对溶液进行净化，将中性硫酸锌浸出液中的有害杂质脱除至符合锌电解沉积的要求，以保证电积时得到高纯度的阴极锌，并从各种净化渣中回收价金属。中性浸出上清液和净化后电解新液的成分如表 5-11 所示。

表 5-11 中性浸出上清液和净化后电解新液的成分 (mg/L)

成分	中性浸出上清液	电解新液
Zn	$(130 \sim 150) \times 10^3$	$(130 \sim 150) \times 10^3$
Cu	240 ~ 420	<0.5
Cd	460 ~ 680	<7
As	0.18 ~ 0.36	0.24 ~ 0.61
Sb	0.3 ~ 0.4	0.05 ~ 0.1
Ge	0.2 ~ 0.5	<0.1 ~ 0.05
Ni	2 ~ 7	1 ~ 0.5
Co	10 ~ 35	1 ~ 2
Fe	1 ~ 7	10 ~ 20
F	50 ~ 100	50 ~ 100
Cl	100 ~ 300	100 ~ 300
Mn	3000 ~ 6000	3000 ~ 6000
SiO_2	50 ~ 70	40 ~ 50
悬浮物	1000 ~ 1500	无

由于原料成分的差异，各工厂中性浸出液的成分波动很大。一般酸性浸出液中铁、砷、锑、铜、镉和钴的含量都超过锌电解沉积所允许的浓度，但其中的铁、砷、锑及可溶硅等已在中性浸出过程中除至合格，故中性浸出液净化的主要任务是除去铜、镉、钴。净化方法按原理可分为两类，即加锌粉置换法和加特殊试剂净化法。

5.4.2.1 锌粉置换法

硫酸锌溶液中的铜、镉、钴等杂质可以用锌粉置换除去。置换就是用较负电性的锌从硫酸锌溶液中还原较正电性的铜、镉、钴等金属杂质离子。当锌加入溶液时，发生如下反应：

$$Cu^{2+} + Zn = Zn^{2+} + Cu_{(s)}$$

$$Cd^{2+} + Zn = Zn^{2+} + Cd_{(s)}$$

$$Co^{2+} + Zn = Zn^{2+} + Co_{(s)}$$

置换反应在加入溶液中的锌表面上进行。为加速反应，常使用锌粉以增大反应表面积。一般要求锌粉粒度应通过 100 ~ 120 目（0.124 ~ 0.15mm）筛。但若锌粉过细，则容易飘浮在溶液表面，也不利于置换反应的进行。锌粉消耗量一般为理论需要量的 1 ~ 3 倍。

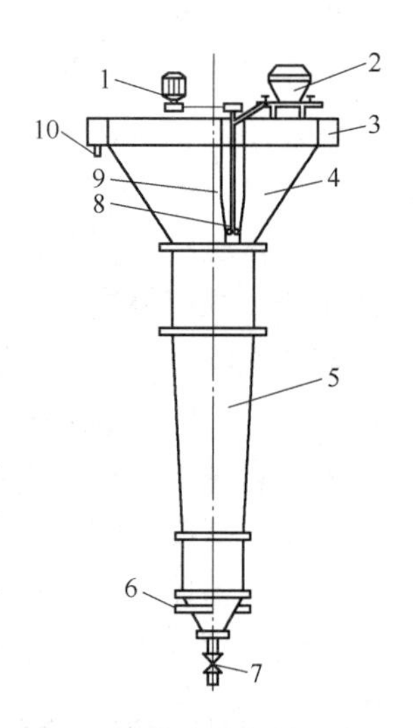

图 5-15 沸腾净化槽示意图
1—电动机；2—锌粉给料机；3—溢流槽；4—沉降槽；5—沸腾槽；6—进液管；7—放渣阀；8—搅拌器；9—导流筒；10—排液口

加锌粉的净化过程在机械搅拌槽或沸腾净化槽（如图 5-15 所示）内进行。净化后的过滤设备一般采用压滤机，滤渣由铜、镉和锌组成，送去回收铜、镉。

实践证明，钴、镍是溶液中最难除去的杂质，单纯用锌粉除钴、镍难以实现，必须采取其他措施除钴，如砷盐净化法、锑盐净化法、合金锌粉净化法，还有一些工厂采用加黄药或β-萘酚的除钴方法。

5.4.2.2 加特殊试剂净化法

加特殊试剂净化法主要是除钴，其次是除氟和氯。

A 黄药除钴

黄药是一种有机磺酸盐，常用的有乙基磺酸钠（$C_2H_5OCS_2Na$）。黄药除钴基于在有硫酸铜存在的条件下，溶液中的钴离子与黄药作用，生成难溶的磺酸钴而沉淀，其反应如下：

$$8C_2H_5OCS_2Na + 2CuSO_4 + 2CoSO_4 = Cu_2(C_2H_5OCS_2)_{2(s)} + 2Co(C_2H_5OCS_2)_{3(s)} + 4Na_2SO_4$$

由反应式中可以看出，钴以Co^{3+}形态与黄药作用形成稳定而难溶的盐，加硫酸铜的作用是利用其中的Cu^{2+}将Co^{2+}氧化成Co^{3+}。

如果溶液中有铜、镉、砷、锑、铁等存在，它们也能与黄药生成难溶化合物，这必然会增加黄药的消耗。因此，送去除钴之前，必须先净化除去其他杂质。

黄药除钴的条件为：温度308~313K，溶液pH=5.2~5.4，黄药消耗量为溶液中钴量的10~15倍，硫酸铜的加入量为黄药量的1/5~1/3。

株洲冶炼厂采用黄药除钴两段净化流程。第一段加锌粉连续置换除铜、镉，在特殊结构的沸腾槽中进行；第二段加黄药除钴，在机械搅拌槽中间断进行。两段净化后的矿浆用尼龙管式过滤机过滤。

B β-萘酚除钴

β-萘酚除钴法是向锌溶液中加入β-萘酚、NaOH和HNO_2，再加废电解液，使溶液的酸度达到H_2SO_4浓度为0.5g/L后，控制净化温度为338~348K，搅拌1h，钴则按下式反应产生亚硝基-β-萘酸钴沉淀：

$$13C_{10}H_6ONO^- + 4Co^{2+} + 5H^+ = C_{10}H_6NH_2OH + 4Co(C_{10}H_6ONO)_{3(s)} + H_2O$$

该反应速度很快，可深度除钴；但试剂消耗量为钴量的13~15倍，还需用活性炭吸附残余试剂。

C 硫酸锌溶液净化除氟和氯

氯的主要来源是锌烟尘中的氯化物及自来水中的氯离子，氟来源于锌烟尘的氟化物，它们在浸出时进入溶液。

氯存在于电解液中会腐蚀阳极，使阴极锌中的铅含量升高而降低析出锌的品级。电解液中的氟离子会腐蚀阴极铝板，使阴极锌剥离困难。当溶液Cl^-含量高于100mg/L、F^-含量高于80mg/L时，应在送去电解前将其除去。常用的除氯方法有硫酸银沉淀法、铜渣除氯法、离子交换法等。

硫酸银沉淀法除氯是向溶液中添加硫酸银，使其与其中的Cl^-作用，生成难溶的氯化银沉淀，其反应为：

$$Ag_2SO_4 + 2Cl^- = 2AgCl_{(s)} + SO_4^{2-}$$

因为银比较贵，有的工厂采用处理铜镉渣后的海绵铜渣（含Cu 25%~30%、Zn 17%、Cd 0.5%）来除氯，使之生成Cu_2Cl_2沉淀：

$$Cu_{(海绵铜)} + 2Cl^- + Cu^{2+} = Cu_2Cl_{2(s)}$$

溶液中的氟可用加入少量石灰乳，使其形成难溶化合物氟化钙（CaF_2）的方法除去。

由于从溶液中脱除氟、氯的效果不佳，一些工厂采用多膛炉、回转窑焙烧法脱除锌烟尘中的氟、氯，并同时脱除砷、锑。

5.4.3 硫酸锌溶液的电解沉积

锌的电解沉积是用电解的方法从硫酸锌水溶液中提取纯金属锌的过程，为湿法炼锌的最后一个工序。将净化后的硫酸锌溶液（新液）与返回的电解液（废液）按一定比例混合，连续不断地从电解槽的进液端流入电解槽内，用含银0.5%~1%的铅银合金板作阳极，以压延铝板作阴极，当电解槽通入直流电时，在阴极上发生析出锌的反应，在阳极上发生水被分解成H^+和氧气的反应。锌电解沉积的总反应为：

$$ZnSO_4 + H_2O = Zn + H_2SO_4 + \frac{1}{2}O_2$$

随着电解过程的不断进行，溶液中的锌含量不断降低，而硫酸含量逐渐增加。当溶液中锌含量达45~60g/L、硫酸含量达130~170g/L时，则作为废电解液从电解槽中抽出，一部分作为溶剂返回浸出；另一部分经冷却后与新液按一定比例混合，返回电解槽循环使用。电解24~48h后将阴极锌剥下，经熔铸后得到产品锌锭。

5.4.3.1 阴极反应

锌电解液中的正离子主要是Zn^{2+}和H^+，通直流电时，在阴极上可能发生的反应有：

$$Zn^{2+} + 2e = Zn \quad (1)$$

$$2H^+ + 2e = H_{2(g)} \quad (2)$$

反应（2）是不希望发生的，因此，在电积时应创造条件使反应（1）在阴极优先进行，而尽可能使反应（2）不发生。

在298K时，Zn^{2+}和H^+析出的平衡电位如下：

$$\varphi_{Zn^{2+}/Zn} = \varphi^{\ominus}_{Zn^{2+}/Zn} + \frac{2.303RT}{2F}\lg a_{Zn^{2+}} = -0.763 + 0.0295\lg a_{Zn^{2+}}$$

$$\varphi_{H^+/H_2} = \varphi^{\ominus}_{H^+/H_2} + \frac{2.303RT}{2F}\lg a_{H^+} = 0.0591\lg a_{H^+}$$

式中 R——摩尔气体常数，取8.314J/(mol·K)；

T——绝对温度，K；

F——法拉第常数，取96480C/mol。

在工业生产条件下（电解液含Zn55g/L、$H_2SO_4$120g/L，电解液密度为1250kg/m^3，电解温度为313K，电流密度为500A/m^2），电解液中相应离子的活度$a_{Zn^{2+}}=0.0424$，$a_{H^+}=0.142$，因而Zn和H_2析出的平衡电位可表示为：

$$\varphi_{Zn^{2+}/Zn} = -0.763 + 0.0295\lg a_{Zn^{2+}} = -0.763 + 0.0295 \times \lg 0.0424 = -0.806V$$

$$\varphi_{H^+/H_2} = 0.0591\lg a_{H^+} = 0.0591 \times \lg 0.142 = -0.053V$$

以上计算结果表明，氢析出的平衡电位比锌更正。因此从热力学角度来看，在平衡条件下，电位较正的氢应该在锌之前优先析出，锌的电解析出似乎是不可能的。

然而，实际的锌电积过程并不是在平衡条件下进行的，而是在有电流通过的非平衡条件下进行的。由于在非平衡条件下存在阴极极化作用，锌和氢在阴极上析出时分别有一个过电位（以 η_{Zn}和 η_H 表示），故它们在阴极上析出的电位实际上是由平衡电位和过电位两部分组成的。根据以上平衡电位计算公式，并考虑到锌和氢析出的过电位，锌和氢的实际析出电位分别为：

$$\varphi'_{Zn^{2+}/Zn} = -0.763 + 0.0295\lg a_{Zn^{2+}} - \eta_{Zn}$$

$$\varphi'_{H^+/H_2} = 0.0591\lg a_{H^+} - \eta_H$$

式中 η_{Zn}，η_H——分别为 Zn^{2+}、H^+的析出过电位，V。

在工业生产条件下，$\eta_H = 1.105V$，$\eta_{Zn} = 0.03V$，由以上公式计算得 $\varphi'_{Zn^{2+}/Zn} = -0.836V$，$\varphi'_{H^+/H_2} = -1.158V$。可见，由于氢的析出过电位比锌大得多，使氢的实际析出电位比锌更负，锌优先于氢析出，从而保证了锌电积的顺利进行。

氢气的过电位与阴极材料、阴极表面状态、电流密度、电解液温度、添加剂及溶液成分等因素有关。氢的过电位随电流密度的增大、电解液温度的下降以及添加胶等而增大，随着电解液酸度的提高和中性盐浓度的增加而降低。表 5-12 列出了不同电流密度下，298K 时氢在不同金属上的过电位。

表 5-12 298K 时氢在不同金属上的过电位

电流密度 /A·m^{-2}	氢的过电位/V											
	Al	Zn	Pt(光铂)	Au	Ag	Cu	Bi	Sn	Pb	Ni	Cd	Fe
100	0.825	0.746	0.068	0.390	0.7618	0.584	1.05	1.0767	1.090	0.747	1.134	0.5571
500	0.968	0.926	0.186	0.507	0.8300	—	1.15	1.1851	1.168	0.890	1.211	0.7000
1000	1.066	1.064	0.288	0.588	0.8749	0.801	1.14	1.2230	1.179	1.048	1.216	0.8184
2000	1.176	1.168	0.355	0.688	0.9397	0.988	1.20	1.2342	1.217	1.130	1.228	0.9854
5000	1.237	1.201	0.573	0.770	1.0300	1.186	1.21	1.2380	1.235	1.208	1.246	1.2561

在生产实践中，氢的过电位值直接影响电解过程的电流效率。因此，为了提高锌电积的电流效率，必须设法提高氢的过电位。

5.4.3.2 阳极反应

在湿法炼锌厂的电解过程中，大多采用含银 0.5% ~1% 的铅银合金板作“不溶阳极”。但从热力学角度来讲，铅阳极并不是完全不溶的。新的铅阳极板在电解初期被侵蚀得很快，并形成硫酸铅和氧化铅；而后则由于氧化膜对金属的保护作用，才使铅阳极被侵蚀的速度逐渐缓慢下来。

当通直流电后，阳极上首先发生铅阳极的溶解，并形成 $PbSO_4$ 覆盖在阳极表面，其反应为：

$$Pb - 2e = Pb^{2+}$$

$$Pb + SO_4^{2-} - 2e = PbSO_4$$

随着溶解过程的进行，由于 $PbSO_4$ 的覆盖作用，铅板的自由表面不断减少，相应的电流密度就不断增大，因而电位也不断升高。当电位增大到某一数值时，二价铅被进一步氧化成高价状态，产生四价铅离子（Pb^{4+}）并与氧结合成过氧化铅（PbO_2）：

$$PbSO_4 + 2H_2O - 2e \longrightarrow PbO_2 + 4H^+ + SO_4^{2-} \qquad \varphi^{\ominus}_{PbO_2/PbSO_4} = 1.685V$$

待阳极基本上被 PbO_2 覆盖后，即进入正常的阳极反应：

$$2H_2O - 4e \longrightarrow O_2 + 4H^+ \qquad \varphi^{\ominus}_{O_2/OH^-} = 1.229V$$

结果在阳极上放出氧气，并使溶液中的 H^+ 浓度增加。

比较过氧化铅形成反应和铅阳极正常反应的平衡电位（$\varphi^{\ominus}$）可以看出，前者的绝对值高于后者，因此从热力学角度来看，氧将优先在阳极上析出。但实际上氧的放电却是在 PbO_2 膜形成以后才发生，这是由于氧的析出也存在着较大的过电位（约为0.5V）。

氧析出的过电位值也取决于阳极材料、阳极表面状态以及其他因素。锌电解沉积过程伴随着在阳极上析出氧。氧的过电位越大，则电解时电能消耗越多，因此应力求降低氧的过电位。

5.4.3.3 电流效率及其影响因素

在实际电解生产中，电极上析出物质的数量往往与按法拉第定律计算的数值不一致。电流效率是指在阴极上实际析出的金属锌量与理论上按法拉第定律计算应得到的金属锌量的百分比：

$$电流效率 = \frac{阴极上产物的实际质量}{按法拉第定律计算所得产物的质量}$$

即

$$\eta = \frac{G}{qIt} \times 100\%$$

式中 η——电流效率，%；

G——阴极上产物的实际质量，g；

q——电化当量，锌为1.2195g/(A·h)；

I——电流，A；

t——通电时间，h。

生产实践中，由于阴阳极之间短路、电解槽漏电、阴极化学溶解以及其他副反应的发生，都会使电流效率降低。目前，锌电解的电流效率为88%～93%。

影响电流效率的因素主要有电解液的组成、阴极电流密度、电解液温度、电解液纯度、阴极表面状态及电积时间等。

5.4.3.4 槽电压和电能消耗

槽电压是指电解槽内相邻阴、阳极之间的电压降。为简化计算，生产实践中是用所有串联电解槽的总电压降（V_1）减去导电板线路电压降（V_2），再除以串联电路上的总槽数（N），商值即为槽电压（$V_{槽}$），计算公式如下：

$$V_{槽} = \frac{V_1 - V_2}{N}$$

槽电压是一项重要的技术经济指标，它直接影响锌电积的电能消耗。

实际电解过程中，当电流通过电解槽时，遇到的阻力除可逆的反电势（即理论分解电压）、极化过电位外，还有由于电解质溶液本身电阻所引起的电压降、电解槽及接触点和导体上的电压降，所有这些都需要额外的外电压补偿。因此，电解槽的总电压（槽电压）应为这些电压降的总和，即：

$$V_{槽} = V_{分} + V_{液} + V_{接} + V_{过}$$

式中 $V_{分}$——理论分解电压，V；

$V_{液}$——电解液电阻电压降，V；

$V_{接}$——各接触点电阻及导体电压降，V；

$V_{过}$——过电位，包括电化学极化过电位、浓差极化过电位，V。

可见，槽电压取决于电流密度、电解液的组成和温度、两极间的距离和接触点电阻等。而降低槽电压的途径则在于减小电解液的比电阻、减小接触点电阻以及缩短两极间距离。工厂槽电压一般为3.3～3.6V。

在锌电积过程中，电能消耗是指每生产1t电锌所消耗的直流电能，即：

$$W = \frac{实际消耗的电量}{析出锌的产量} = \frac{V}{q\eta} \times 1000 = 820\frac{V}{\eta}$$

式中 W——直流电耗，kW·h/t；

V——槽电压，V；

q——锌的电化当量，取1.2195g/(A·h)；

η——电流效率，%。

可见，电能消耗取决于电流效率和槽电压。当电流效率高、槽电压低时，电能的消耗低；反之，则高。因此，凡是影响电流效率和槽电压的因素都将影响电能消耗。

电能消耗是锌电积的主要指标。湿法炼锌每生产1t锌锭的总能耗为3800～4200kW·h，电积过程占70%～80%，为3000～3300kW·h，占湿法炼锌成本的20%。

5.4.3.5 锌电解的主要设备及实践

锌电解车间的主要设备有电解槽、阳极、阴极、供电设备、载流母线、剥锌机、阴极刷板机和电解液冷却设备等。

（1）电解槽。锌电积槽为一长方形槽子，一般长2～4.5m，宽0.8～1.2m，深1～2.5m。槽内交错装有阴、阳极，悬挂于导电板上，出液端有溢流堰和溢流口。电解槽大都用钢筋混凝土制成，内衬铅皮、软塑料、环氧玻璃钢。目前多采用厚5mm的软聚氯乙烯作内衬，可以延长槽的使用寿命，还具有绝缘性能好、防腐性能强、减少阴极铅含量等优点。近年来，国外大多采用内衬聚合物混凝土电解槽，其防渗性能好，不需再使用内衬。内衬软塑料的钢筋混凝土电解槽的结构如图5-16所示。

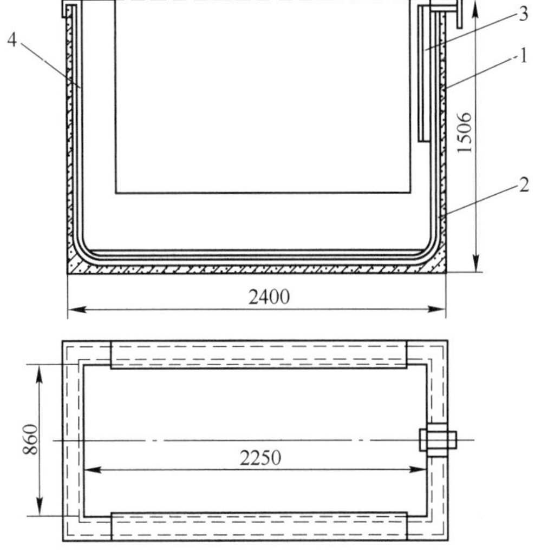

图5-16 电解槽的结构

1—槽体；2—软聚氯乙烯塑料衬里；3—溢流堰；4—沥青油毛毡

（2）阳极。阳极由阳极板、导电棒及导电头组成。阳极板大多采用含Ag 0.5%～

1%的铅银合金压延制成。阳极尺寸由阴极尺寸而定，一般为长900～1077mm、宽620～718mm、厚5～6mm，重50～70kg，使用寿命为1.5～2年。每吨电锌耗铅量为0.7～2kg（包括其他铅材）。为了降低析出锌铅含量、延长阳极使用寿命和降低造价，研究使用了Pb-Ag-Ca三元合金阳极（含Ag 0.25%、Ca 0.05%）和Pb-Ag-Ca-Sr四元合金阳极（含Ag 0.25%、Ca 0.05%～1%、Sr 0.05%～0.25%），其使用寿命长达6～8年。

阳极导电棒的材质为紫铜。为使阳极板与铜棒接触良好并防止硫酸侵蚀铜棒，将铜棒铸入铅银合金中，再与阳极板焊接在一起。

（3）阴极。阴极由阴极板、导电棒及铜导电头（或导电片）组成。阴极板用压延纯铝板（w(Al)>99.5%）制成，一般长1020～1520mm、宽600～900mm、厚4～6mm，重10～12kg。为减少阴极边缘形成树枝状结晶，阴极要比阳极宽30～40mm。为防止阴、阳极短路及析出锌包住阴极周边而造成剥锌困难，阴极的两边缘黏压有聚乙烯塑料条。阴极平均寿命一般为18个月，每吨电锌消耗铝板1.4～1.8kg。目前，新建湿法炼锌厂趋向于采用大阴极（1.6～3.4m^2），阳极面积也相应扩大。

阴极导电棒用铝或硬铝加工，铝板与导电棒焊接或浇铸成一体。导电头一般用厚5～6mm的紫铜板制成，用螺钉、焊接或包覆连接的方法与导电棒结合为一体。

除电解槽和阴、阳极外，电解车间还有供电设备、冷却电解液的空气冷却塔以及剥锌机等附属设备。

电解槽一般按双列配置，列与列和槽与槽之间是串联的，每个槽的阴、阳极则是并联的。

锌电解车间的正常操作主要是出装槽与剥锌，过去都是人工操作，劳动强度大。剥锌机的出现为减轻劳动强度、减少劳动力创造了良好条件。现在许多工厂已不同程度地实现了出装槽与剥锌的机械化与自动化。已实现机械化剥锌并采用计算机控制的电锌厂，其共同特点是采用较低的电流密度（300～400A/m^2）、延长剥锌周期、增大阴极面积。

锌电解时，由于电解液等的电阻在直流电作用下产生热效应，使电解液温度升高。随着电解液温度的升高，在阴极上氢的过电位减小，导致电流效率下降，锌从阴极上溶解的速度加快。当温度超过313～318K时，必须对电解液进行冷却，使电解过程维持在一定温度（308～313K）下进行。电解液的冷却大多采用喷淋式空气冷却塔，电解液自上而下喷洒成滴落至槽底，冷空气自下而上逆流运动，达到蒸发水分、带走热量、冷却电解液的目的。电解液冷却后液的温度控制在306～308K。

锌电解车间供液多采用大循环制，即经电解槽溢流出来的废液（含酸130～170g/L、锌45～55g/L）一部分返回浸出车间作溶剂，一部分送冷却，并按（5～25）∶1的体积比与新液混合后送冷却塔冷却，再供给每个电解槽。

电解过程中产生的阳极泥，由硫酸锰在阳极氧化时所形成的二氧化锰与铅的化合物组成。阳极泥含有约70%的MnO_2、10%～14%的Pb以及大约2%的Zn，可作为中性浸出时铁的氧化剂。阳极泥必须定期地从阳极表面清洗除去。

锌电积过程中，由于电极反应在阴、阳极上放出氢气和氧气，带出部分细小的电解液颗粒，其进入空间形成酸雾，严重危害人体健康和腐蚀厂房设备，并造成硫酸和金属锌的损失。为了防止酸雾，可向电解槽中加入起泡剂，如动物胶、丝石竹、水玻璃及皂角粉等，使电解槽的液面上形成一层稳定的泡沫层，起到一种过滤的作用，将气体带出的电解液捕集在泡沫中，减少了厂房的酸雾。

在硫酸锌溶液电积过程中，常在电解液中加入一定量的动物胶或硅酸胶，其作用如下：

（1）改善阴极质量，使析出阴极锌表面平整、光滑。这是由于胶吸附在电极表面凸起的地方，阻碍这些地方的晶核生长，这样便能得到表面平滑、具有细晶结构的阴极锌。

（2）加入一定量的胶质可以提高氢的过电位。如在电流密度为 $500A/m^2$ 的条件下，当电解液中的胶含量达到0.1%时，氢的过电位可以从不加胶的1.15V增至1.24V；但继续提高加胶量，则对氢的过电位影响不大。

表5-13所示为一些工厂锌电解的主要技术经济指标。

表5-13 一些工厂锌电解的主要技术经济指标

指　标	梯敏斯（加拿大）	科科拉（芬兰）	达特恩（德国）	安中（日本）	巴伦（比利时）	克洛格（美国）	株洲（中国）
$Zn^{2+}/g \cdot L^{-1}$	60	61.8	55~60	60	50	50	40~55
$H_2SO_4/g \cdot L^{-1}$	200	180	200	180	180~190	270	150~200
电流密度/$A \cdot m^{-2}$	571	660	579	400~430	400~430	1000~1100	480~520
电解温度/K	308	306	307	308	303~308	308	309~315
同极距/mm	76			70~75	90	20~32	62
电解周期/h	24	24	24	24~48	48	8~24	24
槽电压/V	3.5	3.54	3.5	3.54	3.3	3.5	3.2~3.3
电流效率/%	90	90	91.3	92	90	90~93	89~90
电能消耗/$kW \cdot h \cdot t^{-1}$	3189	3219	3239	2997	3100	3100	2950~3100

5.4.4 湿法炼锌新技术

5.4.4.1 硫化锌精矿的直接电解

在酸性溶液中，以70%硫化锌精矿+30%石墨粉为阳极、铝板为阴极，直接电解生产锌。电解时阴极和阳极反应为：

阳极反应 $$ZnS - 2e = Zn^{2+} + S$$

阴极反应 $$Zn^{2+} + 2e = Zn$$

阳极电流效率为96.8%~120%，阴极电流效率为91.4%~94.8%，阴极锌的纯度达99.99%以上。

5.4.4.2 Zn-MnO_2 同时电解

将锌精矿磨细至200目（0.074mm），ZnS、MnO_2 按化学计量配入并用硫酸进行浸出，浸出液经净化后以铅银合金（Ag 1%）为阳极、铝板为阴极，在硫酸体系中进行电解。电解时阴极和阳极反应为：

阳极反应 $$Mn^{2+} + 2H_2O - 2e = MnO_2 + 4H^+$$

阴极反应 $$Zn^{2+} + 2e = Zn$$

总反应 $$ZnSO_4 + MnSO_4 + 2H_2O = Zn + MnO_2 + 2H_2SO_4$$

该法槽电压为2.6～2.8V，阴极电流效率为89%～91%，阳极电流效率为80%～85%；阴极电锌的Zn含量不低于99.99%，阳极产出γ-MnO_2，品位大于91%；每生产1t锌，可副产1.22t MnO_2；节能50%～60%。双电解废液再进行锌的单电解，可进一步回收锌、锰。

此外，湿法炼锌新技术还有溶剂萃取-电解法提锌及热酸浸出-萃取法除铁等。

5.5 锌再生

锌再生是从含锌废杂物料中通过冶炼或化工处理方法获得锌产品的过程。锌再生的产品有纯金属、合金或化工产品等。

再生锌的生产与原生锌相比，再生锌的综合能耗只是原生金属的28%，节能效果十分明显。含锌废料的再生利用不仅可以节省能源，而且可以扩大锌资源的利用范围，缓解原生锌资源的供需矛盾，促进锌冶炼工业的节能减排，减少环境污染和改善生态环境。因此，锌再生是发展循环经济的必由之路，也是建设资源节约型可持续发展的锌产业的必然要求。

根据来源和性质的不同，可用于再生锌的原料主要有热镀锌渣及硬锌，炼钢烟尘及高炉烟尘，锌制品生产过程中产生的废品、废料及冲轧边角料，废旧锌及锌合金零件，废镀锌制品及化工生产的含锌副产物、废料，次氧化锌等。

再生锌的生产方法可分为火法和湿法两大类，再生锌的产品可为纯锌、锌粉、锌合金、氧化锌、硫酸锌、氯化锌等。

5.5.1 锌再生的火法工艺

根据含锌废料性质的不同，需采用不同的火法处理工艺。

5.5.1.1 纯锌合金废料

对于经仔细分类的纯锌合金废料，可在坩埚炉、反射炉、感应电炉、电弧炉和等离子炉内直接熔炼成相应的合金。用直接熔炼法从纯锌合金废料中回收锌的优点是：金属回收率高，综合利用好，生产成本低。

5.5.1.2 含锌杂料

对于含锌的非金属杂料，可采用直接蒸馏法回收锌；对于含锌的金属和氧化物废料，可采用还原蒸馏法回收锌，或采用还原挥发法将锌富集在烟尘中。我国主要采用平罐炼锌法处理热镀锌厂的锌渣、锌灰及来自其他行业的锌合金边角料、粗锌块等。平罐炼锌法是将含锌废料（含Zn 60%）和焦炭混合后装入蒸馏罐内，用1523～1573K的高温炉气对水平放置的蒸馏罐进行外加热，使其内部的物料发生反应，生成CO和锌蒸气，把它们一起导入冷凝器进行冷凝即可获得液体锌。此工艺设备简单、操作方便，但热效率低、燃料消耗大、劳动强度大、锌回收率低。该法处理碎锌渣时，锌的回收率为80%～85%；处理氧化锌烟尘时，锌的回收率仅为40%～60%。此外，该方法产出的再生锌质量不高，一般为4～5号锌，还需进行精馏以提高再生锌的质量。在国际上，平罐炼锌法早已被淘汰，热镀锌厂的锌灰、锌渣以及有色金属冶炼产生的含锌烟灰，大部分在原生锌冶炼厂用鼓风炉炼锌法或其他火法处理。

5.5.1.3 炼钢含锌烟尘

对于炼钢厂产出的含锌烟灰，由于锌含量较低（20%），大都采用回转窑烟化富集后，产出粗氧化锌（含 Zn 50% ~60%），送去湿法炼锌或鼓风炉炼锌，生产金属锌。现已有工厂采用等离子炉冶炼法处理炼钢厂的含锌烟灰。

5.5.2 锌再生的湿法工艺

锌再生的湿法工艺可分为可溶阳极电解法、浸出-净化-电积法以及浸出-转化法等，前者适合处理硬锌或热镀锌渣等废锌合金，后两者适合处理热镀锌灰及各种含锌化合物废料。湿法工艺的优点是：金属回收率高（比传统的火法高 20%），便于实现机械化、自动化，能减轻环境污染。其缺点是：电解液必须严格净化，导致原材料消耗增加、设备投资增大、过程多、周期长等。

5.5.2.1 可溶阳极电解法

将硬锌熔析除铅后铸成阳极，在氯盐低酸体系、NH_3-NH_4Cl-H_2O 体系或 $ZnCl_2$-NH_4Cl 溶液体系中进行电解精炼，所得电解锌的锌含量达 99.1% 以上，原料中的锗、银、铜、锑、铟、锡、铅等杂质有 99% 以上都被富集在阳极泥中，直流电耗小于 800kW · h/t，电流效率大于 98%。

5.5.2.2 浸出-净化-电积法

锌-锰废干电池经浸出、净化后进行锌-锰同槽电解，Zn^{2+} 在阴极放电，以金属锌析出；Mn^{2+} 在阳极放电，以 MnO_2 形态沉积在阳极表面，从而达到通过同槽电解法同时获得锌和二氧化锰的目的。

对于某些锌含量较低的原料，单纯采用火法或单纯采用湿法都难以最经济地使锌得到再生与利用，需要将两种再生方法相结合，以达到最佳的效果。

复习思考题

5-1 锌的生产方法有哪些？分别画出火法炼锌和传统湿法炼锌的原则工艺流程图。

5-2 简述硫化锌精矿焙烧的目的。

5-3 铁酸锌对湿法炼锌过程有什么危害？在硫化锌精矿焙烧过程中，如何避免铁酸锌的生成？

5-4 硫化锌精矿沸腾焙烧炉有哪几种炉型，沸腾焙烧采用哪两种操作制度，强化沸腾焙烧的措施有哪些？

5-5 简述密闭鼓风炉炼锌的优点与缺点。

5-6 简述粗锌精馏精炼的原理及基本过程。

5-7 简述传统的湿法炼锌的基本过程。

5-8 分别画出锌焙砂的常规浸出工艺流程图和热酸浸出工艺流程图。

5-9 在湿法炼锌的热酸浸出过程中，从铁含量高的浸出液中沉铁有哪些方法？

5-10 在锌焙砂中性浸出时，为什么要控制浸出终点的溶液 pH 值为 5 ~5.4？为什么中性浸出过程要加软锰矿（二氧化锰）？

5-11 硫化锌精矿的直接浸出方法有哪些，硫化锌精矿的直接浸出有哪些优点？

5-12 简述硫化锌精矿氧压浸出的原理。

5-13 简述硫酸锌溶液采用锌粉置换除铜、镉的原理。

5-14 简述硫酸锌溶液净化除氟和氯的方法。

5-15 简述硫酸锌溶液电解沉积锌的基本过程及主要电极反应。

5-16 再生锌的原料有哪些，锌再生有哪些方法？

6 锡冶金

6.1 概　述

6.1.1 锡的性质和用途

6.1.1.1 物理性质

锡是银白色的金属，新浇铸的锡锭表面常生成金黄色的氧化物膜。锡相对较软，莫氏硬度为3.75。锡具有良好的展性，可压成0.04mm厚的锡箔；但延性很差，不能拉成丝。锡条在被弯曲时，由于锡的晶粒间发生摩擦并被破坏，从而发出响声，称为“锡鸣”。

锡有灰锡（α-Sn）、白锡（β-Sn）和脆锡（γ-Sn）三个同素异形体，其相互转变温度及性质如表6-1所示。

表6-1 锡同素异形体的相互转变温度及性质

性　质	灰锡（α-Sn）	$\underrightarrow{\overleftarrow{286.35K}}$	白锡（β-Sn）	$\underrightarrow{\overleftarrow{434.15K}}$	脆锡（γ-Sn）	$\underrightarrow{\overleftarrow{505.15K}}$	液体锡
晶体结构	等轴晶系		正方晶系		斜方晶系		
密度/$g \cdot cm^{-3}$	5.85		7.3		6.55		6.99
特　征	粉　状		块状，有展性		块状，易碎		

人们平时所见的锡是白锡。白锡在286.35～434.15K之间稳定；低于286.35K时，即开始缓慢向灰锡转变；当过冷至243K左右时，转变速度达到最大值。锡由白锡向灰锡转变，由于体积膨胀而碎成粉末，这种现象称为“锡疫”。

锡的主要物理性质如表6-2所示。

表6-2 锡的主要物理性质

性　质	数　值	性　质	数　值
半径/pm	102(Sn^{2+}),74(Sn^{4+}),140.5(Sn)	汽化热/$kJ \cdot mol^{-1}$	296.2
熔点/K	505.118	密度/$g \cdot cm^{-3}$	5.765(α-Sn,274K),7.298(β-Sn,288K)
沸点/K	2543	热导率/$W \cdot (m \cdot K)^{-1}$	66.6(α-Sn,300K)
熔化热/$kJ \cdot mol^{-1}$	7.20	电阻率/$\Omega \cdot m$	11.0×10^{-8}(293K)

6.1.1.2 化学性质

锡是元素周期表中第5周期$Ⅳ_A$族元素，元素符号为Sn，原子序数为50，相对原子质量为118.69。锡有+2和+4两种氧化态，+2氧化态化合物不稳定，容易被氧化成稳定的+4氧化态化合物。因此，有时锡的+2氧化态化合物可作为还原剂使用。

常温时锡在空气中稳定，故锡用于镀锡钢板。锡与水不作用，并且还可用于制造纯水的冷凝器。

锡在常温下对许多气体、弱酸或弱碱的耐腐蚀能力均较强，因此，锡常用于制造锡箔和镀锡。

碱溶液与锡反应生成锡酸盐和氢，其反应速度与温度和浓度有关。在有硝酸盐存在时，则生成锡酸盐并放出氨气。

强酸与锡反应生成二价锡盐和氢，但硝酸与锡反应生成偏锡酸，同时放出 NH_3、NO、NO_2 等。锡盐容易水解，也易被氧化。

锡在加热时与氧反应生成 SnO 和 SnO_2 两种氧化物，与氯反应生成 $SnCl_2$ 和 $SnCl_4$，与硫反应生成 SnS、SnS_2 和 Sn_2S_3 等化合物。

6.1.1.3 锡的用途

锡具有耐腐蚀和无毒的特性，因而被大量用于生产马口铁（镀锡钢板），主要用作食品和饮料包装材料，此用途消费量占其总消费量的第一位。其次，锡用于制造电子工业不可或缺的焊接材料。

锡能与铅、锑、铜、铝等多种金属形成合金，其中锡基（Sn-Sb-Cu 系）和铅基（Pb-Sn-Cu-Sb 系）巴氏轴承合金是最重要的锡合金，此外还有铝锡合金、锡青铜、锡黄铜、易熔合金（主要含 Sn、Pb、Cd、In）和印刷合金（主要含 Sn、Pb、Bi）等。巴氏轴承合金、铝锡合金和锡青铜广泛用于制造各种发动机轴承，锡青铜和锡黄铜还用于制造活塞、齿轮、弹簧、套管、炮筒等，易熔合金和印刷合金在电器、机械和印刷工业中有广泛用途。

锡的无机化合物用于镀锡、陶瓷、玻璃等工业。

锡的有机化合物大量用作聚氯乙烯塑料的稳定剂、聚氨酯发泡剂以及杀菌剂、木材保护剂和农用驱虫剂等。

6.1.2 炼锡原料

锡在地壳中的含量为 0.0006%。据统计，2012 年世界锡的储量为 490 万吨，储量较多的国家有中国、巴西、马来西亚、印度尼西亚、玻利维亚、秘鲁、俄罗斯、澳大利亚等。我国锡矿储量居世界第一位，为 150 万吨，主要集中在云南南部、广西西北部和东北部，其次是湖南、江西、四川、广东、内蒙古等省区。

已知的锡矿物有 50 多种，具有工业价值的只有锡石（SnO_2）和黝锡矿（又称黄锡矿，Cu_2FeSnS_4），且以锡石为主。

锡石的特点是密度大（6.8 ~ 7.0g/cm^3）、硬度大（莫氏硬度为 6 ~ 7）、易碎。其晶格中有各种杂质离子，故呈现各种不同的颜色。锡石的化学性质很稳定，不易被酸、碱溶解。黝锡矿的莫氏硬度为 3 ~ 4，性脆，密度为 4.0 ~ 4.5g/cm^3，分布较广，但分布数量比锡石少。

锡的矿床分为脉锡矿床和砂锡矿床两大类，脉锡矿床为原生矿，砂锡矿床为次生矿。世界上约 70% 的锡产自砂锡矿，我国的锡矿约 70% 是脉锡矿。目前，砂锡矿的开采品位为 0.009% ~ 0.03%，脉锡矿的开采品位一般在 0.5% 以上。由于原矿品位低，锡矿石必须经过选矿产出含锡 40% ~ 70% 的精矿，然后才能送冶炼厂处理。提供给冶炼厂的锡精矿按品位分为三种类型：第一类是高品位锡精矿，锡含量大于 70%；第二类是中等品位锡精矿，锡含量为 40% ~ 50%；第三类是低品位锡精矿或中矿，锡含量为 5% ~20%。

6.1.3 锡的生产方法

现代炼锡法普遍采用火法流程，还原熔炼是生产锡的唯一方法，其包括炼前处理、还原熔炼、炉渣熔炼和粗锡精炼四个过程。图 6-1 所示为以中等品位以上锡精矿为原料的生产锡的原则工艺流程。锡还原熔炼的特点是分两段进行：第一段是熔炼精矿（又称一次熔炼），即在比较弱的还原气氛和适当的温度条件下还原产出比较纯的粗锡（$w(Fe) < 1\%$），同时得到富含锡的炉渣（称为富渣）；第二段是熔炼富渣（又称二次熔炼），即在高温、强还原条件下加入石灰石等熔剂，还原产出硬头（铁与锡的合金）和锡含量很低的炉渣（称为贫渣），得到的硬头返回一次熔炼。这就是传统的两段熔炼法，它可以保证得到比较纯的粗锡，同时又具有较高的回收率，但不可避免地有一部分锡和铁在流程中循环。现今炉渣的熔炼已逐渐被烟化炉硫化挥发所取代，而低品位锡精矿和中矿的冶炼则在烟化炉硫化挥发富集后再熔炼。

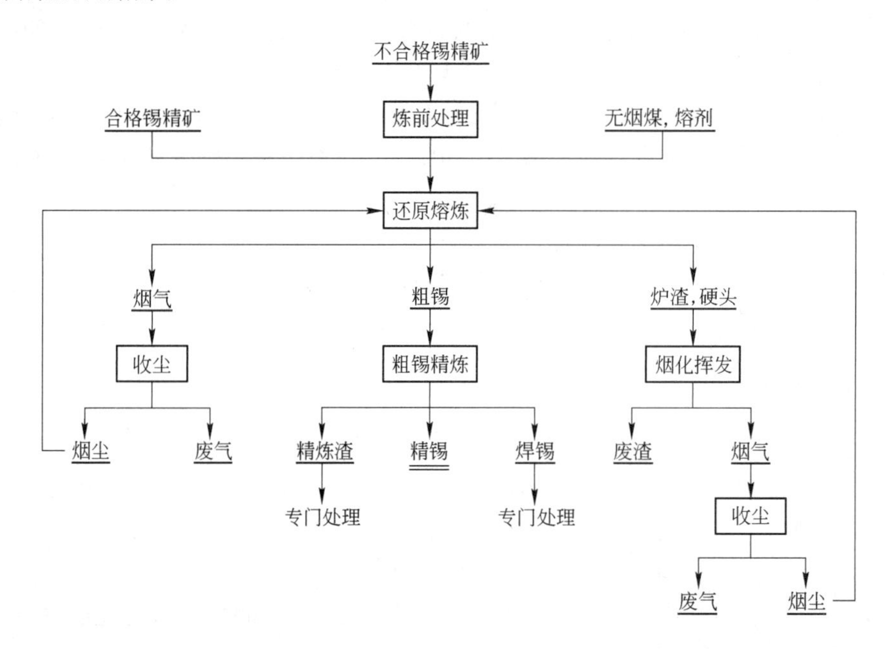

图 6-1 生产锡的原则工艺流程

6.2 锡精矿的炼前处理

锡精矿常含有各种杂质，有的选矿厂只产粗精矿，需集中进行炼前处理。因此，炼前处理的目的首先是提高锡精矿的品位，从而降低熔炼费用；其次是除去那些对熔炼有害的杂质（如硫、铁、砷、锑等），减少锡的损失；再次是回收有价值的副产品，如钨、钽、铌等。

根据锡矿性质和要求的不同，炼前处理通常采用精选、焙烧和浸出三种方法，其中多采用精选法和焙烧法。

6.2.1 锡精矿的精选

精选是采用重选、磁选、浮选和电选等选矿方法处理锡精矿。根据锡精矿中锡石和杂质的特性不同，采用一种或多种选矿方法联合的流程来除去杂质。按照具体条件的不同，精选可就地在选矿厂进行，也可集中在冶炼厂或者其他专门精选厂进行。

（1）磁选。磁选用于锡石-黑钨精矿的精选，利用黑钨矿具有磁性，使之与非磁性的锡石及大多数硫化矿分离。我国某厂锡石-黑钨精矿的磁选指标如表6-3所示。

（2）浮选。浮选用于锡石-硫化物精矿的精选，利用硫化物的可浮选性质，使之与锡石分离。我国某厂锡石-硫化物精矿的浮选指标如表6-4所示。

除上述方法外，更多的是采用几种选矿方法的联合流程进行精选。我国某厂用重选-磁选-浮选流程处理锡石-钽铌钨精矿，其指标如表6-5所示。

表6-3 我国某厂锡石-黑钨精矿的磁选指标 (%)

名称	产率	成分		回收率	
		Sn	WO_3	Sn	WO_3
粗精矿	100	44~50	16~21	100	100
锡精矿	79~90	59~67	2.5~3	95~98	31~42
毛钨精矿	10~21	7.9~22	40~50	2~5	58~69

表6-4 我国某厂锡石-硫化物精矿的浮选指标 (%)

名称	产率	成分						锡回收率
		Sn	Fe	Pb	Bi	As	S	
粗精矿	100	56.41	9.86	1.7	0.34	5.84	3.24	100.0
锡精矿	83.08	64.75	3.4~4.0	0.65~1	0.05~0.06	0.43~0.5	0.36~0.5	95.1
硫化物中矿	16.92	1.63	38.9	6.4	1.7	32.1	17.1	4.75
除杂质效率		—	66.88	64.02	86	93.02	89.44	—

表6-5 我国某厂锡石-钽铌钨精矿的精选指标 (%)

名称	产率	成分			回收率		
		Sn	WO_3	$(Ta, Nb)_2O_5$	Sn	WO_3	$(Ta, Nb)_2O_5$
粗精矿	100	18.0	4.5	3.7	100	100	100
锡精矿	26.76	57.3	~1	3.63	85.06	—	26.17
钽铌钨精矿	10.19	6.0	37.2	21.2	3.39	84.34	58.40
磁铁矿	3.20	9.50	2.80	3.0	1.67	2.0	2.59
硫化物	1.53	20.4	—	1.31	1.74	—	0.53
尾矿	50.60	1.38	0.29	0.62	3.99	3.27	8.46

对于锡石-白钨精矿的精选，则采用浮选和电选结合的方法。我国某厂锡石-白钨精矿的精选指标如表6-6所示。

表6-6 我国某厂锡石-白钨精矿的精选指标 (%)

名称	产率	成分				回收率	
		Sn	WO_3	As	S	Sn	WO_3
粗精矿	100	53.24	6.85	3.48	2.19	100	100
锡精矿	80.32	64.01	1.98	0.37	0.11	96.57	23.21
白钨精矿	7.20	0.24	66.55	0.12	0.10	0.03	69.93
钨中矿	5.08	25.06	6.89	—	—	2.39	5.11
硫砷中矿	7.40	7.33	1.63	—	—	1.01	1.75

6.2.2 锡精矿的焙烧

锡精矿炼前焙烧的目的是采用焙烧的方法，使锡精矿中的硫、砷和锑以 SO_2、As_2O_3、Sb_2O_3 以及氯化物等气态物质挥发除去，同时除去部分铅，避免含杂锡精矿在高温还原熔炼过程中产生 SnS 挥发物，减少砷和锑等杂质以金属形态进入粗锡而形成各种复杂的锡合金渣返回品，从而提高锡冶炼产品的直接回收率，降低冶炼生产成本。

锡精矿的焙烧方法有氧化焙烧法、氯化焙烧法和氧化-还原焙烧法等。

氧化焙烧法是在一定的条件下，利用空气中的氧与精矿中的硫化物进行氧化反应，使其中的硫、砷和锑等转变为挥发性强的氧化物而除去的焙烧方法。此法一般用于高品位精矿的脱硫，或将炉窑内的各种物质转化为氧化物或可溶性盐。

氯化焙烧法是指在炉内矿料中加入氯化钙等氯化物，使精矿中的各类物质形成溶解性或挥发性强的氯化物，以达到相互分离的目的。氯化焙烧法一般用于处理锡含量低和高价值金属共存的矿料。

氧化-还原焙烧法是针对精矿中的砷、锑而采取的既有氧化又有还原的焙烧方法，用于处理高砷锑精矿。在氧化焙烧时，使精矿中的砷、锑氧化为挥发性强的 As_2O_3、Sb_2O_3 等低价氧化物。为了避免将砷、锑氧化为不易挥发的 As_2O_5、Sb_2O_5 等高价氧化物，可在炉料中加入一些煤作还原剂或控制焙烧产生一些 CO 还原剂，将砷、锑的高价氧化物还原为低价氧化物而挥发。还原焙烧时，也会使铁的高价氧化物转变为易于磁选和酸浸除铁的磁性氧化铁和氧化亚铁。

6.2.2.1 除硫

除硫是在氧化气氛条件下进行的，主要反应为：

$$2FeS_2 = 2FeS + S_2$$

$$2MeS + 3O_2 = 2MeO + 2SO_2$$

$$MeSO_4 = MeO + SO_3$$

除硫过程由于生成高温（高于1123K）稳定的硫酸盐而使其复杂化，锡精矿中的铅最易生成硫酸盐。

6.2.2.2 除砷

除砷首先是发生分解反应：

$$4FeAsS = 4FeS + As_4$$

此反应在493K的中性或还原气氛中都容易进行。

在氧化气氛中则发生氧化反应除砷：

$$2FeAsS_2 + 7O_2 = Fe_2O_3 + As_2O_3 + 4SO_2$$

$$4FeAs_2 + 9O_2 = 2Fe_2O_3 + 4As_2O_3$$

锡精矿中硫的存在使除砷变得容易，因为 SO_2 与砷在723～873K时很容易发生如下反应：

$$8As + 6SO_2 = 4As_2O_3 + 3S_2$$

生成的高价砷酸盐因不易挥发而使砷保留在焙砂中，将造成除砷的困难：

$$Fe_2O_3 + As_2O_3 + O_2 = 2FeAsO_4$$

提高温度或者降低炉气中的氧含量，能够避免或减少硫酸盐和砷酸盐的生成。但升高温度受到炉料熔化的限制，因此常采用降低炉气氧含量的方法，即在炉料中加入还原剂（如煤粉等），使生成的硫酸盐和砷酸盐被还原：

$$MeSO_4 + CO = MeO + SO_2 + CO_2$$

$$nMeO \cdot As_2O_5 + 2CO = nMeO + As_2O_3 + 2CO_2$$

因此，除砷必须采用氧化-还原焙烧。

6.2.2.3 除锑

焙烧时锑的行为与砷相似，但在相同温度下 Sb_2O_3 的蒸气压比 As_2O_3 低，因此除锑的效果一般比除砷要差一些。

锡精矿的焙烧通常在回转窑、多膛炉或流态化焙烧炉（沸腾焙烧炉）中进行，控制焙烧温度为1073～1223K。在这些炉（窑）中既可以进行氧化焙烧，又可以进行氧化-还原焙烧。焙烧时的除硫效率为95%～100%，除砷效率可达到85%～95%，除锑效率个别达到85%。

某厂采用的流态化焙烧炉为椭圆形（1500mm×1030mm），床面积为1.22m^2，风帽的风眼总面积为炉底面积的0.9%，焙烧温度为1073～1123K，沸腾层高度为750mm，鼓风直线速度为5m/s，炉顶负压为0～20Pa。此时，床能力为15～18t/(m^2·d)，锡的直收率为96%～99%。在配煤率为5.5%～6%时，除硫率为84%～95.28%，除砷率、除锑率分别为78%～85.45%和49.7%～57.12%，烟尘率为7.8%。用蒸馏炉处理烟尘回收白砷（As_2O_3）后，将其送回炼锡流程中。

流态化焙烧炉具有生产能力大、炉子结构简单、操作机械化等优点，同时整个系统密封，消除了 As_2O_3 和 SO_2 烟气的危害，环保条件好。

锡精矿流态化焙烧的设备连接图如图6-2所示。

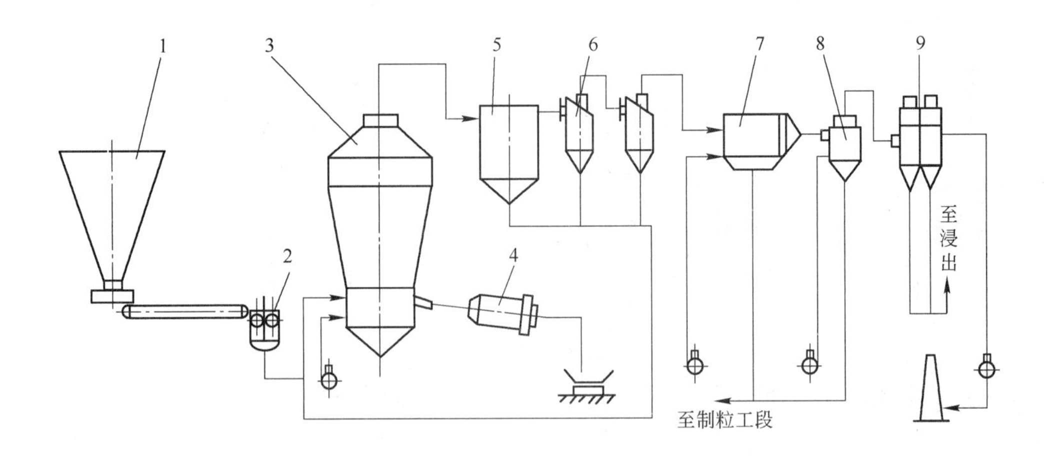

图6-2 锡精矿流态化焙烧的设备连接图

1—料仓；2—双螺旋给料机；3—流态化焙烧炉；4—圆筒冷却机；5—沉降圆筒；
6—旋风收尘器；7—高温电收尘器；8—骤冷器；9—布袋收尘器

6.3 锡精矿的还原熔炼

锡精矿还原熔炼的目的是在高温熔炼条件下，尽量使原料中锡的氧化物（SnO_2）和铅的氧化物（PbO）还原成金属加以回收，使精矿中的 Fe_2O_3 还原成 FeO，与精矿中的脉石成分（如 Al_2O_3、CaO、MgO、SiO_2 等）、固体燃料中的灰分、配入的熔剂生成以 FeO 和 SiO_2 为主体的炉渣与金属锡、铅分离。

工业上常用的熔剂有石英和石灰石（或石灰），常用的碳质还原剂有无烟煤、烟煤、褐煤和木炭，还原熔炼产出甲锡、乙锡、硬头和炉渣。甲锡和乙锡除主要含锡外，还含有铁、砷、铅、锑等杂质，必须进行精炼才能产出不同等级的精锡。硬头含锡品位比甲锡、乙锡低而砷、铁含量较高，必须经处理后回收其中的锡。炉渣含锡4%~10%，称为富渣，一般采用烟化法处理回收渣中的锡。

还原熔炼的设备主要有顶吹炉（澳斯麦特炉）、反射炉及电炉，其中反射炉正被快速淘汰，电炉尚有使用，而顶吹炉熔炼已成为锡精矿还原熔炼的主要设备。目前，锡精矿的富氧还原熔炼技术也已经在顶吹炉上开发成功并得到应用。

6.3.1 还原熔炼的理论基础

6.3.1.1 SnO_2的还原

在锡精矿的还原熔炼过程中，工业上一般采用固体碳质还原剂，锡的还反应为：

$$SnO_2 + C = Sn + CO_2$$

由于固体之间的接触面积有限，固-固相反应一般很慢，因而 SnO_2 实际上是靠 CO 气体来还原：

$$C + CO_2 = 2CO \tag{1}$$

$$SnO_2 + 2CO \xlongequal{} Sn + 2CO_2 \tag{2}$$

反应（1）和反应（2）中的 CO/CO_2 平衡浓度与温度的关系如图 6-3 所示。

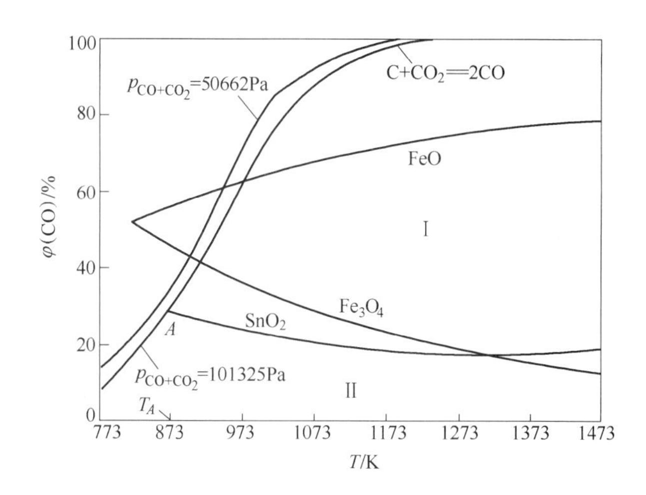

图 6-3 锡和铁的氧化物用碳还原的平衡曲线

反应（1）为吸热反应，其 CO 平衡浓度随温度的升高而增加，在 1273K 以上时几乎接近 100%。反应（2）也是吸热反应，但其 CO 平衡浓度随温度的升高而减少。两条平衡曲线有一个交点 A，相当于两个反应的平衡点，这个平衡点的温度（约 873K）就是 SnO_2 开始还原的温度。温度低于 873K 时，SnO_2 不能被还原，只能是锡被氧化，因为反应（1）的 CO 平衡浓度小于反应（2）的 CO 平衡浓度；温度高于 873K 时，SnO_2 能被还原，而且温度越高，还原越容易，因为反应（2）需要的 CO 平衡浓度越来越小。

根据分阶段还原理论和生产实践证明，SnO_2 的还原分两步进行：

$$SnO_2 + CO \xlongequal{} SnO + CO_2$$

$$SnO + CO \xlongequal{} Sn + CO_2$$

氧化锡的还原速度与下列因素有关：

（1）气体成分。SnO_2 的还原反应主要是靠气体还原剂 CO，故气相中 CO 的浓度越高，反应速度越快。

（2）炉料性质。炉料的物理性质包括颗粒大小与水分含量。锡还原速度与精矿颗粒大小有关，颗粒越小，比表面积越大，越有利于与气体还原剂接触，还原速度越快。但颗粒太小会导致料层热传导系数变小，料层内部温度上升速度变慢，使反应速度反而减慢。在这种情况下，搅拌炉料或者将粉状炉料制粒，能使反应加快。

（3）温度。锡还原反应本身是一个吸热反应，温度升高对加速反应有利；而且升高反应温度有利于反应（1）和反应（2）向右进行，因而 CO 在气相主体中的浓度增加，而 CO 在 SnO_2 反应界面处的气相平衡浓度降低，使 CO 的传质推动力增大；温度升高还可以降低炉渣黏度，加速渣中组元的扩散速度。但温度升高受到杂质铁的还原、锡的挥发、炉衬被熔融炉渣侵蚀和炉顶寿命缩短等许多因素的限制。

（4）还原剂的种类及用量。还原剂的种类及用量对氧化锡的还原速度有很大影响。含挥发分少的炭粉，到1123K时才开始对氧化锡有明显的还原作用；而含挥发分较多的还原剂，可以在较低的温度下或较短的时间内充分还原氧化锡。如果还原剂只是按反应（1）、反应（2）的理论量计算配入，则在还原过程后期，固体还原剂将不足以使SnO_2完全还原；另外，炉渣中锡的还原主要靠渣中SnO、$SnSiO_3$与固体炭的直接作用，因此，过量的还原剂对于SnO_2的还原和从炉渣中还原锡是必不可少的。

6.3.1.2 铁的还原及锡与铁的分离

锡精矿中常含有大量铁的氧化物，许多炼锡厂在配料中还加入硬头、精炼浮渣等含铁物料，因此在还原熔炼时铁的行为是很重要的。

铁的高价氧化物较易还原，其低价氧化物较难还原。温度高于843K时，氧化铁的还原按以下顺序进行：$Fe_2O_3 \rightarrow Fe_3O_4 \rightarrow FeO \rightarrow Fe$。由图6-3可见，就纯的氧化物还原来说，在任何温度下，FeO还原所需的CO浓度比SnO_2还原高得多，因此当SnO_2已还原成金属时，铁理应呈FeO形态进入炉渣，金属铁可以使SnO_2还原成为金属锡。但是，当精矿还原时，由于还原出来的锡与铁互溶生成合金，而锡和铁的氧化物（SnO和FeO）又都可以造渣，所以SnO和FeO还原反应的气相平衡成分与金属锡和铁及其氧化物的活度有关。

对铁氧化物的还原反应：

$$(FeO) + CO \xlongequal{} [Fe] + CO_2$$

其平衡常数K_{Fe}可以表示为：

$$K_{Fe} = \frac{p_{CO_2}}{p_{CO}} \cdot \frac{a_{Fe}}{a_{FeO}}$$

式中 p_{CO_2}，p_{CO}——分别为气相中CO_2、CO的分压，Pa；

a_{Fe}，a_{FeO}——分别为Fe、FeO的活度。

由上式可得：

$$\frac{p_{CO_2}}{p_{CO}} = K_{Fe} \cdot \frac{a_{FeO}}{a_{Fe}}$$

可见，气相中CO_2与CO的分压比与炉渣中FeO的活度a_{FeO}和粗锡中Fe的活度a_{Fe}有关。当粗锡中铁含量减少（即a_{Fe}减小）时，还原FeO所需的CO浓度降低，FeO的还原更容易，因此，铁的还原是不可避免的。

另外，锡的还原因炉渣中SnO的活度降低而变得困难，其关系为：

$$(SnO) + CO \xlongequal{} [Sn] + CO_2$$

$$K_{Sn} = \frac{p_{CO_2}}{p_{CO}} \cdot \frac{a_{Sn}}{a_{SnO}}$$

$$\frac{p_{CO_2}}{p_{CO}} = K_{Sn} \cdot \frac{a_{SnO}}{a_{Sn}}$$

式中 a_{Sn}，a_{SnO}——分别为Sn、SnO的活度。

粗锡中Sn的活度$a_{Sn} \approx 1$。可见，当炉渣中SnO减少（即a_{SnO}减小）时，还原SnO所需的CO浓度增加，SnO变得更难还原。这样，当力求降低渣中锡（SnO）含量时，也会导致更多铁的还原，还原出铁的数量取决于粗锡中a_{Fe}增加和炉渣锡（SnO）含量降低的程度，而且以达到上述两个反应同时平衡的气相成分为极限。

当渣中SnO和FeO还原得到金属Sn和Fe时，两者又互溶形成合金，合金中Sn与Fe的活度小于1。活度越小，渣中的SnO和FeO越容易被还原，于是图6-3中的还原平衡曲线将向下移动。当合金相与渣相平衡时，锡和铁在两相间的分配可由下式决定：

$$(SnO) + [Fe] \Longrightarrow [Sn] + (FeO)$$

锡精矿的还原熔炼开始时，渣中SnO的活度a_{SnO}很大，而返回熔炼的硬头中的Fe由于活度a_{Fe}很大，成为精矿中SnO_2的还原剂。随着反应向右进行，a_{SnO}与a_{Fe}越来越小，而a_{FeO}及a_{Sn}则越来越大，反应向右进行的趋势越来越小，而向左进行的趋势则越来越大，最终达到平衡状态，从而决定了锡、铁在这两相中的分配关系。所以，在锡精矿还原熔炼过程中，实现铁与锡较好地分离是比较困难的。

综上所述，在锡的还原熔炼时，铁的还原是不可避免的。在一定的还原条件下，还原出的铁（或加入的含铁物料）可以作为锡的还原剂，因此精矿熔炼加入硬头和精炼浮渣等含铁物料配料是合理的，但这个还原作用受到粗锡允许铁含量的限制，粗锡铁含量越低，炉渣锡（SnO）含量越高；反之，则越低。

6.3.2 锡精矿的反射炉熔炼

锡精矿反射炉熔炼工艺是将锡精矿、熔剂、锡生产过程的中间物料和还原剂等按准确的配料比例混合均匀后加入反射炉内，通过燃料燃烧产生的高温（1673K）烟气掠过炉子空间，以辐射传热为主加热炉内料坡上的静态炉料，在高温与还原剂的作用下进行还原熔炼，产出粗锡与炉渣，经澄清分离后分别从放锡口和放渣口放出。粗锡流入锡锅自然冷却，于1073～1173K时捞出硬头（Sn-Fe合金），于573～673K时捞出乙锡，最后得到铁、砷含量较低的甲锡。甲锡与乙锡均送去精炼。产出的炉渣锡含量很高，往往在10%以上，可在反射炉内再熔炼或送烟化炉硫化挥发以回收锡。粗锡、硬头和炉渣的成分见表6-7～表6-9。

表6-7 反射炉熔炼的粗锡成分 （%）

工厂		Sn	Fe	As	Sb	Cu	Pb	Bi
国内1厂	甲锡	75～80	0.03～0.04	0.4～0.8	0.04～0.06	0.2～0.4	15～23	—
	乙锡	72～75	7～8	3.5～5	0.05～0.07	0.3～0.5	12～15	—
国内2厂甲锡		93～95	1.24	0.84	0.31	0.17	2.2	0.02

表6-8 反射炉熔炼的硬头成分 （%）

Sn	Pb	Cu	As	Sb	S	Zn	Fe
35～38	0.6～0.8	0.15～0.20	10～12	0.01～0.03	1～5	0.4～0.8	35～38

表6-9 反射炉熔炼的炉渣成分 （%）

工厂	Sn	SiO_2	FeO	CaO	Al_2O_3	K
国内1厂	7～9	19～23	45～50	1.4～2.1	8.1～9.3	1.0～1.2
国内2厂	8.39	24	44.53	5.75	7.65	1～1.4

图6-4所示为我国某厂烧粉煤加热的反射炉，其炉墙和炉顶由黏土耐火砖砌筑，炉墙

内壁渣线以下部分为镁砖砌筑。炉膛为镁砂烧结炉底，炉膛面积为 25 ~ 36m^2。炉尾安装余热锅炉，利用反射炉废气的余热发电。

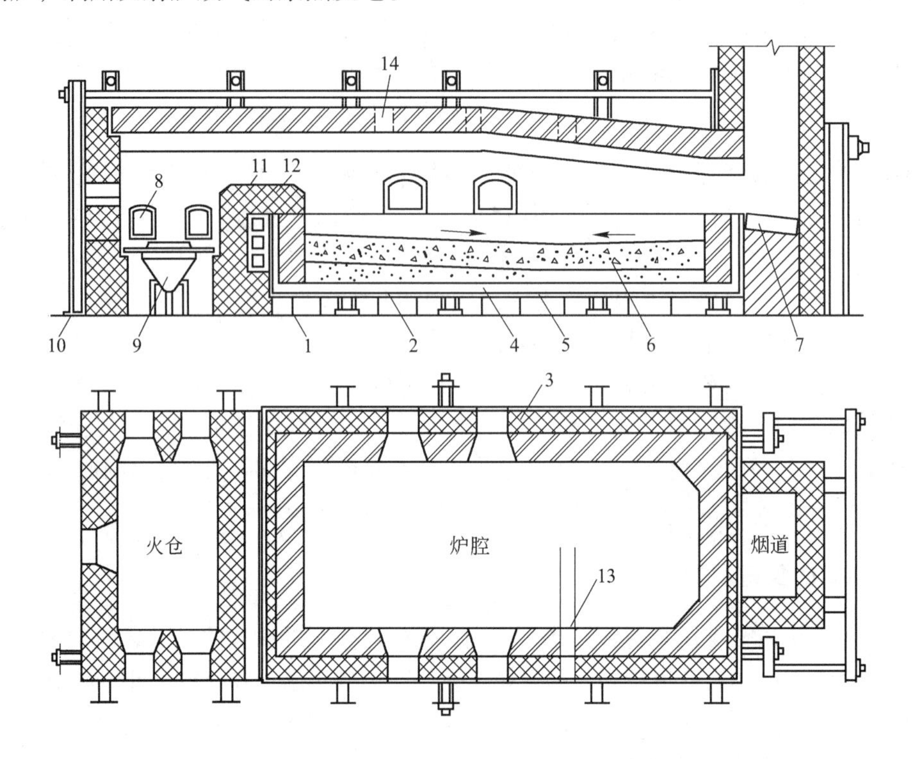

图 6-4 燃烧室燃烧反射炉的结构简图

1—炉底钢梁；2—钢板炉壳；3—炉墙；4—炉底砌体；5—炉底捣打层；6—烧结炉底；7—烟道底水箱；8—炉门；9—螺旋给料机；10—炉子钢架；11—火桥；12—空冷或水冷钢梁；13—放出口；14—加料仓

反射炉熔炼是间断作业，其过程包括备料、加料、还原熔炼、放锡和放渣等操作。每炉放渣完毕，又进行下一炉的加料操作。反射炉熔炼的主要技术经济指标为：炉床能力 1.1 ~ 1.3t/m^2，精矿锡的直接回收率 80% ~ 90%，粉煤的燃料消耗占炉料的 40% ~ 60%。

锡精矿反射炉还原熔炼过程以前均采用两段熔炼法，即先在较弱的还原气氛下控制较低的温度进行弱还原熔炼，产出较纯的粗锡和锡含量较高的富渣；放出较纯的粗锡后，再将富渣在更高的温度和更强的还原气氛下进行强还原熔炼，产出硬头和较贫的炉渣，硬头则返回弱还原熔炼阶段。

由于原矿锡的品位不断下降，为了提高资源利用率，许多选矿厂都产出低品位锡精矿（Sn 40% ~ 50%），其中铁含量较高，往往在 10% 以上。将这种低品位精矿加入反射炉进行两段熔炼，会产出更多的硬头，在两段熔炼过程中循环，势必造成更多锡的损失及生产费用的增高。为了克服这一缺点，国内外采用反射炉熔炼的炼锡厂大多采用了先进的富渣硫化挥发法来分离锡与铁，取代了原反射炉的强还原熔炼阶段。所以，现代的反射炉熔炼不再采用两段熔炼法，而是用硫化挥发法产出铁含量很低的氧化锡烟尘来取代硬头的返回再熔炼。由于氧化锡烟尘铁含量很低，还原产出的硬头不多，富渣产量随之减少，这就为反射炉还原熔炼处理高铁低品位锡精矿创造了有利条件。

锡精矿反射炉熔炼曾经是炼锡的主要方法，在锡的冶炼史上起过重要作用，其锡产量曾经占世界锡总产量的85%，在冶炼技术上也做了许多改进。由于反射炉熔炼对原料、燃料的适应性强，操作技术条件易于控制，操作简便，加上较适合小规模锡冶炼厂的生产要求，目前许多炼锡厂仍沿用反射炉生产。但反射炉熔炼由于存在生产效率和热效率低、燃料消耗大、劳动强度大等难以克服的缺点，正迅速被强化熔炼方法所取代。

6.3.3 锡精矿的电炉熔炼

电炉熔炼的优点是：温度高，可以熔炼难熔的锡精矿，熔炼速度快，烟尘量少。其缺点是：由于高温和强还原对铁含量高的精矿不利，有的工厂规定电炉熔炼的锡精矿铁含量不能大于2% ~2.5%；其次是电耗大，受到地区供电的限制。目前，世界上电炉炼锡产量约占锡总产量的10%。

炼锡电炉属于矿热电炉，均为三电极电弧电阻炉，电流通过直接插入熔渣（有时是固体炉料）的电极供入熔池，依靠电极与熔渣接触处产生电弧及电流通过炉料和熔渣发热进行还原熔炼。炼锡电炉大都是圆形密闭式，功率为400 ~3300kV · A。图6-5所示为我国某厂1250kV · A锡还原熔炼电炉。

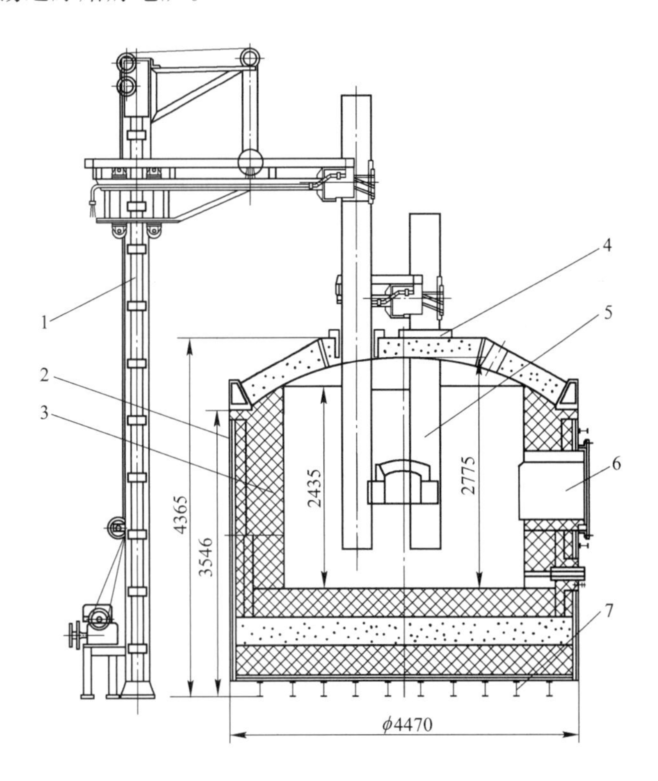

图6-5 1250kV · A锡还原熔炼电炉

1—电极提升装置；2—外壳；3—砖砌体；4—电极密封水套；5—电极；6—检修孔；7—工字钢

电炉炉墙渣线以下部分用炭砖砌成，炉底也采用炭砖，其余为耐火砖。炉顶为可拆卸的炉盖，上面有三个电极孔和三个加料孔，还有一个排气孔。

电炉炼锡是间断作业，其操作除包括与反射炉相同的配料、加料、熔炼、放锡和放渣外，最经常进行的是调节二次电压和二次电流，以控制电炉的电负荷，保证熔炼正常运行和获得良好的指标。

电炉熔炼的粗锡和炉渣成分如表6-10和表6-11所示。

表6-10 电炉熔炼的粗锡成分 （%）

名 称	Sn	Pb	Bi	Fe	Cu	As	Sb
甲粗锡	98～99.1	0.33～0.12	0.17～0.39	0.03～0.12	0.07～1.18	0.15～0.25	0.01～0.02
乙粗锡	88～92	0.7～0.8	0.18～0.17	3.25～7.6	0.06～0.60	0.7～2.7	0.02～0.1

表6-11 电炉熔炼的炉渣成分 （%）

名 称	Sn	FeO	SiO_2	CaO	Al_2O_3	K
熔炼低铁（<3%）精矿	0.25～0.9	3～5	26～32	32～36	10～20	1.3～2.0
熔炼低铁（>7%）精矿	3～5	26～35	28～30	8～15	6～10	1.5～2

电炉熔炼的主要技术经济指标为：精矿处理量4～7t/(m^2·d)，锡的直接回收率91%～95%，电极消耗4～6kg/t，电能消耗850～1100kW·h/t。

6.3.4 澳斯麦特炉炼锡

针对反射炉和电炉熔炼过程的不足，世界各产锡国自20世纪60年代以来，对锡精矿还原熔炼过程的强化进行了多种方案的探索和实践，主要有回转短窑熔炼技术、卡尔多炉熔炼技术以及澳斯麦特（Ausmelt）熔炼技术等，这些技术大多因其自身存在的突出弱点而未能被广泛推广，只有澳斯麦特熔炼技术得到了较好发展。秘鲁冯苏冶炼厂和我国云南锡业股份有限公司分别于1996年和2002年采用澳斯麦特熔炼技术炼锡，取得了良好的结果，取代了长期在锡冶炼上占主导地位的反射炉熔炼技术。

澳斯麦特熔炼技术也称为顶吹沉没喷枪熔炼技术，是在20世纪70年代初为处理低品位锡精矿和复杂含锡物料而开发的，目前已应用于铜、铅和锡的冶炼。

澳斯麦特熔炼的基本过程是：将一根经过特殊设计的喷枪由炉顶插入固定垂直放置的圆筒形炉膛内的熔体之中，在炉内形成剧烈翻腾的熔池，熔炼过程所需的空气（或富氧空气）和燃料（可以是粉煤、天然气或油）从喷枪末端直接喷入熔体中，经过加水混捏呈团状或块状的炉料可由炉顶加料口直接投入炉内熔池。

澳斯麦特熔炼工艺的核心技术是采用了特殊设计的浸没式顶吹燃烧喷枪，利用可控制的冷却措施使喷枪表面外部的渣固化，以保护喷枪免受高腐蚀环境的侵蚀。熔炼过程的氧化和还原程度通过调节燃料与氧的比例以及加入还原煤的比例来控制。

6.3.4.1 澳斯麦特熔炼的一般生产流程

锡精矿经沸腾焙烧脱砷、脱硫，再经磁选，使锡精矿中Sn品位提高至50%以上、$w(As)<0.45\%$、$w(S)<0.5\%$。锡精矿与还原煤、含锡烟尘、焙烧熔析渣等其他入炉物料放置于各自的料仓内，各种入炉物料经计量配料后，送入双轴混合机进行喷水混捏，混捏后的炉料经计量后，用胶带输送机送入澳斯麦特炉内还原熔炼。

澳斯麦特熔炼炉产出粗锡、贫锡渣和含尘烟气。熔炼炉产出的粗锡进入凝析锅凝析，将液体粗锡降温，铁因溶解度降低而以固体析出，降低了粗锡中的铁含量。凝析后的粗锡运至精炼车间进行精炼。凝析产出的析渣经熔析、焙烧后返回配料，这部分渣称为焙烧熔析渣。

熔炼炉产出的贫渣放入渣包，送烟化炉进行硫化烟化处理，得到抛渣和锡烟尘。锡烟尘经焙烧后返回配料，这部分烟尘称为贫渣焙烧烟尘。

熔炼炉产出的含尘烟气经余热锅炉回收余热，产出高温蒸汽。然后烟气经冷却器冷却，再经布袋收尘器收尘，收下的烟尘经焙烧返回配料入炉，烟气经洗涤器脱除 SO_2 后排放。

澳斯麦特炉炼锡的一般生产流程如图 6-6 所示。

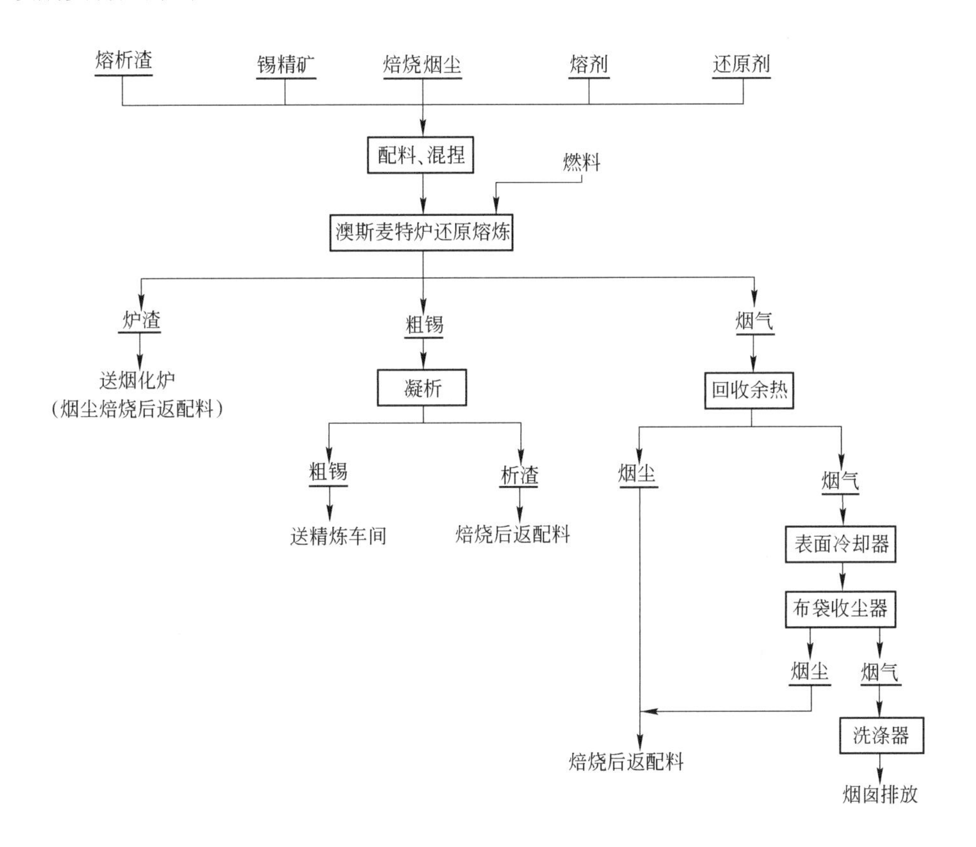

图 6-6 澳斯麦特炉炼锡的一般生产流程

6.3.4.2 澳斯麦特炉炼锡的特点

澳斯麦特炉炼锡与传统炼锡工艺相比，具有以下特点：

（1）熔炼强度高，生产能力大。澳斯麦特炼锡的最大特点是通过喷枪形成了一个剧烈翻腾的熔池，极大地增强了熔池内的传热和传质过程，大大提高了反应速度和熔炼强度，炉床能力可达18 ~ 20t/(m^2 · d)，比反射炉提高 10 倍以上。

（2）物料的适应性强。由于澳斯麦特熔炼技术的核心是有一个翻腾的熔池，因此，只要控制好适当的渣型，对处理的物料就有较强的适应性。

（3）热利用率高。由喷枪喷入熔池的燃料直接与熔体接触，直接在熔体表面或内部燃烧，从根本上改变了反射炉主要依靠辐射传热、热量损失大的弊病。炉内烟气经一个出口排出，烟气余热得到充分利用，使每吨粗锡的综合能耗有较大幅度的下降，工艺能耗（标煤）为 574kg/t。

（4）环保条件好。澳斯麦特炉开口少，整个作业过程处于微负压状态，基本无烟气泄露，无组织排放大幅度减少；由于烟气集中于一个出口排出，可以有效地进行 SO_2 脱除处理，容易解决烟气处理问题，从根本上解决了对环境的污染问题。

（5）自动化程度高。澳斯麦特炉基本上实现了过程计算机控制，操作机械化程度高，可大幅度减少操作人员，提高劳动生产率。

（6）减少中间返回料的占用。澳斯麦特熔炼过程可以通过调节喷枪插入深度、喷入熔体的空气过剩量或还原剂的加入量和加入速度，以及通过及时放出生成的金属等手段，达到控制反应平衡的目的，从而控制铁的还原，产出铁含量较低的粗锡和锡含量较低的炉渣，大大减少了中间返回料的数量。

（7）体积小，投资省。由于生产效率高，一座澳斯麦特炉就可以完成多座反射炉的熔炼任务，简化了生产环节，减少了机械损失，锡熔炼回收率可提高 2% 以上；而且主体设备简单，炉子主体仅占地数十平方米，占地少，投资省。

可见，澳斯麦特炼锡技术是目前世界上最先进的锡强化熔炼技术，是取代反射炉等传统炼锡方法的较理想技术。

6.3.4.3 澳斯麦特炼锡炉及主要附属设备

澳斯麦特炼锡系统一般分为熔炼系统、炼前处理系统、配料系统、供风系统、烟气处理系统、余热发电系统和冷却水循环系统等部分，如图 6-7 所示。

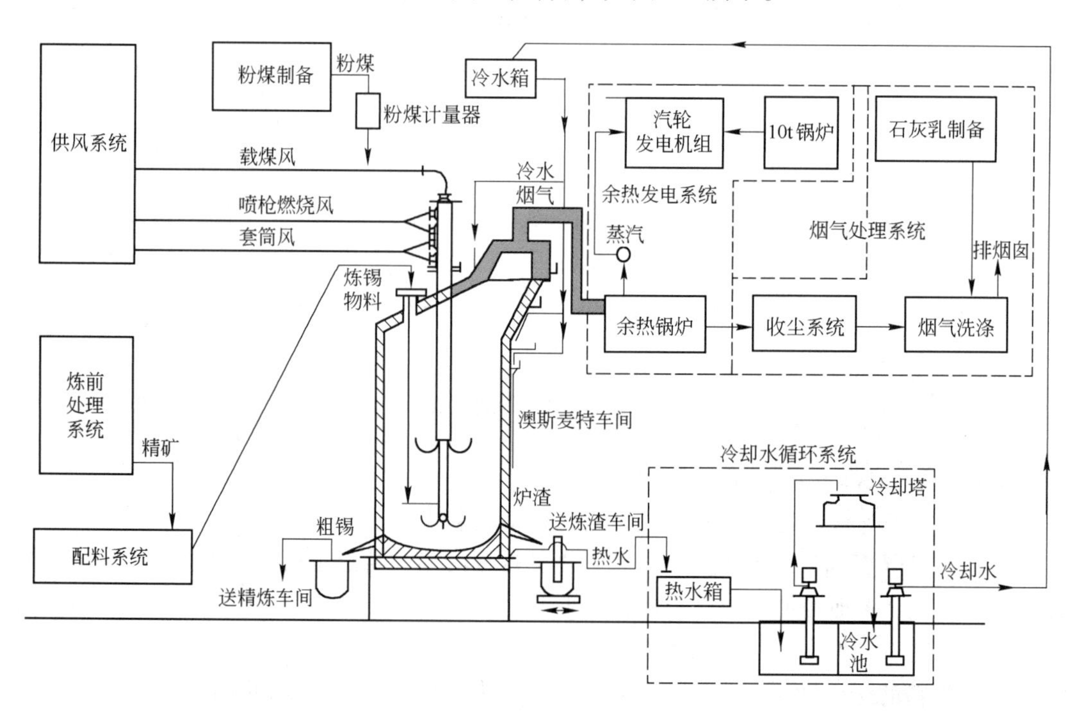

图 6-7 澳斯麦特炼锡系统分类图

澳斯麦特炉是一个钢壳圆柱体，上接呈收缩形状的锥体部分，再通过过渡段与余热锅炉的垂直上升烟道连接，炉子内壁全部衬砌优质镁铬耐火砖。炉顶为倾斜的平板钢壳，内衬带钢纤维的高铝质浇注耐火材料，其上分别开有喷枪口、进料口、备用烧嘴口和取样观察口。在炉子底部则分别开有相互成90°角配置的锡排放口和渣排放口，渣口比锡口高出200mm。

熔炼过程中，经润湿混捏的物料从炉顶进料口加入，直接落入熔池；燃料（粉煤）和燃烧空气以及用于燃烧过剩的CO、C和SnO、SnS等的二次燃烧（套筒）风，均通过插入熔池的喷枪喷入。当更换喷枪或因其他事故需要提起喷枪以保持炉温时，则从备用烧嘴口插入、点燃备用烧嘴。备用烧嘴以柴油为燃料。

喷枪是澳斯麦特熔炼技术的核心，它由经特殊设计的三层同心套管组成，中心管是燃料通道，中间管是燃烧空气，最外层管是套筒风。喷枪被固定在可沿垂直轨道运行的喷枪架上，工作时随炉况的变化，由DSC系统或手动控制其上下移动。

6.3.4.4 澳斯麦特炉炼锡过程

澳斯麦特熔炼技术的特点是熔池强化熔炼过程，其熔炼过程大致分为如下四个阶段。

A 准备阶段

由于澳斯麦特熔炼是一个熔池熔炼过程，在熔炼过程开始前必须形成一个具有一定深度的熔池。在正常情况下，这个熔池是上一个周期留下的熔体。若是初次开炉，则需要预先加入一定量的干渣，然后插入喷枪，在物料表面加热使之熔化，形成一定深度的熔池，并使炉内温度升高到1423K左右，即可开始进入熔炼阶段。

B 熔炼阶段

将喷枪插入熔池，控制一定的插入深度及压缩空气量和燃料量，通过经喷枪末端喷出的燃料和空气造成剧烈翻腾的熔池，然后由上部进料口加入经过配料并加水润湿混捏过的炉料团块，维持温度在1423K左右，熔炼反应随即开始。随着熔炼反应的进行，还原反应生成的金属锡在炉子底部积聚，形成金属锡层。由于作业时喷枪被保持在上部渣层下一定深度（约200mm），主要是引起渣层的搅动，从而可以形成相对平静的底部金属层。当金属锡层达到一定深度时，适当提高喷枪的位置，开口放出金属锡，而熔炼过程可以不间断地进行。当炉渣层达到一定厚度时，停止进料，将底部的金属锡全部放完，则进入渣还原阶段。熔炼阶段耗时6～7h。渣还原阶段根据还原程度的不同，分为弱还原阶段和强还原阶段。

C 弱还原阶段

弱还原阶段作业的主要目的是对炉渣进行轻度还原，即在不使铁过还原而生成金属铁和产出合格金属锡的条件下，使炉渣锡含量从10%降低到4%左右。这一阶段将作业炉温提高到1473K左右，把喷枪定位在熔池的顶部（接近静止液渣表面），同时快速加入还原煤，促进炉渣中SnO的还原。弱还原阶段作业时间为20～40min。作业结束后，迅速放出金属锡，即可进入强还原阶段。

D 强还原阶段

强还原阶段是对炉渣进一步还原，使渣中锡含量降至1%以下，达到可以丢弃的程度。这一阶段炉温要升高到1573K左右，并继续加还原煤。在强还原阶段，由于炉渣中锡含量已经较低，不可避免地有大量铁被还原出来，这一阶段产出的是Fe-Sn合金。强还原阶段持续2～4h，作业结束后使Fe-Sn合金留在炉内，放出的大部分炉渣经过水淬后丢弃或堆存。炉内留下小部分渣和底部的Fe-Sn合金，可以保持一定深度的熔池，作为下一作业周期的初始熔池。残留在炉内的Fe-Sn合金中的Fe，将在下一周期熔炼过程中直接参与SnO_2

或 SnO 的还原反应:

$$SnO_2 + 2Fe \longequal Sn + 2FeO$$

$$SnO + Fe \longequal Sn + FeO$$

可见，强还原阶段用于 Fe 的能源消耗最终转化为用于 Sn 的还原。

在特殊情况下，为使渣中锡含量降到更低的程度，可以在强还原阶段结束前放出 Fe-Sn合金后再将炉温升高到 1673K 以上，把喷枪深深插入渣池中，同时加入黄铁矿，对炉渣进行烟化处理，使残存在渣中的锡挥发。

强还原作业可以不在澳斯麦特炉内进行，而将经熔炼和弱还原两个过程得到的含 Sn 5% 左右的贫渣直接送烟化炉处理，既可增加熔炼作业时间，又可提高锡的回收率。

澳斯麦特炉炼锡的主要技术经济指标为：炉床能力 18 ~ 20t/($m^2 \cdot d$)，锡直接回收率 65% ~78%，粗锡品位 88% ~94%，能耗（标煤）574kg/t。

6.3.4.5 澳斯麦特炉的富氧还原熔炼

为进一步提高澳斯麦特炉还原熔炼锡精矿的效率、节约能源、降低烟尘率、减少排放、提高产量、提高锡冶炼回收率、降低生产成本，还研究和开发了锡精矿澳斯麦特熔炼炉富氧熔炼工艺技术。与空气熔炼相比，采用氧浓度为 25% ~40% 的富氧空气熔炼，处理量增加 20% ~50%，产量增加 20% ~50%，而尾气系统处理的烟气量基本保持不变。

锡精矿富氧熔炼大幅度提高了生产效率，取得了良好的节能效果、环保效果、资源综合利用效果和经济效果。

6.4 锡炉渣的熔炼

锡炉渣的熔炼是两段炼锡法的组成部分，主要目的是处理富渣以回收其中的锡。

6.4.1 加石灰石（石灰）熔炼法

加石灰石或石灰熔炼的实质是在比一次熔炼更高的温度下进行强还原熔炼，CaO 提高了渣中 SnO 的活度，使锡更容易从炉渣中被还原出来。当加入石灰石或石灰时，发生以下反应:

$$n\mathrm{SnO} \cdot SiO_2 + CaO \longequal CaO \cdot SiO_2 + n\mathrm{SnO}$$

反应的结果是使与 SiO_2 结合的 SnO 被置换出来。

但是，CaO 也能置换炉渣中的 FeO:

$$2FeO \cdot SiO_2 + CaO \longequal CaO \cdot SiO_2 + 2FeO$$

实践证明，加入 CaO 对于还原锡是有利的，但同时也增加了铁的还原，得到铁含量高的粗锡或硬头。

加石灰石或石灰熔炼可以在反射炉、电炉或鼓风炉中进行，由于温度和还原条件的限制，反射炉可使渣中锡含量降到 1% 左右，电炉可使渣中锡含量更低（小于 1%），而鼓风炉则只能得到锡含量较高（Sn 2% ~5%）的贫渣。

6.4.2 加硅铁熔炼法

硅可以作为炉渣中锡的还原剂:

$$2SnO + Si = 2Sn + SiO_2$$

但硅价格高、消耗量大，因此生产上常采用含硅70%的富硅铁代替硅。富硅铁既可用作还原剂，又可用于分离铁锡合金或硬头。加硅铁分离锡铁合金是基于锡与硅铁合金不混溶的性质，其原理可用Fe-Si-Sn三元系相图（见图6-8）进行说明。

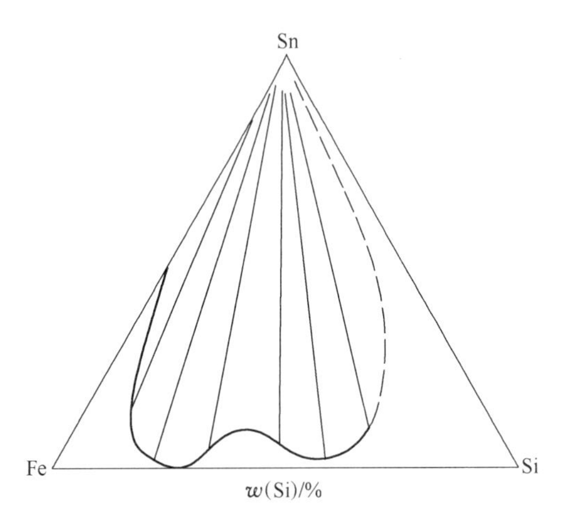

图6-8 Fe-Si-Sn三元系相图

由图6-8可见，在上述三元系中有很大的液相分层区，底层为锡，上层为硅铁，且硅铁中锡含量很少。特别是含硅23%～30%的贫硅铁，其锡含量最低，只有2%～4%。因此，加硅铁熔炼可以实现锡铁合金的有效分离。加硅铁熔炼要求温度为1473～1523K，熔炼过程应在电炉内进行，可以使废渣锡含量降到0.1%～0.3%，但同时产出含锡2%～3%的贫硅铁，需要进一步处理。

6.4.3 烟化炉硫化挥发法

烟化炉硫化挥发的原理主要是根据硫化亚锡（SnS）有很大的蒸气压，向液态炉渣中吹入粉煤与空气的混合物以及硫化剂，由于发生化学作用并强烈搅拌，使炉渣中的锡转化为硫化亚锡挥发，部分锡呈氧化亚锡（SnO）挥发，最后都以SnO_2烟尘形式被收集，烟尘返回一次熔炼。

SnS蒸气压与温度的关系如表6-12所示。

表6-12 SnS蒸气压与温度的关系

温度/K	1073	1173	1273	1373	1473	1573
p_{SnS}/Pa	81	1527	7466	31130	99592	277310

可见，SnS的蒸气压随温度变化很大，在1373～1473K时SnS能剧烈挥发。

在高温下SnO的蒸气压也很大，所以部分锡以SnO形态挥发也是可能的，但是SnO能与炉渣成分化合，故SnO的挥发效果远不如SnS。

工业上常采用黄铁矿作硫化剂。在高温下黄铁矿分解变成FeS和S_2，FeS和S_2都可能与炉渣中的Sn、SnO反应：

$$SnO + FeS = FeO + SnS$$

$$4SnO + 3S_2 = 4SnS + 2SO_2$$

$$2Sn + S_2 = 2SnS$$

但是，SnO_2的硫化必须在还原条件下才能进行。由于熔池的不断搅动，上述反应生成的SnS很容易挥发。

渣中的SnS挥发时，大部分铅、镉、铟、锗、砷、锑等与锡一起挥发进入烟尘。

当加入的黄铁矿过量时，则FeS和SnS形成锡冰铜。大量锡冰铜的生成不仅妨碍锡的挥发，而且在放渣时容易发生爆炸。为了避免锡冰铜的形成，除控制黄铁矿的加入量外，常采用氧化气氛，使过量的硫化亚铁氧化造渣。对于含铜的原料和硫化剂，也可采用炉外澄清的方法来回收冰铜。

烟化过程所需要的热量靠粉煤的燃烧来维持。当炉渣需要加热或氧化锡冰铜时，采用氧化气氛，这时燃烧空气过剩系数 α（实际空气量与完全燃烧时的理论空气量之比）>1；当进行还原和硫化时，则 $\alpha<1$，常采用 $\alpha=0.7\sim0.9$。

处理锡炉渣的烟化炉的结构与处理铅炉渣的烟化炉相同，其操作也相似，都是间断作业。根据炉渣锡含量和废渣锡含量不同以及过程操作的强化程度，每炉作业时间波动于120～160min。

锡炉渣烟化炉硫化挥发的指标为：处理量20～32t/(m^2·d)，废渣锡含量0.07%～0.1%，锡挥发率98%～99%，粉煤消耗24.5%，黄铁矿消耗9.25%，烟尘锡含量45%～52%。

可见，烟化炉挥发效率是很高的，而废渣锡含量很低，因此硫化挥发法已成为目前处理锡炉渣、低品位锡精矿和锡中矿最有效、最先进的技术。烟化炉处理低品位锡精矿和锡中矿时，这些低品位原料或者以冷料形式加入，或者预先熔化后加入，因此烟化炉挥发法具有很好的发展前景。

6.5 粗锡的精炼

锡精矿还原熔炼产出的粗锡含有铁、砷、锑、铜、铅、铋和硫等许多杂质，不能满足工业用锡的要求，必须经过精炼才能得到精锡产品。锡锭的化学成分应符合表6-13所示的要求。

表6-13 锡锭的化学成分（GB/T 728—2010） （%）

牌号			Sn99.90		Sn99.95		Sn99.99
级别			A	AA	A	AA	A
化学成分（质量分数）	Sn（≥）		99.90	99.90	99.95	99.95	99.95
	杂质（≤）	As	0.0080	0.0080	0.0030	0.0030	0.0005
		Fe	0.0070	0.0070	0.0040	0.0040	0.0020
		Cu	0.0080	0.0080	0.0040	0.0040	0.0005
		Pb	0.0320	0.0100	0.0200	0.0100	0.0035
		Bi	0.0150	0.0150	0.0060	0.0060	0.0025
		Sb	0.0200	0.0200	0.0140	0.0140	0.0015
		Cd	0.0008	0.0008	0.0005	0.0005	0.0003
		Zn	0.0010	0.0010	0.0008	0.0008	0.0003
		Al	0.0010	0.0010	0.0008	0.0008	0.0005
		S	0.0005	0.0005	0.0005	0.0005	0.0003
		Ag	0.0050	0.0050	0.0001	0.0001	0.0001
		Ni + Co	0.0050	0.0050	0.0050	0.0050	0.0006
		杂质总和	0.10	0.10	0.05	0.05	0.01

注：表中杂质总和指表中所列杂质元素实测值之和。

粗锡精炼有火法精炼和电解精炼两种方法。

6.5.1 粗锡的火法精炼

粗锡火法精炼是当前国内外最通用的一种精炼方法。典型的粗锡火法精炼工艺流程如图6-9所示。火法精炼的每一个作业只除去粗锡中的一两种杂质，因此作业多，流程长，金属直收率低，渣量大。但是，火法精炼生产率高，便于有价金属的回收，锡的周转快，设备简单，占地面积小。

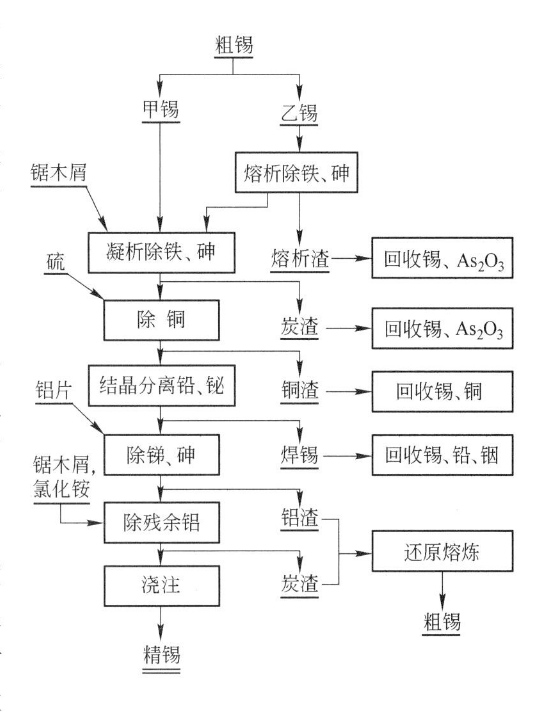

图6-9 典型的粗锡火法精炼工艺流程

6.5.1.1 熔析法及凝析法除铁、砷

粗锡熔析（凝析）法除铁是利用铁在锡中的溶解度随温度变化的原理，通过控制温度从粗锡中除去铁的过程。此方法在除铁的同时还能除砷。

A 熔析法除铁

熔析法除铁是在高于锡熔点以上的温度加热锡料，使其中的金属锡呈液体流出。根据对Fe-Sn二元系相图的研究，在锡熔点附近流出的锡很纯，铁含量仅为0.001%，大部分铁以高熔点物质$FeSn_2$留在炉底熔析渣中；如果升高温度到773K，则渣中的$FeSn_2$转变为FeSn，流出的液体锡含铁0.082%；再将温度升到1033K，则FeSn转变为Fe_3Sn_2，流出的锡含铁1.3%。由此可见，控制温度是熔析除铁的关键。

熔析法也能除砷，因为不仅铁与锡可生成高熔点的稳定化合物，而且砷与锡、铁也能生成高熔点化合物。另外，铁与砷的亲和力大，因此铁的存在对除砷特别有利。

B 凝析法除铁

凝析法除铁是将液体粗锡降温，控制温度为493～573K，铁因溶解度减小而呈固体析出。此法是熔析的逆过程，而且此法也能除砷。

为了从液体锡中分离悬浮的铁结晶体，生产实践中采用了吹气法、加粉煤或锯木屑等方法，促使生成的晶体悬浮物与液体锡分离。为了加强分离效果，国内外采用了离心过滤机，用机械的方法使锡中的结晶体与附着的锡液分离，使浮渣量大为减少，减轻了劳动强度，并降低了机械夹带的锡量。

6.5.1.2 加硫除铜

加硫除铜是根据硫与铜的亲和力大于锡的性质，在液态粗锡中加入硫黄并强烈搅拌，使其与锡液中的铜化合生成稳定的硫化亚铜。硫化亚铜的熔点高（1408K），不溶于液体锡中，且密度又小于锡，因而浮在锡液表面形成铜渣。加硫除铜的反应为：

$$2[Cu]+\frac{1}{2}S_2 = Cu_2S$$

$$2[Cu] + [S] === Cu_2S$$

考虑到一部分杂质消耗硫和硫的燃烧损失，硫的加入量一般需要过量10% ~20%。

加硫除铜也能除铁，而且在低温（低于773K）时硫与铁的亲和力比铜大，除铁反应能优先进行。因此，加硫除铜一般应在凝析法除铁之后，否则铁的硫化将消耗大量硫。对于铜含量高而铁含量低的粗锡，也可以不受此限制。加硫除铜的操作温度为523 ~593K。

6.5.1.3 结晶分离法除铅、铋

结晶分离法是利用锡的结晶温度和铅锡（铋锡）共晶的熔点不同，使粗锡在连续温度梯度加热和冷却作用下产出晶体和液体，两者逆向运动，晶体中铅和铋的含量不断减少，使晶体锡得到提纯，最后产出精锡；而液体中铅和铋的含量不断增加，铅和铋最后集中在液体粗焊锡中。

结晶分离法除铅、铋的原理可以用Sn-Pb二元系相图（见图6-10）进行说明。由Sn-Pb二元系相图可知，在456 ~505K温度范围内，当富锡侧（含Pb 0 ~38%）任一成分的合金X温度下降到液相线*BC*以下时，就会析出一部分晶体（β-Sn固溶体），其铅含量比原来低，而液体的铅含量则比原来高。如果使析出的晶体和液体即时分离，并将析出晶体连续升温熔成液体，将液体连续降温析出晶体，则晶体成分就沿*AB*线移动，直至*B*点得到纯锡，而液体的成分将沿*BC*线移动。最后当温度降至456.3K时，即得到接近共晶点成分（含Pb 38.1%）的Pb-Sn二元合金，这种二元合金通称为焊锡。

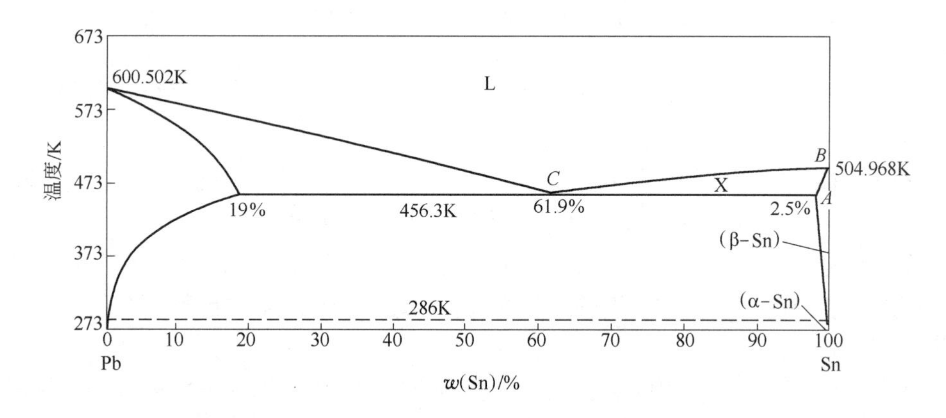

图6-10 Sn-Pb二元系相图

结晶分离法使用的设备为电热结晶分离机，主要由结晶槽、搅拌螺旋杆和传动机构组成，其简图如图6-11所示。电热结晶分离机的主要部件是由钢板制作的双层U形槽。槽体略倾斜，槽内有带扇形叶片的搅拌螺旋杆，槽体按温度递降的要求用电加热器加热。槽头控制温度为505K，产出精锡；槽尾控制温度为456K，产出含铅38%左右的焊锡。

除了分离铅外，结晶分离机也能顺便除去铋，其原理与上述除铅的原理相同。但当粗铅铅含量很低而铋含量较高时，用结晶法分离铋很困难，需要按铋量加入6 ~10倍的精铅，这样用结晶法除铋才能得到良好的效果，加入的铅在除铋的同时被一同除去。

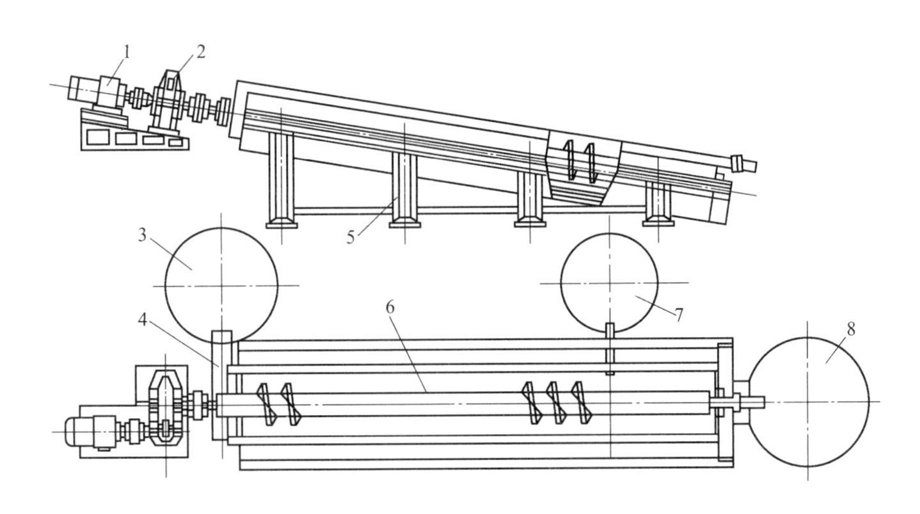

图 6-11 电热连续结晶分离机

1—电磁调速电机；2—减速机；3—精锡锅；4—溜槽；5—机架；6—螺旋轴；7—原料锅；8—焊锡锅

6.5.1.4 真空蒸馏除铅、铋

对于结晶机所产的焊锡，我国工厂采用真空蒸馏法除去部分铅、铋后，再用结晶机提取锡；国外工厂则用真空蒸馏精炼粗锡除去铅，生产精锡。

真空蒸馏是利用杂质金属沸点比锡低、蒸气压比锡大的性质除去杂质。由图6-12可见，在相同的温度下，铋、锑、铅的蒸气压比锡至少大 100 倍，而银的蒸气压比锡大 5 倍左右。

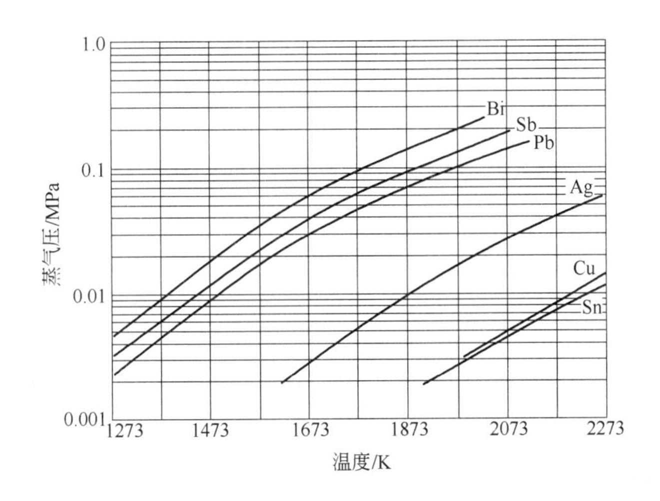

图 6-12 锡及其杂质金属的蒸气压

蒸馏过程在装有多层塔盘的真空炉（见图 6-13）中进行，控制温度为 1473 ~ 1523K，真空度为 13.33 ~ 66.66Pa。蒸馏过程是连续进行的。

真空蒸馏除铅、铋是很有效的，但是由于砷、锑在锡中形成化合物的缘故，除砷、锑的效果较差。

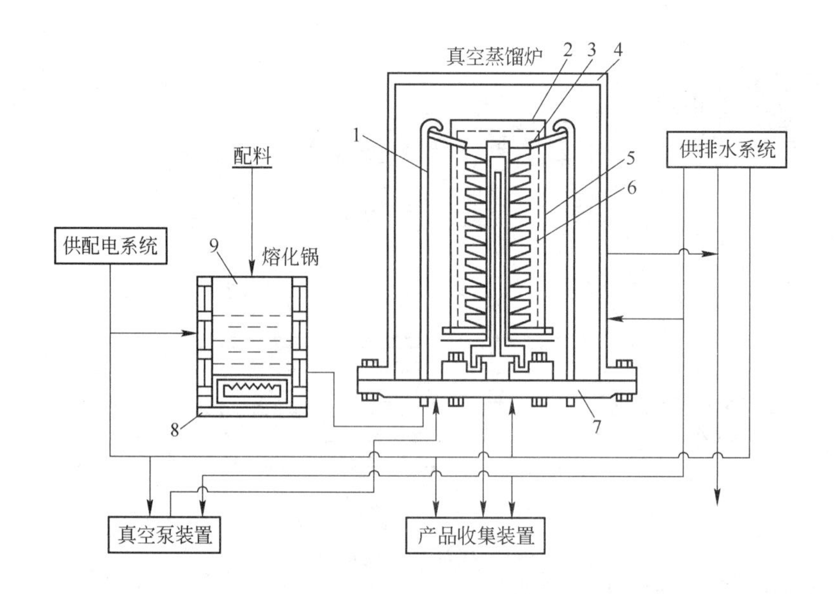

图 6-13 真空蒸馏炉设备系统示意图

1—进料管；2—电柱；3—蒸馏盘；4—水冷炉壳；5—外冷凝器；
6—内冷凝器；7—水冷炉底板；8—熔料加热板；9—熔化锅

铅锡合金真空蒸馏除铅、铋适用于处理铅含量波动范围大的铅锡合金，含铅 30% ~ 90% 的铅锡合金均可处理。与其他方法相比，这种方法具有设备简单、投资少、成本费用低、金属回收率高及劳动条件好等优点。

6.5.1.5 氯化法除铅

氯化法除铅是根据锡和铅与氯的亲和力不同，在粗锡中加入氯化亚锡，发生以下反应：

$$Pb + SnCl_2 = PbCl_2 + Sn$$

上述反应是可逆的，较低温度有利于反应向右进行。

为了比较完全地除铅，需加入过量的 $SnCl_2$，但是过量的 $SnCl_2$ 使试剂消耗增加，而且此法作用缓慢，其仅适用于除去粗锡中少量铅的精炼过程。由于真空蒸馏法的发展，此法将逐渐被取代。

6.5.1.6 加铝除砷、锑

加铝除砷、锑是利用铝和砷、锑分别生成高熔点化合物 AlAs（高于 1873K）和 AlSb（1323K）的原理，这两种化合物的密度比锡小，很易从锡中除去。

铝不与锡生成化合物，并在锡中有足够的溶解度，在 673K 时溶解度为 2.5%，在 773K 时为 7%，因此铝可以加速除砷、锑的反应。

加铝对于除铁、铜也有作用，因此加铝可以起到最后保证精锡质量的作用。为减少铝的消耗，在加铝除砷、锑之前应先除去铜和铁。

加铝除砷、锑后，必须除去残余铝。除残铝有两种方法：一种是搅拌，使铝氧化造渣；另一种是加入 NH_4Cl 除铝，反应为：

$$4Al + 12NH_4Cl + 3O_2 = 4AlCl_3 + 6H_2O + 12NH_3$$

加铝除砷、锑产生体积较大的浮渣，同时夹带大量液体锡珠，因此常加入 NH_4Cl、煤粉或 $SnCl_2$ 加以处理，因其分解产出的气体使浮渣疏松成粉状，并破坏锡珠表面的氧化物膜，从而有利于锡珠的汇合。

加铝除砷、锑所产的铝渣遇到水、水蒸气或潮湿空气时，容易产生有剧毒的 AsH_3 气体：

$$AlAs + 3H_2O = Al(OH)_3 + AsH_{3(g)}$$

由于这种气体无色、有轻微大蒜气味，容易引起中毒，所以应注意安全保护。

6.5.2 粗锡的电解精炼

粗锡普遍采用火法精炼。对于锡含量高、杂质含量低的粗锡，用火法处理容易得到合格产品，且有较高的回收率，成本也比较低；但对于那些杂质含量高的粗锡，火法处理工序多，渣量增大，锡的直收率下降，粗锡中有价金属分散入渣，回收这些金属较难，而且劳动条件差，环境污染大。

与火法精炼相比较，电解精炼具有以下特点：

(1) 作业流程短，可以在一次作业中将几乎全部的杂质除去，产出纯度很高的锡产品；

(2) 粗锡中的杂质除铟、铁外，全部进入阳极泥，有价金属富集程度高，回收这些金属比较容易；

(3) 电解工序只产一种精炼渣（阳极泥），且数量少，锡的回收率较高；

(4) 精炼过程容易实现机械化。

但电解精炼也存在一些缺点，如生产周期长、锡的周转速度慢、积压的锡金属多等，由于此法投资费用高，其发展受到限制。

杂质铋、锑和贵金属金、银等含量多的粗锡，多选用电解精炼；反之，多选用火法精炼。当然，火法和电解也可联合使用。

锡电解精炼采用的电解液可分为酸性电解液与碱性电解液。由于酸性电解液的性质比较稳定，生产费用比用碱性电解液低许多，电解过程的电耗也低，容易控制阴极产品的纯度，所以各炼锡厂普遍采用酸性电解液。在酸性电解液中，广泛采用的有硫酸-硫酸亚锡电解液和硅氟酸电解液。碱性电解液使用较少，仅用于处理高铁粗锡（主要来自再生锡），其电解液也有氢氧化钠溶液和碱性硫化钠溶液之分。

锡的电解精炼可分为粗锡电解精炼与粗焊锡电解精炼，前者产出精锡，后者产出精焊锡。两者的差别主要是使用的电解液不同，但均可使粗原料中的铅进入阳极泥而不污染精锡，或者与锡一同在阴极析出，得到较纯的阴极铅锡合金——精焊锡。

6.5.2.1 粗锡酸性电解液精炼

粗锡酸性电解液精炼采用粗锡作阳极，阴极为精锡制作成的始极片，采用是硫酸-硫酸亚锡电解液，加入以甲酚磺酸为主的添加剂。电解液的成分为：Sn^{2+} 20 ~ 28g/L，Sn^{4+} 小于 4g/L，总酸 90 ~ 93g/L，游离酸 60 ~ 70g/L，甲酚磺酸 16 ~ 22g/L。

以经过预先火法精炼除铁的粗锡为阳极，阳极的成分为：Sn97.5% ~ 99%，Pb 小于 1%，Bi 小于 0.5%，As 小于 0.2%，Sb 小于 0.1%，Fe 小于 0.2%，Cu 小于 0.1%。在控制电解槽电压为 0.2 ~ 0.3V、电流密度为 100 ~ 110A/m^2 的条件下，可得到特 1 号精锡

(Sn 99.95%)。电解液不需加温、不必净化，但要经常补充 Sn^{2+} 的消耗。

在粗锡酸性电解液精炼过程中，阳极上主要发生粗锡的电化溶解反应，阴极上主要发生 Sn^{2+} 的还原析出反应，主要电极反应如下：

阳极反应 $Sn - 2e = Sn^{2+}$ $\varphi^{\ominus} = -0.136V$

阴极反应 $Sn^{2+} + 2e = Sn$ $\varphi^{\ominus} = -0.163V$

由于锡与铅的电极电位接近，在电解过程中铅易与锡一同在阴极上析出，因此在选择电解液时要充分考虑铅的去向，并控制阳极中铅的含量。

6.5.2.2 粗锡碱性电解液精炼

国外某厂采用硫代锡酸钠的碱性电解液，其成分为：总 Sn 50g/L，Na_2S 100g/L，NaOH 60g/L，Na_2SnS_3 90g/L。阳极粗锡含 Sn 96%～97%，在电流密度为 80A/m^2、槽电压为 0.1～0.3V、电解液温度为 353～363K 的条件下，可得到含 Sn 99.9% 的精锡。

6.5.2.3 焊锡电解精炼

焊锡电解精炼的目的是将铋、砷、锑、铁等杂质含量高的粗焊锡经电化过程精炼，产出含杂质少、锡和铅含量高达99%以上的精焊锡。与粗锡电解精炼产出铅含量低的精锡不同，在电化过程中不仅不除铅，还要使铅与锡共同在阴极析出。故焊锡电解精炼采用 $SnSiF_6$-$PbSiF_6$-H_2SiF_6 水溶液为电解液，这样便可以使铅、锡同时电化学溶解于电解液中，并同时在阴极上析出，产出铅、锡含量高且杂质含量少的精焊锡。

焊锡电解精炼的电解液成分为：Sn^{2+} 20～30g/L，Sn^{4+} 4～5g/L，Pb^{2+} 10～20g/L，总 H_2SiF_6 60～100g/L，游离 H_2SiF_6 20～30g/L。粗焊锡在电流密度为 80～120A/m^2、槽电压为 0.12～0.5V、电解液温度为 300～310K 的条件下进行电解精炼，产出含锡 60%～68% 的精焊锡。

6.5.2.4 焊锡电解分离铅、锡

焊锡电解除了可以除去粗焊锡中的杂质外，还可用于焊锡的铅锡分离。电解作业以粗焊锡为阳极、纯锡为阴极，在盐酸溶液中通直流电进行电解。铅和锡的标准电极电位非常接近，在阳极能同时发生电化学溶解，但铅溶解后立即与盐酸电解液作用生成难溶的氯化铅，而电位序在锡后面的锑、砷、铋、铜和银等则残留于阳极泥中，锡进入溶液并在阴极析出，达到锡与铅和其他杂质分离、产出精锡的目的。

焊锡电解分离的电极反应为：

阳极反应 $Sn - 2e = Sn^{2+}$

阴极反应 $Sn^{2+} + 2e = Sn$

反应结果导致电解液中 Sn^{2+} 和 Cl^- 贫化，需要随时补充。盐酸溶液电解析出锡时，由于晶核形成速度大于晶体成长速度，一般都生成针状结晶，需不时刮晶以防止短路。电解法不但能有效地分离铅锡合金中的铅和锡，而且可除去大部分其他杂质。但电解得到的阴极锡中铅、铁、铜的含量偏高，还需经火法精炼除去，且存在工艺流程长、金属回收率低、试剂消耗量大等问题。这种方法后被铅锡合金真空蒸馏法除铅、铋所取代。

6.6 锡再生

废杂锡原料来源广泛，如钢板热镀锡过程中产生的含锡渣、含锡烟尘、马口铁废料、

铅锡合金废料、各种废青铜和黄铜合金、废焊料、巴氏合金、锡铅合金等，这些合金废料除含锡外，还含有铜、铅、锌、锑、铋等成分。

依据废料来源及性质的不同，锡再生方法有氯化法、碱性溶液浸出法、碱性电解液电解法、电炉熔炼法及火法-湿法联合处理法等。

6.6.1 马口铁废料再生锡

马口铁废料包括制造马口铁产品时产生的切屑、废件和废品，再生锡的方法有电解法、浸出法、氯化法和回转窑法等。

6.6.1.1 碱性电解液电解法

工业上普遍采用碱性电解液电解脱锡产出海绵锡，再经火法精炼成精锡的工艺，从马口铁废料中回收锡。其原理是以马口铁废料作阳极、铁板作阴极，在 NaOH、Na_2SnO_3 和 Na_2CO_3 水溶液中进行电解。电解过程中，锡在阳极上发生电化学溶解，主要以$Sn(OH)_6^{2-}$存在于电解液中，阴极上发生的主要反应是 $Sn(OH)_6^{2-}$ 在阴极得到电子而析出。

马口铁废料经分类、切开、洗涤和打包后，装入电解槽电解脱锡，电解液含 Na_2SnO_3 1.5% ~2.5%、游离 NaOH 5% ~6%、Na_2CO_3 小于 2.5%，总碱度为 10%。电流密度为 100 ~130A/m^2，极间距为 55 ~60mm，电解液温度为 338 ~348K，电解时间一般为 3 ~7h。电解结束后，从阴极取出海绵状阴极锡，并做防氧化处理。海绵锡经洗涤、过滤后压团，团块在 623 ~673K 温度下进行还原熔炼，产出粗锡，粗锡再经精炼得到精锡。该法锡的总回收率为 90% ~95%，电流效率为 90%，生产 1t 锡的电耗为 3000 ~4000kW · h、苛性钠消耗量为 750 ~900kg。

6.6.1.2 碱性溶液浸出法

碱性溶液浸出法是用热的 NaOH 溶液溶解马口铁，锡生成 Na_2SnO_3 溶液与铁皮分离，其反应式为：

$$Sn + 2NaOH + H_2O = Na_2SnO_3 + 2H_2$$

浸出时加入硝酸钠或亚硝酸钠等氧化剂，可以加速浸出反应的进行。为了从碱性浸出溶液中回收锡，一般采用沉淀法或不溶阳极电解法。沉淀法使用的沉淀剂有 CO_2、$NaHCO_3$、$Ca(OH)_2$ 和 H_2SO_4 等，使锡以 SnO_2、$Sn(OH)_4$ 或 $CaSnO_3$ 的形式沉淀，再经还原熔炼获得金属锡。

6.6.1.3 氯化法

氯化法是利用氯与锡的亲和力比较大以及生成的 $SnCl_4$ 沸点低（390K）、常温下有较大蒸气压的特点，使锡与铁等杂质分离。氯化法适用于大型工厂。

6.6.2 含锡合金废料再生锡

从含锡合金废料中再生锡，根据合金锡含量的不同，分别采用不同的方法处理。锡含量低于 5% 的物料用氧化法和碱法处理，锡含量高于 5% 的物料用火法、真空蒸馏法及结晶法处理。

6.6.2.1 氧化法

氧化法用于从含锡 2% ~2.5% 的粗铅中回收锡。

氧化法是根据锡和铅与氧的亲和力不同，发生以下反应：

$$2PbO_{(s)} + Sn_{(l)} \xlongequal{} 2Pb_{(l)} + SnO_{2(s)}$$

当温度升高到873~923K时，剧烈搅拌铅液，加速锡的氧化反应，这时铅液表面的浮渣中锡含量可达35%~40%。氧化物浮渣中夹杂的金属铅珠用摇床分离后，渣中锡含量增加到50%~60%，再以浮渣作原料还原熔炼成焊锡，焊锡经电解处理得到金属锡，锡的总回收率可达80%以上。

大型工厂常用反射炉氧化法，依靠炉气中的氧进行氧化。

6.6.2.2 碱法

碱法可以从含锡仅0.2%~1%的电解铅渣中回收锡。

碱法是用熔融苛性钠（NaOH）与锡作用，以硝酸钠（$NaNO_3$）作氧化剂从铅中除锡，反应为：

$$2Sn + 3NaOH + NaNO_3 + 6H_2O \xlongequal{} 2(Na_2SnO_3 \cdot 3H_2O) + NH_{3(g)}$$

将碱渣用热的NaOH溶液（NaOH 60~70g/L）浸出，上清液泵送至脱铅槽，加Na_2S使溶液中的$NaPbO_2$转化为难溶的PbS沉淀而除铅，再依据As、Sb、Sn的标准氧化-还原电位不同，用锡片置换除锑、砷后，即可制得锡含量大于36.5%的锡酸钠产品。

碱法也能除去铅中所含的砷和锑。如果将锡和锑的中间部分浮渣返回与富锡铅再作用，则能得到相当纯净的锡酸钠，将其溶于水，用不溶阳极电解，可以获得锡和苛性钠。

6.6.2.3 火法

火法是当前从含铅、锡废料中直接提取铅锡合金焊料的常用方法。该法设备简单，只需一个铁锅和一台鼓风机，其工艺过程为：熔析→加硫精炼→加铅精炼→加硫、氯化铵精炼→插木精炼→补充锡铅熔炼，可产出锡铅焊条。焊锡的实收率可达到85%~90%。该法对小型企业完全适用，但操作条件差。

6.6.2.4 真空蒸馏法

真空蒸馏法是利用锡与其他金属的蒸气压相差很大，在不同温度下分别蒸发的原理，将锡和铅分离。此法可分离含铅约30%的焊锡，得到2号锡和1号锡，回收率可达98.3%。炉料由加料口加入，经过各级蒸发盘后由出锡管流出锡，而铅等杂质元素经多层冷凝器冷凝成液态，从装置中向下排出。此法可用来分离镀锡铁皮的铁和锡，具有流程简单、不消耗试剂的特点，可直接得到金属锡。

6.6.3 热镀锡残渣再生锡

在热镀锡生产马口铁（镀锡钢丝、铜丝）的过程中，形成熔剂渣（氯化锌）、锡铁和油脂渣三种残渣，锡主要以机械夹杂和$FeSn_2$的形式存在，这些残渣带走约占锡总量20%的锡。其处理方法有熔析法、水洗-凝析法和火法-湿法联合处理法等。

6.6.3.1 熔析法

熔析法主要靠加热熔析作用，在小反射炉中分离残渣和$FeSn_2$中机械夹杂的锡，获得含锡98%的粗锡。粗锡经火法精炼或电解精炼后，返回热镀锡使用。此法的缺点是锡的回收率低，仅为70%。

6.6.3.2 火法-湿法联合处理法

先将熔剂渣在熔析锅内于623~673K下熔化，分离出锡与含$ZnCl_2$的残渣。将此残渣在343~353K下进行水浸，80%的$ZnCl_2$和0.5%~0.7%的锡进入溶液，过滤后的$ZnCl_2$溶液蒸发浓缩后，返回镀锡使用；滤饼用10%的盐酸浸出，在浸出过程中有80%的锡以$SnCl_2$形态进入溶液。浸出液中锡含量达到120g/L时，用锌或铝置换得到沉淀海绵锡。浸出渣锡含量仍有12%，再用浓度为1.14g/cm^3的浓盐酸处理，可增加10%的锡进入溶液回收。

锡铁和油脂渣在反射炉内加热至1023~1073K熔化，得到粗锡与铁渣。铁渣磨细过筛，细粒用10%的HCl溶解，用置换法或不溶阳极电解法从盐酸溶液中回收锡。粗锡经精炼后产出纯锡。精炼产出的铁渣再经磨细、溶解回收锡。溶液中锡含量达120g/L、游离盐酸含量达50g/L时，用锌或铝置换得到海绵锡，经熔化后得到致密的金属锡。该法锡的提取率为85%，氯化锌回收率大于90%。

复习思考题

6-1 画出锡冶炼的原则工艺流程图。

6-2 还原熔炼法生产锡由哪几个主要过程组成？

6-3 简述锡精矿炼前处理的目的和方法。

6-4 锡精矿的还原熔炼有哪些方法？

6-5 简述传统两段熔炼法炼锡的基本过程。

6-6 简述澳斯麦特炉炼锡的基本过程，并画出澳斯麦特炉炼锡的工艺流程图。

6-7 简述炼锡炉渣烟化炉硫化挥发锡的原理。

6-8 粗锡的火法精炼包含哪些主要过程？

6-9 根据Sn-Pb二元系相图，简述结晶分离法除铅的基本原理。

6-10 与火法精炼相比较，粗锡电解精炼有什么特点？

6-11 再生锡的原料有哪些，锡再生有哪些方法？

7 铝冶金

7.1 概　　述

7.1.1 铝的性质和用途

7.1.1.1 物理性质

铝是银白色的金属。在各种常用的金属中，铝的密度小，其导电、导热和反光性能都很好。在室温下，铝的导热系数大约是铜的1.5倍，铝的电导率是铜的62%～65%，约为银的一半，如果就相等的重量而言，铝的导电能力超过这两种金属。铝有很好的延展性，可以进行各种塑性加工，制成铝丝、铝箔和铝材。铝的主要物理性质如表7-1所示。

表7-1 铝的主要物理性质

性　质	数　值	性　质	数　值
半径/pm	57（Al^{3+}），143.1（Al）	汽化热/kJ·mol^{-1}	290.8
熔点/K	933.52	密度/kg·m^{-3}	2698（293K），2390（熔点）
沸点/K	2740	热导率/W·(m·K)$^{-1}$	237（300K）
熔化热/kJ·mol^{-1}	10.67	电阻率/Ω·m	2.6548×10^{-8}（293K）

7.1.1.2 化学性质

铝是元素周期表中第3周期Ⅲ$_A$族元素，元素符号为Al，原子序数为13，相对原子质量为26.98154。铝原子的外电子构型为［Ne］$3s^23p^1$，铝在常温下的氧化态为+3，在高温下有稳定的+1价化合物。

铝的化学活性很强，具有与氧强烈反应的倾向。在空气中铝的表面生成一层连续而致密的氧化铝薄膜，其厚度约为2×10^{-5}cm，这层薄膜能起到使铝不再继续氧化的保护作用，这就是铝具有良好抗腐蚀能力的原因。铝粉或铝箔在空气中强烈加热，即燃烧生成氧化铝。

铝可溶于盐酸、硫酸和碱溶液，但对冷硝酸和有机酸在化学上是稳定的。热硝酸与铝发生强烈反应。

铝与卤素、硫、碳都能化合，生成相应的卤化物（如$AlCl_3$、AlF_3）、硫化物（Al_2S_3）、碳化物（Al_4C_3）。此外，铝还有多种低价化合物，如AlF、AlCl、Al_2S等。

氧化铝是一种白色粉末，熔点为2323K，真密度为3500～3600kg/m^3。已知无水氧化铝有几个同素异形体，其中α-Al_2O_3和γ-Al_2O_3对于炼铝有重要意义。α-Al_2O_3可长期保存而不吸收水分，γ-Al_2O_3则相反。工业氧化铝中通常含有Al_2O_3 99%左右。

氧化铝和碱金属氟化物（MeF_x）生成铝氟酸盐，其中冰晶石型的钠冰晶石（Na_3AlF_6）在氧化铝电解制铝中用作熔剂，通常称为冰晶石。

7.1.1.3 铝的用途

铝的产量和用量仅次于钢材，成为人类应用的第二大金属。由于铝具有密度小以及导热性、导电性、抗蚀性良好等突出优点，又能与许多金属形成优质铝基轻合金，所以铝在现代工业技术上应用极为广泛。铝的应用有两种形式，即纯铝和铝合金。

纯铝在电气工业上用作高压输电线、电缆壳、导电板以及各种电工制品。

铝合金在交通运输以及军事工业上用作汽车、装甲车、坦克、飞机以及舰艇的部件。此外，铝合金还用于建筑工业制作构架等，轻工业中用纯铝和铝合金制作包装品、生活用品和家具。

7.1.2 炼铝原料

铝在地壳中的含量约为8.8%，地壳中的含铝矿物约有250种，但炼铝最主要的矿石资源是铝土矿，世界上95%以上的氧化铝是用铝土矿生产的。

铝土矿中主要含铝矿物为三水铝石（$Al_2O_3 \cdot 3H_2O$）、一水软铝石（γ-AlOOH）和一水硬铝石（α-AlOOH），因此按矿物的存在形态不同，铝土矿分为三水铝石型、一水软铝石型、一水硬铝石型和混合型等多种类型。

铝土矿中 Al_2O_3 含量一般为40%～70%。对于生产氧化铝来说，衡量铝土矿质量的标准还有铝硅比（矿石中全部 Al_2O_3 含量与 SiO_2 含量之比，用 *A/S* 表示），目前工业生产上要求铝土矿的铝硅比不低于3～3.5。而铝土矿类型对拜耳法生产也很重要。

除铝土矿外，可以用于生产氧化铝的其他原料还有明矾石（$(Na,K)_2SO_4 \cdot Al(SO_4)_2 \cdot 4Al(OH)_2$）、霞石（$(Na,K)_2O \cdot Al_2O_3 \cdot 2SiO_2$）、高岭土（$Al_2O_3 \cdot 2SiO_2 \cdot 2H_2O$）等。

我国铝土矿资源较为丰富，铝土矿保有基础储量在世界上居第七位，储量在世界上居第八位。截至2006年，铝土矿保有的资源储量为27.76亿吨，其中储量为5.42亿吨，基础储量为7.42亿吨，资源量为20.35亿吨。铝土矿主要分布在山西、河南、广西、贵州4省区，其资源储量占全国的90.26%，其中山西占35.9%，河南占20.6%，广西占18.37%，贵州占15.39%。另外，重庆、山东、云南、河北、四川、海南等15个省市也有一定的资源储量，但其总和仅占全国的10%。我国铝土矿资源主要是一水硬铝石型矿石，占全国铝土矿储量的98%以上。矿床类型有古风化壳型铝土矿床和红土型铝土矿床两种，以前者为主，后者次之。

7.1.3 铝的生产方法

自从1886年在冰晶石熔体中电解氧化铝的方法试验成功后，此法一直是生产金属铝的唯一方法。铝生产包括从铝矿石生产氧化铝以及氧化铝电解两个主要过程。现代生产铝的原则工艺流程如图7-1所示。

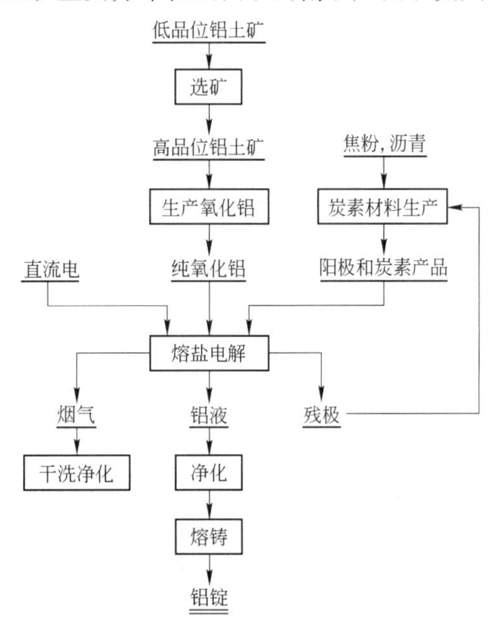

图7-1 现代生产铝的原则工艺流程

7.2 铝土矿的选矿

随着铝工业的发展，开采铝土矿的品位（或铝硅比）降低，铝土矿选矿逐渐引起人们的关注。为了充分利用低质铝土矿资源，国内外近几十年做了许多研究工作，在洗选、筛选、浮选、反浮选、磁选、选择性絮凝、细菌选矿、化学选矿、磁过滤、载体浮选以及光电拣选等技术方面都取得了进展。其中洗、筛分选和反浮选已广泛用于工业生产，对风化型矿床含泥三水软铝石的脱硅处理很有效。

7.2.1 高硅铝土矿选矿

硅是铝土矿中最常见的杂质，在碱法生产氧化铝中硅是最有害的杂质之一。在氧化铝工业生产中，不同的生产方法对铝土矿的铝硅比有不同的要求，拜耳法一般要求 $A/S>8$。如果能将矿石的 A/S 从 5 ~ 7 提高至 8 以上，就能用拜耳法从这种矿石中提取氧化铝，并能降低能耗、缩短流程。铝土矿选矿的任务就是采用经济合理的选矿方法提高铝土矿的铝硅比，为拜耳法生产氧化铝提供优质原料，从而提高氧化铝产品质量，降低生产成本。

7.2.1.1 浮选法脱硅

浮选法是目前国内外进行铝土矿选矿脱硅用得最多的方法，属于物理选矿脱硅技术，在铝土矿选矿脱硅中具有重要的地位。浮选方法可分为正浮选和反浮选。

A 正浮选

铝土矿正浮选是抑制铝硅酸盐脉石矿物，用阴离子型捕收剂浮选一水硬铝石而使铝硅分离的方法。早在 20 世纪三四十年代，美国用浮选方法分选阿肯色地区的铝土矿，可从 $A/S=3\sim8$ 的原矿中获得 $A/S=10.19$ 的精矿，但回收率较低。将 NaOH、KOH 或 Na_2CO_3 和分散剂六偏磷酸钠、木质素、硅酸钠加入球磨机进行湿磨，将 pH 值保持在 9.5 ~ 12.5 进行调浆、浮选，可取得满意的结果。20 世纪 70 年代，我国曾对山东、山西、河南、广西等地的一水硬铝石型铝土矿进行过浮选研究和半工业性试验，采用碳酸钠或氢氧化钠作调整剂，以六偏磷酸钠或水玻璃作分散剂，用氧化石蜡皂和塔尔油（或癸二酸下脚料等脂肪酸）作为捕收剂进行浮选，可使铝矿石的铝硅比由 5 左右提高到 8 以上。1999 年，北京矿冶研究总院等单位在小关铝矿采用“多段磨矿、一次选别”工艺流程，完成了规模为 50t/d 的工业试验，使铝土矿的铝硅比由 5.9 提高到 11.39，氧化铝的回收率达 86.45%。实践证明，正浮选脱硅技术是较有前途的铝土矿选矿脱硅技术之一。

B 反浮选

铝土矿反浮选是用调整剂抑制一水硬铝石，采用阳离子捕收剂或阴离子捕收剂浮选铝硅酸盐矿物而使铝硅分离的方法。采用反浮选脱硅工艺，只需脱除 20% ~ 25% 的含硅矿物，就可以保持工艺流程稳定，磨矿粒度可适当放粗。据文献报道，用十二胺阳离子进行反浮选，当原矿 $A/S=1.7\sim2.4$ 时，浮选搅拌速度为 1750r/min，液固比为 3，可获得 $A/S\approx7$ 的精矿，精矿产率为 27.40%。北京矿冶研究总院以河南某地中等铝硅比矿石为研究对象，围绕着铝土矿反浮选脱硅技术展开系统研究，研发了专有分散剂 BK500、选择性抑制剂 BK501、含铝硅酸盐高效捕收剂 BK421。试验采用两次脱泥、脱泥底流反浮选脱硅，流程结构为：两次脱泥→两次粗选→一次精选→一次扫选。最终获得 Al_2O_3 回收率为 81.20%、铝硅比为 10.82 的合格精矿。

7.2.1.2 絮凝脱硅技术

对于细粒嵌布的一水硬铝石型铝土矿，含泥较多时可用选择性絮凝法脱硅。絮凝脱硅技术是利用絮凝和沉降的方法将一水硬铝石颗粒选择性絮凝，然后将其从矿浆中分离出来而实现脱硅的过程。选择性絮凝方法包括四个步骤：（1）细粒颗粒的分散（通常需要加入分散剂）；（2）絮凝剂选择性地吸附在絮凝组分上，并形成絮团；（3）在低剪切速率下调浆，使絮团长大；（4）用沉淀、淘析、筛分或浮选等方法分离絮团。

在实际操作时，首先将铝土矿磨细至 -5μm 的粒级占 30% ~40%，然后添加调整剂苏打和苛性钠、分散剂六偏磷酸钠，再使用聚丙烯胺聚合物进行选择性絮凝，使悬浮物和沉淀物分离。此项技术的关键是选用高效的选择性絮凝剂。

7.2.1.3 细菌浸出脱硅

由于铝土矿中矿物细小，使机械富集受到一定限制，因此许多学者认为细菌选矿是最有前途的方法之一。该工艺是利用食硅细菌破坏铝代硅酸盐的结构，如可将一个高岭土分子（$Al_2O_3 \cdot 2SiO_2 \cdot 2H_2O$）破坏成为氧化铝和二氧化硅，使 SiO_2 转化为可溶物，从而使氧化铝不溶物得以分离。此法对处理胶状极细粒铝土矿尤其适合。

国内外对铝土矿细菌浸出脱硅做了大量研究工作，取得了一定进展。如国外某矿原矿属于三水铝土矿，其主要成分为：Al_2O_3 43.6%，SiO_2 13.8%，TiO_2 22%，Fe_2O_3 9.1%。原矿磨细至 -0.074mm，进行分级脱泥；+0.3mm 粒级进行磁选，非磁性产品为铝精矿。细泥和磁性产品进行浸出，浸出温度为 303K，液固比为 1∶5，浸出时间为 9 天，浸出液用沸石吸附氧化铝，再选使铝、硅分离。

7.2.1.4 化学法脱硅

对于细粒级嵌布的难选铝土矿或者高岭石以微晶状细小集合体与铝矿物紧密共生的矿石，用常规的选矿方法难以选别，可采用化学法处理。目前发展化学法脱硅主要是预先焙烧（或未经焙烧）-浸出脱硅、铁，其工艺包括预焙烧、溶浸脱硅、固液分离等工序。

美国用该法可从 A/S = 0.76 ~ 0.86 的含铝原料中获得 A/S = 4.4 ~ 6.85、适合于烧结法处理的产品；当原矿 A/S = 2 时，精矿的 A/S 可提高到 16.6 ~ 27.5。澳大利亚采用该法，将原矿在 1273K 条件下焙烧 60min，然后用 10% 的 NaOH 溶液浸出 2h，可使 77% 的 SiO_2 脱除，而铝的回收率可达 96% ~98%，A/S 可从 2.4 提高到 8.9 ~ 9.8。前苏联在处理高硅三水铝石矿时不经焙烧，直接以 Na_2O_k 浓度为 200 ~ 237g/L 的铝酸钠碱溶液浸出，液固比为 7 ~ 10，368K 下浸出 4 ~ 6h，原矿 A/S = 4.39，脱硅精矿 A/S 可达 7 ~ 8。

我国山东铝厂将山西含 Fe_2O_3 4%、A/S = 4 ~ 5 的铝土矿经（1273 ± 100）K 焙烧，以含 Na_2CO_3 的 NaOH 溶液，在 0.3MPa 压力下浸出 15min，可使精矿 A/S 达 12 ~ 13。精矿用拜耳法溶出，添加过量的石灰，由常规的 4% ~5% 过量至 15% ~20%；再用 Na_2O_k 浓度为 210 ~ 300g/L 的循环碱液，在 3.2 ~ 6.0MPa 下压煮浸出，Al_2O_3 的溶出率为 87.5%，化学碱耗为 16 ~ 38kg/t，Al_2O_3 脱硅效率为 57% ~62%。

以上介绍了高硅铝土矿脱硅的几种方法，而在实际生产过程中，常采用这几种方法的联合流程，其脱硅效果比单独采用任何一种都好。

7.2.1.5 尾矿综合利用

铝土矿经选矿后产出一部分尾矿，其成分及产量随原矿成分及选矿方法的不同而不同。通常，对 Al_2O_3 含量在50%～60%以上的原矿，经浮选后，尾矿产量在35%～38%左右，尾矿中的主要成分为 Al_2O_3 和 SiO_2，还含有少量的钙、镁、铁及铁的氧化物。

根据国内资料以及尾矿性能的测定结果，尾矿可用于耐火黏土、建筑、水泥配料、瓷砖等方面。如山西尾矿含 Al_2O_3 57.4%、Fe_2O_3 1.61%、CaO 0.13%，耐火度高于2072K，符合高铝矾土耐火材料的标准；广西平果铝土矿尾矿铁含量高，可用作建筑用砖，成型后其强度可达15MPa，超过普通砖一倍。

7.2.2 铝土矿脱硫和除铁

7.2.2.1 高硫铝土矿的选别

前苏联南乌拉尔铝土矿采用浮选法脱除硫化矿物和碳酸盐的工业试验取得了成功。该矿石中一水软铝石和一水硬铝石占46%，方解石占19%，赤铁矿占12%，高岭石占6.6%，黄铁矿占4%。矿石经三段碎矿、三段磨矿，最终磨矿粒度为－0.074mm粒级占94%。采用的浮选流程为：硫化物经一次粗选、二次精选、二次扫选，分别得到硫化物精矿和尾矿；其尾矿再浮选碳酸盐，经二次精选和二次扫选，分别得到碳酸盐精矿和铝土矿精矿。其试验结果见表7-2，铝土矿精矿供拜耳法生产铝，碳酸盐精矿供烧结法炼铝，硫精矿作为氧化镍矿熔炼的硫化剂，矿石得到了充分的综合利用。

表7-2 浮选工业试验结果 (%)

产品	产率	品位					回收率				
		Al_2O_3	SiO_2	Fe_2O_3	CO_2	S	Al_2O_3	SiO_2	Fe_2O_3	CO_2	S
硫精矿	8.42	27.90	4.54	29.86	5.09	28.68	5.86	5.67	19.60	4.46	86.02
碳酸盐精矿	27.26	19.42	4.01	4.99	27.17	0.69	13.19	16.23	10.60	77.07	8.47
铝土矿精矿	64.32	50.49	8.18	13.95	2.76	0.19	80.95	78.10	69.80	18.47	5.51
原矿	100.00	40.12	6.74	12.83	9.61	2.22	100.0	100.0	100.0	100.0	100.0

北乌拉尔铝土矿采用筛分-光电拣选-浮选联合流程的工业试验也取得了成功。其原矿铝土矿主要为一水硬铝石，铝硅比高达15，但硫和碳酸盐等有害杂质含量较高，分别为 $w(S)=1.5\%$ 和 $w(CO_2)=3.5\%\sim3.6\%$。硫主要分布于黄铁矿型矿石中，CO_2 则集中于碳酸盐矿石中。碎矿后硫和碳酸盐绝大部分集中在＋200mm粒级，－200mm粒级中杂质含量较低，可供拜耳法炼铝。粗粒级进行光电拣选和浮选，光电拣选的精矿可作为拜耳法炼铝原料，尾矿用浮选法脱硫，硫精矿用作氧化镍熔炼的硫化剂，浮选尾矿采用烧结法炼铝。该流程的特点是利用硫化物和碳酸盐在矿石中的不均匀性和光学性上的差异，采用简单的筛选和光电选别。为此，在20世纪80年代初建成了日处理能力为250～300t的贝斯明克斯铝土矿选矿厂，主要处理南乌拉尔和北乌拉尔铝土矿，脱除硫化物和碳酸盐等有害杂质。该厂对碎矿、预选、磨矿、分级和浮选、脱水过滤等均进行了系统的工业试验，并取得了良好、可靠的技术经济指标。

7.2.2.2 高铁铝土矿的选矿

根据铁矿含量及种类或嵌布特点的不同，高铁铝土矿的除铁方法也不相同，常用的方法有磁选、焙烧磁选、浮磁过滤、载流浮选除铁等。

国外某铝土矿原矿含 Al_2O_3 38.5%、SiO_2 8.5%、Fe_2O_3 24.4%，铝硅比为4.5，采用洗矿-磁选-浮选联合流程选别可获得满意的结果。其铝土矿精矿含 $Al_2O_3$51.2%、SiO_2 5.7%，铝硅比达9.0，铝的回收率为48.9%，该物料可作为拜耳法生产的原料。此外，还可获得含 Al_2O_3 37%、SiO_2 13.6%，铝回收率为36.9%的次精矿。而磁性部分经磁选可获得含铁50.1%的铁精矿。

我国阳泉铝矾土矿是高铝矾土基地之一，所产矿石为一水硬铝石-高岭石型。原矿含 Al_2O_3 63%~65%、SiO_2 15%~16%、Fe_2O_3 1.37%~1.44%、TiO_2 2.82%，采用浮-磁联合流程进行了小型和半工业性试验，取得了较好结果。其精矿含 Al_2O_3 74%~75%（折合熟料为86.5%），Fe_2O_3 含量小于1%，杂质含量及 Al_2O_3 品位均达到了原冶金部的标准，满足宝钢对高铝矾土产品的要求；而选别后的尾矿仍可作为二级品（乙）铝矾土的原料。

7.3 氧化铝的生产

氧化铝生产是从炼铝原料中获取氧化铝的过程，是铝冶金的重要组成部分，产出的氧化铝主要用作电解炼铝的原料。

7.3.1 电解炼铝对氧化铝质量的要求

电解炼铝对氧化铝质量的要求主要是纯度，Al_2O_3 含量应大于98.2%。因为氧化铝纯度是影响原铝质量的主要因素，同时也影响电解过程的技术经济指标。例如，若氧化铝含有比铝更正电性的元素的氧化物（如 Fe_2O_3、SiO_2、TiO_2 等），则在电解过程中这些氧化物将分解并在阴极上析出相应的元素，使所得铝的质量降低；若氧化铝含有比铝更负电性的元素的氧化物（如碱金属及碱土金属氧化物），则在电解时将按如下反应式与电解质中的氟化铝发生作用：

$$3R'_2O + 2AlF_3 = 6R'F + Al_2O_3$$

$$3R''O + 2AlF_3 = 3R''F_2 + Al_2O_3$$

式中 R'——碱金属元素；

R''——碱土金属元素。

上述反应使电解质的冰晶石比（NaF 与 AlF_3 的分子比）发生改变，破坏了正常电解条件。

水分也是有害成分，因为水与 AlF_3 作用生成 HF，造成氟的损失，同时 HF 使车间卫生条件恶化。因此，电解炼铝用的氧化铝不仅要求水分含量低，而且必须是长期储存也不显著吸湿。

除化学成分外，电解炼铝对氧化铝的物理性质也有严格要求，如粒度、安息角、α-Al_2O_3 含量、真密度、容重、比表面积和强度等。根据这些物理性质的不同，铝工业通常将氧化铝分成砂型、中间型和粉型三种。现代冶金工厂都使用砂型氧化铝，粉型氧化铝已趋于淘汰。

砂型氧化铝呈球状，颗粒较粗，安息角小，流动性好，α-Al_2O_3 含量约为 20%，比表面积大（50～60m^2/g），具有较大的活性，对氟化氢气体的吸附能力强。其真密度和容重一致，堆密度稳定在 0.95～1.05t/m^3；平均粒度为 60～70μm，小于 40μm 的粒级比例小于 10%，大于 150μm 的粒级比例小于 5%；磨损系数小于 10%，强度好。由于砂型氧化铝的这些特性，使其在电解时具有以下优点：

（1）在电解质中的溶解度大；

（2）流动性好，便于风动输送和从料仓向电解槽自动加料；

（3）保温性能好，在电解质上能形成良好的结壳，以屏蔽电解质熔体，降低热损失；

（4）能够严密地覆盖在阳极炭块上，防止阳极炭块在空气中氧化，减少阳极消耗，保证电解过程正常进行，并能保证电解过程的技术经济指标和减少环境污染。

7.3.2 氧化铝生产的特点

氧化铝的生产方法由若干生产过程组成，而各生产过程的工艺条件又与铝土矿原料的化学成分、矿物成分及对产品质量的要求有关。因此，氧化铝生产具有以下特点：

（1）生产方法多样，工艺流程长。由于处理的原料不同，需要使用不同的生产方法。工业上使用的生产方法有酸法和碱法两大类，其中碱法有拜耳法、烧结法和联合法。拜耳法适于处理 $A/S \geqslant 8$、$w(SiO_2) \leqslant 9\%$ 的优质铝土矿；烧结法适于处理 $A/S = 3.5 \sim 5.0$ 的低品位铝矿石；联合法适于处理 $A/S = 5.0 \sim 8.0$ 的中等品位铝土矿，联合法又分为并联法、串联法及混联法。目前世界上 90% 以上的氧化铝都是由拜耳法生产的，只有我国及俄罗斯、乌克兰、哈萨克斯坦采用烧结法。

氧化铝生产流程是热量及碱的闭路循环过程，工厂的前半部是原料处理系统；工厂的后半部为纯化工过程，是溶液的闭路循环过程。拜耳法工厂一般分成 5 个主要生产车间、35 个主要生产工序，烧结法工厂一般也分成 5 个主要生产车间、22 个主要生产工序，联合法工厂一般分成 6 个主要生产车间、42 个主要生产工序。

（2）生产技术要求高，要有充分的物资基础条件。由于生产方法不同，各工序的工艺流程也有所不同，而且整个工艺流程又是物料及热量的闭路循环系统，因此要求有较高的生产操作技术及管理技术。此外，要有足量及质量稳定的铝矿石供应。每生产 1t 氧化铝要消耗新水 10～15t，耗电 350～500kW·h，耗煤 1t。因此，生产氧化铝要求有充足的水源、稳定的电力供应和高质量的煤。

（3）氧化铝生产的原料资源复杂。自然界中的含铝矿物有上百种，同一种矿的杂质含量也不尽相同，给生产带来困难。工业上使用的原料有三水铝石型铝土矿、一水硬（软）铝石型铝土矿、霞石矿及明矾石矿。

（4）生产规模大型化。氧化铝的生产规模一般都超过 100 万吨/年，低于这个产量的氧化铝生产难以获得经济效益。其设备自动化程度高，高压生产需要考虑安全操作。

7.3.3 拜耳法生产氧化铝

氧化铝是一个两性氧化物，既能溶解于酸中，也能溶解于苛性碱溶液中。据此，由矿石中提取氧化铝的方法分为酸法及碱法。由于酸有腐蚀性，耐酸设备问题难以解决，因此酸法生产未能在大工业中得以应用。目前在工业上采用的生产方法是碱法，碱法以拜耳法为主。

拜耳法是指用苛性碱溶液加压溶出铝土矿的氧化铝生产方法，此法以其发明者拜耳（K. J. Bayer）命名。拜耳法适于处理高品位铝土矿，具有工艺简单、产品纯度高的特点，在当代世界氧化铝产量中，95%以上是用这种方法生产的。19 世纪 90 年代，奥地利化学家拜耳有两项发明：一是往铝酸钠溶液中加入新的氢氧化铝种子，产出氢氧化铝（1889 年）；二是用苛性碱溶液直接溶出处理铝土矿，产出铝酸钠溶液（1892 年）。这两项发明构成了拜耳法的基础，并很快用于生产。图 7-2 所示为拜耳法生产氧化铝的工艺流程。

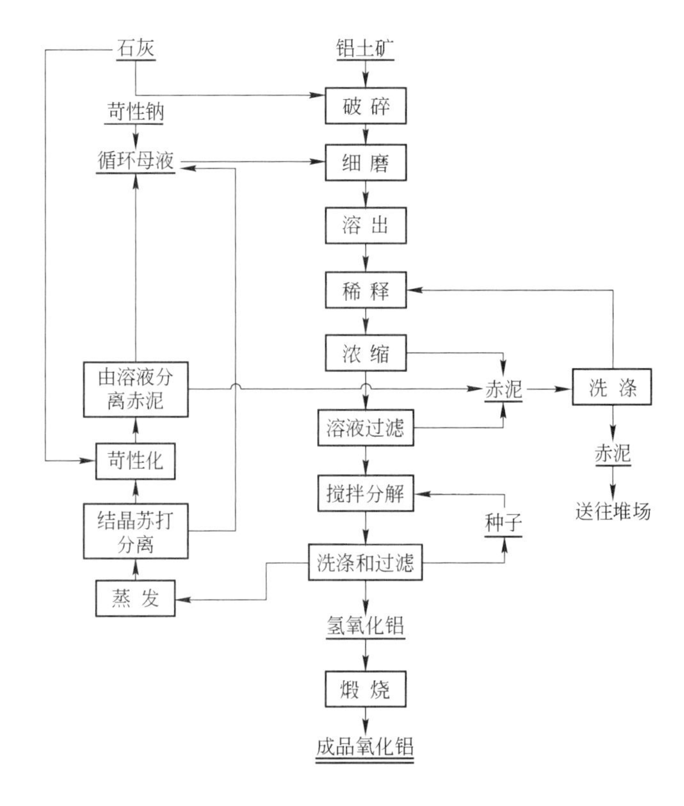

图 7-2 拜耳法生产氧化铝的工艺流程

拜耳法的生产工艺主要由溶出、分解和熔烧三个主要阶段组成。全流程的主要加工工序为铝土矿的破碎及湿磨、铝土矿的溶出、赤泥分离与洗涤、铝酸钠溶液的晶种分解、氢氧化铝的煅烧及返回母液的蒸发与苛性化。

7.3.3.1 铝土矿的破碎及湿磨

铝矿石进厂后经破碎、均化、储存，碎矿石送湿磨工序。湿磨时加入循环苛性碱液，配制满足高压溶出要求的矿浆。在生产中不是用纯苛性钠溶液，而是用含有大量铝酸钠的返回苛性碱液。氧化铝厂用苛性比来说明这种碱液的特征。苛性比（α_K）即指碱液中所含苛性碱（Na_2O）与所含 Al_2O_3 的物质的量之比。例如，若返回苛性碱液中含 Na_2O 300g/L、Al_2O_3 130g/L，则这种溶液的苛性比为：

$$\alpha_K = \frac{n(Na_2O)}{n(Al_2O_3)} = \frac{300 \times 102}{130 \times 62} = 3.8$$

式中 62，102——分别为 Na_2O 与 Al_2O_3 的相对分子质量。

溶液中以 $NaAlO_2$ 及 NaOH 形态存在的 Na_2O，称为苛性碱。

在湿磨工序中，使用的循环苛性碱液的苛性比为 3.1～3.4，铝土矿的配入量按溶出溶液的苛性比为 1.5～1.7 计算，石灰加入量为干铝土矿量的 7%，铝硅比在每 7 天供矿量中的波动范围应控制在 ±0.5 以内。磨矿细度为小于 88μm 的粒级占 85% 以上，而大于 147μm 的粒级比例少于 5%。

7.3.3.2 铝土矿的溶出

铝土矿溶出的目的在于将其中的氧化铝充分溶解成为铝酸钠溶液。由于铝土矿中氧化铝水合物的存在状态不同，要求的溶出条件也不同，三水铝石（$Al_2O_3 \cdot 3H_2O$）的溶解温度为 378K，一水硬铝石（α-$Al_2O_3 \cdot H_2O$）的溶解温度为 493K，一水软铝石（γ-$Al_2O_3 \cdot H_2O$）的溶解温度为 463K。在工厂中面临的铝土矿不是单一的某个类型，因此，通常是通过实验来确定最适宜的溶出条件。

A 铝土矿各组分在浸出时的行为

（1）氧化铝水合物。在三水铝石型铝土矿中，Al_2O_3 主要以 $Al(OH)_3$ 形态存在，浸出时 $Al(OH)_3$ 与 NaOH 按下式发生反应：

$$Al(OH)_3 + NaOH \longrightarrow NaAlO_2 + 2H_2O$$

在一水软铝石型或一水硬铝石型铝土矿中，Al_2O_3 分别以 γ-AlOOH 及 α-AlOOH 形态存在，浸出时分别发生如下反应：

$$\gamma\text{-}Al_2O_3 + 2NaOH \longrightarrow 2NaAlO_2 + H_2O$$

$$\alpha\text{-}Al_2O_3 + 2NaOH \longrightarrow 2NaAlO_2 + H_2O$$

以上各反应生成的 $NaAlO_2$ 都进入溶液中。而其他杂质不进入溶液，呈固相存在于赤泥中。

（2）氧化铁。氧化铁是铝土矿的主要成分之一，其含量可达 7%～25%。在铝土矿溶出条件下，Fe_2O_3 不与碱溶液作用，而以固相进入残渣，使残渣呈粉红色，所以溶出所得的残渣称为赤泥。

（3）二氧化硅。铝土矿中的 SiO_2 与苛性钠反应，以硅酸钠的形式进入溶液：

$$SiO_2 + 2NaOH \longrightarrow Na_2O \cdot SiO_2 + H_2O$$

硅酸钠在溶液中与铝酸钠相互作用，生成不溶性的铝硅酸钠：

$$Na_2O \cdot Al_2O_3 + 2(Na_2O \cdot SiO_2) + 4H_2O \longrightarrow Na_2O \cdot Al_2O_3 \cdot 2SiO_2 \cdot 2H_2O_{(s)} + 4NaOH$$

结果，从溶液中清除了杂质硅酸钠，但同时也使苛性钠和已经进入溶液的氧化铝以硅渣（工厂中习惯称铝硅酸钠沉淀为硅渣）形态进入赤泥中，造成苛性钠和氧化铝的损失，这种损失与矿石中的 SiO_2 含量成正比。因此，拜耳法仅适宜处理含氧化硅较少（在 5%～8% 以下）、$A/S > 7$ 的铝土矿。

（4）钒的氧化物。铝土矿中的 V_2O_5 含量达 0.05%～0.15%，浸出时约有 1/3 以钒酸钠形式进入溶液：

$$V_2O_5 + 6NaOH \longrightarrow 2Na_3VO_4 + 3H_2O$$

在铝酸钠溶液晶种分解过程中，钒酸钠可呈水合物 $Na_3VO_4 \cdot 7H_2O$，与 $Al(OH)_3$ 一同析出。在氢氧化铝煅烧过程中，$Na_3VO_4 \cdot 7H_2O$ 转变为焦钒酸钠（$Na_4V_2O_7$）。由于钒是比铝更正电性的金属，在电解炼铝过程中容易在阴极上还原析出而进入铝中。当铝含有微量钒时，其导电性也剧烈下降，因此必须将钒除去。工厂中通常是用热水洗涤 $Al(OH)_3$ 来除钒。

（5）镓的化合物。就化学性质而言，镓与铝极相似。镓经常以 Al_2O_3 水合物的类质同晶混合物形态存在于铝土矿中，其量甚微，在 0.0001% ~0.001% 之间，但却是获得镓的主要来源。浸出时，铝土矿中的镓以 $NaGaO_2$ 形态进入溶液：

$$NaOH + Ga(OH)_3 = NaGaO_2 + 2H_2O$$

由于 $Ga(OH)_3$ 的酸性比 $Al(OH)_3$ 强，而且溶液中的 $NaAlO_2$ 浓度大大超过 $NaGaO_2$ 的浓度，所以在晶种分解或碳酸化分解过程中，主要是铝酸钠水解析出 $Al(OH)_3$，大部分 $NaGaO_2$ 留在溶液中。因此，溶液中的 $NaGaO_2$ 逐渐积累到一定程度后，可以自溶液中提取出来。目前，世界上 90% 以上的镓是在生产氧化铝的过程中提取的。

（6）钛的氧化物。铝土矿普遍含有 2% 左右或更多的 TiO_2。在拜耳法生产过程中，TiO_2 也是有害的杂质，它能引起 Na_2O 的损失和 Al_2O_3 溶出率的下降。高压浸出铝土矿时，TiO_2 与 NaOH 作用生成钛酸钠：

$$TiO_2 + 2NaOH = Na_2TiO_3 + H_2O$$

如果在浸出过程中有 CaO 存在，则生成钛酸钙：

$$TiO_2 + 2CaO + 2H_2O = 2CaO \cdot TiO_2 \cdot 2H_2O_{(s)}$$

因而减少了碱的损失；同时，添加石灰后，TiO_2 在苛性钠和铝酸钠溶液中几乎不溶解，成品氧化铝的 TiO_2 含量在 0.003% 以下。所以在铝土矿溶出时，添加石灰是消除 TiO_2 危害的有效措施。

（7）碳酸盐。碳酸盐是铝土矿中常见的杂质，主要以 $CaCO_3$、$MgCO_3$、$FeCO_3$ 等形式存在。高压浸出铝土矿时，碳酸盐与 NaOH 溶液作用生成碳酸钠，其反应为：

$$CaCO_3 + 2NaOH = Ca(OH)_2 + Na_2CO_3 \quad (1)$$

$$MgCO_3 + 2NaOH = Mg(OH)_2 + Na_2CO_3 \quad (2)$$

$$FeCO_3 + 2NaOH = Fe(OH)_2 + Na_2CO_3 \quad (3)$$

反应（1）、反应（2）都是可逆反应，当溶液中 OH^- 浓度很低时，碳酸盐的溶解度小于 $Ca(OH)_2$ 的溶解度，反应向左进行生成 NaOH，称为苛性化作用。浸出铝土矿时，OH^- 浓度很高，碳酸盐的溶解度超过相应氢氧化物的溶解度，反应便向右进行而使 NaOH 变成 Na_2CO_3，此反应称为反苛性化作用。

溶液的碳酸钠含量超过一定限度后，在母液蒸发阶段便有一部分 Na_2CO_3 呈 $Na_2CO_3 \cdot H_2O$ 结晶析出。用石灰乳处理所得的一水苏打的水溶液，便发生苛性化作用而重新得到 NaOH 溶液，送回生产流程中。

由上述可知，用碱溶液溶出铝土矿时，主要是氧化铝进入溶液，SiO_2、Fe_2O_3、TiO_2 等主要进入赤泥中。

B 铝土矿溶出的实践

铝土矿溶出是在连续作业的高温高压溶出系统中实现的，溶出系统主要由矿浆输送泵、预热器组、溶出（压煮）器组、自蒸发（闪速蒸发）器组组成。其可分为直接高温高压加热溶出系统、间接高温高压加热溶出系统、双流法高温高压溶出系统及管道高温高压溶出系统四种类型。决定溶出系统设备选型的主要因素是，硅、钛矿物在热交换器表面可能形成的结垢程度。

铝土矿的溶出在压煮器中进行。压煮器是一种强度很大的钢制容器，能耐受523K时所产生的高压。铝工业广泛采用蒸汽间接加热的压煮器（见图7-3），此种压煮器的特点是结构简单。在这种压煮器中，向喷头通入蒸汽，蒸汽自下而上供入，加热并强烈地搅拌矿浆，压煮器里的矿浆经由垂直管卸出（压出）。工业压煮器的容积为25～1350m^3，直径为ϕ1.6～3.6m，高13.5～18.6m。

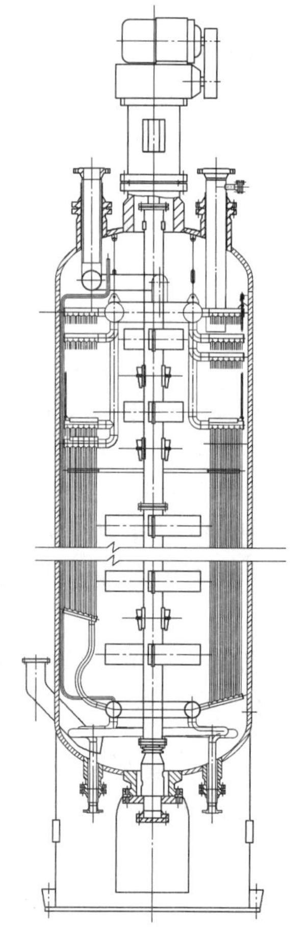

图7-3　蒸汽间接加热的压煮器结构简图

压煮器作业可以是单个压煮器间断操作，也可以是在串联压煮器组中进行的连续作业。目前在生产中已很少采用单个压煮器间断操作，而是将若干个预热器、压煮器和自蒸发器依次串联成为一个压煮器组，实行连续作业。

图7-4所示为蒸汽间接加热的高压溶出器组。原矿浆先在套管预热器内由自蒸发蒸汽间接预热至423K后进入预热压煮器，然后在预热压煮器中由自蒸发蒸汽间接预热至513K后进入预热压煮器，再由新蒸汽间接加热至溶出温度538K。而后料浆再依次流过其余各个压煮器，料浆在这些压煮器中停留的时间就是所需的浸出时间。由最后一个压煮器流出的料浆进入自蒸发器。由于自蒸发器内压力逐渐降低，浆液在这里剧烈沸腾，放出大量蒸汽。水分蒸发时消耗大量的热，使浆液温度降低，经过10～11级自蒸发以后，浆液温度已经降到溶液的沸点左右。从最后一级自蒸发器出来的浆液含Na_2O 300g/L、Al_2O_3 270～280g/L左右，送下一道工序进行赤泥分离与洗涤。

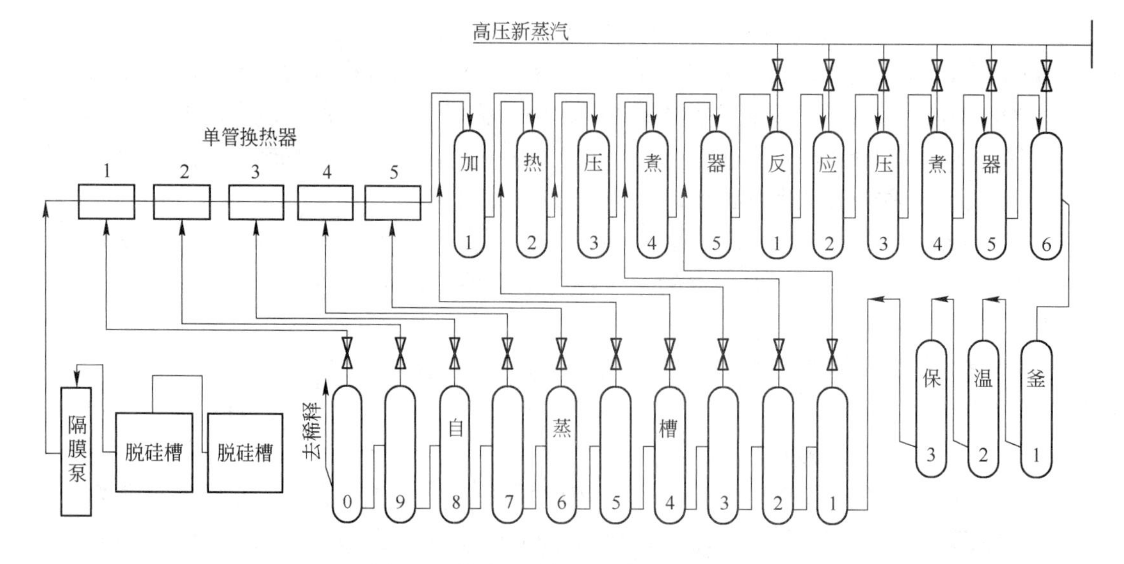

图7-4　蒸汽间接加热的高压溶出器组

7.3.3.3 赤泥分离与洗涤

赤泥分离与洗涤是从铝土矿溶出后的浆液中分离赤泥，并从赤泥中回收附着的铝酸钠的作业。其包括赤泥浆液稀释、赤泥沉降分离、赤泥洗涤等步骤。

A 赤泥浆液稀释

赤泥浆液稀释的目的是：使铝酸钠溶液进一步脱硅，以保证所得产品 Al_2O_3 的 SiO_2 含量不超过规定限度；降低铝酸钠溶液的稳定性，以提高晶种分解槽的生产率。高压溶出所得的溶液因浓度高，所以比较稳定，分解得很慢，且可能达到的分解率也不高。若将其稀释到中等浓度（Al_2O_3 120～160g/L），则其稳定性大为降低，这样不仅分解得很快，而且可能达到的分解率也较高；此外，还会降低铝酸钠溶液的黏度，赤泥粒子在铝酸钠溶液中的沉降速度与溶液的黏度成反比。因此，稀释的结果是使沉降分离赤泥所需的时间大为缩短，沉降槽的生产率得到提高。

矿浆通常采用赤泥洗液在装有搅拌器的稀释槽中进行稀释。稀释以后的矿浆，液固比一般在 15～37 之间。液相为铝酸钠溶液，其中主要含有铝酸钠、NaOH 和 Na_2CO_3；固相为赤泥，其中主要含有 Fe_2O_3、$2CaO \cdot TiO_2$、$Na_2O \cdot Al_2O_3 \cdot 2SiO_2 \cdot nH_2O$ 等。

B 赤泥沉降分离

稀释后的赤泥浆液送入沉降槽进行赤泥分离。为加速赤泥的沉降分离，一般采用添加絮凝剂的方法来使细小赤泥颗粒絮凝为较大絮团。添加的絮凝剂主要是聚丙烯酰胺及其不同程度的水解产物，其用量仅为赤泥量的万分之几甚至十万分之几，就可使赤泥沉降速度增加几倍甚至几十倍。分离沉降槽的溢流是产品粗液，经过滤后得到的精制铝酸钠溶液送去晶种分解，底流则需进行洗涤。

C 赤泥洗涤

从赤泥分离沉降槽卸出的底流是液固比为 4～5 的赤泥，附有大量铝酸钠溶液，应通过洗涤加以回收。赤泥洗涤通常在沉降槽系统中进行，经 5～8 次连续反向洗涤后，赤泥附液中的 Na_2O 含量可降至 1～2g/L。为减少废赤泥附液中 Na_2O 和 Al_2O_3 的损失，可将在沉降槽系统经多次洗涤后的赤泥再在盘式过滤机或转筒过滤机上过滤，经过滤处理的赤泥的水分含量可从 60%～70% 降低到 25%～35%。处理后的赤泥送堆场堆存。

赤泥分离与洗涤的主体设备为沉降槽，现代的拜耳法氧化铝厂都采用高帮单层沉降槽，其直径为 ϕ30～50m，高度在 7m 以上。这种沉降槽的赤泥压缩较充分、清液层较高。赤泥沉降分离与洗涤工序控制的主要技术条件是：过程中物料的温度在 368K 以上；分离沉降槽的底流中固体质量分数不小于 41%，溢流中悬浮物的含量不大于 200mg/L；末次洗涤沉降槽的底流中固体质量分数不小于 48%，每吨干赤泥带走的 Na_2O 量不大于 5kg。

7.3.3.4 铝酸钠溶液的晶种分解

晶种分解是在经赤泥分离后得到的精制铝酸钠溶液中加入氢氧化铝晶种，经降低温度和长时间搅拌，使铝酸钠溶液分解析出固体氢氧化铝和产生苛性碱溶液的过程。它是拜耳法氧化铝生产过程的关键作业，对产品的产量和质量有着重要影响。

A 铝酸钠溶液的稳定性

衡量铝酸钠溶液稳定性的标准是，铝酸钠溶液能够保存而不发生显著分解作用的时间长短。制成后立刻开始分解或者制成后经过短时间便开始分解的溶液，都属于不稳定溶液；而制成后经过很长时期都不分解的，则是稳定的溶液。显然，用碱法生产氧化铝时，在某些工序（如铝土矿的溶出和赤泥分离与洗涤工序）中，需要铝酸钠溶液具有足够的稳定性，如果这些工序中的铝酸钠溶液不够稳定，将会造成氧化铝的大量损失；而在另一些工序（如在铝酸钠溶液晶种分解工序）中，则需要铝酸钠溶液不稳定，以便能够比较容易地使其分解，否则分解槽的生产能力和铝酸钠溶液的分解率都将大为降低。铝酸钠溶液的分解率降低对压煮器的生产能力有很大影响，因为分解率越低，分解所得母液的苛性比值越小，则溶出单位数量铝土矿所需的母液数量也越多，压煮器的生产能力就越小。因此，控制铝酸钠溶液的稳定性对碱法生产氧化铝来说是很重要的。

影响铝酸钠溶液稳定性的主要因素有溶液的苛性比值、溶液的温度、溶液的浓度、存在于溶液中的结晶核心以及机械搅拌等。

试验确定，苛性比 $\alpha_K \approx 1$ 的铝酸钠溶液是很不稳定的；$\alpha_K = 1.4 \sim 1.8$ 的溶液，在生产条件下相当稳定；$\alpha_K \geqslant 3$ 的溶液，经过很长时间都不分解。在任何温度下提高铝酸钠溶液的苛性比，都可使溶液的稳定性提高。当固定铝酸钠溶液浓度的苛性比时，溶液的稳定性随温度的降低而下降。铝酸钠溶液的浓度与其稳定性的关系很复杂，Al_2O_3 浓度小于 25g/L 和大于 250g/L 的溶液都很稳定；中等浓度的溶液，即使苛性比较高也比较不稳定，而且其稳定性是很有规律地随着溶液的稀释而下降。结晶核心，特别是氢氧化铝晶种的存在以及实行机械搅拌，都有加速铝酸钠溶液分解的作用。

B 晶种分解

经分离赤泥过滤和澄清以后的铝酸钠溶液，其 Al_2O_3 浓度为 120g/L 左右，$\alpha_K = 1.7 \sim 1.8$，这种溶液在温度低于 373K 时是不稳定的，且越接近 303K，过饱和程度就越大。在有晶种加入时，过饱和的铝酸钠溶液按下式分解：

$$x\mathrm{Al(OH)}_{3(\text{晶种})} + \mathrm{Al(OH)}_4^- \xlongequal{\quad} (x+1)\mathrm{Al(OH)}_3 + \mathrm{OH}^-$$

晶种即为 $Al(OH)_3$，晶种的数量和质量是影响分解速度的重要因素。通常用晶种系数表示添加晶种的数量，它的定义是添加晶种中 Al_2O_3 含量与溶液中 Al_2O_3 含量的比值。各厂晶种系数差别很大，一般在 1.0 ~ 3.0 的范围内波动。可见，在生产中周转的晶种数量是很大的。一个日产 1000t 的氧化铝厂，当晶种系数为 2 时，在生产中周转的氢氧化铝晶种数量超过 15000 ~ 18000t。

铝酸钠溶液的分解是在圆筒型空气搅拌分解槽中进行的。为了加速分解，在分解前需将溶液冷却到 343K，随着过程的进行，它的温度降低到 313K。当苛性比达到 3.6 ~ 3.8 时，分解结束。分解时间长达 45 ~ 70h，分解率为 40% ~ 54%。

铝酸钠溶液分解以后，把浆液送入浓缩槽进行溶液和氢氧化铝的分离。所得到的氢氧化铝在分级机中分级，细的氢氧化铝作为晶种返回去分解铝酸钠溶液，粗粒部分经仔细洗涤和过滤后送去煅烧；分解母液则进行蒸发和苛性化处理。

7.3.3.5 氢氧化铝的煅烧

煅烧的任务是使氢氧化铝完全脱水并制得实际上不吸水的氧化铝。一般认为在煅烧过程中，氢氧化铝（$Al_2O_3 \cdot 3H_2O$）在 498K 温度下脱去两个水分子，变成一水软铝石 $\gamma\text{-}Al_2O_3 \cdot H_2O$；一水软铝石再在 773 ~ 823K 下脱去最后一个水分子，变为 $\gamma\text{-}Al_2O_3$；到 1173K 时，$\gamma\text{-}Al_2O_3$ 开始转变为 $\alpha\text{-}Al_2O_3$，但需在 1473K 时维持足够长的时间，$\gamma\text{-}Al_2O$ 才能完全转变成适合电解要求的 $\alpha\text{-}Al_2O_3$。

无论是哪一种生产方法得到的氢氧化铝，都需经煅烧才能得到产品氧化铝。煅烧的目的有两个：一是除掉氢氧化铝中的附着水及结晶水；二是使氧化铝的晶型转化成电解所需要的晶型。晶种分解所得的 $Al(OH)_3$ 经煅烧脱水变成 Al_2O_3，并使 Al_2O_3 晶型转变，满足铝电解的要求。煅烧反应为：

$$Al_2O_3 \cdot 3H_2O = \gamma\text{-}Al_2O_3 \cdot H_2O + 2H_2O \quad (498K)$$

$$\gamma\text{-}Al_2O_3 \cdot H_2O = \gamma\text{-}Al_2O_3 + H_2O \quad (773K)$$

$$\gamma\text{-}Al_2O_3 = \alpha\text{-}Al_2O_3 \quad (1173 \sim 1473K)$$

煅烧操作主要控制煅烧温度及氧化铝的灼减量。煅烧所用的设备以前是回转窑，现在都采用流态化煅烧炉，主要进步在于使热耗大为降低，使用回转窑的热耗为 5.02MJ/t，而使用流态化焙烧炉的热耗为 3.1MJ/t。煅烧炉所使用的燃料有煤气、重油或天然气。煅烧过程的特点是作业温度高、热耗大。目前大多数氧化铝厂还是采用气体悬浮煅烧炉进行煅烧，以重油、煤气作燃料。煅烧后的氧化铝冷却后送往储仓或电解车间。

7.3.3.6 返回母液的蒸发与苛性化

在拜耳法生产氧化铝的流程中，铝酸钠溶液晶种分解过程产出的母液需返回铝土矿的溶出过程，但在母液返回前需对其进行蒸发和苛性化处理。

A 返回母液的蒸发

拜耳法生产氧化铝是一个闭路循环流程，浸出铝土矿的溶剂苛性钠是在生产中反复使用的，每次作业循环只需添加在上次循环中损失的部分。但是，每次循环中为了洗涤赤泥和氢氧化铝，必须加入大量的水，这些水的积累便降低了溶液的浓度，而且在生产的各个阶段对于溶液的浓度又有不同的要求，所以必须有蒸发过程来平衡水量。蒸发的目的有三个：一是提高溶液的浓度，蒸去一部分水，以满足高压溶出对碱浓度（Na_2O 180～230g/L）的要求；二是排除生产过程中积累的 Na_2CO_3 及 Na_2SO_4，它们的溶解度与碱浓度成反比，当碱浓度达到一定程度时，它们从溶液中呈固相析出而分离出去；三是排除生产过程中积累的有机物，一般有机物随 Na_2CO_3 及 Na_2SO_4 的析出而析出。蒸发是在高效真空蒸发器中完成的。

生产 1t 氧化铝需要蒸发的水量，取决于生产方法、铝土矿的类型与质量、采用的设备及作业条件等许多因素。例如，法国加丹氧化铝厂用间接加热设备溶出铝硅比约为 8 的一水软铝石型铝土矿，溶出温度为 513K，生产 1t 氧化铝的蒸发水量约为 2.6t；我国处理一水硬铝石型铝土矿采用间接加热溶出器，生产 1t 氧化铝的蒸发水量达 3.5t 以上。

现今氧化铝工业的蒸发器都是采用蒸汽加热，母液蒸发的设备和作业流程要根据原液中杂质含量和对循环母液浓度的要求进行选择。我国现在采用外加热式自然循环蒸发器蒸发晶种分解母液，国外多采用传热系数高的膜式蒸发器。

B 一水碳酸钠的苛化回收

在拜耳法生产过程中，由于溶液中的苛性钠和空气中的 CO_2 相互作用以及铝土矿中碳酸盐的溶解，致使碱溶液中有一部分苛性钠转化为碳酸钠，所以必须进行苛性化处理，使之恢复为苛性碱。用拜耳法生产的工厂，碳酸钠的苛性化采用石灰苛化法，即将一水碳酸钠溶解，然后加入石灰乳，使之发生如下苛化反应：

$$Na_2CO_3 + Ca(OH)_2 = 2NaOH + CaCO_3$$

拜耳法生产中用于溶出铝土矿的循环碱液，一般要求有较高的浓度，因此也希望碳酸钠苛化后所得到的碱液具有尽可能高的浓度；否则，苛化后的溶液还需经过蒸发才能用于溶出。

按拜耳法生产 1t 氧化铝，需要 2.4 ~2.6t 的铝土矿、0.10 ~0.20t 的碱、0.12t 的石灰和 300kW · h 左右的电能。生产过程中碱的损失，以向送去溶浸的返回浓溶液中加入苛性钠来补充。

7.3.3.7 拜耳法的技术经济指标

拜耳法在目前世界上处理铝土矿生产氧化铝的方法中流程最短、最经济，是最主要的生产方法。目前世界上有 57 个拜耳法厂及 7 个联合法厂在生产，拜耳法的生产能力为 4938 万吨/年，占世界氧化铝总产量的 91.4%。我国拜耳法厂处理的铝土矿为一水硬铝石型，含 Al_2O_3 62.2%，$A/S=14.2$。工厂生产氧化铝的能力为 80 万吨/年。产品为砂型氧化铝，+125μm 的粒级比例为 15%，-45μm 的粒级比例为 12%。铝土矿单耗（干矿）为 1.85t/t，苏打（Na_2O）单耗为 50kg/t，石灰（CaO）单耗为 200kg/t，新水单耗为 3.6t/t，电力消耗为 257kW · h/t，焙烧热耗为 3.2MJ/t，其他热耗（以蒸汽计算）为 6.2MJ/t。

7.3.4 碱石灰烧结法生产氧化铝

碱石灰烧结法的实质是将铝土矿与一定量的苏打、石灰（或石灰石）配成炉料进行烧结，使氧化硅与石灰化合成不溶于水的原硅酸钙（$2CaO \cdot SiO_2$），而氧化铝与苏打化合成可溶于水的铝酸钠（$Na_2O \cdot Al_2O_3$）；将烧结产物（通称烧结块或熟料）用水浸出，铝酸钠便进入溶液而与 $2CaO \cdot SiO_2$ 分离；而后再用二氧化碳分解铝酸钠溶液，便可以得出氢氧化铝。碱石灰烧结法的基本工艺流程如图 7-5 所示。

7.3.4.1 铝土矿的碱石灰烧结

烧结铝土矿生料的目的在于，将生料中的氧化铝尽可能完全地转变为铝酸钠，而氧化硅变为不溶解的原硅酸钙。为此，必须了解各种因素在烧结过程中对这两种化合物生成的影响。实践证明，决定烧结最后产品成分的主要因素是烧结温度和生料的原始成分。若生料配制适当而又有合适的烧结温度，实际上可以完全使氧化铝变为铝酸钠，而氧化硅变为原硅酸钙。

由铝土矿、苏打、石灰（或石灰石）组成的炉料中，主要成分为 Al_2O_3、Na_2CO_3、Fe_2O_3、SiO_2 和 $CaO(CaCO_3)$。各成分之间的主要反应分述如下：

（1）Na_2CO_3 与 Al_2O_3 之间的反应。Na_2CO_3 与 Al_2O_3 反应时生成偏铝酸钠（$Na_2O \cdot Al_2O_3$），因此生料中每 1mol Al_2O_3 需配入 1mol 苏打，反应如下：

$$Na_2CO_3 + Al_2O_3 = Na_2O \cdot Al_2O_3 + CO_2$$

烧结时即使有大量 Na_2CO_3 过剩，Na_2CO_3 与 Al_2O_3 在烧结的高温下相互反应也只能生成 $Na_2O \cdot Al_2O_3$ 一种化合物，多余的 Na_2CO_3 依然保持原来的形态。

（2）Na_2CO_3 与 Fe_2O_3 之间的反应。无论烧结温度以及配料比（$n(Na_2CO_3)/n(Fe_2O_3)$）如何，Na_2CO_3 与 Fe_2O_3 反应的唯一产物都是 $Na_2O \cdot Fe_2O_3$，反应如下：

$$Na_2CO_3 + Fe_2O_3 = Na_2O \cdot Fe_2O_3 + CO_2$$

这是铝土矿中每 1mol Fe_2O_3 配入 1mol Na_2CO_3 的依据。

（3）$CaCO_3$ 与 SiO_2 之间的反应。CaO 与 SiO_2 能生成 4 种化合物，即 $CaO \cdot SiO_2$、

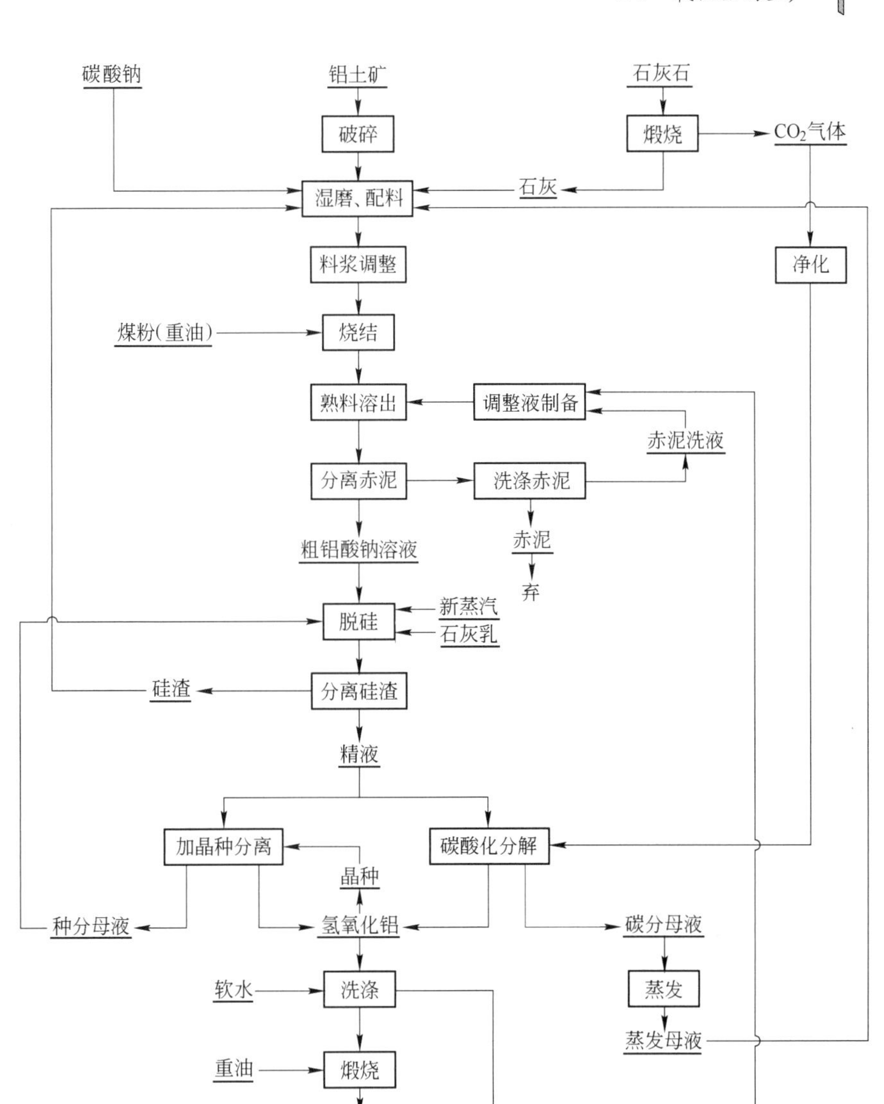

图 7-5 碱石灰烧结法的基本工艺流程

$3CaO \cdot 2SiO_2$、$2CaO \cdot SiO_2$ 和 $3CaO \cdot SiO_2$，其中 $2CaO \cdot SiO_2$ 是 CaO 与 SiO_2 反应时最初产生的化合物。实验已经确定，在 1473K 以下时，无论混合物成分按 $n(CaO):n(SiO_2)=1:1$ 或 $n(CaO):n(SiO_2)=2:1$ 配料，反应结果都是生成 $2CaO \cdot SiO_2$。进一步提高温度，根据原始配料成分的不同，已生成的 $2CaO \cdot SiO_2$ 或与 CaO 反应，或与 SiO_2 反应，生成更碱性（$3CaO \cdot SiO_2$）或更酸性（$3CaO \cdot 2SiO_2$ 或 $CaO \cdot SiO_2$）的硅酸盐。这是铝土矿中每 1mol SiO_2 配入 2mol $CaCO_3$ 的依据。$CaCO_3$ 与 SiO_2 的反应如下：

$$2CaCO_3 + SiO_2 = 2CaO \cdot SiO_2 + 2CO_2$$

在烧结炉料（生料）中，当 Na_2CO_3 和 $CaCO_3$ 的配入量按 $n(Na_2O)/n(Al_2O_3+Fe_2O_3)=1.0$ 或 $n(CaO)/n(SiO_2)=2.0$ 计算时，这种配料称为饱和配料；而按 $n(Na_2O)/n(Al_2O_3$

$+Fe_2O_3)<1.0$ 或 $n(CaO)/n(SiO_2)<2.0$ 计算时，称为不饱和配料。从理论上来讲，饱和配料能保证 $Na_2O \cdot Al_2O_3$、$Na_2O \cdot Fe_2O_3$ 和 $2CaO \cdot SiO_2$ 的生成，具有最好的烧结效果。以各种氧化物的化学纯试剂进行的实验室研究也证明了这一点。但是，在生产条件下进行的烧结反应比在实验室条件下进行的反应要复杂得多，饱和配料有时得不到溶出率最高的熟料。因此，生产中最适宜的配料比常需通过实验确定。

目前在碱石灰烧结法中都是采用湿式烧结，即将碳分母液蒸发到一定浓度后，与铝土矿、石灰（或石灰石）和补加的碳酸钠按要求的比例配合，送入球磨机中混合磨细，再经调整成分制成合格的生料浆，进行烧结。

工业上烧结铝土矿生料的唯一设备是回转窑，其规格大致有 $\phi4.3m\times72m$、$\phi4m\times100m$、$\phi3.0m\times51m$ 等。回转窑可用煤气、粉煤和液体等各种类型的燃料。因为粉煤比较便宜，且灰分中的 Al_2O_3 可得到回收，故一般多用粉煤作烧结用的燃料。图 7-6 为碱石灰烧结窑的设备系统图。调整好成分的生料浆，用泥浆泵通过喷浆器（喷枪）从窑的冷端喷入窑内。料浆在喷出时雾化成很小的细滴，与窑气充分接触，进行强烈的热交换，水分迅速蒸发，干生料落在炉衬上逐渐受热并向炉子高温带（1473~1573K）移动，使炉料得到烧结。烧结的结果是得到主要由铝酸钠、铁酸钠和原硅酸钙组成的呈块状而多孔的熟料与含尘炉气。熟料经冷却、破碎送去溶出；炉气经除尘净化后供给碳酸化过程，作为 CO_2 的来源。

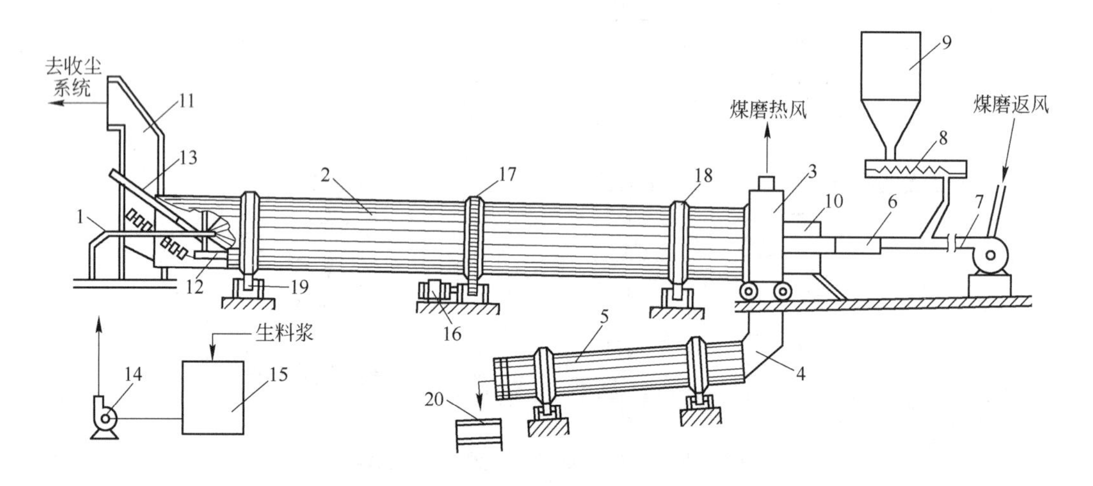

图 7-6 碱石灰烧结窑的设备系统图

1—喷枪；2—窑体；3—窑头罩；4—下斜口；5—冷却机；6—喷煤管；7—鼓风机；8—煤粉螺旋；9—煤粉仓；10—着火室；11—窑尾罩；12—刮料机；13—返灰管；14—高压泵；15—料浆槽；16—电动机；17—大齿轮；18—滚圈；19—托轮；20—裙式运输机

碱石灰烧结法的发展方向是强化烧结。强化烧结不仅配料摩尔比不同，而且矿石的适应范围扩宽，操作制度也有一定的变化，综合提高了生产能力。

7.3.4.2 熟料的溶出

溶出的目的是使熟料中的铝酸钠尽可能完全地进入溶液，同时尽可能避免其他成分溶解，从而获得铝酸钠溶液与不溶残渣。

A 铝酸钠（$Na_2O \cdot Al_2O_3$）

铝酸钠很容易溶解于热水以及 NaOH 溶液中。实验表明，当最终溶液的苛性比 α_K = 1.6、Al_2O_3 浓度为 100g/L、温度为 373K 时，用 NaOH 溶出由纯苏打和氧化铝配料烧结而得到的烧结块，在 3min 内就可完成溶解过程。降低温度，铝酸钠溶解速度会减小；浸出液苛性比过低，铝酸钠溶液会发生水解而造成 Al_2O_3 的损失：

$$2NaAl(OH)_4 = 2NaOH + 2Al(OH)_{3(s)}$$

B 铁酸钠（$Na_2O \cdot Fe_2O_3$）

铁酸钠不溶于水、苏打、苛性碱以及铝酸钠溶液中，但在水中会发生水解作用并生成 NaOH：

$$Na_2O \cdot Fe_2O_3 + 2H_2O = 2NaOH + Fe_2O_3 \cdot H_2O_{(s)}$$

反应所得到的含水氧化铁残留在渣中成为赤泥；NaOH 转入溶液中，增大溶液的苛性比，从而增加了铝酸钠溶液的稳定性。

铁酸钠的分解（水解）速度比铝酸钠的溶解速度要慢得多。浸出温度、烧结块粒度对铁酸钠的分解速度都有影响，以温度的影响较为显著，低温下（308K 以下）其分解非常缓慢，即使在较高温度（373K）下，也需要较长时间才能完全分解。生产中，当烧结块内含有大量铁酸钠时，确定浸出时间是以铁酸钠分解完全为依据的。

C 原硅酸钙（$2CaO \cdot SiO_2$）

原硅酸钙在水中的溶解度很小。但在浸出过程中，它可与苏打、苛性碱以及铝酸钠溶液作用，发生以下反应：

$$2CaO \cdot SiO_2 + 2NaOH + H_2O = 2Ca(OH)_2 + Na_2SiO_3$$

$$2CaO \cdot SiO_2 + 2Na_2CO_3 + H_2O = Na_2SiO_3 + 2CaCO_3 + 2NaOH$$

$$3(2CaO \cdot SiO_2) + 6NaAlO_2 + 15H_2O = 3Na_2SiO_3 + 2(3CaO \cdot Al_2O_3 \cdot 6H_2O) + 2Al(OH)_3$$

$$2(2CaO \cdot SiO_2) + 4NaAlO_2 + (8+n)H_2O = CaO \cdot Al_2O_3 \cdot 2SiO_2 \cdot nH_2O + 4NaOH + 3CaO \cdot Al_2O_3 \cdot 6H_2O$$

以上反应生成的 Na_2SiO_3 进入溶液。

当溶液中 SiO_2 达到一定浓度时，便与溶液中的 $NaAlO_2$ 发生如下反应：

$$2NaAlO_2 + 2Na_2SiO_3 + 4H_2O = Na_2O \cdot Al_2O_3 \cdot 2SiO_2 \cdot 2H_2O_{(s)} + 4NaOH$$

生成溶解度很小的铝硅酸钠，造成 Al_2O_3 和 Na_2O 的损失。

浸出过程中原硅酸钙与碱以及铝酸钠溶液之间的反应，称为二次反应；由此引起的 Al_2O_3 和 Na_2O 的损失，称为二次反应损失。若浸出条件控制不当，二次反应损失可以达到很严重的程度。

在采用烧结法生产氧化铝的工厂中，熟料的浸出过程在带搅拌器的浸出槽或者湿式球磨机中进行。我国根据低铁熟料的特点，研究出低苛性比二段磨料浸出流程，此工艺大大减少了二次反应损失，将碱石灰烧结法提高到一个新的水平。二段磨料浸出的特点是：利用通用的设备来实现赤泥的迅速分离，物料在一段湿磨内停留的时间只有几分钟，进入分级机后，将 50% ~60% 的赤泥送入二段湿磨继续浸出。一段分级机溢流料浆通过圆筒过滤机滤出赤泥，这样就使一段分级机溢流中的赤泥尽快地从溶液中分离出来，以减少其中 $2CaO \cdot SiO_2$ 的分解。二段湿磨中的 Na_2O 浓度降低，二次反应也显著减少，加上溶液的苛性比保持在1.25左右，从而使 Al_2O_3 和 Na_2O 的净浸出率大大提高。

7.3.4.3 铝酸钠溶液的脱硅

采用拜耳法生产氧化铝时，铝酸钠溶液的脱硅在高压浸出时就已发生，而且在铝酸钠溶液稀释和赤泥分离的过程中脱硅作用仍在进行。自动脱硅的结果是，溶液的硅量指数（即溶液中 Al_2O_3 与 SiO_2 的质量比）一般达到200～250，这样的溶液完全能满足晶种分解对溶液硅含量的要求，所以无需设置专门的脱硅作业。然而，在烧结法中没有这种自动脱硅的可能。因为在溶出及赤泥分离过程中，虽然溶液中的氧化硅不断转入沉淀，但同时赤泥中的原硅酸钙又不断地被碱分解，因而溶液中的硅含量始终维持较高。而且，在碳酸化分解时，要求尽可能地提高分解率，而分解率的高低取决于溶液的硅量指数，提高分解率必须相应地提高溶液的硅量指数，这样才能保证 $Al(OH)_3$ 硅含量合格。为了达到90%的分解率，溶液的硅量指数必须为400左右。因此在烧结法生产中，铝酸钠溶液的脱硅成为一个单独的工序。脱硅的基本方法有两种：

（1）长期地加热溶液，促使如下反应发生，生成微溶性的水合铝硅酸钠：

$$2NaAl(OH)_4 + 2(Na_2O \cdot SiO_2) = Na_2O \cdot Al_2O_3 \cdot 2SiO_2 \cdot 2H_2O_{(s)} + 4NaOH$$

水合铝硅酸钠析出成为沉淀，此沉淀即所谓的“白泥”。

（2）往溶液中加入一定量石灰，使之与 SiO_2 生成溶解度比铝硅酸钠更小的水化石榴石：

$$Na_2O \cdot Al_2O_3 + 2(Na_2O \cdot SiO_2) + Ca(OH)_2 + 3H_2O = CaO \cdot Al_2O_3 \cdot 2SiO_2 \cdot H_2O_{(s)} + 6NaOH$$

上述两种方法脱硅的完全程度都与铝酸钠溶液的浓度有关。由于铝硅酸盐在溶液中的溶解度随 $Na_2O \cdot Al_2O_3$ 和 Na_2O 浓度的提高而增加，因此在脱硅前对浓溶液加以稀释有利于脱硅。升高脱硅过程的温度、延长时间和添加晶种，均可促进脱硅。

脱硅在采用间接蒸汽加热的压煮器中进行，温度为418～438K，时间为2～4h。硅量指数为400～500的脱硅后液与白泥一起从压煮器放出，送去浓缩。经压滤分离白泥以后，铝酸钠溶液送去进行碳酸化分解，白泥重新送去烧结。

为了减少氧化铝的损失，近十几年来国内外采用烧结法的工厂使用了二段脱硅法。二段脱硅法是将一段脱硅析出的水合铝硅酸钠分离后，再在一段脱硅后的溶液中添加石灰进行二段脱硅，使剩余的 SiO_2 以水化石榴石的形式析出，此法可使铝酸钠溶液的硅量指数达到1000以上。为了增强一段脱硅的效果，可将二段脱硅时析出的水化石榴石渣返回一段脱硅工序，然后从所得的泥渣中回收氧化铝。

7.3.4.4 铝酸钠溶液的碳酸化分解

碳酸化分解是用含 CO_2 的炉气处理精制铝酸钠溶液，将NaOH转化为碳酸钠，使氢氧化铝从溶液中析出的过程。一般认为 CO_2 的作用在于中和溶液中的苛性碱，使溶液的苛性比降低，从而降低溶液的稳定性，引起溶液的分解。碳酸化的初期发生如下中和反应：

$$2NaOH + CO_2 = Na_2CO_3 + H_2O$$

当一些苛性碱结合为苏打后，铝酸钠溶液的稳定性降低，发生水解反应而析出氢氧化铝：

$$Na_2O \cdot Al_2O_3 + 2H_2O = 2NaOH + Al_2O_3 \cdot H_2O$$

由于分解时生成的苛性碱不断被 CO_2 所中和，铝酸钠溶液有可能完全分解。

在碳分过程中，溶液中的二氧化硅也会析出。在碳酸化的初期，氢氧化铝与二氧化硅大约有相同的析出率；但此后氢氧化铝大量析出，而溶液中的二氧化硅含量几乎不变；当碳酸化继续深入到一定程度后，二氧化硅的析出速度又急剧增加。这种现象的产生是由于碳酸化初期析出的氧化铝水合物具有极大的分散度，能吸附 SiO_2。这种吸附作用随 $Al(OH)_3$结晶的长大而减弱，所以氢氧化铝继续析出时，其中 SiO_2 含量相对减少。直到分解末期，溶液中 Al_2O_3 浓度降低，溶液中的 SiO_2 达到介稳状态，因此再通入 CO_2 使 $Al(OH)_3$继续析出时，SiO_2 也就剧烈析出。因此，用控制分解深度的办法可能得到 SiO_2 含量很低、质量好的氢氧化铝；同时，还可用添加晶种的办法改善氢氧化铝的粒度组成，以防止碳分初期 SiO_2 的析出。

生产上通常采用净化过的含 CO_2 10% ~14% 的炉气，在带有链式搅拌机的碳酸化分解槽中进行碳酸化，温度控制在 343 ~353K。由于添加晶种能显著提高产品质量，故在一些烧结法氧化铝厂按晶种系数为 0.8 ~1.0 添加晶种。二氧化碳气体经若干支管从槽的下部通入，并经槽顶的气液分离器排出。碳酸化后，使苏打母液与氢氧化铝分离，前者返回配料；后者经过洗涤，煅烧制成氧化铝。

7.3.5 拜耳-烧结联合法生产氧化铝

拜耳法和碱石灰烧结法是工业上生产氧化铝的两种主要方法，这两种方法各有其优缺点和适用范围。拜耳法流程简单，能耗低，产品质量好，处理优质铝土矿时能获得最好的经济效果。但随着矿石铝硅比的降低，它在经济上的优越性也将下降。一般来说，当矿石的铝硅比在 7 以下时，拜耳法便劣于烧结法。因此，拜耳法只局限于处理优质铝土矿，其铝硅比至少不低于 7 ~8，通常在 10 以上。烧结法流程比较复杂，能耗大，产品质量一般不如拜耳法。但烧结法能有效地处理高硅铝土矿（如铝硅比为 3 ~5），而且所消耗的是价格较低的碳酸钠。

实践证明，在某些情况下采用拜耳法和烧结法的联合生产流程，可以兼收两种方法的优点，取得比采用单一拜耳法或烧结法更好的经济效果，同时也使铝矿资源得到更充分的利用。联合法有并联和串联两种基本流程。联合法原则上都以拜耳法为主，烧结法系统的生产能力一般只占总能力的 10% ~20% 。

7.3.5.1 并联法

并联法流程由两个平行的生产系统组成，主要部分是按拜耳法处理低硅铝土矿，辅助部分则是按烧结法处理高硅铝土矿。烧结法系统的溶液并入拜耳法系统，以补偿拜耳法系统的苛性碱损失。图 7-7 所示为生产氧化铝的并联法工艺流程。

通常，在高品位矿石产区总有一些低品位矿石。为了充分利用资源和降低成本，同时处理这两种矿石是必要的，这就是采用并联联合法的基本原因。而且，并联联合法的烧结系统不局限于处理高硅铝土矿，也可以烧结霞石、黏土等其他铝矿。

7.3.5.2 串联法

生产氧化铝的串联法工艺流程如图 7-8 所示。串联法流程的实质为：全部高硅铝土矿首先用拜耳法处理，含有大量氧化铝和苛性碱的赤泥再用烧结法处理。所得的铝酸钠溶液并入拜耳法系统，一同按拜耳法的技术作业处理；而从蒸发母液中析出的一水苏打则返回烧结系统，用以配料。

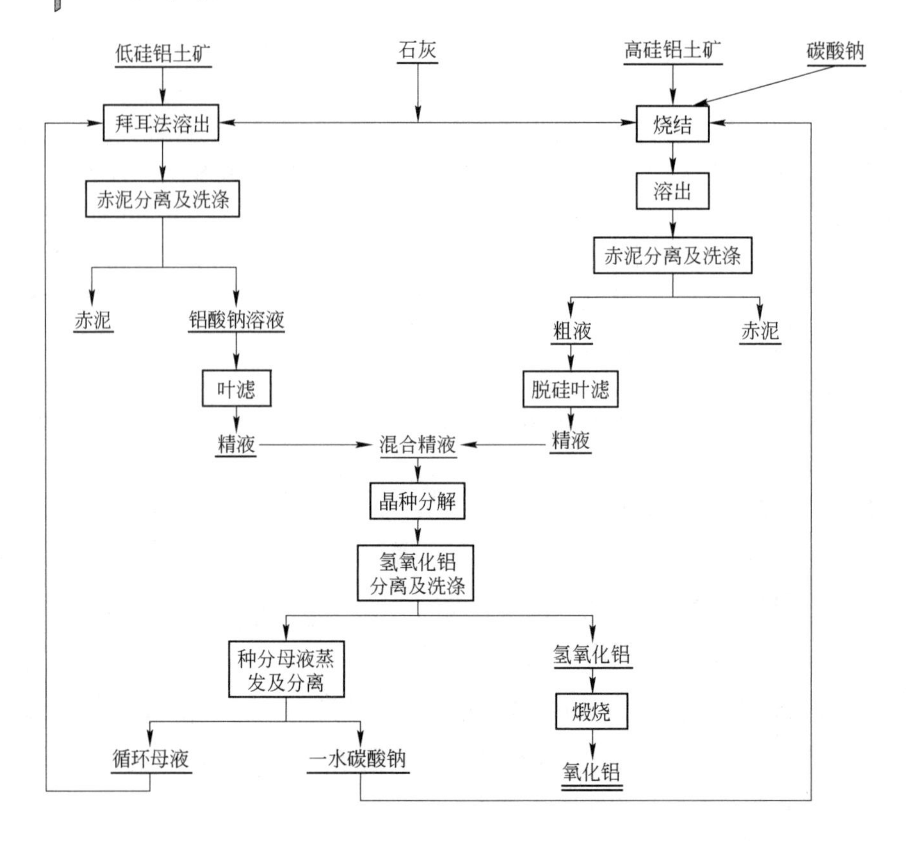

图 7-7 生产氧化铝的并联法工艺流程

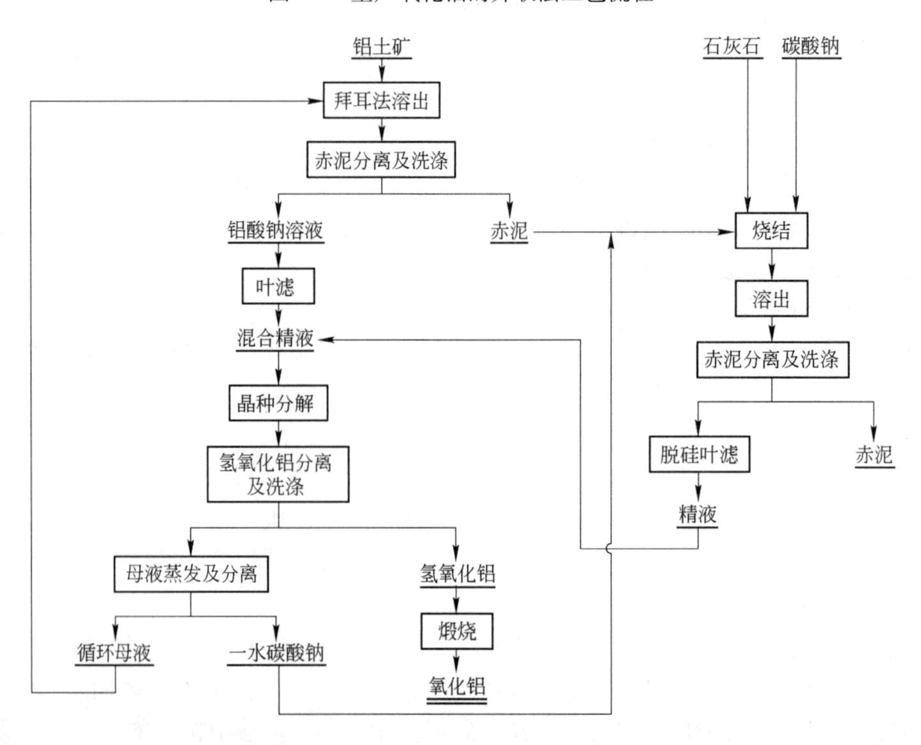

图 7-8 生产氧化铝的串联法工艺流程

串联联合法流程最适于处理中等品位铝土矿。我国大多数铝土矿是中等品位的一水硬铝石型矿石，故串联联合法对于我国的氧化铝工业是很有意义的方法。

除上述并联法和串联法之外，还有所谓的混联法，它是将拜耳法和同时处理拜耳赤泥与低品位铝土矿的烧结法结合在一起的联合法。混联法是处理高硅、低铁原料的有效方法。

7.4 金属铝的生产

7.4.1 概述

目前全世界共有67个国家生产铝，2012年世界原铝产量约4700万吨，这些铝都是用电解法生产出来的。电解法生产铝是在电解槽内进行，以氧化铝为原料、冰晶石(Na_3AlF_6)-氧化铝熔盐为电解质、炭素体为阳极、铝液为阴极，当向电解槽通入直流电时，在阴极上析出铝，在阳极上析出CO_2和CO气体，电解温度依靠电流的焦耳热维持在1213~1233K，此法称为冰晶石-氧化铝熔盐电解法，又称霍尔-埃鲁（Hall-Heroult）法。阳极析出的CO_2和CO气体中含有一定量的氟化氢等有害气体和固体粉尘，经净化处理除去有害气体和粉尘后排入大气。阴极析出的产物铝液用真空抬包将其抽出，送往铸造车间，经净化澄清之后浇铸成商品铝锭，其质量（铝含量）一般达到99.5%~99.7%，以供给用户重新熔化后进行各种方式的深加工，制成各种铝制品。铝电解生产都包括以下七个环节：

（1）氧化铝输送环节。把氧化铝从料仓输送至烟气净化系统。

（2）烟气净化环节。用氧化铝把电解产生的含氟烟气净化，脱除氟化氢，净化后气体（达到国家排放标准）通过烟囱排入大气；同时得到载氟氧化铝，输送至电解槽。

（3）整流环节。把外界输送来的交流电变成直流电，供给电解槽。

（4）上料环节。把载氟氧化铝、氟化盐等输送至电解槽，并均匀地加到电解质中。

（5）炭素环节。制造电解需要的炭素材料。

（6）电解环节。在直流电下完成氧化铝变成金属铝的冶金反应。

（7）浇铸环节。将电解得到的金属铝除去夹带电解质，随后把铝液浇铸成锭。

7.4.2 铝电解质的某些性质

铝电解质一直以冰晶石为主体，其原因如下：

（1）纯冰晶石不含析出电位（放电电位）比铝更正的金属杂质（如铁、硅、铜等），只要不从外界带入杂质，电解生产可以获得较纯的铝；

（2）冰晶石能够较好地溶解氧化铝，在电解温度为1213~1233K时，氧化铝在冰晶石溶液中的溶解度约为10%；

（3）在电解温度下，冰晶石-氧化铝熔体的密度比同温度的铝液小，它浮在铝液上面，有利于电解质与铝液的分离，并可防止铝的氧化，简化了电解槽结构；

（4）冰晶石有一定的导电能力，这样使得电解液层的电压降不至过高；

（5）冰晶石熔体在电解温度下有一定的流动性，阳极气体能够从电解液中顺利地排出，而且有利于电解液的循环，使电解液的温度和成分都比较均匀；

（6）铝在冰晶石熔体中的溶解度不大，这是提高电流效率的一个有利因素；

（7）冰晶石熔体的腐蚀性很强，但炭素材料能耐受它的侵蚀，用炭素材料作内衬来建造电解槽，基本上可以满足生产的要求；

（8）在熔融状态下，冰晶石基本上不吸水，挥发性也不大，这将减少物料消耗并能保证电解液成分相对稳定。

在铝电解质中除了冰晶石外，还添加 CaF_2、NaF、AlF_3 等来改善电解质的性能。

7.4.2.1 冰晶石的摩尔比

电解铝工业中，通常用冰晶石摩尔比（简称冰晶石比，用 *MR* 表示）来表示电解质中 NaF 和 AlF_3 的相对含量。纯冰晶石的摩尔比 $MR = n(\mathrm{NaF})/n(\mathrm{AlF_3}) = 3$。当将 AlF_3 加入冰晶石时，冰晶石比便降低而小于3；相反，将 NaF 加入冰晶石中，冰晶石比便升高而大于3。富含 NaF 的冰晶石熔体（$MR > 3$）称为碱性电解质，富含 AlF_3 的冰晶石熔体（$MR < 3$）称为酸性电解质。

现今铝电解槽普遍采用酸性电解质，一般冰晶石比为2.6～2.8。过酸的电解质挥发性很大，而且溶解 Al_2O_3 的能力降低；碱性电解质因为 Na^+ 离子浓度高，容易在阴极上析出钠来，故都不采用。

7.4.2.2 Al_2O_3 在电解质中的溶解度

电解炼铝所用的电解质是以 NaF-AlF_3 系为主的熔体。研究确定 Na_3AlF_6-Al_2O_3 系是一个简单的二元共晶系，共晶点温度为1211K，Al_2O_3 含量为14.8%。1273K时，氧化铝在冰晶石中的溶解度约为16.5%。

在电解铝时，随着电解过程的进行，电解质中的 Al_2O_3 逐渐减少，故必须定时往电解槽中添加 Al_2O_3，使电解过程得以连续进行。

为了避免在电解槽底部（阴板）形成 Al_2O_3 沉淀，电解质中的 Al_2O_3 含量一般不超过8%，也不低于1.5%。现代铝电解的趋势是控制 Al_2O_3 含量为1.5%～3%。

7.4.2.3 电解质的离解

电解质的离解包括熔融冰晶石的离解和溶解于其中的氧化铝的离解。一般认为冰晶石按下式离解：

$$Na_3AlF_6 = 3Na^+ + AlF_6^{3-}$$

AlF_6^{3-} 离子还会部分地离解为氟离子和更简单的氟铝酸配阴离子，最可能的离解反应式为：

$$AlF_6^{3-} = AlF_4^- + 2F^-$$

有的研究者认为，溶解在熔融冰晶石中的氧化铝最可能按如下方式离解成为铝离子与含氧离子：

$$Al_2O_3 = Al^{3+} + AlO_3^{3-}$$

但是更多的研究者认为，溶解在冰晶石中的 Al_2O_3 由于和 AlF_6^{3-} 以及 F^- 发生反应，结合为铝氧氟配离子：

$$4AlF_6^{3-} + Al_2O_3 = 3AlOF_5^{4-} + 3AlF_3$$

$$2AlF_6^{3-} + Al_2O_3 = 3AlOF_3^{2-} + AlF_3$$

还可能按照以下反应生成 $Al_2OF_8^{4-}$ 和 $Al_2O_{10}^{6-}$ 配阴离子：

$$4AlF_6^{3-} + Al_2O_3 = 3Al_2OF_8^{4-}$$

$$6F^- + 4AlF_6^{3-} + Al_2O_3 = 3Al_2OF_{10}^{6-}$$

在 Al_2O_3 浓度高时，新离子可能是 AlO_2^-，即发生下列反应：

$$Al_2O_3 + 2F^- = AlOF_2^- + AlO_2^-$$

$$Al_2O_3 + AlF_6^{3-} = AlOF_2^- + AlO_2^- + AlF_4^-$$

表 7-3 所示为按照 Al_2O_3 浓度差别排列的冰晶石-氧化铝熔体的各种离子形式。可见，Al_2O_3 浓度不同，离子形式也有所不同。

表 7-3 Na_3AlF_6-Al_2O_3 熔体的离子形式

Al_2O_3 浓度/%	离子形式	工业电解过程特点
0	Na^+，AlF_6^{3-}，AlF_4^-，F^-	发生阳极效应
0～2	Na^+，AlF_6^{3-}，AlF_4^-，(F^-) $Al_2OF_{10}^{6-}$，$Al_2OF_8^{4-}$	临近发生阳极效应
2～5	Na^+，AlF_6^{3-}，AlF_4^-，(F^-) $AlOF_5^{4-}$，($AlOF_3^{2-}$)	正常电解
5～电解温度下的溶解度极限	Na^+，AlF_6^{3-}，AlF_4^-，(F^-) $AlOF_3^{2-}$，($AlOF_5^{4-}$)，$AlOF_2^-$，AlO_2^-	正常电解（但熔体导电性降低，氧化铝溶解速度减慢）

综上所述，冰晶石-氧化铝熔体中的离子质点，有 Na^+、AlF_6^{3-}、AlF_4^-、F^-，还有 Al-O-F型配离子。其中 Na^+ 是单体离子，Al^{3+} 结合在配离子里。

7.4.2.4 电解质的电导率

铝电解质的电压降占槽电压的 36%～40%，因此，应该力求降低电解质的电阻。

纯冰晶石的电导率等于 0.028S/m（1273K，外推值）。工业电解质的电导率受多方面因素的影响，其中最主要的是温度和氧化铝浓度。在正常电解过程中，电解质的电导率随温度的升高而提高，随 Al_2O_3 浓度的增加而减小。在工业生产上，随着电解过程的进行，Al_2O_3 浓度逐渐减低，电解质的电导率不断提高；加料之后，电解质中 Al_2O_3 浓度增大，使电导率减小。所以在电解过程中，电导率是周期性地改变着。

7.4.2.5 电解质的密度

电解质的密度直接影响金属铝与电解质的分离。291K 时，金属铝的密度为 2.7g/cm^3，纯冰晶石的密度为 2.95g/cm^3。但在电解温度下，熔融铝比冰晶石重，尤其是当冰晶石中溶解有大量氧化铝时。例如，在电解炼铝的工业条件下，电解温度为 1223K 时铝的密度为 2.308g/cm^3，而含有 5% Al_2O_3 的冰晶石熔体的密度为 2.102g/cm^3。可见，在电解温度下，熔融铝要比电解质重约 10%，按此密度差是可以很好分层的。所以在电解过程中，析出的铝聚积在电解槽底部。

7.4.2.6 电解质的黏度

电解质的黏度随温度的升高而降低，随熔体中 Al_2O_3 含量的增加而增加。在工业生产上要求电解质具有适当的黏度，例如 3×10^{-3} Pa·s。如果黏度过大，则阳极气泡不易逸出，加入电解质内的氧化铝不易沉降而呈悬浮状态，这些都对电解过程产生不良影响；反之，如果黏度太小，则电解质的循环运动加快，从而加速铝滴和已溶解铝的转移，影响电流效率。所以，有的铝厂为了获得高效率，宁愿采取比较高的 Al_2O_3 浓度和比较低的电解温度，以增大电解质的黏度。

在现代铝电解生产中，为了改善电解质的物理化学性质而使用了一些添加剂，电解质的组成已由最初的冰晶石-氧化铝熔体逐渐演变为以冰晶石-氧化铝为主体的多成分电解质。常用的添加剂是 CaF_2、MgF_2、LiF 或 Li_2CO_3、NaCl 等。

7.4.3 电解槽的结构

工业铝电解槽的基本结构主要包括阴极装置、阳极装置、母线装置和气体回收装置等。图 7-9 为预焙阳极电解槽断面图。

7.4.3.1 阴极装置

阴极装置由槽壳、阴极炭块、侧部炭块、耐火砖和保温材料组成。通常采用长方形槽壳，槽壳形式有框架式、臂撑式和摇篮式三种。槽壳用型钢和钢板焊成。铝电解槽的槽膛深度一般为 450～600mm。槽膛底部是一层阴极炭块，其下面依次是炭素垫、耐火砖层和保温砖层，有的用氧化铝或其他保温材料取代保温砖层或部分保温砖层。阴极炭块以炭块组形式砌筑于电解槽内。阴极炭块组由阴极炭块与埋设于其中的导电钢棒（阴极棒）组成。阴极棒与炭块之间用炭糊捣固。阴极炭块组在槽壳内排成两行，炭块组与炭块组之间用炭糊捣固或用炭糊浆液灌注。但纵向中缝一般要用炭糊捣固。有些电解槽为提高槽底的导电性和减去纵向中缝，特意采用通长阴极炭块，其中放置一根通长阴极棒。阴极棒通过槽壳侧壁上的洞口（窗口）伸出槽壳，其末端与阴极母线连接。槽膛侧壁有一层或两层阴极炭块。侧部炭块与槽壳之间用一层耐火砖或颗粒状耐火材料填充。近年来，大型铝电解槽，特别是中部加料预焙阳极铝电解槽的侧部保温层有所减薄，以利于凝结固体电解质作为保护层。有的电解槽还在侧部炭块下部用炭糊捣固成斜坡状，构成人造伸腿，用来保护侧部炭块并收缩铝液镜面。

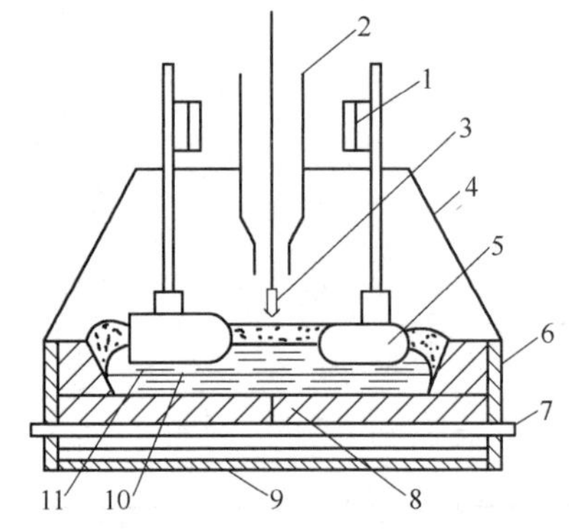

图 7-9 预焙阳极电解槽断面图

1—阳极母线梁；2—氧化铝料斗；3—打壳加料；4—槽罩；5—预焙阳极；6—槽壳；7—阴极棒；8—阴极炭块；9—隔热层；10—电解质；11—铝液

7.4.3.2 阳极装置

阳极装置视槽型不同而不同，有四种形式，即旁插阳极棒连续自焙阳极电解槽（即旁插槽）、上插阳极棒连续自焙阳极电解槽（即上插槽）、连续预焙阳极电解槽、非连续预焙阳极电解槽（即预焙槽）。

所谓自焙阳极，是指按阳极消耗情况定期地从上部添加阳极糊，利用电解槽运行产生的热量，将新加入的阳极糊焙烧成为坚实的固体阳极。阳极因此能连续使用，正好与电解的连续过程相适应。但自焙阳极铝电解槽在铝电解运行中焙烧阳极时，散发出有害的沥青烟气，污染生产厂房和外部环境；且回收烟气并加以净化较为困难，回收净化费用也较高，因此自焙阳极电解槽已经被彻底淘汰。

所谓预焙阳极，是指预先经过压型和焙烧制成的炭素阳极。将沥青焦、石油焦等炭素材料糊振动成型（阳极炭块），在1573K左右的高温下进行蒸馏处理以除去挥发物，然后将其与作为黏结剂的沥青混合成块状固体物料，经烧结形成阳极。预焙阳极在电解时不断消耗，随着电解过程的进行，阳极不断下降，当预焙阳极消耗到不能继续使用时就要更换新的预焙阳极，这就是不连续预焙阳极电解过程。尽管不连续预焙阳极电解要不断更换预焙阳极，但电解烟气的净化很容易实现机械化和自动化，预焙阳极在专门的焙烧炉内焙烧过，它的沥青烟气正好作为燃料使用，所以不会在铝电解槽上散发出来。从机械化和自动化程度来评价，目前预焙槽最好。

电解过程中，阳极要不断消耗，同时要通过调整极距来调整电解液的温度。因此，铝电解槽有悬挂和升降阳极的专门机构，以便正常操作时通过升降阳极来调整极距。所谓极距，是指阳极底掌与金属铝液表面之间的垂直距离。极距减小，电解温度降低；相反，极距增大，电解温度升高。工业电解槽应在不影响电流效率的条件下尽可能保持较小的极距，以便节省电能。工业电解槽的极距一般保持在4～6cm。

7.4.3.3 母线装置及气体回收装置

母线装置由阳极母线、阴极母线和立柱母线组成。母线为铝质压延母线或铝质铸造母线。铝母线的配置方式视电解槽排列方式和容量的不同而不同。配置母线需经过精心设计，以求减弱磁场对电解运行的有害影响并节省母线用量。现代化大容量预焙阳极铝电解槽一般采用横向排列，母线配置采用多端（4端或5端）进电方式。中小型铝电解槽一般采用纵向排列，母线配置采取双端或单端进电方式。

为了防止气体从铝电解槽逸出，预焙阳极铝电解槽用带有筋板的铝板构成多片单槽罩或整体槽罩，将电解槽密封。

7.4.3.4 铝电解槽的发展

铝电解生产技术的发展主要表现为计算机控制下的单槽生产能力增加。在铝工业初期曾采用4000～8000A小型预焙阳极电解槽，其每昼夜的铝产量为20～40kg；而目前大型电解槽的电流达到170～500kA，每昼夜单槽铝产量增加到1200～3400kg。

随着电解槽生产能力的增大，铝电解槽的电流效率以及电能消耗也有很大变化。铝工业生产初期电流效率只有70%左右，电能消耗高达42kW·h/kg；现在电流效率已提高到94%～96%，电能消耗已降低到12.8kW·h/kg左右。

7.4.4 铝电解槽中的电极过程

7.4.4.1 阴极过程

电解炼铝时，铝电解槽阴极上的基本电化学过程是铝氧氟配离子中Al^{3+}离子的放电析出。除此之外，在一定条件下还会有钠析出。

A 阴极反应

铝、钠两种金属按下列反应在阴极上析出：

$$Al^{3+}_{(配合)} + 3e = Al$$

$$Na^{+} + e = Na$$

在纯冰晶石熔体或冰晶石-氧化铝熔体中，当温度为1213～1283K时，铝是比钠更正电性的金属。因此，在阴极上发生的一次电极过程主要是Al^{3+}离子放电析出金属铝。但由于Al与Na的电位差仅为0.1～0.2V，在一定条件下仍可能有Na同时析出。这里所说的一定条件主要是指电解槽温度和阴极电流密度。在其他条件相同时，提高电解槽温度、增大阴极电流密度均使Na析出的可能性增大。

在生产上为使阴极上放电析出的钠减少到最低程度，通常是在电解质中保持过量的AlF_3，也就是采用酸性电解质。当AlF_3含量增高时，Al^{3+}离子的放电电位增大，而Na^+离子的放电电位则减小。因此，提高电解质的AlF_3含量便可使Na析出的可能性减小。此外，避免电解质过热也是防止Na析出的必要条件。

B 阴极金属（铝）的溶解

电解炼铝时，金属铝会部分地溶解在熔融电解质中，从而造成铝的损失并使电流效率降低。虽然铝在电解质中的溶解度很小（在电解温度下不超过0.1%），但是它分布在整个电解质中，而在工业电解条件下电解质并未与空气隔绝，因此，铝在电解质表面上不断被空气和阳极上析出的气体所氧化。由于溶解于电解质中的铝不断被氧化，铝在熔体中的浓度总是低于平衡浓度，因而铝不断地溶解，这样就引起铝的不断损失。这种损失随温度的升高而增大，因此，在尽可能低的温度下进行电解是降低铝溶解损失的有效措施。

7.4.4.2 阳极过程

A 阳极反应

铝电解槽的阳极过程比较复杂，因为炭阳极本身也参与电化学反应。炭阳极上的一次反应是铝氧氟配离子中的氧离子在炭阳极上放电，生成二氧化碳：

$$2O^{2-}_{(配合)} + C - 4e = CO_2$$

因此，铝电解过程的总反应式为：

$$2Al^{3+} + 3O^{2-}_{(配合)} + \frac{3}{2}C = 2Al + \frac{3}{2}CO_2$$

实验表明，除了非常小的电流密度之外，阳极一次气体的组成接近100% CO_2。

B 阳极效应

阳极效应是熔盐电解，特别是冰晶石-氧化铝熔盐电解过程中发生在阳极上的一种特殊现象。阳极效应的外观特征是：槽电压急剧升高，从正常的4.5～5V突然升到30～40V（有时高到60V），在与电解质接触的阳极表面出现许多微小的电弧。

现在有关阳极效应发生机理的学说很多，但一般认为阳极效应的发生是由于电解质对炭阳极的润湿性发生改变。当电解质中有大量Al_2O_3时，电解质在炭阳极上的表面张力小，因而能良好地润湿阳极表面，在这种情况下，阳极电化反应的气体产物很容易从阳极表面排出（以气泡形态逸出）。随着电解过程的进行，电解质中溶解的Al_2O_3逐渐减少，电解质对阳极的润湿性越来越差。最后，当Al_2O_3的浓度降低到某一数值时，电解质在阳极表面上的表面张力增加，对阳极的润湿性减小，这时阳极电化反应产生的气泡就会滞留在阳极表面上，并且很快在阳极表面上形成一层由气泡组成的气体膜层，因而使槽电压急剧升高，发生阳极效应。当向电解质中加入一批新的Al_2O_3时，电解质重新具有润湿阳极的能力，又开始润湿阳极，从阳极表面很快地把气体薄膜排挤开，阳极效应熄灭，槽电压降低下来，恢复到正常值。

正常操作的电解槽，当电解质中 Al_2O_3 的含量降低到0.5% ~1.0%时，就会发生阳极效应。

阳极效应使电能消耗增加，电解质过热，挥发损失增大。阳极效应能预告向电解槽中加入新 Al_2O_3 的时间，并且可以根据它来判断电解槽的操作是否正常。如果电解槽操作正常，那么阳极效应的周期（两次效应之间的时间间隔）是一定的，而且与加入电解槽中的 Al_2O_3 量、工作电流相适应；如果阳极效应推迟或提前到来，则说明电解槽操作不正常，如阳极效应推迟到来，就很可能是电解槽发生了漏电等。从工艺上考虑，阳极效应应当越少越好，一般控制在每48h一次，即阳极效应系数为0.5。

7.4.4.3 电解过程中的副反应

在电解炼铝时，除了上述主要反应之外还发生一些副反应，其中最重要的是碳化铝的生成和电解质成分的变化。

A 碳化铝的生成

电解炼铝时，在电解槽中总会有碳化铝生成，反应如下：

$$4Al + 3C \longrightarrow Al_4C_3$$

在通常情况下，碳与铝之间的反应要在1973 ~2273K高温下才会发生；而在铝电解槽中，在1203 ~1223K的电解温度下就有碳化铝生成。较多的研究者认为，由于处于熔融冰晶石层下面的金属铝表面上没有通常情况下总是存在于铝表面的氧化铝薄膜，这就使铝与碳的交互作用容易发生。

碳化铝是难熔的固体，密度大，沉积于电解槽底部。渗入炭电极孔洞、裂隙中的铝，也会在那里生成 Al_4C_3。由于碳化铝的导电性很小，它存在于电极和电解质中会引起电阻增大、槽电压增大，最终表现为电能消耗增大。

由于阴极炭块中产生 Al_4C_3 以及吸收电解质和 Al_2O_3，使阴极逐渐“老化”而失去工作能力，所以阴极炭块要定期拆换。

B 电解质成分的变化

电解槽内的电解质随着使用时间的延长，其成分会发生变化，使冰晶石比不能保持在规定的范围内。

使电解质成分发生变化的原因除了易挥发的 AlF_3（其蒸气压在电解温度下约为933Pa）发生挥发损失之外，最主要的原因是随氧化铝和冰晶石带入电解槽中的杂质 SiO_2、Na_2O、H_2O 等与冰晶石发生作用。

由于氢氧化铝洗涤不好而在 Al_2O_3 中留下的 Na_2O，按如下反应使冰晶石分解：

$$2Na_3AlF_6 + 3Na_2O \longrightarrow Al_2O_3 + 12NaF$$

作为 Al_2O_3 与冰晶石的杂质而进入电解槽的 SiO_2，按如下反应使冰晶石分解：

$$4Na_3AlF_6 + 3SiO_2 \longrightarrow 2Al_2O_3 + 12NaF + 3SiF_{4(g)}$$

生成了挥发性的四氟化硅，造成NaF的过剩。

随 Al_2O_3 带入的水分也会使冰晶石发生分解，反应如下：

$$2Na_3AlF_6 + 3H_2O \longequal Al_2O_3 + 6NaF + 6HF_{(g)}$$

上述所有反应都使冰晶石比增大，使冰晶石中出现 NaF 过剩的现象，电解质由酸性变为碱性。

7.4.5 电解槽的操作

对于自焙阳极电解槽来说，电解槽正常工作期间的操作大致可归纳为六个主要步骤：

（1）加料。按一定时间打破电解槽槽面的电解质结壳，添加定量的氧化铝。加料有间断加料和半连续加料两种方式。前者通常用天车联合机组、地面半龙门式联合机组或地面行走的压壳机、打壳机和加料机进行打壳加料，后者是用装于电解槽纵向中央部位的自动打壳加料装置进行打洞加料。现代化大型预焙阳极槽已发展为按需要加料，接近连续加料。

（2）调整电解质成分。在电解过程中由于 AlF_3 挥发，冰晶石分解，电解质的成分在逐渐发生变化，使冰晶石比超出了规定的范围。在电解槽正常生产时期，调整电解质成分就是定期向槽内添加一定数量的 AlF_3，使电解质的冰晶石比保持在规定范围内。

（3）调整极距和电解槽温度。正常工作的电解槽，极距为 4.5 ~ 5cm。随极距的减小，电解质的温度降低；随极距的增加，电解质的温度上升。利用阳极机构升降阳极，即可改变极距。

（4）阳极作业。在电解过程中阳极底部被氧化燃烧，为使电解过程连续，需定期用新的预焙阳极块更换已消耗的旧预焙炭块（残极）。

（5）出铝。随着电解过程的进行，槽内铝液逐渐聚积于槽底部，必须定期从槽内取出。目前，自电解槽出铝普遍采用真空罐法，其原理是：将有盖密封的盛铝罐抽至一定真空度，利用内外压力差将铝液吸入盛铝罐内。由于出铝会给电解槽正常工作带来有害影响，应力求出铝间隔时间尽可能长些，一般正常工作的电解槽，每 3 ~ 4 昼夜出铝一次。为了防止铝离子直接在阴极炭块上析出而破坏槽底（生成 Al_4C_3）和防止电解槽的热平衡受到严重破坏，应避免出铝前后电解槽温度波动过大，所以每次出铝不能过多，即出铝后槽内必须保留一定数量的铝液，一般控制出铝后槽内铝液水平不低于 18cm。为避免电能过多地消耗，在出铝时应逐渐使阳极下降，并尽可能保持正常极距和正常槽电压。

（6）熄灭阳极效应。阳极效应是电解槽熔盐电解过程中发生在阳极上的一种特殊现象。在传统的电解槽管理模式中总是突出阳极效应的优点，形成了以效应管理为中心的电解槽管理理念。随着现代大型预焙电解技术的发展，“以阳极效应管理为中心”的技术控制思路逐渐被“以控制过热度为中心”的控制思想所取代，阳极效应的控制问题也就日益成为铝电解行业发展的瓶颈。零效应系数的控制思想逐渐得到全球铝行业的广泛认同。一旦发生阳极效应，就要立即熄灭。熄灭阳极效应的方法有三种：

1）将氮气通过预热好的钢管从中缝通入阳极底掌，通过气流搅动铝水与电解质，破坏在阳极底掌形成的气体薄膜，帮助气体逸出，达到熄灭阳极效应的目的；

2）用效应棒（木棒）熄灭，或降低阳极、增加氧化铝的下料量；

3）用钢制大耙刮阳极底掌，排除底掌下面的气膜，熄灭阳极效应。

7.4.6 原铝液的净化

从电解槽抽出来的铝液中，通常都含有 Fe、Si 以及非金属固态夹杂物、溶解的气体等多种杂质，因此需要经过净化处理，清除掉一部分杂质，然后铸成商品铝锭（Al 99.85%）。原铝液净化有两种方法，即熔剂净化法和气体净化法。

熔剂净化法主要是清除铝中的非金属夹杂物，所用的熔剂由钾、钠、铝的氟盐和氯盐组成。几种常用的熔剂成分及熔点如表 7-4 所示。熔剂直接撒在铝液表面上；或者先加在抬包内，然后倒入铝液，同样起到覆盖剂的作用。熔剂用量为 3 ~5kg/t。

表 7-4 原铝液净化用的熔剂成分及熔点

熔 剂	Na_3AlF_6/%	NaCl/%	KCl/%	$MgCl_2$/%	熔点/K
1	45	30	25	—	933
2	—	45	45	10	873
3	10	40	40	10	873

现在气体净化法广泛应用氮气。在该法中用氧化铝球（刚玉）作过滤介质，N_2 直接通入铝液内，铝液连续送入氮化炉内，通过氧化铝球过滤层并受氮气的冲洗，于是铝液中的非金属夹杂物及溶解的氢均被清除，然后连续排出。

7.4.7 铝电解的主要指标及发展方向

7.4.7.1 铝电解的主要指标

铝电解生产的技术经济指标如表 7-5 所示。

表 7-5 铝电解生产的技术经济指标

指 标	数 值	指 标	数 值
电解质温度/K	1223 ~ 1243	电能消耗/kW · h · t^{-1}	12500 ~ 13500
阳极电流密度/A · cm^{-2}	0.70 ~ 0.82	氧化铝消耗/kg	1920 ~ 2000
电极距/cm	3.8 ~ 5.0	冰晶石消耗/kg	5 ~ 10
槽电压/V	3.8 ~ 4.5	氟化铝消耗/kg	15 ~ 30
电流效率/%	90 ~ 96	添加剂消耗/kg	5
原铝质量(w(Al))/%	99.5 ~ 99.7	阳极糊消耗/kg	520

7.4.7.2 铝电解的发展方向

（1）纯冰晶石的熔点较高（1281.5K）、导电性能不好、腐蚀性强以及氧化铝在其中的溶解量不大等，均导致熔盐电解法生产铝时电能消耗大，建设投资和生产费用高。多年来，为了克服其缺点，促使人们去寻找能代替它的新物质，但至今尚未取得成功；同时，人们也研究使用一些添加物（如氟化钙、氟化镁、氟化锂等）来改善冰晶石-氧化铝熔体的性质。因此，铝工业用的电解质已经远不是简单的二元系，而是多元系。现将添加物氟化钙、氟化镁、氟化锂对电解质熔融温度的影响列于表 7-6。

表 7-6 添加物对电解质熔融温度的影响

电解质成分	未加添加物时的熔融温度/K	加添加物时的熔融温度/K		添加物种类
		5%	10%	
2.7% $NaF \cdot AlF_3$ + 5% Al_2O_3	1255	1238	1226	CaF_2
		1223	1193	MgF_2
		1203		LiF

（2）影响铝在电解质中溶解度的最大因素是温度，温度越高，铝的溶解损失越大。对铝电解槽的多次测量结果表明，温度每升高 283K，电流效率降低 1% ~2%。因此，电解槽力求保持低温操作对于提高电流效率是有好处的。

（3）经过 40 年，电解槽的容量由 50 ~60kA 发展到 500kA，电解槽单位面积产铝量增加了 5 ~10 倍。

（4）电解槽寿命由 50 年前的 600 天提高到 2500 ~3000 天。

（5）铝电解生产环境保护得到显著改善。电解铝生产有害烟气（CO_2、CF_4 和 C_2F_6）会产生温室效应，氟化物、沥青烟和 SO_2 气体会产生区域性空气污染，氟化物对生物和植物都有影响。所以，近 20 年来世界铝工业采取了许多措施来净化烟气和减少氟的排放。在采用现代化预焙阳极电解槽的铝厂几乎没有沥青烟，只是在筑炉扎热糊时有少量逸出。欧洲原铝工业的氟排放量已从 1974 年的约 3.8kg/t 减少到 2010 年的 0.5 ~0.7kg/t，目前有些国家已达到 0.4 ~0.5kg/t。从某种角度来说，其危害已几乎不存在。

我国铝电解技术水平自 20 世纪 80 年代起有了很大的提高，在学习国外先进技术的同时，我国自行开发和应用了 186kA、200kA、500kA 系列电解槽成套技术和装备，并且研制开发了超大容量（320kA 和 480kA）工业试验铝电解槽技术，各项技术经济指标正朝着世界先进水平迈进。铝电解的发展方向介绍如下，有些已经在生产上应用：

（1）氧化铝输送——浓相输送和超浓相输送；

（2）阳极制备——降低阳极过电位和延长寿命；

（3）电解槽操作与管理的计算机控制；

（4）磁场的研究——多端供电使阴极铝液平稳；

（5）电磁冶金在低氧铝制取方面的应用；

（6）惰性阳极电解——金属陶瓷 $NiFe_2O_4$ 氧化物膜；

（7）氯化铝电解；

（8）惰性阴极技术——TiB_2，导电氧化物膜；

（9）电解槽侧壁耐铝水材料——Si_3N_4，SiC；

（10）电解槽底部耐火防渗保温技术 BF-Ⅱ；

（11）电解质改良——低温电解；

（12）铝电解槽焙烧启动技术；

（13）熔盐电解生产铝基合金——Al-Mg，Al-Li，Al-Sr，Al-Zr；

（14）铝电解的环境保护。

7.4.8 原铝的精炼

Na_2AlF_6-Al_2O_3 熔盐电解所得到的铝，其铝含量一般不超过 99.8%，称为原铝。含铝

99.99% ~99.996% 者为精铝，含铝 99.999% 以上者为高纯铝，含铝 99.9999% 以上者为超纯铝。我国目前通行的精铝质量标准见表 7-7。

表 7-7 精铝质量标准

品 位	Al/%	Fe/%	Si/%	Cu/%	Fe、Si、Cu 总和/%
高一级品	≥99.996	0.0015	0.0015	0.001	≤0.004
高二级品	≥99.99	0.003	0.0025	0.005	≤0.01
高三级品	≥99.97	0.015	0.015	0.005	≤0.03
高四级品	≥99.93	0.04	0.04	0.015	≤0.07

电解原铝的质量基本上能满足国防、运输、建筑、日用品的要求。但是，有些部门对铝的质量标准要求超过上述，如制造某些无线电器件、照明用的反射镜及天文望远镜的反射镜、石油和化工机械及设备（如维尼纶生产用反应器、储装浓硝酸和双氧水的容器等）以及食品包装材料和容器等需要精铝或高纯铝，甚至超高纯铝。精铝比原铝具有更好的导电性、导热性、可塑性、反光性和抗腐蚀性，其中最有价值的是它的抗腐蚀能力。铝的纯度越高，表面氧化膜越致密，与内部铝原子的结合越牢固，使它对某些酸和碱、海水、污水及含硫空气等表现出很好的抗腐蚀性。铝是导磁性非常小的物质，在交变磁场中具有良好的电磁性能，纯度越高，其导磁性越小、低温导电性越好。所以，精铝及高纯铝在低温电工技术、低温电磁构件和电子学领域内有着特殊的用途。

精铝一般需通过原铝的精炼获得。原铝精炼方法很多，主要有三层液精炼法、凝固提纯法、区域熔炼法以及有机溶液电解精炼法等。

7.4.8.1 三层液电解精炼法

三层液电解精炼法由贝茨（A. G. Betts）于 1905 年提出，可使纯度约为 99.7% 的原铝提纯为含铝 99.996% 的精铝，并于 1922 年第一次在工业上得到应用。精铝的导电性和耐腐蚀性比原铝好，多用作制造电工器件、耐腐蚀器皿及其他一些特殊用途的产品。

A 三层液电解精炼法的基本原理

利用精铝、电解质和阳极合金的密度差形成液体分层，在直流电的作用下，阳极合金中的铝进行电化学溶解，生成 Al^{3+} 离子：

$$Al = Al^{3+} + 3e$$

Al^{3+} 离子进入电解液以后，在阴极上放电，生成金属铝：

$$Al^{3+} + 3e = Al$$

阳极合金中铜、铁、硅、锌、钛、铅、锰等元素不被电化学溶解，在一定浓度范围内仅积聚于阳极合金中，这是由于其电位均正于铝且在合金中还有足够量铝的缘故；而钠、钙、镁等几种电位负于铝的元素同铝一起溶解，生成 Na^+、Ca^{2+}、Mg^{2+} 进入电解液并积聚起来，在电解精炼所控制的电压条件下只有 Al^{3+} 优先在阴极表面放电，Na^+、Ca^{2+}、Mg^{2+} 离子则留存于电解质中。因此，在阴极上得到纯度较高的精铝。

B 三层液电解精炼的体系

铝三层液电解精炼的主要设备是电解槽。电解槽最外部为钢壳，内衬石棉板，里面是保温砖和耐火砖，底部最里面由镶有钢棒的炭块砌成，侧面内部由镁砖砌成，在一侧修有料室，经侧下部与阳极合金连通，其结构如图 7-10 所示。液体铝阴极（精铝）与阴极母线的连接有三种方式，即用固体铝阴极（由精铝铸成）、用石墨电极、用液体铝电极。电流从阳极母线经阳极钢棒导入底部炭块，然后经阳极合金、熔融电解质、阴极铝液、固体铝阴极（或石墨电极、液体铝电极）导入阴极母线，再进入下一电解槽。阴极母线可上下移动以调节电极位置。

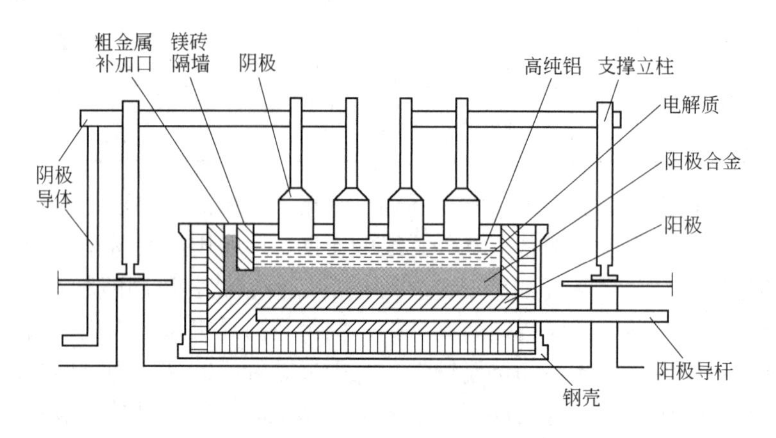

图 7-10　铝三层液电解精炼的电解槽

电解质有氟氯化物和纯氟化物两大体系，其组成和性质如表 7-8 所示。

表 7-8　铝三层液电解精炼用电解质的组成和性质

组成和性质		氟氯化物	纯氟化物
组　成	NaF 与 AlF_3 的摩尔比	1 ~ 1.5	0.75 ~ 1.5
	$BaCl_2$ 的质量分数/%	55 ~ 60	0
	NaCl 的质量分数/%	0 ~ 5	3 ~ 0
	BaF_2 的质量分数/%	—	18 ~ 35
主要性质	密度/$kg \cdot m^{-3}$	2700	2500
	电导率/$S \cdot m^{-1}$	100 ~ 130	90 ~ 300
	初晶温度/K	993 ~ 1103	948 ~ 973
	操作温度/K	1033 ~ 1073	1013 ~ 1023
	挥发性	较　小	较　大

为了减少热损失，降低电耗，减少电解质挥发损失，NaF 与 AlF_3 的摩尔比一般控制在 1 ~ 1.5 之间。加入钡盐主要是为了提高电解质的密度，使之介于精铝密度（$2.3g/cm^3$）和阳极铝铜合金密度（$3.2 \sim 3.5g/cm^3$）之间，一般为 $2.7g/cm^3$。NaCl 可提高电解质的电导率，并防止在阴极上生成高熔点的 BaF_2。氟氯化物电解质因初晶温度较低、电导率较高而多被采用。

原料为由原铝（待精炼的铝）和铜组成的阳极合金，含铜 33% ~ 45%，熔点为 823K。铜在理论上不消耗，它的作用是提高合金密度以达到与电解质、高纯铝分层的目的。精炼过程中阳极合金中的铝不断地消耗，铜含量不断地提高，因此要定时往阳极合金中补充原铝，使其保持所要求的铝含量。精炼过程中硅、铁等杂质在阳极合金中积累，达到硅含量为 5% ~ 7%、铁含量为 3% ~ 5% 时，它们在料室的低温处呈固相残渣析出。固相残渣的主要成分是 $FeAl_3$、Fe_2SiAl_8 和 $FeSi_2Al_4$，要定期从料室中捞出。

C 三层液电解精炼的正常操作

精炼电解槽生产的正常操作包括出铝、补充原铝、补充电解质、清理与更换阴极、捞渣等。

（1）出铝。出铝方法视电解槽的大小而有所不同。对于17～40kA的精炼槽，一般用真空抬包出铝。出铝时，先去掉精铝面上的电解质薄膜，然后将套有石墨套筒的吸管插入精炼层，将精铝吸出。

（2）补充原铝。精炼电解，电流效率为99%，阳极所消耗的铝和吸出的精铝量近似相等。因此，出铝后应往料室中补充数量相等的原铝或注入液态原铝。补充原铝时要搅拌阳极合金熔体，使原铝均匀分布，否则原铝会直接上浮到阴极而污染精铝。

（3）补充电解质。在精炼的过程中，电解质因挥发和生成槽渣（$AlCl_3$、BaF_2、Al_2O_3）而损失，故需要补充。一般在出铝后，用专门的石墨管往电解质层中补加电解质熔体（由母槽提供），以保持其应有的厚度。

（4）清理与更换阴极。在精炼中，石墨阴极的底面常粘有精炼中生成的Al_2O_3渣或结壳，使电流流过受阻，故需定期（15天左右）逐个予以清理。清理工作一般不停槽、停电，故清理工作越快越好。当采用带铝套的石墨阴极时，因铝套变形或开裂，所以需要更换阴极。

（5）捞渣。随着精炼时间的增加，阳极合金中会逐渐积累Si、Fe等杂质，当其达到一定饱和度时，将以大晶粒形态偏析出来而形成合金渣，所以需要定期清除合金渣，以保持阳极合金干净。这种合金渣往往富集有金属镓，应该予以回收。此外，氟化铝水解会生成Al_2O_3沉淀，它对生产不利，也应捞除。

三层液精炼法具有产量大、产品质量高等优点，得到广泛应用。但是它的电耗量大，设备投资也较高。

三层液精炼的槽电压一般为6V左右，其大小由极间距控制。每天需补充电解质以调整极间距，进而达到调整电解温度的目的。电解槽容量一般为8～30kA，有的高达75kA。电流效率一般为95%～98%。

典型的铝三层液电解精炼生产的技术经济指标见表7-9。

表7-9 铝三层液电解精炼生产的技术经济指标

指 标	数 值	指 标	数 值
电流/kA	18	阳极合金铜含量/%	33
槽电压/V	5.5	阴极铝的电流效率/%	97
电解温度/K	993	吨铝直流电耗/kW·h	16000
电解质/%		吨铝物料消耗/kg	
冰晶石(分子比1.5)	40	石墨电极	7
$BaCl_2$	60	铜	8
阴极精铝水平/cm	10	原铝	1030
电解质水平/cm	7～9	电解质	65
电解质密度/kg·m^{-3}	2700		

7.4.8.2 凝固提纯法制取高纯铝

根据固溶体的相平衡理论，完全互溶的固溶体在冷凝（或熔化）时，各种组分在固相和液相中的浓度是不同的，即各种组分在固相和液相中的浓度是不同的。因此，只要将这种固溶体逐步冷却凝固，便可以将某种组分富集在固相或液相中，达到分离或提纯的目的。

杂质元素在固相和液相中的浓度比称为分配系数，用 K 来表示。$K<1$，杂质元素在液相中富集；$K>1$，杂质元素在固相中富集；$K=1$，杂质在液、固相中浓度相近。

凝固提纯分为定向提纯、区域熔炼和分步提纯。

（1）定向提纯。定向提纯法是通过熔融铝液的冷却凝固，除去原铝中分配系数 $K<1$ 的杂质，即在原铝凝固时，$K<1$ 的杂质元素将大部分留在液相之中而被除去，原铝得到提纯。

（2）区域熔炼。区域熔炼法是将已精炼得到的精铝（含 Al 99.99% ~99.996%）铸成细条锭，将其表面氧化膜用高纯盐酸和硝酸除去后，放入光谱纯石墨舟中，再将装有铝锭的石墨舟放入石英管中（管内抽真空），然后顺着石英管外部缓慢移动电阻加热器加热，在铝锭上造成一个 25 ~30mm 的狭窄熔区，熔区温度为 1023K，重复区熔 12 ~15 次，所得产品的纯度则可达 99.999% 以上。区域熔炼法实质上是定向提纯法的另一种形式。所不同的是，该法只是部分熔化，而且熔化区域不断地移动。

（3）分步提纯。分步提纯法是采用化学方法除去 $K>1$ 的杂质，其原理是使杂质元素和硼形成不溶于铝液的硼化物而被除去。

7.4.8.3 有机溶液电解精炼

铝的电位比氢更负，故不能采用电解含铝水溶液的方法制取或精炼铝，因为电解时在阴极上会析出氢气而不会析出铝。采用有机溶液电解法能够克服阴极析氢的问题，因而可以用于铝的电解精炼。齐格勒（Ziegler）等人利用氟化钠和三乙基铝的配合物 $NaF \cdot 2Al(C_2H_5)_3$ 作电解质，在铅阳极上得到 $Pb(C_2H_5)_4$：

$$4(C_2H_5^-:) + Pb = 4e + Pb(C_2H_5)_4$$

在铝阴极上制得纯度为 99.999% 的高纯铝：

$$Al(C_2H_5)_3 + 3e = Al + 3(C_2H_5^-:)$$

电解的电流效率为 98% ~99%，槽电压在 1V 以下，每千克铝的电耗为 2 ~3kW · h。阳极产出的副产物 $Pb(C_2H_5)_4$ 可用作防爆剂。

汉尼巴尔（Hannibal）等人在此基础上添加甲苯（$CH_3C_6H_5$）作电解质，进行了精铝的提纯研究。他们把 $NaF \cdot 2Al(C_2H_5)_3$ 配合物溶解在甲苯中作为有机电解液，电解液中配合物的含量为 50%。采用精铝作阳极，以超纯铝作阴极。电解时，铝从精铝阳极溶解，并在阴极上析出高纯铝。电解温度为 373K，槽电压为 1.0 ~1.5V，电流密度为 0.3 ~0.5 A/dm^2，极间距为 2 ~3mm，阴极电流效率接近 100%。用纯度为 99.99% 的精铝作阳极进行电解时，可得到纯度在 99.9995% 以上的超纯铝。

由上可见，有机溶剂电解精炼法具有电解温度低、电能消耗小等优点，而且能除去凝固提纯法不能分离的杂质。但该法在工业上实施还有待于进一步研究。

7.5 铝 再 生

铝是一种可循环利用的资源，目前再生铝占世界原铝年产量的1/3以上。再生铝与原铝性能相同，可将再生铝锭重熔、精炼和净化，经调整化学成分制成各种铸造铝合金和变形铝合金，进而加工成铝铸件或塑性加工铝材。

我国铝消费增长已为我国再生铝产业的发展蕴藏了丰富的废杂铝资源，但我国所消费的铝产品尚未大规模进入报废期。2011年我国原铝供应量占74%，再生铝供应量仅占18%，其中进口废料占再生铝原料的60%。进口废杂铝是我国再生铝工业的重要支撑。由于进口废铝在我国再生铝原料构成中占有重要比例，目前，我国主要的再生铝产业区域分布在东部沿海及内陆口岸。

再生铝是以回收来的废铝零件、生产铝制品过程中的边角料以及废铝线等为主要原材料，经熔炼配制生产出来的符合各类标准要求的铝锭。这种铝锭采用废铝冶炼，生产成本较低，具有很强的生命力，特别是在科技迅猛发展和人民生活质量不断改善的今天，产品更新换代频率加快，废旧产品的回收及综合利用已成为人类持续发展的重要课题。

7.5.1 再生铝的原材料组成

目前我国再生铝厂利用的废杂铝主要来源于两方面：一是从国外进口的废杂铝；二是国内产生的废杂铝。

7.5.1.1 进口废杂铝

最近几年国内大量从国外进口废杂铝。就进口废杂铝的成分而言，除少数分类清晰外大多数是混杂的。进口废杂铝一般可以分为以下几大类：

(1) 单一品种的废铝。单一品种的废铝一般都是某一类废零部件，如内燃机的活塞、汽车减速机壳、汽车轮毂、汽车前后保险栓、铝门窗等。这些废铝在进口时已经分类清晰，品种单一，且都是批量进口，因此是优质的再生铝原料。

(2) 废杂铝切片。废杂铝切片简称切片，是发达国家在处理报废汽车、废设备和各类废家用电器时，采用机械将其破碎成碎料，然后进行机械化分选产出的废铝。另外，回收部门在处理一些较大体积的废铝部件时也用破碎法将其破碎成碎料，此类碎料也称为废杂铝切片。废铝切片运输方便，容易分选，质地也比较纯净，是优质废铝料。废杂铝切片冶炼比较容易，熔炼时入炉方便，容易除杂，熔剂消耗少，金属回收率高，能耗低，加工成本也低，一般大型再生铝厂均以切片为主要原料。

(3) 混杂的废铝料。混杂的废铝料成分复杂，物理形状各异，除废杂铝之外，还含有一定数量的废钢铁、废铅、废锌等金属和废橡胶、废木料、废塑料、石子等，有时部分废铝和废钢铁机械结合在一起，此类废料少量块度较大，表面清晰，便于分选。此类废料在冶炼之前必须经过预分选处理，即人工挑出废钢和其他杂质。

(4) 焚烧后的含铝碎铝料。焚烧后的含铝碎铝料主要是各种报废家用电器等的粉碎物分选出一部分废钢后，再经焚烧而形成的物料。焚烧的目的是除去废橡胶、废塑料等可燃物质。这类含铝废料一般铝含量为40%～60%，其余主要是垃圾（砖块、石块）、废钢铁以及极其少量的铜（铜线）等有色金属，铝的块度一般在10cm以下。在焚烧的过程中，一些铝和熔点低的物质（如锌、铅、锡等）均熔化，与其他物料形成表面呈玻璃状的物料，肉眼难以辨别，无法分选。

（5）混杂的碎废铝料。混杂的碎废铝料是档次最低的废铝，其成分十分复杂，其中各种废铝含量为40%～50%，其余是废钢铁、少量的铅和铜以及大量的垃圾、石子、泥土、废塑料、废纸等，泥土约占25%，废钢占10%～20%，石子占3%～5%。

7.5.1.2 国内回收的碎废铝料

国内回收的碎废铝料大多较纯净，基本不含杂质（人为掺杂除外），基本可分为三大类，即回收部门所谓的废熟铝、废生铝和废合金铝。废熟铝一般指铝含量在99%以上的废铝（如废电缆、废家用餐具、水壶等）。废生铝主要是废铸造铝，如废汽车零件、废模具、废铸铝锅盆、内燃机活塞等。废合金铝包括废飞机铝、铝框架等。就产生废铝的领域而言，国内回收的碎废铝料可分为生活废铝和工业废铝。

（1）生活废铝。生活废铝来源于日常生活，如废家用餐具、水壶、废铸铝锅盆、废家用电器中的废铝零件、废导线、废包装物、报废机电设备中铝及其合金的废机器零件（如废汽车零部件、废飞机铝、废模具、废内燃机活塞、废电缆、废铝管等）等。

（2）生产企业产生的废铝料。生产企业产生的废铝料一般称为新废料，主要包括铝及其合金在生产过程中产生的废铝，铝材在加工过程中产生的边角料、废次材；机械加工系统产生的铝及其合金的边角料、铝屑末及废产品；电缆厂的废铝电缆；铸造行业产生的浇冒口和废铸件等。

（3）熔炼铝和铝合金生产过程中产生的浮渣。熔炼铝和铝合金生产过程中产生的浮渣即所谓的铝灰，凡是有熔融铝的地方就会有铝灰产生，例如，在铝的熔炼、加工和废铝再生过程中都会产生大量铝灰，尤其以废杂铝再生熔炼过程中产生的铝灰为多。铝灰的铝含量与所选用的覆盖剂和熔炼技术有关，一般铝含量在10%以下，高的可达20%以上。

由于再生铝的原材料主要是废杂铝料，其中含有废铝铸件（以Al-Si合金为主）、废铝锻件（Al-Mg-Mn、Al-Cu-Mn等合金）、型材（Al-Mn、Al-Mg等合金）、废电缆线（以纯铝为主）等各种各样的料，有时甚至混杂一些非铝合金的废零件（如Zn、Pb合金等），这就给再生铝的配制带来了极大的不便。如何把这种含有多种成分的复杂原材料配制成成分合格的再生铝锭，是再生铝生产的核心问题。因此，再生铝生产流程的第一环节就是废杂铝的分选归类工序。分选得越细，归类得越准确，则不利于再生铝质量的因素越少，再生铝的化学成分控制就越容易实现。

7.5.2 再生铝锭生产工艺流程

各地收集来的废杂铝料由于各种原因，其表面不免有污垢，有些还严重锈蚀，这些污垢和锈蚀表面在熔化时会进入熔池中形成渣相及氧化夹杂物，严重损坏再生铝的冶金质量。清除这些渣相及氧化夹杂物也是再生铝熔炼工艺中重要的工序之一。采用多级净化，即先进行一次粗净化除金属杂质，调整成分后进行二级精炼，用过滤、吹惰性气体、加盐类脱杂剂等方法进一步精炼，可有效地去除铝溶液中的夹杂物。

废铝料表面的油污及吸附的水分会使铝溶液中含有大量气体，在再生铝生产中应有效地去除这些气体，以提高再生铝的质量。高质量再生铝锭生产的工艺流程见图7-11。

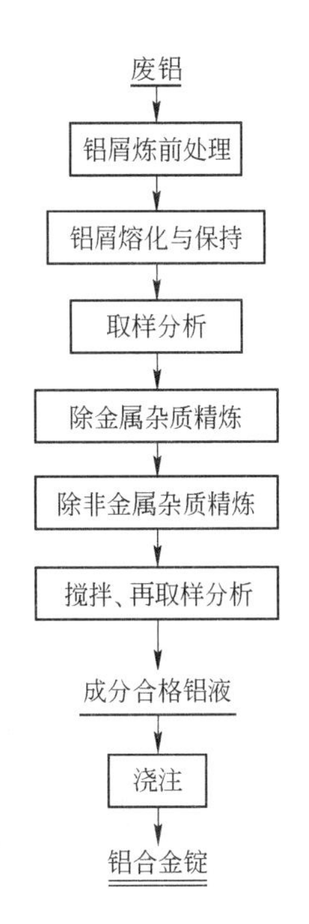

图7-11 高质量再生铝锭生产的工艺流程

7.5.2.1 再生铝原材料的预处理

铝屑炼前处理（也称预处理）包括如下内容：

（1）分选出废杂铝中夹杂的废塑料、废木头、废橡胶等轻质物料，此类杂质可用以水为介质的浮选法除去。

（2）废铝表面涂层的预处理。主要技术有干法和湿法。湿法就是用某种溶剂浸泡废铝，使漆层脱落或被溶剂溶掉。此法的缺点是废液量大、不好处理，一般不宜采用。干法即火法，一般都采用回转窑焙烧法。

（3）采用离心分离机对废铝料进行除油。在使用离心分离机时还可添加各种溶剂（如四氯化碳等）来提高除油效率。

（4）使用转筒式干燥机对铝废料进行干燥。

（5）对表面积大的碎片、薄板（如饮料罐、食品罐、板材冲剪后的角余料等），在除油、漂洗、烘干后，将其捻压成球（坨）状或块状，使其表面积与质量之比小于炉料块，以降低合金元素在熔化中的氧化烧损，并提高熔化率（即熔化速度）。

（6）对含铁、砂等异杂物多的废料，用人工分选法除去其中的铁、钢及其他金属成分，也可采用磁选设备分选出废钢等磁性废料。

最理想的分选方法是按主合金成分把废铝分成几大类，如合金铝可分为铝镁合金、铝铜合金、铝锌合金、铝硅合金等。这样可以降低熔炼过程中除杂技术和调整成分的难度，并可综合利用废铝中的合金成分。尤其是锌、铜、镁含量高的废铝都要单独存放，可作为熔炼铝合金调整成分的中间合金原料。

7.5.2.2 再生铝的熔炼

金属合金熔炼的基本任务是把某种配比的金属炉料投入熔炉中，经过加热和熔化得到熔体，再对熔体进行成分调整，得到合乎要求的合金液体；并在熔炼过程中采取相应的措施控制气体及氧化夹杂物的含量，使其符合规定成分（包括主要组元或杂质元素含量），保证铸件得到具有适当组织（晶粒细化）的高质量合金液。

A 铝合金熔炼作业

铝合金熔炼作业过程为：装炉→熔化→扒渣→加镁、铍等→搅拌→取样→调整成分→搅拌→精炼。

正确的装炉方法对减少金属烧损及缩短熔炼时间很重要。熔点较低的回炉料装在上层，使其最早熔化并流下，将下面的易烧损料覆盖，从而可减少烧损。各种炉料应均匀、平坦分布。

熔化过程及熔炼速度对铝锭质量有重要影响。当炉料加热至软化下榻时应适当覆盖熔剂，熔化过程中应注意防止过热，炉料熔化液面呈水平之后，应适当搅动熔体以使温度一致，同时也利于加速熔化。

当炉料全部熔化至熔炼温度时，即可扒渣。扒渣前应先撒入粉状熔剂，对高镁合金应撒入无钠熔剂。扒渣应尽量彻底，因为有浮渣存在时易污染金属并增加熔体的含气量。

扒渣后根据需要可向熔体中加入镁锭，同时应加熔剂进行覆盖。对于高镁合金，为防止镁烧损，应加入0.002%～0.02%的铍。铍可利用金属还原法从铍氟酸钠中获得，铍氟酸钠与熔剂混合加入。

在取样之前和调整成分之后，应有足够的时间进行搅拌。搅拌要平稳，不可破坏熔体表面氧化膜。熔体经充分搅拌后应立即取样，进行炉前分析。当成分不符合标准要求时，应进行补料或冲淡来调整成分。成分调整后，当熔体温度符合要求时，扒出表面浮渣，即可转炉。

B 除金属杂质的方法

（1）氧化精炼法。氧化精炼法是借助于选择性氧化，将与氧亲和力比铝大的杂质从熔体中除去，例如，镁、锌、钙、锆等生成氧化物转入渣中而与熔体分离。

（2）氮化精炼法。氮化精炼法是利用氮与钠、锂、钛等杂质反应生成稳定的氮化物而将其除去。

（3）氯化精炼法。氯化精炼法是利用铝合金中杂质与氯的亲和力比铝大，当氯气在低温鼓入铝镁合金时发生反应，生成的氯化镁溶于熔剂而被除去。用氮和氯的混合气体也可以完全除去钠和锂。

（4）熔析-结晶法。熔析-结晶法借助于溶解度的差异来精炼除去合金中的金属杂质。工艺上通常是将被杂质污染的铝合金与能很好地溶解铝而不溶解杂质的金属（如镁、锌、汞可除去铝中的铁和其他杂质）共熔，然后用过滤的方法分离出铝合金液体，再用真空蒸馏法从此合金液体中将加入的金属除去。

7.5.2.3 再生铝的精炼

当金属熔化、成分调整完毕后，接下来就是铝液的精炼工序。铝合金精炼的目的是通过采取除气、除杂措施来获得高清洁度、低含气量的合金液。

A 除金属杂质的方法

（1）过滤法。过滤法是将铝合金熔体通过活性或惰性的过滤材料除去杂质。合金熔体通过活性过滤器时，固体夹杂颗粒与过滤器发生吸附作用而被阻挡除去。

（2）通气精炼法。通气精炼法即向炉渣中通入氯气、氮气、氢气进行精炼，当通入的气体呈分散状鼓入熔体时，原溶于合金液中的氢气扩散到鼓入气体的小气泡中而发生脱气作用，同时也可脱除氧化物和其他不溶杂质。精炼时用含Cl 15%、CO 11%、N_2 74%的混合气鼓风（称为气法），能保证每100g合金中溶解的氢含量从0.3cm^3降为0.1cm^3，氧含量从0.01%降为0.0018%。

（3）盐类精炼法。盐类精炼法是用盐类熔剂处理合金体，以脱除熔体中的气体和非金属夹杂物。常用盐类有冰晶石粉及各种金属卤化物。

（4）真空精炼法。真空精炼法是在400～500Pa真空下，铝熔体脱气20min，使铝熔体脱除氢气。一般每100g液体铝合金的氢含量可从0.42cm^3降为0.06～0.08cm^3。

按其原理来说，精炼工序有两方面的功能：一方面是对溶解态的氢，主要依靠扩散作用使其脱离铝液；另一方面是对氧化物夹杂，主要通过加入熔剂或气泡等介质的表面吸附作用来去除。

B 除气

一般都是采用浮游法来除气，其原理是：在铝液中通入某种不含氢的气体产生气泡，这些气泡在上浮过程中将溶解的氢带出铝液，逸入大气。为了得到较好的精炼效果，应使导入气体的铁管尽量压入熔池深处，铁管下端距离坩埚底部100～150mm，以使气泡上浮的行程加长，同时又不至于把沉于铝液底部的夹杂物搅起。通入气体时应使铁管在铝液内缓慢地横向移动，以使熔池各处均有气泡通过。应尽量采用较低的通气压力和速度，因为这样形成的气泡较小，扩大了气泡的表面积，且由于气泡小，上浮速度也慢，因而能去除较多的夹杂物和气体。同时，为保证良好的精炼效果，精炼温度的选择应适当，温度过高，则生成的气泡较大而很快上浮，使精炼效果变差；温度过低，则铝液的黏度较大，不利于铝液中的气体充分排出，同样也会降低精炼效果。

用超声波处理铝液也能有效地除气。它的原理是：通过向铝液中通入弹性波，在铝液内引起“空穴”现象，这样就破坏了铝液结构的连续性，产生了无数显微真空穴，溶于铝液中的氢即迅速地逸入这些空穴中而成为气泡核心，继续长大后呈气泡状逸出铝液，从而达到精炼效果。

C 除非金属夹杂物

对于非金属夹杂物，使用气体精炼方法能够有效去除。对于要求较高的材料，还可以在浇铸过程中采用过滤网的方法或使熔体通过熔融熔剂层进行机械过滤等来去除。

为了进一步提高铝合金液的质量，或者当某些牌号铝合金要求严格控制氢含量及夹杂物时，可采用联合精炼法，即同时使用两种精炼方法。如氯盐-过滤联合精炼、吹氩-熔剂联合精炼等方法，都能获得比单一精炼更好的效果。

7.5.3 再生铝生产的设备

再生铝熔炼设备包括熔炼炉、静置炉、风机、燃烧系统等。熔炼炉的作用有：

(1) 熔化炉料和添加剂，炉料包括废铝、中间合金、工业硅和纯铝锭等；

(2) 在炉内一定的温度下使熔融物之间发生一系列的化学和物理反应，使其中的杂质形成浮渣或气体除掉；

(3) 调整成分，使合金中的各种元素含量达到相关标准要求；

(4) 对合金熔融物进行变质等处理，细化晶粒，使合金能够符合相关的物理性能要求。

因此，再生铝合金的生产能力和成本很大程度上取决于熔炼炉的形式和结构。

我国再生铝所用的熔炼炉种类繁多，如反射炉、回转窑、竖平炉、坩埚炉和工频炉等。专门用来重熔废铝的炉子有铝屑炉、铝渣处理回转窑以及最常用的室式反射炉。欧洲熔炼技术最好的国家应属德国。在实际生产中有多种炉型，旋转炉使铝废料在盐熔液覆盖下熔化，该技术应用很广。侧井炉和双室炉应用也很广，前者用于块状废铝、铝屑熔化，后者用于块状废铝、铝屑熔化。

7.5.3.1 侧井炉

侧井炉分为切片炉和铝屑炉。铝屑不同于铝锭，其体积小、质量轻，所以熔炼铝屑的炉子必须解决以下问题：

（1）铝屑一般都呈粉粒状，体积很小，很容易被火焰吹起和氧化，有时最高烧损率在70%以上，应设法减少烧损，提高铝的回收率。

（2）铝屑由于重量很轻，一般都漂浮在铝液表面，应使铝屑快速地沉到铝液下面，使其安全熔化。

为解决好以上问题，在铝屑炉的设计中采取了如下措施：

（1）用高温铝液作为熔化铝屑的热源，不用火焰直接加热铝屑，从而减少了铝屑的氧化烧损。

（2）采用旋流卷吸铝屑，使铝屑快速沉入铝液中。产生旋流的主要方法有机械法和电磁法两种。机械法即指铝水泵＋侧井的方法，该方法可以取得较好的效果。电磁法又分为电磁法和永磁法两种。电磁＋侧井的技术比较成熟，在国外已普遍应用，但电耗大。永磁＋侧井的技术在我国首先用于铝屑炉，目前正在试验阶段。

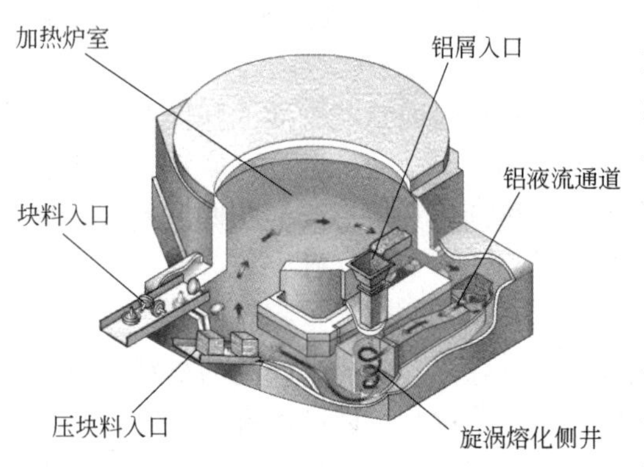

图 7-12　侧井炉结构简图

通过以上措施，铝屑的烧损率大大降低（30%以下），废铝的回收率达到80%。

因为铝屑炉的工艺与一般的熔铝炉和废铝熔化炉不同，所以炉子结构也与一般的熔铝炉有较大差异，其主要由主熔池、副熔池、保温池（溢流储液池）和侧井组成，具体结构见图7-12。

所谓侧井（也称“马桶”），是指铝屑的加入口和旋流的产生处。该炉还可用于废铝切片熔化，那时就无需使用侧井。

7.5.3.2　双室炉

铝屑在熔化回收过程中的难点是铝屑易烧损、浮在铝液表面难以下沉等，为此，铝屑熔炼采用双室结构，即在反射炉外侧安装一个铝水泵，将铝水从反射炉中抽出并打入熔化室，熔化后的铝水重新流入反射炉中加热。图7-13是铝水泵结构简图。

双室熔炼炉炉膛被悬挂隔墙分为加热室和熔解室。加热室内，由切向烧嘴的回转火焰对金属加热，高温烟气经隔墙上的孔洞进入熔解室。流入熔解室的烟气量由挡板进行调节与控制，以便产生所需的预热温度，使铝废料中的污染物发生部分燃烧与分解（或裂解）。分解或裂解的气体由循环风机送入直接加热室进行燃烧，形成对环境无害的燃烧产物。

双室熔炼炉主要由加热室、废料室、铝液循环系统、中央换热器、燃烧系统、控制系统、加料系统等几部分组成，图7-14是双室熔炼炉结构简图。

图 7-13　铝水泵结构简图

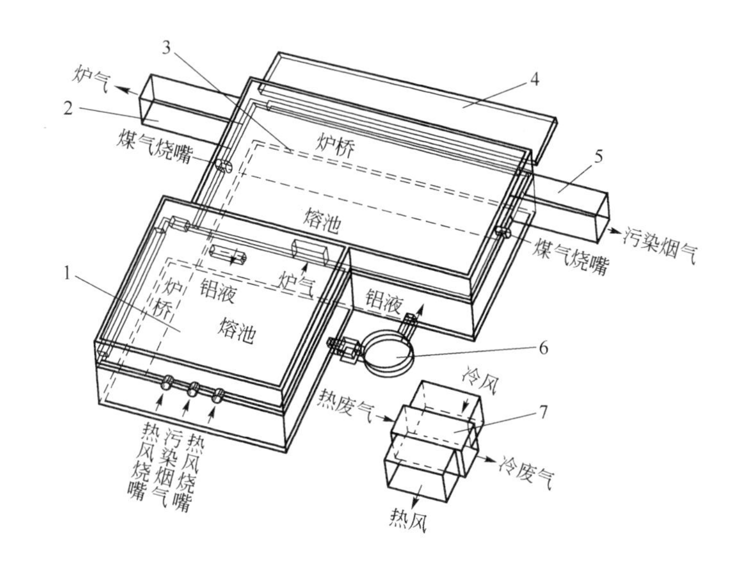

图 7-14　双室熔炼炉结构简图

1—加热室；2，5—循环风通道；3—加料车；4—废料室；6—铝水循环泵；7—换热器

加热室的主要作用是提供熔炼的主要能源，并将铝液的温度和化学成分调整合适后将其放出。其一侧炉墙上设置有两个主燃烧器，主燃烧器产生的热量用于保持加热室炉温在设定范围内。加热室也可加料，炉门口设有一个加料炉桥，适用于工艺废料、铝锭等洁净原料的加入。进入该室的铝液在热辐射的作用下被加热。

废料室主要用于污染较重的铝废料的加料及熔化，其与加热室被一上下均有通道的隔墙隔开，两通道分别用于烟气和铝液通过。废料室炉门口也有一个宽大的加料炉桥，用于各种废铝料的加入与熔化。在靠近炉桥处设有烟气循环风机和辅助加热烧嘴。辅助加热烧嘴的作用是必要时提供热源，保持废料室炉温在设定范围内。烟气循环风机的作用有两个：一是利用本室热烟气预热炉桥上的废料；二是将一部分废料室烟气通过烟道送入加热室。由于废料室烟气中含有一定量的裂解气，这些烟气在加热室中 1273K 以上的温度环境下被彻底二次燃烧分解为无害的无机物，既节能又破坏了其中的二噁英。废料室和加料室中间的隔墙上部设有带闸阀的通道，用于平衡两室间的炉压。废料室的主要热源来自从加热室经电磁泵系统进入该室的高温铝液。

双室熔炼炉的优点有：

（1）铝废料的预热、干燥和熔化均不在直接、猛烈的火焰燃烧下进行，金属烧损少；

（2）在整个熔炼过程中，熔体通过循环式搅拌机进行循环，因而熔体的温度和成分均匀；

（3）由于采用旋转蓄热式的加料机构和炉型，全部烟气均进行余热回收，热效率高，能耗低；

（4）铝废料是在一个密闭系统中加入的，无烟气逸放进入车间，工作环境较好；

（5）在熔炼时无需像国外的双室炉那样添加熔剂，减少了生产成本。

开炉时，在加热室内加入干净的大块铝废料，进行快速熔化，在熔池内形成一定深度的熔体，同时从熔解室的投料口投料并进行预热。当铝液达到一定深度后开启循环搅拌机，使熔体在加热室、熔解室之间进行循环，高温的熔体对从熔解室加料口投进的炉料进行冲刷熔解。熔炼结束后，将铝熔体转注到保温炉中，为实现连续熔炼，双室熔炼炉中应保留一定量的熔体。

复习思考题

7-1 简述拜耳法生产氧化铝的基本原理和工艺流程。

7-2 简述铝酸钠溶液晶种分解的实质与影响分解的因素。

7-3 简述烧结法生产氧化铝的基本原理和影响因素。

7-4 如何产出砂状氧化铝?

7-5 简述生料浆配制的原则。

7-6 写出铝电解两极上的一次反应式和二次反应式，并简要分析。

7-7 简述铝电解阳极效应产生的原因及消除方法。

7-8 简述铝电解正常生产的特征。

7-9 简述铝电解生产的日常作业。

7-10 结合实例，简述再生铝生产设备的特点。

8 钨 冶 金

8.1 概 述

8.1.1 钨的性质和用途

8.1.1.1 物理性质

钨是稀有高熔点金属。致密钨的外观呈钢灰色，通常用还原法制得的粗颗粒钨粉呈灰色，粒度细的钨粉呈深灰色，超细粒级钨粉呈黑色。通常的钨为 α-W，β-W 仅在有氧的条件下存在。β-W 可能就是 W_3O，在 903K 温度以下稳定。α-W 的晶体结构为体心立方体 A2 型，β-W 为体心立方 A15 型。钨的熔点是所有金属中最高的，仅次于碳，为 3683K，沸点约为 5973K。在高温下它的蒸发速度很慢，热膨胀系数也很小。钨的硬度比所有金属都大。钨具有较好的高温强度，即在高温下仍能保持很高的强度。钨的力学性能在很大程度上取决于压力加工的状态。钨在冷态下不能进行压力加工，只有在加热状态下才能进行锻压、轧制成材和拉成细丝。钨的主要物理性质列于表 8-1。

表 8-1 钨的主要物理性质

性 质	数 值	性 质	数 值
原子半径/pm	146	汽化热/kJ · mol^{-1}	772.0
熔点/K	3683 ± 20	密度/kg · m^{-3}	19300(293K),17700(熔点温度的液体)
沸点/K	5973 ± 200	热导率/W · $(m \cdot K)^{-1}$	174(300K)
熔化热/kJ · mol^{-1}	35.2	电阻率/Ω · m	5.65×10^{-8}(300K)

8.1.1.2 化学性质

钨是元素周期表中第 6 周期 $Ⅵ_B$ 族元素，元素符号为 W，原子序数为 74，相对原子质量为 183.85。钨原子的外电子构型为［Xe］$4f^{14}5d^46s^2$，价电子为 $5d^46s^2$。钨的氧化态有 0、+1、+2、+3、+4、+5、+6 等。高氧化态钨呈酸性，低氧化态钨呈碱性。

块状钨在常温空气中是稳定的；在 673K 时开始失去金属光泽，表面形成蓝黑色致密的 WO_3 保护膜；1013K 时 WO_3 由斜方晶系转变为四方晶系，保护膜遭到破坏。钨在高于 873K 的水蒸气中氧化生成 WO_2 和 WO_3。在低于钨的熔点温度下，钨与氢不发生作用，与氮也只在 2273K 以上时才相互作用生成 WN_2。

常温下，钨能与氟化合生成易挥发的 WF_6，而与干燥氯气只在高温（1073K）时才剧烈作用生成 WCl_6。

固体碳和含碳气体（CO、CH_4、C_2H_4 等）在 1073 ~ 1273K 时都会与钨反应生成碳化钨。

常温时，钨在各种强酸（盐酸、硫酸、硝酸、氢氟酸和王水）中稳定，但在氢氟酸与王水的混合酸中，钨很快被溶解。

钨和氧能生成一系列的氧化物，数量达 12 种之多，最重要的是三氧化钨（WO_3）和二氧化钨（WO_2）。

钨酸有两种，从沸腾的钨酸盐溶液中加酸析出的为黄色钨酸，而在常温下加酸析出的是白色钨酸。前者是组成一定的化合物，后者是组成不定的胶状沉淀。

最重要的钨酸盐类有两种，即钨酸钠（Na_2WO_4）和钨酸钙（$CaWO_4$）。

8.1.1.3 钨的用途

钨具有很高的工业价值，无论是金属钨还是各种钨合金，都广泛地应用于国民经济各个部门，其中最重要的有以碳化钨为基的硬质合金、合金钢、耐磨和耐热合金等。据统计，用于生产硬质合金的金属钨占钨产量的 49% ~62%。硬质合金在刀具、量具、模具、地质勘探方面的应用，带来了显著的经济效益。

钨也大量用于钢和有色金属合金的添加剂。钢中含有钨时，可使钢的回火稳定性、红硬性和耐腐蚀能力大大增加。现在工业上生产的性能优异的合金工具钢、高速工具钢、热锻模具钢、结构钢、弹簧钢、耐热钢和磁钢，均添加了钨。据统计，钨产量的 20% 都用于这个方面。

钨的工作温度很高（2773K），是电子工业中广泛应用的重要材料。从 20 世纪初就使用的白炽灯泡的钨丝到现代的光学控制系统、电视、广播、照相术、电影光源的碘钨灯，以及各种类型的电子管、磁控管、X 光管和半导体器件，都使用了各种规格的钨制品。

用粉末冶金方法制造的钨铜、钨银合金，兼有铜和银的优良导电性、导热性以及钨的耐磨性。

钨的各种化合物广泛用作催化剂、颜料、染料及媒染剂等。例如，钨酸铵、偏钨酸铵及其他一些钨化合物用作石油加工的催化剂；碱金属和碱土金属钨酸盐用于装饰油漆，磷钨酸和磷钨钼酸用于有机染料和颜料；钨酸钙、钨酸镁用作显像管中的发光材料；硒化钨用作高温、高真空中的干润滑剂。

8.1.2 钨的原料

地壳中钨的含量是 $1.2\times10^{-4}\%$。在自然界发现的钨矿物有 24 种之多，其中具有工业价值的仅有钨锰铁矿（$(Fe,Mn)WO_4$）和钨酸钙矿（$CaWO_4$）两种矿物，又称之为黑钨矿和白钨矿。黑钨矿是由 $FeWO_4$ 和 $MnWO_4$ 形成的类质同象体，具有弱磁性，常含有微量的钽、铌、钪等元素。白钨矿几乎为纯钨酸钙，无磁性，常含有钼酸钙。

钨的矿床按生成状态可分为脉状矿床和接触矿床两大类。钨矿的工业品位一般为 $w(WO_3)=0.1\%\sim0.5\%$。钨矿床常伴生钼、锡、铜、铋、铍、钽、萤石等有价组分。开采出来的钨矿石一般都要经过选矿富集（主要为重力选矿，辅以浮选、磁选和电选等），这样得到的钨精矿才能用作冶金提取钨的原料。钨精矿中 WO_3 含量一般为 50% ~70%。由于钨矿资源的逐渐贫化以及为了提高钨矿的利用率，近代钨冶金工厂也使用钨中矿、钨细泥等低品位钨原料。含钨杂料主要是碳化钨，其次是金属钨、钨合金、钨钢和含钨催化剂等的残料，其已成为重要的二次钨资源。

8.1.3 钨的生产方法

黑钨精矿和白钨精矿是提取钨的主要工业原料，也有使用钨中矿、钨细泥和含钨废杂料等非标准含钨原料的。提取钨的方法随含钨原料及对产品要求的不同而不同。钨提取冶金的全过程主要包括钨精矿分解、钨溶液净化、纯钨化合物制取、钨粉制取、致密钨制取、高纯致密钨制取6个步骤。此外，黑钨矿碱分解渣综合利用和钨再生也属于钨提取冶金范围。钨生产的原则工艺流程如图8-1所示。

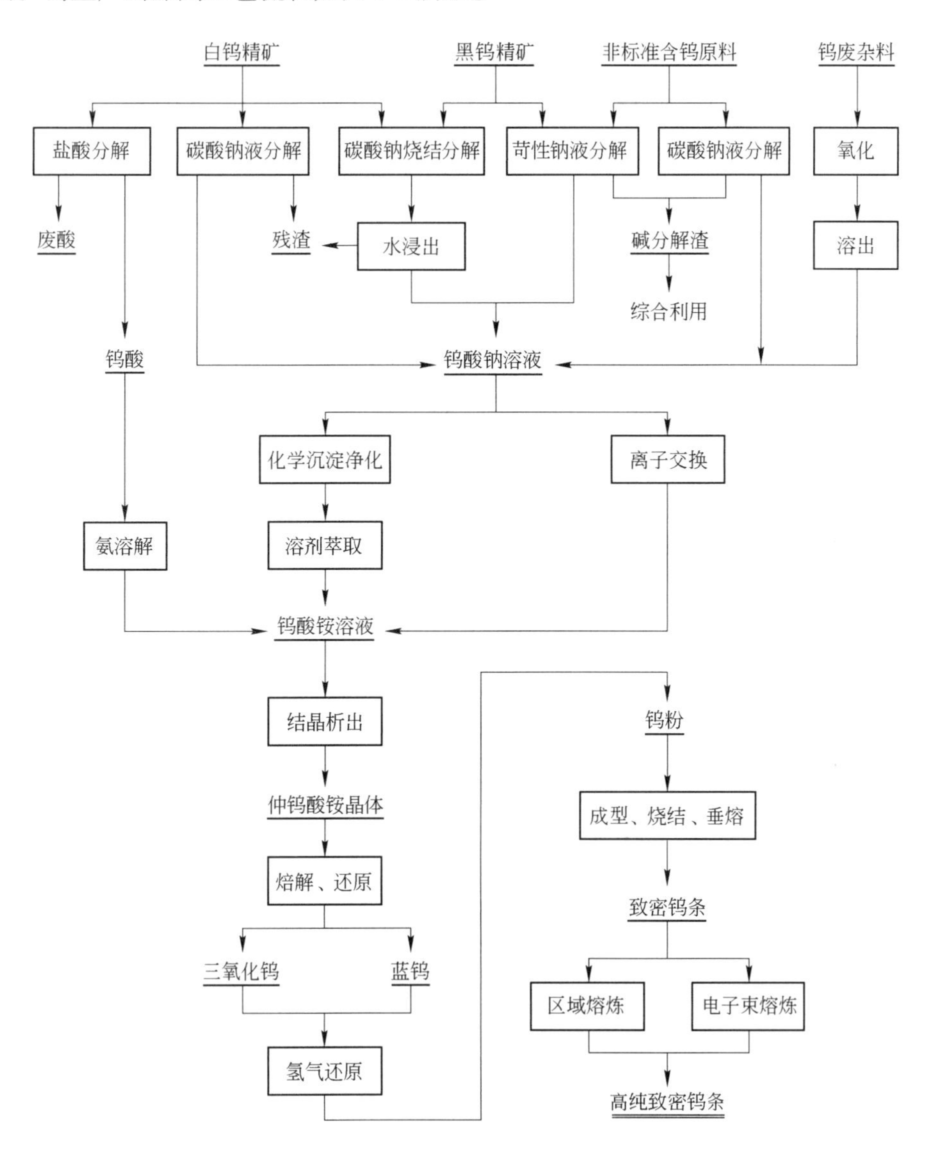

图8-1 钨生产的原则工艺流程

8.2 钨精矿的分解

8.2.1 苏打烧结分解

钨精矿苏打烧结分解法是使钨精矿与碳酸钠在高温下烧结或熔合并发生复分解反应，

生成水溶性的钨酸钠而与大量不溶性杂质分离的钨精矿分解方法。该方法适用于黑钨精矿和白钨精矿的分解。

8.2.1.1 烧结过程的化学反应

在有氧存在时，黑钨精矿中的钨酸铁（$FeWO_4$）或钨酸锰（$MnWO_4$）在1073～1173K的高温下与碳酸钠（苏打）作用，转变成可溶的钨酸钠：

$$2FeWO_4 + 2Na_2CO_3 + \frac{1}{2}O_2 = 2Na_2WO_4 + Fe_2O_3 + 2CO_{2(g)}$$

$$3MnWO_4 + 3Na_2CO_3 + \frac{1}{2}O_2 = 3Na_2WO_4 + Mn_3O_4 + 3CO_{2(g)}$$

反应产生的CO_2气体从反应区内排出，同时二价铁、二价锰氧化成高价。上述反应实际上是不可逆的。

反应产物的状态取决于过程的温度。在1073～1153K温度下，产物为半熔融的糊状物质；在1173～1273K下，产物则为液态熔体。

处理白钨精矿在配料时加入适量的SiO_2，既可降低$NaCO_3$的消耗和防止游离CaO的生成，又有利于提高后续过程钨的浸出率。其反应为：

$$CaWO_4 + Na_2CO_3 + \frac{1}{2}SiO_2 = Na_2WO_4 + \frac{1}{2}Ca_2SiO_4 + CO_{2(g)}$$

$$CaWO_4 + Na_2CO_3 + SiO_2 = Na_2WO_4 + CaSiO_3 + CO_{2(g)}$$

试验表明，在工业生产条件下主要按前一反应进行。

在钨精矿碳酸钠烧结过程中，钨精矿中的硅、磷、砷、钼等杂质同时与碳酸钠发生反应，生成相应的钠盐：

$$SiO_2 + Na_2CO_3 = Na_2SiO_3 + CO_{2(g)}$$

$$Ca_3(PO_4)_2 + 3Na_2CO_3 = 2Na_3PO_4 + 3CaCO_3$$

$$As_2S_3 + 6Na_2CO_3 + 7O_2 = 2Na_3AsO_4 + 3Na_2SO_4 + 6CO_{2(g)}$$

$$MoS + 2Na_2CO_3 + 3O_2 = Na_2MoO_4 + Na_2SO_4 + 2CO_{2(g)}$$

$$CaMoO_4 + Na_2CO_3 = Na_2MoO_4 + CaCO_3$$

钨精矿中的锡石（SnO_2）在烧结温度下不与苏打发生作用。过量的苏打能与氧化铁、氧化锰发生反应，生成铁酸钠及高锰酸钠：

$$Fe_2O_3 + Na_2CO_3 = 2NaFeO_2 + CO_{2(g)}$$

$$4Mn_3O_4 + 13O_2 + 6Na_2CO_3 = 12NaMnO_4 + 6CO_{2(g)}$$

用水浸出时，铁酸钠、高锰酸钠均发生水解而产生碱：

$$Na_2Fe_2O_4 + 2H_2O = Fe_2O_3 \cdot H_2O + 2NaOH$$

$$6NaMnO_4 + 3H_2O = 2Mn_3O_4 + 6NaOH + \frac{13}{2}O_2$$

在烧结料浸出过程中，硅、磷、砷、铝等的钠盐和钨酸钠一同进入溶液。

8.2.1.2 烧结过程的实践

钨精矿碳酸钠烧结分解法主要由炉料配制、烧结和棒磨浸出作业组成。

A 炉料配制

配料的准确性是影响钨精矿碳酸钠烧结分解效果的主要因素之一。为使烧结过程能在回转窑中实现连续化，避免烧结料结瘤，在配料中要加入一定数量的烧结钨渣，使炉料中三氧化钨含量在18% ~22%之间。

黑钨精矿经球磨破碎至粒度小于0.124mm的颗粒比例达到85%。为了保证钨精矿的完全分解，碳酸钠用量为理论量的130% ~150%。在炉料中配入占精矿量3%的硝石作为氧化剂，以加速低价铁、锰的氧化。当黑钨精矿中含有大量钙化合物时，最好在炉料中加入一定量的石英砂，使之与钙结合成不溶解的硅酸盐，以避免生成钨酸钙而降低钨的回收率。若为白钨精矿，还需加入计算量所需的石英砂和占炉料量1% ~2%的食盐。

B 烧结

炉料配制好后即可进行烧结。烧结有间歇和连续两种方式。

(1) 间歇法。小批量生产多采用间歇方式，在由碱性耐火砖砌成的反射炉内进行，炉床面积一般为6 ~8m^2。混合好的物料均匀地铺在炉床上，以每平方米面积上铺70 ~100kg为宜。烧结温度控制在1073 ~1123K，在此温度下炉料呈半熔化状态，经过2 ~3h将糊状烧结物耙出，冷却后磨细并进行水浸。浸出时用蒸汽直接或间接加热到353 ~363K。浸出作业结束后，用框式过滤机过滤，残渣用水洗涤，洗水又用于新的烧结物的浸出；所获得的钨酸钠溶液则送下一步作业。间歇法的缺点是：因过程需要翻料以保证空气中的氧进入炉料而加快反应，所以劳动强度大、生产率低、物料损失多。

(2) 连续法。大批量的工业生产多采用回转窑连续生产方式。回转窑连续烧结设备系统如图8-2所示。回转窑窑身用钢板焊成，内衬耐火砖。窑身通过支撑环轮支承在托轮上，并通过电机和传动装置进行旋转。窑身倾斜约3°。储存在料仓内的已配制好的炉料通过给料机由炉尾加入，随着窑身的旋转而逐步移动至炉头卸出。炉内保持负压，炉气经收尘后排入大气。窑头烧重油或煤粉，高温气流与炉料成逆流运动。连续烧结过程的关键在

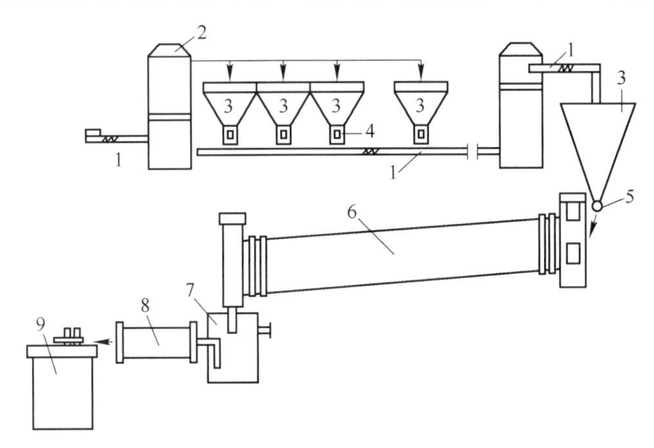

图8-2 钨精矿回转窑连续烧结设备系统

1—螺旋送料器；2—提升机；3—料仓；4—自动秤；5—给料机；6—回转窑；7—炽热箱；8—棒磨机；9—浸出槽

于控制好炉内的温度和负压。黑钨精矿烧结温度控制在1053～1173K，白钨精矿控制在约1273K。负压过小，导致燃料燃烧不完全，也影响铁、锰和其他杂质的氧化；负压过大，又会使温度难以控制，且窑气量加大，导致带走的热量和粉尘增多。

C 棒磨浸出

烧结料由窑头卸入棒磨机，边棒磨、边浸出。浸出温度稍高于363K，由热的烧结块和软化水的热量来维持，不需外部加热。棒磨后料浆的密度在1800～2000kg/m^{3}之间，流入浸出槽内继续搅拌浸出3～4h。

经圆筒真空过滤机过滤后的浸出液的密度为1300～1400kg/m^3。为充分分离出钨渣，浸出液再经压滤机压滤后，用热软化水洗涤，最终调整成密度为1180～1200kg/m^{3}的粗钨酸钠溶液。这种粗钨酸钠溶液含三氧化钨160～180g/L、碱（氢氧化钠）4～8g/L。钨的浸出率可达98%～99%。洗涤后的钨渣（浸出渣）含可溶三氧化钨0.2%～0.5%、不溶三氧化钨1%～2%。

连续法的优点是适应性广、工艺简单、成本低、钨的浸出率高。其缺点是生产率不高、劳动条件差、污染环境、溶液杂质含量高。

8.2.2 黑钨精矿的碱分解

黑钨精矿的碱分解法是使黑钨精矿中的钨与氢氧化钠溶液发生复分解反应，转变为可溶性钨酸钠，从而与大量不溶性杂质分离的钨精矿分解方法。其反应是：

$$FeWO_4 + 2NaOH = Na_2WO_4 + Fe(OH)_{2(s)}$$

$$MnWO_4 + 2NaOH = Na_2WO_4 + Mn(OH)_{2(s)}$$

黑钨精矿的碱分解工艺主要有常压搅拌碱分解和加压碱分解。常压搅拌碱分解工艺采用－0.043mm粒级比例达98%的黑钨精矿粉，氢氧化钠用量为理论量的200%，在383～393K温度下分解8～12h。加压分解工艺采用－0.043mm粒级比例达98%的黑钨精矿粉，苛性钠用量为理论量的110%～150%，矿浆含NaOH 200～300g/L，在453K温度下分解1h。常压和加压碱分解工艺的黑钨精矿分解率为99.8%～99.0%。

近年来发展起来的机械活化碱分解工艺可用于黑钨精矿、钨中矿、低品位钨矿等的分解，并取得了较好的分解效果。这种工艺是将钨矿物料直接与苛性钠溶液一起加入热磨反应器中进行浸出，磨矿和碱分解过程在一个设备中完成，由此产生的强烈搅拌、机械破碎和矿粉活化作用能够加快分解速度，因而可以缩短生产时间、减少能源消耗和提高WO_3浸出率。

黑钨精矿碱分解工艺具有生产流程短、生产效率高等优点，现已成为黑钨精矿的主要分解方法，在NaOH过量系数大的情况下，其也可用于分解黑白钨混合矿甚至白钨精矿。这一方法的缺点是要求原料中硅含量较低、三氧化钨的品位较高（65%～70%）。否则，所获得的钨酸钠溶液中杂质太多，导致沉淀物过滤困难和增加下一步净化的负担。

8.2.3 白钨精矿的苏打水溶液分解

白钨精矿的苏打水溶液分解法是使白钨精矿与碳酸钠溶液在高于大气压下发生复分解

反应，生成可溶性钨酸钠，从而与固体杂质分离的钨精矿分解方法。白钨精矿与苏打溶液的反应如下：

$$CaWO_{4(s)} + Na_2CO_{3(aq)} \longrightarrow Na_2WO_{4(aq)} + CaCO_{3(s)}$$

这一反应只有在温度较高（高于473K）和有相当过量的苏打存在时，才能以较快的速度向右进行，使95% ~98%的钨进入溶液。要维持这样高的温度，必须在高压下进行这一作业。现代工业上采用的回转式高压釜如图8-3所示。

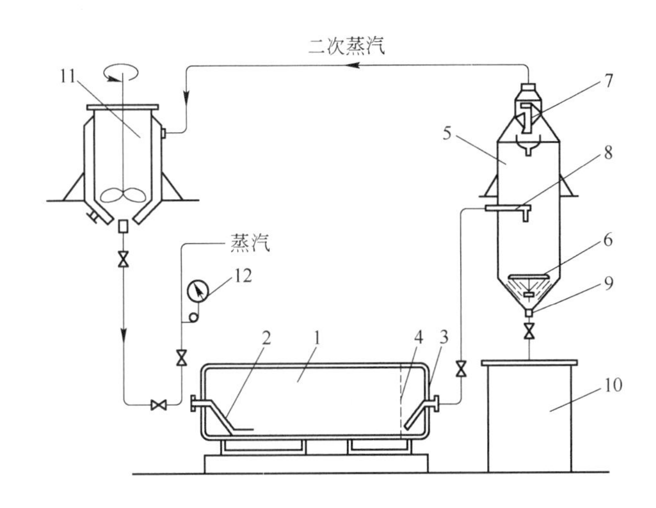

图8-3　回转式高压釜系统图

1—高压釜；2—装料管（并用于通入蒸汽）；3，9—卸料管；4—孔板（用于隔离钢球）；5—自动蒸发器；6—装甲钢制挡板；7—液滴分离器；8—浆液入口；10—料浆槽；11—矿浆制备槽；12—气压表

回转式高压釜中装有钢球，用蒸汽直接加热，保持温度为498 ~523K、工作压力为2.45 ~2.65MPa。由于蒸汽会冷凝成水，矿浆可能会被冲淡30% ~40%。浸出结束后，矿浆从高压釜中引入压力较低（0.147 ~0.196MPa）的自动蒸发器，进行强烈蒸发。矿浆迅速冷却，生成的二次蒸汽由液滴分离器通过支管排出。从自动蒸发器出来的矿浆进入料浆槽，然后过滤。也有的工厂采用带有搅拌器和直接蒸汽加热的立式高压釜。

用苏打水溶液高压分解法处理钨酸钙矿与用苏打烧结法相比，其优点是钨的回收率高。虽然反应结果也产生 $CaCO_3$，但它并不分解，因此对钨溶解进入溶液无影响。另外，此法用于处理低品位原料时比用苏打烧结法优越，因为后者必须将大量的废石通过烧结炉，很不经济。

使白钨精矿完全分解所必需的苏打加入量取决于精矿中 WO_3 的含量。分解较富的精矿时，苏打加入量为理论量的3倍；而分解贫精矿时，则为理论量的4 ~4.5倍。当然，白钨精矿的分解也与温度有关。

高压分解的主要缺点是苏打消耗量大。中和溶液中的高浓度苏打必然增加耗酸量，因此，必须考虑从高压釜中出来的溶液中回收苏打。回收方法有冷冻结晶法和隔膜电解回收法等。冷冻结晶法是将钨酸钠溶液冷却到273K，使60% ~70%的碳酸钠结晶析出。隔膜电解回收法是用阳离子膜将阴极和阳极隔开，使电渗析和电解过程同时进行，用此方法可回收分解液中80% ~90%的过剩碳酸钠。

8.2.4 白钨精矿的盐酸分解

白钨精矿的盐酸分解法是使盐酸与白钨精矿反应生成不溶于酸的钨酸，钙及大部分杂质转变成可溶性的氯化物，从而使钨与钙及其他杂质分离的钨精矿分解方法。用盐酸分解白钨精矿是工业上常用的方法，它最大的优点是一次作业就可获得粗钨酸。反应在 363 ~ 373K 温度下进行：

$$CaWO_{4(s)} + 2HCl_{(aq)} = H_2WO_{4(s)} + CaCl_{2(aq)}$$

这个反应的平衡常数 K 很大：

$$K = \frac{a_{CaCl_2}}{a_{HCl}^2} \approx 10000$$

式中 a_{CaCl_2}，a_{HCl}——分别为 $CaCl_2$、HCl 的活度。

因此，这个反应几乎是不可逆的，可以进行得很彻底。反应结果是钨以 H_2WO_4 形式留于沉淀物中，其中也有未分解的白钨矿和 SiO_2；而钙及某些能溶解于盐酸中的杂质则进入溶液。

虽然反应向右进行得较彻底，但盐酸的消耗量还是比理论值大得多（为理论量的 250% ~300%）。因为钨酸钙矿粒表面生成的钨酸膜会阻碍反应的顺利进行，杂质的存在也要消耗相当数量的盐酸。

在盐酸分解过程中，所生成的钨酸有可能被精矿中硫化物杂质分解所逸出的硫化氢部分还原成低价化合物状态。为了防止低价化合物的产生，分解时需加入一定数量的氧化剂，例如加入 0.2% ~0.5% 的硝酸。

应该指出，盐酸分解白钨矿不可能一次作业就获得满意的结果，尤其在处理低品位精矿时更是如此。一般情况下，钨酸在氨水中溶解后，残余物还需用盐酸重新处理。另外，由于钨酸中有较多的杂质，为得到合格的仲钨酸铵，钨酸要经过数次氨洗净化，这当然是不经济的。因此，盐酸分解法多应用于处理品位高（含 WO_3 75% 以上）和杂质含量少的白钨精矿。

影响白钨精矿盐酸分解的主要因素有：

（1）精矿的粒度。粒度越细，其与盐酸接触的表面积就越大，从而会提高反应速率。但过粉碎也是不必要的，因为它会增加磨矿费用，使矿浆的黏度上升，对提高浸出速率反而不利。

（2）分解温度。升高温度有利于加快反应速率，但温度过高会加大盐酸的挥发损失，恶化车间气氛。

（3）盐酸的浓度。提高盐酸浓度、加大盐酸用量会加快反应速度，但过高的浓度也没有必要，一般为 25% ~30%。

分解作业是在耐酸槽中进行的，温度为 353 ~363K，酸的用量为理论计算量的200% ~300%，分解率可达 90% ~99%。如果反应过程在密闭的加热球磨机中进行，边破碎、边分解，便可除去妨碍钨酸钙进一步分解的钨酸膜。这种球磨机的内衬和球都采用熔融过的辉绿岩材料，但这种设备加热困难。有的工厂采用耐酸搪瓷并带有搅拌器的密封式反应器进行分解作业，并用蒸汽间接加热到反应温度为 373 ~383K，分解过程持续时间一般为 6 ~12h。

8.2.5 非标准钨矿原料的分解

非标准钨矿原料分解法是使非标准钨矿原料中的钨与化学试剂反应，生成水溶性钠盐而与大部分不溶性杂质得以初步分离的钨精矿分解方法。非标准钨矿原料是指钨中矿（包括钨细泥）、等外钨精矿等。钨中矿是在钨矿选矿过程中产出的部分难选低品位钨物料，其量（按 WO_3 计）约为选矿总量的15%。这些难选钨物料的特点是 WO_3 含量低（远低于65%）、杂质多，且有些为黑白钨矿的混合矿，以黑钨矿为主的称为黑钨中矿，以白钨矿为主的则称为白钨中矿。等外钨精矿是指某些指标未达到国家标准的钨精矿，主要是磷、砷、硅、硫和锡等杂质含量较高的精矿。这些非标准钨原料各有其特点，因此分解方法也有所不同。目前工业上采用的主要分解方法有碳酸钠液压煮法、氢氧化钠搅拌浸出法及机械活化碱分解法等。

8.3 钨酸钠溶液的净化和钨酸的生产

8.3.1 钨酸钠溶液的净化

钨精矿分解所获得的粗钨酸钠溶液含有硅、磷、砷、钼等多种杂质。这些杂质的存在不但会影响钨最终产品的纯度，而且会影响钨酸沉淀的澄清和过滤，进而增加钨的损失。所以，在钨沉淀之前必须将这些杂质除去。

8.3.1.1 除硅

当溶液中的 SiO_2 含量与 WO_3 含量之比超过0.001时就必须将其除去。净化的方法通常是用盐酸中和粗钨酸钠溶液，控制pH值等于8～9，硅酸钠便发生水解反应：

$$Na_2SiO_3 + 2H_2O = H_2SiO_{3(s)} + 2NaOH$$

将溶液加热至沸腾，硅酸便凝聚成大颗粒沉淀物析出。具体的做法是：将盐酸加入到已加热至沸腾的碱溶液中，为了防止局部过度中和，将盐酸分成若干小股缓慢加入，并对溶液进行不断地搅拌，因为局部中和过度会引起生成硅钨酸盐和偏钨酸盐，这类盐的存在将降低钨的提取率。中和后的溶液一般还含有游离碱0.1～1g/L。

也可以用 NH_4Cl 代替盐酸中和碱溶液，其反应为：

$$NH_4Cl + H_2O = NH_4OH + HCl$$

$$HCl + NaOH = NaCl + H_2O$$

这里中和碱溶液用的盐酸是由 NH_4Cl 水解产生的，因此可防止中和时局部酸度过大的危险，而且 NH_4Cl 的采用对于下一步脱除磷和砷的作业也有好处。

8.3.1.2 除磷和砷

磷和砷含量高时，在生产钨酸工序中会生成磷、砷的钨酸盐，它们会妨碍钨酸的沉降，从而造成钨的损失。常采用铵镁净化法除磷和砷，即利用生成溶解度很小的磷酸铵镁（$Mg(NH_4)PO_4$）和砷酸铵镁（$Mg(NH_4)AsO_4$）从溶液中沉淀的原理。沉淀过程的反应是：

$$Na_2HPO_4 + MgCl_2 + NH_4OH = Mg(NH_4)PO_{4(s)} + 2NaCl + H_2O$$

$$Na_2HAsO_4 + MgCl_2 + NH_4OH = Mg(NH_4)AsO_{4(s)} + 2NaCl + H_2O$$

在293K温度下，这些盐在水中的溶解度只有0.053%和0.038%，如果有过剩的Mg^{2+}和NH_4^+存在，溶解度还会更低。但磷酸铵镁和砷酸铵镁盐均易水解生成溶解度较大的酸式盐：

$$Mg(NH_4)PO_4 + H_2O = MgHPO_4 + NH_4OH$$

$$Mg(NH_4)AsO_4 + H_2O = MgHAsO_4 + NH_4OH$$

为了防止水解发生，必须使溶液含有过量的氨。另外，还必须有氯化铵存在，因为NH_4Cl能降低溶液中的OH^-浓度，使$c(Mg^{2+})$与$c(OH^-)$的乘积小于$Mg(OH)_2$的溶度积，因而阻止了氢氧化镁的沉淀。

磷、砷的脱除是在室温下进行的，在不断搅拌的情况下加入比理论量多一些的$MgCl_2$溶液，然后搅拌1h，再经长时间的静置（长达48h）后过滤。与铵镁盐一同沉淀的可能还有部分呈凝胶状的正磷酸盐$Mg_3(PO_4)_2$和正砷酸盐$Mg_3(AsO_4)_2$。净化后的溶液要求$w(As)/w(WO_3) < 0.00015$。

8.3.1.3 除钼

当溶液中钼的浓度超过0.3g/L时，就必须除钼。最好的除钼方法是使之生成三硫化钼沉淀。此法的基本原理是向含有钼的钨酸钠溶液中加入Na_2S，发生如下反应：

$$Na_2MoO_4 + 4Na_2S + 4H_2O = Na_2MoS_4 + 8NaOH$$

在生成硫代钼酸钠的同时，也会生成硫代钨酸钠：

$$Na_2WO_4 + 4Na_2S + 4H_2O = Na_2WS_4 + 8NaOH$$

但是生成Na_2MoS_4的反应平衡常数比生成Na_2WS_4的反应平衡常数大得多。因此，如果加入溶液的Na_2S量只够与Na_2MoO_4作用，则主要进行第一个反应，生成Na_2MoS_4。然后，当溶液用盐酸酸化到pH = 2.5 ~ 3.0时，发生如下反应：

$$Na_2MoS_4 + 2HCl = MoS_{3(s)} + 2NaCl + H_2S_{(g)}$$

钼以MoS_3形式沉淀除去。

在除钼后的溶液中，因酸度降低可能会生成一部分偏钨酸钠，使下一步钨酸析出不完全。为了破坏偏钨酸钠并使之转变为正钨酸钠，加入部分NaOH使溶液呈碱性并煮沸就可达到目的。净化后的钨酸钠溶液中$\rho(SiO_2) < 0.05g/L$，$\rho(As) < 0.025g/L$，$\rho(P) < 0.03g/L$，$\rho(Mo) < 0.01g/L$。

8.3.2 钨酸钠溶液中钨酸的析出

8.3.2.1 析出钨酸

工业上通常用盐酸从钨酸钠溶液中沉淀钨酸。沉淀物的形态与工艺方法有很大关系。从冷的、稀的溶液中只能沉淀出白色细粒的胶体沉积物；相反，将热的、浓的钨酸钠溶液倒入沸腾的盐酸中（25%的盐酸）则沉淀出颗粒粗、易洗涤的黄色钨酸，倾注溶液的速度会影响黄色钨酸颗粒的大小。过程的反应是：

$$Na_2WO_4 + 2HCl \longrightarrow H_2WO_{4(s)} + 2NaCl$$

为了防止钨酸钠被 Fe^{2+} 和 Cl^- 部分还原成低价化合物，引起钨的析出率降低，应在盐酸中加入少量（0.5% ~2%）硝酸。

沉淀钨酸的过程在衬有橡皮的铁板槽中进行。沉淀出来的钨酸含有一些可溶性杂质和 NaCl，因此必须将其洗涤 7 ~8 次。在第三次洗涤以后，所用的洗涤水应采用含有 1% HCl 或 NH_4Cl 的热水，以使钨酸容易澄清。沉淀过程中钨酸的总回收率为 98% ~99%，洗涤中损失 0.3% ~0.4%。

8.3.2.2 钨酸钙沉淀及其酸分解

将 $CaCl_2$ 溶液倾倒入钨酸钠溶液，发生如下反应：

$$Na_2WO_4 + CaCl_2 \longrightarrow CaWO_{4(s)} + 2NaCl$$

$CaWO_4$ 呈白色沉淀，这种沉淀称为人造白钨。这一作业的效果取决于钨酸钠溶液的碱度和浓度。沉淀前最好将钨酸钠溶液加热至沸腾，溶液中 WO_3 浓度控制在 120 ~130g/L，含碱 0.3% ~0.7%。若溶液碱度太小（小于 0.3%），则沉淀不充分；若碱度太大（大于 0.7%），则析出沉淀缓慢，而且生成难以过滤的、杂质含量高的细粒钨酸钙。

沉淀出来的 $CaWO_4$ 用热盐酸分解就可获得颗粒较大的黄色钨酸沉淀，反应是：

$$CaWO_4 + 2HCl \longrightarrow H_2WO_{4(s)} + CaCl_2$$

与 $CaWO_4$ 一同沉淀的还有硅酸、磷酸、钼酸、硫酸和碳酸等的钙盐。所以，不仅要将这些杂质在沉淀钨酸前除去，而且要对 $CaWO_4$ 沉淀进行仔细洗涤，以便除去可能残留的部分硅、磷、钼和硫。

沉淀 $CaWO_4$ 的作业在带有机械搅拌的钢制反应槽中进行，用蒸汽直接加热。当溶液中沉淀出 99% ~99.5% 的钨时，经澄清用倾泻法将沉淀与溶液分开，然后再将沉淀送去进行盐酸分解。分解的最终酸度保持为 HCl 90 ~100g/L，这样就可保证磷、砷和部分钼杂质从钨酸沉淀中清除而进入溶液。

酸分解是在衬有橡皮或耐酸板的钢制分解槽中进行的，机械搅拌器上包裹着耐酸橡胶。在不断搅拌的情况下，将糊状 $CaWO_4$ 或 $CaWO_4$ 矿浆倾倒入温度为 333 ~338K 的盐酸中进行分解，然后将所得的钨酸洗涤干净。钨的总回收率可达 98% ~99%。过程中产生的 $CaCl_2$ 又可用于 $CaWO_4$ 的沉淀作业。此法生产的钨酸为工业钨酸。

8.3.2.3 铵-钠复盐法

将净化脱硅后的钨酸钠溶液用盐酸调整酸度至 pH =6.5 ~6.8，并加入 NH_4Cl，使之生成一种难溶的仲钨酸铵-钠复盐结晶沉淀 $3(NH_4)_2O \cdot Na_2O \cdot 10WO_3 \cdot 15H_2O$，其反应为：

$$10Na_2WO_4 + 6NH_4Cl + 12HCl + 9H_2O \longrightarrow 3(NH_4)_2O \cdot Na_2O \cdot 10WO_3 \cdot 15H_2O + 18NaCl$$

具体的作业条件是：将净化除硅后的溶液调整到 WO_3 含量为 170 ~240g/L（密度为 1200 ~1250kg/m^3），在压缩空气剧烈搅拌下用稀盐酸中和至 pH =6.5 ~6.8，在这个 pH 值范围内结晶率最大，然后加入 NH_4Cl，其用量为将 WO_3 化合成 $(NH_4)_2WO_4$ 所需量的 110% ~120%。在 333 ~353K 下保温 4h，仔细控制好 pH 值，其结晶率可达 88% ~92%。结晶物用 20% NH_4Cl 溶液将铵-钠复盐转化除钠，变成仲钨酸铵（APT）晶体，经过干燥、煅烧就可获得三氧化钨。

这一方法的优点是：产品质量比较纯净、稳定，工艺流程短，省去了除钼工序，减少了有毒气体 H_2S 污染，可以获得不同粒度的 WO_3（假密度为 900 ~ 2400kg/m^3），且对精矿品种无特殊要求。但该法要消耗大量的 NH_4Cl，钨的回收率也低。

8.3.2.4 钨酸钠溶液的萃取处理

钨酸钠溶液的萃取处理法是用胺类萃取剂将净化除杂后的纯钨酸钠溶液转变为钨酸铵溶液，随后从钨酸铵溶液中将仲钨酸铵分离出来的过程。萃取法可使钨酸钠溶液的处理流程大为简化，并具有能耗低、连续生产、生产效率高、产量大且易于监测和实现自控等优点。

钨的萃取剂一般采用胺盐和四价胺碱，胺盐中又常用叔胺（即三烷基胺），相当于我国产品 N235，其萃取过程只能在酸性介质中进行（$pH<4$）。采用季铵碱盐时，则多与烷基、甲基和苯甲基一起使用，作业可以在碱性溶液中进行（$pH=6\sim8$）。这些萃取剂对钨都有较好的萃取效果。

各种胺化物和季铵碱盐都溶解于煤油。为了改善两相的分离效果和防止生成第三相，可向煤油中加入 15% ~70% 的多元醇或磷酸三丁酯。以上萃取剂也能萃取钼，但这是不希望的。因此，如果溶液中含有钼，则必须在萃取前加入沉淀剂，将钼以 MoS_3 形态沉淀除去。此外，硅、磷、砷等也应在萃取前除去。为了防止微量的硅和砷被萃取，需向溶液中加入氟离子，使之与硅、磷、砷结合成不被萃取的络合物。用含 NH_3 2% ~4% 的氨水从有机相中反萃钨而得到钨酸铵溶液，再用蒸发结晶方法从溶液中析出仲钨酸铵。反萃作业在 323K 下进行，反萃液中 WO_3 的浓度宜控制为不超过 100g/L，经过两次萃取和两次反萃取就可获得满意的结果。

8.3.3 钨酸的净化

从钨酸钠溶液中析出的工业钨酸或白钨精矿酸分解产出的粗钨酸还含有 0.2% ~0.3% 的杂质，这些杂质是硅酸、钼酸、钙、钠、铁、锰、铝、磷、砷等的化合物，其中主要是 SiO_2 及碱金属和碱土金属杂质。除去这些杂质最通常采用的方法是氨液净化法。当钨酸溶解于氨液中生成钨酸铵溶液时，杂质 SiO_2、氢氧化铁、氢氧化锰以及以钨酸钙形态存在的钙均进入不溶残渣。经过滤分离，钨再以钨酸或仲钨酸状态从溶液中析出。过程的反应如下：

$$H_2WO_4 + 2NH_4OH = (NH_4)_2WO_4 + 2H_2O$$

$$FeCl_3 + 3NH_4OH = Fe(OH)_{3(s)} + 3NH_4Cl$$

$$MnCl_2 + 2NH_4OH = Mn(OH)_{2(s)} + 2NH_4Cl$$

$$CaCl_2 + (NH_4)_2WO_4 = CaWO_{4(s)} + 2NH_4Cl$$

可见，杂质钙的存在会造成钨的损失。

具体作业条件是：溶解作业在带有搅拌器的不锈钢槽或瓷槽中进行，也可在衬有橡皮的铁槽中进行。需要溶解的钨酸预先调浆成悬浊液，在不断搅拌的条件下倒入 NH_3 浓度为 25% ~28% 的氨水中。溶解完毕后需经澄清 12h 以上，然后将上清液与不溶残渣分离，所得溶液中含有 WO_3 320 ~330g/L。

为了进一步净化除去杂质，工业上采用从钨酸铵溶液中析出仲钨酸铵的办法。即当从溶液中除去部分氨时，溶解度较小的仲钨酸铵($5(NH_4)_2O \cdot 12WO_3 \cdot xH_2O$)就结晶析出。从温度在323K以上的钨酸铵溶液中析出的是五水仲钨酸铵片状结晶，而在冷态下则结晶出十一个水仲钨酸铵针状结晶。使仲钨酸铵结晶有两种方法，即蒸发法和中和法。

蒸发法是在装有蒸汽套的蒸发器或真空蒸发器中进行，由于氨从溶液中除去而发生如下反应，生成仲钨酸铵：

$$12(NH_4)_2WO_4 = 5(NH_4)_2O \cdot 12WO_3 \cdot 5H_2O + 14NH_{3(g)} + 2H_2O$$

溶液冷却后即析出片状透明的仲钨酸铵结晶，经过滤、洗涤后再进行干燥包装。

中和法是向钨酸铵溶液中加入盐酸离析出针状白色的仲钨酸铵结晶，其反应是：

$$12(NH_4)_2WO_4 + 14HCl + 4H_2O = 5(NH_4)_2O \cdot 12WO_3 \cdot 11H_2O + 14NH_4Cl$$

这一作业的关键是盐酸的加入速度必须缓慢，以避免酸的局部过饱和而产生偏钨酸盐。中和作用进行到pH=7.3时终止。另外，控制不同的温度可获得不同粒度的仲钨酸铵结晶，低温获细粒，高温获粗粒。中和过程的温度可通过向搪瓷反应器的夹套中通蒸汽或冷水来调节。中和结束后再继续搅拌一段时间，其目的在于使整个溶液的pH值均匀稳定，仲钨酸铵结晶充分析出，然后放料、过滤。这一作业有90%~95%的钨呈仲钨酸铵晶体析出，而且纯度也较高。

8.4 三氧化钨的生产

三氧化钨是生产金属钨或碳化钨的中间产品。用经过净化的钨酸或纯净的仲钨酸铵进行煅烧，就可获得三氧化钨：

$$H_2WO_4 = WO_3 + H_2O$$

$$5(NH_4)_2O \cdot 12WO_3 \cdot nH_2O = 12WO_3 + 10NH_3 + (n+5)H_2O$$

生产过程分为干燥和煅烧两个作业，既可以分开进行，也可以采用联合作业。所用设备为电热旋转式管状炉，为防止烟尘损失，从炉中逸出的烟气必须经过收尘。在生产中，钨酸的干燥温度为473~573K，煅烧温度为1023~1073K（如要求细颗粒，则应为973~1023K）；仲钨酸铵的干燥温度为723K，煅烧温度为1073~1123K。

在生产中除了要求三氧化钨有一定的纯度以外，还要求其有合适的粒度。因为WO_3粒度的大小会影响金属钨和碳化钨的质量。三氧化钨的粒度除与原始钨化合物的性质有关外，还与煅烧温度、煅烧时间有关。升高煅烧温度和延长煅烧时间都会使三氧化物的粒度变粗。WO_3粉末的粒度可用松装密度这一概念来表示。单位体积内自由松装粉末的质量称为粉末的松装密度，其单位为kg/m^3。由仲钨酸铵制取的WO_3粒度一般比用钨酸制取的粗一些。在其他条件相同的情况下，三氧化钨的松装密度随煅烧温度的升高而增大。

用于硬质合金的三氧化钨要求纯度不低于99.9%，松装密度为700~1000kg/m^3（由钨酸生产）或1600~2000kg/m^3（由仲钨酸铵生产）；用于金属钨生产的三氧化钨要求纯度不低于99.95%，松装密度为1600~2200kg/m^3。

8.5 金属钨的生产

因为钨的熔点很高，所以金属钨的生产包括钨粉的生产和致密钨的生产两个过程。首先将三氧化钨还原成钨粉，然后用钨粉生产致密金属钨、碳化钨和系列合金。

8.5.1 钨粉的生产

钨粉是通过三氧化钨的还原来生产的。在工业实践中多采用氢气作还原剂，也可以用碳作还原剂。工厂大多采用氢气作还原剂。这是因为用氢气比用碳更纯净，不会带入杂质，还原得到的金属钨粉纯度高，且易于通过还原条件的改变来控制钨粉的粒度；而碳还原得到的钨粉不宜作为生产延性钨的原料，因为其中含有能使金属变脆的碳化物，其只能用于生产碳化钨作为硬质合金原料。

8.5.1.1 氢气还原的理论基础

以氢气作为还原剂还原 WO_3 分四个阶段进行，即 $WO_3 \rightarrow WO_{2.9} \rightarrow WO_{2.72} \rightarrow WO_2 \rightarrow W$，具体反应如下：

$$10WO_3 + H_2 = 10WO_{2.9} + H_2O \quad (1)$$

$$\frac{50}{9}WO_{2.9} + H_2 = \frac{50}{9}WO_{2.72} + H_2O \quad (2)$$

$$\frac{25}{18}WO_{2.72} + H_2 = \frac{25}{18}WO_2 + H_2O \quad (3)$$

$$\frac{1}{2}WO_2 + H_2 = \frac{1}{2}W + H_2O \quad (4)$$

综合反应式为：

$$\frac{1}{3}WO_3 + H_2 = \frac{1}{3}W + H_2O$$

以上反应的平衡常数 K 与温度 T 的关系可以表示为：

$$\lg K = \lg\frac{p_{H_2O}}{p_{H_2}} = -\frac{\Delta G_T^{\ominus}}{2.303RT}$$

式中 p_{H_2O}，p_{H_2}——分别为 H_2O 和 H_2 的分压；

$\Delta G_T^{\ominus}$——反应的标准吉布斯自由能变化；

R——摩尔气体常数。

对于 β-WO_3 的氢气还原，在 873 ~ 1064K 的温度范围内，反应(1) ~ 反应(4)的平衡常数与温度的关系分别为：

$$\lg K_1 = -3266.9/T + 4.0667$$

$$\lg K_2 = -4508.5/T + 5.1087$$

$$\lg K_3 = -904.8/T + 0.9064$$

$$\lg K_4 = -2325.0/T + 1.650$$

根据上述公式可以绘出 $\lg K$ 与 $1/T$ 的关系，如图 8-4 所示。由图可知，由于各阶段的反应均属于吸热反应，升高温度会使反应平衡常数增大，从而有利于反应向右进行。根据图 8-4 中的曲线，可以找出还原反应进行的基本条件。在一定的温度下，K 值是一定的，即反应处于平衡时混合气体中的水蒸气和氢气有一定的比例。因此，气体中水蒸气与氢气的比值决定着反应进行的方向。当气体中水蒸气与氢气的比值高于某温度的平衡值时，三氧化钨就不可能被还原，此时反应向左进行；只有当气体中水蒸气与氢气的比值低于某温度的平衡值时，三氧化钨才能被还原，此时反应向右进行。

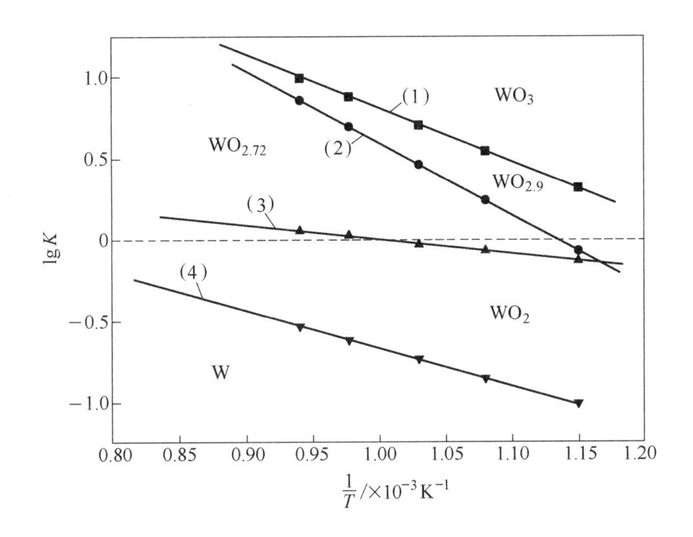

图 8-4 用氢气还原三氧化钨 lg$K$ 与 1/T 的关系

从图 8-4 还可以看出，在相同的温度下，高价氧化物还原反应的平衡常数比低价氧化物还原反应的大，因此，在气体中水蒸气与氢气比值一定的条件下，高价氧化钨的还原温度可以比低价氧化物低一些。直线（2）和直线（3）在 857K 时相交，说明当温度低于 857K 时，$WO_{2.9}$直接还原成 WO_2 而不经过 $WO_{2.72}$阶段，即所谓的三阶段还原。图中 4 条直线把钨的存在形态划分为 5 个区域：直线（1）右上方的区域为 WO_3 的稳定存在区；直线（1）与直线（2）之间的区域为 $WO_{2.9}$的稳定存在区；直线（2）与直线（3）之间的区域为 $WO_{2.72}$的稳定存在区；直线（3）与直线（4）之间的区域为 WO_2 的稳定存在区；直线（4）左下方的区域为 W 的稳定存在区。因此，要使 WO_3 还原成金属钨，必须把还原条件控制在直线（4）以下。

由于三氧化钨的还原顺序是 $WO_3 \rightarrow WO_{2.9} \rightarrow WO_{2.72} \rightarrow WO_2 \rightarrow W$，前文已指出，在同一温度下高价氧化物比低价氧化物更容易还原，故还原物料与氢气流动应采用逆流方式。

8.5.1.2 生产实践

三氧化钨的氢还原炉有固定式管状还原炉（四管、十一管、十三管、十四管等）和回转还原炉。

A 固定式管状还原炉

固定式管状还原炉的优点是还原制度控制灵活、产能高、能生产细粒钨粉，其缺点是能耗高、产品粒度分布宽、产品易受舟皿材料污染、操作费用高。在固定式管状还原炉中，国内用得最多的是十三管和四管还原炉，国外比较多见的是十四～十八管还原炉。国内有些工厂也使用十四管还原炉，这种炉子技术先进，生产出的钨粉质量高。下面以十四管还原炉为例，简要介绍固定式管状还原炉的结构。

十四管还原炉的结构示意图见图 8-5。炉子由炉体、推舟机构及辅助装置、装料车及卸料车三大部分组成。炉体用钢板及型钢焊制而成，内衬高效硅酸铝耐火保温材料。炉顶为活动式，炉体装有手动提升装置，可将炉顶提升，便于对加热元件及炉管进行维护。炉管采用镍铬钢管（加热带含 Ni 60%、Cr 15%，冷却带含 Ni 30%、Cr 15%），加热元件用镍-铬电阻丝（含 Ni 80%、Cr 20%）。炉子设 3 个加热区，每区均单独进行自动温度控制。炉温的波动可控制在 ±5K 内。

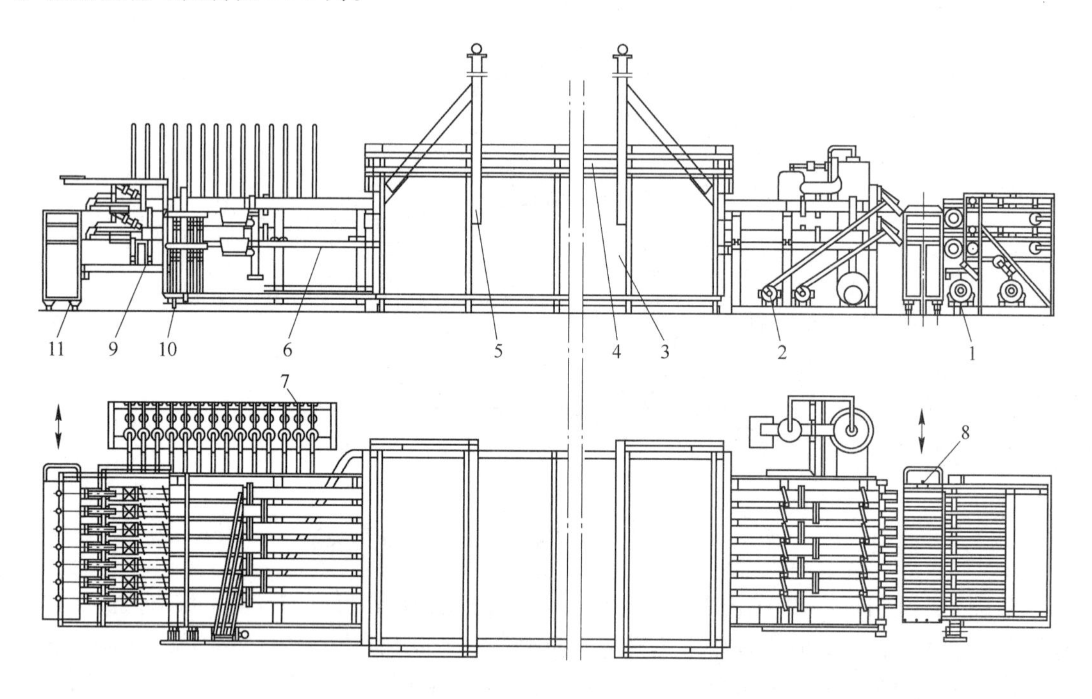

图 8-5 十四管还原炉的结构示意图

1—自动推舟装置；2—炉头；3—炉体；4—炉盖；5—炉盖吊起装置；6—炉尾；7—供气系统；8—装料车；9—炉管；10—供水管；11—卸料车

加料炉门为机械密封门，卸料炉门为气动密封门。炉门开启时间为 2 ~ 3s，装卸料均采用移动式料车。炉子设有自动机械推舟装置，并设有安全报警系统，当参数和条件与设定值发生偏差和氢气泄漏时，能发出声响和视觉报警。该炉设有与十四管炉配套的氢气净化装置，氢气处理能力为 900m^3/h，净化后的氢气露点为 213K。

B 回转还原炉

回转还原炉的优点是：生产连续化，还原速度快，产品均匀性好，操作的机械化和自动化程度高，操作费用低。但由于炉管回转，炉料不断地翻动，结果产生部分细粉尘被氢气流带走的现象，因此必须增加收尘设备，炉子的结构也复杂一些。

回转还原炉的结构如图 8-6 所示。回转还原炉的炉壳由 3 ~ 5cm 厚的钢板焊成，壳内衬有耐火材料，炉管由内外套管组成，有 2.5° ~ 4°的倾斜，其旋转速度为 3 ~ 6r/min。该炉用电阻丝加热，物料由螺旋给料器送入。氢气从出料端导入，使用后的氢气经干燥脱水后再返回使用。

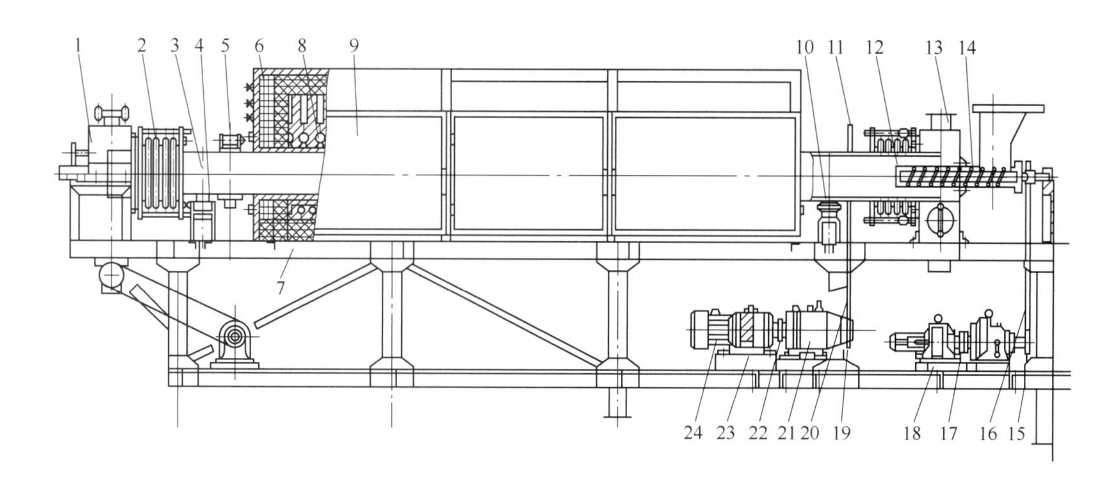

图 8-6 回转还原炉的结构

1—卸料斗；2—炉尾密封装置；3—炉管；4—后托轮装置；5—振打器；6—保温层；7—炉架；8—发热体装置；9—炉壳；10—前托轮装置；11，15，19—链轮；12—炉头密封装置；13—除尘气箱；14—送料装置；16，20—套筒滚子链；17，22—弹性连接口；18，23—机座；21—摆线针齿减速机；24—电磁调速电动机

8.5.2 致密钨的生产

致密的金属钨和钨制品生产目前多采用粉末冶金方法，它由三个过程组成，即粉末压型（压成坯块）、在一定温度下烧结成具有压力加工性能的（具有金属晶格）的致密金属、机械加工烧结坯块以得到合乎要求的产品（丝、带、棒等）。

8.5.2.1 将钨粉压成坯条

生产致密钨的第一步是把钨粉压成具有一定尺寸和一定强度的坯块。为了使坯块密度均匀，压制之前往粉料中加入适当数量的润滑剂，工业上采用的有甘油-酒精溶液（1.5：1）或石蜡-汽油溶液（石蜡占4%～5%）。压制的压力在147.099～490.33MPa之间变化，所压成的坯块密度达12～13t/m^3，相应的孔隙率为30%～40%。

8.5.2.2 钨坯块的烧结

钨坯块的烧结分两步进行，即低温烧结和高温烧结。

A 低温烧结

为了提高钨条的强度和导电性，先进行低温烧结。烧结时将坯块置于有氢气保护的烧结炉中，在1423～1573K下停留30～120min进行预烧结；也可以在1123～1173K下保温以除去甘油和酒精等，然后再在1423～1573K下烧结。经过预烧结的坯块强度显著增加，同时也发生线性收缩。

B 高温烧结

低温烧结的钨条既不是致密金属，当然也不能进行机械加工，还必须在3273K的高温下进行烧结，烧结过程可在垂熔炉或烧结炉中进行。

（1）垂熔炉烧结。垂熔炉烧结法是将大电流直接通过低温烧结的钨条，使其温度升到3273K时对钨条进行烧结。罩式垂熔烧结炉如图8-7所示。在烧结过程中不断通入干燥氢气，速度为 0.8 ~ 1.0m^3/h。坯条垂直地夹在两个水冷铜夹头之间，铜夹头里装有两个用弹簧卡紧的钨板。下夹头是可以活动的，以防烧结过程中坯条产生线性收缩（长度收缩为 15% ~ 17%）而造成钨条的断裂。

在生产条件下，烧结温度的控制只能是间接地以电流大小为依据。首先测定坯条的熔化电流，在烧结时只需通过使之熔化的电流的 90%，以保证将坯条加热到 3273 ~ 3373K 即可。具体的烧结过程是：通电 4min 之后钨条迅速升温到 1473K，再用 10 ~ 18min 的时间逐步将温度由 1473K 升到 2273K，以便挥发除去一些杂质。杂质挥发除尽与否，可以从炉内排出的氢气火焰颜色来判断。杂质除尽后将温度从 2273K 升到 3073 ~ 3273K（所加电流为熔化电流的 88% ~ 93%），在此温度下持续加热 12 ~ 20min，然后切断电路，烧结终止。

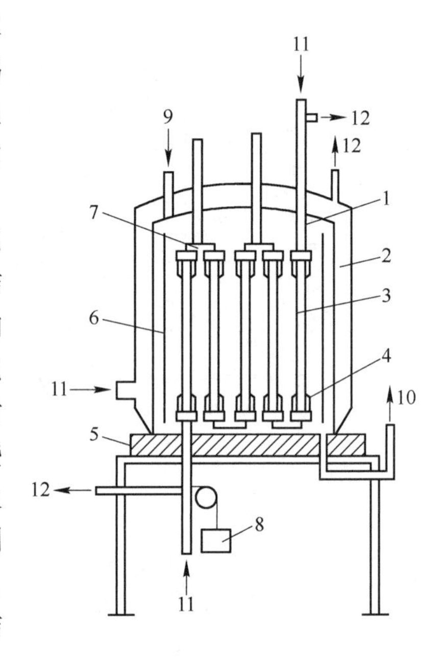

图 8-7　罩式垂熔烧结炉示意图

1—上电极；2—水冷钟罩；3—钨条；4—钨夹头；5—绝缘底座；6—钼隔热屏；7—钨连接片；8—平衡锤；9—氢气进口；10—氢气出口；11—冷却水进口；12—冷却水出口

烧结好的钨条密度由 12t/m^3 增大到 17.5 ~ 18.5t/m^3，残余孔隙率为 10% ~ 15%。

（2）烧结炉烧结。对于尺寸大的板材、棒材以及形状复杂的制品和管坯，通常采用真空烧结或真空感应烧结。这种方法杂质易挥发，提纯效果好，产品质量较稳定，产量高，成本低。烧结炉的真空度为 0.013 ~ 0.0013Pa。真空烧结板材、棒材，在 2773 ~ 1873K 下保温 120min；采用真空感应炉烧结板坯及棒坯，在 2573K 下保温 6h 以上。

除了采用粉末冶金法外，还有的采用熔化法（电弧熔化或电子束熔化）和等离子熔炼法制取致密钨。这类方法主要用于生产大型制件，如 200 ~ 300kg 的半成品，以便进一步轧制、拉管等。

钨的电弧熔炼是采用烧结钨条作自耗电极的方法，熔炼可用直流电也可用交流电，在真空度为 0.013 ~ 1.33Pa 的炉内进行。等离子熔炼法是采用氩或氩-氢等离子体进行熔炼。

8.5.2.3　致密钨坯块的机械加工

烧结后的坯块非常脆，在常温下不可能使其加工变形，但在热状态下钨条就可经受锻造、轧制和拉丝。随着钨条变形程度的增加，其塑性逐渐提高，甚至可拉成直径为 ϕ0.01 ~ 0.015mm 的细丝。该过程在旋转锻造机和拉丝机上进行。锻造前的加热在钼丝炉中有氢气保护的条件下进行，粗钨条要加热到 1623K，细钨条可只加热到 1473K。拉丝的加热温度也可以根据钨丝的直径大小确定，一般控制温度在 573 ~ 773K 之间。

8.6　钨　再　生

钨再生是指由含钨的废杂物料中回收钨的冶金过程。含钨废杂物料包括废的钨化合物、钨粉、钨材、碳化钨、钨合金、硬质合金、化工催化剂以及废渣、烟尘等。据国外统计，约1/3的钨需求来自含钨废料。由于含钨的废杂物料品类繁多，再生方法也多种多样，较普遍采用的方法有氧化法、电解法和锌熔法等。

8.6.1 氧化法

氧化法是指废旧的碳化钨-钴金属（硬质合金）或残金属钨先与氧作用生成钨、钴氧化物，进而与碱作用生成水溶性的钨酸钠，从而与固态氧化钴分离的钨再生方法。生产中通常以硝石或富氧空气为氧化剂，因而又有硝石熔炼法和富氧空气氧化法之分。

8.6.1.1 *硝石熔炼法*

硝石熔炼法是最早工业化应用的回收废硬质合金的方法。它是以硝石（硝酸钠）和空气中的氧气作为氧化剂，在高温下将硬质合金废料中的钨转变成氧化钨，并与硝酸钠的分解产物氧化钠作用，生成可溶性的钨酸钠，其主要反应为：

$$2NaNO_3 \xlongequal{} 2NaO + 2O_2 + N_2$$

$$2WC + 5O_2 \xlongequal{} 2WO_3 + 2CO_{2(g)}$$

$$WC + CO_2 \xlongequal{} W + 2CO_{(g)}$$

$$WO_3 + Na_2O \xlongequal{} Na_2WO_4$$

熔炼在反射炉中进行，以重油或煤气为燃料，当温度达到硝石熔化温度时，熔融硝石便与废旧钨原料剧烈反应，温度很快升到1073～1173K。定期搅拌熔合1h后，排出熔融产物。熔融产物经冷却、破碎、浸出和过滤后，得到Na_2WO_4溶液和Co_2O_3渣。

所得Na_2WO_4溶液可用如下工艺流程制备三氧化钨：钨酸钠溶液→加盐酸沉淀→钨酸沉淀→氨溶过滤→蒸发结晶→过滤洗涤→仲钨酸铵→煅烧→三氧化钨。钴渣用盐酸浸出，得到氯化钴溶液，然后用通常的方法净化处理；也可用硝酸溶解钴渣，生成的硝酸钴溶液经净化后可与Na_2WO_4溶液混合，制取钨钴共沉淀物。钨钴共沉淀物经煅烧和氢还原可得到细粒级的钨钴复合粉末，用于再制硬质合金。

硝石熔炼法适宜处理各种含钨废杂物料，具有反应快、生产能力大和钨回收率高的特点，从黑钨矿碱分解渣熔融至得到钨酸钠溶液，钨的回收率达98%～99%。但该法也存在熔炼过程中产生大量污染环境的NO_2气体的问题。用较廉价的硫酸钠取代硝石时，虽然对环境的污染程度有所减轻，但所排放的含SO_2废气也必须治理。以硫酸钠为氧化剂时所用的设备和以硝石为氧化剂时相同，但前者的熔炼温度要高达1373K，熔合时间需2～3h，方可收到与后者相同的效果。

8.6.1.2 *富氧空气氧化法*

富氧空气氧化法是将富氧空气通入已加热至1073～1173K的氧化炉中，先使含钨废杂物中的钨氧化成WO_3，然后用碱溶解WO_3制得Na_2WO_4溶液的过程。氧化反应一旦开始，即可靠反应热并通过供氧量来控制反应温度，从而去除了外加热源。氧化时间为2～7h，具体时间视含钨废杂料的性质和形状而定。氧化产物一般需经球磨、过筛，筛上物返回氧化，筛下物用碱液溶解得到Na_2WO_4溶液。Na_2WO_4溶液即可按常规方法制成仲钨酸铵或其他钨制品。若含钨废杂物中含有钴，则可从碱不溶渣中回收钴。因WO_3在氧化温度下升华，所以 WO_3 的升华损失不可避免，到制得 Na_2WO_4 的钨回收率通常为94% ~97%。

该法适宜处理棒、条、丝、板等金属钨和硬质合金等含钨废杂物料。也可采用点火后自燃氧气的方法处理钨粉、WC 粉等含钨废杂物料，以减少 WO_3 的升华损失。

8.6.2 电解法

电解法是利用含钨废杂物料内各组分在电解质溶液中电极电位的差异，进行选择性或全部电化学溶解或氧化来回收钨的方法。废硬质合金主要由碳化钨和金属钴组成，在酸性溶液中可选择性溶解钴，或在溶钴的同时也溶解碳化钨。当在盐酸介质中进行电解时，在阳极发生钴和 WC 的溶解反应（或 WC 不反应）：

$$Co - 2e \longequal Co^{2+}$$

$$WC + 6H_2O - 10e \longequal H_2WO_4 + CO_2 + 10H^+$$

在阴极则发生析氢反应：

$$2H^+ + 2e \longequal H_{2(g)}$$

废硬质合金的电解通常在盐酸浓度为20g/L 左右的电解液中进行，以镍板为阴极，石墨阳极则插入装有废硬质合金的阳极框中。在1.0~1.5V 直流电作用下，钴不断从废硬质合金中溶出，生成 $CoCl_2$，破坏了原废硬质合金的致密牢固结构，使 WC 从废硬质合金表面不断剥落。所得的阳极泥经漂洗、球磨、过筛后，即可得到能用于制备硬质合金的 WC。此法具有简便、试剂和电能消耗少的特点，但仅限于处理钴含量在10%以上的废硬质合金。

8.6.3 锌熔法

锌熔法是将盛装废硬质合金块和金属锌的坩埚置于真空炉中加热到773~873K（锌的熔点为693K），废硬质合金中的钴便与熔融的锌生成锌钴合金而转入熔体，从而导致废硬质合金的瓦解。然后在1173K 温度下通过真空蒸馏脱除锌，获得松散的 WC（或钨和其他金属的碳化物）和钴粉。进入真空蒸馏冷凝器中的锌经冷凝后重复使用，WC 和钴粉经球磨、过筛后送去生产硬质合金。该法的优点是生产流程短，能处理低钴和含钽、钛的废硬质合金，并可得到与原始废料牌号相同的混合料。但其也存在要求废料品种单一、设备复杂、电耗大、成本高于电解法等问题。

复习思考题

8-1 简述钨的生产方法和工艺流程。

8-2 钨精矿的分解方法有哪些？

8-3 简述钨酸钠溶液净化的基本原理。

8-4 钨酸的生产和净化方法是什么？

8-5 三氧化钨是如何生产的？

8-6 简述三氧化钨氢气还原生产金属钨的基本原理。三氧化钨的氢还原炉有哪些类型？

8-7 致密钨是如何生产的？

8-8 钨的再生方法有哪些？

9 钛冶金

9.1 概　述

9.1.1 钛的性质和用途

9.1.1.1 物理性质

钛是重要的稀有高熔点金属，其外观与钢相似，为延性银白色金属。高纯钛的伸长率可达50%~60%，断面收缩率为70%~80%。钛有两种同素异形体，温度低于1155.5K时稳定态为α型，呈密排六方晶格结构；温度高于1155.5K时稳定态为β型，呈体心立方晶格结构。从α-Ti转变为β-Ti时，体积增加5.5%。钛的力学性能与其中杂质的种类和数量有密切关系。尤其是间隙杂质氧、氮、碳，它们会使钛的硬度和脆性增加；氢会使钛的脆性增加、冲击韧性降低；杂质铁会使钛的硬度增加，并使其耐腐蚀性能变差。钛基材料因添加合金元素和含有少量杂质，使其强度显著提高，可与高强度钢相比拟，而密度只有钢的58%。钛的主要物理性质列于表9-1。

表9-1 钛的主要物理性质

性　质	数　值	性　质	数　值
原子半径/pm	144.8(α-Ti),143.2(β-Ti)	汽化热/kJ·mol^{-1}	425.5
熔点/K	1933	密度/kg·m^{-3}	4540(293K)
沸点/K	3560	热导率/W·$(m\cdot K)^{-1}$	21.9(300K)
熔化热/kJ·mol^{-1}	20.9	电阻率/Ω·m	42.0×10^{-8}(293K)

9.1.1.2 化学性质

钛是元素周期表中第4周期IV_B族元素，元素符号为Ti，原子序数为22，相对原子质量为47.88。钛原子的外电子构型为［Ar］$3d^24s^2$。钛的氧化态有-1、0、+2、+3、+4，其中以+4氧化态化合物最稳定。

致密钛在空气中是极为稳定的，加热到773~873K时，由于其表面被一层氧化物薄膜所覆盖而防止其进一步氧化；当温度高于873K时，氧化速度增大。粉状钛在不高的温度下便氧化，并易着火燃烧。金属钛对海水、工业腐蚀性气体以及许多酸、碱都具有抗腐蚀能力。但在高温下钛的化学活性很强，可与卤族元素、氧、硫、碳、氮、氢、水蒸气、一氧化碳、二氧化碳和氨发生强烈作用。

钛易溶解于氢氟酸、浓硫酸、浓盐酸和王水中。钛在稀硫酸（5%）、稀盐酸（5%~10%）中相当稳定。钛不溶解于碱溶液，但与熔融碱能发生强烈作用，生成钛酸盐。

钛最重要和最稳定的化合物是二氧化钛（TiO_2）和四氯化钛（$TiCl_4$）。

二氧化钛是处理含钛原料获得的重要产品之一。纯二氧化钛呈白色，不溶于水、弱酸和碱溶液中，在加热时能溶于浓的硫酸、盐酸、硝酸和氢氟酸中。

四氯化钛是一种无色透明的液体，熔点为250K，沸点为409K，密度为1727kg/m^3。其在潮湿空气中或遇水时发生水解反应：$TiCl_4 + 3H_2O = H_2TiO_3 + 4HCl$，产生腐蚀性白烟。

9.1.1.3 钛的用途

钛及其合金具有质量轻、强度大（强度与质量的比值高于钢和铝合金）、热稳定性好、适用温度范围宽（在低温20K和高温823K下仍具有足够的强度和韧性）、耐腐蚀等许多优良特性。它既是战略金属，也是有发展前途的新型结构材料。钛及其合金被航空航天和军事工业广泛用于制造飞机、航天飞行器、火箭发动机、深海潜水器、军用潜水艇、装甲板等。工业纯钛被大量应用于制造石油化工工业中的反应塔、风机、泵、阀门和管道，并用于制作氯碱工业中的阳极、发电站的冷凝器和海水淡化装置的蒸发器、传热管等。此外，钛材还用于房屋建筑、雕塑装饰和制造汽车、自行车、运动器材和日常生活用品等。钛在医疗部门中用作人工骨骼等补形材料，并用于制作外科器械。

钛与氧、氮的亲和力非常强，因此在炼钢中可用钛作脱氧剂以提高钢的质量。钛也可与硫生成稳定的硫化物，故也有脱硫作用。更重要的是，锰钢、铬钢、铬钼钢中都含有钛。可以说，钛是生产优质合金钢不可缺少的元素。钛也可加入铜及铜合金、铝合金中，以改善这些金属和合金的物理性能、力学性能和抗腐蚀性能。含钛6%～12%的Cu-Ti合金可作为铜精炼的脱氧剂。

钛的碳化物不但熔点高，而且硬度大，是制造钨-钛硬质合金的主要成分。火箭发动机、燃气轮机所使用的抗氧化和耐热合金中也有碳化钛。

钛的重要化合物二氧化钛，其用途也十分广泛。用于颜料工业的TiO_2称为“钛白”，它是钛工业中产量最大、用途最广的一种产品。世界上每年所生产钛矿的绝大部分都用于生产钛白。钛白的物理化学性能稳定，而且无毒。钛白与其他颜料相比，具有折光指数高、着色力强、遮盖力大、光泽好、分散性好等许多优点。涂料工业是钛白最重要的消费部门，目前世界上约60%的钛白用于油漆、油墨生产中。造纸工业中钛白是各种特殊纸张的重要填料，这种加过钛白的纸张薄而不透明，且白度高、光泽好、强度大、光滑、性能稳定。在橡胶工业、塑料工业、化纤工业中，钛白都是不可缺少的添加物，它的加入使产品的质量、性能大大提高。工业纯的TiO_2或天然的TiO_2（金红石）是制造电焊条不可缺少的涂料。

9.1.2 钛的原料

钛在地壳中的含量为0.63%，海水含钛1×10^{-7}%，其比铜、镍、锡、铅、锌等常见有色金属的储量都大。目前已知TiO_2含量大于1%的含钛矿物有140多种，其中最有工业意义的是金红石（TiO_2）和钛铁矿（$FeTiO_3$）。

钛的矿床分为岩矿床和砂矿床两大类。岩矿床是原生矿床，储量最大（占总量的99%），共生金属多，很难用选矿方法分离；砂矿床多是次生冲积砂矿床，杂质含量少，很容易选矿。

钛矿石中TiO_2含量波动在6%～35%，一般为10%左右。经选矿获得的钛精矿中TiO_2含量为43%～60%。砂矿的钛精矿品位较高，岩矿的钛精矿品位较低；金红石的精矿品位较高，钛铁矿的精矿品位较低。

我国的钛铁矿储量十分丰富，主要有四川攀西地区的岩矿，广东、广西和海南的砂矿。目前国内外钛冶炼的精矿都是以钛铁矿精矿为主。

9.1.3 钛精矿的处理流程

钛精矿一般都是用于生产海绵钛和二氧化钛（钛白和人造金红石），也有部分钛精矿用于生产钛铁。图 9-1 为现行钛冶炼的原则工艺流程图。

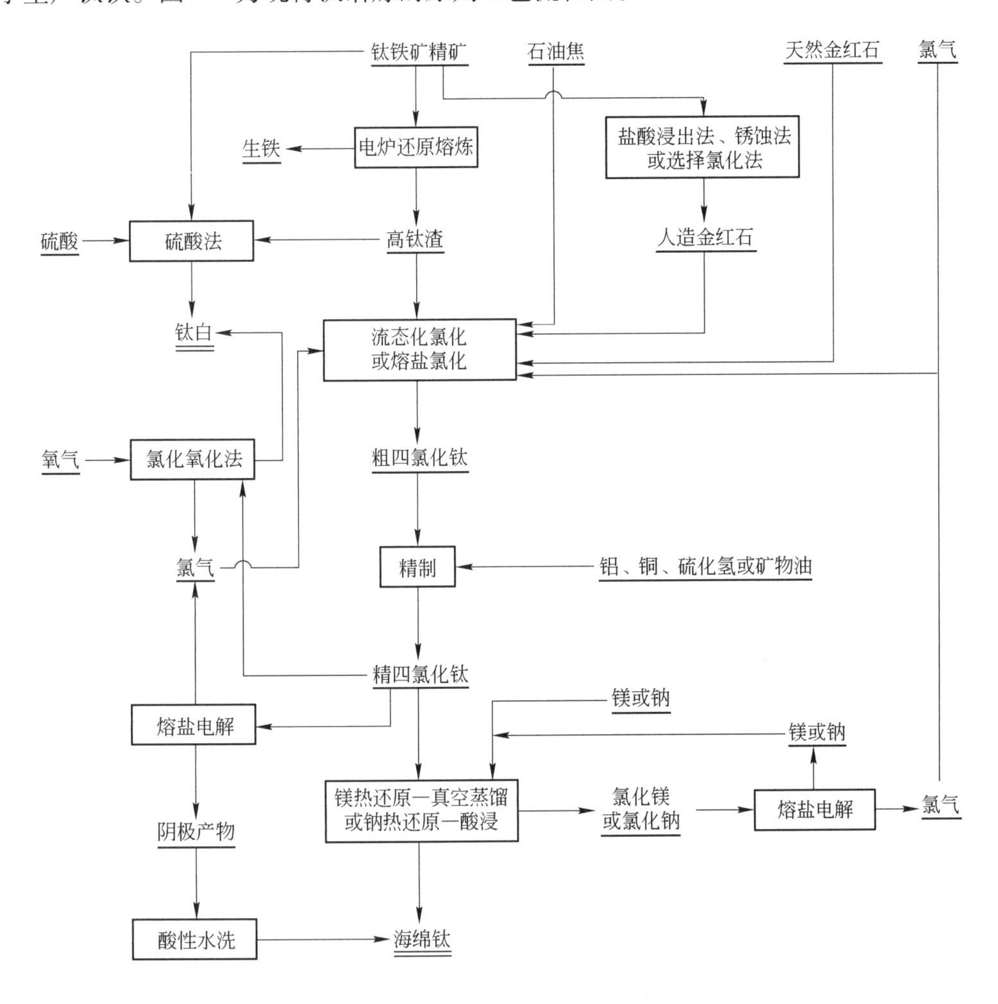

图 9-1 钛冶炼的原则工艺流程图

由图 9-1 可见，钛铁矿精矿的处理有两种方法：一是还原熔炼产出高钛渣，以高钛渣或金红石为原料，经氯化获得粗 $TiCl_4$，将其精制后得到纯 $TiCl_4$，然后由纯 $TiCl_4$ 制取海绵钛或钛白；二是用硫酸直接分解钛铁矿精矿或高钛渣，然后从硫酸溶液中析出偏钛酸，再制取钛白。

9.2 钛渣的生产

当以钛铁矿为原料生产钛白或四氯化钛时，为了降低硫酸消耗和氯气消耗，需要除去钛铁矿中的铁，使 TiO_2 得到富集。除铁的方法很多，但规模最大、最成熟的方法是电炉还原熔炼法。该方法是将钛铁矿精矿用碳质还原剂在电炉中进行高温还原熔炼，铁的氧化物被选择性地还原成金属铁，钛氧化物富集在炉渣中成为钛渣的过程。

9.2.1 钛渣生产的原理

钛的氧化物比铁的氧化物稳定得多。因此，在钛铁矿精矿高温还原熔炼过程中，控制还原剂碳量，可使铁的氧化物被优先还原成金属铁，钛的氧化物不易还原而进入炉渣。利用生铁与钛渣的密度差别，使铁与钛氧化物分离，分别产出生铁和含 TiO_2 72% ~95% 的钛渣（或称高钛渣）。此法能同时回收钛铁矿中钛、铁两个主要元素，过程无废料产生，炉气可回收利用或经处理达到排放标准。

钛铁矿还原熔炼的主要反应为：

$$Fe_2TiO_3 + \frac{1}{2}C \longrightarrow 2Fe + TiO_2 + \frac{1}{2}CO_2$$

$$\frac{3}{4}FeTiO_3 + C \longrightarrow \frac{3}{4}Fe + \frac{1}{4}Ti_3O_5 + CO$$

$$\frac{2}{3}FeTiO_3 + C \longrightarrow \frac{2}{3}Fe + \frac{1}{3}Ti_2O_3 + CO$$

$$\frac{1}{3}FeTiO_3 + \frac{4}{3}C \longrightarrow \frac{1}{3}Fe + \frac{1}{3}TiC + CO$$

$$\frac{1}{2}FeTiO_3 + C \longrightarrow \frac{1}{2}Fe + \frac{1}{2}TiO + CO$$

实际反应很复杂，反应生成物 CO 部分参与反应；精矿中非铁杂质也有少量被还原，大部分进入渣相；不同价态的钛氧化物（TiO_2、Ti_3O_5、Ti_2O_3、TiO）与杂质（FeO、CaO、MgO、MnO、SiO_2、Al_2O_3、V_2O_5 等）相互作用生成复合化合物，它们之间又相互溶解形成复杂固溶体，还可能形成钛的碳、氮、氧固溶体 Ti(C,N,O)。从而使炉渣的熔点升高、黏度增大，给熔炼操作带来困难。添加钙、镁、铝的氧化物或降低 FeO 的还原度，有利于降低炉渣的熔点和黏度，并能增大渣层的电阻，给还原熔炼过程带来一定的好处。但上述添加剂将会导致渣中 TiO_2 含量下降和增加下一步氯化过程的氯气消耗，故希望尽量少加或不加熔剂。

通过上述反应，钛和非铁杂质氧化物在渣相富集，铁主要富集在铁水中。但随着还原过程的深入进行，渣中 FeO 的活度逐渐降低，致使渣相中部分 FeO 不可能被完全还原而留在钛渣中。

9.2.2 钛渣生产的实践

钛铁矿的还原熔炼设备一般为电炉，它是介于电弧炉与矿热炉之间的一种特殊炉型，有敞口式和密闭式两种。敞口电炉可生产高还原度钛渣，但熔炼过程炉况不稳定，热损失大，金属回收率低，劳动条件差。密闭电炉熔炼过程炉况稳定，无噪声，热损失少，金属回收率高，电炉煤气可回收利用。图 9-2 为熔炼钛渣密闭电炉的炉体结构示意图。还原电炉采用钢制外壳，内衬镁砖，熔池壁砌成台阶形式。电极用石墨电极，也可用自焙炭素电极。电极夹持在升降机构上，其提升与下降均为自动控制。由于高钛渣在高温下可与多数耐火材料发生作用，需预先在炉衬上造成一层结渣层以保护炉衬。炉底上应经常保持一层铁水，以防止炉渣对炉底的腐蚀。生产中多采用团块与粉料的混合料进行熔炼，采用粒径为 3 ~4mm 的无烟煤或焦炭作还原剂。

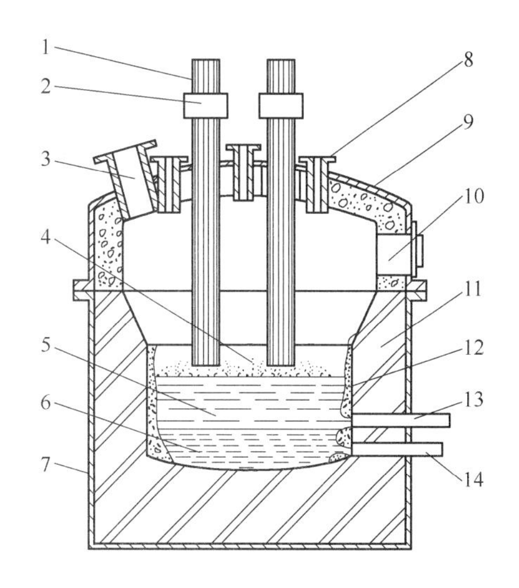

图 9-2 熔炼钛渣密闭电炉的炉体结构示意图
1—电极；2—电极夹；3—炉气出口；4—炉料；5—钛渣；6—铁水；7—钢外壳；8—加料管；9—炉盖；10—检测孔；11—筑炉材料；12—结渣层；13—出渣口；14—出铁口

9.2.2.1 炉料准备

生产中根据钛渣的用途以及对杂质含量的要求，选择化学组成合适的钛铁矿作为原料。例如，生产高品位钛渣必须选用杂质含量低的优质钛铁矿。

还原剂一般选用活性大、灰分含量低及挥发分少的低硫、高碳无烟煤或石油焦。

干燥的钛铁矿可直接用来配制敞口电炉和半密闭电炉的炉料。但硫含量高的原生钛铁矿和密闭电炉使用的矿料一般需经预氧化脱硫处理，为降低熔炼电耗，也可进行预还原处理。密闭电炉和半密闭电炉一般使用粉状炉料，钛铁矿或预处理钛铁矿与适量还原剂混合均匀后便可入炉熔炼。敞口电炉一般采用球团料，在炉料中配入适量黏结剂（如沥青）制成球团或经混捏后入炉熔炼。

9.2.2.2 敞口电炉和半密闭电炉熔炼

敞口电炉和半密闭电炉熔炼钛渣属于间歇作业。每炉作业包括加料、熔炼、出炉、修堵料口和捣炉等步骤。熔炼过程大致可分为还原熔化、深还原和过热出炉三个阶段。

（1）还原熔化阶段。炉料预热至 1173K 左右时，开始发生还原反应；温度升至 1523 ~1573K 时炉料开始熔化，此时熔化和还原同时进行。炉料的熔化从电极周围逐渐向外扩张，直至电极间的炉料全部熔化形成熔池，这标志着还原熔化阶段的结束。此阶段消耗的能量约占全过程总能量的 2/3。敞口电炉的熔池上方经常残留一层未熔化的烧结固体料“桥”，“桥”在高温作用下容易部分崩塌陷落到熔池内引起剧烈反应，造成熔渣的沸腾，引起电极升降和炉子功率波动。

（2）深还原阶段。炉料熔化后形成的熔渣仍含有 10% 左右的 FeO。在生产高还原度钛渣时，仍需将残留的 FeO 进一步深还原成铁。敞口电炉熔池上方的固体料“桥”具有遮挡电弧热辐射的作用，使深还原得以充分进行。

（3）过热出炉阶段。深还原结束后，为保证顺利出炉，有时仍需将熔体加温，使渣和铁充分分离，并使熔渣达到一定的过热度。

9.2.2.3 密闭电炉熔炼

密闭电炉采用连续加料，定时出渣、出铁。在正常情况下，炉料入炉后立即熔化和还原，熔池表面不存在固体料层，渣的沸腾现象基本消除。若减少或停止进行深还原，则会使炉衬和炉盖直接受到热辐射而造成侵蚀。所以，在密闭电炉中不宜进行深还原，生产的钛渣还原度较低。

9.2.2.4 渣铁分离

渣铁分离可在炉内进行，也可在炉外进行。在炉外进行渣铁分离的方法有两种：一是渣和铁排至渣包冷却凝固后进行渣铁分离；二是渣和铁流入渣包后，从底部出铁口放出铁水，钛渣熔体因降温失去流动性而留在包内。炉外分离方法的缺点是：渣铁分离效果不好，造成渣中夹杂较多的铁珠，在其后磁选分离铁珠中夹渣，造成渣的损失。

渣铁分离最好在炉内进行，在炉子上设有渣口和铁口，渣口在上，铁口在下。先将钛渣从渣口排出，然后再从铁口排出铁水，一般排放两次渣、排放一次铁。热接的铁水在炉外直接进行脱硫、增碳和合金化处理，加工成铸造生铁或其他产品。炉内渣铁分离法只有在电炉容量较大、炉产量较高的情况下，才比较容易实现渣、铁分别排放。

9.2.2.5 高钛渣的成分及能耗

电炉还原熔炼既可产出供生产 $TiCl_4$ 和人造金红石使用的高钛渣（TiO_2 85% ~95%），也可产出供硫酸法生产钛白使用的低钛渣（TiO_2 72% ~85%）。钛铁矿精矿中的 CaO、MgO 和 Al_2O_3 在还原熔炼过程中基本上不被还原，但在电弧高温区有小部分可能被还原，绝大部分富集在渣中；MnO 有少量被还原进入金属相，大部分进入渣相。因此，由不同矿源产出的高钛渣化学成分差别较大，冶炼过程的能耗也有差别，表 9-2 列出了不同矿源产出的高钛渣的化学成分及电耗。

表 9-2 不同矿源产出的高钛渣的化学成分及电耗

项目		原料钛精矿产地				
		北海	海南	攀枝花	承德	富民
钛精矿 TiO_2 品位/%		61.65	48.67	47.74	47.00	49.85
高钛渣组成/%	ΣTiO_2	94.35	92.4	82.63	90.6	94.0
	FeO	4.36	3.0	4.08	3.0	2.70
	CaO	0.28	1.41	1.11	1.47	0.41
	MgO	0.40	0.36	7.40	2.78	3.20
	SiO_2	0.88	0.92	3.88	2.23	1.02
	Al_2O_3	1.25	1.87	2.04	2.23	0.45
	MnO	1.90	3.53	0.80	1.38	0.85
吨钛渣电耗/kW·h		2660	3030	2740	3000	3040

9.3 人造金红石的生产

电炉还原熔炼法生产钛渣的方法存在着电能消耗大，不能除去精矿中 CaO、MgO、Al_2O_3、SiO_2 等杂质的缺点，它们在下一步氯化作业中使氯气消耗增大、冷凝分离系统负担加重、钛的总回收率降低等。因此，还可以采用其他方法除去钛铁矿精矿中的铁，从而得到金红石型 TiO_2 含量较高的富钛物料（称为人造金红石）。这些方法包括选择氯化法、锈蚀法、硫酸浸出法和循环盐酸浸出法等。

9.3.1 选择氯化法

选择氯化法是在流态化氯化炉中以钛铁矿精矿为原料，加入一定数量的碳质还原剂，在一定温度下通入氯气对钛铁矿中的铁进行选择性氯化。反应生成的 $FeCl_3$ 在高温下挥发出炉；TiO_2 不被氯化，从炉内料层上沿溢流出炉，经选矿分离即可得到人造金红石。选择氯化法包括物料预处理、沸腾氯化、三氯化铁氧化、氯气回收和选矿处理几个主要步骤。

（1）物料预处理。在氧化气氛及 1173 ~ 1223K 的温度下，对钛铁矿精矿进行预氧化处理以提高铁的选择氯化率，防止对沸腾氯化有害的 $FeCl_2$ 生成。这一过程在沸腾炉中进行。

（2）沸腾氯化。经过预氧化的钛铁矿精矿必须预热到 773K 以上后，方可加入氯化沸腾炉内进行选择氯化。还原剂用石油焦，其用量为矿石量的 8% 左右。氯气由炉底吹入，氯气用量比理论需要量多 50%。温度控制在 1223K 左右。过程的基本反应是：

$$Fe_2O_3 \cdot TiO_2 + \frac{3}{2}C + 3Cl_2 = TiO_2 + 2FeCl_3 + \frac{3}{2}CO_2$$

（3）三氯化铁氧化。在 1223K 左右的温度下，铁呈 $FeCl_3$ 气体挥发而被除去。TiO_2 在物料中富集到 87% 以上。挥发出来的 $FeCl_3$ 导入氧化室内，将其氧化成 Fe_2O_3 并产生氯气：

$$2FeCl_3 + \frac{3}{2}O_2 = Fe_2O_3 + 3Cl_2$$

（4）氯气回收。采用深冷液化法使三氯化铁氧化产生的氯气变为液态氯。但由于气体中不仅有氯，而且还有氧、CO_2、氮等，事实上氯气被稀释了。因此，单用深冷液化法是不够的，还必须同时采取蒸馏作业以分离 CO_2。这样，氯气的液化率可提高到 95% 左右，液氯浓度达 98%，可返回沸腾氯化过程使用。

（5）选矿处理。经过选择氯化后得到的固体物料即为粗金红石，经磁选分离除去未完全氯化的磁性氧化铁。非磁性物质为金红石和石油焦，可采用浮选方法将石油焦回收再用，最终产品为 TiO_2 含量达 95% 的人造金红石。

9.3.2 锈蚀法

锈蚀法实质上是一种选择性浸出法，先将钛铁矿精矿中的氧化铁还原成金属铁，再用水溶液把其中的铁锈蚀出来，从而使 TiO_2 富集。此法的生产成本较低，在经济上有竞争力，其原则工艺流程如图 9-3 所示。

（1）氧化焙烧。为了提高钛铁矿精矿的还原性能，在 1223 ~ 1373K 下进行预氧化作业。预氧化的结果是使二价铁变为三价铁，以提高下一步铁氧化物还原的金属化率。其反应如下：

$$2FeO \cdot TiO_2 + \frac{1}{2}O_2 = Fe_2O_3 \cdot TiO_2 + TiO_2$$

氧化过程在回转窑中进行，窑长 15m，外径为 ϕ1.9m，内径为 ϕ1.5m。窑的斜度为 3%，转速为 0.7r/min。钛铁矿精矿的加入速度为 3t/h，而在窑内停留约 4h。

（2）还原焙烧。还原在 1273 ~ 1473K 下进行，目的是将氧化铁还原成金属铁。主要

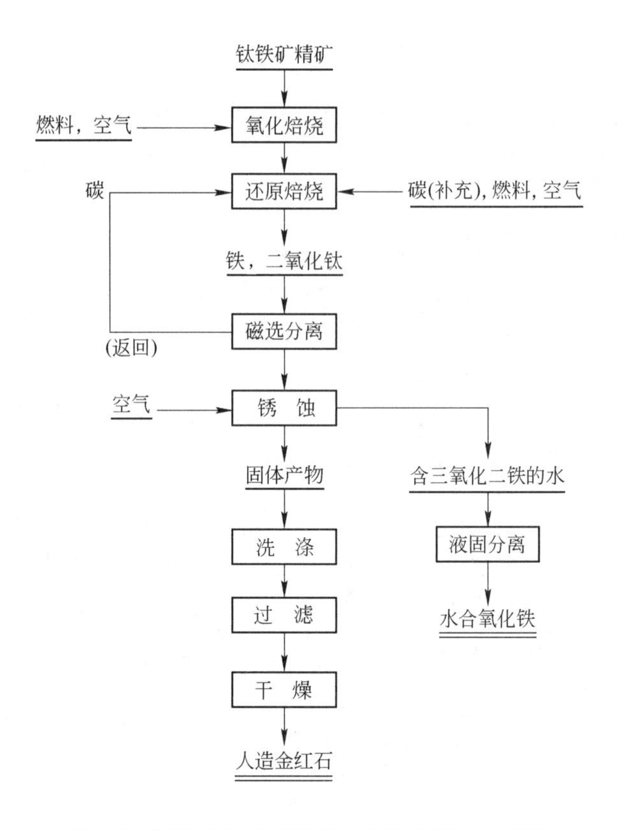

图 9-3 锈蚀法生产人造金红石的原则工艺流程

反应如下：

$$Fe_2O_3 \cdot TiO_2 + TiO_2 + CO = 2FeTiO_3 + CO_2$$

$$FeTiO_3 + CO = Fe + TiO_2 + CO_2$$

氧化铁的金属化程度是锈蚀法的关键。要使产品中 TiO_2 含量达 91% ~93%，则必须使原矿中 93% ~95% 的铁变为金属。

经过还原焙烧后的钛铁矿具有磁性，且 TiO_2 与铁结合得很紧密。因此，经过磁选分离除去还原物料中的煤灰和余焦，即可获得富含金属铁和二氧化钛的还原钛铁矿。但是从还原窑卸出的还原物料温度高达 1413 ~ 1443K，必须冷却至 343 ~ 353K 方可进行筛分和磁选脱焦。

（3）锈蚀。将还原钛铁矿物料放入锈蚀槽中，采用含硫酸 4% 的稀酸溶液浸出富钛料，通入空气搅拌，使金属铁腐蚀生成类似铁锈（$Fe_2O_3 \cdot H_2O$）的微粒而分散于溶液中，经过不断漂洗被除去，从而达到除铁和富集 TiO_2 的目的。

金属铁的锈蚀实质上是一个电化学过程，阳极和阴极反应可以表示为：

阳极反应 $$Fe = Fe^{2+} + 2e$$

阴极反应 $$O_2 + 2H_2O + 4e = 4OH^-$$

铁离子与氢氧根离子结合成 $Fe(OH)_2$ 后再被氧化：

$$2Fe(OH)_2 + \frac{1}{2}O_2 = Fe_2O_3 \cdot H_2O_{(s)} + H_2O$$

锈蚀过程为放热反应，可使矿浆温度升到 353K，锈蚀时间一般为 13 ~ 14h。为了加快锈蚀过程的进行，可加入 NH_4Cl 作为催化剂，加入量以 1.5% ~2.0% 为宜。NH_4Cl 浓度过高，会使氧在溶液中的溶解度降低，从而使锈蚀时间延长；NH_4Cl 浓度太低，又会失去催化剂的意义。

当过程结束之后，用水力旋流器循环装置对高品位的富钛料与氧化铁进行分离。此时进入 TiO_2 产品的氧化铁不多于 0.2%，氧化铁中 TiO_2 含量为 1% ~2%。

（4）洗涤和干燥。经锈蚀后得到的高品位富钛料（含 TiO_2 92%）用 10% 盐酸溶液和水分别洗涤并干燥之后，即为人造金红石（TiO_2 92%）。铁渣可制铁红（Fe_2O_3），也可直接还原成铁粉用于粉末冶金中。

9.3.3 硫酸浸出法

硫酸浸出法是用硫酸作溶剂对钛铁矿精矿进行浸出，使铁溶解进入溶液，而钛则富集于不溶残渣中。硫酸浸出法多用于钛白生产上，也可用于生产人造金红石。此法适于处理 Fe_2O_3 含量高的钛铁矿，它要求还原焙烧使 Fe_2O_3 还原成 FeO 的铁量占全铁量的 95% 以上，然后经磁选脱焦获得人造钛铁矿。酸浸时采用带有搅拌器并内衬耐酸砖的浸出罐，加入浓度为 22% ~23% 的硫酸溶液，控制浸出温度为 393 ~403K。基本反应是：

$$FeO \cdot TiO_2 + H_2SO_4 = TiO_2 + FeSO_4 + H_2O$$

为了提高铁的浸出率和减少钛的溶解，在不提高硫酸浓度和浸出温度的情况下，可采取加入二氧化钛水合物胶体作为结晶晶种的方法来提高铁的浸出率，晶种的加入还可提高人造金红石的品位，减少细粒人造金红石的生成，因而有利于下一步过滤和水洗工序的进行。

酸浸矿浆在浓密机中进行沉降分离，底流经过滤机过滤，同时进行水洗；滤饼在回转窑中煅烧，控制温度为 1173K，煅烧后的产品即为人造金红石产品；溢流结晶后得到副产品 $FeSO_4$，母液返回使用。

此法所得到的金红石比较纯（TiO_2 96%），同时 $FeSO_4$ 可用以回收硫铵：

$$3FeSO_4 + 6NH_3 + (n+3)H_2O + \frac{1}{2}O_2 = 3(NH_4)_2SO_4 + Fe_3O_4 \cdot nH_2O$$

产出的 Fe_3O_4 可用作炼铁原料。

9.3.4 循环盐酸浸出法

循环盐酸浸出法是用盐酸浸出钛铁矿中的铁和钙、镁等杂质，使钛富集于滤渣中。主要反应有：

$$FeO \cdot TiO_2 + 2HCl = TiO_2 + FeCl_2 + H_2O$$

$$CaO \cdot TiO_2 + 2HCl = TiO_2 + CaCl_2 + H_2O$$

$$MgO \cdot TiO_2 + 2HCl = TiO_2 + MgCl_2 + H_2O$$

$$MnO \cdot TiO_2 + 2HCl = TiO_2 + MnCl_2 + H_2O$$

在浸出过程中 TiO_2 也有部分溶解：

$$FeO \cdot TiO_2 + 4HCl = TiOCl_2 + FeCl_2 + 2H_2O$$

但当水溶液的酸度降低时，溶解的 $TiOCl_2$ 又发生水解，析出 TiO_2 的水合物：

$$TiOCl_2 + (x+1)H_2O \xlongequal{\quad} TiO_2 \cdot xH_2O_{(s)} + 2HCl$$

循环盐酸浸出法可分为盐酸直接浸出法、强还原-盐酸浸出法和弱还原-盐酸浸出法。

A　盐酸直接浸出法

盐酸直接浸出法是采用盐酸直接浸出钛铁矿的方法。这种方法存在的问题是：铁浸出率低，浸出速度慢，而且必须采用高浓度盐酸在373～573K下加压浸出，TiO_2 损失也大。目前生产中已基本不用此法。

B　强还原-盐酸浸出法

强还原-盐酸浸出法是首先在强还原条件下将钛铁矿中的高价铁氧化物还原成金属铁，然后用盐酸浸出还原产物的方法。强还原-盐酸浸出法的关键是强还原作业操作困难，也不经济。高价铁氧化物还原成金属铁要经历两个阶段，即 $Fe_2O_3 \rightarrow FeO \rightarrow Fe$，第一阶段 $Fe_2O_3 \rightarrow FeO$ 反应快，但第二阶段 $FeO \rightarrow Fe$ 反应迟缓，无论用哪种还原剂，要实现第二阶段都很困难。另外，在铁氧化物还原成金属的同时，还会产生一部分容易溶解的低价钛氧化物，浸出时随滤液流出，造成钛的损失。要加大铁的还原必然要提高还原温度，这又会导致物料烧结严重，既难以操作，又影响铁的浸出。

C　弱还原-盐酸浸出法

弱还原-盐酸浸出法是将钛铁矿中的高价铁氧化物用碳（或氢）还原成低价的 FeO，然后进行酸浸的方法。铁以氯化物形态进入溶液，TiO_2 则富集于滤渣中。这一工艺的优点是：矿石的还原过程比较简单易行；产品的品位高，一般 TiO_2 含量在95%以上；浸出时使用盐酸的浓度为20%，便于酸浸残酸的循环使用。由于弱还原-盐酸浸出法基本上克服了盐酸直接浸出法和强还原-盐酸浸出法的弊病，且具有操作可靠、产品质量高、能实现闭路生产等优点，故这一方法在20世纪70年代实现了工业化。弱还原-盐酸循环浸出法生产人造金红石的原则工艺流程如图9-4所示。

将精矿和占炉料量3%～6%的还原剂（重油）连续加入回转窑中，在1123K温度下将钛铁矿中80%～95%的 Fe_2O_3 还原为 FeO。为了防止二价铁重新氧化，将还原完的物料快速冷却到366K以下，经破碎后在球形压煮器中用含 HCl 18%～20%的再生盐酸溶液浸出，浸出温度为416K，压力为0.245MPa，时间为4h。将含 HCl 18%～20%的蒸发物注入压煮器中，以提供反应所必需的热量，这是一项重要革新，它避免了蒸汽加热使溶液变稀的问题。

浸出结束后，固相进入带式真空过滤器进行水洗和过滤，使物料中的盐酸含量低于0.25%，然后在回转窑中于1143～1523K温度下煅烧而获得人造金红石（TiO_2 92%～96%）。

盐酸的再生采用传统的喷雾技术。铁和其他金属氯化物热分解成 HCl、氧化铁和其他金属氧化物，然后用真空过滤的洗涤水吸收析出的 HCl，并使之成为含 HCl 18%～20%的再生盐酸，全部的残酸和洗涤水都是循环使用。

此法的弱点是流程长，盐酸的腐蚀严重。

9.4　四氯化钛的生产

四氯化钛是金属钛及钛白生产的重要中间产品。它是以富钛物料（高钛渣、金红石、

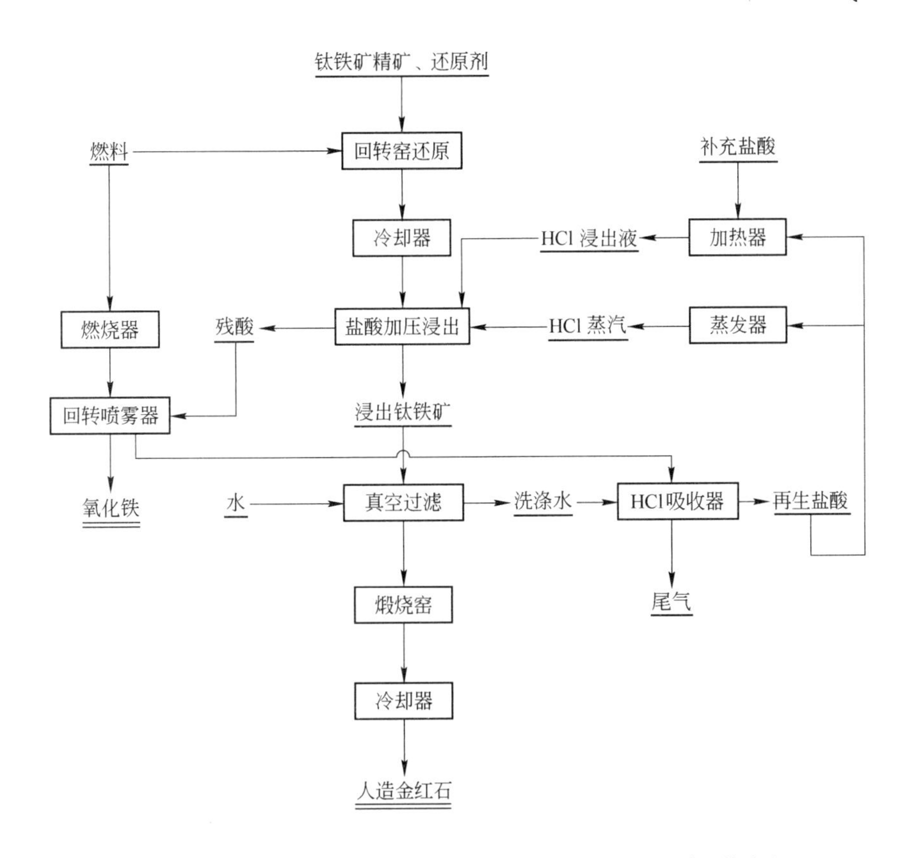

图 9-4 弱还原-盐酸循环浸出法生产人造金红石的原则工艺流程

人造金红石等）为原料，经氯化、冷凝分离、精制等过程而制得的。最常用的氯化剂有氯气和盐酸等。

9.4.1 氯化过程的理论基础

二氧化钛与氯气的反应可以表示为：

$$TiO_2 + 2Cl_2 \xlongequal{\quad} TiCl_4 + O_2$$

该反应在 1000K 时的平衡常数为：

$$K_{1000K} = \frac{p_{TiCl_4} p_{O_2}}{p_{Cl_2}^2} \approx 2.24 \times 10^{-7}$$

如果反应体系中 $p_{Cl_2} = 0.1MPa$，$p_{O_2} = 0.1MPa$，则由上式可以计算出四氯化钛的平衡分压 $p_{TiCl_4} = 2.24 \times 10^{-8}MPa$。因此，$TiO_2$ 与 Cl_2 直接反应生成的 $TiCl_4$ 的分压是非常小的，从工业生产的角度来看，可以认为二氧化钛直接与氯气反应不能自动进行。

但是，当反应中有碳存在时，TiO_2 的氯化反应为：

$$TiO_2 + 2CO + 2Cl_2 \xlongequal{\quad} TiCl_4 + 2CO_2$$

$$CO_2 + C \xlongequal{\quad} 2CO$$

或综合反应为：

$$TiO_2 + C + 2Cl_2 \longrightarrow TiCl_4 + CO_2$$

在1000K时该反应的平衡常数为：

$$K_{1000K} = \frac{p_{TiCl_4} p_{CO_2}}{p_{Cl_2}^2} = 9.986 \times 10^{13}$$

如此大的平衡常数表明，在高温和碳存在的条件下，二氧化钛的氯化反应进行得很完全。

在二氧化钛加碳氯化过程中，实际发生的反应是比较复杂的，炉气中除了含有 Cl_2、$TiCl_4$ 和 CO_2 外，还含有 CO 和 $COCl_2$ 等。当反应达到平衡时，这些气体之间存在一定量关系。表9-3列出了不同温度下通过理论计算得出的气相平衡组成数据。

表9-3 二氧化钛加碳氯化的理论气相平衡分压

T/K	p_{TiCl_4}/MPa	p_{CO}/MPa	p_{CO_2}/MPa	p_{Cl_2}/MPa	p_{COCl_2}/MPa
673	0.50×10^{-1}	0.54×10^{-3}	0.44×10^{-1}	0.14×10^{-7}	0.23×10^{-8}
873	0.46×10^{-1}	0.18×10^{-1}	0.37×10^{-1}	0.15×10^{-5}	0.57×10^{-7}
1073	0.35×10^{-1}	0.60×10^{-1}	0.46×10^{-2}	0.74×10^{-4}	0.49×10^{-7}
1273	0.34×10^{-1}	0.66×10^{-1}	0.27×10^{-3}	0.11×10^{-4}	0.99×10^{-8}

碳的作用单从反应来看，似乎是使 CO_2 转变成 CO。实际上碳的作用并非仅限于此，因为如果用 $CO + Cl_2$ 混合气体对 TiO_2 进行氯化，则 TiO_2 氯化反应的速度比有碳存在时用 Cl_2 氯化的速度慢得多。研究认为，在 TiO_2 氯化过程中碳起着催化作用，氯分子吸附于碳的表面而被活化（由分子状态变为原子状态），从而加快了其反应速度。

在同样的温度条件下，钛渣氯化速度比金红石精矿的氯化速度更快。这是因为钛渣中除了含有 TiO_2 外，还存在着低价钛的氧化物，它们与氯的作用比 TiO_2 更强，在氯化过程中可与氯气直接发生如下反应：

$$2Ti_3O_5 + 2Cl_2 \longrightarrow TiCl_4 + 5TiO_2$$

$$2Ti_2O_3 + 2Cl_2 \longrightarrow TiCl_4 + 3TiO_2$$

$$2TiO + 2Cl_2 \longrightarrow TiCl_4 + TiO_2$$

在573~673K时，即使在没有碳存在的情况下，上述反应的速度也相当快。同时，上述各反应所生成的 TiO_2 均呈新生态 TiO_2 存在，其活性较大，在有碳存在时，它比一般 TiO_2 的氯化速度更快。各种价态的钛氧化物的氯化先后顺序为：

$$TiO > Ti_2O_3 > Ti_3O_5 > TiO_2$$

在 TiO_2 氯化的同时，铁、铝、硅、钒、铬、钽、铌等都会被氯化，生成挥发性的氯化物。含钛物料加碳氯化时，炉料中各组分的氯化先后顺序为：

$$K_2O > Na_2O > CaO > MnO(MnO_2) > FeO > MgO \approx Fe_2O_3 > TiO_2 > Al_2O_3 > SiO_2$$

这一顺序表明，氯化过程中排在 TiO_2 以前的氧化物，只要钛转变成氯化物，它们就都会转变成氯化物；而 Al_2O_3，特别是 SiO_2，仅部分氯化。另外，在氯化过程中氧化物与氯化物可能发生二次反应，如 $TiCl_4$ 能氯化所有排在 TiO_2 前面的氧化物，即对这些氧化物来说，$TiCl_4$ 是很好的氯化剂。当然，$AlCl_3$、$SiCl_4$ 又是 TiO_2 的氯化剂。

9.4.2 金红石及高钛渣的氯化

在生产实践中有三种氯化方法，即流态化氯化法、熔盐氯化法和竖炉氯化法。四氯化钛生产工艺流程如图 9-5 所示。

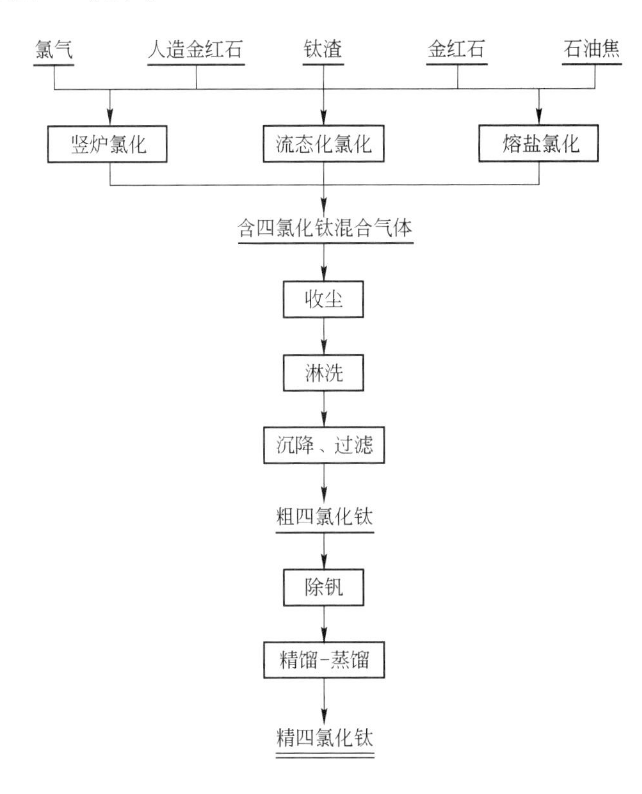

图 9-5 四氯化钛生产工艺流程

9.4.2.1 流态化氯化法

流态化氯化法是在流态化氯化炉中，使细粒富钛物料和碳质还原剂在高温下与氯气作用生成四氯化钛的过程，为四氯化钛制取的主要方法。流态化氯化炉的炉体结构见图 9-6，炉体可分为反应段、过渡段和扩大段。反应段必须有一定的高度，以保证炉料与氯气有充分的接触反应时间。过渡段的锥角应不小于炉料的安息角，以防止粉料堆积。扩大段截面积增大，可降低气流速度，使细料进一步与氯气反应，并减少粉料被气流带走的损失。大型流态化氯化炉的反应段内径在 ϕ2m 以上，$TiCl_4$ 单炉生产能力达 140t/d。

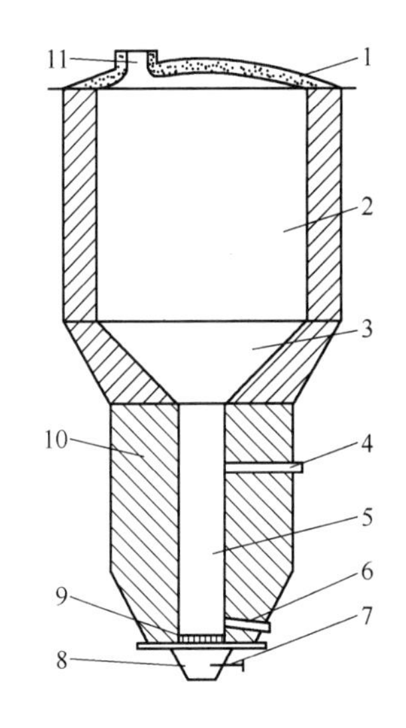

图 9-6 流态化氯化炉的炉体结构
1—炉盖；2—扩大段；3—过渡段；4—加料口；5—反应段；6—排渣口；7—氯气进口；8—气室；9—气体分布板；10—炉壁；11—炉气出口

氯气进口位于炉底，氯气经气体分布板（即筛板，开孔率约为 1%）进入反应段，在料层中均匀分布，并以较高流速使床层形成良好的起始流态化状态。筛板有风帽型和直孔型两种，前者虽结构复杂，但孔眼不易堵塞，气流分布均匀；后者虽结构简单，但易堵孔眼，影响气流均匀分布。加料口位于反应段内料层上方，由螺旋加料器加料。扩大段顶部设有炉气出口，气态氯化产物由此排出，经管道进入后续系统以分离杂质和冷凝 $TiCl_4$。反应段下侧设有排渣口。此外，流态化氯化炉还设有测温、测压及氯气流量计量装置。

用富钛物料与石油焦配制的炉料和氯气分别从加料口和氯气进口连续加入炉内，在1123～1273K 温度和一定流态化床层压差下进行氯化反应，生成的 $TiCl_4$ 等气态产物从炉气出口出炉后，经后续冷凝分离系统处理得到粗 $TiCl_4$，炉渣定期由炉底排出。氯化系统以采用微正压（比常压高 50～500Pa）操作为宜，以避免吸入空气而引起 $TiCl_4$ 水解堵塞管道。根据料层温度、压力和尾气组成的变化以及炉渣排放状况，可判断流态化状态及氯化反应是否正常并相应调节工艺操作制度。

除温度、压力外，炉料配比、通氯气量、氯气流速、炉料粒度和氯气浓度等工艺参数均直接影响钛的氯化过程和氯化效果。

流态化氯化具有过程可以自热进行、传热和传质条件好、反应温度均匀、反应速度快、生产效率高、过程连续自动控制等许多优点，其缺点是粉尘逸出量在7%～8%以上。由于流态化床中物料被迅速搅拌，在连续卸出的焙烧物中必然有一部分来不及氯化的颗粒。

必须指出，流态化氯化对物料中 CaO 和 MgO 的含量有严格的要求，因为它们在氯化过程中会被氯化成 $CaCl_2$ 和 $MgCl_2$，这两种氯化物具有熔点低、沸点高的特性（$CaCl_2$ 的熔点为 1045K，沸点高于 1873K；$MgCl_2$ 的熔点为 987K，沸点为 1685K），它们在氯化温度（1073～1273K）下呈熔融状态且挥发性较小，易停留在流化层内，难以有效排除。随着氯化过程的进行，当熔融态的 $CaCl_2$ 和 $MgCl_2$ 在流化层内的物料中富集到一定程度时，会使物料黏结成大块而无法实现沸腾，甚至整个炉子会被结死。

9.4.2.2 熔盐氯化法

CaO、MgO 含量高的物料不能进行沸腾氯化，为了解决这一问题，自20世纪50年代初就着手研究采用熔盐氯化的方法。此法是将碎细的钛渣或金红石和石油焦混合物以高度分散状态悬浮在熔盐介质中，通入氯气制取 $TiCl_4$ 的方法。熔盐氯化作业一般在 1023～1123K 的温度下进行，采用的设备为熔盐氯化炉，其结构见图 9-7。细粒富钛料和石油焦按 100:(15～20) 的比例混合均匀后，从炉子上部用螺旋加料机加到熔盐表面。当氯气流以一定流速由炉底部喷入熔盐后，对熔盐和固体物料产生强烈的搅动作用，并分散成许多细小气泡由炉底部向上移动。悬浮于熔盐中的细物料在表面张力作用下黏附于熔盐与氯气泡的界面上，随熔盐和气泡的流动而分散于整个熔体中，使富钛料、石油焦和氯气在熔盐介质中

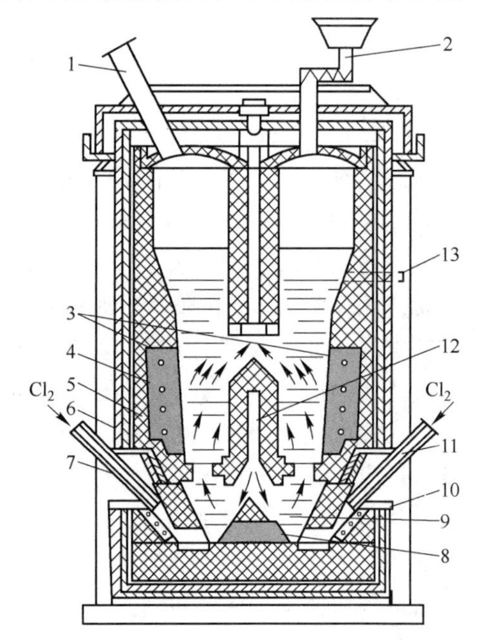

图 9-7 生产 $TiCl_4$ 用熔盐氯化炉示意图

1—气体出口；2—加料器；3—电极；4—水冷空心管；5—石墨保护侧壁；6—炉壳；7—氯气管；8—旁侧下部电极；9—中间隔墙；10—水冷填料箱；11—通道；12—分配用耐火砖；13—热电偶

充分接触，并发生剧烈的氯化反应。反应的结果是 $TiCl_4$ 以气态从熔盐中逸出，进入冷凝分离系统；而非挥发性氯化物 $MgCl_2$、$CaCl_2$、$FeCl_2$ 等，则留在熔盐中。

经熔盐氯化出来的气相混合物成分十分复杂，除 $TiCl_4$ 外，还含有非冷凝气体（如 CO、CO_2、$COCl_2$、HCl、N_2 等）、低沸点氯化物（如 $SiCl_4$、$SiOCl_6$、$Si_3O_2Cl_8$、$VOCl_3$、CCl_4、C_2OCl_4、C_6Cl_6 等）、中等沸点氯化物（如 $FeCl_3$、$AlCl_3$）以及高沸点氯化物（如 $CaCl_2$、$MgCl_2$、$MnCl_2$、$FeCl_2$、$CrCl_3$、$CrCl_2$、KCl、NaCl 等）。高沸点氯化物的很大一部分是以雾状形式被炉气气流机械地带出氯化炉，因此，熔盐氯化必须设置收尘的冷凝系统。在这个系统中有收集固体氯化物的除尘器、收集玻璃纤维织物的袋式过滤器、收集液体氯化物（$TiCl_4$ 和 $SiCl_4$）的喷淋冷凝器、为捕收喷淋后残气中的钛而采用的管状冷凝器，最后还应有捕收氯气、光气、氯化氢等气体的石灰喷淋卫生洗涤塔。经冷凝系统收集的 $TiCl_4$ 液体中含有很多杂质，称为粗 $TiCl_4$，必须进一步净化。

由于熔盐氯化过程在气、液、固三相体系中进行，故要比流态化氯化过程更为复杂。除了氯气流速、氯气分压和分布情况、反应温度、物料成分和粒度等因素会影响氯化过程外，熔盐的组成和性质也是非常重要的影响因素。氯化过程要求熔盐具有较小的表面张力，以改善熔盐对反应物料的润湿性和促进氯气气泡在熔盐中的分散，从而增大富钛料与氯气反应的界面积，减少富钛料与碳粒的分层现象；同时，熔盐应有较小的黏度，以保证熔盐的流动性，强化反应体系的传热和传质过程；此外，熔盐还要有较大的密度，使反应物料不易沉积。为了满足上述要求，并考虑到经济因素，工业上采用的典型熔盐组成为：$w(TiO_2)=1.5\%\sim5\%$，$w(C)=2\%\sim5\%$，$w(NaCl)=10\%\sim20\%$，$w(KCl)=30\%\sim40\%$，$w(MgCl_2)=10\%\sim20\%$；$w(CaCl_2)\leqslant5\%\sim10\%$，$w(FeCl_2+FeCl_3)\leqslant10\%\sim12\%$，$w(SiO_2)\leqslant3\%\sim6\%$，$w(Al_2O_3)\leqslant3\%\sim6\%$。在一定时间内，氯化可连续进行；但当熔盐中杂质富集到一定浓度、熔盐体积增大且物理化学性质变化比较大时，则应从渣口排出部分熔盐和底部的沉渣，补充新的熔盐继续进行氯化。

熔盐氯化有如下优缺点：

（1）原料适应性强。熔盐氯化法可以说就是为适应钙、镁含量高的钛渣和金红石等含钛物料的氯化而发展起来的。氯化过程产生的低熔点、高沸点的 $MgCl_2$、$CaCl_2$、$FeCl_2$、$MnCl_2$ 能够溶于熔盐，它们在一定的含量范围内不会影响氯化过程的正常进行。

（2）气相产物中 $TiCl_4$ 分压高。熔盐氯化一般在 1023～1173K 下进行，排出的尾气中 CO_2 含量比 CO 高得多（CO 只占 CO_2 的 5%～10%），因此气相中 $TiCl_4$ 分压较高，有利于 $TiCl_4$ 的冷凝。

（3）粗 $TiCl_4$ 中杂质含量较少。熔盐中的 NaCl、KCl 能与 $AlCl_3$、$FeCl_3$ 等氯化物形成氯络盐（如 K_3AlCl_6、Na_3AlCl_6、$KFeCl_4$ 等），因而熔盐层有净化除杂作用，所得的粗 $TiCl_4$ 中杂质含量比流态化氯化法少。

（4）与流态化氯化相比，熔盐氯化需消耗熔盐，产生废盐，一般每生产 1t $TiCl_4$ 需排放 100～200kg 废盐，增加了“三废”处理的负担。

9.4.2.3 竖炉氯化法

竖炉氯化法是把含钛物料与石油焦制成团块，将其堆放在竖式氯化炉中与氯气作用制取 $TiCl_4$ 的方法。在氯化前，先将含钛物料粉碎并与石油焦分别细磨至一定粒度，然后将其按 100∶（30 ～ 35）的比例混合均匀，以纸浆废液为黏结剂，压成长 50mm 的枕形团块，在约1073K的温度下经焦化处理，得到具有一定强度和孔隙率的焦结块。制成的焦结块在竖式氯化炉中呈固定层状态与氯气反应，在1173～1273K的温度下生成$TiCl_4$气体，随炉气进入冷凝分离系统，得到粗$TiCl_4$，部分$CaCl_2$、$MgCl_2$、$MnCl_2$、$FeCl_2$等氯化物及未反应的渣料则由炉子底部排出。该方法的优点是氯化设备简单、操作容易控制，其缺点是制备团块和焦结工艺设备复杂、生产率低。

现行生产$TiCl_4$的氯化方法主要是流态化氯化（日本、美国采用），其次是熔盐氯化（前苏联采用），竖炉氯化已被淘汰。我国兼用流态化氯化与熔盐氯化。

9.4.3 四氯化钛的净化

工业粗四氯化钛是一种红棕色浑浊液，除$TiCl_4$含量大于98%外，还含有许多杂质。这些杂质成分一般为：$SiCl_4$ 0.1%～0.6%，Al 0.01%～0.1%，Fe 0.01%～0.04%，V 0.01%～0.3%，Mn 0.01%～0.2%，S 0.01%～0.03%，Cl 0.03%～0.3%。四氯化钛中的杂质大体上可分为可溶的气体杂质、液体杂质、固体杂质和不溶的固体悬浮物四类（见表9-4）。工业生产中常根据$TiCl_4$和有关杂质的性质来选择精制方法。大部分气体杂质在$TiCl_4$中的溶解度不大，并随温度的升高而减小，易于在蒸馏或精馏过程中除去。不溶于$TiCl_4$的固体悬浮物可用沉降或过滤的方法除去。溶于$TiCl_4$中的液体杂质或固体杂质按照与$TiCl_4$沸点（410K）的差别，可分为高沸点杂质（如$FeCl_2$，沸点为588K）、低沸点杂质（如$SiCl_4$，沸点为331K）和沸点相近的杂质（如$VOCl_3$，沸点为400K）。高沸点和低沸点杂质可用蒸馏法或精馏法除去，$VOCl_3$的沸点和$TiCl_4$相近，一般用化学法除去。

表9-4 粗四氯化钛中的杂质

可溶于$TiCl_4$的杂质	常温下为气体	N_2、O_2、Cl_2、HCl、CO、CO_2、$COCl_2$、COS
	常温下为液体	$SiCl_4$、$VOCl_3$、S_2Cl_2、CCl_4、CH_2Cl、COCl、CCl_3COCl、$SnCl_4$、CS_2、SCl_2、$SOCl_2$
	常温下为固体	$AlCl_3$、$FeCl_3$、$NbCl_5$、$TaCl_5$、$MoCl_5$、C_6Cl_6、Si_2OCl_6、$TiOCl_2$
不溶于$TiCl_4$的固体悬浮物		TiO_2、SiO_2、C、$MgCl_2$、$MnCl_2$、$FeCl_3$、$FeCl_2$、$ZrCl_4$、$CrCl_3$、$ThCl_4$

9.4.3.1 净化除钒

除钒的原理是将$VOCl_3$还原成在$TiCl_4$中溶解度很小且沸点较高的$VOCl_2$而将其除去。使用的还原剂为铜粉或铝粉。如果用铜粉作为还原剂，其反应如下：

$$VOCl_3 + Cu = VOCl_{2(s)} + CuCl$$

实际上还原经过生成$CuTiCl_4$的中间阶段：

$$Cu + TiCl_4 = CuTiCl_4$$

$$CuTiCl_4 + VOCl_3 = VOCl_{2(s)} + CuCl + TiCl_4$$

与此同时，铜粉也将CrO_2Cl_2和$SnCl_4$还原成低价，而且还可除去溶解于$TiCl_4$中的氯，因为氯与铜化合成氯化铜。

用铜粉作除钒的还原剂有一个缺点，就是必须预先从$TiCl_4$中清除杂质$AlCl_3$，否则铜粉会很快发生钝化而失去作用。另外，$AlCl_3$对设备的腐蚀性大，故也要求将其在精馏中除去。除去$AlCl_3$的方法很简单，只需往$TiCl_4$中加入少许水就可以，其反应如下：

$$AlCl_3 + H_2O \xlongequal{} AlOCl + 2HCl$$

反应生成的 AlOCl 可以蒸馏除去。

如果用铝粉作还原剂，其反应过程是：

$$3TiCl_4 + Al \xlongequal{} 3TiCl_3 + AlCl_3$$

$$TiCl_3 + VOCl_3 \xlongequal{} TiCl_4 + VOCl_{2(s)}$$

当有起催化作用的氯化铝存在时，$TiCl_4$ 与铝粉之间才能进行有效的反应。也可以用氯气代替氯化铝起催化作用，工业实践中具体的做法是：铝粉加入后就开始向 $TiCl_4$ 中通入氯气，反应开始后（以温度升高为标志）就关闭氯气。将得到的 $VOCl_2$、$TiCl_3$、$AlCl_3$ 沉淀物送去提钒。

9.4.3.2 精馏净化

精馏作业在精馏塔中进行，精馏塔用不锈钢制成，内有陶瓷环填料。操作过程中，首先使塔的上部保持 331K 的温度，低沸点化合物 $SiCl_4$ 即呈蒸气状态从 $TiCl_4$ 中除去；然后，再在 409K 下蒸馏 $TiCl_4$，沸点比 403K 更高的氯化物杂质 AlOCl、$FeCl_3$、$NbCl_5$、$TiOCl_2$ 等则留在蒸馏余液中。净化后的 $TiCl_4$ 为无色透明或略呈浅黄色的液体，其中含杂质极少，一些常见杂质（Al、V、Cu、Cr、Si、Mn、Ta、Nb、Zr）的含量均在 $10^{-5}\%$ ~ $10^{-3}\%$ 之间。

根据生产实践，纯 $TiCl_4$ 的生产费用约占海绵钛生产成本的 47%，因此，降低纯 $TiCl_4$ 生产成本是降低钛生产成本的关键，其中最重要的是降低原料的单耗（即生产 1t $TiCl_4$ 消耗的原料数量）。首先需要在钛渣的氯化和 $TiCl_4$ 的净化阶段采取有效措施，尽量提高钛的回收率。另外，要考虑有价元素的综合回收，如 V、Sc、Fe 的回收。降低炼制高钛渣的电耗也是一个重要方面。除钒时铜粉的消耗也不可忽视，在 $TiCl_4$ 净化中除钒费用在其成本中所占的比重也很大。由于铜粉太贵，许多工厂已开始用铝粉作还原剂来代替铜粉脱钒。

9.5 海绵钛的生产

目前生产实践中采用金属热还原法生产海绵钛，即以活性很大的镁或钠作还原剂，将提纯后的精 $TiCl_4$ 还原成金属钛。此法得到的产品外观呈海绵状，工业上称为海绵钛，其钛含量在 99.6% 以上。由于钛有很强的化学活性，能与氧、氮、氢、碳、CO_2 和水蒸气等反应，也能溶解氧、氮、氢、碳等杂质，从而使钛的可塑性降低而不利于机械加工。因此在金属钛的生产中，必须防止氧、氮、氢、含碳气体和水蒸气与钛接触，还原过程必须在真空或惰性介质中进行，制取金属钛的原料和还原剂也必须有足够高的纯度，生产现场还必须干净。

9.5.1 镁热还原法生产海绵钛

镁热还原法生产海绵钛是用镁还原 $TiCl_4$ 制取金属钛的过程。此法于 1940 年由卢森堡科学家克劳尔（W. J. Kroll）研究成功，故又称克劳尔法。1948 年，美国杜邦公司开始用这种方法生产商品海绵钛。镁热还原法生产海绵钛的现行工艺流程由镁还原、真空蒸馏分离还原产物中的 Mg 和 $MgCl_2$、成品处理（破碎、分级）等作业组成，如图 9-8 所示。

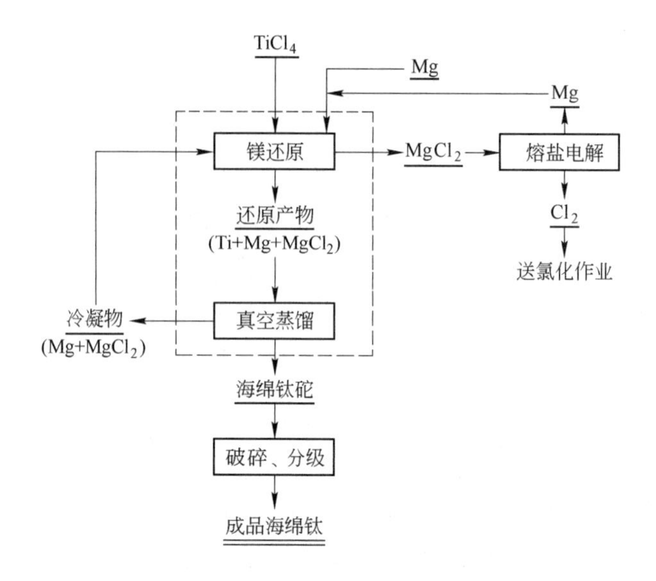

图 9-8 镁热还原 $TiCl_4$ 生产海绵钛的工艺流程

9.5.1.1 基本原理

用金属镁还原 $TiCl_4$ 是在充满惰性气体的密闭钢制反应罐中进行。还原工艺原理主要涉及还原和真空蒸馏两个方面。

A 还原

$TiCl_4$ 液体以一定速度注入底部盛有液体金属镁的反应罐中，气化成 $TiCl_4$ 蒸气，与反应罐内的气态和液态金属镁发生反应：

$$TiCl_{4(g)} + 2Mg_{(g,l)} \xlongequal{\quad} Ti_{(s)} + 2MgCl_{2(l)}$$

该反应为放热反应。反应一经开始就不需要外加热，还原过程可维持在 1073 ~ 1223K 的温度范围内自动向右进行。

实际还原过程可能经过生成低价氯化物 $TiCl_2$、$TiCl_3$ 的阶段，反应为：

$$2TiCl_4 + Mg \xlongequal{\quad} 2TiCl_3 + MgCl_2$$

$$TiCl_4 + Mg \xlongequal{\quad} TiCl_2 + MgCl_2$$

$$2TiCl_3 + Mg \xlongequal{\quad} 2TiCl_2 + MgCl_2$$

$$\frac{2}{3}TiCl_3 + Mg \xlongequal{\quad} \frac{2}{3}Ti + MgCl_2$$

$$TiCl_2 + Mg \xlongequal{\quad} Ti + MgCl_2$$

在 1073 ~ 1223K 的还原温度下，上述反应均可进行，但反应进行的程度与还原体系中镁的数量有关。当限定镁量时，优先生成 $TiCl_3$、$TiCl_2$，若镁量不足，则难以将钛的低价氯化物进一步还原为金属钛。镁量不足时还可能发生钛与其氯化物之间生成 $TiCl_3$、$TiCl_2$ 的二次反应：

$$TiCl_4 + TiCl_2 \xlongequal{\quad} 2TiCl_3$$

$$TiCl_4 + Ti \xlongequal{\quad} 2TiCl_2$$

低价钛氯化物的生成是不希望的，因为低价氯化钛在开启设备时能与空气中的水分相互作用发生水解，生成钛的氧化物和 HCl，使海绵钛受到污染。另外，低价氯化钛有时能发生歧化反应，按上述反应逆向进行，分解产生极细的钛粉，这种钛粉易着火造成海绵钛的氧化和氯化。所以，还原过程必须保证有足够量的镁，才能使 $TiCl_4$ 的还原反应完全而不会生成钛的低价氯化物。

然而，在 $TiCl_4$ 的镁热还原过程中或多或少都会产生钛的低价氯化物。其主要原因有：

（1）反应区还原剂不足，优先进行生成低价氯化钛的反应；

（2）还原反应区温度过低，低价氯化物难以被还原；

（3）在反应罐内存在“冷区”，镁蒸气会在设备冷的表面上冷凝，加入 $TiCl_4$ 时，还原反应就会在这些表面上发生，这样的反应任何时候都会导致生成低价氯化钛；

（4）由于设备不能保证连续操作，当过程停止时就难免会生成钛的低价氯化物；

（5）在温度控制不严的情况下排放 $MgCl_2$，当有 $TiCl_4$ 蒸气时，也会促使低价钛的氯化物生成。

B 真空蒸馏

还原过程结束后，反应产物是 Ti、Mg 和 $MgCl_2$ 的混合物，故需要对其进行分离。一般采用真空蒸馏法将海绵钛中的 Mg 和 $MgCl_2$ 挥发除去。还原产物的分离之所以要在真空条件下进行，主要是由于：

（1）钛在高温下具有很强的吸气性能，即使存有少量的氧、氢和水蒸气等，也会被钛吸收而使产品性能变坏。

（2）在常压下，凝聚相的金属镁和 $MgCl_2$ 只有在沸点下才具有较高的蒸发速度（金属镁和 $MgCl_2$ 的沸点分别为 1363K 和 1691K）；而在真空条件下，温度较低时即可达到沸腾状态，具有较高的蒸发速度。生产上在 1073～1273K 下进行真空蒸馏，当反应罐内压力低于蒸馏温度下金属镁和 $MgCl_2$ 的蒸气压时，便能有效地将它们分离。

（3）在真空条件下能降低蒸馏作业温度，从而可避免在反应罐壁处生成 Fe-Ti 合金，减少 Fe-Ti 熔合后生成的壳皮。

9.5.1.2 还原-蒸馏装置

还原-蒸馏装置主要由加热炉、还原罐和冷凝罐等主体设备组成，并设有加料、控温、充氩和测压系统以及真空系统和还原过程排热系统。此外，另有 $TiCl_4$ 储槽、液镁抬包及 $MgCl_2$ 槽等附属设备。

加热炉一般为电阻炉，分区域控温。钢制还原罐和冷凝罐交替使用，即冷凝罐连同蒸馏冷凝物（$Mg + MgCl_2$）用作下一炉的还原罐，还原罐经冷却取出海绵钛砣后用作另一炉的冷凝罐，这样便可实现蒸馏镁的循环。用高温阀门或镁板隔断连接还原罐与冷凝罐之间的通道，由还原转入蒸馏作业时可适时开通。还原-蒸馏联合法装置分为 I 形和倒 U 形两种，如图 9-9 和图 9-10 所示。

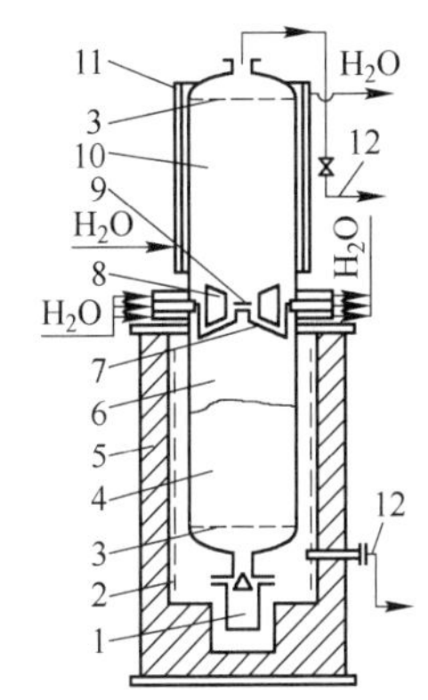

图 9-9 I 形半联合法装置示意图

1—真空罩；2—电阻炉丝；3—活底；4—还原产物；5—电阻炉；6—还原罐；7—还原罐盖；8—隔热板；9—镁盲板；10—冷凝罐；11—冷却套筒；12—真空管道

I 形装置又称半联合法装置，其冷凝罐置于还原罐之上，中间通道用“过渡段”连接。操作时，先组装好还原

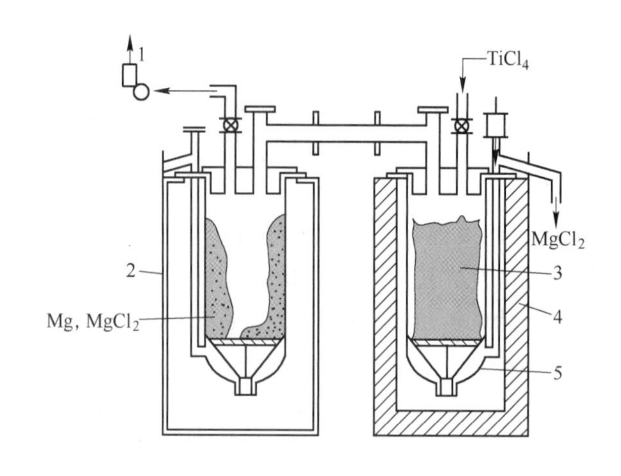

图9-10 倒U形联合法装置示意图
1—真空泵；2—冷凝罐；3—还原产物；4—加热炉；5—还原罐

罐，然后用电阻炉加热还原罐，加入炉料开始还原作业，还原过程中产生的 $MgCl_2$ 由氯化镁的排放管排出。待还原罐内的还原反应结束后，适当降低还原罐的温度，并在氩气保护下将还原罐盖中部通道内的钢盲板（连同 $TiCl_4$ 加料管）拆下，换为镁盲板，并尽快组装好冷凝罐等设备，使还原罐内的还原产物保持在较高温度下直接转入真空蒸馏作业，除去还原产物中的过剩镁和残留 $MgCl_2$，即可获得海绵钛砣。前苏联各钛厂普遍采用此种装置，海绵钛单炉生产能力约为4t。

倒U形装置又称联合法装置，其反应罐和冷凝罐呈水平排列，中间用管道连接。罐盖上设有高温密封阀门，用来隔断或连通管道。反应罐置于电阻炉内，冷凝罐置于冷却槽内，直接用水冷却。

9.5.1.3 工艺实践

A 还原

镁热还原过程必须在惰性气体保护气氛下进行。具体的操作是：还原罐经组装、抽真空，检查还原罐的密封性合格后，将其充满惰性气体。用真空抬包加入液体金属镁（或在组装前加入固体镁锭），所加的镁液应比反应所需的理论量多10% ~15%。待加热到1023 ~1073K时开始连续加入 $TiCl_4$，通过调节加热电源、$TiCl_4$ 加入速度和通风排热，使反应罐内的温度保持在1073 ~ 1223K之间，最高不超过Fe-Ti合金开始熔合的温度(1248K)。随着反应的进行，液态 $MgCl_2$ 逐渐积累，必须定时排出罐外。排出 $MgCl_2$ 除能提高罐容积的利用系数外，还可不断使新鲜镁液面裸露（Mg的密度小于 $MgCl_2$），以利于还原反应的进行。整个还原过程中都必须控制反应罐内为正压（比大气压高2.7 ~27kPa)，以防止漏进空气。加完 $TiCl_4$ 后保温1 ~2h，使熔体中的低价钛（$TiCl_2$、$TiCl_3$）得到充分还原，然后再尽量将罐内的 $MgCl_2$ 排出。

B 真空蒸馏

还原产物中一般含Ti 55% ~65%、Mg 25% ~35%、$MgCl_2$ 9% ~12%。蒸馏初期，控制还原罐内温度不高于1073K，以免金属镁和 $MgCl_2$ 的蒸发速度过大而与其冷凝速度不相匹配。待金属镁和 $MgCl_2$ 大量蒸出后，需提高温度（约1223K）及真空度（约1.33Pa），并经较长时间才能将残存于海绵钛孔隙中的金属镁和 $MgCl_2$ 蒸馏干净。

为确保产品质量且不拖延作业时间，工业生产中常按照蒸馏温度、真空度变化以及能耗量与时间的关系曲线的统计规律，在恒定高温下维持高真空（约 0.13Pa）若干小时后，检测罐内真空度的变化值，以此来判定蒸馏终点。

C 成品处理

还原产物经真空蒸馏除去金属镁和 $MgCl_2$ 并经冷却后，由还原罐内取出钛砣，经去皮、切块、分级破碎、筛分和混合组批后，将成品海绵钛置于密封罐内充氩气包装。

镁热还原法生产海绵钛的主要技术经济指标为：金属回收率 95% ~98%（从精 $TiCl_4$ 算起），产品合格率 92% ~96%，金属镁直接利用率 60% ~70%，镁回收率 90% ~98%，电耗 4000 ~10000kW · h/t（不包括镁电解）。

9.5.2 钠热还原法生产海绵钛

钠热还原法生产海绵钛是用钠还原 $TiCl_4$ 制取金属钛的过程。此法由美国人亨特（M. A. Hunter）于 1910 年研究成功，故又称亨特法。英国在 1954 年首先建立了用这种方法生产商品海绵钛的工厂。

钠热还原法生产海绵钛的化学反应为：

$$TiCl_{4(g)} + 4Na_{(g,l)} = Ti_{(s)} + 4NaCl_{(l)}$$

该反应放出的热量比镁热还原反应大。实际上，钠热还原反应可能是分阶段进行的：

$$TiCl_4 + Na = TiCl_3 + NaCl$$

$$TiCl_3 + Na = TiCl_2 + NaCl$$

$$\frac{1}{2}TiCl_2 + Na = \frac{1}{2}Ti + NaCl$$

$TiCl_4$ 与金属钛作用也可能生成低价钛的氯化物，反应如下：

$$3TiCl_{4(g)} + Ti_{(s)} = 4TiCl_{3(l)}$$

$$TiCl_{4(g)} + Ti_{(s)} = 2TiCl_{2(l)}$$

生成的 $TiCl_2$ 和 $TiCl_3$ 可溶于 NaCl 熔体，并能形成共晶体，$TiCl_3$-NaCl 共晶体（含 $TiCl_3$ 63.5%）的熔点为 735K，$TiCl_2$-NaCl 共晶体（含 $TiCl_2$ 50%）的熔点为 878K。另外，金属钠能部分溶解于 NaCl 中，其溶解度随温度升高而增大。所以，低价钛氯化物还原为钛部分是在氯化钠熔盐中进行的。由于金属钠和 NaCl 的密度相差很大（Na 为 970kg/m^3，NaCl 为 2170kg/m^3），两者很易分层，而不需像镁热法那样间歇放渣。又由于还原反应钠的利用完全，反应产物中无大量过剩钠存在。反应产物经冷却、磨碎后用水和稀盐酸浸洗，洗去 NaCl 和多余的钠，再经烘干即得钛粉。

$TiCl_4$ 的钠热还原过程在钢制竖式反应罐中进行，用电阻炉加热。还原设备的结构与镁热还原法大体相同，不需要 NaCl 的排放管道，但有可连续加入液体钠的管道。该法空反应罐的清理、预抽真空、检漏等准备工作与镁热还原法相同。

钠热还原法生产海绵钛的工艺分为一段钠热还原法和二段钠热还原法。

（1）一段钠热还原法。按 $w(Na):w(TiCl_4) = 1:2.06$ 向反应罐内加入 $TiCl_4$ 和液钠，可一次还原成金属钛。物料可同时加入，也可将液钠预先加入罐内，再将 $TiCl_4$ 按一定料速加入。作业温度为 923 ~ 1123K，罐内压力保持在 0.67 ~ 2.67kPa。还原作业结束前需将反应罐加热到 1223K 并保温一段时间，使熔体中的 $TiCl_2$ 和 $TiCl_3$ 充分还原为金属钛。

（2）二段钠热还原法。钠热还原过程分两段进行：按 $w(Na):w(TiCl_4)=1:4.12$ 向反应罐内同时加入四氯化钛和液钠两种物料进行一段还原，使 $TiCl_4$ 还原为 $TiCl_2$；反应生成的 $TiCl_2$ 和 NaCl 熔盐经加热钢管用氩气压入另一反应罐中，再在其中加入与第一段同样数量的液钠进行二段还原，使熔体中的 $TiCl_2$ 还原为金属钛。二段钠热还原法的特点是：反应热分两步放出，温度较容易调节控制，产品质量较高、粒度较粗；但生产周期长，工艺较复杂。

钠热还原法的优点是：还原剂钠的熔点低，易于实现运输管道化，从而实现过程的连续；钠与 $TiCl_4$ 之间的反应速度很快，而且钠的利用率可达100%；还原过程中无需排放氯化物废渣，这可使设备的结构简化；产生的 NaCl 吸湿性小，而在水中的溶解度却很大，因此，可以用水浸法代替既复杂又耗电的真空蒸馏法来分离钛和盐渣。

钠热法的缺点是：过程的温度范围很窄，只限于 NaCl 的熔点（1073K）和金属钠的沸点（1156K）之间，而且因为反应放热量很大，必须采取有效的排热措施；用钠热法生产 1t 钛所需的还原剂和所产生的渣的体积比大于镁热法，这就要求加大反应器的容积；钠的化学性质非常活泼，操作的安全措施要求比镁热法更为苛刻；此外，由于钠原子价数低、化学计量数高，按生产相同的钛量计，加入的钠量比镁量多，又由于 NaCl 不易回收循环利用，故钠耗远高于镁耗。所以，钠热还原法的应用受到很大的限制。在金属热还原法生产海绵钛中，镁热还原法仍将继续占据主导地位。

除了用金属热还原法制取金属钛以外，还有熔盐电解法，其采用碱金属或碱土金属的氯化物组成电解质。电解前需用 Al、Ti、Mg、Na 或氢作还原剂将 $TiCl_4$ 还原成 $TiCl_3$、$TiCl_2$，以增大钛在熔盐中的溶解度。电解结果是阴极上析出钛晶粒，阳极上析出氯气。若使用 K_2TiF_6 作原料，则用 K_2TiF_6 + NaCl（或加 NaCl 和 KCl）作电解质。

金属钛的制取也可以用纯 TiO_2 作原料，用钙或氢化钙作热还原剂。另外，用钛的卤盐热离解法也可制得金属钛。

9.6 致密钛的生产

只有将海绵钛或钛粉制成致密的可锻性金属，才能进行机械加工并广泛地应用于各个工业部门。采用真空熔炼法或者粉末冶金法就可实现这一目的。采用熔炼法可以制得 3 ~ 10t 重的金属钛锭，采用粉末冶金法只能获得几百千克以下的毛坯。

9.6.1 真空电弧熔炼法生产致密钛

真空电弧熔炼法广泛应用于生产致密的稀有高熔点金属，这一方法是在真空条件下利用电弧使金属钛熔化和铸锭的过程。由于熔融钛具有很高的化学活性，几乎能与所有的耐火材料发生作用而受到污染。因此，在真空电弧熔炼中通常采用水冷铜坩埚，使熔融钛迅速冷凝下来，大大减少了钛与坩埚的相互作用。

真空电弧熔炼法又可分为自耗电极电弧熔炼和非自耗电极电弧熔炼两种方法。自耗电极电弧熔炼是将待熔炼的金属钛制成棒状阴极，以水冷铜坩埚作阳极，在阴、阳极之间高温电弧的作用下，钛阴极逐渐熔化并滴入水冷铜坩埚内凝固成锭。这种熔炼方法的阴极本身就是待熔炼的金属，在熔炼过程中不断消耗，故称为自耗电极电弧熔炼；如在真空中进行，则称为真空自耗电极电弧熔炼。非自耗电极电弧熔炼是用钨棒或石墨棒作非自耗电极，待熔化的金属则呈小块或屑状连续加入坩埚内熔化铸锭。由于非自耗电极电弧熔炼的电极会污染金属，现已不再采用。工业上广泛采用的是真空自耗电极电弧熔炼法。

在真空自耗电极电弧熔炼过程中，钛阴极不断熔化滴入水冷铜坩埚，借助于吊杆传动使电极不断下降。为了熔炼大型钛锭，采用引底式铜坩埚，即随着熔融钛的增多，坩埚底（也称锭底）逐渐向下抽拉，熔池不断定向凝固而成钛锭。

由于熔炼过程在真空下进行，而熔炼的温度又比钛的熔点高得多，且由螺管线圈产生的磁场对熔池有强烈的搅拌作用，因此，海绵钛内所含的气体氢及易挥发杂质和残余盐类在熔炼过程中会大量排出，故真空自耗电极电弧熔炼对金属钛具有一定的精炼作用。图9-11为真空自耗电极电弧炉示意图。

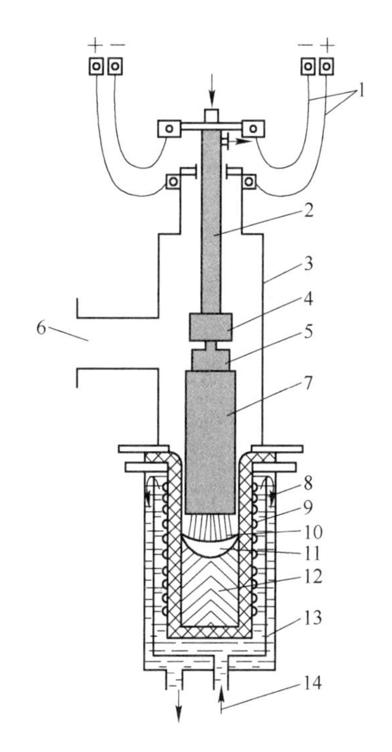

图9-11 真空自耗电极电弧炉示意图
1—电缆；2—水冷电极杆；3—真空炉壳；4—电极夹头；5—过渡电极；6—抽真空系统连接管；7—自耗电极；8—铜结晶器；9—稳弧线圈；10—电弧；11—熔池；12—金属锭；13—结晶器的水冷套；14—冷却水进出口

熔炼电弧炉主要由密封的炉室以及与其相连的水冷铜坩埚、电极吊杆和提升机构所组成。此外，还有许多辅助设备，如真空系统、取锭设备、水冷系统、供电系统、电弧自控系统及各种测量控制系统。

熔炼过程的主要技术经济指标包括钛锭的质量、金属回收率、熔炼生产率及电耗等。影响钛锭质量的因素有如下几个：

（1）真空度。真空有利于钛中氢气及其他挥发性杂质的除去。如含氢0.0224%的海绵钛，在氩气气氛中经一次熔炼后，再在真空下进行二次熔炼（重熔），氢含量可降到0.0027%。海绵钛中的Pb、Sb、As、Zn等杂质也可在熔炼过程中除去。

在真空下熔炼可以得到比在氩气气氛中熔炼更好的金属表面质量，因为真空下温度均匀、熔池深，使结晶的均匀性得到改善。

从对除杂质有利的角度出发，真空度高一些好。因为电弧区的压力总是比真空室的压力大1~2个数量级，为了降低电弧区压力，就应提高真空室的真空度。但无限制地提高真空度是困难的和不经济的。一般正常熔炼过程控制熔炼室压力在0.133~0.665Pa范围内，此时电弧区的压力在1.33~13.3Pa之间，这就是反应在真空电弧熔炼条件下进行时气体杂质的净化效果并不十分显著的原因。另外，真空度太高对于稳定电弧不利。因此，真空度必须适当。

（2）熔炼功率。电弧熔炼功率的大小在铸锭直径和熔炼速度一定的情况下，直接影响铸锭的质量、金属回收率和电能的消耗。功率越大，金属熔池的过热程度就越大，精炼反应进行得越彻底，挥发性杂质的除去程度越高。但功率过大会造成金属的喷溅损失增大，还会导致电能消耗增加；功率过小，则熔池过热程度小、温度低，将使金属的黏度增大，导致机械夹杂增多，某些杂质组成的气泡也难以上浮除去，造成铸锭的结构不均匀，甚至产生皮下气泡等缺陷。因此，功率必须选择适当。要维持稳定的电弧放电，其电极的电流密度不能小于“最小电流密度”。最小电流密度取决于电极直径，电极直径越小，所需的最小电流密度就越大。生产实践中所采用的电流密度要比最小电流密度稍大一些。

（3）稳弧及对熔池的搅拌。在熔炼过程中维持电弧的稳定，对获得合格产品起着重要作用。应十分注意电极和坩埚壁之间始终保持一定的距离（能自动控制），使此距离大于弧长，以防止边弧的产生。在工业上稳弧的重要措施是设置围绕坩埚的螺管线圈并通以直流电，使之产生一个附加磁场，以消除电弧的飘移。螺管线圈的另一个作用是对熔池搅拌，这不仅有利于挥发性杂质的排除和细化晶粒，而且使铸锭的组成均匀，从而提高了产品质量。

9.6.2 粉末冶金法生产致密钛

真空电弧熔炼法存在着一些缺点，如成本高、加工复杂、金属损失大、直收率低，结果熔铸钛部件的价格就很昂贵，这大大限制了钛材的应用范围。采用粉末冶金方法直接用海绵钛生产钛制品则有一系列的优越性，特别是可生产小型钛制件和钛合金制件。有些特殊用途的多孔钛制品，只有用粉末冶金方法才能生产。

钛粉末冶金的流程很简单，包括钛粉末混合、精密压制、烧结、整形精制部件（产品）等过程。

9.6.2.1 钛粉的生产

粉末冶金的一个关键问题是获得合格的粉状钛原料。目前生产钛粉的方法有海绵钛机械破碎法、氢化脱氢法、熔盐电解法、金属热还原法和离心雾化法。工业上用得较多的是海绵钛机械破碎法和氢化脱氢法。

A 海绵钛机械破碎法

海绵钛机械破碎法是将镁热或钠热法制得的海绵钛，用破碎机、球磨机或碾磨机等设备进行破碎而获得粉末的过程。由于钛具有韧性，机械破碎法难以将海绵钛破碎成微细粉末，加之粉碎过程中的污染使钛的纯度降低，因此这一方法并不十分理想。然而，如果采用钠热还原并控制好还原反应条件，则可在还原过程中获得微细化的海绵钛，稍加粉碎便可制成钛粉。

B 氢化脱氢法

氢化脱氢法是利用钛氢化后变脆、易粉碎和氢化钛在高温下易于分解脱氢转化为金属钛的原理，以海绵钛、残钛等为原料，经过表面净化、氢化、研磨、脱氢、筛分等处理获得钛粉的过程。氢化前用碱液或酸液除去钛表面的氧化膜，然后在钢制容器内于真空下将物料加热到1073K，使其表面活化后，再冷却到773～873K，通入经过净化处理的纯氢与钛发生氢化反应生成氢化钛。该反应非常剧烈并放出热量，因此，通入氢的速度必须缓慢，甚至用惰性气体渗稀后通入。氢化过程产出的氢化钛的氢含量为3%～4%，若产品的氢含量不足1.5%，则难以破碎。氢化钛经冷却后，在惰性气体保护下研磨成粒径为0.1～4μm的细粉，再在真空和773～1073K温度下脱氢，即可获得纯钛粉。

9.6.2.2 钛的粉末冶金

首先是成型，即将钛粉在外力作用下压成具有一定形状、密度和强度的坯块，为下一步高温烧结创造条件。成型的方法很多，一般工业上采用金属模冷却成型法，即将钛粉加入特制的钢模中，用压力机加压成型，使用的压力为343.2～784.5MPa。

成型的坯块有大量孔隙，也不坚固，必须进行高温烧结，使之致密化。烧结在金属钛熔点以下的温度进行，在烧结过程中由于粉末内部发生原子的扩散和迁移以及粉末体内的塑性流动，导致粉末颗粒间的接触面增加，从而使烧结体密度增大。

影响烧结体致密程度的主要因素是粉末的性质、烧结温度、烧结时间和气氛等。为了防止污染，烧结是在真空感应炉内进行的，真空度为0.133～0.00133Pa，温度为1273～1673K。烧结后的部件和材料可以进行冷、热加工。

以上是冷压真空烧结法。另一种真空热压法是将钛粉装入钢套中，把钢套焊密，在1173K左右进行热轧。钢管起保护套的作用，以防止钛粉在轧制过程中氧化。轧制之后把钢管切开，其中的钛坯块很容易与钢管分开。真空热压法比较简单，可以制取较大坯块。但其因省去烧结工序，没有精炼的作用。

9.7 残钛的回收

残钛或钛残料是指钛在熔炼、锻造、轧制和机加工等工序中产生的废车屑、边角余料、几何废料、加工废品或等外品等生产废屑料，以及从各种设备上拆卸下来的可回收废屑料。海绵钛生产过程的产品合格率一般为92%～96%，此过程会产出4%～8%的等外海绵钛；在海绵钛熔炼铸锭时，成锭率为85%～90%，有相当数量的边皮与车屑；在加工过程中，钛的成材率一般为50%～70%，有大量的残钛与废料；从飞机、热交换器、核潜艇及化工设备上拆卸下来的一些零部件也含有废钛料。这些残钛和含钛废料均需进行回收和利用。

不同的残钛或钛残料需采用不同的方法进行回收。对于加工过程污染不严重的残钛，可部分或大部分返回熔炼铸锭，通过真空熔炼、等离子体熔炼和电子束熔炼等方法再度制成钛锭；也可采用氢化→破碎→细磨→脱氢的方法制备钛粉，或用旋转等离子体设备制取球形钛粉。对于冶炼厂的等外钛、加工厂污染严重的残钛和其他可回收废屑料，可用于冶炼特种钢、制取烟火等工业用的氢化钛或钛粉，也可通过感应熔炼法将残钛熔炼成钛铁或铝钛母合金。除此之外，还可采用电解精炼、热法精炼和碘化精炼的方法将残钛精炼成合格的金属钛，在此重点介绍这三种方法。

9.7.1 电解精炼

电解精炼是将含杂质的钛或其合金作为可溶性阳极，以钢棒（或板）作为阴极，在$NaCl-KCl-TiCl_2-TiCl_3$熔盐电解质中进行电解制取纯钛的过程。在电解过程中，阳极发生钛的电溶解反应：

$$Ti - 2e = Ti^{2+}$$

$$Ti^{2+} - e = Ti^{3+}$$

钛以低价形式进入熔盐中，电极电位比钛更正的杂质则残留在阳极中或沉积在电解槽底部，氧以 TiO_2、Ti_2O_3 氧化物形态、碳以游离碳或碳化物形态、氮以氮化物形态留在阳极中，硅呈 $SiCl_4$、部分氮以阳极气体形态被除去。与此同时，阴极上则发生低价钛的电还原反应：

$$Ti^{3+} + e = Ti^{2+}$$

$$Ti^{2+} + 2e = Ti$$

金属钛以结晶形态在阴极上析出。

钛在电解质内的离子浓度为3% ~6%，其平均价态为2.2 ~2.3。初始阴极电流密度为0.5 ~1.5A/cm²，阳极电流密度小于0.5A/cm²，电解温度为1073 ~1123K。

电解精炼对除去钛中氧、氮等气体杂质的效果较好，也能有效地除去硅、碳和电极电位比钛更正的铁、镍、锡、钼等金属杂质，但对除去电极电位与钛相近的铝、钒、锰等杂质的效果较差。

精炼在充有氩气的密闭电解槽中进行，如图9-12所示。把含杂质的金属钛或合金以20 ~30mm 的散料形式装在多孔金属筐中，放入电解槽作阳极。电解结束后，将阴极提升到充满氩气的冷却室中，用专门的刀具将阴极产物刮入阴极下面悬着的盛料盘上，通过小车移至接收槽上部，经过气密阀门翻入接收槽。从接收槽取出阴极产物，经破碎、酸浸、湿磨、洗涤以及烘干制成钛粉。钛粉杂质含量（质量分数）为：Fe 0.05% ~0.1%，Cr 0.002% ~0.034%，Si 0.02% ~0.03%，Cl 0.04% ~0.1%，O 0.03% ~0.06%，H 0.003% ~0.005%，N 0.03% ~0.05%，C 0.013% ~0.025%。钛粉重熔后，金属钛的布

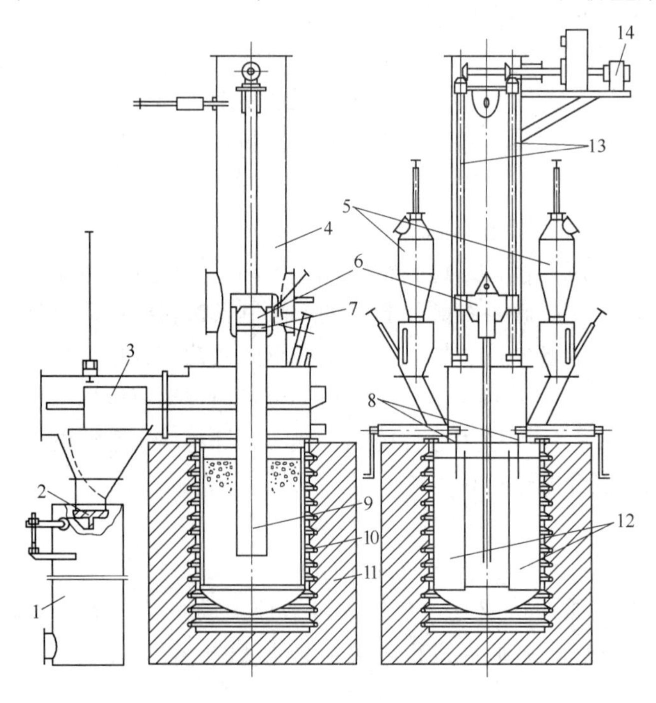

图9-12 带散料阳极的电解槽

1—接收槽；2—气密阀门；3—小车；4—冷却室；5—加料槽；6—横梁；7—刀具；8—疏松器；9—阴极；10—坩埚；11—加热炉；12—阳极容器；13—阴极升降螺杆；14—电动机

氏硬度为 80 ~ 100MPa。

工业精炼电解槽的电流为 10000 ~ 30000A，槽电压为 8 ~ 11V。按 Ti^{2+} 放电计算的电流效率为 90%，钛的回收率为 60% ~ 85%，每吨钛的电耗为 1500kW · h。电解精炼设备简单且有一定的生产能力，产品纯度高，是粉末冶金用钛粉的生产方法之一。

9.7.2 热法精炼

热法精炼工艺过程包括氯化和还原两个阶段。第一阶段为氯化过程，即在 623 ~ 673K 的温度下使残钛与 $TiCl_4$ 在氯化炉中发生化学反应，生成低价氯化钛，并使其溶解于 NaCl 熔体，制成低价钛含量为 20% ~ 24% 的氯化物熔盐：

$$Ti + TiCl_4 + NaCl \longrightarrow mTiCl_2 \cdot nTiCl_3 \cdot pNaCl$$

上述氯化过程除可制取含钛熔盐外，还能有效除去与氯亲和力较小的金属与非金属杂质（铁、镍、铬、硅）以及气体杂质（氧、氮）等。在氯化过程结束后，未反应的残钛（约占总量的 15%）以及不被氯化的铁、镍、铬、硅等金属杂质和氧、氮、碳等间隙性杂质留在氯化炉中的滤网上，送往生产 $TiCl_4$ 的工序回收钛；而形成的熔盐则通过滤网流到氯化炉底部，作为第二阶段生产海绵钛的原料。

第二阶段为还原过程，即用镁或钠作还原剂，将熔盐中的低价氯化钛还原为钛。此阶段在镁热还原法生产海绵钛的还原设备中进行，还原温度为 1073 ~ 1093K，还原过程中定期将氯化钠或氯化镁从反应罐中排出，送至电解车间生产镁。还原结束后进行真空蒸馏，获得合格海绵钛。对于布氏硬度为 200 ~ 400MPa 的残钛，经热法精炼后，可获得布氏硬度为 95 ~ 110MPa 的优质海绵钛。

需要说明的是，热法精炼钛合金废料时，一些合金元素（锰、钒、铝）也同时进入精炼金属中，因而产品只能用于生产钛合金。

热法精炼的优点是：可利用现有的镁热还原生产设备，产量大，成本低；此外，该法还可以处理小块和粉状钛废料，回收率比电解精炼法高。

9.7.3 碘化精炼

碘化精炼是利用碘化钛热分解反应，将含杂质的钛精炼为高纯钛的过程。产品纯度在 99.9% 以上。精炼过程的反应为：

$$Ti_{(含杂质)} + 2I_{2(g)} \xrightarrow{373 \sim 473K} TiI_{4(g)} \xrightarrow{1573 \sim 1773K} Ti_{(纯)} + 2I_{2(g)}$$

含杂质的钛在 373 ~ 473K 温度下与碘作用，生成的碘化钛蒸气再在 1573 ~ 1773K 温度的金属丝上离解为钛和气态碘，释放出来的碘返回与不纯的钛作用。由于在生成 TiI_4 的低温下，钛中的氮化物、氧化物等杂质不能与碘相互作用，从而与钛分离。

碘化精炼在金属制成的真空设备中进行。首先将罐内抽真空至 $6.67 \times 10^{-3} \sim 2.67 \times 10^{-2}$Pa，然后放入碘。钛与碘作用生成的 TiI_4 在通过加热直径为 ϕ3 ~ 4mm 的钛丝上热分解，形成粗晶粒或致密的钛棒。钛的沉积速度主要取决于 TiI_4 蒸气的压力、反应罐温度和金属丝温度。实际生产中钛棒长度可达 1.5 ~ 2.0m，直径每昼夜增长 20 ~ 40mm。

碘化精炼钛的杂质含量（质量分数）为：C 0.01% ~ 0.03%，O 0.003% ~ 0.005%，

N 0.001% ~ 0.004%, Fe 0.0035% ~ 0.025%, Mg 0.0015% ~ 0.002%, Mn 0.005% ~ 0.013%, Al 0.013% ~0.05%, Cu 0.0015% ~0.002%, Si 0.03%, Sn 0.001% ~0.01%。

碘化精炼的钛纯度高，故具有较低的硬度（布氏硬度为 70 ~ 80MPa）和良好的塑性。碘化精炼的设备费用较高、生产效率低、生产批量小且成本高，从而限制了它的推广应用。

9.8 钛白的生产

钛白即二氧化钛（TiO_2），为白色粉末，加热时略带微黄色。TiO_2 有三种晶型，即金红石型、锐钛型和板钛型。金红石型 TiO_2 的晶形属于四方晶系，晶格的中心有一个钛原子，其周围有 6 个氧原子，这些氧原子位于八面体的棱角处，两个 TiO_2 分子组成一个晶胞。金红石型 TiO_2 是最稳定的结晶形态，即使在高温下也不发生转化和分解。锐钛型 TiO_2 的晶形也属于四方晶系，由 4 个 TiO_2 分子组成一个晶胞。锐钛型 TiO_2 在常温下稳定，在温度达到 883K 时开始缓慢转化为金红石型，1188K 时可完全转化为金红石型。板钛型 TiO_2 的晶形属于斜方晶系，6 个 TiO_2 分子组成一个晶胞。板钛型 TiO_2 仅存在于自然界的矿石中，为不稳定的化合物，当温度高于 923K 时则转化为金红石型。人工制取的 TiO_2 仅有金红石型和锐钛型两种。TiO_2 的化学性质十分稳定并具有优良的光学性质，广泛用于涂料、塑料、造纸、橡胶、油墨、搪瓷、电子陶瓷、电焊条、冶金等工业部门，是一种重要的钛产品。钛资源开采量的 90% 用于生产钛白，目前工业生产钛白的方法有硫酸法和氯化氧化法（简称氯化法）两种。

9.8.1 硫酸法生产钛白

硫酸法是生产钛白的传统方法。它是用浓硫酸分解钛铁矿精矿或钛渣，使物料中的钛化合物转变成钛液，钛液经净化后水解变成水和二氧化钛，再经洗涤、煅烧和表面处理获得钛白的方法，其生产流程如图 9-13 所示。

9.8.1.1 钛液制备

首先将钛铁矿精矿细磨至 -0.045mm 粒级比例超过 98.5%，然后在酸分解罐中进行硫酸分解，使钛铁矿中的铁转变为 $FeSO_4$ 和 $Fe_2(SO_4)_3$，钛转变为 $TiOSO_4$ 和 $Ti(SO_4)_2$，其主要反应为：

$$FeTiO_3 + 3H_2SO_4 = Ti(SO_4)_2 + FeSO_4 + 3H_2O$$

$$FeTiO_3 + 2H_2SO_4 = TiOSO_4 + FeSO_4 + 2H_2O$$

$$Fe_2O_3 + 3H_2SO_4 = Fe_2(SO_4)_3 + 3H_2O$$

矿石中的其他杂质，如 MgO、CaO、Al_2O_3、MnO 等，也与硫酸反应生成相应的硫酸盐。上述反应为放热反应，一般用蒸气加热 5 ~ 10min 即可引发反应发生，同时释放出大量水汽和 SO_2 气体，物料逐渐进入固化状态并继续熟化，熟化时间一般为 1 ~2h。硫酸分解钛铁矿精矿的温度为 433 ~473K。影响酸分解反应的主要因素是矿酸比和硫酸浓度。生产上一般采用的矿酸比（质量比）为 1∶（1.5 ~ 1.7），硫酸浓度为 87% ~90%。

熟化后的固态物料用水浸出，使 $TiOSO_4$、$FeSO_4$、$Fe_2(SO_4)_3$ 等进入溶液而得到钛液。

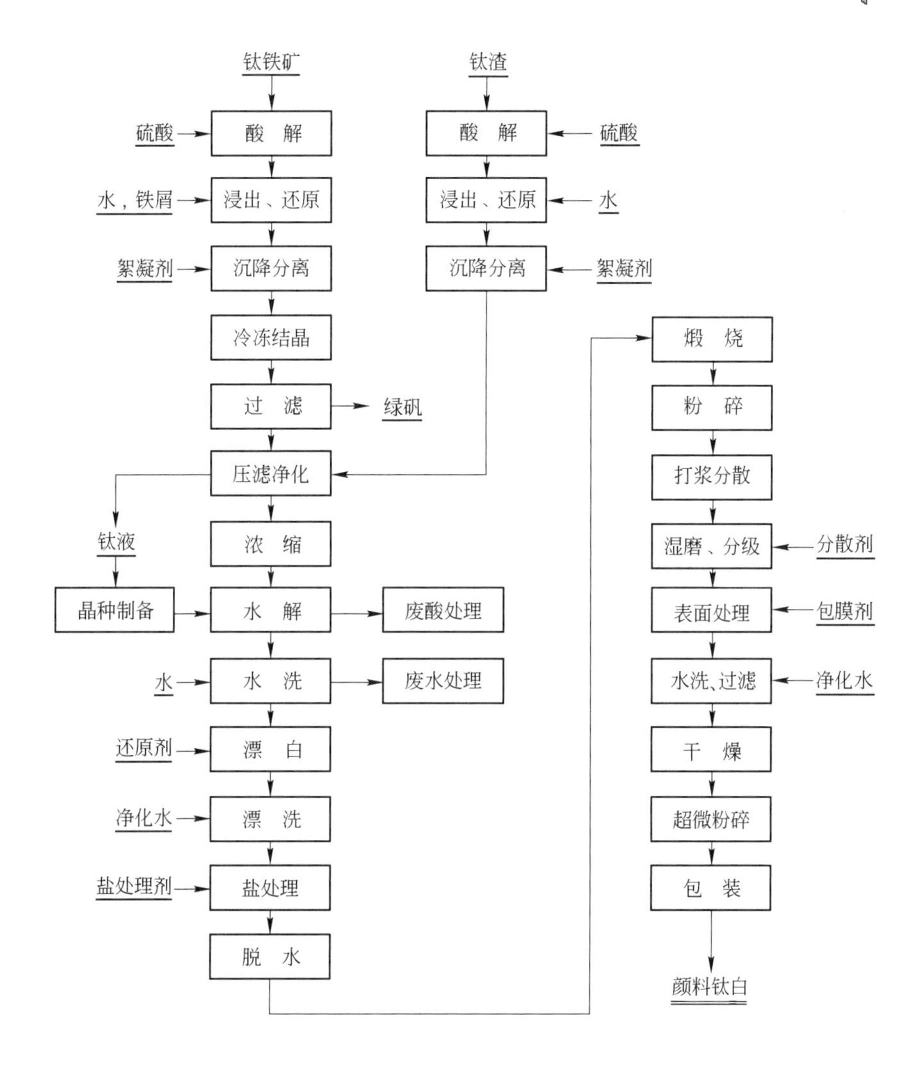

图 9-13 硫酸法生产钛白的工艺流程

钛液中的铁有 Fe^{2+} 和 Fe^{3+} 两种形态，在后续作业中 Fe^{3+} 难以除去，并以氢氧化物或碱式硫酸铁形态与偏钛酸同时沉淀。为避免这部分铁进入产品钛白中，需要用铁屑将钛液中的 Fe^{3+} 全部还原成 Fe^{2+}。还原程度以溶液中 Ti^{3+} 含量达到规定的要求为准，一般要求 Ti^{3+} 浓度为 2～3g/L。制得的钛液含 TiO_2 120～130g/L，溶液中的硫酸钛以 $TiOSO_4$ 为主。在以钛渣为原料时，可不必进行还原，因为钛渣中含有一定量的低价钛。当钛渣中的低价钛含量较高时，则需要在硫酸分解时配入适量的钛铁矿，以保证钛液中 Ti^{3+} 含量符合规定要求。

9.8.1.2 钛液净化

硫酸分解制得的钛液先经过沉降分离，除去溶液中的不溶性固体杂质和胶体颗粒杂质，使钛液得到初步净化。在沉降除杂质过程中，需加入絮凝剂（改性聚丙烯酰胺），使微粒絮凝以加快沉降速度。沉降除去不溶性残渣、杂质和胶体颗粒后，得到稳定性和澄清度合格的钛液，然后再降低温度，钛液中的铁便呈 $FeSO_4 \cdot 7H_2O$（绿矾）结晶析出。$FeSO_4 \cdot 7H_2O$经离心机或真空抽滤槽分离回收。在生产涂料钛白时，冷却结晶温度为

278 ~ 280K，结晶后钛液的铁钛比 $w(Fe)/w(TiO_2)$ 控制在0.2 ~ 0.25。

经沉降和除去绿矾的钛液，用板框过滤机或真空过滤槽过滤（加助滤剂），除去残存的胶体和细小杂质，以避免钛液的早期水解。

9.8.1.3 钛液水解

将净化后的钛液加热至沸腾温度，便水解析出偏钛酸（$TiO_2 \cdot nH_2O$），其反应如下：

$$TiOSO_4 + (n+1)H_2O = TiO_2 \cdot nH_2O_{(s)} + H_2SO_4$$

此过程有外加晶种加压法、外加晶种常压法和自生晶种稀释法三种方法。

（1）外加晶种加压法。外加晶种加压法用于生产颜料钛白。加压水解在高压搪瓷釜内进行，首先加入水解原液并升温至353K左右，然后加入预先制备的晶种，关闭阀门，继续加热。当釜内压力达到0.2MPa时，水解反应迅速进行，保温15 ~ 20min后即可结束水解。此法操作周期短、水解率高，但设备较复杂、生产规模小，已被逐渐淘汰。

（2）外加晶种常压法。外加晶种常压法的水解在常压容器中进行，所用设备简单，适用于大规模生产，但作业周期较长（需要3 ~ 4h）。钛液沸腾后蒸发，为保持一定的液位和酸度，需适时补加水。

（3）自生晶种稀释法。先往水解槽中加入一定量的沸水，再将少量钛液在搅拌条件下注入沸水中制得晶种。然后将其余的钛液加入槽内，并加热至沸腾，要随时补加水，直到偏钛酸完全析出为止。此法可减少外来杂质干扰，有利于提高产品质量；但技术较难掌握，操作和控制严格。

9.8.1.4 偏钛酸净化

偏钛酸不溶于水，经水洗可除去其中吸附、夹杂的残酸和其他一些杂质。但杂质铁只用水洗不易达到含量要求，要将偏钛酸打成浆液，在一定酸度下加入还原剂锌粉或三价钛盐进行漂白处理后，再进一步水洗除去。

9.8.1.5 偏钛酸盐处理

偏钛酸不经处理直接煅烧，获得的产品颗粒坚硬、颜料性能差。因此在生产颜料钛白时，需要在煅烧前往偏钛酸中添加少量的添加剂进行盐处理，以降低其煅烧温度、提高钛白颜料性能和增加 TiO_2 单一晶型的含量。锐钛型颜料钛白盐处理所用的主要添加剂为钾盐和磷酸盐；金红石型颜料钛白则主要使用锌盐、镁盐、二氧化钛溶胶和适量的钾盐，也有加入铝盐、锑盐和磷酸盐等的。

9.8.1.6 偏钛酸煅烧

通过煅烧可脱除偏钛酸中的水分及 SO_3，并形成具有一定晶型的 TiO_2，煅烧反应可表示为：

$$TiO_2 \cdot xSO_3 \cdot yH_2O = TiO_2 + xSO_{3(g)} + yH_2O_{(g)}$$

偏钛酸的煅烧在回转窑中进行，窑头区温度为1123 ~ 1273K，窑尾温度为393 ~ 473K。为使钛白具有良好的性能，必须控制好窑内的煅烧温度和煅烧时间，并保持窑内氧化气氛和有良好的通风状况以及控制好 TiO_2 的粒度。煅烧好的 TiO_2 粒子呈聚结状，由窑头下料口排出，冷却后磨细。

9.8.1.7 钛白表面处理

TiO_2 具有较强的光化学活性，在阳光，特别是紫外光的作用下，其晶格中的氧离子吸收光能释放出电子，并引起一系列的氧化还原反应，造成漆膜的失光、变色和粉化。为了降低 TiO_2 的光化学活性和进一步提高其颜料性能，需对颜料钛白进行表面处理。经过磨细的钛白粉先用水选分级，分离除去不合要求的粗颗粒，然后在细颗粒的表面上“包覆”一层能改善其颜料性能的“膜”。这种膜通常是用 Al_2O_3、SiO_2、ZnO 和 ZrO_2 等白色氧化物包覆而成。经表面处理后的钛白粉再经过干燥和超微粉碎，便得到成品钛白。

硫酸法生产钛白的工艺成熟、设备简单，其缺点是生产流程长、废酸量大、副产品 $FeSO_4 \cdot 7H_2O$ 用途不大、环境污染严重。

9.8.2 氯化法生产钛白

氯化法是生产钛白的一种先进方法。它是以金红石、钛渣等为原料，经氯化和提纯得到精 $TiCl_4$，再经氧化制取钛白的方法。$TiCl_4$ 气相氧化制取钛白的主要反应为：

$$TiCl_{4(g)} + O_{2(g)} = TiO_{2(s)} + 2Cl_{2(g)}$$

反应生成的氯气返回氯化工序，生成的 TiO_2 经表面处理后即得产品钛白粉。

氯化法具有生产技术先进、生产能力大、产品质量高（其白度和粒度分布均优于硫酸法钛白）、氯气可循环利用、污染废物量少、有利于环境保护等优点，其主要缺点是氧化工艺技术难度大、设备结构复杂等。在钛白生产中，硫酸法在今后的一段时期内仍将占有重要地位，但优先发展氯化法生产钛白则是必然的趋势。

复习思考题

9-1 简述海绵钛的生产方法和工艺流程。

9-2 简述钛渣生产的原理。

9-3 钛铁矿的还原熔炼设备有哪些，还原熔炼分为哪几个阶段？

9-4 人造金红石的生产方法有哪些？

9-5 简述由高钛渣、金红石、人造金红石等富钛物料生产四氯化钛的基本原理。

9-6 生产四氯化钛的方法有哪些？

9-7 四氯化钛是如何净化的？

9-8 由四氯化钛生产海绵钛的方法有哪些？

9-9 试比较四氯化钛镁热还原和钠热还原工艺的优缺点。

9-10 致密钛是如何生产的？

9-11 残钛的回收方法有哪些？

9-12 钛白的生产方法有哪些？

10 有色冶金中的综合回收

10.1 从铜、铅、镍电解阳极泥中回收贵金属

在铜、铅、镍火法冶金生产过程中，原料中的贵金属几乎全部富集于电解精炼的阳极泥中。处理阳极泥的目的是从中回收金、银、铂、钯等贵金属，同时综合回收硒、碲、砷、锑、铜、铅、铋等有价金属。

10.1.1 从铜、铅电解阳极泥中回收金、银

我国工厂铜、铅电解阳极泥的成分见表10-1。由表可见，铜、铅电解阳极泥含有金、银、铜、铅、铋、硒、碲、砷、锑等有价金属。铜、铅电解阳极泥的处理以回收金、银为主，同时综合回收其他有价金属。处理方法大多为火法，其特点是处理量大、速度快，不足之处为直接回收率低。铜、铅电解阳极泥处理的火法工艺流程如图10-1所示。

表10-1　我国工厂铜、铅电解阳极泥的成分　(%)

阳极泥	Au	Ag	Cu	Pb	Bi	Se	Te	As	Sb
铜阳极泥	0.05~2.5	5~5.3	10~25	0.5~12	0.07~1.18	0.07~1.18	0.15~0.25	0.15~0.25	0.01~0.02
铅阳极泥	0.02~0.06	8~15	0.4~3.5	6~11	5~17	0.2	0.2~0.3	7~15	24~38

10.1.1.1 硫酸化焙烧提硒、脱铜

首先将铜阳极泥与浓硫酸按比例（1：0.8）在调浆槽中混合均匀，然后在回转窑内进行焙烧，采用间接加热，控制温度为873~923K，发生以下反应：

$$Cu + 2H_2SO_4 = CuSO_4 + 2H_2O + SO_2$$

$$CuSe + 4H_2SO_4 = CuSO_4 + SeO_2 + 3SO_2 + 4H_2O$$

$$2Ag + 2H_2SO_4 = Ag_2SO_4 + 2H_2O + SO_2$$

$$Ag_2SO_4 + Cu = CuSO_4 + 2Ag$$

产生的SeO_2为气体，与SO_2、SO_3、水蒸气一同被真空泵抽出炉外，在淋洗槽中吸收，首先变成硒酸，随即被炉气中的SO_2还原而得到粗硒：

$$SeO_2 + H_2O = H_2SeO_3$$

$$H_2SeO_3 + 2SO_2 + H_2O = Se + 2H_2SO_4$$

粗硒含硒97%以上，经过精炼除铁、铜、铅、汞等杂质以后，可获得精硒（含硒99.2%）。

焙烧渣用热水浸出脱铜，溶液用铜置换回收少量溶解的银，浸出渣送下一步还原熔炼。

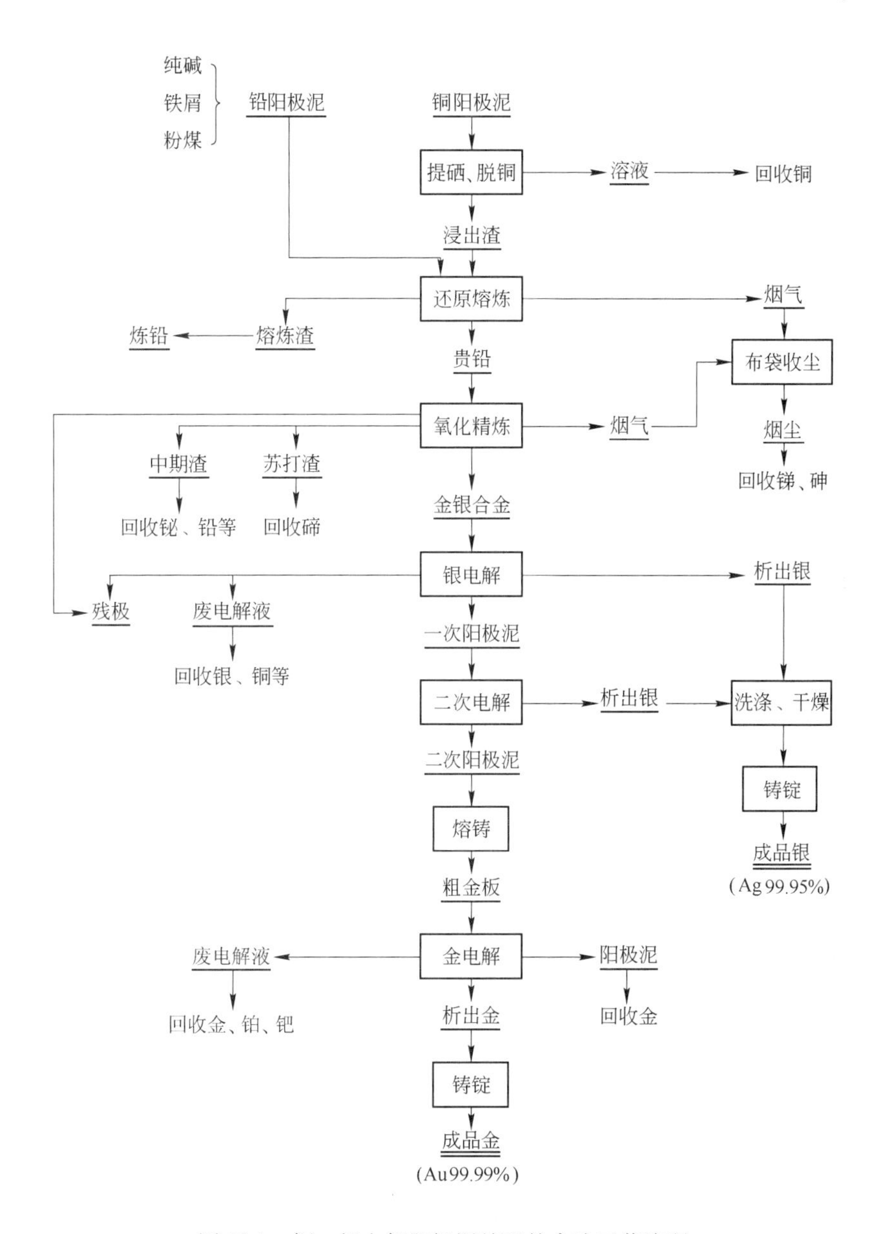

图 10-1 铜、铅电解阳极泥处理的火法工艺流程

10.1.1.2 还原熔炼

将脱铜浸出渣配入粉煤和石灰等熔剂进行还原熔炼以生产贵铅，同时使二氧化硅、砷、锑等形成硅酸盐、砷酸盐和锑酸盐除去。熔炼是在反射炉或转炉（贵铅炉）内进行的，温度为 1373～1473K。放渣后得到贵铅，贵铅是铅、铋和金、银等的合金，其银含量根据原始物料贵金属含量而定，一般成分为 Ag 25%～33%、Au 0.8%～1%。

10.1.1.3 氧化精炼

贵铅氧化精炼在反射炉或转炉（分银炉或灰吹炉）中进行，在 1273～1473K 下鼓风氧化，使铅、砷和锑氧化挥发，同时使一些不挥发的杂质氧化物（如铜等）造渣。当炉内合金银含量达到75%～80%时，加入苏打和硝酸钠使碲造渣，可得到含碲3%左右的碲渣，用作提碲的原料。继续吹风氧化使银含量达到97%～98%为止，浇铸成金银合金阳极板。

10.1.1.4　银的电解精炼

以金银合金为阳极、纯银为阴极，在硝酸银（$AgNO_3$）溶液中进行电解。电解液含银80～120g/L、硝酸2～5g/L，电解液温度为308～328K，电流密度为250～270A/m^2，槽电压为1～3V。电解槽为内衬聚氯乙烯的水泥立式槽。阳极套装双层涤纶袋，以便收集阳极泥。槽内装有玻璃搅拌杆，阴极析出的银粉落于槽底的不锈钢盘内，定期取出银粉，经洗涤、干燥和铸锭，即可得到纯度为99.95%的银锭。

银电解的阳极泥富集了全部的金，称为黑金粉，金含量达50%～70%，经熔铸成二次合金后进行二次电解，可得到含金88%～90%的二次黑金粉，经过洗涤、烘干后熔铸成粗金板。

当银电解液铜含量大于50g/L时，抽出一部分单独处理。处理的方法是：首先加入丁基钠黄药沉淀钯，得到黄原酸钯，供回收钯使用；然后将沉钯以后的溶液升温至353K以上，加铜置换银，沉淀出的银粉送银电解精炼，硝酸铜母液加碳酸钠中和沉淀出碳酸铜，送去回收铜。

10.1.1.5　金的电解精炼

以粗金板为阳极、纯金片为阴极，在氯化金（$AuCl_3$）的盐酸溶液中进行金的电解精炼。电解液成分为Au 250～300g/L、HCl 200～300g/L，电解液的温度为常温，电流密度为220～250A/m^2，槽电压为0.2～0.3V。阴极电解金经过氨水、硝酸分别煮洗、烘干后再熔化铸锭，得到纯度为99.99%的成品金。电解废液作为回收铂、钯等的原料，阳极泥送银电解回收银。

上述流程的金、银回收率都在98%以上。为了简化从铜阳极泥中回收金、银的流程，可采用选冶联合工艺，在酸浸脱铜、硒后，对浸出渣进行浮选，一次得到含银50%～60%的银精矿，以选矿富集代替还原熔炼和部分氧化精炼工序，从而提高了银的直接回收率。

10.1.2　从镍电解阳极泥中回收铂、钯

硫化铜镍精矿常含有铂族元素，在冶炼中铂族元素富集于硫化镍电解的阳极泥中，其含量可达99～100g/t以上。阳极泥经过热滤脱硫，熔铸后再经电解得到二次阳极泥，铂族元素含量达到2200～2300g/t，作为提取铂族元素的原料。从镍电解阳极泥中回收铂、钯的工艺流程如图10-2所示。

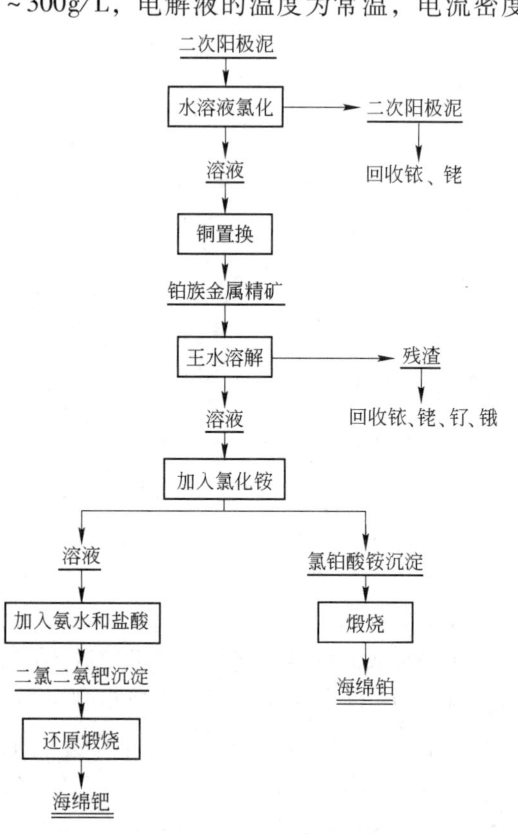

图10-2　从镍电解阳极泥中回收铂、钯的工艺流程

(1) 精矿的制备。把二次阳极泥加入到盐酸溶液中，升温至 363K，通入氯气进行氯化，使铂族元素溶解。用铜粉从溶液中置换铂，可得到铂精矿，而铱、铑则进入氯化残渣。

(2) 王水溶解铂精矿回收铂。将精矿中的铂溶于王水中，然后溶液蒸发除硝酸，将滤液中和至 pH = 8 以使杂质水解沉淀。反复水解多次，分析滤液达到要求后，用氯化铵沉淀出氯铂酸铵($(NH_4)_2PtCl_6$)，将其煅烧可获得纯度为 99.999% 的铂。

(3) 回收钯。在沉淀铂以后的母液中加入氨水和盐酸，使钯转化成二氯二氨钯($Pd(NH_3)_2Cl_2$)沉淀。此沉淀经过 1073 ~ 1173K 灼烧、磨细，在氢气流中还原，可得到粗金属钯。重复溶解和沉淀，可得到纯度为 99.94% 的纯钯。

除铂、钯外，从王水溶解残渣中还可以回收锇、铱、钌、铑等元素。

10.1.3 从金电解废液中回收铂、钯

从金电解废液中回收铂、钯的工艺流程如图 10-3 所示。

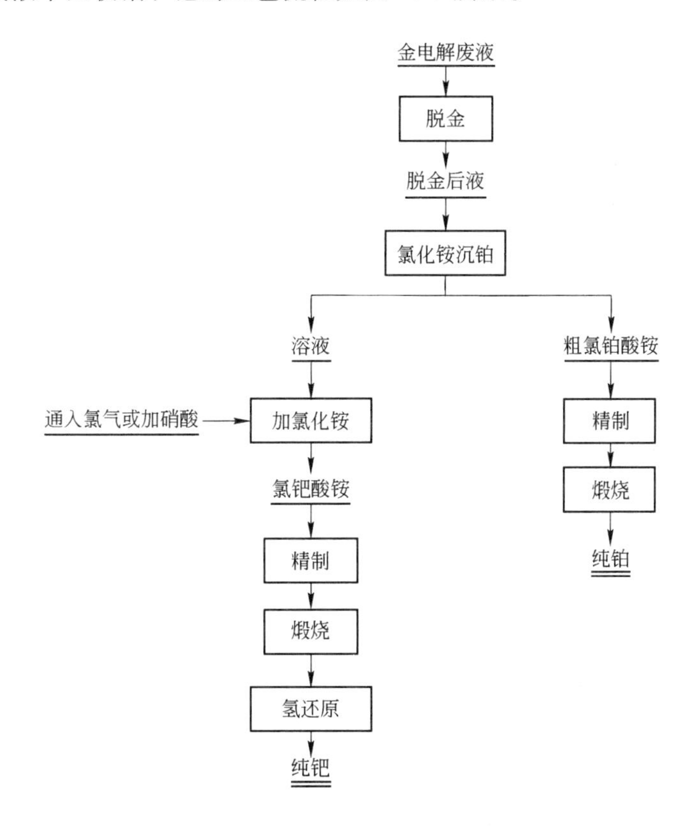

图 10-3 从金电解废液中回收铂、钯的工艺流程

(1) 铂沉淀。在沉淀铂之前，向金的电解废液中加入硫酸亚铁还原脱金，然后在常温下加入工业氯化铵（过量 50% ~ 100%），使铂转化为氯铂酸铵沉淀，将该沉淀过滤、洗涤后灼烧成粗钯。

(2) 铂精炼。将粗铂用王水溶解，液固比为 4 ~ 5。加热完全溶解后，加入盐酸赶去硝酸，用硫酸亚铁除去残余的金，然后用氯化铵沉铂。这样反复 4 ~ 5 次之后，最后将所

得的纯氯铂酸铵干燥灼烧，产出海绵铂（含铂99.95%）。

（3）钯置换。将沉铂以后的母液用锌置换钯，获得钯精矿，直至上清液变为无色或绿色为止。钯精矿用热水洗涤至无结晶，洗液清澈，拣出残余锌粒。

（4）钯精炼。钯精矿用王水溶解，液固比为3～4。加热完全溶解后，加入盐酸赶去硝酸，用氯化铵沉淀残余的铂，过滤后加硝酸氧化，加氯化铵使钯成为氯钯酸铵（$(NH_4)_2PdCl_4$）沉淀。

氯钯酸铵经过王水溶解、氨络合后，中和至 pH = 9，转化成为二氯四氨钯（$Pd(NH_3)_4Cl_2$），过滤后用盐酸酸化至 pH = 1，得到二氯二氨钯沉淀。

二氯二氨钯用氨络合、盐酸酸化，反复进行4～5次，最后得到二氯四氨钯，用水合肼还原，经洗涤、烘干后得到含钯99.95%的海绵钯。

10.2 从铅、锌生产中回收锗和铟

10.2.1 从铅锌氧化矿冶炼中回收锗

某含锗铅锌氧化矿采用烟化挥发法得到的氧化锌烟尘，用湿法处理。烟尘含锗0.025%～0.032%，为了提高浸出率，采用两次酸浸法，然后从一次酸浸溶液中回收锗。一次酸浸溶液含锗0.04～0.054g/L，控制温度为333～343K，pH = 2～3，即可用丹宁酸沉淀出丹宁酸锗。丹宁加入量为锗的25～45倍，沉淀时间为20～25min，以沉淀后溶液含锗0.5～0.8mg/L为合格，锗的沉淀率在94%以上。丹宁酸锗经过加水浆化洗涤和压滤后，得到含锗2.5%以上的锗精矿，从锗精矿中回收锗的原则工艺流程如图10-4所示。

10.2.1.1 氯化蒸馏

氯化蒸馏的实质是将锗精矿与一定量的浓盐酸共热进行反应，使锗生成沸点较低的$GeCl_4$，经过蒸馏使之与其他杂质分离。氯化与蒸馏两个过程在同一设备中进行，其反应是：

$$GeO_2 + 4HCl = GeCl_4 + 2H_2O$$

为了避免反应逆向进行（$GeCl_4$ 水解），必须维持较高的盐酸浓度。正常情况下，反应终点的盐酸酸度不低于6～6.5mol/L，温度不低于356K。所生成的$GeCl_4$呈蒸气状态蒸馏出来，冷凝后收集，尾气用盐酸吸收。锗精矿中的杂质砷在氯化蒸馏中发生如下反应：

$$As_2O_3 + 6HCl = 2AsCl_3 + 3H_2O$$

$AsCl_3$ 的沸点仅为403K，大量砷随$GeCl_4$一起被蒸馏出来，严重影响了$GeCl_4$的质量。为了使砷不蒸馏出来，在氯化蒸馏时适当加入氧化剂，使三价砷氧化成五价，形成不挥发的砷酸而保留在溶液之中。最好的氧化剂是氯气。因此，在有盐酸存在时，向溶液中加入MnO_2或$KMnO_4$，使之发生如下反应：

$$MnO_2 + 4HCl = MnCl_2 + 2H_2O + Cl_2$$

$$AsCl_3 + Cl_2 + 4H_2O = H_3AsO_4 + 5HCl$$

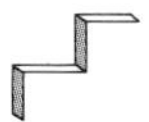

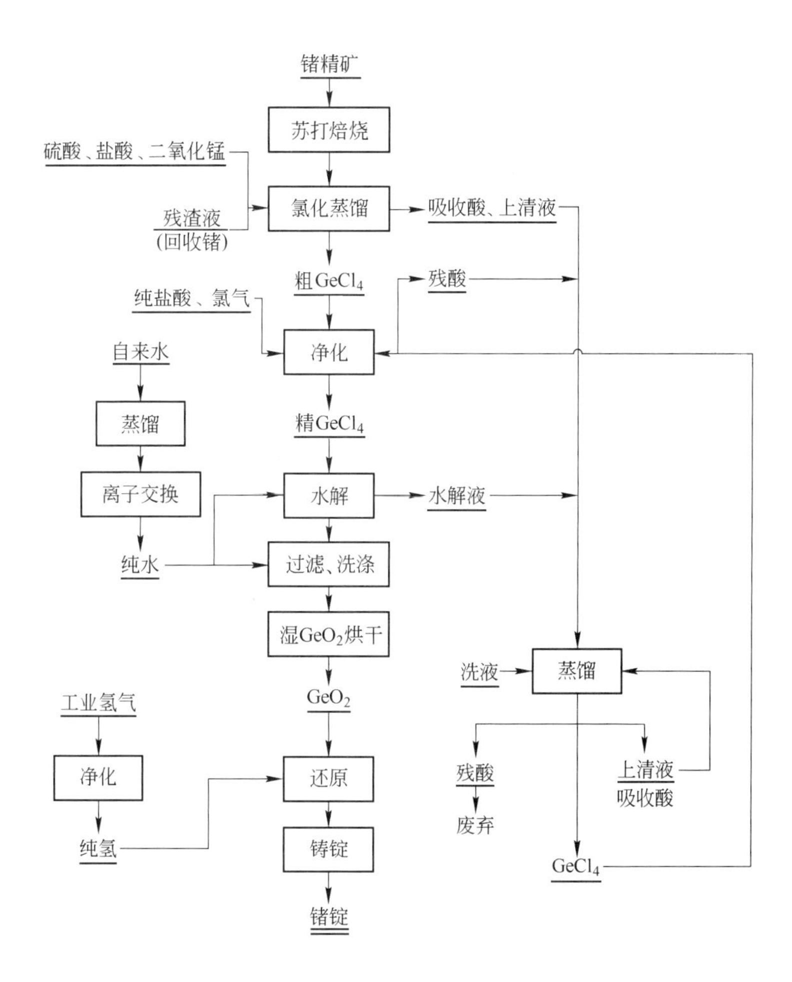

图 10-4 从锗精矿中回收锗的原则工艺流程

氧化剂还可使精矿中可能存在的少量硫化锗（GeS）氧化，从而也提高了锗的回收率。

氯化蒸馏设备采用带有搅拌器的双层耐酸搪瓷蒸馏釜，蒸馏的盐酸浓度为 8.5 ~ 9.5mol/L，采用间断操作，蒸出的 $GeCl_4$（密度为 $1.874g/cm^3$）被温度为 263K 的冷凝系统吸收。

10.2.1.2 $GeCl_4$ 的净化

氯化蒸馏获得的 $GeCl_4$ 一般都含有大量的杂质。为了得到高纯度锗，必须精细地净化 $GeCl_4$，其目的主要是除去其中的杂质砷（$AsCl_3$）。从 $GeCl_4$ 中净化除去 $AsCl_3$ 的方法很多，如饱和氯盐酸萃取法、通氯氧化复蒸法、精馏法及化学法等，要求将 $GeCl_4$ 中的 $AsCl_3$ 含量降低到 0.001% 以下。

（1）饱和氯盐酸萃取法。饱和氯盐酸萃取法在萃取器中进行，它把萃取法和化学法（砷的氯化氧化法）结合为一体。萃取是基于 $GeCl_4$ 和 $AsCl_3$ 在浓盐酸中溶解度不同的性质，以浓盐酸作萃取剂，对含有 $AsCl_3$ 的 $GeCl_4$ 进行反复萃取，使 $AsCl_3$ 从 $GeCl_4$ 中分离出来。盐酸中预先饱和氯气，其目的在于使其在萃取过程中起到氧化作用，把三价砷氧化成五价砷，生成不溶于 $GeCl_4$ 的砷酸，从而更完全地分离砷。其反应为：

$$AsCl_3 + 4H_2O + Cl_2 \longrightarrow H_3AsO_4 + 5HCl$$

作为氧化剂的物质还有双氧水，它具有更强的氧化能力，且可使操作过程简化。

（2）通氯氧化复蒸法。通氯氧化复蒸法是根据一般蒸馏原理，将蒸馏釜和几个盛有盐酸的分馏釜串联起来，通氯连续蒸馏。通氯的目的仍然是为了使三价砷氧化成五价而保留于盐酸溶液中。过程的实质是把蒸馏、氧化、萃取在一个系统中完成。这一方法操作简便，金属回收率高，除砷效果也好。

（3）精馏法。精馏 $GeCl_4$ 进行净化，是基于 $GeCl_4$ 和 $AsCl_3$ 的混合液在平衡时液相和气相组成不同的性质，低沸点的 $GeCl_4$ 在蒸气中有较大的含量。根据这一性质，采取多次部分冷凝的方法即可使 $AsCl_3$ 与 $GeCl_4$ 分离。精馏是在石英筛板塔中进行的，精馏过的 $GeCl_4$ 纯度可达到99.999%～99.9999%。

10.2.1.3 $GeCl_4$ 的水解

获得纯净的 $GeCl_4$ 之后，为了制取 GeO_2，使 $GeCl_4$ 发生水解，其反应是：

$$GeCl_4 + (2 + n)H_2O \longrightarrow GeO_2 \cdot nH_2O + 4HCl$$

GeO_2 在盐酸中的溶解度随盐酸浓度的增加而下降，在盐酸浓度为5.3mol/L时，GeO_2 的溶解度最小。

为了保证 GeO_2 的纯度，水解时所用的水必须经过净化，其电阻率应大于0.1MΩ·m。

水解在带有搅拌器的水解槽中进行。水解槽的制作材料不能与 $GeCl_4$、HCl 和 GeO_2 发生作用，水解产物在413～433K温度下烘干备用。

10.2.1.4 氢还原

一般情况下采用氢气作还原剂使 GeO_2 还原，其反应如下：

$$GeO_2 + H_2 \longrightarrow GeO + H_2O$$

$$GeO + H_2 \longrightarrow Ge + H_2O$$

总的反应为：

$$GeO_2 + 2H_2 \longrightarrow Ge + 2H_2O$$

当温度超过873K时，GeO_2 强烈地被还原成金属锗。由于 GeO_2 的还原要经过 GeO 阶段，而 GeO 在973K以上就会非常剧烈地挥发，所以用氢还原 GeO_2 的温度应严格控制为873～953K，绝不允许超过973K。

还原剂氢气在使用前要经过脱水、脱氧处理，纯度必须在99.999%以上。

还原过程在电炉反应管中进行，反应管的外面套有一个加热套管。为了保证锗的质量，反应管采用透明石英管。

还原采取逆流作业，即氢气从出料端导入，这样可避免已经还原出来的金属锗再被反应所产生的水蒸气所氧化。

还原操作过程是：按每舟350～400g GeO_2 装料于高纯石墨舟内，并推入炉内，以7～8L/min的流量通入氢气，炉子开始升温至873～923K，每隔一定时间（视加温带的长短而定）向炉内推进一个石墨舟。为了使 GeO_2 还原完全，炉内有一高温带，其温度为1023～

1073K，还原完全的石墨舟移动至出料端时开始出炉。

10.2.1.5 铸锭

铸锭是在另一座管式电炉中进行的，炉中温度控制在1211～1323K，舟中的粉状锗熔融成锭，之后降温到523K以下，取出锭子进行表面处理。产出的锗锭首先用纯度很高的水煮沸，然后用80% HNO_3 +20% HF混合液淋洗至表面显出金属光泽，再用纯水煮沸一次，擦干即为成品。处理好的锗锭用四探针法测定其电阻率，低于0.05Ω·m者为不合格产品，应返回重新处理。

为了得到具有一定重量和外形规整的锗锭，也可进一步除杂质。通常可将小锭在真空下加热铸成大锭，真空度应为2.66Pa，炉子温度为1233～1323K。

10.2.2 从硫化锌、硫化铅精矿冶炼中回收铟

铟常伴生在硫化锌精矿及硫化铅精矿中，在铅、锌冶炼过程中，铟富集在鼓风炉、回转窑等烟尘和其他中间产物中。铟的回收包括粗铟的提取和粗铟的精炼两部分。

10.2.2.1 粗铟的提取

在湿法炼锌工艺中，铟主要富集在浸出渣回转窑所产出的氧化锌粉中，其成分见表10-2。

表10-2 锌回转窑氧化锌粉的成分 （%）

物料	Zn	In	Cd	Fe	Sb	Bi	As	Pb	Ge	Si	F	Cl
1	62.28	0.079	0.45	1.55	0.013	—	0.25	10.04	0.0065	0.33	0.099	0.120
2	59.23	0.069	0.48	1.01	0.044	0.033	1.28	13.96	0.0054	0.72	0.050	0.073
3	62.50	0.074	0.51	1.00	0.056	0.044	0.39	9.22	0.0037	0.64	0.073	0.110

锌回转窑氧化锌经多膛炉脱氟、脱氯后，用硫酸浸出，过滤分离除去残渣后得到含铟的硫酸锌溶液，用P204和200号煤油作为萃取剂从该溶液中萃取铟。萃取液用盐酸反萃，得到含 $InCl_3$ 的反萃液，除酸后用锌片或铝片置换，产出海绵铟。海绵铟经洗涤后，在有苛性钠保护的条件下熔铸成粗铟，粗铟的成分列于表10-3中。

表10-3 粗铟的成分 （%）

元　素	In	Cu	Al	Fe	Sn	Pb	Tl	Cd	Ag
含　量	>95	>0.018	0.001	0.003	0.004～0.018	>0.02	0.05	0.5～2	0.0005

从铅鼓风炉烟尘中提取铟的方法与从锌回转窑氧化锌粉中提取铟相类似。

10.2.2.2 粗铟的精炼

粗铟的精炼过程包括熔盐除铊、真空蒸馏除镉和电解精炼三个步骤。

（1）熔盐除铊。熔盐除铊是根据铊易溶解于氯化锌与氯化铵熔盐的特性，将粗铟熔化后加入 $ZnCl_2$ 与 NH_4Cl（$w(ZnCl_2):w(NH_4Cl)=3:1$）的混合物，用机械搅拌，控制温度为543～553K，维持反应时间为1h，铊的去除率可达80%～90%，铟中铊含量可降到0.001%～0.022%。

（2）真空蒸馏除镉。真空蒸馏除镉采用真空感应电炉或管式电炉，可使粗铟中镉的含量降到0.0004%以下。

（3）电解精炼。粗铟电解精炼是使铟中的少量铅、铜、锡残留于阳极泥中，而锌、铁、铝进入电解液，将铟进一步提纯。电解精炼的电解液为硫酸铟的酸性溶液，含铟80～100g/L、游离酸8～10g/L。为了增加氢的超电压及提高电流效率，还加入80～100g/L的氯化钠。电解在常温下进行，阴极为纯铟板或高纯铝板，阳极为真空蒸馏后的粗铟，外套两层锦纶布袋以防阳极泥脱落而污染阴极。

电解得到的阴极铟用苛性钠作覆盖剂熔化铸锭，可得到纯度为99.99%的纯铟。此流程铟的总回收率为91%。

10.3 从锡生产炉渣中回收钨、钽、铌

某矿熔炼含（Ta，Nb）$_2$O$_5$ 1%～5%、WO$_3$ 0.5%～5%的锡精矿，得到含钽、铌、钨的炉渣，其成分如表10-4所示。

表10-4 含钽、铌、钨炉渣的成分 （%）

炉渣	$(Tb,Nb)_2O_5$	WO_3	Sn	TiO_2	Fe	Cu	Mn	Ca	Al_2O_3	SiO_2
1	11.7	3.0	4.31	3.6	8.49	0.01	1.40	4.19	4.0	23.4
2	1.84	13.12	7.7	1.03	7.37	0.39	2.06	8.16	5.21	25.8

从这种炉渣中回收钽、铌、钨的工艺流程如图10-5所示。

10.3.1 苏打焙烧和水浸回收钨

苏打焙烧和水浸的目的是回收钨。在锡生产炉渣中配入为理论量1.25倍的苏打，并加入少量木炭进行磨矿，然后在回转窑中焙烧，使渣中的钨转化为钨酸钠，控制温度为1123～1173K，焙烧时间为45min。焙烧渣用球磨机湿磨后再水浸，浸出的液固比为2.5～3，温度为363K，时间为1h。澄清分离后过滤，滤渣送下一步工序处理，滤液作为回收钨的原料。

滤液为钨酸钠溶液（含WO$_3$ 20g/L），可用于生产合成白钨。苏打焙烧和水浸产出的钨酸钠溶液常含有硅、砷、磷等杂质，用镁铵净化法除去这些杂质，即先向溶液中加入盐酸和氯化铵脱硅，然后加$MgCl_2$除砷、磷，使之生成溶解度小的H_2SiO_3、$MgNH_4PO_4$和$Mg(NH_4)AsO_4$沉淀。澄清分离后，上清液加热至353～363K，用饱和$CaCl_2$溶液沉淀$CaWO_4$，将其过滤、洗涤、烘干，即得到人工白钨（$CaWO_4$）。

10.3.2 稀酸脱硅和脱锡

滤渣中的硅绝大部分呈硅酸钠形态存在。脱硅是用稀盐酸（7%～9%）浸出，使硅酸钠转化为硅酸进入溶液。浸出的液固比为6，搅拌1～3min后立即过滤，脱硅率可达60%～70%，滤渣中钽、铌品位可富集2.5～3倍。

将脱硅后的滤渣用12%～14%的盐酸再浸出，在液固比为6、温度为353～363K的条件下搅拌2h脱锡，使锡呈$SnCl_4$形态进入溶液，并除去部分铁和钙等杂质。过滤后，滤渣即为钽、铌富集物。如果此富集物品位太低且杂质含量较高，则必须进一步进行碱浸和酸浸处理。上述原料的富集物成分列于表10-5中，钽、铌的回收率为71.5%～85.5%。

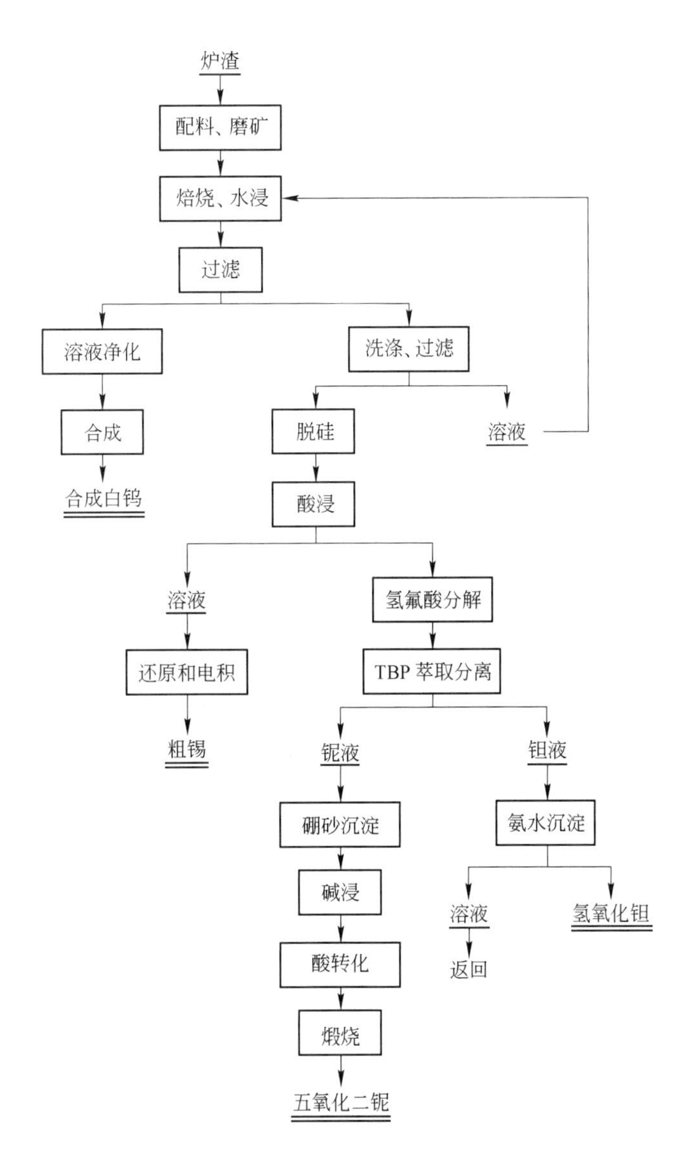

图 10-5 从锡生产炉渣中回收钽、铌、钨的工艺流程

表 10-5 钽、铌富集物的成分 (%)

炉渣	$(Tb,Nb)_2O_5$	WO_3	Sn	TiO_2	Fe	Mn	Ca	Mg	Al_2O_3	SiO_2
1	32.98	2.05	4.83	9.10	5.01	0.40	1.57	—	0.36	6.94
2	17.75	1.80	5.05	0.15	4.69	0.73	2.23	—	0.34	20.68
3	16.00	2.03	9.54	8.13	9.70	—	11.10	0.85	4.50	20.20

10.3.3 氢氟酸分解

分解是利用钽、铌氧化物能溶于氢氟酸生成 H_2TaF_7 和 H_2NbF_7 的性质，按液固比 2.5 加入 6 ~ 7mol/L 的氢氟酸到反应锅中，然后缓慢加入富集物，搅拌浸出 2h，加入硫酸（5 ~ 6mol/L）调整酸度，分解后的溶液含 130 ~ 150g/L 的钽、铌氧化物以及少量钨、锡等杂质，

残渣为稀土和碱金属等的不溶性氟化物沉淀。钽、铌的分解比较彻底，回收率可达98%～99%。

10.3.4 钽、铌的萃取分离

将上述含钽、铌的溶液以磷酸三丁酯（TBP）为萃取剂，萃取分离钽和铌。采用箱式萃取，经过10级萃取、12级酸洗，然后进行反萃，反萃钽为7级，反萃铌为14级，最后分别得到钽液和铌液。有机萃取剂返回使用，萃余液废弃。

分离出来的钽液和铌液分别加氨水（pH＞9）和硼砂沉淀，然后通过碱浸和酸浸除钨、锡、铁等杂质，产出的氢氧化钽和氢氧化铌经过滤、洗涤、烘干（或煅烧）产出氢氧化钽和氢氧化铌（或氧化钽和氧化铌）产品，其成分列于表10-6中。

表10-6 钽、铌产品的成分 （%）

产 品	Ta_2O_5	Nb_2O_5	Sn	WO_3	SiO_2	Fe	Ti	Mn	灼减
氢氧化钽	79.9	0.02	0.14	0.276	0.031	0.01	<0.005	<0.05	20.01
氢氧化铌	0.76	78.4	0.034	<0.005	<0.01	<0.05	—	—	20.10

10.3.5 还原和熔炼

在1123～1173K和氢气保护下，在还原炉中用金属钠还原氟钽酸钾或氟铌酸钾，即得到钽粉和铌粉：

$$K_2TaF_7 + 5Na \xlongequal{} Ta + 5NaF + 2KF$$

$$K_2NbF_7 + 5Na \xlongequal{} Nb + 5NaF + 2KF$$

也可以在2023～2073K下于真空还原炉内用碳或碳化铌还原氧化铌，得到铌条，铌条经氢化、粉碎、脱氢得到铌粉：

$$Nb_2O_5 + 5NbC \xlongequal{} 7Nb + 5CO$$

$$Nb_2O_5 + 7C \xlongequal{} 2NbC + 5CO$$

将钽粉和铌粉在电子束熔炼炉、烧结炉或电弧炉中进行真空熔炼，除去气体杂质和容易挥发的非金属杂质，使其得到进一步提纯，然后熔炼成锭块。

10.3.6 锡的回收

稀酸脱硅或脱锡的溶液均含有不同数量的锡（6～12g/L），故需在储液池内加入铁屑将锡还原，使 $SnCl_4$ 变成 $SnCl_2$，然后用电积法便可获得阴极锡（Sn 75%～85%）。

上述从炉渣中回收钽、铌、钨的流程，钽和铌的总回收率为65%～85%，钨为66%～70%。

10.4 从氧化铝生产中回收镓

世界上90%的镓是从氧化铝生产中提取的。烧结法生产氧化铝时，镓以 $NaGa(OH)_4$ 的形态进入铝酸钠溶液。当溶液碳酸化分解时，镓不析出，只在后期 Al_2O_3 含量降低的情况下才部分析出，因此镓富集在碳分母液中。从碳酸化分解母液中回收镓的工艺流程见图10-6。

10.4.1 一次深度碳分

将回收氧化铝后的母液深度碳酸化，使镓完全析出，获得含镓的沉淀物，此沉淀物主要是由丝钠镓石($Na_2O \cdot Ga_2O_3 \cdot 2CO_2 \cdot nH_2O$)、$Ga(OH)_3$ 以及铝的相应化合物所组成的混合物。在苛性比($n(Na_2O)/n(Al_2O_3)$)高、温度比较低、碳分速度快、HCO_3^- 浓度高和不添加氢氧化铝的条件下，可得到镓铝复盐（丝钠镓石和丝钠铝石）含量高的沉淀，而氢氧化物的数量很少，镓的含量一般为 0.1% ~ 0.2%。

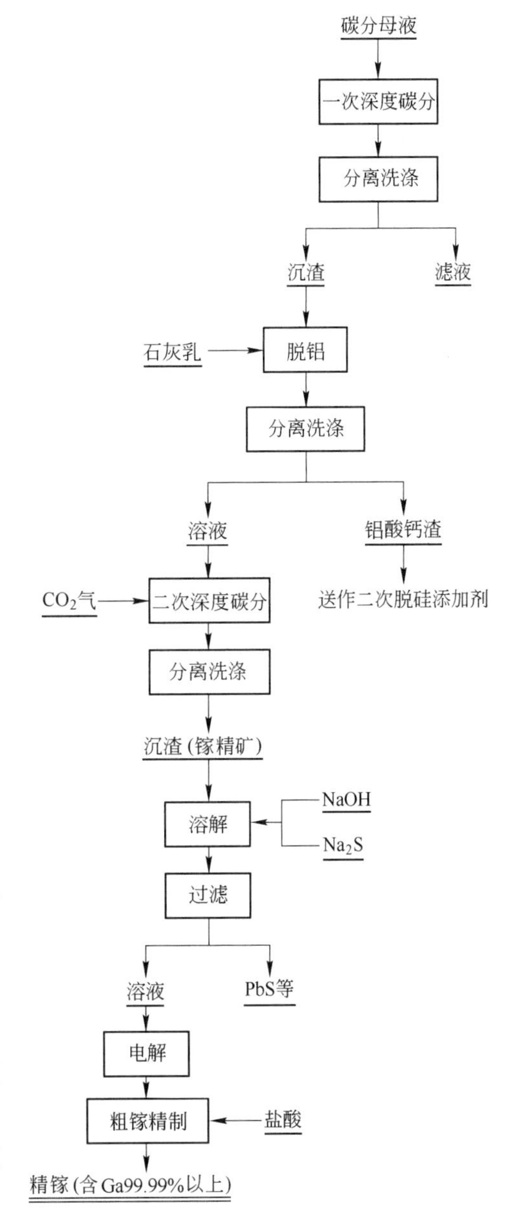

图 10-6 氧化铝厂回收镓的工艺流程

10.4.2 石灰乳脱铝

将上一过程得到的沉淀物进行苛性化，使镓与铝分离，这时铝呈铝酸钙渣形态，而镓仍保留在溶液中，反应如下：

$$Na_2CO_3 + Ca(OH)_2 = 2NaOH + CaCO_3$$

$$Ga_2O_3 + 2NaOH + 3H_2O = 2Na[Ga(OH)_4]$$

$$Al_2O_3 + 2NaOH + 3H_2O = 2Na[Al(OH)_4]$$

在过量石灰的作用下，发生以下反应形成铝酸钙：

$$2Na[Al(OH)_4] + 3Ca(OH)_2 = 3CaO \cdot Al_2O_3 \cdot 6H_2O_{(s)} + 2NaOH$$

石灰乳分两次加入，第一次加入维持温度为 363 ~ 368K，连续搅拌 1 ~ 2h，使镓的溶出率达到 85%，而铝尽可能少溶出。第二次在 348K 下加入石灰乳，使 $n(Al_2O_3) : n(CaO) = 1 : (3 \sim 3.2)$，这时铝成为铝酸钙沉淀，而镓的溶出率提高到 90%。

10.4.3 二次深度碳分

将用石灰乳脱铝后的溶液再一次深度碳酸化分解，此时得到的镓沉淀渣即为镓精矿，其沉淀率可达 95% 以上，Ga_2O_3 含量为 1%。

10.4.4 镓的制取

将镓精矿用苛性钠溶解，同时加入 Na_2S 以除去重金属杂质（如铅、锌等），得到的镓酸钠和铝酸钠溶液含 Na_2O 100 ~ 200g/L、Al_2O_3 70 ~ 120g/L、Ga 2 ~ 10g/L，送至电解提镓。

电解在内衬聚氯乙烯的电解槽内进行，阴极为液体镓，阳极为水冷镍管，阴极空间为电解罐，置于阳极上面。电解液温度为 323 ~ 343K，阳极电流密度为 0.05 ~ 0.15A/cm^2。阴极产出的液体镓流到槽底放出，经过盐酸处理（除锌），可得到含 Ga 99.99% 的工业镓。

如果工业镓再经过 20% NaOH 的碱液电解精炼，可得含 Ga 99.9999% 的高纯镓。

复习思考题

10-1 简述从铜电解阳极泥中回收金、银的基本过程。
10-2 简述从镍电解阳极泥中回收铂、钯的基本过程。
10-3 简述从氧化锌烟尘中生产锗的基本过程。
10-4 简述从氧化锌烟尘中生产铟的基本过程。
10-5 简述从炼锡炉渣中回收钽、铌的基本过程。
10-6 简述从碳分母液中回收镓的基本过程。

参考文献

[1]《中国大百科全书》总编辑委员会矿冶卷编辑委员会．中国大百科全书：矿冶[M]．北京：中国大百科全书出版社，1984.
[2]《中国冶金百科全书》总编辑委员会有色金属冶金卷编辑委员会．中国冶金百科全书：有色金属冶金[M]．北京：冶金工业出版社，1999.
[3] 邱定蕃．资源循环利用对有色金属工业发展的影响[J]．矿冶，2003，12(4):34 ~ 36
[4] 左铁镛，戴铁军．有色金属材料可持续发展与循环经济[J]．中国有色金属学报，2008，18(5):755 ~ 763.
[5] 乐颂光，鲁君乐．再生有色金属生产[M]．长沙：中南工业大学出版社，1994.
[6] 朱祖泽，贺家齐．现代铜冶金学[M]．北京：科学出版社，2003.
[7] 陈新民．火法冶金过程物理化学[M]．北京：冶金工业出版社，1984.
[8] 刘纯鹏．铜冶金物理化学[M]．上海：上海科学技术出版社，1990.
[9] 北京有色冶金设计研究总院，等．重有色金属冶炼设计手册：铜镍卷[M]．北京：冶金工业出版社，1996.
[10] 蒋继穆．氧气底吹炉连续炼铜新工艺及其装置[J]．中国有色建设，2009，1：20 ~ 22.
[11] 唐尊球．铜 PS 转炉与闪速吹炼技术比较[J]．有色金属（冶炼部分），2003，1：9 ~ 11.
[12] 崔志祥，申殿邦，王智，等．高富氧底吹熔池炼铜新工艺[J]．有色金属（冶炼部分），2010，3：17 ~ 20.
[13] 何焕华．中国镍钴冶金[M]．北京：冶金工业出版社，2000.
[14] 彭容秋．镍冶金[M]．长沙：中南大学出版社，2005.
[15] 彭容秋．再生有色金属冶金[M]．沈阳：东北大学出版社，1994.
[16] 邱定蕃．有色金属资源循环利用[M]．北京：冶金工业出版社，2006.
[17] 黄其兴．镍冶金学[M]．北京：中国科学技术出版社，1990.
[18] 任鸿九，王立川．有色金属提取冶金手册：铜镍[M]．北京：冶金工业出版社，2000.
[19] 马保中，杨玮娇，王成彦，等．红土镍矿湿法浸出工艺的进展[J]．有色金属（冶炼部分），2013，(7):1 ~ 8.
[20] 刘继军，胡国荣，彭忠东．红土镍矿处理工艺的现状及发展方向[J]．稀有金属与硬质合金，2011，(3):62 ~ 66.
[21] 王成彦，尹飞，陈永强．国内外红土镍矿处理技术及进展[J]．中国有色金属学报，2008，18(专辑1):1 ~ 8.
[22] 肖安雄．美国金属杂志对世界有色金属冶炼厂的调查 第三部：镍红土矿[J]．中国有色冶金，2008,(4):1 ~ 12.
[23] 肖安雄．美国金属杂志对世界有色金属冶炼厂的调查 第四部：硫化镍[J]．中国有色冶金，2008,(6):1 ~ 19.
[24] 肖安雄．当今最先进的镍冶炼技术——奥托昆普直接镍熔炼工艺[J]．中国有色冶金，2009,(3):1 ~ 7.
[25] 傅建国，刘诚．红土镍矿高压酸浸工艺现状及关键技术[J]．中国有色冶金，2013,(2):6 ~ 13.
[26] 彭容秋．铅锌冶金学[M]．北京：科学出版社，2003.
[27] 王吉坤，冯桂林．铅锌冶炼生产技术手册[M]．北京：冶金工业出版社，2012.
[28] 彭容秋．重金属冶金学[M]．2 版．长沙：中南大学出版社，2004.
[29] 陈国发，王德全．铅冶金[M]．北京：冶金工业出版社，2000.
[30] 陈国发．重金属冶金学[M]．北京：冶金工业出版社，1992.
[31] 张乐如．铅锌冶炼新技术[M]．长沙：湖南科学技术出版社，2006.
[32] 翟秀静．重金属冶金学[M]．北京：冶金工业出版社，2011.

[33] 宋兴诚，潘薇．重有色金属冶金[M]．北京：冶金工业出版社，2011.

[34] 彭容秋．有色金属提取冶金手册：锌镉铅铋[M]．北京：冶金工业出版社，1992.

[35] U. S. Department of the Interior，U. S. Geological Survey. Mineral Commodity Summaries 2013[M]. Washington：U. S. Geological Survey，2013.

[36] 中华人民共和国国土资源部．2011 年中国矿产资源报告[M]．北京：地质工业出版社，2011.

[37] 吴卫国，李东波，蒋继穆．氧气底吹炼铅法的发展及应用[C]//全国重有色金属冶炼资源综合回收利用及清洁生产技术经验交流会论文集．深圳：中国有色金属学会重有色金属冶金学术委员会，2011：1 ~ 10.

[38] 梅光贵，王德润，周敬元，等．湿法炼锌学[M]．长沙：中南大学出版社，2001.

[39] 魏昶．湿法炼锌理论与应用[M]．昆明：云南科技出版社，2003.

[40] 徐鑫坤，魏昶．锌冶金学[M]．昆明：云南科技出版社，1996.

[41] 彭容秋．锌冶金[M]．长沙：中南大学出版社，2005.

[42] 东北工学院．锌冶金[M]．北京：冶金工业出版社，1978.

[43] 徐采栋，等．锌冶金物理化学[M]．上海：上海科技出版社，1979.

[44] 赵天从．重金属冶金学（下）[M]．北京：冶金工业出版社，1981.

[45] 张乐如．铅锌冶炼新技术[M]．长沙：湖南科学技术出版社，2006.

[46] 董英，王吉坤，冯桂林．常用有色金属资源开发与加工[M]．北京：冶金工业出版社，2005.

[47] 韩龙，杨斌，杨部正，等．热镀锌渣真空蒸馏回收金属锌的研究[J]．真空科学与技术学报，2009，29(增刊)：101 ~ 104.

[48] 徐宝强，杨斌，刘大春，等．真空蒸馏法处理热镀锌渣回收金属锌的研究[J]．有色矿冶，2007，23(4)：53 ~ 55.

[49] 宋兴诚．锡冶金[M]．北京：冶金工业出版社，2011.

[50] 黄位森．锡[M]．北京：冶金工业出版社，2000.

[51] 宋兴诚，黄书泽．澳斯麦特炉炼锡工艺与生产实践[J]．有色冶炼，2003，(2)：15 ~ 21，67.

[52] 宋兴诚．反射炉和澳斯麦特炉粗锡还原熔炼直接回收率的分析与比较[J]．中国有色冶金，2005，(6)：32 ~ 36.

[53] 方启学，黄国智，郭建，等．铝土矿选矿脱硅研究现状与展望[J]．矿产综合利用，2001，(2)：26 ~ 30.

[54] 冯其明，卢毅屏，欧乐明，等．铝土矿的选矿实践[J]．金属矿山，2008，(10)：1 ~ 4.

[55] 张云海，魏明安．铝土矿反浮选脱硅技术研究[J]．有色金属（选矿部分），2012，(5)：37 ~ 39.

[56] 吕鲜翠，唐海红．氧化铝质量的改善及其对铝电解的影响[J]．中国有色冶金，2006，(4)：14 ~ 17.

[57] 李伟，吕胜利．压煮器加热管束：中国，CN200420150703. 4 [P]. 2005-12-14.

[58] 丁吉林，张红亮，刘永强，等．大型预焙阳极铝电解槽内衬结构优化[J]．中南大学学报（自然科学版），2011，21(7)：3365.

[59] 刘业翔，梁学民，李劼，等．底部出电型铝电解槽母线结构与电磁流场仿真优化[J]．中南大学学报（自然科学版），2011，42(12)：1695.

[60] 刘庆德，陈丹山，等．先进的双室炉在再生铝工业中的应用[J]．特种铸造及有色合金，2009，(8)：779 ~ 780.

[61] 张正国．我国再生金属熔炼设备的发展现状[J]．资源再生，2009，(7)：1 ~ 3.

[62] 张启修．赵秦生．钨钼冶金[M]．北京：冶金工业出版社，2005.

[63] 李洪桂．稀有金属冶金学[M]．北京：冶金工业出版社，1990.

[64] 莫畏，邓国珠，罗万承．钛冶金[M]. 2 版．北京：冶金工业出版社，2006.

[65]《有色金属提取冶金手册》编辑委员会．有色金属提取冶金手册：稀有高熔点金属(上)(W、Mo、Re、Ti)[M]．北京：冶金工业出版社，1999.

冶金工业出版社部分图书推荐